AF817300

Innovationsmanagement

Günther Schuh
(Hrsg.)

Innovationsmanagement

Handbuch Produktion und Management 3

Zweite, vollständig neu bearbeitete und erweiterte Auflage

Springer Vieweg

Herausgeber
Günther Schuh
RWTH Aachen
Werkzeugmaschinenlabor (WZL)
Aachen
Deutschland

ISBN 978-3-642-25049-1 ISBN 978-3-642-25050-7 (eBook)
DOI 10.1007/978-3-642-25050-7

Die Deutsche Nationalbibliothek verzeichnet diese Publikation in der Deutschen Nationalbibliografie; detaillierte bibliografische Daten sind im Internet über http://dnb.d-nb.de abrufbar.

Springer Vieweg
© Springer-Verlag Berlin Heidelberg 2012
Das Werk einschließlich aller seiner Teile ist urheberrechtlich geschützt. Jede Verwertung, die nicht ausdrücklich vom Urheberrechtsgesetz zugelassen ist, bedarf der vorherigen Zustimmung des Verlags. Das gilt insbesondere für Vervielfältigungen, Bearbeitungen, Übersetzungen, Mikroverfilmungen und die Einspeicherung und Verarbeitung in elektronischen Systemen.

Die Wiedergabe von Gebrauchsnamen, Handelsnamen, Warenbezeichnungen usw. in diesem Werk berechtigt auch ohne besondere Kennzeichnung nicht zu der Annahme, dass solche Namen im Sinne der Warenzeichen- und Markenschutz-Gesetzgebung als frei zu betrachten wären und daher von jedermann benutzt werden dürften.

Gedruckt auf säurefreiem und chlorfrei gebleichtem Papier

Springer Vieweg ist eine Marke von Springer DE.
Springer DE ist Teil der Fachverlagsgruppe Springer Science+Business Media
www.springer-vieweg.de

Vorwort

Unsere industrielle Welt wird immer technischer; die große Mehrheit der großen und kleinen Unternehmen sowie Institutionen sind heute faktisch Technologieunternehmen. Selbst Dienstleister, Handelsunternehmen oder Verwaltungen kommen nicht ohne anspruchsvolle Technologien in Produkten, Prozessen und der Arbeitsplatzgestaltung aus. Die heutigen Fach- und Führungskräfte müssen daher in naturwissenschaftlichen und ingenieurwissenschaftlichen Disziplinen qualifiziert sein und über ein ausgeprägtes Urteilsvermögen verfügen. Diese Herausforderung wird immer anspruchsvoller, je mehr Disziplinen im eigenen Aufgabenbereich hinzukommen, die man nicht gelernt oder studiert hat, über die man aber im betrieblichen Alltag dennoch mitdiskutieren und entscheiden können muss. Demzufolge kommt der typische Ingenieur in seiner Laufbahn regelmäßig an für ihn neue Aufgabengebiete und Fachdisziplinen vorbei, die er sich kurzfristig, zielsicher und schnell aneignen muss. Das geschieht besonders an der Schnittschnelle zwischen fachlichtechnischen Aufgaben und der Personalführungs- und Managementverantwortung.

Für die Manager und Experten, die es mit neuen Aufgabengebieten und Disziplinen und der entsprechenden Führungsverantwortung zu tun bekommen, habe ich mit meinen Mitarbeitern dieses neue Nachschlagewerk erarbeitet. Es soll einen schnellen und unkomplizierten Zugriff zu den wichtigsten Begriffen, Zusammenhängen, Methoden und Beispielen liefern. Ich habe dazu das Themenfeld von Produktion und Management in einem generischen Ordnungsrahmen geordnet, indem wir den neun wichtigsten Themenfeldern – von der Strategie und dem Management produzierender Unternehmen, dem Technologiemanagement, dem Innovationsmanagement, dem Produktions- und Logistikmanagement, dem Qualitäts- und dem Einkaufsmanagement sowie dem Management industrieller Dienstleistungen bis zum Management des technischen Vertriebs und der Fabrikplanung – jeweils einen Band gewidmet haben.

Das neue Werk soll damit schnelle Orientierung liefern, jeweils für die technischen und betriebswirtschaftlichen Fragestellungen, die typischerweise in entwickelnden und produzierenden Unternehmen auftreten.

Die einzelnen Bände wenden sich damit sowohl an Fach- und Führungskräfte aus den jeweiligen Disziplinen wie auch an die entsprechenden Grenzgänger zwischen den Disziplinen. Ganz besonders sind aber auch die Studierenden der Ingenieurwissenschaften und der Betriebswirtschaftslehre angesprochen, die ihre Lerninhalte komprimiert und praxisorientiert nachlesen wollen. Die jeweiligen Bände geben den derzeitigen Stand der

Wissenschaft und Praxis in den einzelnen Themengebieten in der Struktur eines Nachschlagewerkes und Handbuches wieder. Gleichzeitig bietet dieses Handbuch vielfältige, weiterführende Hinweise auf die einschlägige Fachliteratur, so dass man von hier aus schnell geeignete Vertiefungsmöglichkeiten findet.

In diesem dritten Band des Handbuchs „Produktion und Management" behandeln wir das für den Erfolg jedes Unternehmens kritische Themenfeld des Innovationsmanagements. Mehr denn je zeichnet sich der Hochlohnstandort Deutschland heute durch seine innovativen Produkte auf dem globalen Markt aus. In Verbindung mit der in vielen Märkten anzutreffenden Verkürzung der Produktlebenszyklen ist es umso wichtiger geworden diese Innovationen systematisch zu planen, zu steuern und zu kontrollieren. Den in diesem Zusammenhang auftretenden Herausforderungen widmet sich dieser Band zum Innovationsmanagement, der einen umfassenden Überblick über die einzusetzenden Strategien, Prinzipien und Methoden gibt.

Ich bedanke mich sehr herzlich bei meinen Mitarbeitern der Abteilung Innovationsmanagement des Werkzeugmaschinenlabors WZL der RWTH Aachen, die mit ihren Ideen, ihrem enormen Engagement und ihrer Sorgfalt ermöglicht haben, dieses Werk herauszubringen.

Ebenso herzlich danke ich dem Springer Verlag, der mich unter der Führung von Herrn Thomas Lehnert nicht nur beharrlich von der Notwendigkeit dieses Handbuches überzeugt, sondern der auch in sehr speditiver, professioneller und angenehmer Form das Werk umgesetzt hat und auch die weiteren Bände umsetzen wird.

Aachen, im September 2011 Günther Schuh

Inhalt

Autoreninformation

Dr.-Ing. Jens Arnoscht 52074 Aachen, Deutschland
j.arnoscht@wzl.rwth-aachen.de

Dipl.-Ing. Dipl.-Wirt. Ing. Dennis Bender 52074 Aachen, Deutschland
d.bender@wzl.rwth-aachen.de

Prof. em. Dr.-Ing. Dipl.-Wirt. Ing. Dr. h. c. mult. Walter Eversheim 52074 Aachen, Deutschland
w.eversheim@wzl.rwth-aachen.de

Dr.-Ing. Michael Lenders 41238 Mönchengladbach, Deutschland
lenders.michael@scheidt-bachmann.de

Dr.-Ing. Jochen Müller 69115 Heidelberg, Deutschland
jochen-mueller@gmx.de

Dr.-Ing. Christopher Nußbaum 81541 München, Deutschland
christopher.nussbaum@gmail.com

Dr.-Ing. Dipl.-Phys. oec. Marcus Rauhut 47166 Duisburg, Deutschland
marcus.rauhut@thyssenkrupp.com

Dipl.-Ing. Dipl.-Wirt. Ing. M. Eng. Stefan Rudolf 52074 Aachen, Deutschland
s.rudolf@wzl.rwth-aachen.de

Dipl.-Wirt. Ing. Michael Schiffer 52074 Aachen, Deutschland
m.schiffer@wzl.rwth-aachen.de

Prof. Dr.-Ing. Dipl.-Wirt. Ing. Günther Schuh 52074 Aachen, Deutschland
g.schuh@wzl.rwth-aachen.de

Dr.-Ing. Dipl.-Kfm. Ju-Young Uam 55122 Mainz, Deutschland
ju-young.uam@schott.com

Grundlagen des Innovationsmanagements 1

Günther Schuh und Dennis Bender

Kurzüberblick Innovationen sind kritisch für den Erfolg jedes Unternehmens und haben ihren Ursprung in einer grundlegenden Idee, die erfolgreich in den Markt eingeführt wird. Die systematische Planung, Steuerung und Kontrolle der Überführung von Ideen in Innovationen ist in diesem Zusammenhang die zentrale Funktion des Innovationsmanagements.

Um diese Funktion ganzheitlich im Unternehmen ausführen zu können, muss das Innovationsmanagement in unterschiedlichen Handlungsfeldern innerhalb des Unternehmens aktiv sein. So gehören sowohl die Gestaltung der strategischen Programme als auch der entsprechenden, die Programme tragenden Innovationsorganisation genauso zu den zentralen Handlungsfeldern, wie die Etablierung eines innovationsfördernden Führungsverhaltens und einer unterstützenden Innovationskultur.

Die Aufgaben des Innovationsmanagements orientieren sich im Verständnis dieses Buches dabei an seinen Kernprozessen, die ausgehend von der Gestaltung der Innovationsstrategie die Entstehung und Pflege von technischen Produkten im weitesten Sinne beinhalten.

1.1 Innovationsverständnis

Innovationen (lateinisch „innovatio“ = Erneuerung, Veränderung) stellen einen zentralen Stellenwert als Antriebskraft für das Entstehen und Scheitern von Unternehmen dar. Innovationen sind damit Ursprung und Dynamik der wirtschaftlichen Entwicklung, führen aber auch im hohen Maße zur Instabilität der wirtschaftlichen Systeme [1]. Ursprung einer jeden

G. Schuh (✉) · D. Bender
52074 Aachen, Deutschland
E-Mail: g.schuh@wzl.rwth-aachen.de

D. Bender
E-Mail: d.bender@wzl.rwth-aachen.de

G. Schuh (Hrsg.), *Innovationsmanagement* 3,
DOI 10.1007/978-3-642-25050-7_1, © Springer-Verlag Berlin Heidelberg 2012

Innovation ist die Invention, eine große Idee, die ein Produkt oder Verfahren qualitativ deutlich vom existierenden Zustand unterscheidet. Wird die Invention zur Produktionsreife entwickelt, hergestellt und erfolgreich vermarktet bzw. im Fertigungsprozess eingesetzt, spricht man von einer Innovation [2]. Für das Vorliegen einer echten Innovation ist somit die erfolgreiche Umsetzung im Markt ausschlaggebend [3]. Der Markterfolg einer Invention ist dementsprechend als Innovation im engeren Sinne zu verstehen, das Innovationsverständnis im weiteren Sinne umfasst ausgehend von der Invention auch die Phasen der Marktdurchsetzung (Diffusion) und der Nachahmung durch die Konkurrenz (Imitation) [4].

Innovationen sind nicht nur als neue technische Produkte oder Prozesse zu verstehen, sondern vielmehr auch als Veränderungen in Geschäftsmodellen sowie im sozialen Bereich bei Mitarbeitern oder Kunden. Entsprechend lassen sich betriebliche Innovationen in Produkt-, Prozess-, Personal und Organisationsinnovationen unterscheiden [4].

Oft bedingen sich Innovationen in den verschiedenen Feldern gegenseitig. So führen einerseits Produktinnovationen häufig auch zu Veränderungen in der Fertigung, dem Vertrieb oder in Servicebereichen. Andererseits werden neue Produkte oftmals erst durch Innovationen in der Fertigungstechnologie möglich [5]. Zur weiteren Differenzierung von Innovationen kann der Grad der Innovation sowie die Induktionsrichtung untersucht werden. Der Grad der Innovation lässt sich als Kontinuum zwischen inkrementellen und radikalen Innovationen beschreiben [6]. Die Induktionsrichtung der Innovation legt fest, ob die Innovation durch nachfrageorientierte Induktion oder durch autonome Impulse ausgelöst wird. Im Falle nachfrageinduzierter Innovationen werden durch verbesserte oder neue Produkte oder Verfahren bereits am Markt vorhandene Bedürfnisse bedient. Im Falle einer autonomen Induktion wird das für eine Innovation entsprechende Bedürfnis auf Nachfragerseite gesucht [2]. Trotz des Scheiterns der meisten Innovationsprojekte zeigen zahlreiche Studien, dass innovative Unternehmen überdurchschnittlich profitabel sind. Innovationen stellen zudem einen der größten internen Wachstumstreiber dar [7].

1.2 Herausforderungen und Ziele des Innovationsmanagements

Innovationsmanagement bezeichnet die systematische Planung, Steuerung und Kontrolle der Überführung von Ideen in Innovationen in Organisationen. Das Management von Innovationen bezieht sich dabei auf Produkte, Dienstleistungen, Fertigungsprozesse, Organisationsstrukturen und Managementprozesse und stellt damit einen Kernprozess in Unternehmen zur Sicherung der zukünftigen Wettbewerbsfähigkeit dar. Innovationsmanagement ist darüber hinaus eine bereichsübergreifende Aufgabe, deren zentrale Herausforderung in der Erzeugung wirtschaftlich erfolgreicher Neuheiten liegt [2].

Ein Großteil der Produkte aus Deutschland konkurriert heute in gesättigten Märkten. Überkapazitäten, Globalisierung, Preisdruck und eine Angebotsvielfalt mit erheblichem Maß an Austauschbarkeit von Innovationen zeigen in vielen Branchen Wirkung: Neben einer drastischen Verkürzung der Produktlebenszyklen werden die Kunden gleichzeitig in immer „feinere" und kleinere Marktsegmente unterteilt. Die hieraus resultierende Erhöhung der Anzahl an Produktvarianten bewirkt erheblich geringere Stückzahlen je Modell, wodurch sich bei gleichzeitig steigenden Kosten für Forschung und Entwicklung je produzierter Variante der Kostendruck erheblich erhöht. Ebenfalls verschärft durch diese Entwicklung wird die Gefahr von Misserfolgen im Markt aufgrund unvorhersehbarer Änderungen in den Kundenanforderungen. Ursachen für solche Unvorhersehbarkeiten sind beispielsweise Durchbrüche in der technologischen Entwicklung oder Veränderungen im gesellschaftlichen Wirtschafts- und Wertgefüge. Unabhängig von Unvorhersehbarkeiten in der Anforderungsentwicklung stellt sich die reine Identifizierung und Priorisierung von Kundenwünschen als wesentliche Herausforderung dar. So führt die Abkopplung der Forschung und Entwicklung von den Produktions- und Markterfordernissen zu mangelnder Transparenz über die Anforderungen an ein Produkt. Darüber hinaus führt fehlender Fokus während der Produktentwicklung oft zu einem kostentreibenden Overengineering. Ebenfalls besteht Gefahr für den Markterfolg eines neuen Produktes, wenn Unternehmen dem wachsenden Kostendruck nachgeben und deshalb auf echte Innovationsleistungen und Produktmerkmale verzichten [8].

Herausforderungen für das Innovationsmanagement sind jedoch nicht nur rein extern motiviert. So ist die Sicherung der richtigen Balance zwischen Kreativität und Strukturiertheit im Innovationsprozess eine zentrale Herausforderung für das Innovationsmanagement. Das Vorhandensein kreativer Freiräume ist zentraler Bestandteil des Innovationsprozesses, die Einhaltung von Normen und Standards ist jedoch ebenfalls bedeutend für den wirtschaftlichen Erfolg neuer Produkte und darf durch kreative Prozesse nicht kompromittiert werden. Ebenso bedeutend ist die Vermeidung von Fehlqualifikationen bei den Mitarbeitern in der Produktion und im Vertrieb und inkompatiblen Organisationsstrukturen [9]. In der Phase der Produktionsvorbereitung bzw. der Produktion an sich führen mangelnde Qualifikation der Mitarbeiter oder inkompatible Fertigungstechnologien zu einem späten Scheitern von Innovationen. Herausforderung hier ist die parallele und aufeinander abgestimmte Innovation von Produkten und Fertigungstechnologien. Die späte Auseinandersetzung mit Problemen in der Produktion führen unter Zeitdruck und nicht mehr änderbaren technischen Rahmenbedingungen zu suboptimalen Lösungen im Produktionsbereich, die erhöhte Kosten und verminderte Qualität nach sich ziehen. Schwierigkeiten in der Forschung und Entwicklung sowie der Produktion eskalieren häufig in der Phase der Markteinführung der Innovation. Durch eine stark auf technische Aspekte fokussierte Ausrichtung von Forschung, Entwicklung und Produktion wird diese oftmals erst spät auf wirtschaftliche Gegebenheiten ausgerichtet. Außer der Ausrichtung auf wirtschaftliche Gegebenheiten ist insbesondere auch das Aufsetzen geeigneter Marketingmaßnahmen und die Auswahl und Qualifikation geeigneter Vertriebswege in dieser Phase von Bedeutung.

Neben diesen intern oder extern motivierten Herausforderungen liegt eine weitere wesentliche Herausforderung des Innovationsmanagements in der Überwindung von Widerständen. Innovationen werden von Beteiligten oft als Störung, Ärgernis, Umbruch oder sinnlose Turbulenz angesehen. Grund für diesen Widerstand ist ein Konflikt zwischen Veränderungswunsch und Beibehaltungsstreben. Meist richtet sich dieser Widerstand jedoch gegen Personen und Gruppen und nicht gegen die Innovation selbst [3]. Je nachdem, wo sich dieser Widerstand festigt, kann zwischen vier Widerstandsarten unterschieden werden. Innerbetrieblicher Widerstand äußert sich durch Gegendruck von Vorgesetzten, Gleichgestellten oder Untergebenen, durch welchen Ressourcen-, Rollen- oder Machtkonflikte erzeugt werden. Der zwischenbetriebliche oder marktspezifische Widerstand entsteht bei Marktpartnern, bei Kunden oder Lieferanten. Der Widerstand von Behörden und Prüfungsinstitutionen kommt zustande, sobald eine Gesetzüberschreitung oder eine Beschneidung der Rechte Dritter vorliegt. Widerstand von Protestgruppen ist nur schwer zu überwinden, da die Argumentation, die Dauer und die Intensität des Widerstandes schwer abschätzbar sind. Widerstand gegen Innovationen kann dabei auf unterschiedlichste Weise auftreten. Er kann aktiv oder passiv, offen oder verdeckt, destruktiv oder konstruktiv, direkt oder indirekt, loyal oder opportunistisch sein. Widerstand weist dabei nicht nur negative Facetten auf. Er ist ein wichtiger Teil des Innovationsprozesses, um unter anderem falsche Richtungen der Entwicklung aufzudecken, die Größenordnung des Projektes geeignet einzustellen und Projekte nicht zu lange am Leben zu lassen [3].

Die vielfältigen Herausforderungen zeigen, dass es für die Konkurrenzfähigkeit von Forschung und Entwicklung deshalb erfolgsentscheidend ist, nicht nur die Effektivität in den Innovationsbereichen zu steigern, sondern zeitgleich auch deren Effizienz. Echte Produktdifferenzierung muss bei reduziertem Ressourceneinsatz erzielt werden. Ist das übergeordnete Ziel des Innovationsmanagements die nachhaltige Steigerung des Unternehmenswertes durch Innovationen, so muss für die erfolgreiche Realisierung von Innovationen in diesem Umfeld Innovationsmanagement verschiedenen Unterzielen gerecht werden, die dabei die grundlegenden Anforderungen an ein effektives und effizientes Innovationsmanagement definieren:

Basis für ein effektives und effizientes Innovationsmanagement ist eine strikte Orientierung am Kundenwert für alle durchgeführten Innovationsaktivitäten. Der Bewertungsmaßstab hierfür ist der durch die Innovationsaktivitäten aus Sicht des jeweiligen Kunden geschaffene Wert. Die genaue Kenntnis der Kundenbedürfnisse ist deshalb eine zentrale Aufgabe des Innovationsmanagements, besonders in den frühen Phasen des Innovationsprozesses. Auch die Berücksichtigung von Alternativlösungen und die richtige Priorisierung von Zielen müssen durch das Innovationsmanagement sichergestellt werden, um die Schaffung von Wert aus Kundensicht sicherzustellen. Grundlage für Kundenorientierung im Innovationsmanagement ist eine objektiv messbare Generierung von Wert, sodass Verschwendung nachhaltig eliminiert oder kontinuierlich reduziert werden kann.

Für die effiziente Abwicklung der Innovationsaktivitäten ist es Aufgabe des Innovationsmanagements, die Synchronität der Prozesse sicherzustellen. Hierfür sind Teilprozesse in der Planung der Innovationsaktivitäten zu koppeln und die Arbeitsgeschwindigkeiten in den verschiedenen Prozessen aufeinander abzustimmen. Ebenso sind die Kompetenzen und Verantwortungen im Innovationsbereich überschneidungsfrei zu definieren, um effiziente Prozesse zu etablieren und Skaleneffekte in der Abwicklung zu erzielen. Zur Gewährleistung synchroner Prozesse ist es ebenfalls Aufgabe des Innovationsmanagements, standardisierte Schnittstellen und Übergaben zu ermöglichen, um Fehlinterpretationen von Informationen sowie Iterationen, Rückschleifen und Wartezeiten zu vermeiden.

Um über die verschiedenen Innovationsprozesse und Beteiligten hinweg Transparenz zu erhalten, besteht eine Aufgabe des Innovationsmanagements in der Reduktion von Informationen auf das Wesentliche sowie deren Visualisierung und Kommunikation. Ziele und Ergebnisse sind in diesem Rahmen in Daten festzuhalten, um Abweichungen vom Soll leicht identifizieren zu können.

Ein wesentlicher Bestandteil der Innovationsaktivitäten sind Prozesse, in denen kreative Tätigkeiten organisiert sind. Hier ist es Aufgabe des Innovationsmanagements, die

Steuerung dieser Prozesse gemäß der Innovationsplanung zu gewährleisten. Auf diese Weise kann „ewige Kreativität" vermieden und echter Kundenwert geschaffen werden. Das Hinterfragen von Lösungen sowie Versuch und Irrtum sind dabei essenzieller Bestandteil des Innovationsprozesses. Zusätzlich muss in diesem Umfeld das Innovationsmanagement die Wahrung von Normen und Standards sicherstellen. Darüber hinaus ist es seine Aufgabe, die kontinuierliche Prozessverbesserung zur Kultur im Unternehmen zu erheben. Hierbei sollte das Streben nach Perfektion bei Mitarbeitern als Selbstanspruch verankert sein und entsprechend durch das Innovationsmanagement unterstützt werden. Wesentliche Bestandteile zur Perfektionierung der Innovationsaktivitäten sind dabei die Schaffung von stabilen Prozessen und Standards sowie das konsequente Hinterfragen des Erreichten zur kontinuierlichen Verbesserung.

1.3 Handlungsfelder des Innovationsmanagements

Die Innovationsfähigkeit eines Unternehmens hängt maßgeblich von einem zielgerichtet durchgeführten Innovationsmanagement ab. Hierfür muss das Innovationsmanagement in den verschiedenen Wettbewerbsarenen eines Unternehmens aktiv sein. So erfordert eine erfolgreiche strategische Ausrichtung des Unternehmens nicht nur die Auflage der richtigen Innovationsprogramme, sondern darüber hinaus auch die Gestaltung einer passenden Innovationsorganisation und die Etablierung eines angemessenen Führungsverhaltens. Nur so können im Tagesgeschäft des Unternehmens Innovationsprozesse störungsfrei ablaufen, Innovationsprojekte erfolgreich durchgeführt werden und eine nachhaltige Innovationskultur im Unternehmen gelebt werden (Abb. 1.1).

Die *Innovationsorganisation* stellt einen strategischen und strukturell prägenden Verantwortungsbereich des Innovationsmanagements dar. Sie bildet den Rahmen für die Planung der Innovationsprogramme und die Etablierung eines angemessenen Führungsverhaltens. Das Ziel der Innovationsorganisation ist die Schaffung von Strukturen, die eine optimale Innovationsfähigkeit ermöglichen. Dabei befasst sich die Innovationsorganisa-

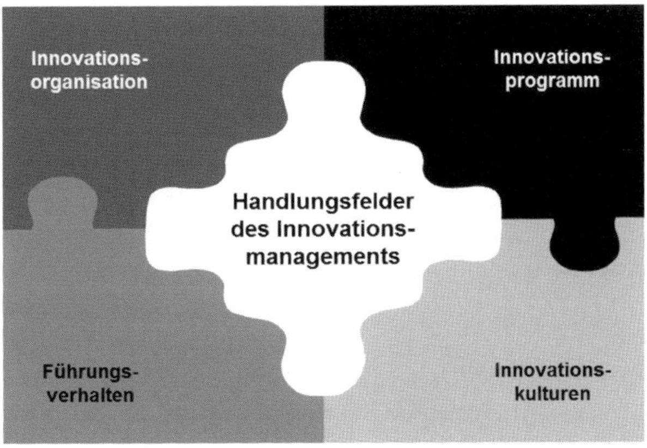

Abb. 1.1 Handlungsfelder des Innovationsmanagements

tion nicht nur mit der Gestaltung der Verankerung des Innovationsbereiches im Unternehmen, sondern darüber hinaus auch mit der Auswahl der richtigen unternehmensinternen und -übergreifenden Kooperationsform im Rahmen von Innovationsaktivitäten. Bei der Verankerung des Innovationsbereiches im Unternehmen muss grundsätzlich über die Zentralisierung von Finanzierung und Steuerung auf der einen und Ressourcen auf der anderen Seite entschieden werden. Im Rahmen der Innenstrukturierung des Innovationsbereiches erfolgt die Wahl der richtigen Aufbauorganisationsform für das Unternehmen. Hierbei müssen sowohl in der Linie als auch in der Projektorganisation Strukturen geschaffen werden, die den Markt- und Produktstrukturen des Unternehmens gerecht werden. Weiterer Baustein der Gestaltung der Innenstrukturierung ist die Wahl der richtigen Kooperationsform im Unternehmen. Die Kooperationsmodelle bewegen sich zwischen den Extremen zentrale und dezentrale Steuerung interner Kompetenzen und Wissensbasen auf der einen Seite und Kooperation oder Wettbewerb von Innovationsstandorten auf der anderen Seite. Auf Ebene der unternehmensübergreifenden Gestaltung von Innovationsorganisation steht die Wahl der richtigen Form von Kooperation zwischen Unternehmen. Entsprechend der Zielsetzung des Unternehmens bieten sich hier ausgehend von strategischen Allianzen, Joint Ventures, Lizenzierungen und Forschungskooperationen verschiedene Mittel für die Kooperation von Unternehmen an. Die Auswahl des richtigen Mittels ist dabei maßgeblich von der spezifischen Innovationsaufgabe abhängig und kann nicht generell getroffen werden.

Die *Innovationsprogramme* geben die strategische Stoßrichtung für zukünftige Innovationen vor. Diese werden aus der Unternehmenspolitik abgeleitet und aktualisiert auf Grundlage der momentanen Situation in entsprechende Handlungsanweisungen umgesetzt. Hauptaufgabe bei der Gestaltung von Innovationsprogrammen ist es demnach, die eigene, geschaffene Marktposition optimal zu nutzen und zu erweitern. Die Nutzung der bereits geschaffenen Marktposition legt dabei einen Schwerpunkt auf den Aufbau zusätzlicher Markteintrittsbarrieren und inkrementelle Innovationen, d. h. die technologische Pflege der Produkte sowie die Pflege des Produktprogramms beispielsweise durch eine gezielte Komplexitätsreduktion mittels Variantenmanagement. Die Gestaltung der Innovationsprogramme muss dabei die vier Dimensionen zeitliche Ausrichtung, Kompetenzorientierung, Außenorientierung und Planungssystematik berücksichtigen (Abb. 1.2).

Bei der zeitlichen Ausrichtung der Innovationsprogramme sind insbesondere deren Fristigkeit und Informationsprofil, d. h. die Verfügbarkeit von planungsrelevanten Informationen, von entscheidender Bedeutung. Grundsätzlich lässt sich hier zwischen gegenwartsorientierten, kurzfristigen Programmen mit eher detaillierter Planung und zukunftsorien-

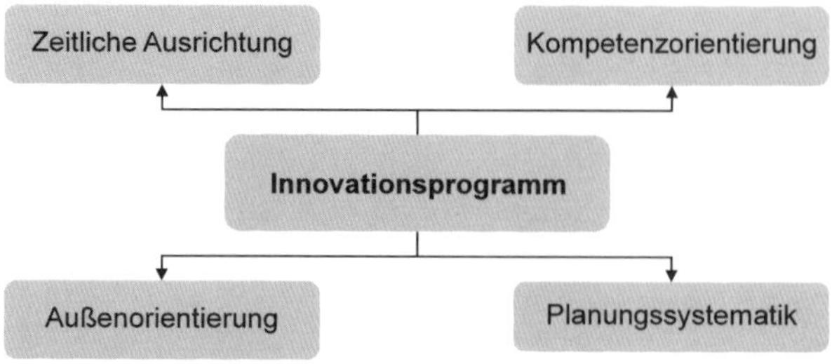

Abb. 1.2 Die vier Dimensionen des Innovationsmanagements

tierten, langfristigen Programmen mit weniger detaillierter Planung unterscheiden. Für die Planung der benötigten Kompetenzen in den jeweiligen Innovationsprogrammen ist eine Unterscheidung zwischen dem Aufbau von Kompetenzen und der synergetischen Nutzung von bereits bestehenden Kompetenzen erforderlich. In die Betrachtung fließen sowohl technologische als auch marktseitige Kompetenzen ein, um entsprechendes Wissen über Technologien, Branchen, Kunden und Wettbewerber synergetisch nutzen oder ausbauen zu können. Die Außenorientierung von aufgesetzten Innovationsprogrammen weist eine enge Verknüpfung zur Aufstellung der Innovationsorganisation auf. Innovationsprogramme, die bereits in frühen Phasen eine Zusammenarbeit mit externen Entwicklungspartnern, unabhängig davon ob dies Kunden, Zulieferer oder Lead-User sind, anstreben, benötigen eine organisatorische Verankerung dieser Aktivitäten in Form entsprechender, unternehmensübergreifender Kooperationsformen in der Organisation. Im Falle einer autarken Durchführung von Innovationsprogrammen werden die Aktivitäten mit externen Partnern auf späte Phasen des Innovationsprozesses verschoben (beispielsweise in Form von Kundeninterviews nach der Markteinführung oder der Vergabe von Aufträgen auf Basis von Fertigungszeichnungen) und auf ein Minimum reduziert. Die Innovationsaktivitäten werden hierbei eher auf Durchschnittskunden bezogen als auf spezifische Kundensegmente.

Drittes, wesentliches Handlungsfeld im Rahmen der strategischen Aktivitäten des Innovationsmanagements ist das *Führungsverhalten.* Zielsetzung ist die Verbesserung der Innovationsfähigkeit der Mitarbeiter bzw. deren Einstellung zu Innovationen in Produkten und Prozessen. Die Dimensionen des Führungsverhaltens Mitarbeiterförderung, Entscheidungsfindung, Leistungsbeurteilung und Kommunikationsverhalten spannen dabei den Raum auf, in dem generelle Ausprägungen des Führungsverhaltens unterschieden werden können. Durch eine gezielte Mitarbeiterförderung wird eine, den jeweiligen Fähigkeiten und Neigungen der Mitarbeiter entsprechende Weiterbildung im Unternehmen erreicht. Hierbei ist die Unterscheidung zwischen Spezialisten und Generalisten sinnvoll. Im Gegensatz zu einer spezialisierenden Weiterbildung der Mitarbeiter ist für eine Generalistenausbildung auch insbesondere die Verbesserung der Fähigkeiten in den Bereichen Führung und Kooperation von entscheidender Bedeutung. Die Entscheidungsfindung stellt eine bedeutende Dimension des Führungsverhaltens in den Innovationsbereichen des Unternehmens dar. In hierarchiegeprägten Unternehmen erfolgt die Entscheidungsfindung durch einen designierten Entscheider mit wenig inhaltlicher Rücksprache mit den betroffenen Bereichen bzw. Mitarbeitern. Im Gegensatz hierzu baut ein beitragsorientiertes und partizipatives Führungsverhalten auf die Einbindung der Bereiche und Mitarbeiter in den Entscheidungsfindungsprozess. Bei der Leistungsbeurteilung kann entweder zwischen einer ergebnis- oder einer entwicklungsorientierten Beurteilung unterschieden werden. Erfolgt eine ergebnisorientierte Bewertung in einem absoluten Bewertungsrahmen mit engem Bewertungsumfang, folgt die entwicklungsorientierte Bewertung einem relativen Bewertungsrahmen und verfügt in der Regel über einen komplexen Bewertungsumfang und -zusammenhang. Ebenfalls von Bedeutung im Rahmen des Führungsverhaltens ist die Wahl des Kommunikationsverhaltens. Einbeziehende Kommunikation erfordert eine ganzheitliche, Inhalte klärende Einstellung, während ausgrenzende Kommunikation durch einen nachträglich anweisenden, aufgabenbezogenen Inhalt geprägt ist. Das Führungsverhalten ist ein anspruchsvolles, kraftvolles Mittel im Rahmen des Innovationsmanagements, um die des Unternehmens zu beeinflussen. Richtiges, den Gegebenheiten angepasstes bzw. entsprechendes Führungsverhalten stellt nicht nur hohe Anforderungen an den individuellen Mitarbeiter, sondern ist vor allem oft nur langfristig mit der Akzeptanz aller Beteiligten änderbar.

Aufbauend auf dem Führungsverhalten innerhalb des Innovationsmanagements flankiert und stützt die *Innovationskultur* die Durchführung der Innovationsprozesse und -projekte im Unternehmen. Charakteristika einer guten Innovationskultur sind dabei vor allem ein zielorientiertes Vorgehen, also die Orientierung an klar definierten Zielen, eine klare Priorisierung von Ideenqualität statt -quantität, eine zukunftsorientierte Gestaltung, die Nutzung vorhandener Stärken, die Schaffung transparenter und standardisierter Prozesse, eine objektive Ideenauswahl, die Synchronität mit Markt- und Technologieentwicklung sowie das Bewahren eines offenen und kreativen Umfeldes. Ein wesentliches Element eines zielorientierten Vorgehens ist die Transparenz der Ziele von Entscheidern und der Unternehmensziele in den jeweiligen betroffenen Bereichen. Erst wenn die Innovationsziele und die Innovationsstrategie bekannt, definiert und kommuniziert sind, können geeignete Lösungen gesucht und gefunden werden. Bei der Lösungssuche kommt der Ideenqualität eine wichtige Rolle zu. Die systematische Generierung qualitativ hochwertiger Ideen sollte durch die Innovationskultur des Unternehmens unterstützt werden. Innovationen basieren meist auf zufälligen Ideen individueller Mitarbeiter. Daher sollte die Innovationskultur eine hohe Ideenqualität einer hohen Quantität an Ideen vorziehen. Bei der Auswahl von Ideen ist die objektive Bewertung von entscheidender Bedeutung. Die Innovationskultur des Unternehmens muss deshalb die Rahmenbedingungen schaffen, die eine objektive Ideenbewertung ermöglicht und sich nicht nur auf eine bereits vorhandene Historie von Lösungswegen im Unternehmen stützt. Ein weiterer wichtiger Aspekt der Innovationskultur im Unternehmen ist das kontinuierliche Aufspüren von Trends oder das wiederholte Setzen derselbigen durch das Unternehmen. Voraussetzung ist das Erkennen von latenten und zukünftigen Markt- und Kundenanforderungen, um Innovationspotenziale richtig zu erkennen. Die stetige Synchronisation mit Markt- und Technologieentwicklungen kann hierbei helfen, frühzeitig technologische Kompetenz und Marktkenntnisse aufzubauen, um sowohl Ressourcen effizient einzusetzen als auch den optimalen Markteintrittszeitpunkt zu bestimmen. Durch die Schaffung transparenter Prozesse wird der Überblick bei Detailarbeiten beibehalten und effizientes Arbeiten ermöglicht. Kernherausforderung der Innovationskultur ist damit die Bewahrung von Offenheit und die Stimulierung von Kreativität zur nachhaltigen und kontinuierlichen Entwicklung innovativer Produkte.

1.3.1 Kernprozesse des Innovationsmanagements

Ein tragender Baustein erfolgreichen Innovationsmanagements sind die zugehörigen Kern- und flankierenden Prozesse. Ausgehend von der Gestaltung der Innovationsstrategie beinhalten die Kernprozesse die Entstehung und Pflege von technischen Produkten. Parallel zur Gestaltung der grundlegenden Innovationsstrategie (Kap. 2) sind hierbei die Produktplanung (Kap. 3) und die Produktarchitekturgestaltung (Kap. 4) Elemente der frühen Phase des Innovationsmanagements. Aufbauend auf der Innovationsstrategie, der Produktplanung und -architekturgestaltung erfolgt die eigentliche Entwicklung des Produktes (Kap. 5). Parallel hierzu erfolgt im Sinne einer integrierten Produkt- und Prozessgestaltung die Entwicklung der zugehörigen Prozesse (Kap. 5). Die Marktphase des entwickelten Produktes wird durch eine kontinuierliche Produktpflege bzw. Release Management begleitet. Flankiert werden die Kernprozesse des Innovationsmanagements durch das Innovationscontrolling (Kap. 6) und das Product Lifecycle Management (Kap. 7; Abb. 1.3).

Gestaltung der Innovationsstrategie: Die Innovationsstrategie ist ein grundlegendes Handlungsfeld des Innovationsmanagements, dessen Ausgestaltung im Rahmen der Innovationsprozesse systematisch zu definieren ist. Dabei ist die Gestaltung der Innovationsstrategie einerseits Ausgangsbasis für den Innovationsprozess, wird jedoch auch andererseits parallel sowie teilweise integrierend zu den Aktivitäten der Produktplanung und Produktarchitekturgestaltung weiter konkretisiert. Für die Definition der Innovationsstrategie selbst existiert kein einheitliches, allgemeingültiges Vorgehen. Sie ist vielmehr von verschiedenen, unternehmensspezifischen Rahmenbedingungen abhängig. Unabhängig von unternehmensspezifischen Faktoren können vier unterschiedliche, generische Innovationsstrategien unterschieden werden, die sich in ihren verschiedenen Ausprägungen miteinander kombinieren lassen. Klassische Entscheidungsdimensionen sind dabei die Art der Wissensbeschaffung, der Technologieverwendung, des Ursprungs des Innovationsimpulses sowie die Bestimmung des Markteintrittszeitpunkts. Die Entscheidungsdimension der Wissensbeschaffung im Rahmen der Innovationsstrategie bewegt sich zwischen einer Entwicklung im eigenen Unternehmen mit eigenen Ressourcen und dem Fremdbezug einer Innovationsleistung. Da insbesondere der Übergang von der Eigenentwicklung zum Fremdbezug kurzfristige bis dauerhafte Auswirkungen nach sich zieht, sollte die sogenannte „Make-or-buy-Entscheidung" sorgfältig auf die gesamtstrategische Zielsetzung des Unternehmens angepasst werden. Im Rahmen der Technologieverwendung kann eine Invention grundsätzlich vom Unternehmen selbst verwertet werden oder an ein anderes Unternehmen übertragen werden. Dabei wird der erste Fall als interne Verwertung oder Eigennutzung und der zweite Fall als externe Verwertung bzw. Vermarktung bezeichnet. Eine weitere zentrale Fragestellung bezüglich der strategischen Ausrichtung der Innovationstätigkeit ist die des Innovationsimpulses. Bei der Market-Pull-Strategie bilden die Bedürfnisse der Kunden die Ausgangsbasis. Im Vorfeld der Technologieentwicklung werden Marktveränderungen und bislang unbeantwortete Kundennachfragen identifiziert. Bei der Technology-Push-Strategie steht dagegen die Entwicklung der

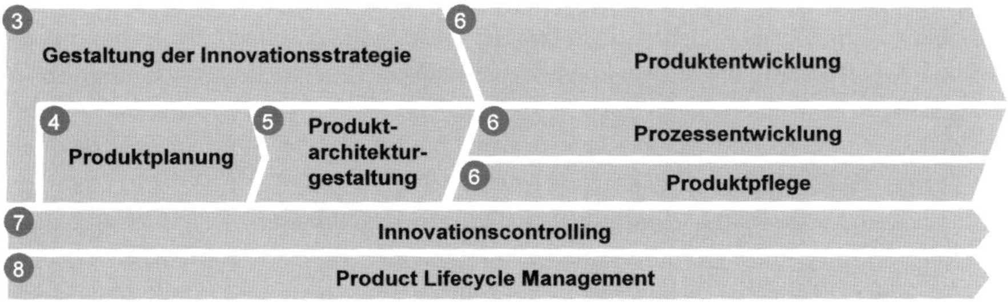

Abb. 1.3 Kernprozesse des Innovationsmanagements

Technologie im Vordergrund. Bei der Wahl des Markteintrittszeitpunkts kann grundsätzlich zwischen Führerschafts- und Folgerschaftsstrategien unterschieden werden. Unternehmen, die die Führerschaft (Pionier) anstreben, sind bemüht, ein neues Produkt bzw. eine neue Technologie vor allen anderen Wettbewerbern auf dem Markt zu etablieren. Die verschiedenen Folgerschaftsstrategien lassen sich dabei hinsichtlich ihres Markteintrittszeitpunktes in frühe Folger und späte Folger unterscheiden. Neben den Führerschafts- und Folgerschaftsstrategien können Unternehmen ebenfalls entscheiden, gewisse Produkt- oder Technologiefelder im Rahmen einer „Non Follower" Strategie gezielt nicht zu besetzen.

Produktplanung und Produktarchitekturgestaltung: Ein wesentlicher Bestandteil der strategischen Ausrichtung des Innovationsmanagements sind die Prozesse zur *Produktplanung* und *Produktarchitekturgestaltung*. Hierbei dient die Produktplanung der Vorbereitung der Produktarchitekturgestaltung. Im Rahmen der Produktplanung werden deshalb sowohl Produkte zeitlich als auch produktunabhängige, einzuhaltende Standards definiert, um produktübergreifend Skaleneffekte und damit Kostenvorteile erschließen zu können. Die Planung der Produkte stellt damit einen wesentlichen Baustein für die erfolgreiche Realisierung von Baukästen dar. Long-Range Component Plans zur Vorausplanung der Komponentenverwendung im Baukasten und Produkt-Roadmaps unterstützen diesen Planungsprozess zielgerichtet. Aufbauend auf der Produktplanung erfolgt die eigentliche Gestaltung der Produktarchitektur. Eine grundlegende Problemstrukturierung kann dabei mittels der unterschiedlichen Arten der Funktionsstrukturierung erfolgen. Je nach Zielsetzung der Problemstrukturierung kommen dabei umsatzorientierte Funktionsmodellierungen zur Beschreibung von Stoff-, Energie- und Kommunikationsflüssen, relationsorientierte Modellierungen zur Beschreibung des Zusammenspiels von nützlichen und schädlichen Produktfunktionen oder nutzerorientierte Modellierungen zur Beschreibung des Zusammenspiels zwischen Produkteigenschaften, Produktverwendung und verschiedenen Nutzergruppen, zum Einsatz. Liegt die grundlegende Strukturierung der Problem- bzw. Aufgabenstellung vor, erfolgt im Rahmen der Produktstrukturierung die Abbildung der Funktionen in einem darstellenden Modell des Produktes. Die Produktstruktur legt dabei die Zusammengehörigkeit der funktionalen mit den physischen Elementen des späteren Produktes, sowie das Zusammenspiel der Komponenten untereinander, fest. Neben der integralen und differenziellen Gliederung von Funktionen zu Bauteilen, ist vor allem die Wahl des Produktstrukturtyps ein wesentliches Gestaltungsmerkmal im Rahmen der Gestaltung der Produktarchitektur. Auf übergeordneter Ebene lässt sich hier zwischen Baukästen, Modulen, Baureihen und Paketen als Gliederung unterscheiden. Ein weiteres wesentliches Element, insbesondere bei der Gestaltung modularer Baukästen, ist die systematische Beschreibung der Schnittstellen zwischen den verschiedenen Komponenten des Produktes. Für eine optimale Auslegung der Produktschnittstellen ist eine frühzeitige Berücksichtigung im Gestaltungsprozess der Produktarchitektur, möglichst schon im Rahmen der Funktionsmodellierung, erforderlich. Eng verknüpft mit der Gestaltung von Produktarchitekturen ist das Kommunalitätsmanagement. Im Rahmen des Kommunalitätsmanagements wird, je nach Ebene der Kommunalität, die gezielte Wiederverwendung von Bauteilen, Technologien bis hin zur Wiederverwendung von Anforderungen bzw. Funktionsprinzipien angestrebt.

Produktentwicklung: Aufbauend auf der Innovationsstrategie, der Produktplanung und der Produktarchitekturgestaltung erfolgt im Rahmen der Produktentwicklung die operative Umsetzung der geplanten Produktumfänge und -strukturen. Hierbei reichen die Aktivitäten der Produktentwicklung ausgehend vom Anforderungsmanagement über die methodische Konstruktion bis hin zur Ergebnisanalyse. Flankiert werden diese Kernprozesse der Produktentwicklung durch die Prozesse des entwicklungsbegleitenden Änderungsmanagements sowie dem Simultaneous Engineering, d. h. die Parallelisierung und Verzahnung der Produktentwicklung mit der Entwicklung der zugehörigen Produktionsprozesse. Aufgabe des Anforderungsmanagements ist hierbei die Erstellung, Abstimmung und Dokumentation der Informationen, die für einen reibungslosen Ablauf des weiteren Entwicklungsprozesses erforderlich sind. Das Anforderungsmanagement ist dabei als kontinuierlicher Prozess zu betrachten, der sich grob in die Phasen Anforderungsermittlung, Anforderungsanalyse und Anforderungsvereinbarung gliedert. Die Anforderungsermittlung klärt in einem ersten Schritt die Vision eines Projektes bzw. Produktes. Anschließend werden Anforderungen mithilfe verschiedener Kreativitäts-, Befragungs- und Beobachtungstechniken gesammelt, validiert und zu einer Anforderungsspezifikation zusammengefasst. Das Ziel der Anforderungsanalyse ist eine erste Synthese einer Lösung aus den Anforderungen, die die Erfüllung der Anforderungen im Zusammenhang beschreibt. Mittels verschiedener Analysemethoden lassen sich unterschiedliche Lösungsansätze entwickeln, die vergleichend gegeneinandergestellt und bewertet werden können. Ein weiterer entscheidender Punkt dieser Phase des Anforderungsmanagements ist die Priorisierung der Anforderungen. Die zeitlichen oder auch finanziellen Restriktionen eines Entwicklungsprojekts lassen es in der Regel nicht zu, dass alle Anforderungen zeitgleich mit der gleichen Intensität bearbeitet werden können. Der dritte wesentliche Baustein des Anforderungsmanagements ist die begleitende Verfolgung von Änderungen der Anforderungen. Nur so kann gewährleistet werden, dass der Lebenszyklus von Anforderungen, ausgehend vom Ursprung der Anforderung, über verschiedene Verfeinerungs- und Spezifikationsschritte bis hin zur Realisierung der Anforderungen in den jeweiligen Projekten erhalten bleibt. Der Prozess der methodischen Konstruktion beinhaltet die Phasen Planen, Konzipieren, Entwerfen und Ausarbeiten der Lösung. In die Phase der Planung fällt die Klärung und Präzisierung der Anforderungen an das zu entwickelnde Produkt. In der Phase „Konzipieren" werden Funktionen und Lösungsprinzipien, sowie ein Entwurf der Produktstruktur der wesentlichen Produktbestandteile entwickelt. Hierauf aufbauend erfolgt in der Phase „Entwerfen" die modellhafte Ausarbeitung des gesamten Produktes. Abschließend erfolgen in der Phase „Ausarbeiten" die Ausgestaltung und Optimierung der einzelnen Produktbestandteile im Detail. Ein wesentliches Merkmal für die Klassifizierung der Konstruktionsaufgabe ist dabei der Neuheitsgrad des zu entwickelnden Produktes. Dabei kann mit abnehmenden Neuheitsgrad zwischen Neukonstruktion, Redesign, Anpassungskonstruktion, Variantenkonstruktion und Prinzipkonstruktion unterschieden werden. Mit abnehmendem Neuheitsgrad steigt im Allgemeinen die Rechnerunterstützung im Konstruktionsprozess, wohingegen der eigentliche Konstruktionsaufwand abnimmt. Der Konstruktionsprozess ist dabei verschiedenen Restriktionen unterworfen. Neben Fertigungs-, Montage- und Demontagegerechtheit sind auch Anforderungen seitens Transport- und Handhabungsgerechtheit, Wartungs- und Instandhaltungsgerechtheit sowie Umwelt- und Recyclinggerechtheit restriktiv auf die Freiheiten des Konstrukteurs bei der Produktgestaltung aus. Der abschließende Prozess in der Produktentwicklung ist die Ergebnisanalyse. Ziel der Ergebnisanalyse ist es, möglichst frühzeitig und effizient Eigenschaften der Lösungen zu erkennen und weitere Aufgaben aus den Prüfergebnissen abzuleiten. Je nach Reifegrad der analysierten Lösung eignen sich unterschiedliche Analysemethoden und Vorgehensweisen. Bekannte Analysemethoden in diesem Kontext sind das Design Review sowie die Fehler-Möglichkeits-und-Einfluss-Analyse (FMEA). Auch simulatorische Analysen wie Finite-Elemente-Systeme oder beispielsweise Digital Mock-Ups von Lösungen stellen einen bedeutenden Baustein für die Absicherung der entwickelten Produkte dar. Weitergehende Analysen lassen sich durch den Bau von Prototypen realisieren. Je nach Entwicklungsstadium kann auch hier zwischen unterschiedlichen Prototypen wie Design-, Geometrie-, Funktions-, Technik- und Vorserienprototypen unterschieden werden. Flankiert werden die Prozesse der Produktentwicklung durch das Änderungsmanagement. Kürze Lebenszyklen der Produkte, höhere Anforderungen, kürzere Entwicklungszeiten, steigende Entwicklungskosten und eine zunehmende Globalisierung der Entwicklung erfordern ein effektives und effizientes Änderungsmanagement, um die Vielzahl an Änderungen auch in teamorientierten Strukturen zu beherrschen. In diesem Umfeld wird die Fähigkeit, Änderungen schnell und wirksam umzusetzen, zum Wettbewerbsvorteil. Dabei ist der Änderungsprozess integraler Bestandteil jedes Entwicklungsprozesses und erfordert eine ebenso ganzheitliche Denkweise, um negative Folgen zu begrenzen. Der Änderungsprozess beginnt mit dem Erkennen eines Änderungsbedarfes, gefolgt von den Phasen Änderungsbewertung, Änderungsplanung und Änderungsumsetzung. Zu Beginn des Änderungsprozesses werden die notwendigen Änderungen in einem Änderungsantrag zusammengefasst und zur Bewertung vorgelegt. Bei positiver Bewertung der im Änderungsantrag beschriebenen Änderungswünsche wird ein entsprechender Änderungsauftrag erzeugt, der Basis für die Planung und Umsetzung der notwendigen Änderungen ist. Für die erfolgreiche Umsetzung von Produktinnovationen ist eine die Produktentwicklung flankierende und mit der Produktentwicklung verzahnte Entwicklung der Produktionsprozesse ein wesentlicher Erfolgsfaktor. Kern der operativen Umsetzung des Simultaneous Engineering sind dabei die Ansätze der ablauforientierten Integration, der aufbauorientierten Integration und der informationsorientierten Integration.

Produktpflege und Release Management: Auch nach der Markteinführung neuer Produkte unterliegen diese einem kontinuierlichen Änderungs- und Erweiterungsprozess. Neben der Markteinführung von Derivaten und neuen Funktionsumfängen fließen auch in der Marktphase Änderungen an bestehenden Produkten und Funktionsumfängen, beispielsweise technisch oder auch legislativ bedingt, ein. Basis des Release-Engineering ist daher der Grundgedanke, Änderungen und Innovationen in festen Release-Zyklen zu konsolidieren und Komponenten dementsprechend zu „Release-Einheiten" zusammenzufassen. Durch einen Übertrag dieses Effekts auf Derivate kann der erreichte Synergieeffekt der Einsparung von Folgeänderungen und Abstimmungsaufwänden weiter gesteigert werden. Darüber hinaus geht mit dem Release-Engineering eine konsequente Strukturierung und Pflege des Produktprogramms einher. Dies ermöglicht im Rahmen der Release-Gestaltung eine stetige Neuausrichtung sowie die Eliminierung von nicht mehr oder nur schwach nachgefragten Varianten.

Innovationscontrolling: Das Innovationscontrolling stellt einen, die Kernprozesse des Innovationsmanagements flankierenden, Prozess dar und lässt sich anhand der drei Dimensionen „Ausrichtung", „Bestandteile" und „Bereiche" beschreiben. Die Ausrichtung des Innovationscontrollings unterscheidet zwischen strategischem und operativem Innovationscontrolling, je nachdem, ob sich die Unterstützung auf die langfristigen strategischen Aufgaben des Innovationsmanagements (z. B. die Erarbeitung der Innovationsstrategie) oder die eher kurzfristigen operativen Aufgaben (z. B. das Controlling des Verlaufes einzelner Projekte) bezieht. So geht es im operativen Controlling darum, die Projekte möglichst schnell, ressourcenschonend und erfolgreich abschließen zu können, während die Positionierung der Innovationsaktivitäten und eine angemessene Verteilung der Projekte das strategische Controlling beschäftigen. Nicht minder wichtig ist zudem eine koppelnde Funktion, die das Innovationscontrolling zwischen den beiden Perspektiven einnimmt. Neben dem strategischen Innovationscontrolling lassen sich beim operativen Innovationscontrolling drei wesentliche Controllingarten unterscheiden. Dies sind das F&E-Controlling, welches sich auf den F&E Bereich konzentriert, das Produktcontrolling, das die Überführung einer Innovationsidee zu einem konkreten Produkt regelt und das Variantencontrolling, welches die systematische Planung der Produktvarianz unterstützt. Das F&E-Controlling unterstützt das Innovationsmanagement in der Planung und Umsetzung von Innovationsprojekten. Dabei liegt der Fokus eher auf der effizienten Durchführung von Innovationsprojekten als auf der effektiven Ausrichtung. Das F&E-Controlling umfasst die vier Funktionen Planungsunterstützung, Überwachung der operativen Ziele und Aufzeigen von Abweichungen, Informationsversorgung sowie Koordination, d. h. Abstimmung von dem Einzel- und Multiprojekt-Bereichscontrolling mit dem Controlling im Gesamtunternehmen. In Ergänzung zu dem eher prozessorientierten F&E-Controlling fokussiert das Produktcontrolling die Kostenträger als Bezeichnung für die betrieblich wertmäßige Leistung entsprechend dem Unternehmenszweck. Neben physischen Produkten können dies auch Dienstleistungen sein. Neben dem reinen Kostencontrolling steht auch das Controlling des Kundenwertes im Fokus des Produktcontrollings. Die systematische Planung der Produktvarianz ist ein Erfolgsfaktor zur wirtschaftlichen Erzeugung von Innovationen. Neben der variantengerechten Planung neuer Produkte ist die kontinuierliche Kontrolle der bestehenden Varianz im Produktprogramm eine zentrale Aufgabe des Innovationsmanagements und Aufgabe des Variantencontrollings, das häufig auch mit den Begriffen Vielfaltscontrolling oder (Produkt-)Komplexitätscontrolling bezeichnet wird. Ähnlich dem Produktcontrolling werden im Rahmen des Variantencontrollings zwei wesentliche Zielsetzungen verfolgt. Zum einen eine variantenorientierte Kostenrechnung, die eine genaue Zuordnung der durch Varianz entstehenden Kosten erlaubt und so die klassische Kostenrechnung präzisiert, zum anderen die Abbildung und Analyse von Produktvarianz mit dem Ziel der anschließenden Kosten-Nutzen gerechten Optimierung angebotener Produktvarianten. Neben der Ausrichtung des Innovationscontrollings sind dessen Bestandteile ein wesentlicher definitorischer Aspekt und adressieren die verschiedenen Aufgaben, Instrumente und die verwendeten Kennzahlen für das Controlling. Die Dimension „Bereiche" definiert die Bereiche, in denen das Innovationscontrolling aktiv ist und das Innovationsmanagement unterstützt. Aufgrund der bereits frühen Einbeziehung aller an dem Prozess der Innovationserbringung beteiligten Unternehmensbereiche muss das Innovationscontrolling als Bestandteil des Innovationsmanagements, den Innovationsprozesses in allen Phasen, von der ersten Idee bis hin zur Produkteinführung, unterstützen.

Product Lifecycle Management: Ein weiterer flankierender Prozess des Innovationsmanagements ist das Product Lifecycle Management. Unter Product Lifecycle Management (PLM) wird ein Konzept zur ganzheitlichen Steuerung und Verwaltung des Produktes entlang des gesamten Lebenszyklusses verstanden. Durch Integration der gesamten Wertschöpfungskette wird versucht, den gesamten Produktentstehungsprozess effektiv und effizient zu gestalten. Insbesondere das Management von produktrelevanten Daten und Informationen bildet in diesem Zusammenhang einen wichtigen Stellhebel. Mit Product Lifecycle Management wird eine neue Sichtweise auf das Unternehmen eingenommen. Der integrative Ansatz führt dazu, dass neue Strukturen geschaffen werden müssen, die teilweise der traditionellen Arbeitsteilung entgegenstehen. Dieser Umstand führt unweigerlich zu einer neuen Orientierung der Produktentstehungsprozesse und damit zu einer neuen Sichtweise auf das Unternehmen. Grundlage für ein erfolgreiches Product Lifecycle Management ist die Definition der zu realisierenden Nutzenpotenziale. Hierfür sind die wesentlichen Bestandteile „PLM-Strategie", „PLM-Konzept" und IT-Architekturen einer PLM-Lösung zu definieren. In der Strategiedefinition werden die Ziele, der durch PLM angestrebte Nutzen sowie die Strukturen im Unternehmen adressiert. Im Rahmen des PLM-Konzeptes werden sowohl die relevanten Unternehmensprozesse, die Funktionalitäten als auch die relevanten Informationen definiert, die mit der PLM-Lösung abgedeckt werden sollen. Schließlich wird mit dem PLM IT-Architekturtyp festgelegt, in welcher Struktur die verschiedenen IT-Systeme vorliegen sollen. Im Rahmen der Entscheidung muss die unternehmenseigene IT-Struktur ebenfalls in die Betrachtung mit einbezogen werden.

1.4 Struktur dieses Bandes

Das neue St. Galler Management-Modell ist die Basis für den *Ordnungsrahmen Produktion und Management*, der dieser Schriftenreihe als Grundlage dient. Die Anpassung erfolgt mit besonderer Rücksicht auf produzierende Unternehmen, da das neue St. Galler Management-Modell allgemeingültig und auf jegliche Unternehmenstypen projizierbar ist. Um den Ansprüchen produzierender Unternehmen gerecht zu werden, werden daher der Betrieb als Aufrechterhaltung des Ist-Zustandes und die Leistungserstellungsprozesse stärker in den Fokus gerückt. Der Ordnungsrahmen gliedert sich in die *innerbetrieblichen Fragestellungen* auf den Flächenseiten des Würfels, die *Anspruchsgruppen* als Interaktionsschnittpunkt mit der Außenwelt und die *Umweltsphären* als externe Einflussgrößen auf das Unternehmen. Die innerbetrieblichen Fragestellungen des Bandes Innovationsmanagement sind aufgeteilt in die Unternehmensentwicklung, die Unternehmensstruktur und die Unternehmensprozesse (Abb. 1.4).

Der Bereich der *Unternehmensentwicklung* hat den Anspruch auf vollständige Abbildung der Bestandteile: Die Strategie hat die Aufgabe, die gewonnene Leistungsfähigkeit nicht nur erfolgreich zu halten (Betrieb), sondern kontinuierlich zu verbessern (Verbes-

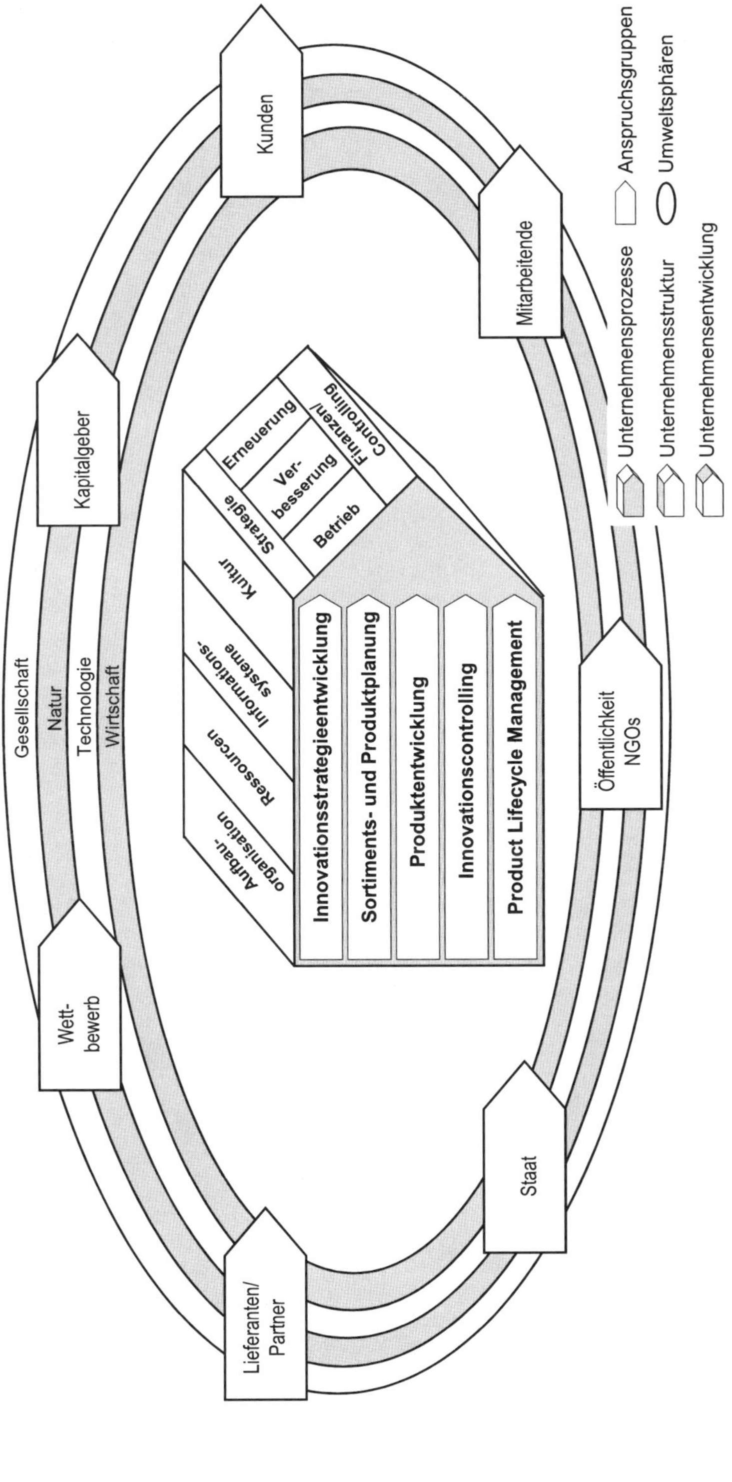

Abb. 1.4 Ordnungsrahmen des Bandes Innovationsmanagement

serung) und bei Notwendigkeit auch radikal zu erneuern (Erneuerung). Der Begriff der Optimierung ist dabei bewusst durch Verbesserung ausgetauscht worden, da es sich in Unternehmen nicht um Optimierungsprobleme handelt, sondern um eine Verbesserung des Betriebes. Zwar bedeutet Optimierung umgangssprachlich die Verbesserung eines Vorganges oder Zustandes bezüglich bestimmter Aspekte wie Qualität, Kosten, Geschwindigkeit, Effizienz und Effektivität – manchmal auch zulasten eines anderen Aspektes. Im eigentlichen Sinne handelt es sich aber um die Suche nach dem Resultat eines Maximierungs- bzw. Minimierungsproblems: unter gegebenen Bedingungen wird der Output maximiert oder die Ressourcen für ein gegebenes Ziel werden minimiert.

Unter dem Oberbegriff der *Unternehmensstruktur* werden die konstituierenden Elemente für ein Unternehmen aggregiert; sie sind für eine erfolgreiche Leistungserstellung unabdingbar. Die implementierten Informationssysteme tragen einen erheblichen Teil zur Wertschöpfung bei und unterstützen alle weiteren Prozesse. Sie haben daher in produzierenden Unternehmen eine so große Bedeutung, dass sie in den Ordnungsrahmen aufgenommen wurden. Das Controlling als Unterstützungsprozess dient dem Soll-Ist-Vergleich der von der Strategie angeordneten Ziele und auch als Planungsgrundlage für Entscheidungen der Unternehmensführung.

Der Gliederung dieser Schriftenreihe folgend, gibt der Bereich der *Unternehmensprozesse* die inhaltliche Struktur des Bandes Innovationsmanagements wieder. In den folgenden Kapiteln werden ausgehend von der Innovationsstrategieentwicklung über die Sortiments- und Produktplanung, die Produktentwicklung sowie die die Innovationsaktivitäten flankierenden Prozesse des Innovationscontrollings und des Product Lifecycle Managements detailliert vorgestellt.

Literatur

1. Schumpeter J (1912) Theorie der wirtschaftlichen Entwicklung. Duncker & Humblot, Leipzig.
2. Staudt E (1993) Forschung und Entwicklung. In: Grochla E, Wittmann W (Hrsg) Handwörterbuch der Betriebswirtschaft, 5. Aufl. Schäffer-Poeschel, Stuttgart.
3. Hauschildt JU, Salomo SO (2007) Innovationsmanagement. Vahlen, München.
4. Brockhoff KK (1999) Forschung und Entwicklung: Planung und Kontrolle, 5. erw. Aufl. Oldenbourg, München.
5. Staudt E (1986) Das Management von Innovationen. Frankfurter Allgemeine Zeitung, Frankfurt a. M.
6. Gassmann O (1997) Internationales F&E-Management: Potentiale und Gestaltungskonzepte transnationaler F&E-Projekte. Oldenbourg, München.
7. Gassmann O (2008) Praxiswissen Innovationsmanagement – Von der Idee zum Markterfolg. Hanser, München.
8. Schuh G, Adickes H, Arnoscht J, Bong A, Deger R, Hieber S, Krappinger R, Lenders M, Rauhut M, Rother M, Schelling J, Post P (2008) Lean Innovation – Auf dem Weg zur Systematik. In: Brecher C, Schmitt R, Schuh G, Klocke F (Hrsg) Wettbewerbsfaktor Produktionstechnik. Apprimus Verlag, Aachen.
9. Schelker T (1978) Methodik der Produktinnovation. P. Haupt, Bern.

Strategisches Innovationsmanagement 2

Günther Schuh und Dennis Bender

Kurzüberblick Die Stoßrichtung für zukünftige Innovationen wird durch strategische Programme gestaltet. Mithilfe von Innovationen können sich Unternehmen sowohl national als auch global einen Vorteil gegenüber ihren Wettbewerbern sichern. Im folgenden Kapitel werden die wichtigsten generischen Innovationsstrategien und ihre möglichen Ausprägungen vorgestellt.

Als weiteres strategisches Handlungsfeld des Innovationsmanagements flankiert die Gestaltung der Innovationsorganisation die strategischen Programme. Sie schafft die strukturellen Rahmenbedingungen für die erfolgreiche Durchführung von Innovationsprogrammen und Innovationsprojekten. Die Innovationsorganisation stellt ein zentrales Mittel zur Ausrichtung des Innovationsmanagements dar. Die gängigen Organisationsformen und -ausprägungen werden im Kap. 2.2 vorgestellt.

Aus der durch die Unternehmenskultur vorgegebenen Werte und Normen lässt sich auch das Verhalten der Mitarbeiter in der F&E entwickeln. Neben den Organisationsstrukturen und Managementsystemen sind es letztlich Menschen, die mit ihrem Handeln Lösungen für Probleme verwirklichen. Somit ist das Kap. 2.3 dem Verhalten von Führungskräften und F&E-Mitarbeitern gewidmet.

2.1 Gestaltung von strategischen Innovationsprogrammen

Mithilfe von Innovationen können sich Unternehmen sowohl national als auch global einen Vorteil gegenüber ihren Wettbewerbern sichern [1]. Voraussetzung hierfür ist jedoch, dass die Innovationen zu dem Unternehmen und seinen Ziele passen. Dies soll durch die

G. Schuh (✉) · D. Bender
52074 Aachen, Deutschland
E-Mail: g.schuh@wzl.rwth-aachen.de

D. Bender
E-Mail: d.bender@wzl.rwth-aachen.de

G. Schuh, *Innovationsmanagement* 3,
DOI 10.1007/978-3-642-25050-7_2, © Springer-Verlag Berlin Heidelberg 2012

richtige Innovationsstrategie sichergestellt werden. Eine Strategie legt fest, welche Ziele ein Unternehmen verfolgt und wie es diese erreichen möchte. Nach Gälweiler bedeutet Strategie „sein Denken, Entscheiden und Handeln an den übergeordneten oder obersten Zielen oder Zielvoraussetzungen zu orientieren und sich dabei nicht von vordergründigen Dringlichkeiten, d. h. Augenblicksvorteilen und -nachteilen, ablenken zu lassen“ [2]. Die Innovationsstrategie bezieht sich analog auf die Zielsetzung der Innovationstätigkeit. Sie identifiziert Technologien und Märkte, die ein Unternehmen entwickeln und erschließen sollte, und stellt eine Handlungsorientierung dar, mit deren Hilfe eine effektive Ideengenerierung und Ressourcenverteilung ermöglicht wird [3, 4].

Innovationsstrategien können nur im Einklang mit der Unternehmensstrategie definiert werden und spielen eine zentrale Rolle für Unternehmen im Wettbewerb. Das Hauptziel der Unternehmensstrategie ist die Steigerung des Unternehmenswertes [5]. Erreicht wird dies durch die Identifikation und Umsetzung neuer Erfolgspotenziale [2]. Die operative Umsetzung der Innovationsstrategie wird gleichermaßen durch vor- und nachgelagerte Bereiche wie den Vertrieb, das Marketing oder die Produktion getragen [6, 7]. Die F&E-Strategie hingegen wird operativ durch die F&E-Bereiche umgesetzt. Sie folgt somit der Innovationsstrategie nach und beschäftigt sich mit der Auswahl und Bewertung sowie der optimierten Ausgestaltung von F&E-Projekten [8]. Somit hängt der Unternehmenserfolg nicht nur von der Wahl und Umsetzung einer geeigneten Innovationsstrategie ab, sondern vor allem auch von einem optimalen Zusammenspiel der einzelnen Teilstrategien [9]. Um dies zu ermöglichen, muss das strategische Management von Innovationen stark aufgewertet und zum Gegenstand eines gesamtunternehmerischen Strategieprozesses werden [6]. Dabei sollten die beteiligten Akteure die zukünftigen Entwicklungen so früh wie möglich systematisch und zielstrebig durchdenken und gestalten. So können die Entscheidungen langfristig ausgerichtet und eine konfliktregulierte Leitlinie sowie ein institutioneller Rahmen geschaffen werden [10, 11].

Es gibt kein einheitliches Vorgehen für die Entwicklung und Umsetzung einer Innovationsstrategie. Vielmehr hängt sie von vielen unterschiedlichen unternehmensspezifischen Faktoren ab. So ergeben sich große Unterschiede zwischen kleinen und großen, neuen und etablierten sowie zentral und dezentral organisierten Unternehmen. Des Weiteren spielt es eine entscheidende Rolle, ob Unternehmen einfache oder technisch komplexe Produkte entwickeln und ob sie auf etablierten, gut berechenbaren oder risikoreichen, sich schnell und ständig verändernden Märkten aktiv sind. Die allgemeingültigen (generischen) Innovationsstrategien werden im nachfolgenden Kap. 2.2 vorgestellt.

Eine Innovationsstrategie umfasst die folgenden Aspekte:

- Festlegung der Bedeutung von Innovationen bezüglich der übergeordneten Unternehmensstrategie, die Wertgenerierung und die Bildung nachhaltiger Wettbewerbsvorteile
- Einbeziehung potenzieller Marktveränderungen und Technologiesprünge sowie deren Auswirkung auf die eigene Produktposition
- Identifikation von Schwächen und Stärken des Unternehmens und Auflistung der durch Innovationen adressierten Veränderungen
- Projektübergreifende Planung der Entwicklungsprojekte und der Ressourcenverteilung
- Langfristige Ziele der Innovationstätigkeit
- Bewertung und Aufstellung der wichtigsten, zur Zielereichung benötigten Innovationsprojekte [4]

Hieraus kann nur dann eine sinnvolle Innovationsstrategie abgeleitet werden, wenn die übergeordnete Unternehmensstrategie allen an der Formulierung beteiligten Akteuren bekannt ist [6]. Die Entwicklung einer Innovationsstrategie setzt wesentliche Kenntnisse über die Unternehmensstrategie, die Positionierung des Unternehmens und seiner Produkte am Markt, sowie das unternehmerische Umfeld voraus. Nachhaltig erfolgreiche Unternehmen weisen einen hohen „Fit“ zwischen der Unternehmensstrategie, der Geschäftsstrategie und der Innovationsstrategie auf [12, 13] (Abb. 2.1).

Die Unternehmensführung legt mit der Unternehmensstrategie fest, welchen Stellenwert Innovationen im Unternehmen einnehmen – ob im Konfliktfall der Innovationstätigkeit oder anderen Vorgängen, wie der Auftragsabwicklung, Vorrang zu erteilen ist. Auch organisatorische Rahmenbedingungen und Regeln werden definiert, um die Konflikte zwischen Innovationsprojekten und anderen geschäftlichen Tätigkeiten so zu regulieren, dass weder der eine noch der andere Vorgang den jeweils anderen unkontrolliert dominiert [14]. Die Denkweise des integrierten Managements wird hier auf das Innovationsmanagement übertragen: „Es reicht nicht mehr aus, Technologien erfolgreich zu entwickeln. Vielmehr hat das Management von Innovationen ganzheitlich auf normativer, strategischer und operativer Ebene zu erfolgen“ [6, 15]. Im Nachfolgenden befasst sich dieses Kapitel mit der strategischen Dimension des Innovationsmanagements, die in Anlehnung an das St. Galler Management-Konzept durch ihre Aktivitäten (Strategische Programme), Strukturen (Organisationsstrukturen) sowie ihr Verhalten (Führungsverhalten) beschrieben wird [16].

Es gibt vier generische Innovationsstrategien mit unterschiedlichen Ausprägungen, die sinnvoll miteinander kombiniert werden können. Eine klassische Entscheidungsdimension ist die Wissensbeschaffung. Hierbei wird festgelegt, auf welchen Kompetenzbereich oder Forschungsgebiet die eigenen Ressourcen konzentriert werden sollen und in welchen Feldern Kooperationen oder Lizenznahmen denkbar sind [17]. Eine ähnliche Untergliederung findet sich bei der Verwertung einer bereits entwickelten Technologie. Hier wird zwischen

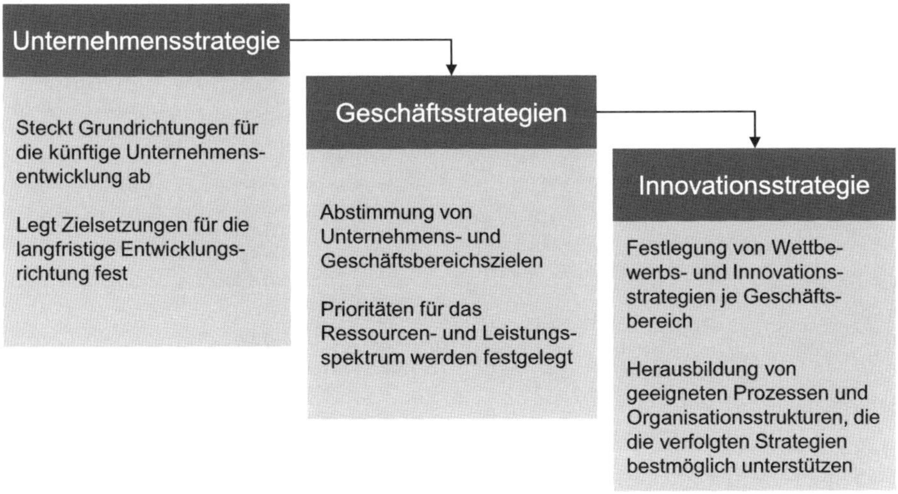

Abb. 2.1 Verzahnung von Innovationsstrategie, Geschäftsstrategie und Unternehmensstrategie in Anlehnung an (In Anlehnung an: [6])

der Strategie der Eigennutzung, einer kooperativen Verwertung oder einer Vermarktungsstrategie unterschieden [18, 19]. In einer weiteren Entscheidungsdimension bestimmt das Unternehmen die Forschungs- und Entwicklungsstrategie gegenüber seinen Wettbewerbern. Alternativen sind ein eher imitierendes Verhalten oder das Streben nach der Spitze der Innovation [19, 20]. Entsprechend ist der Einstiegszeitpunkt in den Lebenszyklus einer Technologie zu wählen. Je nach Markteintrittszeitpunkt wird zwischen der Führer- und Folgerschaftsstrategie unterschieden.

In der folgenden Abb. 2.2 sind die generischen Innovationsstrategien in den jeweiligen Kategorien dargestellt. Im weiteren Verlauf dieses Kapitels wird auf diese detailliert eingegangen. Dabei werden diese ausführlich beschrieben und erläutert.

2.1.1 Folgerschaft und Führerschaft

Die Wahl des richtigen Zeitpunktes für den Markteintritt ist einer der wesentlichen Erfolgsfaktoren für Innovationen. Durch eine verspätete oder auch durch eine zu frühe Markteinführung kann ein Innovationsprojekt scheitern. Bringt ein Konkurrent ein ähnliches Produkt zuerst auf den Markt, folgen meistens Umsatz- und Imageverluste. Aber auch ein zu früher Markteintritt kann bei (noch) fehlendem Verständnis oder nicht erkanntem Bedürfnis des Kunden fehlschlagen. Innovationsprojekte haben somit oft nur in einem gewissen Zeitfenster Chance auf Erfolg [21]. Die Entscheidung für einen spezifischen Markteintrittszeitpunkt ist demnach systematisch vorzubereiten und bewusst zu treffen. Hierbei wird generell zwischen zwei strategischen Möglichkeiten unterschieden, die Führerschaft und die Folgerschaft.

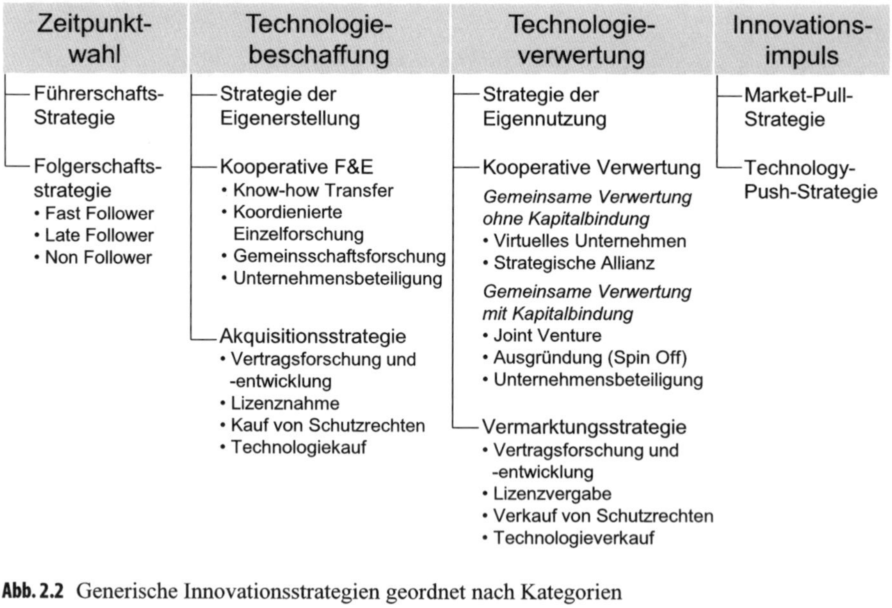

Abb. 2.2 Generische Innovationsstrategien geordnet nach Kategorien

Unternehmen, die die Führerschaft (Pionier) anstreben, sind bemüht, ein neues Produkt bzw. eine neue Technologie vor allen anderen Wettbewerbern auf dem Markt zu etablieren. Unter Folgerschaft wird eine bewusste Strategie verstanden, die darauf abzielt, mit einer bestimmten Innovation nicht Erster am Markt zu sein [11]. Dabei setzen Unternehmen meistens auf eine Weiterentwicklung der bereits auf dem Markt eingeführten Innovation [5].

Die Gruppe der Folgerschaft lässt sich weiter in frühe Folger (Nachfolger, Fast Follower) und späte Folger (Nachahmer, Late Follower) unterteilen (Abb. 2.3). Frühe Folger treten kurz nach dem Pionier in den Markt ein. Späte Folger warten dagegen ab, bis sich mehrere Unternehmen im Markt etabliert haben und technologische und wirtschaftliche Risiken gut abschätzbar sind [22].

Eine weitere Option für ein Unternehmen ist es, eine Technologie bzw. ein Produkt aus strategischen Gründen nicht einzusetzen oder zu entwickeln. Es handelt sich demnach um eine bewusste Nicht-Innovation des Unternehmens. Das dieser Strategie folgende Unternehmen wird als Non Follower bezeichnet [14].

Welche Strategie angemessen ist, hängt von der jeweiligen Situation ab. Beide Strategieformen weisen Vor- und Nachteile auf. Die Chancen der Führerschaft bestehen vor allem in einer langfristigen Kostensenkung und im Aufbau von Differenzierungsmerkmalen [11]. Pioniere genießen ein hohes Ansehen und können mithilfe ihrer Imagevorteile eine Markentreue aufbauen, sie profitieren von Erfahrungskurveneffekten sowie von einer frühzeitigen Erlangung von Markt-Know-how und haben die Chance eigene Standards zu setzen und weitere Markteintrittsbarrieren zu schaffen. Nicht zuletzt profitieren sie im Fall eines Markterfolgs aufgrund ihrer kurzfristigen Monopolstellung, dem sogenannten „first mover advantage", von frühen und hohen Gewinnen. Allerdings sorgen die Pionierkosten und das hohe Risiko auch für einige Nachteile. Die tatsächliche Nachfrage ist weitgehend unbekannt, es existieren hohe Markterschließungskosten, die Erfahrungen mit der Techno-

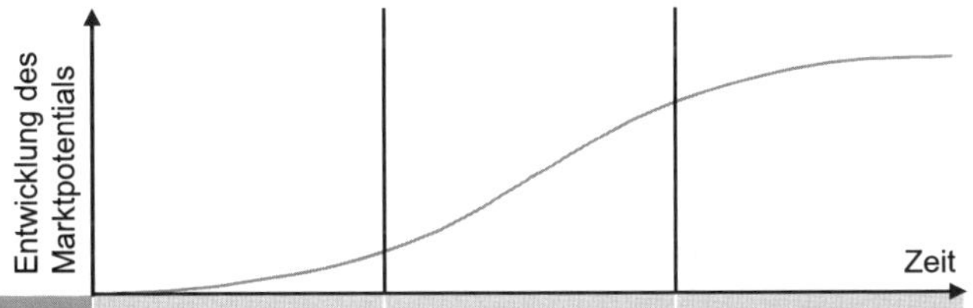

Einblick in die F&E – Aktivitäten der Konkurrenten		Pionier	Fast Follower	Late Follower
Einblick in die F&E – Aktivitäten der Konkurrenten		niedrig	mittel	gut
Vorhersagbarkeit	des Forschungsergebnisses	niedrig	mittel	hoch
	des Markterfolgs	niedrig	hoch	hoch
	des F&E - Aufwands	niedrig	mittel	hoch
Nachhaltigkeit des Wettbewerbsvorsprungs		hoch	mittel	mittel

Abb. 2.3 Innovationsstrategien nach Zeitpunkt des Markteintrittes. (Quelle: [23])

logie sind gering und es könnten jederzeit kostengünstige Nachahmungen auf den Markt dringen [6, 18, 24].

Frühe Folger profitieren vor allem von einem geringeren Markt- und Technologierisiko. Aufgrund geringerer F&E-Aufwendungen und der Nutzung der Markterschließungsmaßnahmen des Pioniers tätigen sie wesentlich geringere Investitionen und können somit flexibler auf Technologiesprünge reagieren. Allerdings besteht die Gefahr, dass der Pionier bereits hohe Markteintrittsbarrieren aufgebaut und einen Industriestandard etabliert hat.

Späte Folger haben aufgrund der hohen Transparenz der Markt- und Technologiesituation kein großes Risiko mehr zu befürchten. Sie können nicht nur die Markterschließungsmaßnahmen und F&E-Vorleistungen des Pioniers, sondern auch die der frühen Folger nutzen. Ferner können Sie sich am Wettbewerbsverhalten der Konkurrenz orientieren und deren Schwachstellen ausnutzen. Allerdings sind die Markteintrittsbarrieren bereits sehr hoch und das noch vorhandene Marktpotenzial gering [24]. Sowohl frühe als auch späte Folger haben die Möglichkeit aus den Erfahrungen der Vorgänger zu lernen [25]. Auf der Basis dieses Wissens haben Folger zwei Möglichkeiten auf den Markt zu drängen. Entweder sie setzen auf Skaleneffekte, das heißt sie betreiben eine aggressive Niedrigpreisstrategie oder sie wählen eine Nischenstrategie. Hierbei ermittelt das Unternehmen lukrative Marktsegmente, auf die es seine gesamten Anstrengungen konzentriert [24].

Die Abb. 2.4 fasst die wichtigsten Vor- und Nachteile der jeweiligen Strategien noch einmal zusammen:

Pionier	Fast Follower	Late Follower
(1) **Chancen:** • Erfahrungskurveneffekte • Frühzeitige Erlangung von Markt-Know-how • Imagevorteile • Etablierung eines Standards • Großer Spielraum für den Einsatz von Marketinginstrumenten • Aufbau von Markentreue • Erhöhung weiterer Markteintrittsbarrieren	(1) **Chancen:** • „Pioniervorteile" in abgeschwächter Form je nach Eintrittszeitpunkt • Nutzung von Markterschließungsmaßnahmen des Pioniers • Geringe Unsicherheit hinsichtlich Markt- und Technologieentwicklung • Ausnutzen fehlerhafter Pionierpositionierung	(1) **Chancen:** • Kann Markt- und Technologiesituation am längsten nutzen und hat folglich hohe Transparenz • Kann Wettbewerbsverhalten an der Konkurrenz ausrichten und an Schwachstellen ansetzen • Partizipation an den Investitionen des Pioniers und der Nachfolger (z.B. Markterschließung; F&E)
(2) **Risiken:** • Hohe Unsicherheit hinsichtlich ökonomischer und technologischer Entwicklungen • Geringe Erfahrung mit der Technologie • Hohe Markterschließungskosten • Markterschließung kommt auch den Folgern zugute • Markteintritt mit unausgereiftem Produkt (Imagenachteile) • Risiko der richtigen Bedarfsschätzung	(2) **Risiken:** • Monopolisierungsvorteile können nicht mehr genutzt werden • Pionier hat eventuell bereits einen Industriestandard etabliert • Pionier hat Markteintrittsbarrieren aufgebaut, die es zu überwinden gilt • Produktbezogene Imagenachteile	(2) **Risiken:** • Durch späten Markteintritt ist nur ein geringes Marktpotential vorhanden • Hohe Markteintrittsbarrieren, die es zu überwinden gibt • Präferenzen der Abnehmer für den Pionier bzw. Nachfolger • Marketinginstrumentarium kann nur reaktiv eingesetzt werden • Verkürzter Marktpräsenzzeitraum

Abb. 2.4 Chancen und Risiken unterschiedlicher Markteintrittszeitpunkte. (Quelle: [24])

Der richtige Markteintrittszeitpunkt hängt von verschiedenen Bedingungen ab. Eine genaue Kenntnis der Kundenanforderungen, der Wettbewerbsstrategien und Ressourcenstärken und -schwächen sind Voraussetzung für eine Führerschaft. Nur bei einer starken Technologie- und Wettbewerbsposition ist die Dauerhaftigkeit des technologischen Vorsprungs gesichert. Diese gewährleistet, dass das Unternehmen genug vom „first mover advantage" profitiert und so die vergleichsweise hohen Entwicklungskosten sowie die Markteröffnungskosten decken kann [6]. Eine starke Technologie- und Wettbewerbssituation zeichnet sich dadurch aus, dass es sich bei der Technologie um eine im Preis-Leistungs-Vergleich klar überlegene Technologie handelt, genügend Ressourcen für die Abdeckung des relevanten Gesamtmarktes bereitgestellt werden können und Marktbarrieren geschaffen werden können, die potenziellen Konkurrenten den Markteinstieg erschweren [22]. Bei hinreichender Erfüllung dieser Kriterien ist der Einstieg als Pionier sinnvoll.

Sollten ein oder mehrere dieser Kriterien nicht ausreichend erfüllt sein, so ist der Markteinstieg als früher Folger abzuwägen. Diese Strategie ist vor allem dann vorzuziehen, wenn ein Unternehmen ein technisch gleichwertiges Produkt durch die Nutzung von Skaleneffekten zu einem niedrigeren Preis oder ein aus Kundensicht noch leistungsfähigeres Produkt zum gleichen Preis verkaufen kann wie der bereits im Markt aktive Pionier. Der zweite Fall tritt vor allem dann ein, wenn ein Unternehmen sein Produkt bezüglich eines bestimmten Marktsegments optimiert und innerhalb dieser Nische zum führenden Unternehmen wird (Nischenstrategie) [22].

Späte Folger haben vor allem dann noch Chancen auf den Markt zu drängen, wenn es dem Pionier und den frühen Folgern nicht ausreichend gelungen ist Markteintrittsbarrieren zu schaffen, unausgeschöpfte Nachfragepotenziale existieren und Innovations- und Kostensenkungsmöglichkeiten bei den Herstellungsprozessen noch in ausreichendem Umfang möglich erscheinen [22].

Fallbeispiel Dr. Ing. h.c. F. Porsche AG Die Porsche AG unterscheidet je nach Technologie, welcher Zeitpunkt des Markteintrittes zu wählen ist. Beispielsweise hat das Unternehmen den Anspruch, bei der Bremsen- und Turbotechnologie der beste seiner Klasse zu sein – also Pionier. In den Bereichen Bremsen- und Turbotechnologie hat sich Porsche Kernkompetenzen und Know-how erarbeitet und verfolgt die Strategie, auf diesen Gebieten weiter führend zu bleiben. So wird eine Fokussierung auf die dem Kunden vermittelbaren Produktvorteile gelegt und die Marke geprägt. Nicht bei allen Technologien und Systemen kann eine First-Mover-Strategie verfolgt werden. Ganz bewusst wird bei anderen Technologien, wie beispielsweise der elektronischen Fahrwerksregelung oder Dieseltechnologie, auf die Strategie des späten Folgers gesetzt, um dort Entwicklungsaufwände einzusparen und auf vorhandenem Wissen aufzubauen. Das Beispiel Porsche zeigt, dass die Strategieentscheidung zum Zeitpunkt des Markteintrittes unternehmensindividuell entwickelt werden muss und somit auch nicht unternehmensübergreifend übertragbar ist.

2

2.1.2 Eigenerstellung und Akquisition

Eine weitere Entscheidungsdimension bei der Festlegung der Innovationsstrategie ist die Wahl zwischen einer Entwicklung im eigenen Unternehmen mit eigenen Ressourcen und dem Fremdbezug einer Innovationsleistung. Da insbesondere der Übergang von der Eigenentwicklung zum Fremdbezug kurzfristige bis dauerhafte Auswirkungen nach sich zieht, sollte die sogenannte „Make-or-buy-Entscheidung" sorgfältig auf die gesamtstrategische Zielsetzung des Unternehmens angepasst werden. Im Laufe der Entscheidungsfindung werden die verschiedenen Beschaffungsmöglichkeiten bewertet, um anschließend die bestmögliche Alternative auszuwählen [26]. Dabei wird zwischen der Eigenerstellung und Akquisition unterschieden, wobei sich die Akquisition in Vertragsforschung und -entwicklung, Lizenzerwerb, Kauf von Schutzrechten und Kauf von ungeschütztem technologischen Know-how (Technologiekauf) untergliedern lässt (Abb. 2.5).

Die Strategie der Eigenerstellung beruht auf der Durchführung der Forschungsaktivitäten innerhalb des eigenen Unternehmens. Von der Nutzung fremder Finanzmittel abgesehen werden ausschließlich eigene Ressourcen zur Technologieentwicklung eingesetzt und die vollen Kosten und Risiken selbst getragen [18]. Dabei können Entwicklungen auf bereits existierenden Fähigkeiten und Ressourcen aufbauen, sodass diese sich häufig relativ mühelos umsetzen lassen. Teilweise müssen Entwicklungen allerdings von Grund auf neu konzipiert werden, was mit einem sehr hohen Zeit- und Kostenaufwand verbunden ist [27].

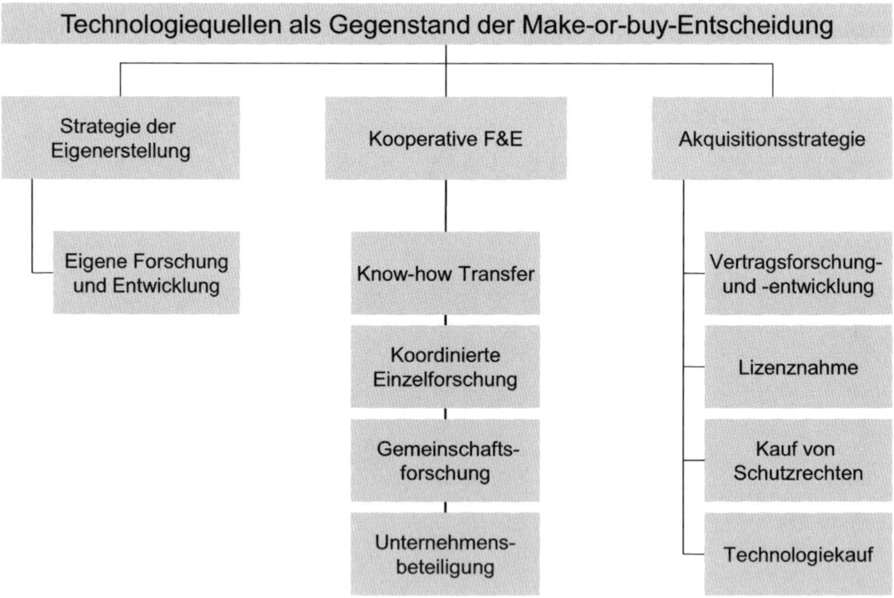

Abb. 2.5 Systematisierung der Make-or-buy-Entscheidungsmöglichkeiten in Anlehnung an (In Anlehnung an: [1])

Die Vorteile der Eigenerstellung bestehen vor allem in der exklusiven Verfügung über die Forschungsergebnisse sowie der Verbesserung der Geheimhaltung, der Ausrichtung der F&E-Projekte auf die spezifischen Unternehmensbedürfnisse und -erfordernisse und der Steigerung der Identifikation mit dem erworbenen technologischen Know-how bzw. der Vermeidung des Not-invented-here-Syndroms [18]. Weiterhin profitiert das F&E-Personal von dem mit der Entwicklung verbundenen Erfahrungszuwachs. Tatsächlich ist dieser Lerneffekt so ausschlaggebend, dass sogar ein Scheitern des Entwicklungsprozesses teilweise dadurch kompensiert werden kann, dass durch das erlangte Wissen eine Neuentwicklung zu einem späteren Zeitpunkt signifikant vorangetrieben wird [27].

Als Alternative zur eigenen Forschungs- und Entwicklungstätigkeit besteht die Möglichkeit, diese durch einen Fremdanbieter durchführen zu lassen. Bei der Vertragsforschung und -entwicklung vergibt das Unternehmen Aufträge gegen Vergütung an eine private oder öffentliche Forschungseinrichtung bzw. einen Entwicklungsdienstleister [28]. Diese übernehmen die Forschungs- und Entwicklungsarbeit im Rahmen eines Dienstleistungsvertrages und stellen dem Unternehmen die Resultate und alle damit einhergehenden Publikations-, Schutz-, Urheber-, Nutzungs- und Verwertungsrechte zur Verfügung [29]. Durch die Vergabe von Forschungs- und Entwicklungsaufträgen kann beispielsweise bei fehlenden eigenen Kapazitäten die Forschungs- bzw. Entwicklungsdauer verkürzt werden. Die Investitionen für spezielle Anlagen, Werkzeuge und Softwaretools sowie speziell ausgebildetes Personal entfallen und die Forschungs- und Entwicklungsansätze und -resultate basieren oft auf deutlich stärker spezialisiertem Know-how [18].

Existiert das erforderliche Wissen bereits, so können die Forschungs- und Entwicklungsergebnisse gegebenenfalls in Form von Lizenzen, Schutzrechten oder ungeschütztem technologischem Know-how erworben werden. Durch einen Lizenzerwerb kann ein Unternehmen auf fremdes Wissen zugreifen. Mit dem Kauf eines Schutzrechtes geht dagegen nicht nur das Wissen, sondern auch das Eigentum am Recht dieses Wissens an den Käufer über. Mit dem Kauf von ungeschütztem technologischem Know-how (Technologiekauf) wird das Eigentum an der Technologie ohne einen Rechtsanspruch auf dieses erworben [18]. Durch die Übernahme bereits existierender technischer Lösungen profitiert das Unternehmen vom Zeitgewinn durch die schnelle Verfügbarkeit. So kann es einen etwaigen Rückstand gegenüber dem Technologieführer verkleinern und gleichzeitig die F&E-Kosten und -Risiken minimieren [30].

Zwischen der Eigenerstellung und Akquisition existiert mit der kooperativen Forschung und Entwicklung zwischen zwei oder mehreren Unternehmen eine weitere Möglichkeit [31]. Dabei führt jedes der beteiligten Unternehmen interne Forschung durch und macht gleichzeitig in gewissem Umfang Gebrauch von externen Forschungsleistungen [32].

Die verschiedenen Formen der Zusammenarbeit lassen sich in den Know-how-Transfer, die koordinierte Einzelforschung und -entwicklung und die Gemeinschaftsforschung und -entwicklung unterteilen. Der Know-how-Transfer stellt einen gegenseitigen Erfahrungs- und Ergebnisaustausch dar. Bei der koordinierten Einzelforschung und -entwicklung konzentrieren sich die kooperierenden Unternehmen dagegen auf bestimmte Forschungsgebiete und führen ihre Resultate zu einem einheitlichen Gesamtergebnis zusammen. Die engste und für gewöhnlich langfristigste Form der Kooperation ist die Gemeinschaftsforschung, bei der die beteiligten Unternehmen die Forschungs- und Entwicklungsergebnisse

2

in enger Zusammenarbeit erarbeiten [18]. Auch der Erwerb von Beteiligungen an anderen Unternehmen mit spezifischen Technologieentwicklungskompetenzen und bzw. oder technologischen Innovationsergebnissen ist eine strategische Alternative [22].

Die Gründe für die zunehmende Bedeutung von Fremdleistungen in der F&E liegen vor allem in den gestiegenen F&E-Fixkosten, der Kapazitätsauslastung, dem Streben nach Flexibilität und erhöhter Reaktionsgeschwindigkeit, der Beschränkung auf Kernkompetenzen und der Nutzung des Know-hows der Lieferanten [26, 33].

Das Hauptaugenmerk vieler Industrieunternehmen liegt dabei auf den Kostenüberlegungen (Abb. 2.6). Es zeigen sich Unterschiede zwischen Unternehmen mit niedriger und hoher Fertigungstiefe. Die Haupteinflussgrößen auf die Entscheidung sind bei Ersteren neben den Kosten vor allem das Know-how der Lieferanten und die Möglichkeit zur Konzentration auf das eigene Kerngeschäft. Letztere orientieren sich dagegen stark an der Kapazitätsauslastung.

Die Auswahl der richtigen Option – welche technologischen Kompetenzbereiche selbst beherrscht und genutzt werden sollten und welche extern beschafft werden können – ist unmittelbar mit der Positionierung eines Produktes oder Unternehmens im Spannungsfeld zwischen Führerschaft und Folgerschaft verknüpft. Eine Hilfestellung bei der Entscheidung über das optimale strategische Vorgehen bietet das in Abb. 2.6 dargestellte Portfolio. Die zwei wesentlichen Entscheidungskriterien sind die strategische Relevanz eines Produktes und das relative Kompetenzniveau des Unternehmens [6]. Die in Abb. 2.9 aufgelisteten Kriterien können dabei helfen, die jeweilige Position in der Matrix festzustellen und daraus Empfehlungen bezüglich der Make-or-buy-Entscheidung abzuleiten (Abb. 2.7).

Besitzt ein Produkt oder eine Technologie eine hohe strategische Bedeutung und verfügt das Unternehmen in diesem Bereich über ein hohes relatives Kompetenzniveau, so wird die Eigenentwicklung empfohlen. Bei geringer strategischer Bedeutung eines Produktes oder einer Technologie und einem geringem Kompetenzniveau seitens des Unter-

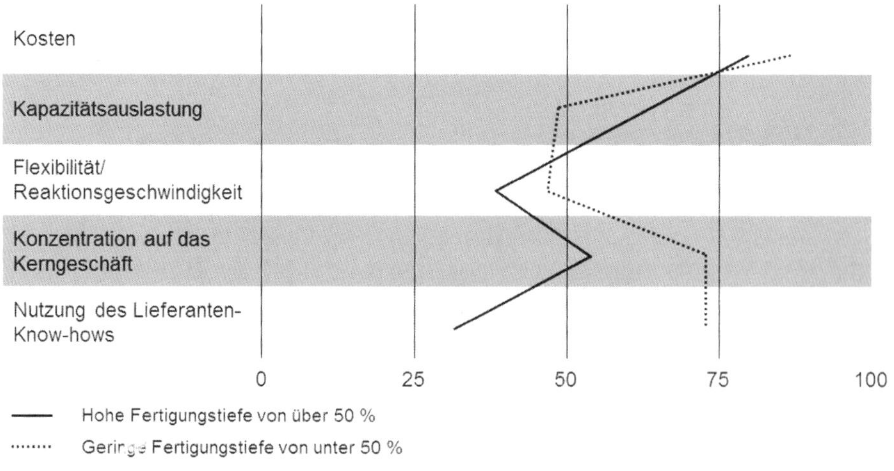

Abb. 2.6 Gründe für Make-or-buy in % der Nennungen. (Quelle: [33])

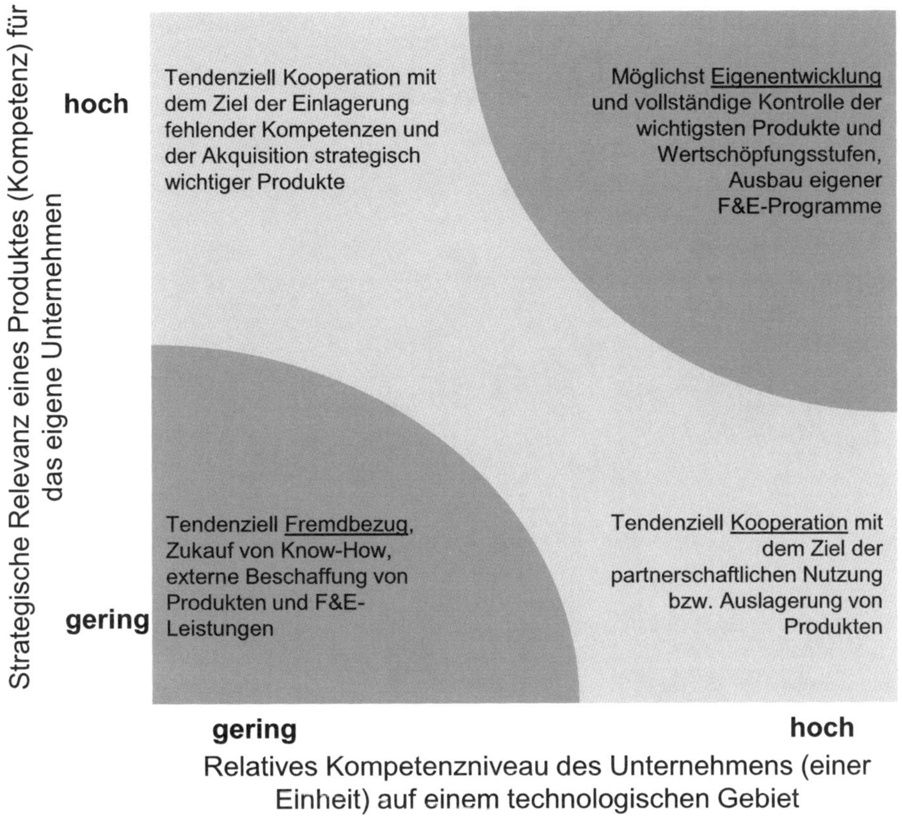

Abb. 2.7 Grundsätzliche Make-or-buy-Entscheidung in Abhängigkeit von der Bedeutung der relativen Kompetenz [34, 35]

nehmens empfiehlt sich dagegen die Akquisition. Ist entweder die strategische Bedeutung des Produktes oder das relative Kompetenzniveau des Unternehmens gering ausgeprägt und das jeweils andere Kriterium hoch ausgeprägt, so sollte tendenziell über eine Kooperation nachgedacht werden (Abb. 2.8).

2.1.3 Eigennutzung und Vermarktungsstrategie

Eine Invention kann grundsätzlich vom Unternehmen selbst verwertet werden oder an ein anderes Unternehmen übertragen werden. Dabei wird der erste Fall als interne Verwertung oder Eigennutzung und der zweite Fall als externe Verwertung bzw. Vermarktung bezeichnet. Darüber hinaus besteht die Möglichkeit einer gleichzeitigen internen und externen Verwertung in Form einer gemeinschaftlichen Nutzung (Abb. 2.9).

Kriterien zur Beurteilung der strategischen Relevanz	Kriterien zur Beurteilung der relativen Kompetenz
• Einfluss des Produktes auf die Erfüllung der kritischen Erfolgsfaktoren	• Fachliche Kompetenz der Leistungseinheit aus Sicht der Abnehmer
• Einfluss des Produktes auf die Erfüllung der kritischen Leistungsmerkmale	• Fachliche Kompetenz der Leistungseinheit aus Sicht von Technologieexperten
• Nutzen des Produktes für die nachgelagerten Wertschöpfungsstufen	• Zuverlässigkeit der Leistungseinheit im Hinblick auf Qualität und Liefertreue
• Erfordernis des langfristigen Erhalts dieser Kompetenz für das Unternehmen	• Relevante Kostenposition im Vergleich zu externen Produktanbietern
• Erfordernis der Know-how-Absicherung gegenüber Wettbewerbern	• Ressourcenausstattung auf diesem Gebiet (Personal, Finanzen, Sachmittel)
• Situation auf dem Beschaffungsmarkt für dieses Produkt	• Präsenz der Mitglieder in den wichtigsten Entscheidungsgremien

Abb. 2.8 Kriterien zur Beurteilung der strategischen Relevanz und der relativen Kompetenz [6]

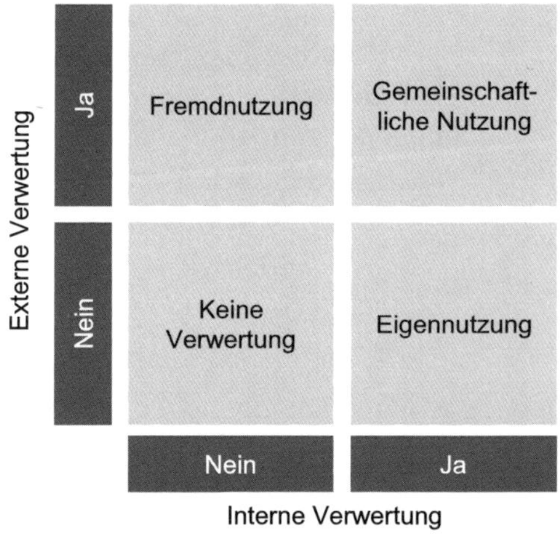

Abb. 2.9 Verwertungsmöglichkeiten von Inventionen

Bei der Eigennutzung verwendet ein Unternehmen Forschungsergebnisse ausschließlich betriebsintern und sichert diese durch Geheimhaltungsmaßnahmen oder durch den Erwerb von Schutzrechten [18]. Dies ist sinnvoll, wenn ein langer Produktlebenszyklus den Rückfluss der F&E-Aufwendungen sichert [36], beispielsweise durch hohe und schwer überwindbare Monopolisierungspotenziale der Produktbereiche. Die Eigennutzung eignet sich zudem, wenn Potenziale für Synergieeffekte mit anderen Produkten bestehen oder das Produkt eine wettbewerbskritische Stellung einnimmt und sich in einer frühen Phase der Entwicklung befindet.

Bei der Vermarktung wird produkttechnisches Know-how anderen Unternehmungen überlassen. Analog zu den im vorangegangenen Kapitel geschilderten Akquisitionsformen bei den Vermarktungsformen zwischen der Vertragsforschung und -entwicklung, der Lizenzvergabe, dem Verkauf von Schutzrechten und dem Verkauf von ungeschütztem technologischem Know-how (Technologieverkauf) unterschieden [18]. Eine Weitergabe von technologischem Wissen an Dritte ist vor allem dann von Vorteil, wenn F&E-Ergebnisse nicht ins Technologie-Portfolio oder Absatzprogramm des Unternehmens passen und auch nicht in eigenen Produkten verwendet werden sollen. Ebenso sind zufällige Ergebnisse, die in keinem Zusammenhang mit den geplanten F&E-Aktivitäten stehen oder fehlende finanzielle Ressourcen für eine hinreichend schnelle Vermarktung Gründe zur Weitergabe einer Invention. Hindernisse wie rechtliche und regulatorische Vorgaben, langfristige und risikoreiche patentrechtliche Auseinandersetzungen oder auch übergeordnete strategische Ziele, wie zum Beispiel der Zugang zu anderen Technologien durch Rücklizenzen oder Lizenzaustauschverträge, können ein Unternehmen zu einer Abgabe veranlassen [22, 37].

Die Eigennutzung und Vermarktung eines Produktes oder einer Technologie müssen einander nicht ausschließen. So kann ein Unternehmen, das eine einfache Lizenz vergeben hat, trotz betriebsexterner Verwertung der Technologie diese auch uneingeschränkt selbst nutzen. Genauso verwerten Unternehmen, die mittels Gemeinschaftsforschung ein Produkt oder eine Technologie erforscht und entwickelt haben, diese auch häufig gemeinschaftlich [18].

Eine gemeinschaftliche Nutzung ist vor allem dann sinnvoll, wenn die Technologie in unterschiedlichen Marktsegmenten einsetzbar ist, das eigene Unternehmen jedoch nur mit einem Bruchteil der Segmente vertraut ist oder ein kurzfristiges, vorübergehendes Marktpotenzial nur durch Kooperation in vollem Umfang erschlossen werden kann. Ebenso können durch gemeinschaftliche Nutzung die Markterschließungskosten auf mehrere Schultern verteilt oder durch Synergien mit dem Partner deutlich gesenkt werden. Diese Strategie kann auch gezielt verwendet werden um durch die schnelle Verbreitung der Technologie die Standardisierung innerhalb des Marktes zu erreichen, oder an der Vermarktung beteiligte Wettbewerber von der Imitation oder Parallelenentwicklung abzuhalten. Auch Restriktionen wie rechtliche Vorschriften zur Technologieweitergabe, zu erwartende langfristige und risikoreiche Patentstreitigkeiten oder ein notwendiger Lizenzaustausch um den Zugang zu einer anderen Technologie zu sichern, können die gemeinschaftliche Nutzung der Technologie für ein Unternehmen attraktiv werden lassen [37].

Ein klassisches Beispiel für die im letzten Punkt angesprochene Vermarktung zur schnelleren Verbreitung einer Technologie ist die aggressive Lizenzstrategie JVCs in den achtziger Jahren mit seiner Videotechnologie VHS, um die Marktchancen des technologisch überlegenen Konkurrenzstandards Betamax (Video 2000) einzuschränken. JVC hat in diesem Fall bewusst das Recht auf eine exklusive Verwertung zugunsten einer flächendeckenden Verbreitung der Technologie aufgegeben [38].

Die verschiedenen Formen der kooperativen Verwertung mit externen Partnern können in die gemeinsame Verwertung ohne Kapitalbeteiligung und die gemeinsame Verwertung mit Kapitalbeteiligung untergliedert werden. Zu der erstgenannten Kategorie zählen die strategische Allianz und die Einrichtung eines virtuellen Unternehmens. Zur zweiten Kategorie gehören die Gründung eines Joint Ventures, die Ausgründung (Spin-off) und die Unternehmensbeteiligung [1].

2.1.4 Market Pull und Technology Push

Eine zentrale Fragestellung bezüglich der strategischen Ausrichtung der Innovationstätigkeit ist die des Innovationsimpulses. Entscheidend dabei ist, ob der Auslöser der Innovationstätigkeit technologie- oder marktbasierend ist. Bei der Market-Pull-Strategie bilden die Bedürfnisse der Kunden die Ausgangsbasis. Im Vorfeld der Technologieentwicklung werden Marktveränderungen und bislang unbeantwortete Kundennachfragen identifiziert. Auf der Grundlage dieser Erkenntnisse werden neuartige Produkte und Technologien entwickelt, um mit deren Hilfe die erkannten Marktlücken zu schließen [39, 40]. Beim Market-Pull werden Innovationsaktivitäten somit dienstleistungsorientiert ausgerichtet. Ein strategischer Erfolg sollte bereits nach relativ kurzer Zeit erkennbar sein [18].

Bei der Technology-Push-Strategie steht dagegen die Entwicklung der Technologie im Vordergrund. Die Unternehmung ergreift die Initiative, ohne sich dabei auf aktuelle Kundenansprüche zu stützen [18]. Strategische Innovationen werden hierbei vorangetrieben, obwohl keine unmittelbare Nachfrage existiert. Dies geschieht vor allem aus der Überzeugung, dass sich aufgrund der Vorteile der Technologie mittel- bis langfristig ein neuer Markt entwickelt [40, 41]. Ziel der Technology-Push-Strategie ist es, neue Kundenbedürfnisse zu wecken und damit unabhängig von wechselnden Anforderungen zu sein. Im Optimalfall besetzt das Unternehmen ein neues Branchensegment und übernimmt in diesem die Führerschaft. Da dies meist nur längerfristig zu erreichen ist, werden kurzfristige finanzielle Verluste in der Regel in Kauf genommen [18]. Die Beschreibungsmerkmale der beiden Strategien sind in Abb. 2.10 dargestellt.

Beschreibungsmerkmale	Radikale Innovationen („Technology Push")	Inkrementelle Innovationen („Market Pull")
Technologische Unsicherheit	hoch	niedrig
F&E - Aufwendungen	hoch	niedrig
F&E - Zeitdauer	lang	kurz
Absatzmarktbezogene Unsicherheit	hoch	niedrig
Vermarktungsstartzeitpunkt	unsicher/ unbekannt	sicher/ bekannt
Kundenintegration in F&E	schwierig	einfach
Art der Marktforschung	qualitativ-entdeckend	qualitativ-prüfend
Kundenverhaltens-/ Kompetenzveränderungen	in erheblichem Ausmaß erforderlich	kaum erforderlich
Art des Innovationsprozesses	„Versuchs- und Lernprozess"	„strukturierter Meilensteinprozess"

Abb. 2.10 Idealtypische Merkmalsausprägungen von Innovationen mit sehr hohem und sehr niedrigem Innovationsgrad in Anlehnung an (In Anlehnung an: [42])

Aus der Abbildung ist zu entnehmen, dass die beiden Ansätze in ihrer Reinform extreme Gegensätze darstellen und jeweils beträchtliche Risiken aufweisen. So kommt es beim Technology-Push-Ansatz nicht selten vor, dass bei der Entwicklung der Marktbezug gänzlich verloren geht. Der Market-Pull-Ansatz verführt dagegen häufig dazu die technologische Basis nicht hinreichend auf Entwicklungspotenziale zu untersuchen und rein oberflächliche Veränderungen, ein sogenanntes „face lifting" des Produktes, durchzuführen [39].

Erfolgreiche Innovationen beruhen deshalb auf einer Zusammenführung von Market-Pull und Technology-Push [14]. Um diese zu ermöglichen, wird die Zusammenarbeit der verschiedenen Unternehmensfunktionen (F&E, Marketing, Fertigung und Service) stark gefördert. Eine reine Form tritt dann höchstens noch in einzelnen Arbeitsgruppen und Phasen des Innovationsprozesses auf [39].

Fallbeispiel Mercedes-Benz-Pkw Die Möglichkeit alternative Entwicklungskonzepte variabel zu integrieren, bietet für den Pkw-Hersteller Mercedes-Benz die Flexibilität, neuste Innovationen auch spät im Entwicklungsprozess in diesen einfließen zu lassen [43]. Diese Grundlage zum Erhalt des hohen qualitativen Standards in den hergestellten Fahrzeugen wird heute mit einer Kombination aus beiden zuvor genannten Innovationsimpulsen realisiert.

Aus Abb. 2.10 ist ersichtlich, dass technologiegetriebene Projekte hohe Unsicherheiten und F&E-Aufwendungen beinhalten und daher nur schwierig an zeitliche Rahmenbedingungen zu knüpfen sind. Dadurch entsteht für ein Serienentwicklungsprojekt die Gefahr der Nichterreichung von Meilensteinen oder gar die Verschiebung einer Markteinführung. Deshalb war es folgerichtig, dass die ehemals vorhandene Strategie, vornehmlich die Entwicklung einer neuen Technologie innerhalb einer Serienentwicklung abzuarbeiten, zu einer kombinierten Vorgehensweise weiterentwickelt wurde [44]. Dies geschah auf Basis einer von der Daimler AG durchgeführten Studie, welche ergab, dass die Mehrheit der weltweit operierenden Automobilhersteller ihre Serienentwicklungen von Technologieprojekten trennen. Das bedeutet, dass Technologieprojekte erst in die Serienentwicklung übergehen, wenn sie eine Konzepttauglichkeit nachweisen können (Abb. 2.11). Der entscheidende Unterschied zur vorherigen Strategie liegt also

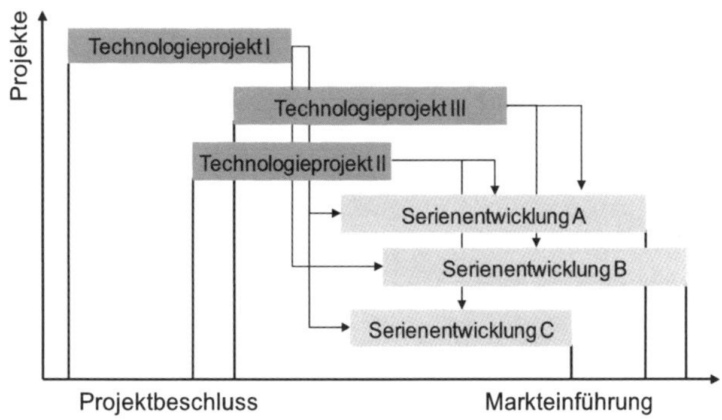

Abb. 2.11 Trennen von Technologieprojekten und Serienentwicklungen [44]

im Zeitpunkt, an dem die Produkteigenschaften und Innovationen, die in das Serienprodukt eingehen, definiert werden [44]. Durch diese Neuausrichtung der strategischen Position boten sich für den technologiegetriebenen Anbieter Mercedes-Benz-Pkw neue Perspektiven. Die Serienentwicklungszeit wurde deutlich verkürzt und der Zeitpunkt der Festlegung auf Produktdetails, wie Gestaltung des Interieurs oder der Karosserie, werden näher an die Markteinführung gelegt. Dadurch schafft es das Unternehmen ihre ursprüngliche Technology-Push-Strategie mit Elementen des Market-Pulls zu verbinden und somit schneller auf aktuelle Entwicklungen und Kundenbedürfnisse zu reagieren. Durch dieses Aufnehmen aktueller Trends in den Fahrzeugkonzepten kann die Attraktivität der Produkte gesteigert werden [44].

Mercedes-Benz-Pkw hat somit eine auf der Technologie basierende Entwicklungsstrategie durch markt- und kundengetriebene Elemente erweitert. Diese zuvor bereits theoretisch beschriebene Zusammenführung der Innovationsimpulse, ermöglichte es dem Unternehmen den bereits vorhandenen Wettbewerbsvorteil aus technologischer Sicht durch kundengetriebene Innovationen zu erweitern. Dadurch ist es ihnen möglich, neue Kundengruppen anzusprechen und neue Marktsegmente zu bedienen.

2.2 Gestaltung der Innovationsorganisation

Ein weiteres strategisches Handlungsfeld des Innovationsmanagements ist die Gestaltung der Innovationsorganisation. Sie schafft die strukturellen Rahmenbedingungen für die erfolgreiche Durchführung von Innovationsprogrammen und Innovationsprojekten. Neben der Schaffung der erforderlichen Strukturen für ein erfolgreiches Innovationsmanagement sowohl in der Linie als auch in Projekten stellt die Innovationsorganisation die notwendige Voraussetzung für eine Implementierung von Innovationsprozessen dar. Die Innovationsorganisation ist somit ein zentrales Mittel zur Ausrichtung des Innovationsmanagements.

2.2.1 Dimensionen der Organisationsgestaltung

Die Gestaltung der Innovationsorganisation erfolgt im Wesentlichen auf zwei Ebenen: die Gestaltung der innerbetrieblichen Innovationsorganisation und die Gestaltung der überbetrieblichen Innovationsorganisation. Die Gestaltung der innerbetrieblichen Innovationsorganisation erfolgt in den Dimensionen „Aufbauorganisation des Innovationsbereichs“ sowie „Ausgestaltung der innerbetrieblichen Kooperation“. Bei der Wahl der richtigen Aufbauorganisationsform für den Innovationsbereich des Unternehmens sind zu Beginn Entscheidungen bezüglich der Eingliederung des Innovationsbereiches in das Unternehmen an sich zu treffen. Hierbei spielt die Wahl zwischen dezentraler und zentraler Finanzierung und Steuerung sowie Allokation der Ressourcen eine wesentliche Rolle. Im Rahmen der Innenstrukturierung des Innovationsbereiches erfolgt die Gestaltung der eigentlichen Struktur des Innovationsbereiches. Ebenfalls eine besondere Rolle spielt dabei die Wahl der richtigen Organisationsform für Innovationsprojekte, deren Struktur je nach Aufgabenbeschaffenheit, Innovationsgrad und Ressourcenbedarf entweder in die Linie integriert oder in separaten Strukturen erfolgt. Neben der Gestaltung der Aufbauorganisation ist die Ausgestaltung der innerbetrieblichen Kooperation bei der innerbetrieblichen Organisationsgestaltung des Innovationsbereiches von Bedeutung. Wichtige Entscheidungsgrößen sind dabei die Wahl zwischen einer eher wettbewerbsorientierten oder einer eher kooperationsorientierten Zusammenarbeit der Innovationsstandorte auf der einen Seite und die einer eher dezentralen Streuung oder zentralen Bündelung der Kompetenzen und Wissensbasen auf der anderen Seite. Bei der Gestaltung der überbetrieblichen Organisation liegt das Augenmerk vor allem auf der Ausgestaltung der überbetrieblichen Kooperation. Hierbei muss eine entsprechend der Zielsetzungen des Unternehmens sowie der Beschaffenheit der Innovationsaufgabe zutreffende Wahl der Kooperationsform erfolgen (Abb. 2.12) [45].

2.2.2 Generische Aufbauorganisationsformen

Die Schaffung von Aufbauorganisationen in Unternehmen basiert auf langfristigen Entscheidungen der Unternehmensleitung zur Regelung der Beziehungen zwischen Personen, Abteilungen und Betriebsmitteln. Hierbei steht im Wesentlichen eine effiziente Bearbeitung von wiederkehrenden Kontroll- und Entscheidungsaufgaben sowie deren Ausführung im Vordergrund [45]. Mit der Gestaltung von Aufbauorganisationen von Innovationsbereichen werden sowohl aufgaben- als auch personenbezogene Ziele verfolgt. Die aufgabenbezoge-

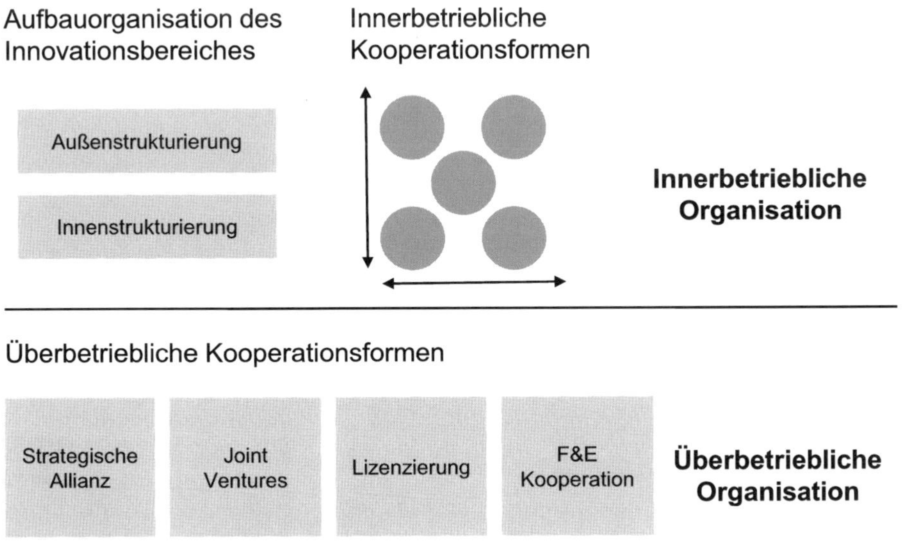

Abb. 2.12 Dimensionen der Organisationsgestaltung [45]

nen Zielsetzungen verfolgen vor allem die Schaffung von Rahmenbedingungen für eine effiziente und effektive Bearbeitung von Aufgaben im Rahmen der Innovationsprozesse. Aufseiten der personenbezogenen Zielsetzungen verfolgt die Gestaltung der Aufbauorganisation die Erzeugung eines Umfeldes zur Förderung der Qualifikation und Motivation der Mitarbeiter in den Innovationsbereichen. Hierfür müssen Mitarbeiterziele in die Gestaltung der Aufbauorganisation einfließen. Als Untermenge der Ziele der Organisationsgestaltung stellen diese somit auch ein Teilziel im Zielsystem des Unternehmens dar [46].

Die Gestaltung der Aufbauorganisation von Innovationsbereichen erfolgt in fünf verschiedenen Dimensionen. Die Bestimmung der *Spezialisierung* legt die Aufteilung der Aufgaben fest; die *Konfiguration* dient der Einordnung in die betriebliche Leistungshierarchie; der Grad der *Delegation* bestimmt den Umfang der Abtretung von Befugnissen; der Grad der *Formalisierung* definiert die Art und den Umfang schriftlich fixierter Regeln; die Bestimmung von *Koordinationsfunktionen* dient der organisatorischen Regelung zur Abstimmung von Abläufen und arbeitsteiligen Prozessen innerhalb der Innovationsorganisation. Der Gestaltungsprozess der Aufbauorganisation von Innovationsbereichen beginnt mit der Einordnung der Bereiche in die Strukturen des Unternehmens. Grundsätzlich lässt sich hier zwischen einer zentralen Eingliederung und einer dezentralen Eingliederung der Innovationsbereiche unterscheiden. Dabei lässt sich die Außenstrukturierung der Innovationsbereiche hinsichtlich einer zentralen oder dezentralen Struktur ihrer Finanzierung und Steuerung auf der einen und hinsichtlich ihrer Ressourcen auf der anderen Seite vornehmen. Mögliche Formen einer zentralisierten Eingliederung der Innovationsbereiche können hierbei die Einordnung als gleichrangiger Teilbereich auf Hauptabteilungsebene, als zentraler Unternehmensbereich auf Unternehmensleitungsebene in Form einer Stabsstelle sowie als zentraler Bereich auf untergeordneter Abteilungsebene sein. Eine dezentrale Eingliederung der Innovationsbereiche erfolgt entsprechend der Strukturierung der Unternehmensorganisation mit entsprechenden Verrichtungs- oder Objektschwerpunkten innerhalb der einzelnen Teilbereiche. Eine Sonderform der dezentralen Eingliederung der Innovationsbereiche stellt in diesem Zusammenhang die Koordination der dezentralen Innovationsbereiche durch eine zentralisierte Stabsstelle dar [46].

Die Zentralisierung bzw. Dezentralisierung der Innovationsbereiche ist dabei mit verschiedenen Vor- und Nachteilen verbunden. Die mit einer Zentralisierung der Innovationsaktivitäten verbundenen Vorteile liegen vor allem im Bereich der Konzentration von spezifischem Know-how sowie im Bereich der Kostenentstehung durch eine hohe Auslastung von Mitarbeitern und anderen mit Innovationstätigkeiten verbundenen Ressourcen. Nachteilig wirken sich in zentralisierten Innovationsbereichen ein Hang zur Bürokratisierung und Verselbstständigung der Bereiche sowie die größere Distanz zu regionalen Märkten und den damit verbundenen Anforderungen an neue Lösungen aus. Darüber hinaus sind zentralisierte Strukturen von einer geringeren Flexibilität zur Anpassung auf veränderte Unternehmenssituationen geprägt. Für eine Dezentralisierung der Innovationsaktivitäten sprechen im Gegensatz hierzu zum einen die höhere Flexibilität der Bereiche sowie eine größere Marktnähe. Auf der anderen Seite bestehen bei dezentralen Strukturen die Gefahr der geringeren Auslastung von Mitarbeitern und anderen Ressourcen sowie insgesamt die Gefahr einer Doppelung von Ressourcen im Unternehmen mit den damit verbundenen Kostennachteilen [46].

Aufgrund der Vor- und Nachteile reiner zentraler bzw. dezentraler Innovationsorganisationen sind in der Praxis meist Organisationsformen verbreitet, die eine Vermischung beider Konzepte darstellen. Die Verbindung der Vorteile erlaubt den Aufbau einer flexiblen, marktnahen Organisation der Innovationsbereiche mit darüber hinausgehenden, ausreichenden Spezialisierungs- und Kostenvorteilen. Wesentliches Gestaltungsmerkmal dieser Organisationsform ist die Aufgaben- und Kompetenzverteilung zwischen den zentralen und dezentralen Bereichen. Hierbei bietet sich die Bündelung von Koordinations- und Serviceaufgaben sowie forschungsnahen Aufgaben wie zum Beispiel die Technologieentwicklung im Zentralbereich und die Bündelung von marktnahen Produkt- oder Prozessentwicklungsaktivitäten, bei denen anwendungsspezifisches Wissen überwiegt, in den dezentralen Bereichen an [46].

Bei der Innenstrukturierung der Aufbauorganisation für Innovationsbereiche lassen sich fünf grundlegende Typen unterscheiden:

- Phasenorientierte Organisation
- Wissenschaftlich-technisch orientierte Organisation
- Produktgruppenorientierte Organisation
- Projektorientierte Organisation

Einen Überblick über die Formen der Außen- und Innenstrukturierung der Innovationsbereiche liefert Abb. 2.13.

Phasenorientierte Organisation: Ein phasenorientiert aufgebauter Innovationsbereich strukturiert seine Bereiche entsprechend der typischen Phasen des Innovationsprozesses. Weitverbreitet ist hier die Strukturierung in die Bereiche Forschung, Vorentwicklung und Entwicklung. Die Vorteile dieser Strukturierung liegen sowohl in der Trennung langfristiger von kurzfristigen Problemen als auch in einer einheitlichen Struktur für die verschiedenen Produkte des Unternehmens. Durch die Trennung der verschiedenen Phasen des Innovationsprozesses in unterschiedliche Bereiche können die Arbeiten entkoppelt werden. Ein parallelisiertes Arbeiten an den unterschiedlichen Entwicklungsstufen von aufeinanderfolgenden Produktgenerationen ermöglicht dabei durch Parallelisieren der Prozesse eine Verkürzung des Innovationsprozesses und eine kürzere Time-to-Market. Jedoch neigen die getrennt agierenden Bereiche zu einer Verselbstständigung in ihrer Arbeit. Dies führt zu einem höheren Abstimmungs- und Informationsbedarf zwischen den Bereichen,

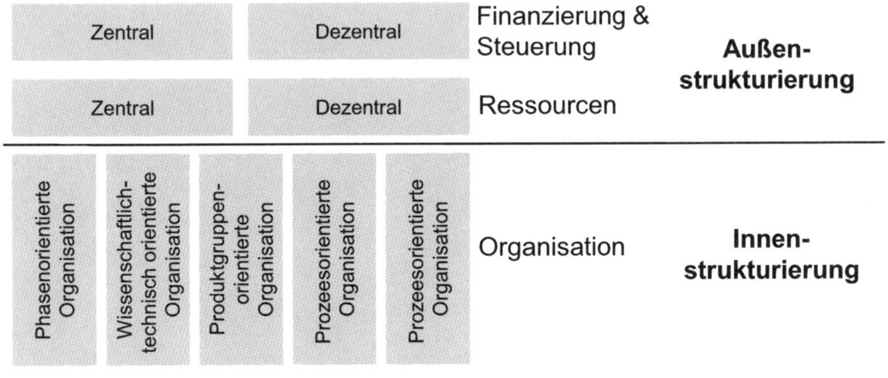

Abb. 2.13 Formen der Außen- und Innenstrukturierung von Innovationsbereichen

um eine koordinierte Produktentwicklung zu gewährleisten und den Ergebnistransfer zwischen den Bereichen nicht zu gefährden. Eine phasenorientierte Strukturierung des Innovationsbereiches bringt vor allem Unternehmen Vorteile, in denen sich die verschiedenen Phasen des Innovationsbereiches stark voneinander unterscheiden. Ebenfalls vorteilhaft ist eine solche Strukturierung, wenn die Prozessphasen wiederholt von Generationen eines oder mehrerer Produkte durchlaufen werden (Abb. 2.14) [47–49].

Wissenschaftlich-technisch orientierte Organisation: Wissenschaftlich-technisch orientierte Organisationsformen des Innovationsbereiches zeichnen sich durch die Zusammenfassung von Mitarbeitern gleicher wissenschaftlicher, technischer Ausbildung zu einem Bereich aus (Abb. 2.15). Durch die Spezialisierung der Bereiche in einem wissenschaftlich-technischen Feld entstehen im Unternehmen Vorteile bei der Verwendung spezifischer, sachlicher Ressourcen. Durch die Zusammenfassung ähnlich ausgebildeter Mitarbeiter lassen sich neben der Ressourcennutzung auch Vorteile bei der Spezialisierung des Personals erzielen. So besteht nur eine geringe Gefahr, dass Mitarbeiter den Anschluss an aktuelle technische Entwicklungen verpassen könnten [46].

Eine wissenschaftlich-technisch orientierte Organisationsform eignet sich aufgrund der geringeren Flexibilität vor allem für Unternehmen mit einem homogenen Produktprogramm und stabilen Marktverläufen. Generell existiert eine Neigung größerer Unternehmen zu diesem Strukturierungstyp. Aufgrund der starken Abgrenzung der unterschiedlichen wissenschaftlich-technischen Disziplinen durch diese Organisationsform besteht im Wesentlichen für die interdisziplinäre F&E die Gefahr einer Behinderung der Zusammenarbeit. Um auch im Rahmen der interdisziplinären F&E ein hohes Maß an Effizienz und Effektivität zu erreichen, stellt diese Form der Aufbauorganisation hohe Anforderungen an die Koordination der Zusammenarbeit [46]. Ebenfalls laufen wissenschaftlich-technisch orientiert organisierte Innovationsbereiche Gefahr, durch die strukturell bedingte, mangelnde Marktnähe marktgetriebene Innovationen zu verpassen sowie Produkte am Markt vorbeizuentwickeln.

Produktgruppenorientierte Organisation: Im Gegensatz zu wissenschaftlich-technisch orientierten Innovationsbereichen verfügt die produktgruppenorientierte Organisation zu einer expliziten Orientierung an den absatznahen Bereichen des Unternehmens. Der Innovationsbereich wird hierbei entsprechend der im Unternehmen vorherrschenden Produktgruppen strukturiert (Abb. 2.16). Hierbei ist auch eine Abwandlung als marktorien-

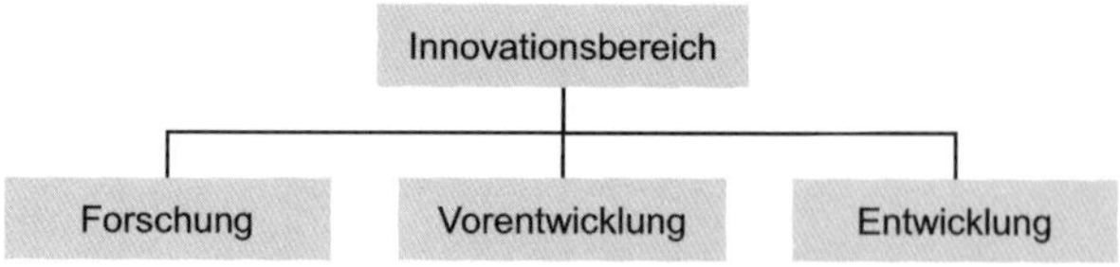

Abb. 2.14 Phasenorientierte Innovationsorganisation

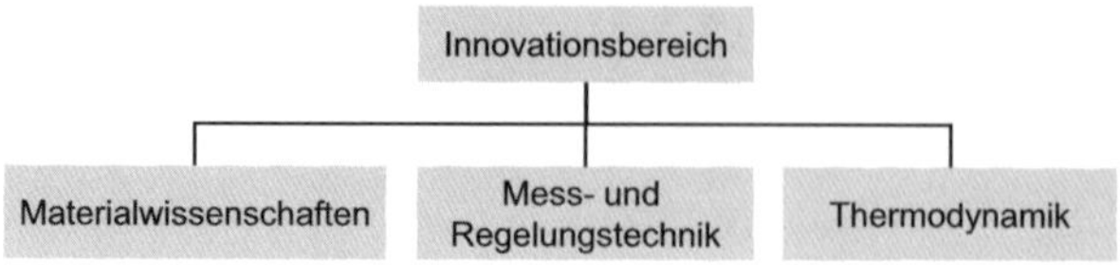

Abb. 2.15 Wissenschaftlich-technisch orientierte Innovationsorganisation

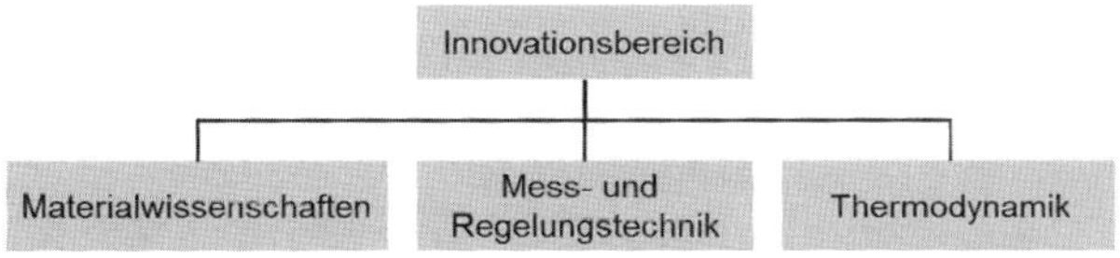

Abb. 2.16 Produktgruppenorientierte Innovationsorganisation

tierte Organisationsform mit einem ausgeprägten Bezug zu regionalen Märkten möglich. Die Vorteile dieser Organisationsform liegen in ihrer klaren Orientierung an den Kundenbedürfnissen. So fördert die produktbezogene Entwicklung entsprechend organisierter Innovationsbereiche eine Konzentration der F&E-Mittel auf Innovationsaktivitäten mit hoher Markt- und Verkaufsrelevanz. Durch das Fehlen der beschränkten Perspektive von Funktionsbereichen, verfügt diese Organisationsform im Vergleich zu anderen über Möglichkeiten zur ganzheitlichen Wahrnehmung und Abgrenzung der Problemelemente einer Produktinnovation anstatt isolierte technologische oder funktionale Teilbereiche zu betrachten. Hierdurch werden radikalere Produktinnovationen als in Funktionsbereichen möglich [50]. Durch die leichtere Anpassung an Umweltentwicklungen bietet sich diese Organisationsform des Innovationsbereiches an, wenn die Innovationsgeschwindigkeit im Markt höher ist als die Veränderungsgeschwindigkeit der den Produkten zugrunde liegenden Technologien. Im Falle einer zusätzlich marktorientiert aufgebauten Innovationsorganisation führt die hohe Eigenständigkeit und Marktnähe der Bereiche zu einer erhöhten Motivation der Mitarbeiter. Der Einsatz einer produktgruppenorientierten Organisation empfiehlt sich vor allem bei Unternehmen mit einem heterogenen Leistungsprogramm und unterschiedlichen Marktfeldern, da hier eine geringe Leistungsverflechtung zwischen den einzelnen Bereichen entsteht. Oft kommen in Großunternehmen produktgruppenorientierte Aufbauorganisationen zum Einsatz [48].

Durch die geringe fachliche Spezialisierung der Mitarbeiter aufgrund einer produktanstatt fachlich-orientierten Ausrichtung der Organisationsform laufen diese Gefahr, den Anschluss in ihrem Fachgebiet zu verpassen. Durch die Orientierung der Organisationsform an bestehenden Absatzmärkten und Produktgruppen besteht für eine nachhaltige Entwicklung des Unternehmens die Gefahr, dass marktnahe Entwicklungsprojekte auf Kosten der Entwicklung neuer Absatzmärkte oder Produktgruppen priorisiert werden. Hierzu kann insbesondere die Vernachlässigung von Forschungs- und Vorentwicklungsvorhaben aufgrund einer kurzfristigen Ergebnisorientierung führen [46]. Nachteilig wirkt sich die produktbezogene Trennung von Ressourcen auch auf die Effizienz des Ressourceneinsatzes aus. Insbesondere im Falle einer zusätzlichen Marktorientierung kann die konsequente Verfolgung des Regionalprinzips zu einer schwierigen Trennung von technologischem Know-how führen [50].

Projektorientierte Organisation: Die projektorientierte Organisationsform stellt insbesondere für den Innovationsbereich eine bedeutende Form der Organisation dar. Meist werden Projektorganisationen zusätzlich zur bestehenden Linienorganisation im Unternehmen geschaffen. Hierbei lassen sich vier Grundformen der Projektorganisation unterscheiden: das Projektmanagement in der Linie, die Einflussprojektorganisation, die Matrixorganisation und die reine Projektorganisation (Abb. 2.17) [47–49].

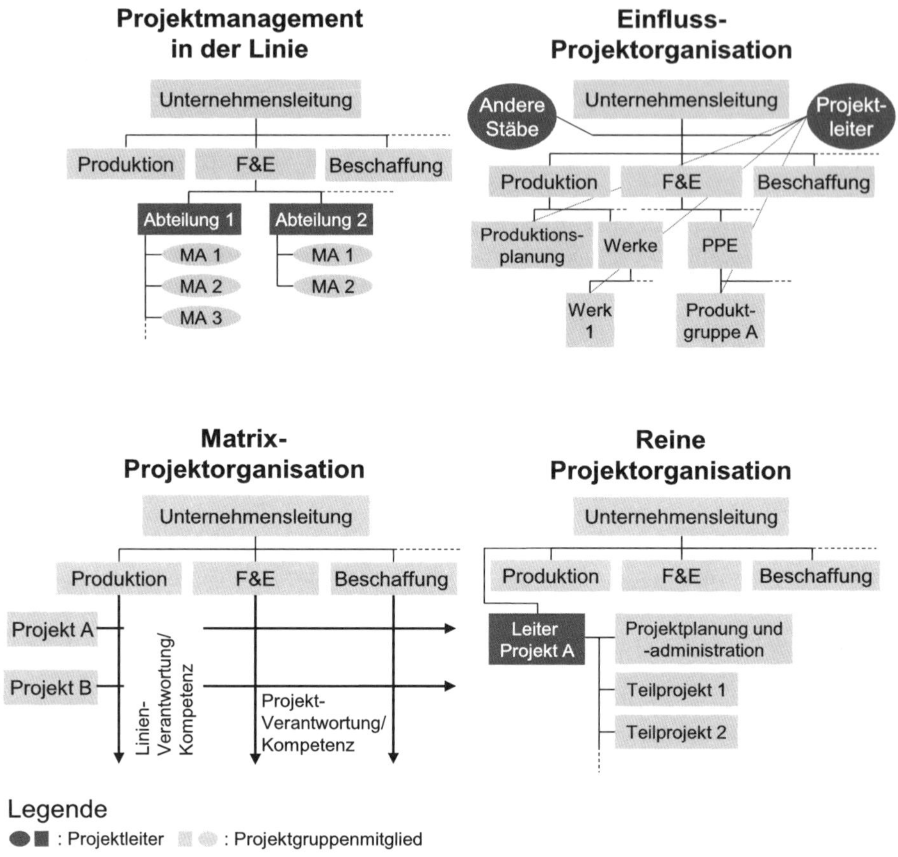

Abb. 2.17 Projektorganisationsformen des Innovationsbereiches [46]

Das Aufsetzen von Projekten mit einem Projektmanagement in der Linie verursacht nur geringen organisatorischen Aufwand. Projektleiter und -mitarbeiter stammen aus denselben Bereichen der Linie. Charakteristisch für diesen Projekttyp ist die geringe Interaktion mit anderen Stellen und Bereichen. Die geringe Flexibilität und die geringe Ressourcenverfügbarkeit solcher Projektorganisationen stellen oftmals Probleme dar und führen zu einer Eignung vor allem für isolierte, kleine Projekte oder Teilprojekte mit geringer Komplexität [46].

Bei der Einflussprojektorganisation übernimmt ein Mitarbeiter (oftmals Stabsstelle) die Koordination der am Projekt beteiligten Mitarbeiter. Generell bleiben die einzelnen Projektmitglieder den Bereichen zugeordnet. Der Projektleiter besitzt eine rein koordinierende Funktion und verfügt über keinerlei funktionale oder disziplinarische Weisungsrechte gegenüber den Projektbeteiligten. Bei Aufsetzung des Projektes ist so nur eine geringe organisatorische Veränderung nötig, was eine leichte Einbindung der Projektstruktur in die Linienorganisation ermöglicht. Ebenfalls wird so eine Koordination von sonst unabhängigen voneinander agierenden Entwicklungsbereichen ermöglicht. Für die Steuerung der Projekte erstellt der Projektleiter Projektpläne. Diese muss er mit den beteiligten Bereichen abstimmen und sie aufgrund fehlender Weisungsbefugnisse von der Sinnhaftigkeit der Planung überzeugen. Im Falle von Abweichungen und Verzögerungen der Projektarbeiten macht der Projektleiter auf diese aufmerksam. Wichtige Entscheidungen werden nicht durch den Projektleiter, sondern von übergeordneter Stelle oder Leitungsstellen der Linie getroffen. Die geringe Verselbstständigung dieser Projektorganisation führt auf Ressourcenseite zu einer stark eingeschränkten Autonomie. Hierdurch und durch die fehlende funktionale und disziplinarische Weisungsbefugnis des Projektleiters besteht die Gefahr von Verzögerungen in der Projektabwicklung, wenn für Entscheidungen höhere Stellen einbezogen werden müssen. Sachgerechte Entscheidungen sind aufgrund der hierarchischen Distanz zum Projekt schwierig zu treffen, was den Projekterfolg zusätzlich gefährdet. Aufgrund dieser Einschränkungen eignet sich die Einflussprojektorganisation vor allem für kleinere, wenig komplexe Projekte [46].

Die Matrixorganisation ist die in den Unternehmen üblichste Projektorganisation. Matrixorganisationen entstehen durch die Überlagerung von projekt- und fachbereichsbezogenen Kompetenzen. Hierbei liegen die Kompetenzen über die Aufteilung und Zuteilung von Teilprojekten sowie die Terminierung der Arbeiten beim Projektleiter. Die Entscheidungen über die Verwendung von sachlichen Ressourcen und Mitarbeitern, sowie disziplinarische Weisungsrechte liegen bei der Linie. Dem Projektleiter werden in diesem Kontext nur ein Teil der Ressourcen zugewiesen, wodurch dieser auf Ressourcen aus der Linie angewiesen ist. Dabei können dem Projekt Ressourcen, insbesondere Mitarbeiter, voll oder teilweise zugeordnet werden, welche jedoch nicht aus den Strukturen der Linienorganisation gelöst werden. Diese Strukturierung verfügt so über eine hohe strukturelle Anpassungsfähigkeit an veränderte Rahmenbedingungen und erlaubt darüber hinaus den flexiblen und mehrfachen Einsatz von Ressourcen durch unterschiedliche Projekte. Im Gegensatz zu den oben beschriebenen Projektstrukturtypen verfügt der Projektleiter im Rahmen der Matrixorganisation über Kompetenzen zum Vorantrieb des Projektfortschritts. Die Überprüfung eines effizienten Ressourceneinsatzes durch die Projekte liegt weiterhin in der Verantwortung der Linienbereiche. Ein genereller Nachteil von Matrixorganisationen ist das hohe Konfliktpotenzial durch überschneidende Kompetenzen von Projekt- und Linienorganisation. Zur Vermeidung von Konflikten sind Fachressourcen der einzelnen in das Projekt involvierten Bereiche durch eine Projektprogrammplanung klar zu definieren und zeitlich dem Projekt zuzusichern. Aufseiten der in das Projekt eingebundenen Mitarbeiter entstehen oftmals dadurch Probleme, dass diese sowohl dem Projektleiter, als auch dem Leiter in der Linie unterstellt sind. Insgesamt wird durch die Einbindung der Projekte in die Linienorganisation die Teamarbeit gefördert. Ebenso positiv wirkt sich die Zusammenarbeit verschiedenster Stellen auf die Innovationsleistung und die Motivation der Mitarbeiter aus. Matrixorganisationen eignen sich auch aufgrund der Stärke des Projektleiters für mittlere bis große Entwicklungsprojekte, für deren Erfolg die Zusammenarbeit verschiedener Unternehmensbereiche von Bedeutung ist [48].

Bei sehr großen Innovationsprojekten kommt häufig die Form der reinen Projektorganisation zum Einsatz. In dieser sind während der Durchführung des Projektes alle Beteiligten dem Projekt als eine eigenständige Organisationseinheit zugeordnet. Hierfür werden Mitarbeiter für die Dauer des Projektes aus der Linie entliehen oder für die Bearbeitung des Projektes gesondert eingestellt. Ebenso wie die personellen Ressourcen sind auch die für das Projekt bereitgestellten sachlichen Ressourcen dem Zugriff durch die Linie entzogen. Der Projektleiter hat in diesem Kontext neben funktionalen auch volle disziplinarische Befugnisse und verantwortet das Projektergebnis. Störungen der Projektarbeit durch Verantwortungen und Zuständigkeiten in der Line werden so vermieden und eine volle Konzentration auf die Projektaufgaben ermöglicht. Durch die uneingeschränkte Verfügung über Ressourcen stellt die reine Projektorganisation somit eine der wirkungsvollsten Anpassungen der Unternehmensorganisation für Innovationsprojekte dar. Nachteilig auf die Effizienz des Innovationsbereiches wirken sich reine Projektorganisationen durch mögliche Parallelentwicklungen in den unterschiedlichen Projekten aus. Diese kommen durch mangelnde Kommunikation und Transparenz zwischen den selbstständig arbeitenden Projekten zustande. Ebenfalls sind diese Projekte für die „Not invented here" Effekte anfällig: Bereits entwickelte Lösungen werden durch das Projektteam nicht übernommen, sondern neu entwickelt. Sinnvolle Einsatzmöglichkeiten einer solchen Projektorganisation finden sich deshalb vor allem im Bereich von Innovationsprojekten mit geringem Bezug zu den üblichen Aufgaben des Unternehmens. Der Aufbau eigenständiger Projektteams als selbstständige Organisationseinheit verursacht einen hohen organisatorischen Aufwand. Aufgrund der starken Einbindung von Ressourcen verfügen reine Projektorganisationen über einen erhöhten Ressourcenbedarf im Vergleich zu anderen Projektorganisationen wie beispielsweise die Matrixorganisation und kommen deshalb selten in Unternehmen mit vielen parallelen Projekten zum Einsatz [48, 49].

Die Wahl der Projektorganisationsform hängt wesentlich von verschiedenen Merkmalen der Innovationsaufgabe ab. Eine schlechte Abstimmung der Projektorganisation auf die Innovationsaufgabe ist für den Erfolg des Projektes kritisch. Insbesondere die Abstimmung auf die Merkmale „Verfügbarkeit von Ressourcen", „Kommunikationsbeziehungen im Unternehmen" und die Aufgabenmerkmale „Komplexität", „Neuheitsgrad", „Variabilität" und „Strukturiertheit" ist von Bedeutung. Eine hohe Strukturiertheit der Aufgabe ist dadurch gekennzeichnet, dass sich klare und präzise Ziele definieren lassen. Bei unstrukturierten Aufgaben existieren meistens keine vorgegebenen Beschreibungen und Kenntnisse über Input- und Outputgrößen sowie deren Wechselwirkungen [51]. Die Koordination von Projektaktivitäten wird bei unstrukturierten Aufgaben schwieriger, da diese schlecht in Arbeitspakete aufgeteilt werden können [52]. Die Separabilität einer Aufgabe ist eng verbunden mit ihrer Strukturiertheit. Eine Aufgabe ist dann separabel durchführbar, wenn ihre Lösung nicht von anderen Aufgaben abhängig ist. Je geringer die Abhängigkeiten zwischen den Aufgaben desto geringer ist der Abstimmungsbedarf untereinander. Da insbesondere radikale Innovationen eine niedrige Affinität zu bestehenden Prozessen und Produkten besitzen, nimmt die Strukturiertheit von Aufgabe bei radikalen Innovationen ab und führt zu einer Steigerung der Komplexität, der Variabilität und des Neuheitsgrads der Aufgabe. Da dies eine sowohl in wirtschaftlicher als auch technischer Hinsicht unsichere Zielerreichung bedeuten kann, erfordern radikale Innovationen einen erhöhten Bedarf an einem organisatorisch verankerten Projektmanagement und müssen entsprechend bei der Wahl der Projektorganisation berücksichtigt werden.

Sekundärorganisationsformen: Ein weiteres wesentliches Merkmal von Projektorganisationen ist die Schaffung von verschiedenen *Gremien* als sogenannte Sekundärorganisation. Diese gewährleisten die Integration und Koordination der Projektgruppen und sorgen so für den organisatorischen Zusammenhalt, insbesondere innerhalb größerer Projekte. In der Regel nehmen die Mitglieder der verschiedenen Gremien eine weitere wichtige Position in der Primärorganisation des Unternehmens ein und verfügen somit über eine gewisse Weisungsfähigkeit, die für die erfolgreiche Arbeit der Gremien von Bedeutung ist. Neben der Sicherstellung des organisatorischen Zusammenhalts innerhalb des Projektes stellen Gremien oftmals auch das Bindeglied zwischen Projekt und Auftraggeber dar. Die Zusammensetzung der Gremien hängt im Wesentlichen von der zugrunde liegenden Projektorganisation und -größe ab. Zur Vermeidung mangelnder Entschlussfähigkeit sollten Gremien in der Regel möglichst klein gestaltet sein und bei der Besetzung der Vermeidung von Eigen- oder Ressortinteressen besonderes Augenmerk gewidmet werden. Eine Übersicht über die Gremienstruktur in Innovationsprojekten liefert Abb. 2.18.

Der *Lenkungsausschuss* eines Projektes arbeitet in der Regel unbefristet und diskontinuierlich zusammen. In Innovationsprojekten sorgt der Lenkungsausschuss für die interdisziplinären, projektübergreifenden und koordinierenden Entscheidungen und ist für die Auswahl und Kontrolle der Projekte verantwortlich. In dieser Funktion bestimmt der Lenkungsausschuss den jeweiligen Projektleiter und formuliert die obersten Projektziele. Hierfür sollten die Mitglieder des Lenkungsausschusses die Ziele und Strategien des Gesamtunternehmens kennen und müssen über die Kompetenz verfügen, Entscheidungen durchsetzen zu können. Eine weitere Aufgabe des Lenkungsausschusses ist die Schlichtung schwerwiegender Konflikte zwischen Projekt und Linie.

Innerhalb großer Projekte wird das *Steuerungskomitee* zur Koordination von mehreren Teilaufgaben oder Teilprojekten eingesetzt. Ähnlich des Lenkungsausschusses erfolgt

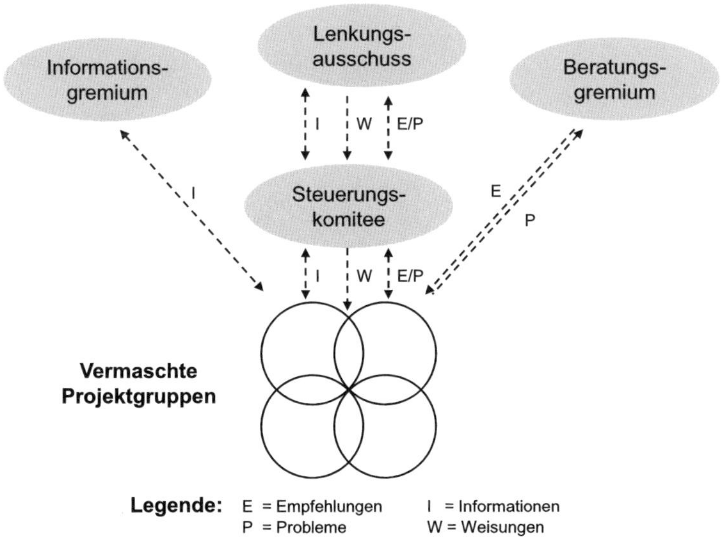

Abb. 2.18 Sekundärorganisationsformen des Innovationsbereiches [46]

die Arbeit des Steuerungskomitees diskontinuierlich, ist aber zeitlich befristet. Das Steuerungskomitee besteht aus den Leitern bzw. Teilnehmern einzelner Projektgruppen und wird vom Lenkungsausschuss und dem Projektleiter berufen. Die Arbeit des Steuerungskomitees beginnt mit der Detailplanung des Projektes und endet mit dessen Abschluss. Das Steuerungskomitee ist für die inhaltliche und organisatorische Koordination der Gruppen verantwortlich und fordert in diesem Rahmen Fortschrittsberichte, kontrolliert Teilergebnisse und ist an Meilensteinentscheidungen beteiligt. Darüber hinaus entscheidet das Steuerungskomitee die Ressourcenverteilung im Projekt und informiert den Lenkungsausschuss.

Informations- und Beratungskollegien dienen der Unterstützung der Projektgruppen, Lenkungsausschüsse und Steuerungskomitees und können unternehmensexterne Personen als Berater aufnehmen. Informationskollegien fungieren hierbei als kommunikative Integration des Innovationsbereiches und der Projekte in das Gesamtunternehmen und informieren die beteiligten Unternehmensbereiche. Beratungskollegien dienen der Erarbeitung von Lösungsvorschlägen für Probleme und führen im Allgemeinen eine beratende Tätigkeit aus. Sie unterstützen bei Interessen übergreifenden Entscheidungen und fungieren ähnlich der Arbeit einer Stabsstelle im Projekt.

2.2.3 Innerbetriebliche Kooperationsformen

Um Innovationsprojekte erfolgreich durchführen können, benötigen Unternehmen eine Standortstruktur für ihre Forschung und Entwicklung. Es können folgende fünf grundsätzlichen Gestaltungskonzepte für Kooperationen prinzipiell auftreten: die ethnozentrisch zentralisierte Innovationsform, die geozentrisch zentralisierte Innovationsform, die polyzentrisch dezentralisierte Innovationsform, das Hubmodell der Innovation und das integrierte Innovationsnetzwerk (Abb. 2.19) [53]. Die Konzepte unterscheiden sich anhand der Dimensionen: „Grad der Kooperation zwischen Innovations-Standorten" und „Streuung interner Kompetenzen und Wissensbasen" [54].

Charakteristisch für eine ethnozentrisch zentralisierte Innovationsform ist, dass die kompletten Innovationsaufgaben im Stammland ausgeführt werden, da davon ausgegangen wird, dass das Stammland den Auslandsstandorten in technologischer Sicht überlegen ist [56]. In dieser zentralen Innovationsabteilung werden neue Produkte entwickelt und die Kerntechnologien geschützt [57]. An den restlichen Standorten sind die Produktion und der Vertrieb angesiedelt. Die Stärken dieses Ansatzes sind vor allem der Schutz der Kerntechnologien, hohe Effizienz durch Größenvorteile und Spezialisierungseffekte sowie geringere Entwicklungszeiten. Demgegenüber wirken sich die mangelnde Beachtung von lokalen Marktanforderungen, eine zur Rigidität neigende Organisationsstruktur und das „Not-Invented-Here"-Syndrom negativ aus [56]. Für Unternehmen, die eine Konzentration auf lokale Marktanforderungen als nicht beachtenswert ansehen, ist dieses Gestaltungskonzept geeignet [58].

Im Unterschied zur ethnozentrisch zentralisierten Innovationsform wird bei der geozentrisch zentralisierten Innovationsform der Fokus auf die lokalen Märkte gelegt, anstatt nur auf das Stammland beschränkt zu sein. Dabei wird der Effizienzvorteil einer zen-

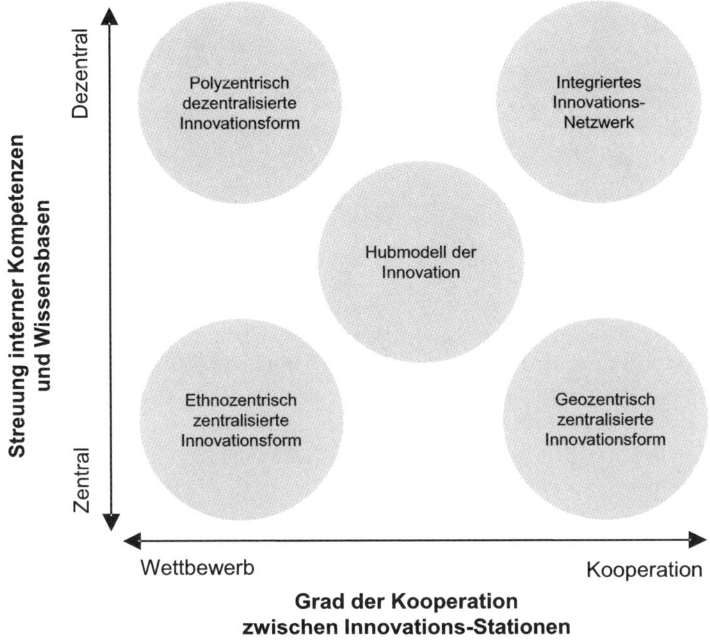

Abb. 2.19 Kooperationsformen für Innovation [55]

tralisierten Innovationsabteilung weiterhin genutzt. Die internationale Sichtweise kann dadurch erreicht werden, dass Mitarbeiter ins Ausland entsendet werden oder ein starker Informationsaustausch mit ausländischen Standorten betrieben wird. Hohe Effizienz sowie eine hohe Sensitivität für lokale Märkte zeichnen dieses Konzept aus. Gefahren bestehen bei der Umsetzung, da die Mitarbeiter sich bezüglich ihrer Werte und ihres Verhaltens neu orientieren müssen. Dies erfordert international denkende Führungskräfte, die diese Art des Denkens bei ihren Mitarbeitern fördern. Weitere Probleme können bei der unzureichenden Aufbereitung von lokalen Anforderungen und der systematischen Internationalisierung auftreten [56].

Wenn eine starke Auslandsmarktorientierung vorliegt, wird in der Regel die polyzentrisch dezentralisierte Innovationsform gewählt. Die einzelnen Innovationsabteilungen haben sich aus Vertriebs- und Produktionsstätten gebildet und führen vor allem Anpassentwicklungen für ihren jeweiligen lokalen Markt durch. Die Innovationseinheiten arbeiten autonom und werden nicht zentral gesteuert [59]. Dabei beschränkt sich die Kommunikation zwischen den einzelnen Innovationsabteilungen auf kurze, zeitverzögerte Statusberichte. Bei diesem Ansatz werden die lokalen Marktbedürfnisse und Ressourcen optimal berücksichtigt beziehungsweise genutzt. Jedoch kommt es durch den fehlenden Anreiz zur Kommunikation zu Ineffizienz und Doppelentwicklungen, welche zum Verlust des technologischen Fokus des Konzerns führen können [60].

Beim Hubmodell der Innovation nimmt die inländische Zentrale eine führende Rolle in fast allen Technologiefeldern ein und kann als Knotenpunkt angesehen werden. Durch Weisungen über Aufgaben und Bereitstellung von Ressourcen werden die dezentralen Innovationsstandorte geführt [57]. Diese zentrale Steuerung und Koordination verringert Probleme hinsichtlich Doppelentwicklungen und ineffizienter Ressourcenzuweisung. Des Weiteren ermöglicht die Zentrale einen koordinierten, effizienten Technologietransfer, unterstützt bei technologischen Problemen und bietet Zugang zu neuen Forschungsergebnissen. Durch konsequenten Austausch mit den globalen Standorten können die lokalen Marktanforderungen berücksichtigt sowie die spezifischen Stärken der einzelnen Innovationseinheiten ausgenutzt werden. Außerdem können Synergieeffekte realisiert werden. Negativ wirken die hohen Koordinationskosten und -zeiten sowie die Möglichkeit durch die straffe Steuerung Kreativität, Initiative und Flexibilität in den dezentralen Standorten zu unterdrücken [56].

Das integrierte Innovationsnetzwerkmodell bricht mit dem Ansatz einer führenden Zentrale und vielen ausführenden Einheiten. In diesem Modell existiert keine Zentrale im eigentlichen Sinn mehr, sondern viele, durch verschiedenartige anpassungsfähige Koordinationsverfahren verbundene, interdependente Einheiten. Durch Spezialisierung auf explizite Produktgruppen oder Technologiefelder entwickelt sich jede Einheit zu einem Kompetenzzentrum und übernimmt diesbezüglich die Führung im Unternehmensverbund. Dies beinhaltet neben den Innovationsaufgaben auch die Verantwortung über den kompletten Produktwertschöpfungsprozess. Außerdem werden strategische Aufgaben von den Standorten übernommen. Das bedeutet, dass sie Chancen und Risiken untersuchen und geeignete Vorgehensweisen daraus ableiten. Die flexiblen Verknüpfungen ermöglichen eine effiziente Nutzung der Kompetenzen, Größen- und Spezialisierungsvorteile und helfen Doppelentwicklungen zu vermeiden. Je nach Projekt variiert dabei dann auch die Rolle des Standortes. Weitere Vorteile sind die Ausnutzung und Weiterentwicklung lokaler Stärken sowie die Schaffung einer über verschiedene Standorte hinweg anpassungsfähigen, auf innere und äußere Reize reagierenden Organisation. Hierbei treten jedoch hohe Koordinationskosten auf, bedingt durch die Komplexität der Bindungen und der institutionellen Regelungen und Entscheidungsprozesse.

2.2.4 Überbetriebliche Kooperationsformen

Grundlegend kann zwischen verschiedenen Typen der unternehmensübergreifenden Kooperation unterschieden werden. Dabei stellt eine Kooperation eine Funktionskoordinierung oder -ausgliederung zwischen mehreren Unternehmen dar, deren Ziel die Überwindung von spezifischen Engpässen bei der Durchführung von Innovationsprojekten ist, ohne dass die rechtliche und wirtschaftliche Eigenständigkeit der Unternehmen verloren geht [61]. Unternehmensübergreifende Kooperationen ermöglichen es den Unternehmen, vielfältige Vorteile durch eine Partnerschaft zu erzielen. Zu diesen zählen der Zeitvorteil durch schnellere Entwicklung, die Steigerung der Flexibilität, Lernen vom Partner, das Teilen von Risiken und Kosten und das Durchsetzen von gemeinsamen Standards. Eine Kooperation kann eine Zusammenarbeit unter anderem mit Kunden, Zulieferern und Wettbewerbern sein und von sehr informellen bis hin zu stark strukturierten Partnerschaften reichen. Die gebräuchlichsten Formen sind die strategische Allianz, das Joint Venture, die Lizenzierung und die F&E- Kooperationen [62]. Jedoch müssen bei der Wahl einer spezifischen Kooperationsform verschiedene Zielkonflikte zwischen den Dimensionen Geschwindigkeit, Kosten, Kontrolle, Einsatz von existierenden Kompetenzen, Entwicklung neuer Kompetenzen und Zugriff auf die Kompetenzen des Partners bei der Entscheidung berücksichtigt werden.

Strategische Allianz: Charakteristikum der Zusammenarbeit in einer strategischen Allianz ist die durchgehende Selbstständigkeit der Partner. Die Unternehmen treten als selbstständige Einheiten in die Allianz ein und verbleiben es auch während der Laufzeit. In allen Bereichen, die nicht von der Allianz berührt werden, ist diese Eigenständigkeit, neben der rechtlichen, auch wirtschaftlicher und organisatorischer Art. Die rechtliche Selbstständigkeit ist immer gegeben [63]. Die strategische Allianz kann als vertikale, laterale oder horizontale Kooperation auftreten und verfolgt als hauptsächliches Ziel das Nutzen von Synergien. Strategische Allianzen können mithilfe von zwei Dimensionen charakterisiert werden. Zum einen hinsichtlich des Transfers oder der Kombination von Fähigkeiten und zum anderen hinsichtlich des Umfangs an Allianzen (Abb. 2.20) [62].

Handeln die Partner einer strategischen Allianz nur noch im Sinne des eigenen Unternehmens, wird die Zusammenarbeit trotz des großen Maßes an Eigenständigkeit der Partner problematisch. Dabei ist zwischen Eigeninteresse und Eigenlogik zu differenzieren. Eigeninteressen treten auf, wenn es eine Diskrepanz zwischen den Zielen und Wünschen des Unternehmens und den Aufgaben durch die Allianz gibt. Dabei kann es zu einem direkten Konflikt kommen, aber auch zu einer vorläufigen Akzeptanz mit anschließendem Versuch des Free-Ridings. Die Eigenlogik beschreibt die kulturellen und organisatorischen Eigenschaften der Unternehmen. Da diese bei jedem Partner unterschiedlich sind, wird die Kommunikation zwischen den Partnern deutlich erschwert, die Informationen müssen erst in eine für den Partner verständliche Form übersetzt werden. Besonders deutlich tritt die Eigenlogik bei Kooperation auf internationaler Ebene auf [63]. Um eine strategische Allianz erfolgreich zu gestalten, müssen eine gründliche Planung und Vorbereitung, eine schnelle Implementierung und eine intensive und vertrauensvolle Kommunikation sichergestellt werden [63].

Joint Ventures: Ein Joint Venture stellt eine besondere Form der strategischen Allianz und deren stärkste Kooperationsform dar. Hierbei gründen oder akquirieren die Partner-

	Individuelle Allianz	Allianzen- Netzwerk
Kombination komplementärer Kompetenzen	Individuelle Allianz zur Kombination von komplementären Technologien und Fertigkeiten	Netzwerk von Allianzen zur Kombination von Komplementären Technologien und Fertigkeiten
Transfer von Kompetenzen	Individuelle Allianz zum Transfer von Kompetenzen zwischen den Partnern	Netzwerk von Allianzen zum Austausch von Kompetenzen und gemeinsame Entwicklung neuer Fähigkeiten

Abb. 2.20 Formen der strategischen Allianz [62]

unternehmen ein gemeinsames Unternehmen, welches ihrer geteilten Kontrolle und Verantwortung unterstellt ist und sich durch die Kombination der finanziellen, materiellen, immateriellen und personellen Ressourcen der Partner auszeichnet [64]. Die Kooperation mittels Joint Venture sollte gewählt werden, sobald die einzelbetrieblich untragbaren Investitionen nicht Eigentum eines alleinigen Partners sein sollen, oder die Beziehungen zu Kunden, Lieferanten etc. in einer selbstständigen Unternehmung vorhanden sein sollen. Darüber hinaus kann die Beschränkung der Haftung der Stammhäuser auf ausschließlich die eingesetzte Beteiligung oder das Eigentum aller Partner an den Ergebnissen der Forschung und Entwicklung Beweggrund für die Bildung eines Joint Ventures sein.

Bei der Gestaltung von Joint Ventures sind eine Vielzahl verschiedener Faktoren auszugestalten. So ist beispielsweise festzulegen, in welche Richtung das Joint Venture erfolgen soll, was der Gegenstand des Joint Ventures ist, in welchem Zeitraum die Zusammenarbeit erfolgen soll oder mit welchem Kapital man sich beteiligen will. Beim Anlauf und der Durchführung eines Joint Ventures werden vier Phasen durchlaufen. Im Rahmen der strategischen Entscheidung erfolgt die grundsätzliche Prüfung eines Joint Venture als Lösungsstrategie. Problematisch ist hierbei vor allem eine oftmals unzureichende Informationsbasis als Entscheidungsgrundlage sowie eine generell unzureichende Berücksichtigung eines Joint Ventures als mögliche Lösungsstrategie. Sollte diese positiv ausfallen, müssen im Rahmen der Partnersuche geeignete Partner gefunden und von der Idee des Joint Venture überzeugt werden. Marktintransparenzen und Schwierigkeiten bei der Beurteilung der möglichen Partner stellen hierbei die größten Herausforderungen dar. Auf die Partnersuche folgen schließlich die Gründung und das Management des Joint Ventures. Hierbei muss die Architektur des Joint Ventures konkretisiert und ausreichende Kooperationsvereinbarungen getroffen werden. Auch nach der Gründung des Joint Ventures können Problemstellungen auftreten. Kritisch hierbei sind vor allem Abstimmungsprobleme innerhalb der Kooperation, Unstimmigkeiten über die Gewinnverwendung sowie generelle Probleme mit der Anpassung an interne und externe Vereinbarungen (Abb. 2.21) [65].

	I. Strategische Entscheidung	II. Partnersuche	III. Gründung	IV. Management
Handlungs-schritte	Prüfung des Joint Venture als Lösungs-strategie	Geeignete Partner finden und von der Joint-Venture-Idee überzeugen	Architektur des Joint Venture konkretisieren und Kooperations-Vereinbarungen treffen	Kooperative Aufgaben durchführen und das Joint Venture weiterentwickeln
Zentrale Probleme	▪ Joint Venture als Lösungs-strategie nicht erkannt ▪ Unzureichende Informationsbasis	▪ Markt-intransparenz ▪ Schwierigkeiten bei der Partner-beurteilung	▪ Einigung über Beteiligungs-verhältnisse ▪ Abklären von Kompetenzen/ Verantwortungs-bereichen	▪ Abstimmungs-probleme ▪ Unstimmigkeit über Gewinn-verwendung ▪ Anpassung an interne und externe Vereinbarungen

Abb. 2.21 Phasen eines Joint Ventures [65]

Lizenzierung: Bei der Lizenzierung wird eine vertragliche Vereinbarung zwischen einem Unternehmen, dem Lizenznehmer und einem anderen Unternehmen, dem Lizenzgeber, über die Nutzung einer rechtlich geschützten oder ungeschützten Erfindung bzw. Technologie geschlossen [62]. Der Unterschied zum Technologieverkauf, der keine Form der Kooperation darstellt, ist der meist enge und langfristige Charakter der Lizenzverhältnisse [64]. Dem Lizenznehmer ermöglicht diese Form der Kooperation sehr schnell an eine Technologie, welche er selbst nicht besitzt, zu gelangen und gegenüber der Eigenentwicklung Kosten zu sparen. Nachteilig kann sich ein mehrfacher Verkauf der Technologie auswirken, wenn dieses Know-how so für nachhaltige Wettbewerbsvorteile des Lizenznehmers ungeeignet ist. Die Vorteile für den Lizenzgeber bestehen in der Erschließung neuer Märkte und den Einnahmen, die er durch die Lizenzvergabe erzielen kann. Außerdem können Lizenzgeber bei der Vergabe von Auslandslizenzen so das Risiko von Direktinvestitionen im Ausland vermeiden [66]. Durch die Vereinbarungen im Lizenzvertrag hat der Lizenzgeber in vielen Fällen Einfluss darauf, wie die Technologie genutzt wird. Je länger diese aber im lizenznehmenden Unternehmen verbleibt, desto besser wird das Verständnis und Wissen des Lizenznehmers über die lizenzierte Technologie und er hat die Möglichkeit eigenständige Entwicklungen auf diesem Feld voranzutreiben [62].

Die Entscheidung einer Lizenzierung hängt grundsätzlich von sechs Faktoren ab: der Wettbewerbsintensität, der Anzahl fähiger Wettbewerber, dem Lizenzentgelt einbringenden Potenzial der Innovation, der Höhe der Immitationsbarrieren, Cashflow aus bereits existierenden Technologien und der Wichtigkeit der Erstanbietervorteile. Nicht nur die Ausprägung dieser Faktoren im Entscheidungszeitpunkt, sondern auch deren Entwicklung im Zeitablauf spielt eine Rolle bei der Entscheidung, ob eine Technologie lizenziert werden soll. Obwohl die Entscheidungsfindung sehr komplex ist, kann eine grundlegende Entscheidungsunterstützung je nach Ausprägung dreier Faktoren erfolgen. Als erster Schritt wird die Höhe der Immitationsbarrieren ermittelt, anschließend die Wettbewerbsintensität und zum Schluss die Anzahl an fähigen Wettbewerbern. So hat zum Beispiel bei einer hohen Ausprägung aller Faktoren die Lizenzierungsstrategie das größte Erfolgspotenzial. Durch eine hohe Anzahl an fähigen Wettbewerbern ist das Risiko einer besseren Konkurrenzentwicklung als hoch einzuschätzen. Folglich ist eine Lizenzierung der eigenen Technologie vorteilhaft, um so möglicherweise diese Technologie beispielsweise als „Dominant Design" in der Industrie durchzusetzen. Die folgende Abbildung veranschaulicht die verschiedenen Situationen (Abb. 2.22) [67].

Forschungskooperationen: Der Sinn von Forschungskooperationen ist die Zusammenarbeit von eigenständigen Institutionen, deren Ziel die Hervorbringung eines gewünschten Ergebnisses ist, dieses aber bedingt durch die hohe Unsicherheit bei der Generierung neuen Wissens nicht zwingend realisiert werden muss. Diese Unsicherheit nimmt von der Grundlagenforschung über die angewandte Forschung bis hin zur Entwicklung immer weiter ab. Eine Motivation zur Eingehung einer Forschungskooperation ist in der Minimierung des auftretenden Risikos zu sehen. Es ist dabei jedoch zu beachten, dass durch die Zusammenarbeit die Gefahr besteht, dem Partner Einblicke in das eigene Unternehmen und somit potenzielle neue Wettbewerbsvorteile zu verschaffen.

Eine Form solcher Forschungskooperationen ist das Joint Venture, welches im oberen Teil schon beschrieben wurde. Die planmäßige koordinierte Einzelforschung und -ent-

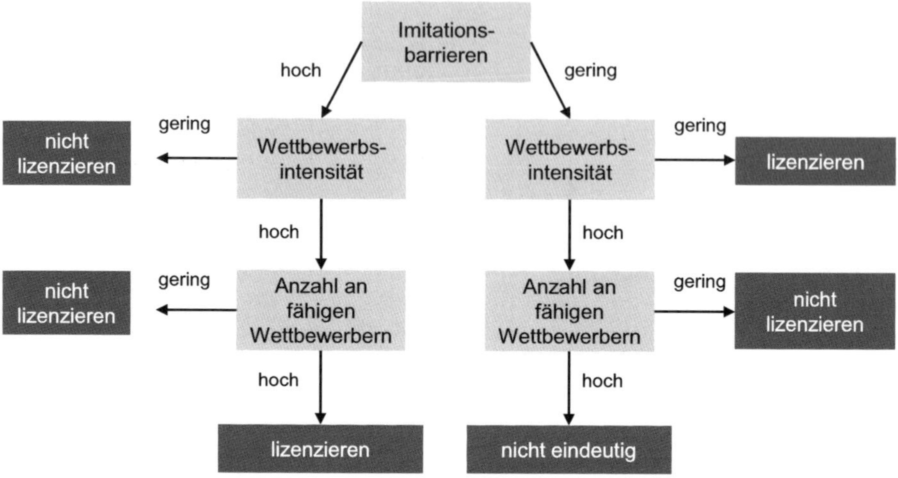

Abb. 2.22 Entscheidungsbaum Technologielizenzierung [67]

wicklung als Form der Forschungskooperation zeichnet sich durch eine kontinuierliche Erfahrungs- und Ergebniskommunikation aus und stellt eine weniger formalisierte und organisierte Kooperationsform als das Joint Venture dar. Abhängig vom spezifischen F&E-Projekt, können drei Untertypen der planmäßigen Einzelforschung definiert werden. Die Parallelforschung und -entwicklung ohne Aufteilung der Forschungsgebiete, das arbeitsteilige Vorgehen der Kooperationspartner und der auf Gegenseitigkeit beruhende Austausch von Informationen mittels einer Forschungszentrale. Grundlage aller Typen ist eine Zielabstimmung zwischen den kooperierenden Unternehmen. Ein weiterer Typ der Forschungskooperation ist die nicht koordinierte Einzelforschung. Hierbei kommt es ausschließlich zu einem Erfahrungs- und Ergebnisaustausch, die Informationsinterpretation und -verarbeitung erfolgt selbstständig [68].

2.3 Integration durch Verhalten

Aus der durch die Unternehmenskultur vorgegebenen Werte und Normen lässt sich auch das Verhalten der Mitarbeiter in der F&E entwickeln. Neben den Organisationsstrukturen und Managementsystemen sind es letztlich Menschen, die mit ihrem Handeln Lösungen für Probleme verwirklichen [16].

Die Gestaltung der Führung ist somit ein kraftvolles und anspruchsvolles Instrument zur Beeinflussung der Innovationsfähigkeit eines Unternehmens [69]. Bereits auf der Ebene der Strategieumsetzung spielt das Führungsverhalten eine besondere Rolle. Eine Studie [70] zeigt, dass der Prozess der strategischen Führung in den operativen Führungsprozess meist unzureichend integriert ist. Bereits auf oberster Ebene des Top-Managements gelingt es oft nicht, eine einheitliche Sicht über den Kurs eines Unternehmens zu erzeugen und zu vermitteln. Die Mehrheit der Führungskräfte schafft es somit auch nicht, die Strategie übereinstimmend darzustellen. Weniger als eine Stunde pro Monat werden auf Strategiebesprechungen verwendet. Gehaltszulagen des mittleren Managements werden in 70 % der Fälle ohne Bezug zu strategischen Zielen gezahlt. Auf operativer Ebene werden in 60 % der Unternehmen die Budgets nicht auf die Strategie abgestimmt. In vielen Fällen werden zudem die Mitarbeiter, denen die Strategie als Orientierung für ihre Arbeit dienen sollte, nicht hinreichend in den Strategieprozess integriert. So geben 95 % der Mitarbeiter der an der Studie teilnehmenden Unternehmen an, dass sie die Strategie nicht verstehen [70]. Diese elementaren Defizite zeigen auf, dass insbesondere auf der Führungsebene viel Gestaltungsraum zur Schaffung eines innovationsfähigen Unternehmens vorhanden ist. Ein wichtiger Aspekt für die Gestaltung des Führungsverhaltens ist demnach das Kommunikationsverhalten [69, 71].

Fallbeispiel Hilti Corporation [71] Das 1941 in Lichtenstein gegründete Unternehmen Hilti ist vor allem bekannt für seine Bohrhämmer und Befestigungssysteme. Mit einer direkten Vertriebsstruktur und einer außergewöhnlichen Kultur stellt Hilti seit mehreren Führungsgenerationen kundenorientierte Innovationen sicher.

Kommunikation der Strategie und Vision: Ein Grund für den nachhaltigen Erfolg des Unternehmens Hilti ist ein „mitreißendes" Zielbild und eine klare Strategie: Über Generationswechsel hinweg hat Hilti ein Zielbild definiert, das Mitarbeiter motiviert ihre Energie für das Unternehmen einzusetzen. Für die Vision wurden vier Kriterien aufgestellt. Sie sollte stets *realistisch* sein, also einen Bezug zu Wirklichkeit haben, herausfordernd aber nicht illusorisch sein. Die Vision sollte *attraktiv* sein, damit die Mitarbeiter den Vorteil für das Unternehmen sehen und teilhaben wollen. Die *Glaubwürdigkeit* soll durch die Kompatibilität zu vergangenen Entwicklungsschritten und der aktuellen Situation des Unternehmens sicher gestellt werden. Außerdem soll sie als *zukunftsgerichtete* Vision ein klares Bild der angestrebten Zukunft zeichnen. Unter dem Titel „Champion 3C plus culture and people strategy" wurde ein besonderer Fokus auf die drei Bereiche Kundenorientierung, Kompetenz und Konzentration („3C" ergibt sich aus den englischen Begriffen Customer, Competence und Concentration) gelegt – begleitet und ermöglicht durch die besondere Unternehmenskultur und Mitarbeiterorientierung bei Hilti. Initiativen wie beispielsweise die Verbesserung der Kundenorientierung durch einen optimierten Kundendienst oder auch der Umsetzung des Shop-in-Shop-Konzeptes in Fachmärkten resultierten aus diesem Leitsatz. Ebenso konzentrierte man sich auf diejenigen Produkte, mit denen Hilti eine Top-Position auf dem Markt besetzen konnte, um eine Produktführerschaft mit innovativen Produkten und Lösungen zu verteidigen. Alle 14 000 Mitarbeiter wurden zum Zeitpunkt der Einführung der „Champion 3C"-Strategie in einem fünfstündigen Training mit der Strategie vertraut gemacht. Zusätzlich verbildlichten großformatige Poster, die durch die Mitarbeiter erstellt wurden, die Bedeutung eines jeden Cs.

Führungsverhalten und Kultur: Im Gegensatz zu den meisten Familienunternehmen findet sich bei Hilti nicht nur eine prägende Führungspersönlichkeit, sondern ein Team, das sich auf gemeinsame Ziele einigt und sich diesen gegenüber verpflichtet fühlt. Die Verteilung der Geschäftsführung auf mehrere Schultern hat auch zur Folge, dass Ziele und Beschlüsse besser und schneller kommuniziert werden. Teamfähigkeit und das Vorleben der „Hilti-Werte" durch die Führungskräfte macht einen großen Teil der Kultur aus. Die Geschäftsleitung gibt auch bei der Strategiefindung gezielt Macht ab und beteiligt die Mitarbeiter sehr intensiv. Das erzeugt ein sehr hohes Commitment. Die Rolle der Geschäftsführung beschränkt sich dadurch eher auf die eines Coaches für die Führungskräfte.

„Unsere Mitarbeiter und die Unternehmenskultur sind nicht weiche Elemente, sondern entscheidende Treiber des Erfolges von Hilti – sie sind eines unserer wichtigsten Erfolgsgeheimnisse." (Michael Hilti)

Bereits 1984 hat Michael Hilti mit ersten Workshops für Kulturtraining begonnen, die in den folgenden Jahren kontinuierlich weiterentwickelt und auf allen Hierarchieebenen etabliert wurden. Unter dem Titel „Our Culture Journey" wird heute eine Workshopreihe bezeichnet, bei der alle 24 Monate Maßnahmen zur Verbesserung der Kultur diskutiert werden. Seit 2007 ist die „Kulturreise" für alle Mitarbeiter verpflichtend. In dem Jahr wurden alleine 13,2 Mio. Franken für Kulturtrainings ausgegeben, die 38 000 Arbeitstage in Anspruch genommen haben. Auch die Mitglieder der Geschäftsleitung investieren mindestens zehn Tage ihrer Arbeitszeit in Kulturtraining. [72]

Eine Vielzahl von Eigenschaften und Attributen auf der kulturellen Ebene können Innovationen fördern und ermöglichen [73]:

Voraussetzung für innovative Lösungsansätze sind *Neugierde* und *Mut*. Neugierde bedeutet vor allem, den Forschungstrieb und Interesse nach neuen Wegen und Möglichkeiten zu fördern. Mut bedeutet, neue Wege in den gegebenen Freiräumen bewusst zu beschreiten und Risiken einzugehen. Dies setzt voraus, dass Führungskräfte auch Risiken übernehmen und Unternehmertum verkörpern. Dann können auch neue Ideen mit radikalerem Ansatz vorgebracht und offen diskutiert werden. Eine gute *Fehlerkultur* ist ein notwendiges Fundament zur Durchführung von Experimenten und der „Entdeckung" der bestmöglichen Lösung. Dies erfordert einen offenen Umgang mit Fehlern als Quelle für Verbesserungsansätze.

Um Innovationsprojekte dauerhaft wirtschaftlich und erfolgreich zu gestalten, ist die Ausrichtung auf den Kunden unabdingbar. Eine *Zielfokussierung* aller am Innovationsprozess beteiligten Mitarbeiter auf die Ziele eines Innovationsprojektes, die direkt an Kundenbedürfnissen orientiert sind, ist unabdingbar. Dazu gehört *Veränderungsbereitschaft* genauso wie *Offenheit*. Mitarbeiter sollten eigene Prioritäten anpassen und dafür die (sich eventuell auch ändernden) Kundenbedürfnisse bei Innovations- und Entwicklungsinhalten in den Vordergrund stellen. Eigene Verwirklichungsbestrebungen werden so dem Gesamtziel untergeordnet. Offenheit bedeutet, bereits bestehenden oder fremden Vorüberlegungen und technischen Lösungen positiv gegenüberzustehen. Die Neuentwicklung einer Lösung sollte der intelligenten Nutzung bestehender Lösungen nicht automatisch vorgezogen werden.

Interdisziplinäre Teams und abteilungsübergreifende Prozesse erfordern eine *Verhandlungsbereitschaft*. Dies bedeutet zum einen über die eigenen Tätigkeitsgrenzen hinaus zu denken und im gemeinsamen, konstruktiven Diskurs – einer „Verhandlung" – in der Prozesskette den optimalen Lösungsweg zu finden.

Dem Umstand geschuldet, dass in Innovationsprojekten Informationen eine große Rolle einnehmen, ist zum Beispiel die Bedeutung von *Kommunikationsdisziplin*. Die Kommunikationsdisziplin beinhaltet eine klare Definition und Umsetzung von Hol- und Bringschuld in der Kommunikation. Dies sollte auch die Berücksichtigung der Sicherheit und Belastbarkeit von Informationen beinhalten.

Einer der größten Stellhebel für die Motivation ist die *Produktidentifikation:* Durch eine hohe emotionale Bindung und Begeisterung für das Produkt und die Marke besteht eine hohe intrinsische Motivation, Projekte voranzutreiben und innovative Lösungen zu finden.

Diese Identifikation mit Projekt oder Produkt ist insbesondere bei „Promotoren" zu finden. Promotoren sind Individuen, die einen Innovationsprozess aktiv und intensiv fördern und dabei Widerstände und Barrieren gegen die Innovation durch einen persönlichen, dauerhaften und engagierten Einsatz überwinden [74]. Für Innovationsprojekte sind daher Promotoren von besonderer Bedeutung. Sie führen dem Innovationsprozess Energie zu und identifizieren sich mit dem Prozesserfolg. Ihre Stellung im Unternehmen lässt ihnen so viele Freiheiten, dass sie als Promotoren wirken können. [74] Drei Arten von Promotoren treten in der Praxis auf, die im Weiteren näher beschrieben werden.

Der Fachpromotor besitzt das Fachwissen über neue Technologien. Sein detailliertes Wissen erstreckt sich über die Eigenschaften, das Potenzial und die Grenzen der neuen Produkte oder Prozesse. Dadurch ist es ihm auch möglich, kreative Alternativen zu entwickeln. Der Fachpromotor ist häufig auf einer vergleichsweise niedrigen Hierarchieebene im Unternehmen zu finden oder ist noch vergleichsweise jung oder kurz im Unternehmen beschäftigt. Dies führt dazu, dass er nur funktionale Autorität besitzt [74].

Der zweite Promotorentyp ist der Machtpromotor, welcher die Durchsetzung der Innovation unterstützt. Dabei macht er Gebrauch von seinen Ressourcen in der Art, dass er über Budgets, Kapazitätszuweisungen und Personalfreistellungen zur Erzeugung von Innovationen entscheidet. Durch seine Kenntnis der Gesamtunternehmensstrategie und seiner häufig langjährigen Erfahrung hat er Fähigkeiten Innovationen hinsichtlich ihrer Strategiekonformität zu beurteilen und zu fördern. Der Machtpromotor ist meistens ein Mitglied der Geschäftsführung [74].

Der Prozess- oder Koordinationspromotor ist der dritte Promotorentyp. Dieser verbindet den Fachpromotor mit dem Machtpromotor. Durch seine Kenntnis der Unternehmensorganisation erkennt er die Betroffenen der Innovation und verhindert Insellösungen. Seine Stärke ist die Übersetzung der technikorientierten in die unternehmensorientierte Sprache. Dabei entwickelt er einen Aktionsplan aus der innovativen Idee und kann durch sein diplomatisches Vorgehen, andere Beteiligte individuell ansprechen und motivieren. Möglich ist ihm dies in der Regel nur dann, wenn er durch eine lange Unternehmenszugehörigkeit ein soziales Netzwerk aufbauen konnte. Der Prozesspromotor besitzt nicht die Macht des Machtpromotors und auch nicht die funktionale Autorität des Fachpromotors. Seine Rolle zeichnen drei Eigenschaften aus. Die persönlichen Charakteristika beschreiben die Risikobereitschaft und der vollständige Einsatz für die Innovation. Zu den Führungsqualitäten zählen das Charisma, die Inspirationsfähigkeit und die Fähigkeit zur intellektuellen Stimulierung. Die letzte Eigenschaft ist die Einflusstaktik. Dazu gehören

2

die Nutzung von kooperativen Beeinflussungsinstrumenten, die Fähigkeit Koalitionen zu bilden, höhere Autoritäten zu motivieren, Verhandlungsgeschick, Fähigkeit zur Geheimdiplomatie, Vorbringen von Argumenten sowie Überzeugung durch Freundlichkeit und Schmeichelei bis hin zur gezielten Anwendung von Arroganz und Anmaßung [74].

Fallbeispiel Reckitt Benckiser Group [75] Reckitt Benckiser ist als Konzern weitgehend unbekannt. Die Marken des Unternehmens, wie beispielsweise Air Wick, Calgon, Cillit Bang, Clearasil, Kukident, Sagrotan, Vanish oder auch Veet, sind vielen Verbrauchern jedoch ein Begriff. Mit knapp 25.000 Mitarbeitern ist das Unternehmen in 60 Ländern vertreten. Innovationen spielen eine bedeutsame Rolle: 35 bis 40 % der Nettoeinnahmen werden mit Produkten erwirtschaftet, die in den letzten drei Jahren auf den Markt gekommen sind.

Der „Innovationsgeist" der Mitarbeiter wird gezielt gefördert. Es gilt die Philosophie: „Wer eine Idee hat und dafür kämpft, darf sie auch ausprobieren." Ein erfolgreiches Beispiel für diese Offenheit und Risikofreudigkeit ist das Produkt „Air Wick Freshmatic". Vor sechs Jahren beobachtete ein Markenmanager in Korea ein Produkt mit ähnlichem Prinzip, das aber seinem Erachten nach unzureichend gestaltet war. Die Idee erschien ihm jedoch sehr gut zu sein, sodass er das Produkt im Konzern vorstellte. Die Mehrheit des Managements stand einem Einsatz eines solchen Produktes außerhalb des koreanischen Marktes skeptisch gegenüber, da der Preis deutlich über einem Standard-Lufterfrischer angesetzt werden müsste und die Preisbereitschaft des Marktes unbekannt war. Zudem wäre dies die erste Entwicklung mit einer elektronischen Komponente – „Drähte und Batterien" waren bisher nie Bestandteil der Produkte und erforderten somit auch neue Produktionsanlagen, wenn dieses Produkt im großen Maßstab hergestellt werden sollte. Diesen Argumenten zum Trotz fanden sich zwei Mitarbeiter, die auch auf dem europäischen Markt ein großes Potenzial für die Idee sahen und bereit waren dafür zu kämpfen. Damit hatte das Projekt zwei Promotoren, die sich mit voller Überzeugung für das Projekt einsetzten und das Budget für einen Umsetzungsversuch erkämpften. Ein erster Markttest bei britischen Verbrauchern zeigte im Januar 2004, dass das Produkt sehr gut ankam. Bis Ende des Jahres wurde das Produkt in über 30 Ländern auf den Markt gebracht und der Bau einer Produktionsanlage in Auftrag gegeben. Dafür wurden Materialien beschafft, mit denen das Unternehmen bisher keinerlei Erfahrungen hatte. Heute bringt das Produkt in 85 Ländern einen jährlichen Umsatz von rund 230 Mio. € ein. Mit diesem Produkt wurde die erfolgreichste Markteinführung des Unternehmens geschaffen [75].

Literatur

1. Albers S, Gassmann O (2005) Handbuch Technologie- und Innovationsmanagement: Strategie – Umsetzung – Controlling, 1. Aufl. Gabler, Wiesbaden.
2. Gälweiler A, Schwaninger M (2005) Strategische Unternehmensführung, 3. Aufl. Campus-Verl., Frankfurt a.M.

3. Granig P (2007) Innovationsbewertung: Potentialprognose und -steuerung durch Ertrags- und Risikosimulation. Deutscher Universitäts-Verlag GWV Fachverlage GmbH, Wiesbaden.
4. Dodgson M, Gann D, Salter A (2008) The management of technological innovation: strategy and practice, 2. Aufl. Oxford Univ. Press, Oxford.
5. Müller-Prothmann T, Dörr N (2009) Innovationsmanagement: Strategien, Methoden und Werkzeuge für systematische Innovationsprozesse. Hanser, München.
6. Gerybadze A (2004) Technologie – und Innovationsmanagement. Vahlen, Suttgart.
7. Gassmann O, Sutter P (2008) Praxiswissen Innovationsmanagement – Von der Idee zum Markterfolg. Hanser, München.
8. Gassmann O, Albers S (2005) Handbuch Technologie- und Innovationsmanagement. Gabler, Wiesbaden.
9. Adolphs K (2004) Wettbewerbsvorteile im Electronic Retailing: Theoretische Grundlagen und empirische Ergebnisse auf der Basis der Resource-Advantage-Theorie. Deutscher Universitäts-Verlag GWV Fachverlage GmbH, Wiesbaden.
10. Ansoff HI, Stewart JM (1967) Strategies for a technology-based business. Harvard Business Review, Nov.-Dez.:71–83.
11. Porter ME (2002) Wettbewerbsvorteile: Spitzenleistungen erreichen und behaupten = (Competitive advantage). Campus-Verl., Frankfurt a.M. New York.
12. Adler PS (1989) Technology strategy: a guide to literatures. Research on technological innovation, management and policy. JAI Press, Greenwich.
13. Jonash RS, Sommerlatte T (2000) The innovation premium: how next-generation companies are achieving peak performance and profitability. Perseus, Cambridge, Massachusetts.
14. Hauschildt J, Salomo S (2007) Innovationsmanagement, 4. Aufl. Vahlen, München.
15. Gassmann O, Sutter P (2008) Praxiswissen Innovationsmanagement: von der Idee zum Markterfolg. Hanser, München.
16. Bleicher K (2001) Das Konzept integriertes Management: Visionen, Missionen, Programme, 6. Aufl. Campus-Verl., Frankfurt a.M.
17. Müller-Stewens G, Lechner C (2005) Strategisches Management. Schäffer Poeschel, Stuttgart.
18. Kneerich O (1995) F&E: Abstimmung von Strategie und Organisation: Entscheidungshilfen für Innovatoren. Schmidt, Berlin.
19. Gerpott TJ (1999) Strategisches Technologie- und Innovationsmanagement. Schäffer-Pöschel, Stuttgart.
20. Porter ME (1992) Wettbewerbsvorteile: Spitzenleistungen erreichen und behaupten. 3. Aufl. Campus-Verl., Frankfurt a.M.
21. Bauer R (2006) Gescheiterte Innovationen: Fehlschläge und technologischer Wandel. Campus-Verl., Frankfurt a.M.
22. Gerpott TJ (2005) Strategisches Technologie- und Innovationsmanagement, 2. Aufl. Schäffer-Poeschel, Stuttgart.
23. Little AD (1981) The strategic Management of technology. European Management Forum, Davos.
24. Corsten H, Gössinger R, Schneider H (2006) Grundlagen des Innovationsmanagements. Vahlen, München.
25. Schnaars SP (1986) When entering growth markets, are pionners better than poachers? Business Horizons.
26. Brodbeck H (1999) Strategische Entscheidungen im Technologie-Management: Relevanz und Ausgestaltung in der unternehmerischen Praxis. Verl. Industrielle Organisation, Zürich.
27. Afuah A (2003) Innovation management: strategies, implementation, and profits, 2. Aufl. Oxford Univ. Press, New York, NY.
28. Lieske J (2000) Forschung als Geschäft: die Entwicklung von Auftragsforschung in den USA und Deutschland. Campus-Verl., Frankfurt a.M.

2

29. Haibach M (2008) Hochschul-Fundraising: ein Handbuch für die Praxis. Campus-Verl., Frankfurt a.M.
30. Zentes J (2004) Fallstudien zum internationalen Management: Grundlagen, Praxiserfahrungen, Perspektiven, 2. Aufl. Gabler, Wiesbaden.
31. Nuhn B (1987) Eigen- und/oder Fremdforschung und -entwicklung als strategisches Entscheidungsproblem. Ferber, Giessen.
32. Schneider D, Zieringer C (1991) Make-or-Buy-Strategien für F & E: transaktionskostenorientierte Überlegungen. Gabler, Wiesbaden.
33. Baumgarten H, Wiegand A, Technische Universität. Fachbereich Wirtschaft und Management, Bundesvereinigung Logistik (1997) Managementtrends und -entwicklungen in der Logistik: Ergebnisse der Untersuchung Trends und Strategien in der Logistik 2000. Technische Univ., Berlin.
34. Picot A, Reichwald R, Wigand RT, Picot Reichwald W (2001) Die grenzenlose Unternehmung: Information, Organisation und Management; Lehrbuch zur Unternehmensführung im Informationszeitalter, 4. Aufl. Gabler, Wiesbaden.
35. Picot A (1991) Ein neuer Ansatz zur Gestaltung der Leistungstiefe. Schmalenbachs Zeitschrift für betriebswirtschaftliche Forschung, 43(4):336–357.
36. Wolfrum B (1994) Strategisches Technologiemanagement, 2. Aufl. Gabler, Wiesbaden.
37. Feldmann C (2007) Strategisches Technologiemanagement: Eine empirische Untersuchung am Beispiel des deutschen Pharma-Marktes 1990–2010. Deutscher Universitäts-Verlag, GWV Fachverlage GmbH, Wiesbaden.
38. Bach N, Buchholz W, Eichler B (2003) Geschäftsmodelle für Wertschöpfungsnetzwerke – begriffliche und konzeptionelle Grundlagen. In: Bach N, Buchholz W, Eichler B (Hrsg) Geschäftsmodelle für Wertschöpfungsnetzwerke. Wiesbaden.
39. Gassmann O (2006) Management von Innovation und Risiko: Quantensprünge in der Entwicklung erfolgreich managen; mit 13 Tabellen, 2. Aufl. Springer, Berlin.
40. Someren TCRv (2005) Strategische Innovationen: so machen Sie Ihr Unternehmen einzigartig, 1. Aufl. Gabler, Wiesbaden.
41. Chidamber SR, Kon HB (1994) A research retrospective of innovaiton inception and success: the technology-push, demand-pull question. International Journal of Technology Management, 9(1):94–112.
42. Herstatt C, Lettl C (2004) Management of „technology push" development projects. International Journal of Technology Management, 27(2–3):155–175.
43. Göpfert J (2009) Modulare Produktentwicklung: zur gemeinsamen Gestaltung von Technik und Organisation; Theorie, Methodik, Praxis, 2. Aufl. Books on Demand, Norderstedt.
44. Boutellier R, Völker R, Voit E (1999) Innovationscontrolling: Forschungs- und Entwicklungsprozesse gezielt planen und steuern. Hanser, Oldenbourg, München.
45. Wöhe G, Döring U (2008) Einführung in die allgemeine Betriebswirtschaftslehre, 23. Aufl. Vahlen, München.
46. Specht G, Beckmann C, Amelingmeyer J (2002) F&E-Management: Kompetenz im Innovationsmanagement, 2. Aufl. Schäffer-Poeschel, Stuttgart.
47. Fiedler R (2007) Organisation kompakt. Oldenbourg, München.
48. Schreyögg G (1999) Organisation – Grundlagen moderner Organisationsgestaltung, 3. Aufl. Gabler, Wiesbaden.
49. Vahs D (2007) Organisation – Einführung in die Organisationstheorie und -praxis, 6. Aufl. Schäffer-Poeschel, Stuttgart.
50. Frese E (2005) Grundlagen der Organisation. Konzept – Prinzipien – Strukturen, 9. Aufl. Gabler, Wiesbaden.
51. Picot A, Reichwald, R, Nippa, M (1988) Zur Bedeutung der Entwicklungsaufgabe für die Entwicklungszeit – Ansätze für die Entwicklungszeitgestaltung. In: Brockhoff K, Picot A, Urban C (Hrsg) Zeitmanagement in Forschung und Entwicklung. Düsseldorf.

52. Schmelzer HJ (1990) Der Einfluß der Entwicklungszeit auf die Entwicklungsproduktivität. In: Bullinger H-J (Hrsg) Integrierte Produktentwicklung. Wiesbaden.
53. Perlmutter HV (1969) The tortuous evolution of the multinational corporation. Columbia Journal of World Business, 4(1):9–18.
54. Patel P, Pavitt KLR (1991) Large firms in the production of the world's technology: an important case of „non-globalisation". Journal of International Business Studies, 22(1):1–21.
55. Utterback JM (1994) Mastering the dynamics of innovation: how companies can seize opportunities in the face of technological change. Harvard Business School Press, Boston, Massachussetts.
56. Gassmann O (1997) Internationales F&E-Management: Potentiale und Gestaltungskonzepte transnationaler F&E-Projekte. Oldenbourg, München.
57. Bartlett CA, Ghoshal, S. (1990) Managing Innovation in Transnational Corporation. Corporation. In: Christopher A, Bartlett YD, Gunnar H (Hrsg) Managing the global firm. London.
58. Gerpott TJ (1990) Globales F&E-Management. Die Unternehmung, 44(4):226–246.
59. Bartlett CA, Ghoshal, S (1986) Building and Managing the Transnational: The New Organizational Challenge. In: Porter ME (Hrsg) Competition in Global Industries. Boston, Massachusetts.
60. Bartlett CA, Ghoshal, S (1986) Tap your Subsidaries for Global Research. Harvard Business Review, 6:87–94.
61. Staudt E, Toburg, M, Linne, H, et.al. (1992) Kooperationshandbuch. Ein Leitfaden für die Unternehmenspraxis. Düsseldorf.
62. Schilling M (2004) Strategic Management of Technological Innovation. McGraw Hill, Boston, Massachusetts.
63. Ringstetter M (1995) Strategische Allianzen. In: Corsten H, Reiß, M (Hrsg) Handbuch Unternehmensführung. Gabler, Wiesbaden.
64. Moschett D (2003) Formen von Kooperationen. In: Zentes J, Swoboda B, Moschett D (Hrsg) Kooperationen, Allianzen und Netzwerke. Gabler, Wiesbaden.
65. Staudt E, Toburg M, Linne H (1995) Joint Ventures. In: Corsten H, Reiß M (Hrsg) Handbuch Unternehmensführung. Gabler, Wiesbaden.
66. Burr W (2003) Motive und Voraussetzungen bei Lizenzkooperationen. In: Zentes J, Swoboda B, Moschett D (Hrsg) Kooperationen, Allianzen und Netzwerke. Wiesbaden.
67. Hill C (1992) Strategies for exploiting technological innovation: When and when not to license. Organization Science, 3(3):428–441.
68. Oesterle M-J (2003) Kooperationen in Forschung und Entwicklung. In: Zentes J, Swoboda B, Moschett D (Hrsg) Kooperationen, Allianzen und Netzwerke. Wiesbaden.
69. Eversheim W (2003) Innovationsmanagement für technische Produkte: mit Fallbeispielen. Springer, Berlin.
70. Kaplan RS, Norton DP (2006) Strategien (endlich) umsetzen. Harvard Business Manager, Januar. 28(1):22–35.
71. Gausemeier J, Plass C, Wenzelmann C (2009) Zukunftsorientierte Unternehmensgestaltung. Hanser, München.
72. Bruch H, Poralla S (2009) Wie Hilti über Generationen gute Führung garantiert. Harvard Business Manager, 31(3):88–97.
73. Schuh G (2010) Lean Innovation. Apprimus Verlag Aachen.
74. Hauschildt J, Gemünden HG (1999) Promotoren – Champions der Innovation. Gabler, Wiesbaden.
75. Becht B (2010) Ein Unternehmen ohne Grenzen. Harvard Business Manager, 32(6):34–40.

Produktplanung 3

Günther Schuh, Walter Eversheim und Michael Lenders

Kurzüberblick Die Einführung neuer Produkte stellt Unternehmen vor enorme kapazitive als auch wirtschaftliche Herausforderungen. Es gilt eine Vielzahl unterschiedlicher Prozesse und Abläufe zu koordinieren, um bestmögliche Ergebnisse zu erzielen. Insbesondere durch kürzere Produktlebenszyklen und eine starke Wettbewerbsdynamik sollten Fehlentwicklungen vermieden und die angebotenen Produktprogramme möglichst passend auf die Märkte zugeschnitten werden. Die Produktplanung versucht, diese komplexen Probleme mithilfe einer systematischen Vorgehensweise zu lösen. Hierfür werden im Folgenden Methoden und Abläufe erläutert, die es ermöglichen, anhand der Potenziale, Zielsetzungen und Ressourcen eines Unternehmens neue oder veränderte Produkte zu identifizieren und deren Erfolgsaussichten am Markt zu bewerten. Ergebnis ist ein Innovationsplan, die InnovationsRoadMap, in dem die gefundenen Produktinnovationen übersichtlich in einem zeitlichen, technologischen sowie marktperspektivischen Raster dargestellt werden. Dieser ist somit als konkrete Handlungsempfehlung für das Unternehmen anzusehen.

G. Schuh (✉) · W. Eversheim
52074 Aachen, Deutschland
E-Mail: g.schuh@wzl.rwth-aachen.de

W. Eversheim
E-Mail: w.eversheim@wzl.rwth-aachen.de

M. Lenders
41238 Mönchengladbach, Deutschland
E-Mail: lenders.michael@scheidt-bachmann.de

G. Schuh (Hrsg.), *Innovationsmanagement* 3,
DOI 10.1007/978-3-642-25050-7_3, © Springer-Verlag Berlin Heidelberg 2012

3.1 Begriffsverständnis Produktplanung

3

Im folgenden Kapitel wird der Begriff Produktplanung in den Kontext des gesamten Produktenstehungsprozesses eingeordnet. Hierbei zeigt sich, dass bereits zum frühesten Zeitpunkt der Produktentstehung eine strategische Produktplanung unverzichtbar ist. Des Weiteren wird offensichtlich, dass eine Produktplanung stets im Zusammenhang mit dem übrigen Produktprogramm des Unternehmens betrachtet werden muss, um die spezifische Zielsetzung des Unternehmens optimal zu erfüllen. Hierbei spielt sowohl die strategische Produktplanung, also die grundsätzliche Geschäftsfeldplanung als auch die darauf aufbauende operative Produktprogrammplanung eine Rolle. Für die Kontinuität des Geschäftserfolgs und das damit verbundene Erreichen bestimmter Zielsetzungen wie Gewinn, Wachstum oder Schaffung von Wettbewerbsvorteilen sowie der gezielten Steuerung des Leistungsangebotes eines Unternehmens, ist diese Planung zwingende Voraussetzung. Im Allgemeinen durchläuft ein Produkt die idealtypischen Phasen der Einführung, des Wachstums, der Reife/Sättigung sowie des Rückgangs bis zur Rücknahme vom Markt. Da bereits zum Ende der Wachstumsphase aufgrund von Preisnachlässen sowie Wettbewerbern der Gewinn abnehmend ist, tendieren Unternehmen in dieser Phase stark zur Besetzung von weitergehenden technologischen Nischen sowie zu einer Steigerung des Qualitäts- oder Technologieniveaus. Hierbei ist die Gefahr groß, durch kurzfristig mögliche Gewinne weitreichende Konsequenzen zu vernachlässigen. Steigende Komplexitätskosten und Wettbewerbsdruck durch nachfolgende Konkurrenz können die Gewinne wiederum erheblich reduzieren und zu einer Gefährdung der eigenen Wettbewerbsfähigkeit führen. Um dies zu vermeiden, ist die Produktplanung zwingend notwendig.

Der allgemeine Ablauf der Produktplanung kann in die vier Phasen Potenzialanalyse, Produktfindung, Umsetzungsplanung sowie Kontrolle gegliedert werden. Ausgehend von einer Analyse der unternehmensspezifischen Leistungsfähigkeit, Ressourcen und Geschäftsfelder werden neue Produktideen identifiziert und bewertet, welche schließlich anforderungsgerecht umgesetzt werden. In einem letzten Schritt werden die geplanten Maßnahmen auf ihre Umsetzung hin überwacht und weiterer Handlungsbedarf aufgrund veränderter (Wettbewerbs-)Bedingungen identifiziert.

3.1.1 Produktplanung im Unternehmenskontext

Die Art und der Umfang des Leistungsangebots eines Unternehmens am Markt ist das Ergebnis der strategischen Planung [1], insbesondere der strategischen Produktplanung. In verschiedenen Abhandlungen zum Thema Produktplanung wird dieser Begriff und sein Inhalt unterschiedlich weit ausgelegt. Je nach Autor wird Produktplanung i.e.S. als reine Planungsfunktion im Zuge der Neuproduktgestaltung bis zum Zeitpunkt der Fertigungsreife definiert. Die Produktplanung erfolgt demnach bei der erstmaligen Ausgestaltung der Marktleistungen zu Beginn einer neuen Geschäftstätigkeit. Dem gegenüber umfasst die Produktplanung i. w. S. auch eine Steuerungs- und Kontrollfunktion des Produktprogramms entlang des Produktlebenszyklus. Dies entspricht sämtlichen Aktivitäten zur kontinuierlichen Planung und Anpassung der Marktleistungen einer bestehenden Geschäftstätigkeit im Zeitverlauf.

Die Produktplanung stellt eine Phase im Produktentstehungsprozess dar, bei der die Anforderungen an die Marktleistungen zur Eroberung der Märkte von morgen systematisch ermittelt, bewertet und in einem Umsetzungsplan niedergeschrieben werden (Abb. 3.1). In der zeitlichen Abfolge des Prozesses der Produktentstehung ist die Produktplanung ein der Produktentwicklung vorgelagerter Aufgabenbereich [2]. Innerhalb der Produktplanung werden auf mittel- und langfristige Sicht die strategischen Vorgaben an neue Produkte zur Bearbeitung und Erschließung von Märkten ermittelt, in Produktideen überführt und Strategien zur Positionierung der Produkte am Markt erarbeitet. In der anschließenden Produktentwicklung werden kurzfristige Entscheidungen zur Detaillierung und Ausgestaltung der Marktleistungen getroffen.

Die Produktplanung ist ein Bestandteil der betrieblichen Planungsaktivitäten, die unter dem Sammelbegriff der Unternehmensplanung zusammengefasst werden können. Die Unternehmensplanung umfasst im Allgemeinen alle notwendigen Entscheidungsprozesse einschließlich der vorbereitenden Analysen sowie die Definition der entsprechenden Maßnahmen zur Anpassung eines Unternehmens an seine Umwelt im Sinne der bestmöglichen Erreichung der gesetzten Ziele [3–5]. Wie jede betriebliche Planung auch stellt die Produktplanung keinen Selbstzweck dar, sondern soll mithelfen, die spezifischen Unternehmensziele optimal zu erreichen.

Das Objekt der Produktplanung ist das Produkt und alle darauf einwirkenden Aktivitäten. Das einzelne Produkt ist aber nur ein Teil des gesamten Produktprogramms, mittels dessen ein Unternehmen seine Zielsetzung zu realisieren versucht. Ein Produktprogramm bezeichnet die Gesamtheit der von einem Unternehmen zu einem bestimmten Zeitpunkt aktiv angebotenen, auf spezielle Kundenanfrage erstellbaren oder fremd beschaffbaren Sach- und/oder Dienstleistungen [6, 7]. Zwei Gestaltungsdimensionen sind bei der Planung des Produktprogramms zu unterscheiden – einerseits die Programmbreite und andererseits die Programmtiefe. Die Programmbreite bezeichnet die Auswahl an Leistungen, die zur Lösung unterschiedlicher Anwendungsprobleme zur Verfügung stehen und am Markt angeboten werden [8]. Die Programmbreite wird somit durch die Heterogenität der Anforderungen und Probleme der Kundengruppen eines Unternehmens bestimmt. Dem gegenüber handelt es sich bei der Programmtiefe um eine Auswahl an Leistungen eines Unternehmens, die grundsätzlich zur Lösung eines identischen Anwendungsproblems der Kunden geeignet sind [8]. Die Rolle eines einzelnen Produktes kann innerhalb des Produktprogramms unterschiedlich sein, da auch die Zielsetzung von Unternehmen variieren kann. In diesem Zusammenhang umfasst die Produktplanung die Antizipation und Bestimmung der Zukunft eines Produktes innerhalb des Produktprogramms und der

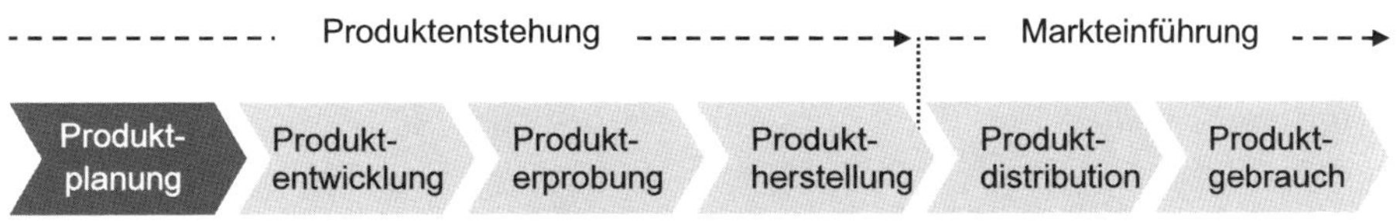

Abb. 3.1 Einordnung der Produktplanung in den Prozess der Produktentstehung

dafür relevanten Sachverhalte, um die aus dem Zielsystem der Unternehmung abgeleitete produktprogrammspezifische Zielsetzung optimal zu erfüllen. Das Produkt ist dabei solange Gegenstand der Planung, solange es in der Unternehmung Anlass zur Gestaltung des Produkts gibt. Dies betrifft also die Phasen von der erstmaligen Ideensuche bis zum Zeitpunkt der Einstellung des Produkts. Der Einstellungszeitpunkt ist je nach Produkt und seiner Abgrenzung unterschiedlich. Er kann beispielsweise dem Verkauf des letzten Produktes entsprechen oder aber erst mit der Auflösung des Ersatzteilevorrats für dieses Produkt erreicht sein.

Ausgehend von einem Planungszeitraum, der bis hin zur Produkteinstellung reicht, lässt sich erkennen, dass die Produktplanung eine operative und eine strategische Komponente beinhaltet. Auf Grundlage der generellen Ziele und Vorgaben der normativen Unternehmensplanung wird in der strategischen Produktplanung, welche weitestgehend der Geschäftsfeldplanung entspricht, der arten- und mengenmäßige Rahmen für das Produktprogramm abgesteckt und um die zur Realisierung notwendigen Potenzialplanungen ergänzt. Die operative Produktplanung baut hierauf auf. Ausgehend vom Produktprogrammrahmen beinhaltet sie im Kern die systematische Festlegung von Art und Menge der in den nächsten kurzfristigen Perioden zu entwickelnden und produzierenden Produkte auf der Basis gegebener bzw. geplanter Potenziale. Die Planung des Produktprogramms ist als revolvierender Planungsprozess jeweils an die aktuellen Unternehmungsbedingungen anzupassen. Hierbei müssen je nach Unternehmenssituation auch die Interdependenzen zu den anderen betrieblichen Teilplänen berücksichtigt werden.

3.1.2 Ziele und Aufgaben der Produktplanung

Unterstellt man einem Unternehmen als oberste Zielrichtung die eigene Existenzsicherung in allen künftigen Zeitabschnitten, so leiten sich daraus Ziele für die Produktplanung ab. Dazu zählen die Sicherung von Gewinn und Wachstum eines Unternehmens, die Schaffung von produktbezogenen Wettbewerbsvorteilen, die Steuerung des Leistungsangebots am Markt sowie die Sicherstellung kontinuierlicher Innovation [9]. Wenn die Kontinuität des Unternehmenserfolgs auf möglichst hohem Niveau, und damit die langfristige Existenzsicherung eines Unternehmens angestrebt wird, kann der Unternehmenserfolg nicht unmittelbar vom Erfolg eines einzelnen Produkts abhängen – eine kontinuierliche Planung und Weiterentwicklung des Produktprogramms ist unumgänglich. Das Produktprogramm einer Unternehmung ist aber nur eine notwendige und keine hinreichende Voraussetzung für die Kontinuität des Unternehmenserfolgs. Nur eine bewusste und systematische Gestaltung des Produktprogramms sichert das zukünftige Erreichen der angestrebten Unternehmensziele. Um aus der Vielzahl denkbarer Gestaltungsmöglichkeiten des Produktprogramms eine gute oder sogar die beste Entscheidungsalternative auszuwählen, sind systematische Entscheidungsprozesse unverzichtbar, was durch die Produktplanung sichergestellt werden soll.

Die Existenzfähigkeit eines Unternehmens im Wettbewerbsumfeld resultiert aus dem Erreichen von Gewinn- und Wachstumszielen, was wiederum in hohem Maße vom Markterfolg des Leistungsangebotes bestimmt wird. Der Markterfolg einer vom Unternehmen angebotenen Leistung ist sowohl von der Wirtschaftlichkeit in der Leistungserstellung als auch von der Fähigkeit zur ökonomischen Erschließung und Erhaltung der Bedürfnisse abhängig, die die Leistung zu befriedigen sucht. Die Entdeckung, Erschließung und Erhaltung von Bedürfnissen durch Produkte und Dienstleistungen ist Ziel der Produktplanung, dessen Erreichung sich sowohl in materieller als auch in zeitlicher Hinsicht für die Unternehmungen ausgesprochen aufwendig darstellt. Soll einer Verschwendung von begrenzten Ressourcen vorgebeugt werden, ist zudem eine Planung der sachlichen Zuweisung und zeitlichen Staffelung der Ressourceneinsätze erforderlich. Eine entscheidende Frage bei der Planung neuer Produkte ist, wie Unternehmen ihre Ressourcen für Forschung und Entwicklung am effektivsten einsetzen.

Die Existenzsicherung eines Unternehmens geht zudem einher mit der Schaffung von Wettbewerbsvorteilen. Wettbewerbsvorteile können in verschiedenen Bereichen des Unternehmens, z. B. in den internen Prozessen oder durch Kooperationen erzielt werden. Die durch ein Produkt erzielbaren Wettbewerbsvorteile resultieren aus einer gezielten Produktdifferenzierung. Produktdifferenzierung kann dabei auf zwei Arten betrachtet werden, die häufig nicht scharf getrennt werden. Zum einen kann unter Produktdifferenzierung die Differenzierung des Produktes eines bestimmten Herstellers von denen der Wettbewerber im Markt verstanden werden. Wettbewerbsbezogene Produktdifferenzierung geht einher mit einer besseren Befriedigung von Kundenbedürfnissen durch die segmentspezifische Anpassung des Leistungsangebots. Zum anderen kann Produktdifferenzierung als Positionierung verschiedener Varianten am Markt aufgefasst werden, was einer Produktvariation gleichkommt. Bei der Produktvariation erhöht eine größere Varietät die Wahrscheinlichkeit, dass ein Unternehmen genau das anbietet, was die einzelnen Kunden wünschen. In diesem Fall ist eine höhere Preisbereitschaft der Kunden denkbar. Neben einer höheren Preisbereitschaft erhoffen sich die Unternehmen durch eine bessere Erfüllung der Kundenansprüche und -erwartungen eine steigende Kundenzufriedenheit und damit einhergehend eine höhere Kundenbindung, die sich u. a. in einem Cross Selling Potenzial, positiver Mundpropaganda, Wiederkauf der Erzeugnisse und höheren Abnahmemengen ausdrückt.

Um aber zu entscheiden, ob die Produktdifferenzierung auch ökonomisch sinnvoll ist, sind weitere Überlegungen anzustellen. Insbesondere die Tragfähigkeit einer Produktvariante ist zu beachten, denn die Erhöhung der Variantenzahl geht zumeist mit einem starken Anstieg der Kosten einher. Eine Produktdifferenzierung ist aber nur dann sinnvoll, wenn damit der Gewinn des Unternehmens gesteigert wird, d. h., wenn die Mehrerlöse die Mehrkosten übersteigen. Die Frage der optimalen Produktdifferenzierung wird damit auch zu einer Frage der Kostenrechnung. Während sich die Marketingliteratur zumeist ausführlich mit den Instrumenten der Produktdifferenzierung beschäftigt, kommt die Verbindung zu den Kostenaspekten häufig zu kurz. Dabei ist die Zusammenführung der Informationen aus den verschiedenen Bereichen in diesem Fall unabdingbar, um zu beurteilen, ob eine Produktdifferenzierung ökonomisch sinnvoll ist oder nicht.

Die gezielte Steuerung des Leistungsangebots am Markt erfordert die Anpassung eines bestehenden Produktprogramms an sich ändernde Bedürfnisse und Marktbedingungen. Die Notwendigkeit hierzu ergibt sich aus dem Phänomen, dass es bei Produkten i. d. R. nicht zu einem andauernden Wachstum des Umsatzes kommt, sondern dass vielmehr ein Produktlebenszyklus zu beobachten ist, der im Allgemeinen die Phasen Einführung, Wachstum, Reife, Sättigung und Rückgang bis zum Einstellen des Absatzes umfasst. Klar ist, dass eine Unternehmung bemüht sein sollte, die Phase des Rückgangs und des damit verbundenen Verlusts zu vermeiden. Daher besteht spätestens in der Phase der Sättigung ein Handlungsbedarf zur Anpassung des Produktprogramms.

Programmpolitische Entscheidungen bei der dynamischen Anpassung eines bestehenden Produktprogramms werden in die drei Alternativen Programmausweitung, Programmeinengung und Strukturveränderung unterteilt. In Abb. 3.2 sind die genannten programmpolitischen Entscheidungsalternativen dargestellt.

Die Ausweitung des Produktprogramms hinsichtlich der Programmtiefe erfolgt durch eine Differenzierung bestehender Leistungen, wobei Sach- und Dienstleistungsbestandteile modifiziert und somit neue Varianten im Produktprogramm hinzugefügt werden können. Bei einer Ausweitung der Programmbreite spricht man von Diversifikation, die innerhalb gleicher Wertschöpfungsstufen (horizontale Diversifizierung) oder über Wertschöpfungsstufen hinweg (vertikale Diversifizierung) erfolgen kann sowie die Erschließung ganz neuer Geschäftsfelder umfasst (laterale Diversifizierung).

Die Einengung eines Produktprogramms geht einher mit der Eliminierung bestehender Leistungen im Zuge der Fokussierung auf bestimmte Geschäftsfelder (Einengung der

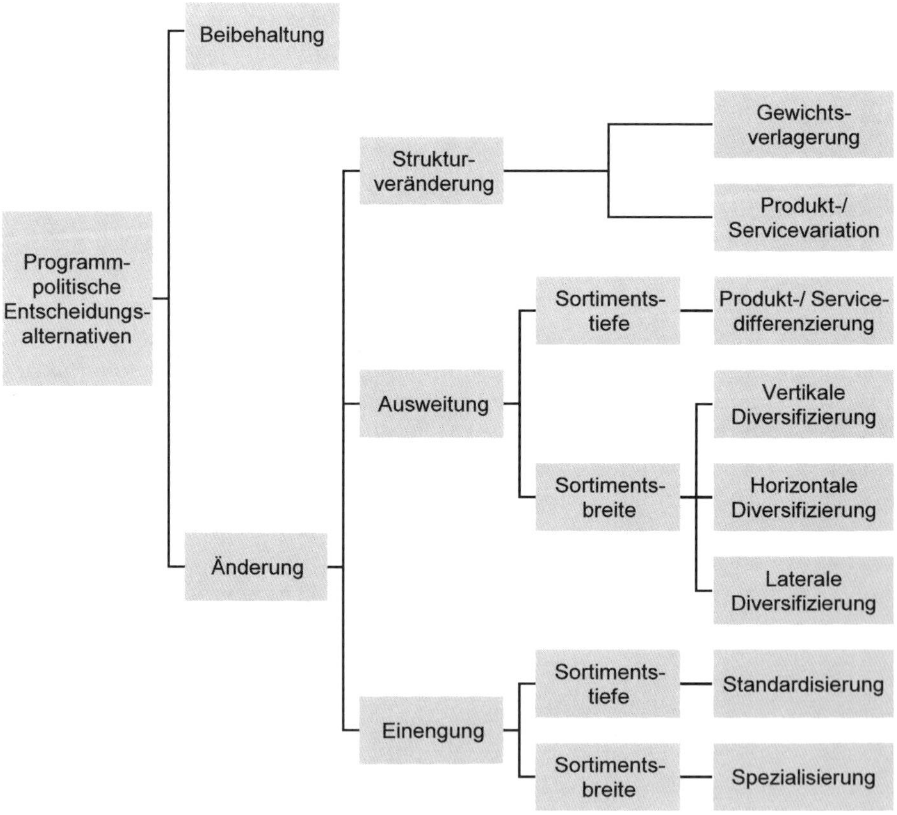

Abb. 3.2 Programmpolitische Entscheidungsalternativen

Programmbreite) oder der Vereinheitlichung von Leistungsvarianten (Einengung der Programmtiefe). Bei einer Strukturveränderung des Produktprogramms werden Maßnahmen ergriffen, um die Absatz- bzw. Umsatzanteile bestimmter Leistungen untereinander in eine gewünschte Richtung zu verändern.

3.1.3 Allgemeiner Ablauf der Produktplanung

Im Verlauf der Produktplanung werden im Allgemeinen die Phasen der Potenzialanalyse, Produktfindung, Umsetzungsplanung und Kontrolle durchlaufen. Einen umfassenden Überblick über die Teilschritte innerhalb der Produktplanung liefert Abb. 3.3.

Die Produktplanung beginnt mit einer Potenzialanalyse. Darin werden Erfolgspotenziale für neue Produktideen identifiziert. Die aus Zukunftsprognosen, Markt- und Wettbewerbsanalysen abgeleiteten Potenziale und Handlungsoptionen dienen zur Bestimmung von Suchfeldern, innerhalb derer nach Ideen für neue Produkte gesucht wird. Im Rah-

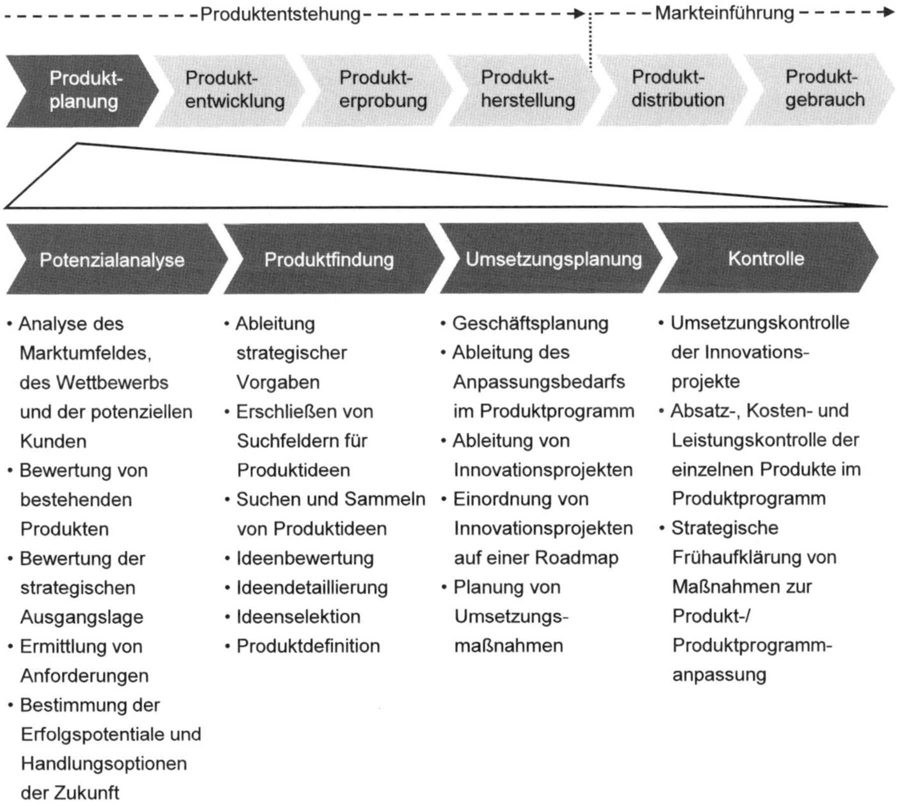

Abb. 3.3 Überblick der Teilschritte innerhalb der Produktplanung

men der Produktfindung werden Produktideen zur Erschließung von Nutzenpotenzialen und zur Erfüllung von Kundenbedürfnissen identifiziert und bewertet. Diese Aktivitäten zeichnen sich durch einen hohen Anteil kreativer Tätigkeiten aus und werden intensiv durch Kreativitätstechniken und Kreativitätsmethoden unterstützt. Ausgehend von vielversprechenden Ideen werden marktfähige Geschäftsmodelle und deren Umsetzung geplant. Hierbei wird der wirtschaftliche Erfolg einer Idee durch Verfahren der Wirtschaftlichkeitsrechnung nachgewiesen und die konkrete Marktleistung in ihrer Programmbreite und -tiefe festgelegt. Diese Untersuchungen münden in einer Umsetzungs-Roadmap von Innovationsprojekten. Im Ergebnis liefert die Umsetzungsplanung Aussagen zur Gestaltung des Produktprogramms, insbesondere zu den erforderlichen Leistungsmerkmalen und Leistungsoptionen sowie den Möglichkeiten der Vermarktung [2]. Die Phase der Kontrolle dient der Überwachung der Maßnahmenumsetzung, der Erfolgskontrolle der bestehenden Produkte am Markt sowie der Ableitung des Handlungsbedarfs für die Anpassung des Produktprogramms aufgrund einer veränderten Markt- und Wettbewerbssituation.

Gegenstand der umfassenden Analysen innerhalb der Produktplanung sind potenzielle Märkte und Kunden, die relevanten Wettbewerber, die eigenen Unternehmensfähigkeiten sowie die zukünftige Entwicklung der genannten Faktoren [2, 10]. Durch Marktanalysen werden wichtige Informationen, welche zur Marktsegmentierung und Zielmarktbildung benötigt werden, aufbereitet. Diese Informationen beziehen sich in der Regel auf die Marktgröße (z. B. Marktumsatz, Anzahl der Abnehmer, durchschnittlicher Umsatz pro Abnehmer), das Marktwachstum, aktuelle Markttrends, die bestehende und zukünftige Wettbewerbssituation (z. B. Anzahl, Größe und Verhalten der Wettbewerber), die bestehenden Produkte und Dienstleistungen auf dem Markt sowie das Kaufverhalten der Abnehmer. Sowohl quantitative Informationen (Strukturdaten), als auch qualitative Informationen (z. B. Marktentwicklungen, Annehmerverhalten oder Wettbewerbsintensität) werden durch entsprechend ausgelegte Marktanalysen ermittelt. Die Aufbereitung der ermittelten Marktdaten erfolgt im Hinblick auf die Darstellung der interessierenden Aussagen zu den Marktcharakteristika und der Marktstruktur. So sind Aussagen zum erwarteten Marktvolumen, Marktpotenzialen, Marktrisiken, Markteintrittsbarrieren, Marktwachstum, zur Marktrentabilität oder Marktattraktivität von Interesse. Diese Informationen dienen der Erstellung von Marktprofilen und ermöglichen die Bestimmung von Zielmärkten, welche durch zukünftige Produkte bedient werden sollen.

Kundenanalysen müssen als Voraussetzung zur Identifikation von Produktideen und zur Ableitung von entsprechenden Produktkonzepten durchgeführt werden [11, 12]. Hintergrund der Kundenanalyse ist das Identifizieren aller potenziellen Anforderungen eines Kunden, die an eine Marktleistung gestellt werden. Darüber hinaus kann durch die Analyse von Kunden ermittelt werden, auf welche Art und Weise Kunden bestimmte Produkte nutzen oder nutzen werden, wie die Wertschöpfung von Kunden aufgebaut ist, welche gegenwärtigen Probleme Kunden haben, wie Kunden Wettbewerber bewerten und welchen Nutzen eine zu entwickelnde Marktleistung den Kunden stiften könnte [11]. Die entsprechenden Daten werden zu Kundenprofilen aggregiert.

Wettbewerbsanalysen weisen zwei Dimensionen auf. Zum einen erfolgt eine Wettbewerbsanalyse marktorientiert, indem Strukturdaten (z. B. Marktanteile oder Unternehmensgröße) der Wettbewerber auf einem relevanten Zielmarkt untersucht werden. Diese Art der Wettbewerbsanalyse weist Parallelen zur Marktanalyse auf oder kann sogar ein

Bestandteil dieser sein. Zum anderen erfolgt eine Wettbewerbsanalyse technologie- und kompetenzorientiert. Dabei wird untersucht, welches Leistungsangebot Wettbewerber anbieten, welche Stärken und Schwächen diese im Gegensatz zu dem bisherigen Leistungsangebot des eigenen Unternehmens aufweisen und wie das Leistungsangebot vom Markt aufgenommen wird [11]. Zudem wird untersucht, über welche technologischen Kompetenzen Wettbewerber verfügen bzw. welche sie in Zukunft aufbauen können. Ziel der Wettbewerbsanalyse ist es herauszufinden, welche Wettbewerber mit welchen Ressourcen und Fähigkeiten dem eigenen Unternehmen auf dem Zielmarkt begegnen oder in Zukunft begegnen können und welche Stellung diese bereits im Zielmarkt etabliert haben. Im Ergebnis werden Wettbewerberprofile erstellt und mit den eigenen Unternehmensfähigkeiten abgeglichen. Dadurch können Rückschlüsse auf den relativen Wettbewerbsvorteil des Unternehmens gezogen werden.

Unter relativem Wettbewerbsvorteil ist einerseits die Summe der Vorteile gemeint, die durch eine Differenzierung des Leistungsangebotes zum Wettbewerber (Effektivitätsvorteil), auf Grundlage von besseren Leistungsangeboten und höheren Problemlösungskompetenzen bisher aufgebaut wurden und in Zukunft aufgebaut werden können [13]. Andererseits sind damit die Vorteile gemeint, die das eigene Unternehmen innerhalb der gesamten Wertschöpfungsprozesse und deren Beherrschung gegenüber den Wettbewerbern besitzt (Effizienzvorteil) [13]. Zusammen mit den ermittelten Marktdaten kann die eigene Unternehmenssituation durch Ansätze der Portfoliotechnik bewertet werden und Handlungsalternativen zur Gestaltung des Leistungsprogramms sowie des Geschäftskonzeptes können abgeleitet werden.

Ein Geschäftskonzept macht Angaben zu den aus Kundenanforderungen abgeleiteten Leistungsmerkmalen der Produkte, detaillierte Angaben zum ausgewählten Zielmarkt und dessen Struktur sowie unternehmensinterne Angaben zur Marktpositionierung und Produktrealisierung (z. B. Herstellung, Investitionen, Kosten oder Ressourcenbedarf). Gleichsam erfolgt eine grobe Bewertung der technischen Machbarkeit der Produktideen. Den Übergang zur Entwicklung schafft das so gestaltete Geschäftskonzept, wenn es den abschließenden wirtschaftlichen und marktbezogenen Bewertungen standhält. Diesbezüglich werden Wirtschaftlichkeits- und Finanzberechnungen sowie Markttests durchgeführt. In Abb. 3.4 sind die Elemente der Geschäftskonzeptbildung als Ergebnis der Produktplanung dargestellt.

3.1.4 Notwendigkeit zur Steuerung und Kontrolle des Produktprogramms

Die gezielte Steuerung und Kontrolle des Produktprogramms ist eine Notwendigkeit, die aus dem Lebenszyklus eines Produktes heraus resultiert. Im Allgemeinen durchläuft ein Produkt die idealtypischen Phasen der Einführung, des Wachstums, der Reife bzw. der Sättigung sowie des Rückgangs, bis es letztendlich vom Markt genommen wird. Wie in Abb. 3.5 dargestellt, erreicht der mit einem Produkt erzielte Umsatz sein Maximum beim Übergang von der Reife- in die Sättigungsphase, von welchem aus er kontinuierlich abnimmt. Dementsprechend nimmt der Gewinn aufgrund von Preisnachlässen und zunehmender Dominanz von Wettbewerbsprodukten bereits mit Ende der Wachstumsphase kon-

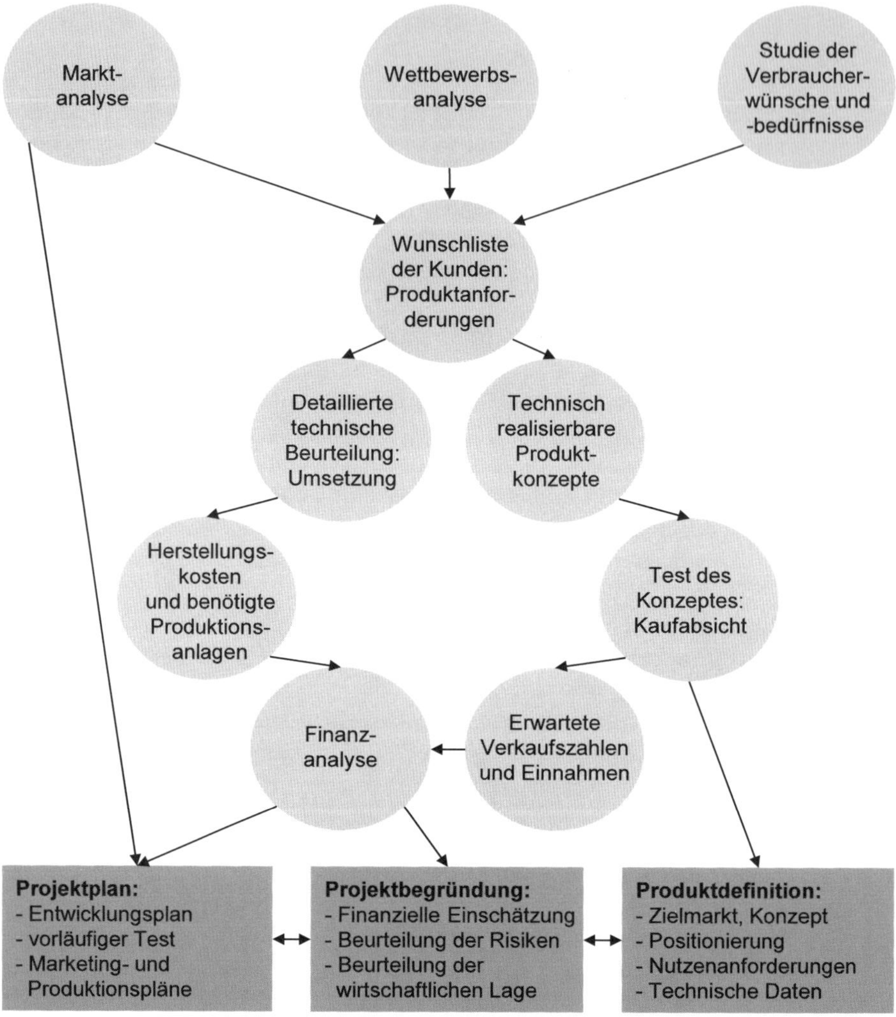

Abb. 3.4 Elemente der Geschäftskonzeptbildung

tinuierlich ab. Um nicht in den Bereich eines Verlustes innerhalb des Produktprogramms zu kommen, sind Maßnahmen zur Programmanpassung erforderlich.

Gründe für den Rückgang der Absatzzahlen von Produkten innerhalb der Sättigungsphase sind vielfältig. Beispiele dafür sind Änderungen in den Anforderungen von Kunden, die in der Regel nicht zeitstabil sind, technischer Fortschritt, Auftreten rechtlicher Änderungen oder zunehmende Aktivitäten von Wettbewerbern. Unternehmen sind oft gezwungen, den Forderungen des Marktes- und den Entwicklungen im Wettbewerbsumfeld durch Anpassungen des Produktprogramms nachzugehen, sofern die relative Marktposition nicht aufgegeben werden soll. Dies erfolgt in der Regel durch Produktvariation und allzu oft durch Steigerung der Produktvielfalt.

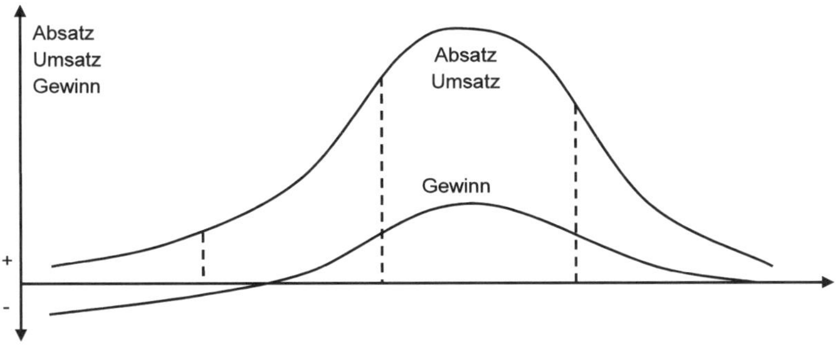

Merkmale	Einführung	Wachstum	Reife/Sättigung	Rückgang
Käufer/ -verhalten	Innovatoren mit meist hohem Einkommen/ Breite Masse muss überzeugt werden	Käuferkreis erweitert/Kunden akzeptieren ungleiche Qualitätsniveaus	Massenmarkt, Wiederholungs-käufer/Auswahl unter Marken	Erfahrene Kunden, Nachzügler/ anspruchsvoll in der Auswahl
Umsätze	Niedrig	Schnelles Wachstum	Langsames Wachstum	Abnahme
Gewinne	langsam steigend	stark steigend	sinkend	Niedrig oder gleich Null
Wettbewerb	Wenige Unternehmen	Zunehmend mehr/ Eintritte, Fusionen, Konkurse	Viele/ Zunehmender Preiswettbewerb	Zunehmend weniger/ Austritte
Strategie	Marktanteil erzielen	Marktpenetration erhöhen	Marktanteil verteidigen	Produktivität sichern
Produkt-politik	Produktinnovation	Produkt-differenzierung	Produktvariation	Produktelimination

Abb. 3.5 Idealtypischer Produktlebenszyklus für Konsumgüter

Eine steigende Produktvielfalt im Produktprogramm wird aber nicht selten auch durch eine engere Orientierung am Markt und an den Wünschen der Kunden begründet. Diese Kundenorientierung ist in jüngster Zeit zum Leitbild vieler Unternehmen geworden, wobei nicht nur die kundennahen Unternehmensbereiche, sondern alle Ressourcen und Prozesse im Unternehmen konsequent auf den Kunden bzw. Markt fokussiert werden müssen.

Bei zunehmender Konkurrenz in den bestehenden Märkten und Umsatzrückgängen im Volumenmarkt versuchen Unternehmen, durch Flucht nach vorne in technologischen Nischen mit einem höheren Technologie- und Qualitätsniveau der Produkte die Wettbewerbsfähigkeit zu sichern (Abb. 3.6). Je schneller sich die Märkte, Technologien und Produkte jedoch verändern, desto schwieriger wird es, sich anzupassen. Eine Nischenpolitik hat zwar den Effekt, dass in lukrativen Spezialbereichen kurzfristig gute Erträge erzielbar sind, wenn die Wettbewerbsfähigkeit in den Volumenmärkten nicht mehr gegeben ist. Dennoch birgt sie die Gefahr, dass sich die Unternehmen in einer Spirale von Ausweichmanövern auf einen „Tod auf Raten" einlassen [14].

Abb. 3.6 Teufelskreis im Umgang mit Komplexität [15]

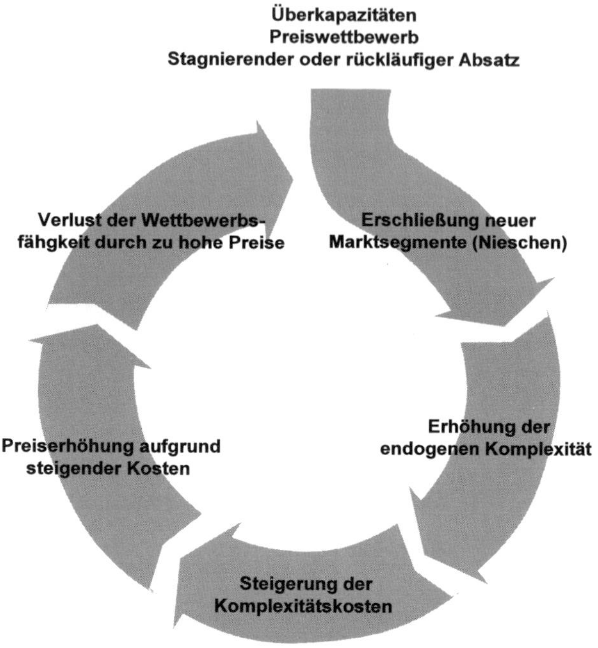

Bei sinkendem oder stagnierendem Absatz in den Volumenmärkten bzw. attraktiven Marktsegmenten wird versucht, in neuen, meist weniger attraktiven Segmenten (u. a. aufgrund stark divergierender Produktanforderungen) freie Kapazitäten auszulasten sowie den Umsatz zu sichern und ggf. zu erhöhen [16]. Durch zusätzliche Funktionserweiterungen und Sonderausstattungen werden überdurchschnittliche Deckungsbeiträge am Markt erwartet. Der erwartete positive Effekt ist jedoch nur dann gegeben, wenn der am Markt erzielbare höhere Preis über den durch die Varianz zusätzlich induzierten Kosten innerhalb der Wertschöpfungsprozesse liegt. Die durch Einführung zusätzlicher Varianten erwarteten Volumeneffekte (Economies of Scale) werden jedoch oft überschätzt und die sich daraus ergebenden Vielfaltswirkungen (Diseconomies of Scope) unterschätzt. Meist sind durch die Einführung zusätzlicher Leistungen aber nur geringe Mengenausweitungen erzielbar, denen jedoch ein erheblicher Anstieg der komplexitätsbedingten Kosten in Form von Rüst- und Nebenzeit bedingten Einzelkosten in der Fertigung und verschiedenen Gemeinkosten gegenübersteht. Diese zusätzlichen Komplexitätskosten werden dann über Preissteigerungen an den Markt weitergegeben, sodass sich die Wettbewerbsfähigkeit des gesamten Produktprogramms weiter verschlechtert.

Ein wesentliches Problem dabei ist die fehlende Transparenz der Kosten, die infolge der Ausweitung der Produktvarianten durch die Effizienzverluste im Leistungserstellungsprozess anfallen. Die Exoten des Produktspektrums werden daher typischerweise zu Preisen unterhalb der tatsächlich verursachten Kosten verkauft. Durch diese (oft unbewusste) Quersubventionierung entsteht im Bereich des Standards zwangsläufig ein Wettbewerbsnachteil gegenüber Wettbewerbern mit einem weniger variantenreichen bzw. besser fokussierten Produktprogramm. Die unsystematische und zum Teil auf falsch interpretierte

Kundenorientierung zurückzuführende Entwicklung neuer Produktvarianten kann somit zu einer existenzgefährdenden Einbuße der Wettbewerbsfähigkeit führen. Mangelnde Transparenz über Ursachen und Wirkungen führt dazu, dass häufig nur die Symptome der Komplexität angegangen und keine Maßnahmen entwickelt werden, die bei den Ursachen der Komplexität selbst ansetzen [17].

Die Kostenauswirkungen der skizzierten Vielfaltsproblematik treten in der Regel funktionsübergreifend, zeitverzögert und asymmetrisch-dynamisch auf [16]. Unter funktionsübergreifend ist zu verstehen, dass nahezu alle Unternehmensfunktionen über den gesamten Produktlebenszyklus von der Vielfalt betroffen sind [14]. Die Auswirkungen lassen sich nicht an einer Funktion im Unternehmen festmachen, sondern wirken sich vielmehr in mehr oder minder großem Umfang auf nahezu alle Unternehmensfunktionen und während des gesamten Produktlebenszyklus aus. Dabei wird zwischen den einmaligen und den laufenden Kostenwirkungen unterschieden. Sind die Ersteren noch den einzelnen Funktionen im Unternehmen zuzuteilen, breiten sich die laufenden Kosten über den gesamten Lebenszyklus aus. Hierzu zählen Kosten für die Pflege von Daten wie beispielsweise Zeichnungen, Stücklisten oder Materialnummern, komplexere Bestellvorgänge, aufwendigere Logistik-, Fertigungs- und Montageprozesse oder die Aufwände in der Ersatzteileversorgung.

In der Regel treten die Kosten der Produktvielfalt zeitverzögert zur Entscheidung für eine Produktvariation auf. Die Zeitverzögerung der Kostenwirkungen entsteht dadurch, dass bei einer zunächst marginalen Zunahme der Produkt- und Prozessvielfalt noch keine erkennbaren Kostenzuwächse festgestellt werden können. Erst ab einer bestimmten Höhe sind zusätzliche Investitionen (z. B. Erweiterung des Lagers, leistungsfähigeres Informationssystem oder zusätzliche Mitarbeiter) notwendig. Mit der Flexibilisierung insbesondere in der Produktion wird versucht, quasi ohne Mehrkosten eine Vielzahl von Leistungen herzustellen, um somit eine Anpassungsfähigkeit an sich verändernde Situationen zu schaffen. In der Regel sind mit der Flexibilisierung als Reaktion auf die zunehmende Komplexität aber Investitionen in teurere Maschinen oder aufwendigere Informationssysteme verbunden. Bei einem Rückgang der Vielfalt bzw. einem Komplexitätsabbau können diese Investitionen bzw. die damit verbundenen Kosten jedoch nicht in gleichem Maße abgebaut werden [18]. Dieses asymmetrisch-dynamische Verhalten der Kosten wird auch als Kostenremanenz bezeichnet (Abb. 3.7).

Bei einer unreflektierten Reduzierung der bereits am Markt angebotenen Variantenvielfalt und den damit verbundenen Umsatzeinbußen kann aufgrund dieser Kostenremanenz eine Gewinnminderung die Folge sein. Denn Vielfalt im Produktprogramm erbringt, richtig eingesetzt, zweifellos erheblichen Nutzen für ein Unternehmen. Eine zunehmende Anzahl von Produkt- und Modellvarianten soll Kundenorientierung bewirken und dadurch zu einer Nutzen- und Umsatzsteigerung führen. Mittels einer ABC-Analyse eines Produktprogramms kann aufgezeigt werden, wie sich die Nutzen- und Umsatzsteigerung mit zunehmender Anzahl von Varianten verhält (Abb. 3.8). Diese steigt in der Regel degressiv [20]. Erfolgreiche Unternehmen zeichnen sich dadurch aus, dass sie mit wenigen, gezielt angebotenen Produktvarianten genauso viel Umsatz erzielen, wie Unternehmen, die viele Produktvarianten unreflektiert am Markt anbieten. Diese führen in ihren Produktprogrammen vor allem weniger C-Produkte (umsatzschwache Produkte bzgl. Stückzahl, sog. Exoten). Ein gutes Beispiel bietet der Smartphonemarkt. Apple bietet hier das iPhone nur in zwei Farb- und drei Speichervarianten an, welche alle einen signifikaten Anteil am

3

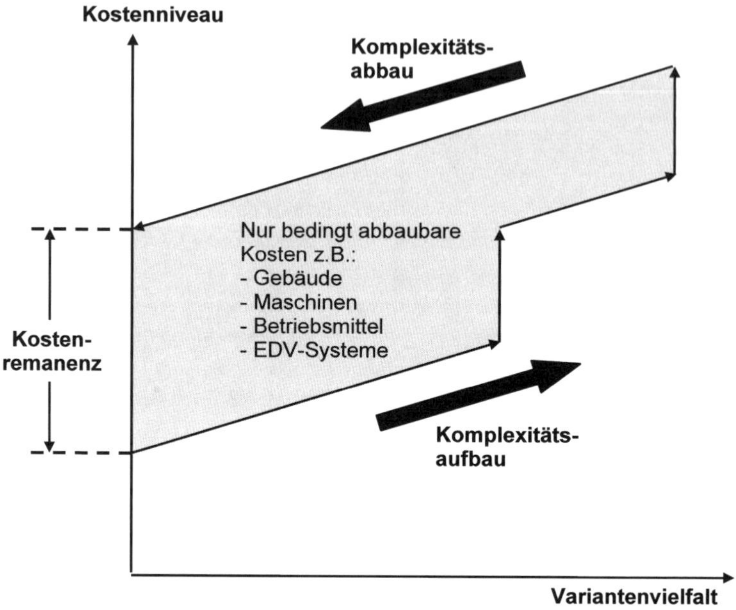

Abb. 3.7 Kostenremanenz beim Komplexitätsaufbau und -abbau [19]

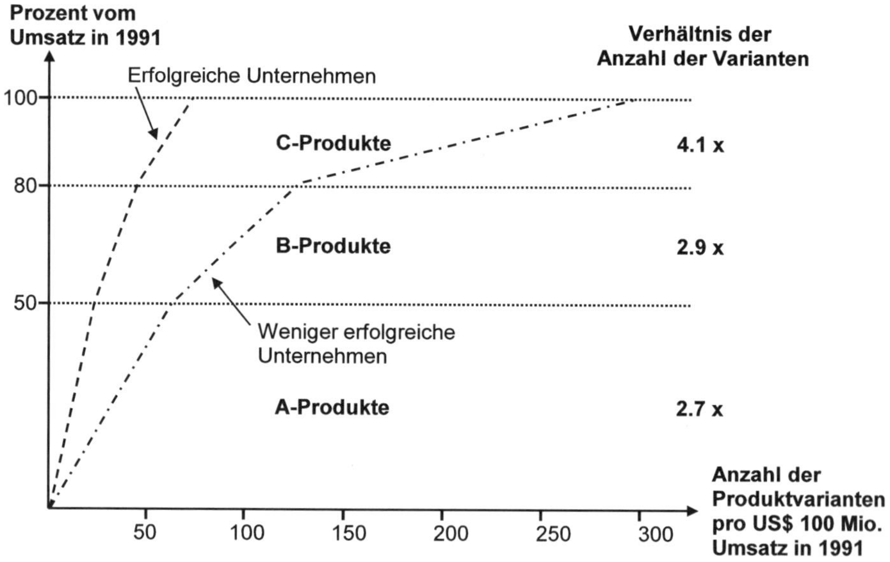

Abb. 3.8 ABC-Analyse von Produktvarianten [20]

Gesamtumsatz haben. Nichts desto trotz ist Apple weitaus erfolgreicher als andere Smartphonehersteller mit einem deutlich breiteren Produktspektrum.

Der geschaffene Kundennutzen ist durch das einzelne Produkt bzw. das Produktprogramm immer in Verbindung zu den anfallenden Kosten zu sehen. Nur eine optimal gewählte Produkt- und Prozessvielfalt gewährleistet einen nachhaltigen Unternehmensgewinn bei gleichzeitig zufriedenen Kunden. Maßnahmen wie Produktdifferenzierung bzw. Kostensenkung können diese Effekte positiv beeinflussen. Ab einer bestimmten Vielfalt übersteigen die Kostenwirkungen die Nutzenwirkungen. Es lässt sich daher ein Optimum der Vielfalt als maximaler Nutzenüberschuss ableiten. Der Nutzenüberschuss kann als Differenz der erfüllbaren Bedürfnisse und des Preises als Wettbewerbsvorteil und als Höhe der Markteintrittsbarriere interpretiert werden. Für den Markterfolg des Produktprogramms ist jedoch entscheidend, inwieweit das Unternehmen in der Wahrnehmung der Marktleistung durch die Kunden besser ist als die Konkurrenten. Der Kunde nimmt die angebotene Leistung dann als besser wahr, wenn die Summe seiner Bedürfnisse durch eine Produktvariante vollständiger erfüllt wird als vom Konkurrenzprodukt. Dabei trägt die Produktprogrammtiefe nur insoweit zu der Bedürfnisbefriedigung bei, wie der Kunde sich über seine Bedürfnisse noch unklar ist und die für ihn transparente Auswahl, d. h. Leistungsvielfalt, ihn bereits an den Anbieter bindet. Produkte, die

- Leistungsmerkmale enthalten, für die der Kunde kein Bedürfnis entwickelt hat,
- wichtige Bedürfnisse des Kunden nicht erfüllen und
- für den Kunden nicht transparent sind,

tragen nicht zum Kundennutzen bei. Der Kundennutzen kann nur gesteigert werden, wenn die einzelnen Produktvarianten die Kundenbedürfnisse besser treffen, nicht aber indem mehrere Produktvarianten de facto dieselben Kundenbedürfnisse abdecken. Aus den skizzierten Herausforderungen wird klar, dass die Produktplanung im Sinne der Pflege und Anpassung des Produktprogramms eine Steuerungs- und Kontrollfunktion wahrnehmen muss. Auf die einzelnen Aktivitäten bei der Steuerung und Kontrolle des Produktprogramms wird detaillierter in Kap. 6.5 eingegangen.

3.2 Vorgehensmodell zur Produktplanung

Ein strukturiertes Vorgehensmodell zur Planung von Innovationen im Zuge der Neugestaltung eines Produktprogramms stellt das von Brandenburg entwickelte W-Modell dar [10, 38]. Es umfasst sieben aufeinander aufbauende Phasen. Zielsetzung des W-Modells ist die Systematisierung der Planung von Produktinnovationen (Abb. 3.9).

3.2.1 Planungsschritte zur Gestaltung einer Innovations-Roadmap

Ausgehend von den übergeordneten Unternehmenszielen, die durch Produktinnovationen erreicht werden sollen, zeigt das W-Modell auf, wie neue Produkt- und Geschäftsideen be-

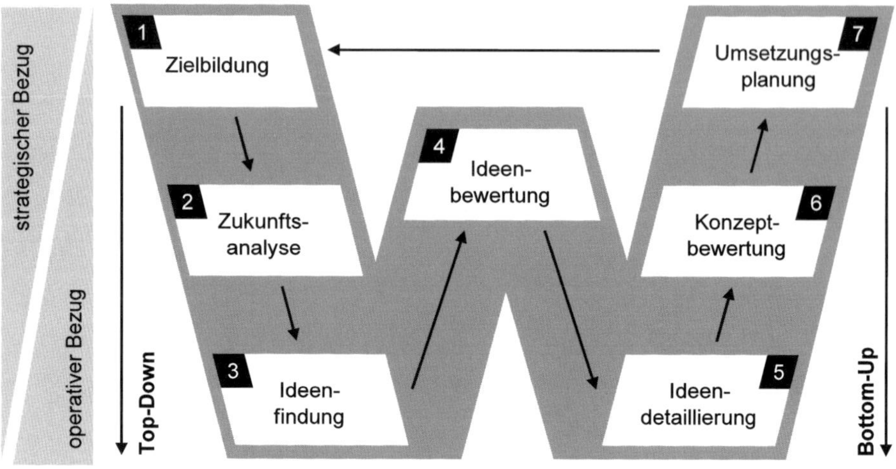

Abb. 3.9 Vorgehen zur Gestaltung einer Innovations-Roadmap [10, 38]

stimmt werden können, wie diese dann in ein Produktkonzept überführt werden und letztendlich in einer Umsetzungsplanung münden. Im Sinne eines Ideentrichters (Abb. 3.10) werden im Ablauf der Methodik die zu Beginn formulierten Ideen sukzessive detailliert, bewertet und stetig reduziert. Diese Reduzierung ist erforderlich, da mit zunehmender Ideenkonkretisierung der Arbeitsaufwand pro Idee, z. B. durch Produkttests oder Marktrecherchen, steigt.

Der Dynamik von Markt-, Technologie- und Unternehmensentwicklung Rechnung tragend sind die Hauptaktivitäten der Phasen 1, 2 und 7 im W-Modell iterativ zu wiederholen. Das W-Modell ist keinesfalls starr, sondern weist einen allgemeingültigen Charakter auf und ist entsprechend dem unternehmensspezifischen Geschäftsmodell und Marktumfeld an die gegebenen Rahmenbedingungen anzupassen. Der idealtypische Ablauf zur Gestal-

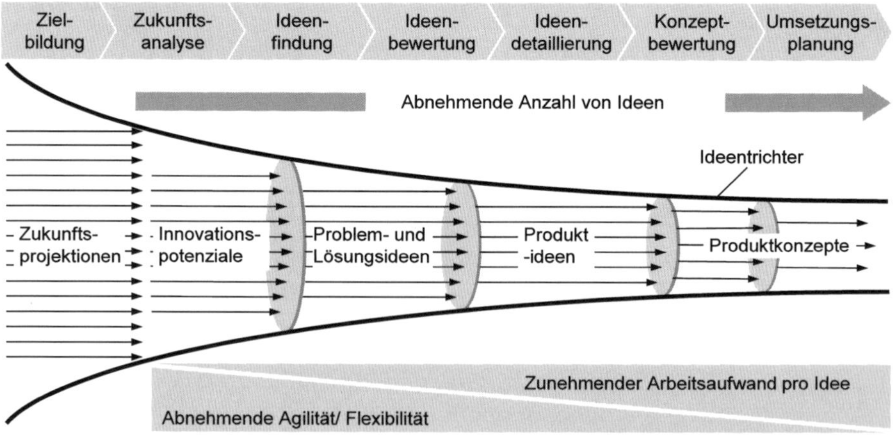

Abb. 3.10 Sukzessive Ideenauswahl und -konkretisierung [10]

tung einer Innovations-Roadmap erlaubt eine teilparallele und vernetzte Bearbeitung der einzelnen Planungsphasen, welche sich nach Zweck, Gegenstand und Informationsbeziehung unterscheiden. Gleichsam können je nach Aufgabenstellung die einzelnen Phasen situativ unterschiedlich stark ausgeprägt sein und unterschiedlich intensiv bearbeitet werden. Eine vertiefende Darstellung der einzelnen Planungsphasen erfolgt in den nachfolgenden Kapiteln.

Fallbeispiel Die in diesem Kapitel beschriebenen Fallbeispiele sollen durchgängig die Umsetzung der Planungsphasen des W-Modells anschaulich beschreiben und zum Gesamtverständnis der Methodik beitragen. Als Beispielunternehmen dient ein mittelständisches Unternehmen, das Positionierungssysteme für Anwendungen im Werkzeugmaschinenbau, in der Robotik und Automatisierungstechnik herstellt. Die Unternehmensorganisation ist auf die Divisionsorganisation ausgerichtet, die nach den Schwerpunkten „Schlittensysteme", „Präzisions-Positionssysteme" und „Sensorik & Steuerung" aufgeteilt ist. Zur weiteren Erschließung bestehender und neuer Märkte wurde vor drei Jahren eine Stabsstelle „New Business Development" etabliert. In dieser Zeit wurden verschiedene Innovationsprojekte innerhalb des Unternehmens in Zusammenarbeit mit den entsprechenden Divisionsleitern und Mitarbeitern durchgeführt. Das Unternehmen agiert seit vielen Jahren erfolgreich am Markt, sieht sich jedoch, ähnlich wie viele andere Unternehmen, mit einem immer schärfer werdenden Wettbewerb konfrontiert. Der Geschäftsführer des Unternehmens hat diese Problematik frühzeitig erkannt und erhofft sich, durch innovative Produkte und Erschließung neuer Märkte ein zusätzliches Standbein für das Unternehmen zu schaffen. Aus diesem Grund erhält die Stabsstelle „New Business Development" den Auftrag, ein neues, imageträchtiges Produkt zu planen, welches diese Aufgabe erfüllen kann. In der Vergangenheit verließ man sich im Unternehmen bei der Suche und Einführung nach Innovationen und Wachstumsmärkten hauptsächlich auf „ingenieursmäßige Intuition". Ziel bei der neuerlichen Suche nach Innovationen soll hingegen eine deutlich systematischere Herangehensweise sein, die sich jedoch auch unkompliziert an die unternehmerische Realität anpassen lässt. Diese an die Methodik gestellten Anforderungen erfüllt das W-Modell.

3.2.2 Zielbildung

Im Verlauf der Zielbildung werden aus den übergeordneten Unternehmenszielen bzw. -strategien Innovationsziele sowie eine Innovationsstrategie abgeleitet. Diese sind die allgemeinen Randbedingungen für die Produktinnovationsplanung. Hierzu wird die Ausgangssituation des Unternehmens analysiert, Innovationsziele werden abgeleitet und strategische Gestaltungsfelder werden definiert. Die daran anschließenden Schritte dienen der Erarbeitung und Konkretisierung konzeptioneller Lösungsvorschläge. Die Innovationsstrategie ist einerseits eine Eingangsinformation für die Phase der Zielbildung, gleichzeitig aber auch ein Planungsziel dieser (Abb. 3.11).

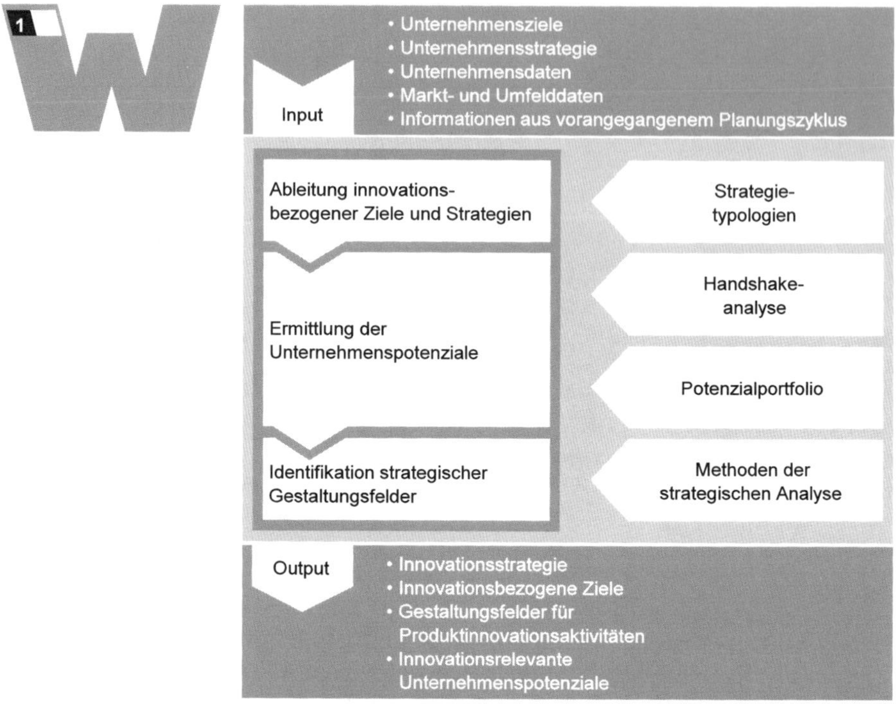

Abb. 3.11 Methodenbaukasten Zielbildung [10, 38]

Innovationsbezogene Ziele und Strategien stellen die Ziel- und Strategiekongruenz der nachfolgenden Planungsaktivitäten sicher. Sie resultiert beispielsweise aus der übergeordneten Unternehmensstrategie, den Nachfragegewohnheiten des zu bedienenden Marktes oder der angestrebten Positionierung gegenüber dem Wettbewerb. Sie machen im Allgemeinen eine Aussage darüber, was mit einer zu entwickelnden Lösung erreicht bzw. vermieden werden soll. Wichtig ist, dass Ziele in starkem Maße handlungsrelevant (operational) formuliert sind und im Zusammenhang mit konkreten Problemen und deren Lösung stehen [21]. Ohne Anspruch auf Vollständigkeit können folgende wichtige Ziele technologischer Produktinnovationen unterschieden werden [22]:

- Steigerung von Umsatz und Gewinn durch Ablösung bestehender Produkte
- Erschließung neuer Märkte und/oder Kunden
- Verbesserung des Unternehmensimages durch Produktinnovationen
- Auslastung ungenutzter Kapazitäten und Ausgleich von Beschäftigungsschwankungen
- Sicherung gegen Marktturbulenzen (z. B. Wechselkursschwankungen)

Die festgelegten Ziele dienen der Ableitung von Beurteilungskriterien, um in nachfolgenden Planungsphasen die ermittelten Lösungsalternativen zu vergleichen und zu bewerten [21]. Der Erfolg von Produktinnovationen kann nur durch den Abgleich mit den angestrebten Zielen bestimmt werden, weshalb die eindeutige Definition und transparente Darstellung dieser strategischen Bewertungskriterien ein zentraler Erfolgsfaktor unternehmerischer Innovationstätigkeit ist [23, 24]. Zusätzlich bildet sie den Ausgangspunkt der im W-Modell vorgesehenen Top-down-Vorgehensweise bei der Bewertung technologischer Produktinnovationen. Neben der Orientierung am Zielsystem ist eine damit harmonierende Innovationsstrategie für den Erfolg von Produktinnovationen von Bedeutung, welche in enger Beziehung zur Wettbewerbs- und Timingstrategie eines Unternehmens steht. Unter Wettbewerbsstrategie wird die Wahl offensiver und defensiver Maßnahmen verstanden, um im Wettbewerbsumfeld erfolgreich zu sein [25]. Die Timingstrategie beschreibt den Zeitpunkt der Markteinführung neuer Produkte [23, 26–28]. Folgende Beispiele illustrieren klassische Wettbewerbsstrategien [25]:

- Kostenführerschaft: Anbieten von Produkten zu den günstigsten Konditionen am Markt bei vergleichbaren Leistungsmerkmalen
- Technologie- oder Qualitätsführerschaft: Umsetzen von Leistungsmerkmalen im Produkt bei nahezu gleichen Kosten

Die beiden Ausprägungen Innovationsführer und Innovationsfolger kennzeichnen zwei grundsätzliche Timingstrategien [29]. Beim Innovationsfolger wird zudem zwischen frühen und späten Folgern differenziert [26, 29]. Der Innovationsführer ist der erste Spieler am Markt, der eine neue Produktidee erfolgreich umsetzt. Der frühe Innovationsfolger mindert das Risiko von Fehlentwicklungen, indem er erfolgreiche Produktideen aufgreift, frühe Fehler im Konzept und Geschäftsmodell vermeidet und das Produkt ggf. weiterentwickelt. Er nutzt die Erfahrungen des Pioniers und den durch ihn vorbereiteten Markt. Oft schafft es der Innovationsfolger, sich durch ein kundenzentriertes Marketingkonzept, technologische Modifikationen und Applikationsentwicklungen oder andere Zusatzleistungen vom Innovationsführer abzusetzen [29]. Der späte Innovationsfolger mindert das Innovationsrisiko vollständig. Sein Markteintritt erfolgt erst, wenn sich Standards am Markt herauskristallisiert haben und das Käuferverhalten relativ sicher eingeschätzt werden kann. Der späte Innovationsfolger differenziert sich gegenüber den Wettbewerbern in der Regel über den Produktpreis [30].

Technologische Unternehmenspotenziale sind neben den strategischen Zielen eine weitere Eingangsinformation der Produktinnovationsplanung. Diese bezeichnen die Gesamtheit aller Fähigkeiten eines Unternehmens, um die Nachfrage nach Problemlösungen erfüllen, auf neue Marktanforderungen reagieren und neue Geschäftsmodelle hervorbringen zu können [28]. Unter Unternehmenspotenzial werden häufig die Begriffe Unternehmenskompetenz, Kernkompetenz oder interne Nutzenpotenziale synonym verstanden [31, 32]. Diejenigen Unternehmenspotenziale, die starken Einfluss auf die Innovationsaktivitäten eines Unternehmens haben, sind im Rahmen der Innovationsplanung von besonderer Bedeutung. In der Innovationsforschung wurden zur Ableitung derartiger Innovationspotenziale aus technologischen Kompetenzen und Potenzialen eines Unternehmens zahlreiche Methoden entwickelt (vgl. [33–36]).

Aufbauend auf den Ergebnissen der Ziel- und Strategiebildung und der Ermittlung der Unternehmenspotenziale werden Gestaltungsfelder identifiziert, welche den Betrachtungsbereich der nachfolgenden Innovationsplanung eingrenzen. In den Gestaltungsfeldern werden die direkten Interaktionspartner eines Unternehmens, wie z. B. Kunden, Lieferanten, Wettbewerber, Kapitalgeber oder Forschungspartner, zusammengefasst.

Dabei sind diejenigen Gestaltungsfelder von Relevanz, in denen die Möglichkeit besteht, mit Produktinnovationen einen Beitrag zur Erfüllung der Unternehmensziele zu leisten. Geeignete Methoden zur Bestimmung von Gestaltungsfeldern sind z. B. die Gap- und die SWOT-Analyse [37]. Bei der Gap-Analyse wird der mit einem Produktprogramm erzielte Umsatz über der Zeit aufgetragen. Es werden hierbei drei Bereiche unterschieden (Abb. 3.12):

1. Gesicherter Umsatz mit bereits vorhandenen Produkten,
2. Geplanter Umsatz mit Alt- und Neuprodukten („Operative Lücke"),
3. Differenz zwischen der Umsatzvorgabe sowie dem Umsatzplanwert mit Alt- und Neuprodukten („Strategische Lücke").

In Anhängigkeit der Größe und dem zeitlichen Eintreffen der strategischen Lücke müssen geeignete Maßnahmen, z. B. verstärkte Innovationsaktivitäten, angestoßen werden.

Mithilfe der SWOT-Analyse können Stärken (Strengths) und Schwächen (Weaknesses) des Unternehmens sowie Chancen (Opportunities) und Risiken (Threats) des Unternehmensumfeldes analysiert und daraus strategische Implikationen für die Zukunft abgeleitet werden.

Fortsetzung Fallbeispiel An den Anfang der ersten Prozessphase, der Zielbildung, stellt die zuständige Stabsstelle eine Präsentation für die Geschäftsleitung, in der zum einen das grundlegende Vorgehen sowie, darauf aufbauend und für den gesamten Innovationsplanungsprozess unabdingbar, grundsätzliche Anforderungen der Unternehmensleitung erläutert werden. Als Diskussionsgrundlage dienen aktuelle Zahlen zur Unternehmenssituation wie z. B. Umsatz, Cashflow, Gewinn- und Verlustbilanz sowie eigene Analysen zu den Themen Marktsituation, Umfelddaten, Wettbewerber etc. Diese aktuellen Daten sind notwendig, da mithilfe der InnovationRoadMap-Methodik absolut neuartige und gleichzeitig perfekt zum Unternehmen passende Innovationen geplant werden sollen und hierfür ein möglichst komplettes Bild des Unternehmens bestehen muss. In einer intensiven Diskussion mit der Geschäftsleitung werden die

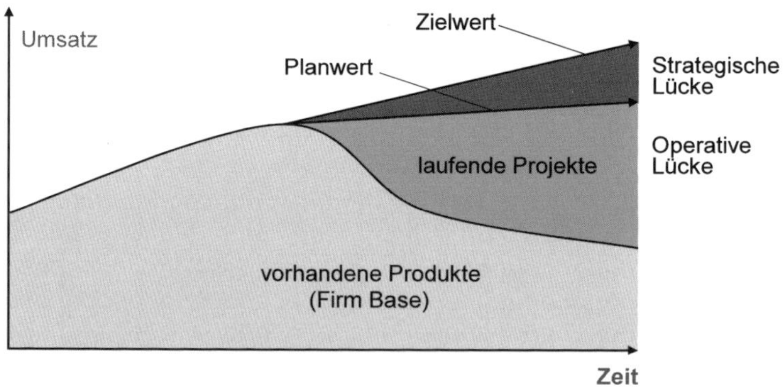

Abb. 3.12 Schließung der strategischen Lücke durch Produktinnovation [10]

Ziele Gewinnsteigerung, Imagegewinn, Neukundengewinnung und Wachstumssicherung als Leitlinien, die helfen sollen, den nächsten Planungsschritt, die Ermittlung der Unternehmenspotenziale, durchzuführen, identifiziert. In einem gemeinsamen Workshop unter dem Titel „Innovationsrelevante Unternehmenspotenziale" mit den Leitern der verschiedenen Divisionen als Teilnehmer werden durch eine inhaltliche und lebhafte Diskussion die im Unternehmen vorhandenen Potenziale herausgearbeitet. Als Ergebnis der Gesprächsrunde steht eine Liste, welche die Fachabteilungen als innovationsrelevante Unternehmenspotenziale ansehen:

- Sehr gutes Technologie-Know-how in den Bereichen „Präzisions-Positioniersysteme", „Schlittensysteme", „Sensorik & Steuerung"
- Produkte „Positioniergeräte" & „Schlittensysteme" für verschiedene Anwendungen sind Bestseller
- Mit der vorhandenen Produktpalette können prinzipiell die Funktionen „Aufnehmen", „Transportieren" und „Absetzen" realisiert werden
- Es ist ein flächendeckendes Vertriebsnetz vorhanden

Mit dieser Liste als Anhaltspunkt beginnt der Stabsstellenleiter seine Überlegungen zum nachfolgenden Planungsschritt, dem Auffinden neuer Gestaltungsfelder für die identifizierten Unternehmenspotenziale. Kurzerhand startet er eine Internetrecherche für die Begriffe „Aufnehmen, Transportieren, Absetzen" und entdeckt, dass dieses sogenannten „Pick-and-Place"-Funktionen scheinbar in einer Vielzahl von Anwendungsfällen genutzt werden können, so auch vor allem in der Medizintechnik. Aufbauend auf einer weitergehenden Recherche werden neue Gestaltungsfelder für die zu planenden Produktinnovationen konkretisiert und benannt. Als Ergebnis stehen die Felder Medizintechnik, Mikrosystemtechnik und Biotechnologie, welche im folgenden Schritt, der Zukunftsanalyse, auf Ihre Zukunftsträchtigkeit hin untersucht werden müssen.

3.2.3 Zukunftsanalyse

Im Rahmen der Zukunftsanalyse werden für die zuvor festgelegten Gestaltungsfelder Innovationspotenziale identifiziert. Innovationspotenziale müssen zwei Anforderungen erfüllen. Zum einen muss den avisierten Innovationen aufgrund konkreter Bedürfnisse bzw. Problemstellungen ein Marktpotenzial zugerechnet werden können. Zum anderen müssen die Innovationen in Beziehung zu Unternehmenskompetenzen gesetzt werden können bzw. dem Aufbau neuer Kompetenzen dienen. Aufgabe der Zukunftsanalyse ist es, diese Fragestellungen zu beantworten. Sie erfolgt im Allgemeinen in drei Hauptschritten [38]:

1. Zukunfts-Anforderungsfindung: Analyse des Gestaltungsfeldes bezüglich seiner zukünftigen Entwicklung. Untersuchung von Trends in der Umwelt des Gestaltungsfeldes. Abbildung der Auswirkungen von Trends auf das Gestaltungsfeld in Form von Zukunftsprojektionen. Bewertung der Bedeutung von Zukunftsprojektionen.
2. Chancenanalyse: Identifizierung von zukünftigen Innovationspotenzialen des Gestaltungsfeldes ausgehend von den Zukunftsprojektionen

3. Aufgabendefinition: Externe und interne Bewertung der Innovationspotenziale zur Einschätzung des Marktpotenzials der Innovationsidee sowie der unternehmensspezifischen Fähigkeiten und strategischen Bereitschaft zur Ideenumsetzung.

Abbildung 3.13 stellt die zur Durchführung der Zukunftsanalyse benötigten Eingangsinformationen sowie unterstützenden Hilfsmittel und Methoden dar. Insbesondere die Zukunftsprojektionsmatrix ist ein geeignetes Hilfsmittel innerhalb der Zukunftsanalyse. Sie umfasst mehrere aufeinander aufbauende Matrizen, die in Abb. 3.14 dargestellt sind. In der ersten Matrix werden die Ergebnisse der Zukunfts-Anforderungsfindung dokumentiert, die zweite Matrix verarbeitet die Erkenntnisse der Chancenanalyse. Die Portfolio-Darstellung dient als Hilfsmittel für die strategische Bewertung.

Die in der Zukunfts-Anforderungsfindung erarbeiteten Zukunftsprojektionen sind Aussagen über zukünftige Entwicklungen innerhalb des Betrachtungsbereichs, die unternehmensintern als wahrscheinlich angenommen und in einem kreativen Prozess aus den Trends generiert werden. Die hierbei betrachteten Trends werden in einem kontinuier-

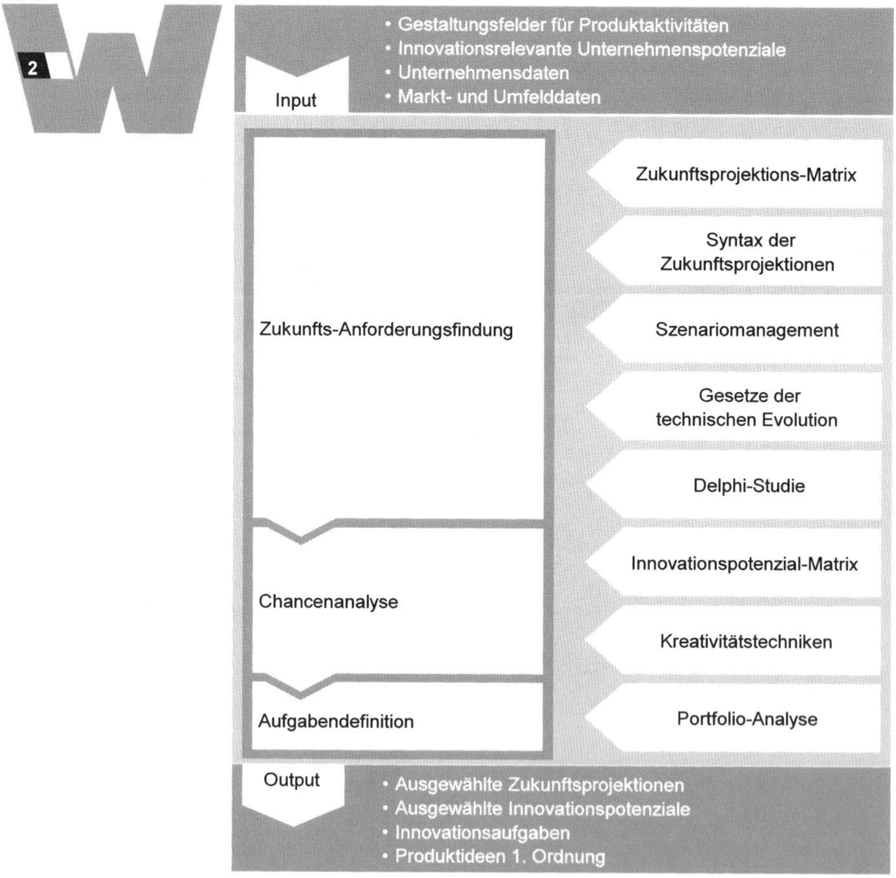

Abb. 3.13 Methodenbaukasten Zukunftsanalyse [10, 38]

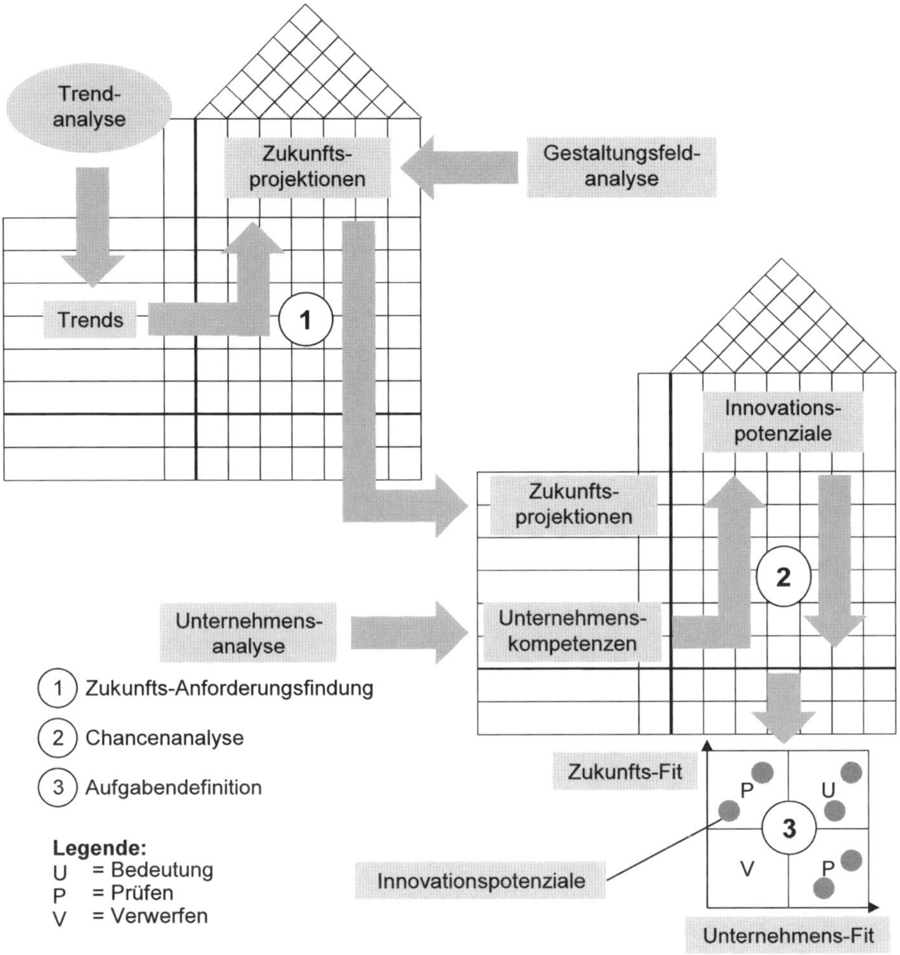

Abb. 3.14 Das Matrizensystem der Zukunftsanalyse [10]

lichen Monitoring im Rahmen der Frühaufklärung gesammelt und ausgewertet. Ein Trend bezeichnet die Grundrichtung einer Entwicklung. Im Idealfall verfügt ein Unternehmen bereits über detaillierte Informationen über die Entwicklungen in einzelnen unternehmensrelevanten Beobachtungsbereichen. Diese gilt es, gestaltungsfeldspezifisch zu analysieren und Aussagen abzuleiten. Sofern noch keine Trendinformationen vorliegen, bietet es sich an, das Beobachtungsfeld für die Zukunftsanalyse zu strukturieren und in den Einzelbereichen entsprechende Untersuchungen (Trendscanning) vorzunehmen. Aufbauend auf einer Untersuchung verschiedener Gliederungsmodelle strukturiert Aeberhard die globale Umwelt in fünf Beobachtungsbereiche (Abb. 3.15) [39].

Gesamtwirtschaftliche, makroökonomische Entwicklungen, die auf die relevanten Märkte eines Unternehmens ausstrahlen, wie z. B. die Entwicklung des Bruttosozialproduktes, konjunkturbedingte Schwankungen des Gesamtwachstums, die Wachstumsrate

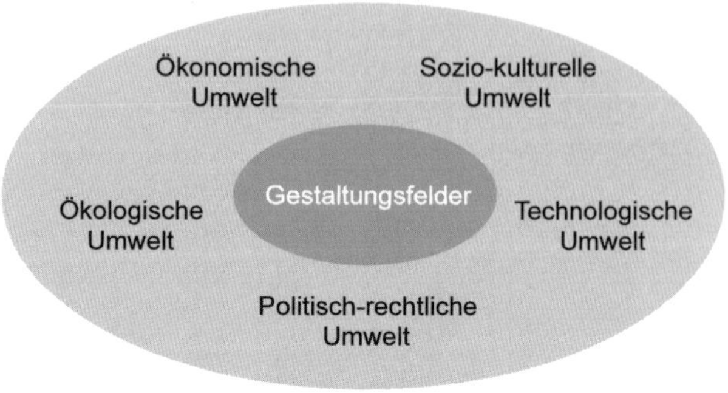

Abb. 3.15 Beobachtungsbereiche der Zukunftsanalyse [10]

und Produktivität der industriellen Produktion sowie Einkommensentwicklungen sind zu betrachtende Faktoren der ökonomischen Umwelt [39]. Mit der Analyse der sozio-kulturellen Umwelt werden indirekt die zukünftigen Kundenwünsche ermittelt, indem Indikatoren für den Wandel des gesellschaftlichen Wertesystems, an dem Verbraucher ihren Bedarf orientieren, untersucht werden. Diese Indikatoren werden oft durch Trendforscher identifiziert und benannt. [40–42]. Insbesondere die hinter einem Trend liegenden Erklärungsmuster liefern wichtige Implikationen, um Trends für die Ableitung von Zukunftsprojektionen nutzen zu können.

Innerhalb der Analyse der technologischen Umwelt werden die Veränderungen im Reifegrad von Technologien und der Übergang von einer alten zu einer neuen Technologie betrachtet, um dem Unternehmen ausreichend Reaktionszeit zu verschaffen, technologische Entwicklungen mitzugehen [39]. Gängiges Hilfsmittel zur Identifizierung und Darstellung von Technologiesprüngen sind der Technologie-Lebenszyklus und das darauf aufbauende S-Kurven-Konzept. Darüber hinaus sind bei der Analyse der technologischen Umwelt die indirekten Folgen neuer Technologien, insbesondere in ökologischer und gesellschaftlicher Hinsicht von Bedeutung [43, 44]. Dabei gilt es systematisch alle Sekundär- und Tertiäreffekte zu bewerten, die durch Entwicklung, Anwendung und Verbreitung neuer technischer Problemlösungen hervorgerufen werden könnten. Hierbei sollen externe Effekte, die sich aus dem Einsatz neuer Technologien für gesellschaftliche Bereiche ergeben, antizipiert werden, um potenziell negative Auswirkungen auf das Unternehmen zu vermeiden [44]. Die politisch-rechtliche Umwelt beinhaltet alle durch die Aktivitäten des Staates oder Institutionen mit Gesetzgebungshoheit vorgegeben Entwicklungen. Darüber hinaus werden neue internationale bzw. länderspezifische Vorgaben wie z. B. Crash-Tests im Automobilbereich betrachtet. Diese gilt es frühzeitig zu identifizieren und bei Relevanz mit in die Produktplanung zu integrieren. Mit dem zunehmenden Umweltbewusstsein der Gesellschaft, z. B. bei Themen wie die Reduzierung des Verbrauchs nichtregenerativer Ressourcen und die Herstellung umweltverträglicher Produkte, steigt auch die Relevanz, die Analyse der ökologischen Umwelt eines Unternehmens mit in die Aktivitäten der Produktplanung zu integrieren. Die Berücksichtigung ökologischer Belange wird immer mehr zu einer Voraussetzung des strategischen Erfolgs.

Als Ergebnis des Trendscannings liegt eine Liste von Trends aus den Beobachtungsbereichen vor, die kontinuierlich vervollständigt bzw. auf ihre Aktualität hin überprüft wird. Der Sammlung von Trends schließt sich eine Trendprüfung an, bei der die Ähnlichkeit der in den einzelnen Beobachtungsbereichen identifizierten Trends untersucht wird. Durch die Ähnlichkeitsprüfung wird die möglichst eindeutige und vollständige Beschreibung von Trends gefördert. Wird z. B. ein Trend in der ersten Beschreibung ungenau definiert, so kann bei der Ähnlichkeitsprüfung schnell eine Ähnlichkeit zu anderen Trends festgestellt werden. Ziel ist es, ähnliche Trendentwicklungen und deren Ursachen zu identifizieren, um latente Über- bzw. Unterbewertung einer Trendrichtung zu vermieden. So würde z. B. die Aufnahme ähnlicher Trends in die Zukunftsprojektionsmatrix eine Überbewertung von Zukunftsprojektionen nach sich ziehen. Gleichsam wird durch die Zusammenfassung ähnlicher Trends eine unnötige Vergrößerung der Zukunftsprojektionsmatrix vermieden [45].

Nach Abschluss der Ähnlichkeitsanalyse werden die identifizierten Trends zur Ableitung von Zukunftsprojektionen in der Zukunftsprojektionsmatrix entsprechend ihrer Bedeutung für das Gestaltungsfeld gewichtet. Mit den Gewichtungsfaktoren wird die relative Bedeutung festgelegt, die den Trends bei der Bewertung der Zukunftsprojektionen zukommen soll. Neben einer intuitiven Festlegung der Gewichtungsfaktoren durch Experten kann auch eine systematische Gewichtung mittels geeigneter Methoden erfolgen, wie z. B. paarweiser Vergleich. Darauf aufbauend werden im nächsten Schritt Zukunftsprojektionen generiert. Durch Zukunftsprojektionen werden die Auswirkungen von Trends aus den Beobachtungsbereichen auf das Gestaltungsfeld beschrieben. Hierfür sind sowohl die Kenntnis der Trends und deren Hintergründe wie auch der Zusammenhänge des Gestaltungsfeldes notwendig. Zukunftsprojektionen spezifisch auf den Gestaltungsraum bezogen und bilden damit die Grundlage für eine gezielte und systematische Ideenfindung. Durch eindeutig und exakt beschriebene Zukunftsprojektionen können folgende Fragen beantwortet werden:

- Um welches Betrachtungsfeld geht es?
- Welcher Trend führt zu der zugrunde gelegten Annahme?
- Welcher Indikator ist betroffen?
- Um welchen Zeitraum geht es?
- Wie entwickelt sich der Indikator?
- Wie wahrscheinlich ist diese Entwicklung?
- Wie intensiv ist die Entwicklung?

Neben intuitiven Kreativitätstechniken, wie z. B. dem Brainstorming als bekannteste Methode, können Zukunftsprojektionen systematisch mit der Methode des „vernetzten Denkens“ beschrieben werden. Diese Methode zur Erfassung komplexer Zusammenhänge [46] unterstützt die umfassende Untersuchung der Trendauswirkungen auf das Gestaltungsfeld. Je Trend wird mindestens eine Zukunftsprojektion formuliert, welche die Auswirkung des Trends auf das Gestaltungsfeld beschreibt. Analog zu der Prüfung von Trends erfolgen anschließend eine Ähnlichkeitsprüfung der Zukunftsprojektionen und deren Gewichtung, um die Bedeutung für das Gestaltungsfeld zu bestimmen. In einer Zusammenhangsmatrix (Abb. 3.16) wird der Zusammenhang zwischen den Zukunftsprojektionen und den Trends bewertet und mittels einem Trend-Fit quantifiziert. Der Trend-Fit einer Zukunftsprojektion berechnet sich aus der Summe der Zusammenhangswerte der Zukunftsprojektion zu den einzelnen Trends. Er liefert eine Aussage darüber, wie stark die Trends aus den Beobachtungsbereichen durch eine Zukunftsprojektion im Gestaltungsfeld repräsentiert werden. Mithilfe einer Korrelationsmatrix wird zudem der Zusammenhang zwischen den jeweili-

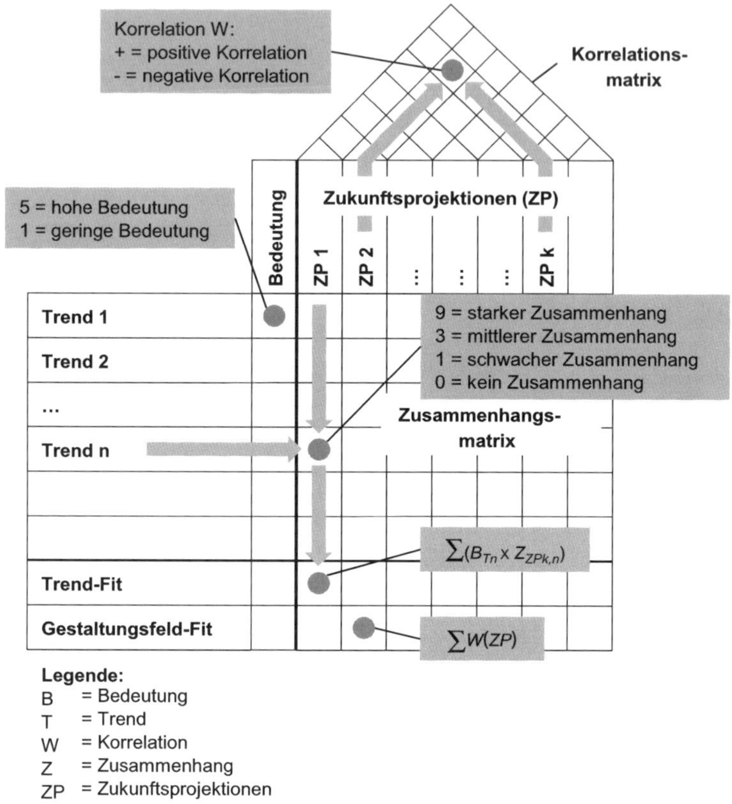

Abb. 3.16 Bewertung von Zukunftsprojektionen in der Zukunftsanalyse [10]

gen Zukunftsprojektionen bewertet und als Gestaltungsfeld-Fit quantifiziert. Der Gestaltungsfeld-Fit ermöglicht Rückschlüsse über die Konformität einer Zukunftsprojektion zu den übrigen Zukunftsprojektionen. Liegt ein hoher Wert vor, dann steht die Zukunftsprojektion im Einklang mit den übrigen Entwicklungen und entspricht somit einer evtl. vorhandenen Grundströmung.

Mit der Formulierung der Zukunftsprojektionen beschreibt der Anwender ein gestaltungsfeldspezifisches Zukunftsbild, auf dessen Grundlage sich Innovationspotenziale systematisch herleiten und bewerten lassen. Dies erfolgt innerhalb der Chancenanalyse (Abb. 3.17). Deren Eingangsinformationen sind die Zukunftsprojektionen aus dem Planungsschritt Zukunfts-Anforderungsfindung sowie die zuvor beschriebenen Unternehmenskompetenzen. Charakteristisch für Innovationspotenziale ist, dass einer Problemidee eine Lösungsidee gegenübersteht. Mit einer Problemidee wird ein zukünftiges Problem bzw. Kundenbedürfnis beschrieben, das als Folge einer Zukunftsprojektion auftritt und zu dem bisher keine oder nur eine unzureichende Lösung existiert. Die Lösungsidee beschreibt ein neuartiges technisches Lösungsprinzip, für das entsprechende Anwendungsbereiche gesucht werden. Erst durch die Kombination von mindestens einer Problemidee und einer oder mehrerer Lösungsideen entstehen Produktideen bzw. Innovationspotenziale.

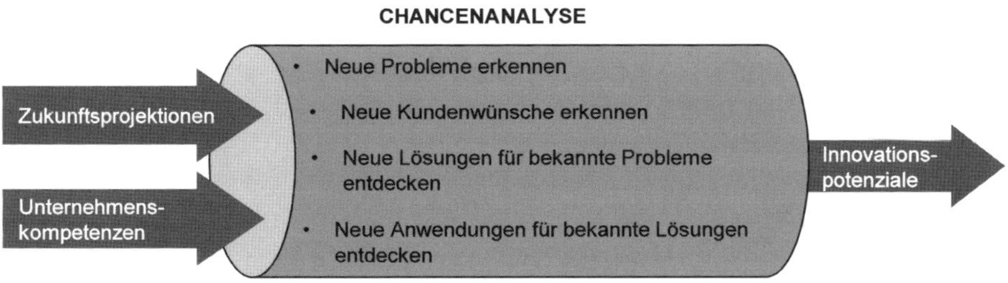

Abb. 3.17 Aufdecken von Innovationspotenzialen in der Chancenanalyse [10]

Fortsetzung Fallbeispiel Nachdem eine Liste mit neuen Gestaltungsfeldern erarbeitet wurde, stellt sich die Frage, auf welche Weise die Zukunftsanalyse der Felder durchgeführt werden soll. Die für den Innovationsprozess zuständige Stabsstelle entscheidet sich für eine Ausschreibung einer Diplomarbeit unter dem Titel „Technologie- und Markttrends im Bereich Positionierungssysteme“. Die bearbeitende Studentin entschließt sich zunächst dafür, globale Trends zu suchen, um sich anschließend auf spezielle, interessierende Bereiche zu fokussieren. Die letztendlich in der Arbeit vorhandene Suchstrukturierung bzgl. der Globaltrends gliedert sich in fünf Kategorien. Diese sind die ökonomischen, sozio-kulturellen, technologischen, politisch-rechtlichen sowie ökologischen Umfelder. So beinhaltet beispielsweise das ökonomische Umfeld Untersuchungen bzgl. Wechselkursschwankungen und die Entwicklung der Einkommenssteuer. Für das Unternehmen sind vor allem die technologischen, ökonomischen und ökologischen Umfelddaten wichtig, da diese Daten Trends in der Produkt- und Produktionstechnologie (z. B. neue CAD-Verfahren), Steuerentwicklung und -politik, als auch Umweltaspekte enthalten. Neben den Globaltrends findet auch die Entwicklung der Markttrends Berücksichtigung in der Diplomarbeit. In diesem Kapitel liegt der Schwerpunkt der Untersuchung auf den bereits vorab festgelegten Themenfeldern Medizintechnik, Mikrosystemtechnik und Biotechnologie. Die identifizierten Trends lassen sich wie folgt beschreiben:

- Umsatzsteigerungen in der Mikrosystemtechnik von jährlich 30 % innerhalb der nächsten 10 Jahre
- Die Mikrosystemtechnik wird neben klassischen Bereichen wie z. B. Werkzeugmaschinen nahezu alle Bereiche der Ingenieurwissenschaften betreffen
- In der Medizintechnik werden Applikationen zur Unterstützung der ferngesteuerten Operation herkömmliche Operationsmethoden in vielen Bereichen ablösen
- Die Biotechnologie wird viele Bereiche revolutionieren (z. B. automatisierte DNA-Analysen)

Aufbauend auf dieser Liste kann nun mithilfe der Portfolio-Technik, welche die IRM-Methodik an dieser Stelle vorschlägt, aus den Zukunftsszenarien das Innovationspotenzial abgeleitet werden, indem die Entwicklungen und Trends zu den identifizierten Unternehmenspotenzialen (Aufnehmen, Transportieren, Positionieren, etc.) genauer untersucht werden. Folgende Ergebnisse lassen sich aus dieser näheren Untersuchung gewinnen:

3

- In der Medizintechnik werden die Funktionen „Positionieren und Handhaben" ca. 80 % der insgesamt zu erfüllenden Funktionen einnehmen; dazu ist eine exakte Positionierung von (automatisierbaren) Systemen zu entwickeln.
- Wesentliches Problem der Miniaturisierung von Positionssystemen ist der Widerspruch zwischen langen Verfahrwegen und den Abmessungen des Positioniersystems; die Lösung stellt eine aktuelle Forschungs- und Entwicklungsaufgabe dar.
- In der Biotechnologie werden DNA-Analysen automatisiert ablaufen müssen, um die hohe Anzahl an zukünftigen Untersuchungen in angemessener Zeit zu bewerkstelligen; die DNA-Sequenzierung erfordert geeignete Systeme.

In Analogie zur Bewertungssystematik für Zukunftsprojektionen erfolgt die Bewertung der Innovationspotenziale in der Innovationspotenzial-Matrix. Hierzu werden die Zusammenhänge zwischen Innovationspotenzialen und Zukunftsprojektionen bzw. Unternehmenskompetenzen untersucht und quantifiziert. Mithilfe der Gewichtungen der Zukunftsprojektionen aus der Zukunfts-Anforderungsfindung und der Gewichtungen der Unternehmenskompetenzen werden der Zukunfts-Fit sowie der Unternehmens-Fit berechnet (Abb. 3.18). Der Zukunfts-Fit ist ein Maß für das Innovationspotenzial aus Umfeldsicht.

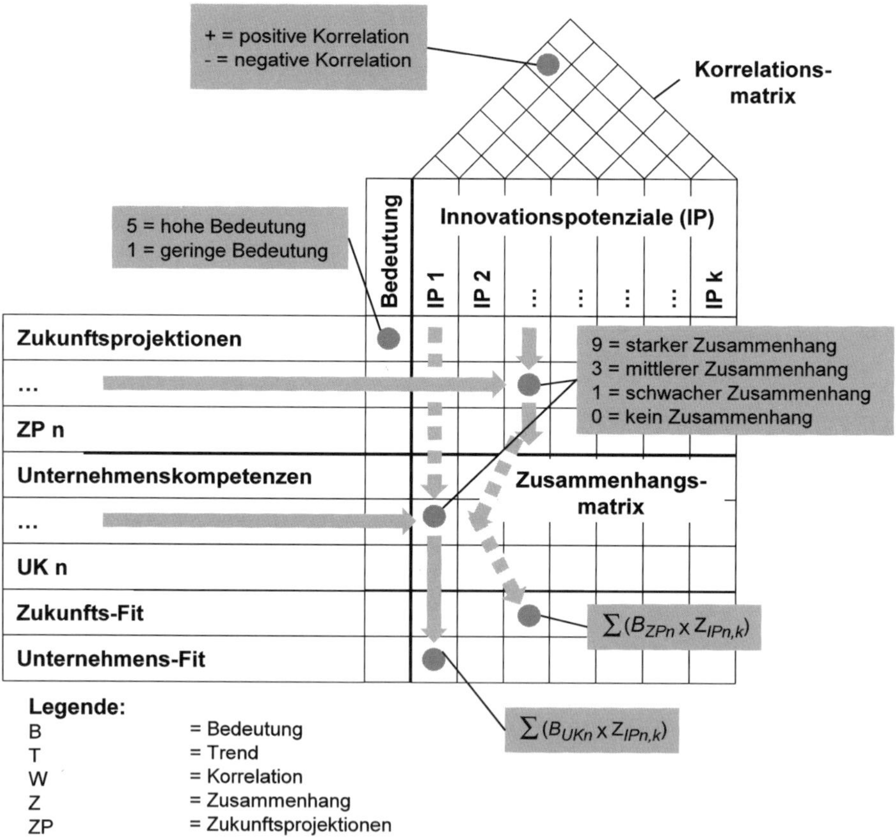

Abb. 3.18 Innovationspotenzial-Matrix in der Chancenanalyse [10]

Der Unternehmens-Fit gibt Aufschluss über die Fähigkeit des Unternehmens zur Umsetzung der Innovationspotenziale. Darüber hinaus werden in einer Korrelationsmatrix die Wechselbeziehungen zwischen den Innovationspotenzialen beurteilt. Durch die Zusammenführung des Zukunfts-Fit und des Unternehmens-Fit in einer Portfolio-Darstellung (Abb. 3.14), kann die strategische Bewertung der Innovationspotenziale erfolgen. Dabei werden in Abhängigkeit von der Platzierung der Innovationspotenziale im Portfolio folgende Handlungsempfehlungen unterschieden:

- Bei geringem Unternehmens- und Zukunfts-Fit ist von der Weiterverfolgung des Innovationspotenzials (zunächst) abzusehen.
- Bei hohem Unternehmens- und geringem Zukunfts-Fit sollte geprüft werden, ob die Idee unter Ausnutzung von Synergieeffekten mit geringem Mehraufwand umgesetzt werden kann.
- Bei hohem Zukunfts- und geringem Unternehmens-Fit ist zu prüfen, ob mit der Umsetzung des Innovationspotenzials im Sinne von „Lern-Projekten" neue Unternehmenskompetenzen aufgebaut werden können.
- Bei hohem Zukunfts- und Unternehmens-Fit liegt ein hohes Potenzial vor, das zum Unternehmenserfolg beitragen kann. Es ist zu prüfen, ob die Innovationsideen mit den strategischen Vorgaben bzw. Unternehmenszielen übereinstimmen.

Als letzten Schritt gilt es die in der strategischen Bewertung ausgewählten Innovationspotenziale in Innovationsaufgaben mitsamt Verantwortlichkeiten und Terminen zu übersetzen. Hierdurch wird die Aufgabenstellung für die Ideenfindung konkretisiert.

Fortsetzung Fallbeispiel Durch die Anwendung der erwähnten Portfolio-Technik wird ersichtlich, dass die genannten Gestaltungsfelder für zukünftige Produktinnovationen alle in der rechten oberen Ecke des Portfolios liegen. Die InnovationRoad-Map-Methodik sieht nun die „Aufgabendefinition" vor. Ziel ist es zu den ausgewählten Innovationspotenzialen Innovationsaufgaben zu formulieren und diese in einer Terminierungsbasis festzuhalten, also einen Zeitplan zur Bearbeitung zu erstellen. Für das Fallbeispiel ermittelt die Abteilung New Business Development die folgende Liste mit Innovationsaufgaben für einen Zeitraum von drei Monaten:

- Aufwand zur Realisierung von Mikro-Positioniersystemen ermitteln
- Ermittlung weiterer, konkreter Anwendungen in den Bereichen Medizintechnik, Biotechnologie und Mikrosystemtechnik
- Expertentreffen mit Ärzten/Medizinern, Biowissenschaftlern und Werkzeugmaschinenherstellern sowie Institutsvertretern zum Thema „Positionieren und Führen" vereinbaren
- Durchführung einer primären (OEM- und Händlerbefragung, etc.) und sekundären Marktforschung (Literatur, Internet, etc.)
- Durchführung von Kundenbefragungen zur Bestimmung der Kundenbedürfnisse

3.2.4 Ideenfindung

In der Planungsphase Ideenfindung werden die in der Zukunftsanalyse abgeleiteten Problemstellungen in zukunftsträchtige Produktideen überführt. Dies erfolgt in vier Planungsschritten [38]:

1. Analyse der Innovationsaufgabe,
2. Sammlung und Generierung von Produktideen 1. Ordnung,
3. Ideenstrukturierung und -verdichtung,
4. Formulierung von Produktideen 2. Ordnung,

Eine Produktidee 1. Ordnung kann entweder eine marktbezogene Problemidee als auch eine technologieseitige Lösungsidee sein. Wird eine Problemidee mindestens mit einer Lösungsidee eindeutig verknüpft, so bezeichnet man das Ergebnis als Produktidee 2. Ordnung. Zielsetzung der Ideenfindung ist die Identifizierung von Produktideen 2. Ordnung, die in kreativen Denkprozessen ausgearbeitet werden, wofür die beteiligten Mitarbeiter insbesondere in dieser Phase weitreichenden Freiraum für Kreativität und Eigeninitiative benötigen [47]. Unterstützt werden die Mitarbeiter u. a. durch die Bildung interdisziplinärer Teams und durch den Einsatz intuitiv-kreativer und/oder analytisch-systematischer Methoden. Eine Übersicht der diversen Methoden und Hilfsmittel zur Unterstützung der Planungsschritte liefert Abb. 3.19.

Im Zuge der Analyse der Innovationsaufgaben werden alle zur Verfügung stehenden Informationen für die nachfolgenden Planungsphasen aufbereitet und die Innovationsaufgabe wird derart strukturiert, dass einerseits eine zielgerichtete Ideengenerierung bzw. Ideensuche möglich ist, andererseits die Grundlage für eine abschließende Ideenverdichtung geschaffen wird [38]. Es wird untersucht, ob potenzielle (Wettbewerbs-)Lösungen existieren, die entweder in einem technologischen oder einem funktionalen Zusammenhang mit der Innovationsaufgabe stehen. Dadurch soll gewährleistet werden, dass evtl. schon absehbare Lösungen nicht imitiert oder bestehende Lösungen nicht ein zweites Mal erfunden werden [38]. Aufbauend auf der Analyse potenzieller (Wettbewerbs-)Lösungen werden die relevanten Anforderungen und Ziele an die Innovationsaufgabe formuliert, dem sich die Definition eines idealen Produktes anschließt. Dabei handelt es sich um ein rein theoretisches Konstrukt, dessen besondere Eigenschaft darin besteht, dass es die vorgegebenen Anforderungen und Kernfunktionen ideal erfüllt, ohne dabei Ressourcen zu verbrauchen oder negative Nebeneffekte zu erzeugen. Die Definition des idealen Produktes dient als Orientierungspunkt für die Herleitung anspruchsvoller Lösungen und zur Überwindung vorhandener Denkbarrieren [48].

Die grundlegende Aktivität in der Ideenfindung ist das Sammeln und Generieren von Produktideen 1. Ordnung [38]. Es existiert eine Vielzahl an Methoden und Instrumenten in Form sog. Kreativitätstechniken, die nahezu ausschließlich auf den grundlegenden Prinzipien der Assoziation, Abstraktion, Kombination und Variation basieren, um Produktideen 1. Ordnung generieren zu können. In den letzten Jahren werden zudem vermehrt Methoden eingesetzt, mit denen sich widerspruchsorientierte Ideen und Lösungen entwickeln lassen. Dazu gehört z. B. die TRIZ-Methodik (die Theorie des erfinderischen Problemlösens), bei der eine systematische Vorgehensweise zur Problemlösung mit verschiedenen Metho-

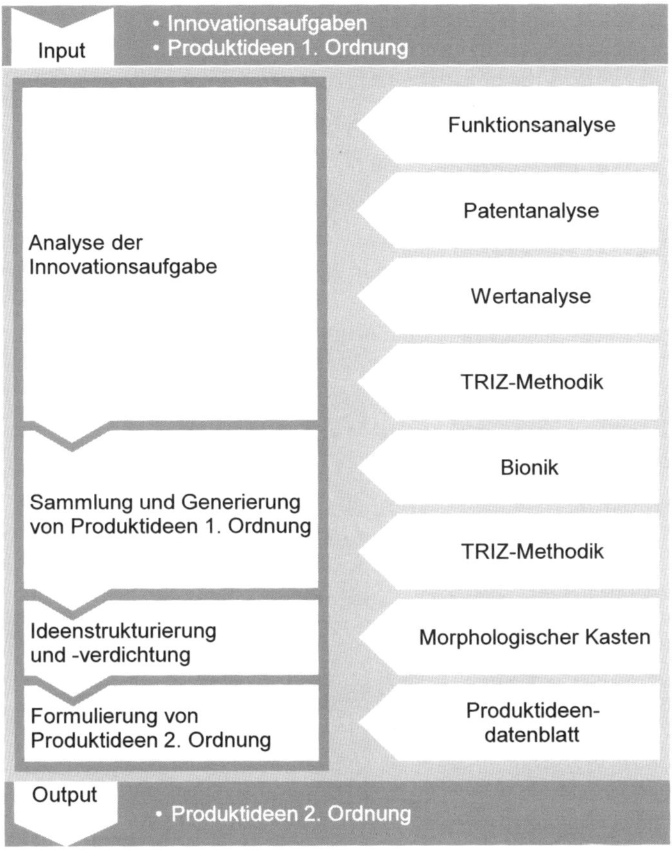

Abb. 3.19 Methodenbaukasten Ideenfindung [10, 38]

den und Hilfsmitteln kombiniert wird [49]. Die Methodenbausteine der TRIZ-Methodik können sowohl bei der Ideenfindung als auch bei der später folgenden Ideendetaillierung sinnvoll und zielführend angewandt werden [38, 50].

Die zu diesem Zeitpunkt als Ergebnisse vorliegenden Problem- und Lösungsideen unterscheiden sich sowohl in ihrem Detaillierungs- und Konkretisierungsgrad als auch in ihrer prinzipiellen Ausrichtung (Problemidee oder Lösungsidee) sowie in ihrer Beziehung zueinander (sich ergänzende oder konkurrierende Ideen). Diese müssen strukturiert und verdichtet werden, um aus den Einzellösungen sinnvolle kombinatorische Gesamtlösungen in Form von Produktideen 2. Ordnung entwickeln zu können. Zunächst werden diese mit der anfänglich analysierten und beschriebenen Innovationsaufgabe abgeglichen [38]. Durch eine morphologische Verknüpfung von Funktionsstrukturen und Lösungsideen erfolgt die eigentliche Kombination von der Problem- und Lösungsidee zu einer Gesamtidee. Dabei wird das Gesamtsystem in charakteristische Merkmale bzw. Funktionseinheiten untergliedert und die möglichen Lösungsideen in einen Morphologischen Kasten eingetragen. Jede Kombination einer zu einem Merkmal gehörenden Lösungsidee mit einer anderen Lösungsidee eines anderen Merkmals stellt eine theoretisch denkbare

Lösungskombination dar. Unterschiedliche Lösungskonzepte entstehen dann, wenn verschiedene Merkmale miteinander verknüpft werden. Das Ziel des morphologischen Kastens besteht darin, die Bildung auch ungewöhnlicher Lösungskombinationen zu fördern, wodurch letztendlich die Auswahlmöglichkeit an Lösungskonzepten erhöht wird [51].

Mit der Ausarbeitung von Produktideen 2. Ordnung wird die Ideenfindung abgeschlossen. Hierbei gilt es alle produktideenbezogenen und planungsrelevanten Informationen in einem Produktdatenblatt (PDB) zusammenzutragen (Abb. 3.20) [38]. Die Daten eines Produktideendatenblatts werden inhaltlich in die vier Teilbereiche Organisation, Ideenbeschreibung, Technologie und Markt untergliedert. Die jeweiligen Teilbereiche stehen in wechselseitiger informatorischer Beziehung mit den Planungsphasen des Innovationsprozesses [38]. Sowohl die inhaltliche Gliederung der Produktdatenblätter als auch deren Informationsinhalte müssen unternehmensspezifisch gestaltet werden. Als Ergebnis der Planungsphase Ideenfindung liegen letztendlich Produktideen 2. Ordnung in strukturierter Form vor. Diese besitzen, bezogen auf die planungs- und bewertungsrelevanten Informationen, einen einheitlichen Detaillierungs- und Beschreibungsgrad [38]. Neben den oben

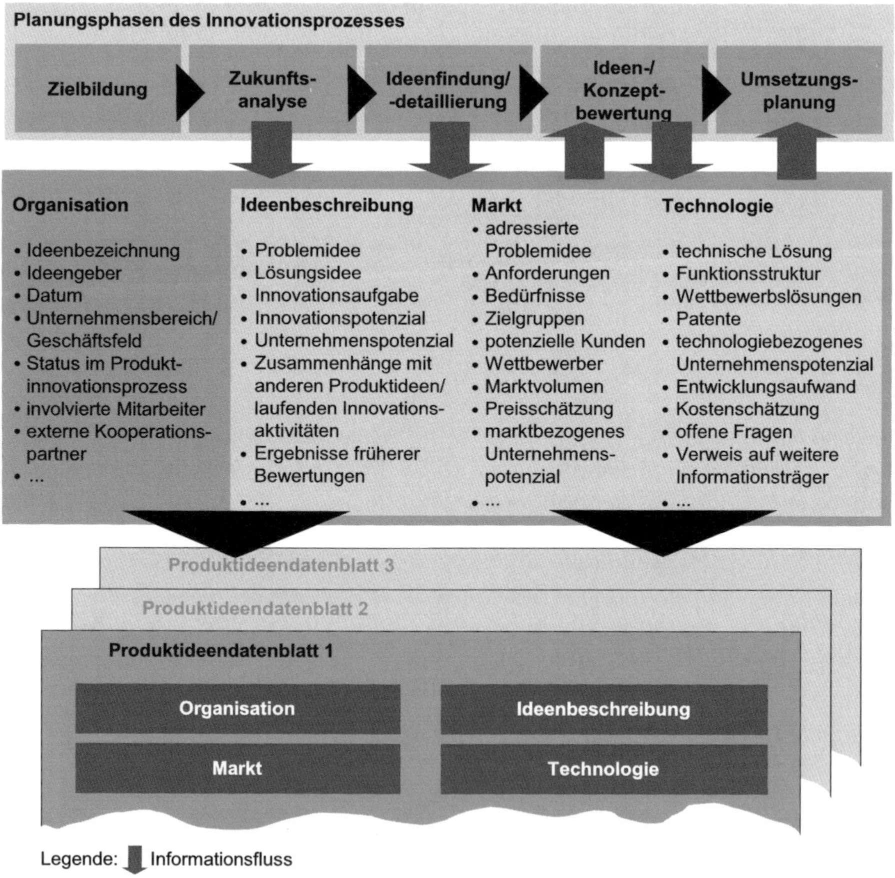

Abb. 3.20 Informationsstruktur eines Produktideendatenblatts [10]

angeführten, positiven Effekten entsteht zusätzlich der Vorteil, dass bei einer späteren Auswahl Erfolg versprechender Ideen diese das gleiche formale Niveau besitzen. Die Entscheidung, welche Produktideen weiterverfolgt werden, ist letztendlich jedoch unabhängig von der Art und Detaillierung der Ideenbeschreibung.

Fortsetzung Fallbeispiel Für die Durchführung der Innovationsaufgabe „Interviews/Expertentreffen" erweist sich die Formulierung des „idealen Produkts" ausgehend von einer groben Produktidee, eines der TRIZ-„Werkzeuge", als zweckmäßig. Bei dieser Problemformulierungsmethodik entsteht meist eine Vielzahl von unterschiedlich konkret formulierten Produktideen 1. Ordnung, zu denen prinzipielle Lösungsideen gefunden werden müssen. Hierbei erweisen sich Workshops als angemessene und kreative Lösung, bei denen auf einer Folie die Produktidee genannt wird und danach in einer Expertenrunde des Unternehmens jeder Experte eine Lösungsidee zu jedem Problem aufschreibt. An dieser Stelle kann auf die vorhergehenden Lösungsansätze zurückgegriffen werden, sodass schließlich zu jeder Idee eine potenzielle Lösung besteht. Die resultierenden Produktideen 2. Ordnung können mithilfe einer morphologischen Verknüpfung der Problem- mit den alternativen Lösungsideen ermittelt werden. Im Fallbeispiel des Positionierungssystemherstellers ergeben sich die folgenden Produktideen 2. Ordnung:

- Positioniersystem für die endoskopische Diagnostik: Ein Positioniersystem im Inneren eines Endoskopkopfes positioniert eine Kamera
- Positioniersystem für die DNA-Analyse: Mehrere Pipetten sind an einer Laufkatze angebracht. Das Aufnehmen bzw. Abgeben der Proben erfolgt mittels der Pipetten über den Kapillareffekt. Der Transport der Pipetten zwischen Aufnahme- und Abgabestation erfolgt durch ein hochgenaues Positioniersystem
- Positionierungssystem für Mikro-Montageroboter: Ein Positioniersystem soll einer schnellen und automatisierten Montage von Halbleiterbauelementen dienen
- Positioniersystem für die Mikrosystemtechnik: Zur Herstellung kleinster mehrkomponentiger Bauteile sind entsprechende Fertigungs- und Montagesysteme bereitzustellen. Positioniersysteme leisten dabei die notwendige Realisierung entsprechender „Mikro"-Verfahrwege

3.2.5 Ideenbewertung

Die abgeleiteten Produktideen werden im Zuge der Ideenbewertung im Sinne einer systematischen Innovationsplanung hinsichtlich Unternehmensnutzen, Technologiepotenzial sowie Zukunftsträchtigkeit bewertet. Die damit erzielte Priorisierung bzw. Rangfolge der Produktideen dient einer zielgerichteten Zuweisung der begrenzten Ressourcen für die weitere Ideenbearbeitung. Bei der Ideenbewertung wird zunächst ein Beurteilungs- und Bewertungssystem erstellt, bevor die eigentliche Bewertung der Produktideen mit den dazugehörigen Lösungsprinzipien erfolgt [38]. Dem Methodenbaukasten in Abb. 3.21 sind die bei der Ideenbewertung geeigneten Methoden und Hilfsmittel zu entnehmen.

Einem Beurteilungs- und Bewertungssystem wird eine Vielzahl unternehmensspezifischer sowie unternehmensneutraler Kriterien zugrunde gelegt, anhand derer eine Produkt-

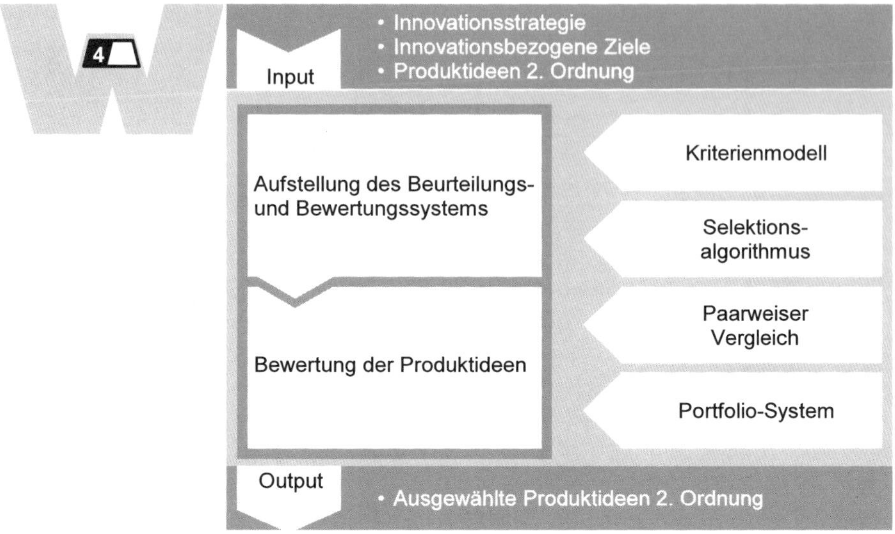

Abb. 3.21 Methodenbaukasten Ideenbewertung [10, 38]

idee beurteilt und bewertet werden kann. Mittels Selektionsalgorithmus können die wichtigen und weniger wichtigen Kriterien identifiziert und über einen Paarweisen Vergleich relativ zueinander im Hinblick auf die Zielsetzung und Unternehmensstrategie gewichtet werden. Ein grundlegendes Problem bei der Bewertung von Produktideen ist, dass speziell in frühen Phasen der Produktinnovationsplanung eine große Unschärfe bzw. Unsicherheit in den zur Verfügung stehenden Informationen vorherrscht. Somit müssen an diese Situation angepasste Bewertungsmethoden eingesetzt werden, die neben quantitativen Bewertungskriterien überwiegend qualitative Bewertungskriterien berücksichtigen [52]. Die Kunst bei der Kriterienwahl besteht darin, ein Optimum zwischen den Extrempunkten pragmatische Festlegung im Einzelfall und zu starke Verallgemeinerung bei systematischer Erarbeitung zu finden [28].

Im Allgemeinen sind zur Produktideenbewertung Kriterien erforderlich, die eine Aussage hinsichtlich Unternehmensnutzen, Zukunftsträchtigkeit und Technologiepotenzial ermöglichen [38]. Diese gilt es in einem unternehmensspezifischen Kriterienmodell zusammenzuführen, anhand dessen die Bewertung der Produktideen erfolgt. Für eine aussagefähige Bewertung und Darstellung der Produktideen müssen die Bewertungskriterien hinsichtlich ihrer Konformität zu den Unternehmenszielen bzw. -strategien über einen Paarweisen Vergleich relativ zueinander gewichtet werden. Ist ein Kriterium im Hinblick auf die Unternehmensziele bzw. -strategien wichtiger als ein anderes, erhält es eine höhere Gewichtung und damit höhere Bedeutung. Die Ausprägungen der im Kriterienmodell festgelegten Kriterien können sowohl zahlenmäßig erfassbar, jedoch auch sprachlich differenziert sein (z. B. gering, mittel oder hoch). Mittels Nutzwertanalyse wird bestimmt, welchen Nutzwert eine Produktidee bezogen auf das Kriterienmodell besitzt. Die Produktideen werden hierzu den Bewertungskriterien gegenübergestellt und jedem Kriterium ein Erfüllungsgrad zugeordnet. Durch Multiplikation der Kriteriumsbedeutung mit dem jeweiligen Erfüllungsgrad eines Kriteriums erhält man den Einzelnutzwert zu jedem Kriterium. Durch die anschließende Aufsummierung der Einzelnutzwerte ergibt sich ein Gesamtwert bzw. Nutzwert einer Produktidee. Insbesondere die Portfolio-Technik erlaubt eine zugängliche Darstellung der dadurch erzielten Bewertungsergebnisse, aus der heraus Normstrategien bzw. Handlungsempfehlungen abgeleitet werden können (Abb. 3.22).

Gängige Portfolios zur Ideenbewertung sind das Unternehmensnutzen-Portfolio sowie das Markt-Technologie-Portfolio. Beim Unternehmensnutzen-Portfolio werden der direkte und der indirekte Nutzen für das Unternehmen gegenübergestellt und bewertet (Abb. 3.23). Der direkte Unternehmensnutzen umfasst Potenziale bezogen auf Umsatz, Gewinn, Rationalisierung etc., also im Wesentlichen die in der Zielbildung formulierten monetären Zielgrößen. Entsprechende Planungsgrößen müssen somit bereits vorliegen. Der indirekte Unternehmensnutzen einer Produktinnovation wird beispielsweise durch Synergieeffekte in sämtlichen Unternehmensbereichen, die Nutzung und den Ausbau von Kompetenzen oder positive Imagewirkung für das Unternehmen erzielt [38].

Analog zum Unternehmensnutzen-Portfolio wird ein Markt-Technologie-Portfolio erstellt, das die Oberkriterien Technologiepotenzial und Zukunftsträchtigkeit gegenüberstellt und bewertet. Auch hier sind die Achsen des Portfolios durch entsprechend hinterlegte Kriterien hinreichend genau spezifiziert, sodass Produktideen konkret in das Portfolio eingeordnet werden können.

Die in Abb. 3.23 und Abb. 3.24 dargestellten Kriterienlisten sind als Grundlage für ein unternehmensspezifisches Kriteriensystem zu sehen und können individuell ergänzt und

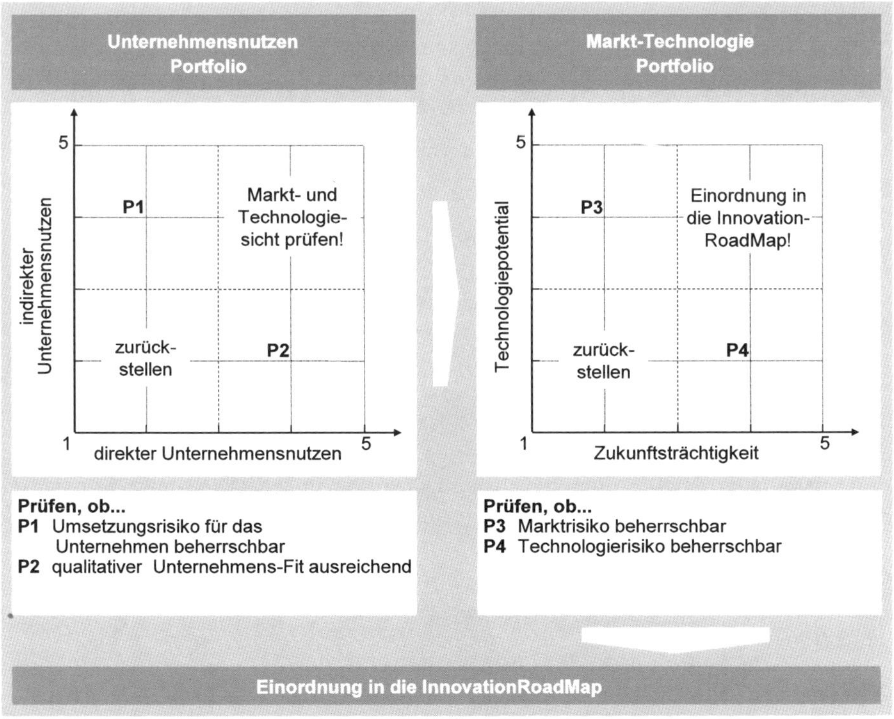

Abb. 3.22 Portfolio-System zur Ableitung von Handlungsempfehlungen [10, 38]

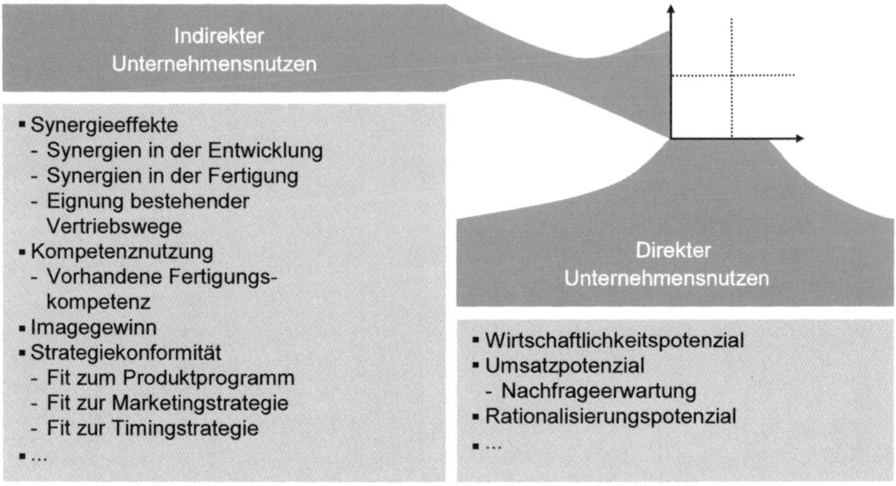

Abb. 3.23 Kriterien des Unternehmensnutzen-Portfolios [10]

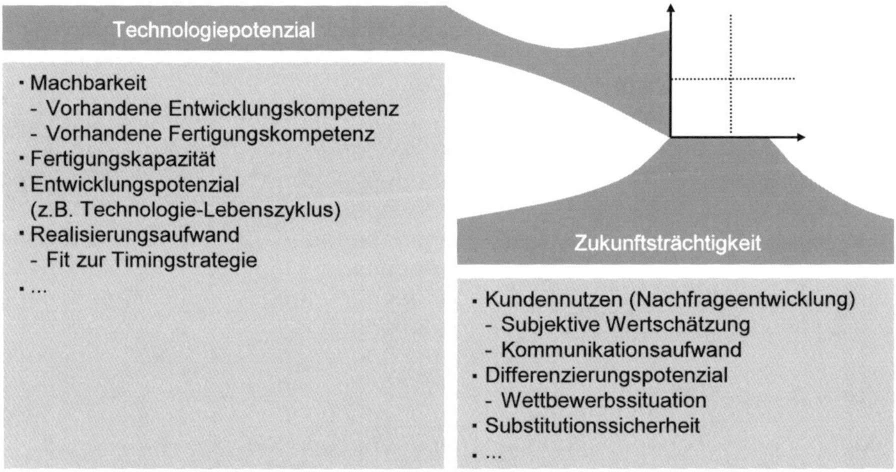

Abb. 3.24 Kriterien des Markt-Technologie-Portfolios [10]

angepasst werden. Aus der Einordnung von Produktideen in Portfolios können Handlungsmaßnahmen zur Auswahl und Weiterverfolgung der Produktideen abgeleitet werden.

Fortsetzung Fallbeispiel Da ohne eine geeignete Methode Ideen häufig auf Basis persönlicher Erfahrung und subjektivem Wissen bewertet werden, gibt die Phase „Ideenbewertung" der IRM-Methodik genaue Anweisungen um eine höhere Objektivität zu gewährleisten. Zunächst gilt es, die in der Zielbildung definierten und dokumentierten Richtlinien in ein unternehmensspezifisches Beurteilungs- und Bewertungssystem zu überführen. Hierfür notiert der Leiter der Innovationsplanung die vier Oberkriterien „Indirekter Unternehmensnutzen, direkter Unternehmensnutzen, Technologiepotenzial und Zukunftsträchtigkeit" und erweitert diese mit weiteren Kriterien zur Detaillierung der Oberkriterien. Anschließend folgt ein Paarweiser Vergleich der zu einem Oberkriterium gehörenden Unterkriterien. Für das Kriterium „Indirekter Unternehmensnutzen" lautet die ermittelte Rangfolge in absteigender Reihenfolge „Strategiekonformität, Kompetenznutzung, Imagegewinn und Synergieeffekte". Für den Bereich direkter Unternehmensnutzen erscheint das Umsatzpotenzial als wichtigstes Ziel. Im Bereich Technologiepotenzial lautet die ermittelte Reihenfolge „vorhandene Entwicklungs- und Fertigungskompetenz sowie Entwicklungspotenzial", im Bereich Zukunftsträchtigkeit „Differenzierungspotenzial, Substitutionssicherheit und Kundennutzen". Da dieser Teil der Methodik wichtige strategische Komponenten enthält, empfiehlt sich die Einbeziehung der Unternehmensleitung. Mithilfe der ausgearbeiteten Kriterien können nun in der Expertenrunde die Ideen objektiv und an der Unternehmensstrategie ausgerichtet, bewertet werden. Im Fallbeispiel ergeben sich wie folgt bewertete Produktideen 2. Ordnung, die für eine weitere Betrachtung vorgesehen sind:

- Positioniersystem für die DNA-Sequenzierung
- Positioniersystem zum Einsatz in Prothesen
- Positioniersystem für die endoskopische Diagnostik
- Positioniersystem für die Montage von Mikrobauteilen
- Positioniersystem für Schlittensysteme von Mikrowerkzeugmaschinen

Die ausgewählten Ideen werden mit einem groben Realisierungszeitrahmen in die InnovationRoadMap eingetragen. Im nachfolgenden Schritt ist es nun erforderlich, die Produktideen zu Produktkonzepten auszuarbeiten und diese erneut, auch in Hinblick auf konkrete technische Probleme sowie Umsetzungsrisiken, zu bewerten.

3.2.6 Ideendetaillierung

Zur methodischen Unterstützung der Ideendetaillierung existieren diverse Methoden und Hilfsmittel, die in den einzelnen Planungsschritten herbeigezogen werden können (Abb. 3.25). Im Zuge der Ideendetaillierung lassen sich die Risiken von Innovationsvorhaben deutlich reduzieren, indem bereits zu einem sehr frühen Zeitpunkt relevante Marktinformationen eingeholt und die technologische Realisierung überprüft werden. Die Suche orientiert sich somit an den Perspektiven Markt und Technologie. Zur Ermittlung der Kundenanforderungen wurde in der Ideenfindung bereits sekundäre Marktforschung betrieben. Darauf aufbauend werden in der Ideendetaillierung auch Methoden der primären Marktforschung angewandt, um Ergebnisse der Sekundärforschung zu verifizieren oder in der Sekundärforschung bisher nicht verfügbare Daten zu generieren.

Ausgehend von den ermittelten Kundenanforderungen und deren Gewichtung werden technische Produktmerkmale identifiziert. Produktmerkmale werden im Allgemeinen durch deren Bedeutung (Semantik, Qualität), wie z. B. Werkstoff, Funktion oder Geometrie

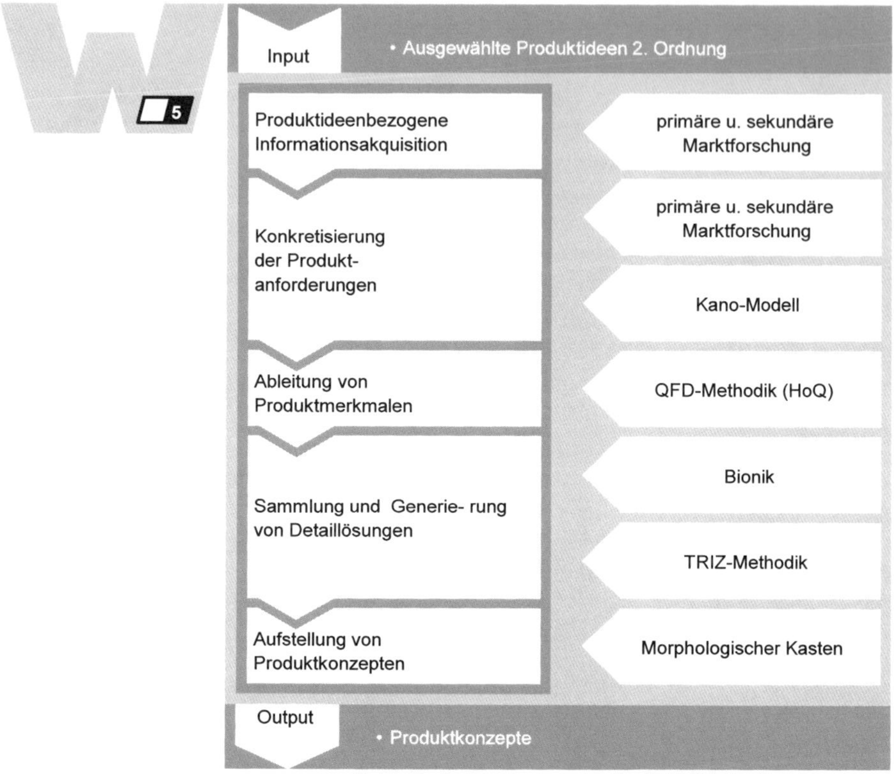

Abb. 3.25 Methodenbaukasten Ideendetaillierung [10, 38]

und deren Ausprägung (Metrik, Quantität) beschrieben. Produktmerkmale werden gegliedert in Beschaffenheitsmerkmale (Wie ist das Produkt geometrisch/stofflich beschaffen?), Funktionsmerkmale (Was ist der Zweck des Produktes, des Teils, der Gestaltungszone?) und Relationsmerkmale (Unter welchen Bedingungen soll die Funktion erfüllt werden?). Gegenstand der Ideendetaillierung ist die Konkretisierung der Produktmerkmale und Funktionen sowie deren Relationen zueinander. Methodische Hilfsmittel zur Ableitung der Produktmerkmale sind Kreativitätstechniken, in denen intuitiv vorgegangen wird und die in Workshops eingesetzt werden. Zu jeder Kundenanforderung muss mindestens ein Produktmerkmal gefunden werden.

Im Anschluss an eine Gewichtung der Produktmerkmale erfolgt die Definition technischer Problemstellungen, die sich aus den geforderten Produktmerkmalen ergeben. Hierzu werden die Wechselbeziehungen zwischen den einzelnen Produktmerkmalen untersucht, um Synergien und Widersprüche frühzeitig zu identifizieren. Mittels morphologischem Kasten werden die Lösungen zu den technischen Problemstellungen im letzten Schritt der Ideendetaillierung zu Produktkonzepten zusammengeführt [53]. Dabei wird das Gesamtsystem in charakteristische Parameter unterteilt (Merkmale, Funktionseinheiten, Subsysteme) und für jeden dieser Parameter werden die möglichen Lösungsprinzipien in ein

Schema, den sog. Morphologischen Kasten eingetragen. Durch Kombination einzelner Lösungsprinzipien der unterschiedlichen Parameter miteinander entstehen theoretisch denkbare Lösungskombinationen. Die Verknüpfung der benötigten Teillösungen führt zu verschiedenen Lösungskonzepten. Die ausgearbeiteten Produktkonzepte stellen das Ergebnis der Ideendetaillierung dar.

Fortsetzung Fallbeispiel Mithilfe der primären und sekundären Marktforschung konnten in der Zwischenzeit weitere produktideenbezogene Informationen gewonnen werden, welche in die Phase der Ideendetaillierung einfließen. Eine gute Möglichkeit zur weiteren Detaillierung konnte mit der QFD-Methodik gefunden werden. In Verbindung mit, in Expertenrunden ausgefüllten, „Houses of Qualities" können so sukzessive die Zusammenhänge zwischen Kundenanforderungen und technischen Merkmalen entsprechend ihrer Stärke gewichtet werden. Nach wie vor bestehende technische Widersprüche können häufig mithilfe der TRIZ-Methodik gelöst werden. Im Fall des Positioniersystemanbieters wird mit diesen Informationen die Produktidee „Positioniersystem für die endoskopische Diagnostik" beispielsweise zu folgendem Produktkonzept verdichtet:

- Produktkonzept 1: „Intelligent Endoscope – IntEnd": Ein Mikro-Positioniersystem wird in den Kopf eines Endoskops eingesetzt und bewegt dort eine Optik, die aus einer Kamera und einer Beleuchtungseinheit besteht. Die Ansteuerung muss über Funk erfolgen, um den Endoskophals für minimalinvasive Behandlungen so dünn wie möglich gestalten zu können. Die Stromversorgung soll über den Endoskophals erfolgen, der aus einem flexiblen Draht besteht. Einmal in Position gebracht, soll von außen keine Bewegung mehr am Endoskop stattfinden. Das Positioniersystem soll als System gefertigt und in ein handelsübliches Endoskop eingesetzt werden.

3.2.7 Konzeptbewertung

Die in der Ideendetaillierung zusätzlich gewonnenen Informationen werden bei der Konzeptbewertung zur konkreteren Bewertung der Produktinnovationsideen herangezogen. Neben den Resultaten aus der vorherigen Ideendetaillierung werden als Eingangsinformationen für die Durchführung dieser Planungsphase insbesondere die Innovationsstrategie aus der Zielbildung und die innovationsbezogenen Ziele aus der Zukunftsanalyse herangezogen. Im Ergebnis dieser Planungsphase liegen ausgewählte Konzepte vor, die sowohl in technischer als auch in wirtschaftlicher Hinsicht optimal auf die Unternehmensstrategie zugeschnitten sind und der Erreichung der gesetzten Unternehmensziele dienen. Gegenüber der Ideenbewertung können aufgrund des vorliegenden Informationsreifegrads an dieser Stelle des Planungsprozesses genauere Bewertungsmethoden eingesetzt werden, die demzufolge genauere Aussagen liefern [38]. Die Konzeptbewertung erfolgt in drei Schritten (Abb. 3.26).

In Analogie zur Ideenbewertung erfolgt die Bewertung der Innovationsideen anhand eines Beurteilungs- und Bewertungsmodells, welches jedoch gegenüber der Ideenbewer-

3

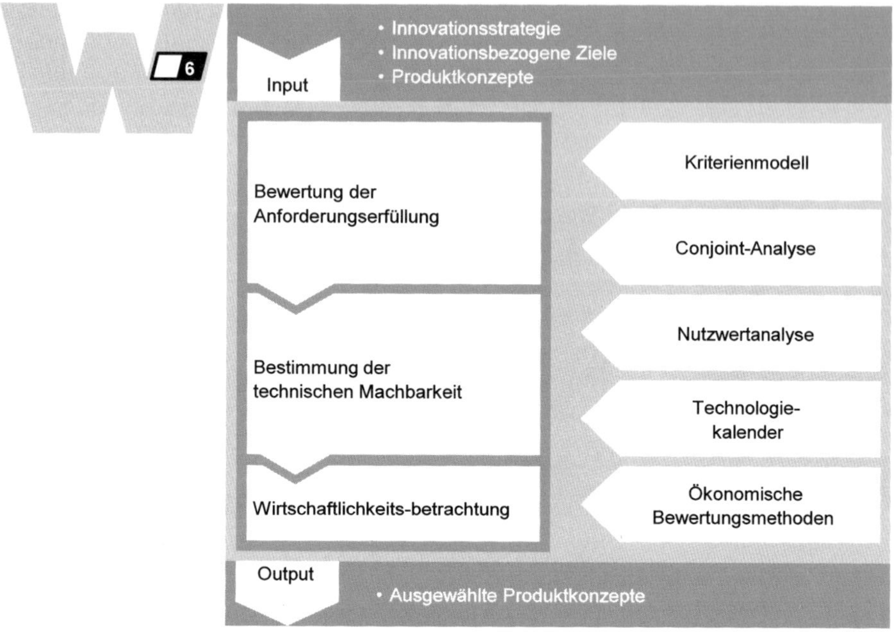

Abb. 3.26 Methodenbaukasten Konzeptbewertung [10, 38]

tung detaillierter ist. Insbesondere die wirtschaftliche Bewertung der Produktkonzepte durch ökonomische Bewertungsmethoden stellt eine erweiterte Sichtweise dar. Zur Konzeptbewertung sind mehrdimensionale Bewertungsverfahren vorgesehen, die geeignet sind, mehrere Ziele und Merkmale in die Bewertung aufzunehmen und zu berücksichtigen. Je größer die Anzahl der Ziele und Merkmale ist, desto unschärfer gestaltet sich jedoch das Bewertungsergebnis, da zu jedem Bewertungsobjekt meistens mehrere Vor- und Nachteile vorliegen. Gelingt es jedoch, die Anzahl an Merkmalen auf wenige, wichtige Merkmale zu reduzieren, kann als Synthese das Bewertungsergebnis zum einen genau und zum anderen mehrdimensional bewertet werden. Diese Reduzierung wird durch die Transformation der technischen, organisatorischen und sozialen Merkmale erreicht, welche zur Bewertung der Produktkonzepte in wirtschaftliche Größen wie Rentabilität oder Amortisation übersetzt werden.

Bei der Bewertung der Anforderungserfüllung gilt es die Frage zu beantworten, ob und wie gut ein Produktkonzept geeignet ist, die Kundenanforderungen im Einzelnen zu erfüllen [38]. Hierbei werden die Produktkonzepte auf ihre Korrelation mit den zuvor identifizierten Kundenwünschen überprüft. Dadurch soll sichergestellt werden, dass nur diejenigen Konzepte umgesetzt werden, die im Sinne der Kunden das bestmögliche Ergebnis erzielen. Gleichsam werden die Kundenanforderungen den vorliegenden technischen Kriterien gegenübergestellt. Bei der Bestätigung der technischen Machbarkeit wird ein Nachweis der Funktionsfähigkeit eines Produktkonzeptes erbracht [38]. Dabei dient die praktische Prüfung der Produktkonzepte anhand eines Prototyps als Nachweis für die fertigungstechnische Machbarkeit der umzusetzenden Innovationsideen. Darüber hinaus sind Aspekte wie Stückzahlen, Varianten, Qualitätsmerkmale, geometrische Anforderungen und Festigkeitsanforderungen zu beachten. Neben der technischen Machbarkeit können auch spezielle Randbedingungen (Umweltschutz, Gesetze, soziale Aspekte etc.) in die Bewertung mit einbezogen werden, sodass die Bewertungskriterien ggf. auf ökologische oder soziale Kriterien ausgeweitet werden. Eine Wirtschaftlichkeitsbetrachtung ist ebenfalls ein Bestandteil der Konzeptbewertung, für die bereits zahlreiche Methoden entwickelt wurden, welche bereits in der Praxis zum Einsatz kommen [38]. Bei der Wirtschaftlichkeitsbetrachtung wird die Entscheidung für oder gegen eine Produktinnovation einer Investition gleichgesetzt, weshalb hier Bewertungsverfahren der Investitions-, Rentabilitäts- und Amortisationsrechnung Anwendung finden. Auf eine ausführliche Darstellung der statischen und dynamischen Bewertungsverfahren wird an dieser Stelle verzichtet und auf die entsprechende Fachliteratur verwiesen.

Das Ergebnis der Konzeptbewertung sind ausgewählte Produktkonzepte, deren technische und ökonomische Machbarkeit bestätigt ist, sodass eine Realisierung in Form eines Produkt- und Marktentwicklungsprozesses angestoßen werden kann.

Fortsetzung Fallbeispiel In der Prozessphase „Konzeptbewertung“ wird nochmals eine Kundenwunschüberprüfung mithilfe der QFD-Methodik anhand des Beurteilungs- und Bewertungssystems durch die New Business Development Abteilung und die entsprechenden Experten durchgeführt. Dies ist sinnvoll, da nun die technisch ausgereiften Produktmerkmale erneut an den gewichteten Kundenwünschen gespiegelt werden können, welche ebenfalls in der Ideendetaillierung durch das House of Quality konkretisiert wurden. In dieser Phase ist auch eine Anfertigung von Prototypen sinnvoll, da so die technische als auch wirtschaftliche Machbarkeit der Systeme, beispielsweise des Intelligent Endoscopes – IndEnd, eindeutig gezeigt werden kann. In dieser Phase werden ebenfalls die in der Ideenbewertung aufgestellten Portfolios an die neu gewonnenen Erkenntnisse aus der Ideendetaillierung angepasst. Dies ist wichtig, da eventuell erkannte Veränderungen wie Synergieeffekte zur eigenen FuE, detaillierter bewertbarer Kundennutzen, etc. zu einer veränderten Einordnung der Produktideen im Portfolio führen können. Beispielsweise führt im Fallbeispiel die Erkenntnis, dass die Entwicklung von Mikro-Positioniersystemen und die Entwicklung von größeren Systemen für Werkzeugmaschinen prinzipiell ähnlich verlaufen, zu einer angepassten Größe „vorhandenes Technologiepotenzial“ und somit der Einordnung der Produktidee „IntEnd“ an die Spitze der möglichen Produktalternativen. In dieser Phase erfolgt des Weiteren eine abschließende, dynamische Wirtschaftlichkeitsrechnung, welche durch verschiedene Methoden, wie beispielsweise Rentabilitätsrechnung in Kombination mit Amortisationsrechnung, zu einer genauen wirtschaftlichen Bewertung des Innovationsvorhabens führt.

3.2.8 Umsetzungsplanung

In der letzten Planungsphase werden die Einzelergebnisse der vorangegangenen Planungsphasen zusammengeführt und aggregiert. Die grafische Darstellung dieser Innovations-

Roadmap spiegelt die unternehmensindividuellen Produktinnovationen in Verbindung mit Prognosen über zukünftige Markt- und Technologieentwicklungen wider. Somit steht dem Anwender ein Hilfsmittel zur Verfügung, mit dem in verständlicher Weise eine systematische, nachvollziehbare und unternehmensindividuelle Gegenüberstellung von marktseitigen Anforderungen bzw. Potenzialen und den dazu passenden Produktideen bzw. technologischen Innovationspotenzialen über einen mittel- bis langfristigen Zeitverlauf dargestellt werden kann. Über dieses Hilfsmittel ist eine unternehmensweite Synchronisation der Produktinnovationsaktivitäten möglich. Die benötigten Eingangsinformationen für die Erstellung der Innovations-Roadmap sind dem Methodenbaukasten zu entnehmen (Abb. 3.27).

Der Aufbau der grafischen Produktinnovationsdarstellung entspricht einem „Dreibein", das durch die Achsen Markt, Produkttechnologie und Zeit aufgespannt wird (Abb. 3.28). Die Einträge für die jeweiligen Bereiche werden aus den Erkenntnissen der vorangegangenen Planungsphasen abgeleitet. Bei der Wahl des Markteintrittszeitpunktes wird von der Voraussetzung ausgegangen, dass durch technologische Produktinnovationen das zukünftige Marktgeschehen als Innovationsführer aktiv bestimmt und beeinflusst wird.

Dabei erweist sich der frühestmögliche Eintrittstermin nicht immer auch als der strategisch günstigste, da eine Überschneidung zwischen Marktanforderungen einerseits und (technologischer) Innovation andererseits zum erfolgreichen Markteinstieg bestehen muss [38]. Der Bereich „Markt" wird durch die Achsen Markt und Zeit aufgespannt. Hier sind

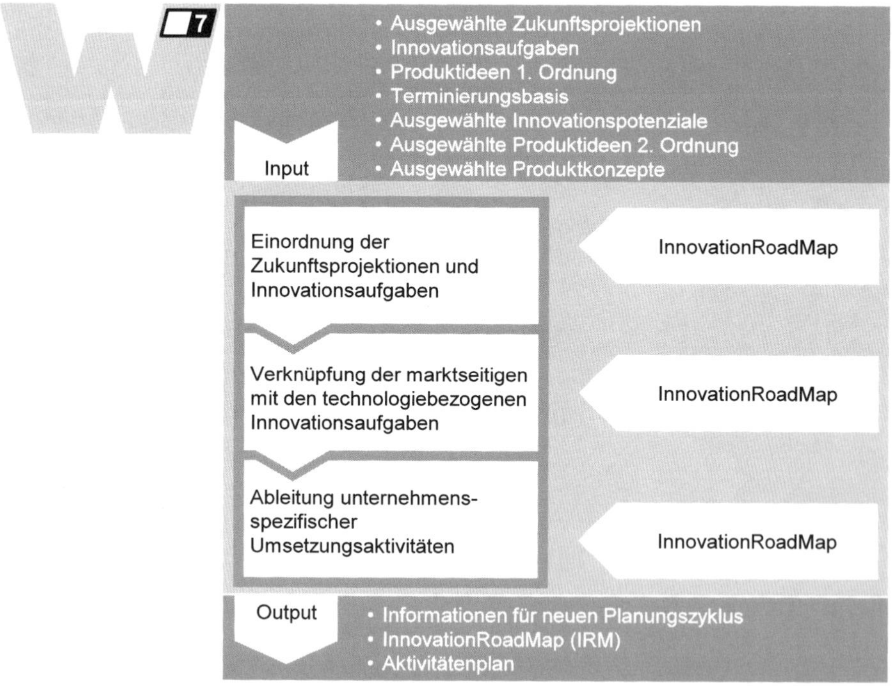

Abb. 3.27 Methodenbaukasten Umsetzungsplanung [10, 38]

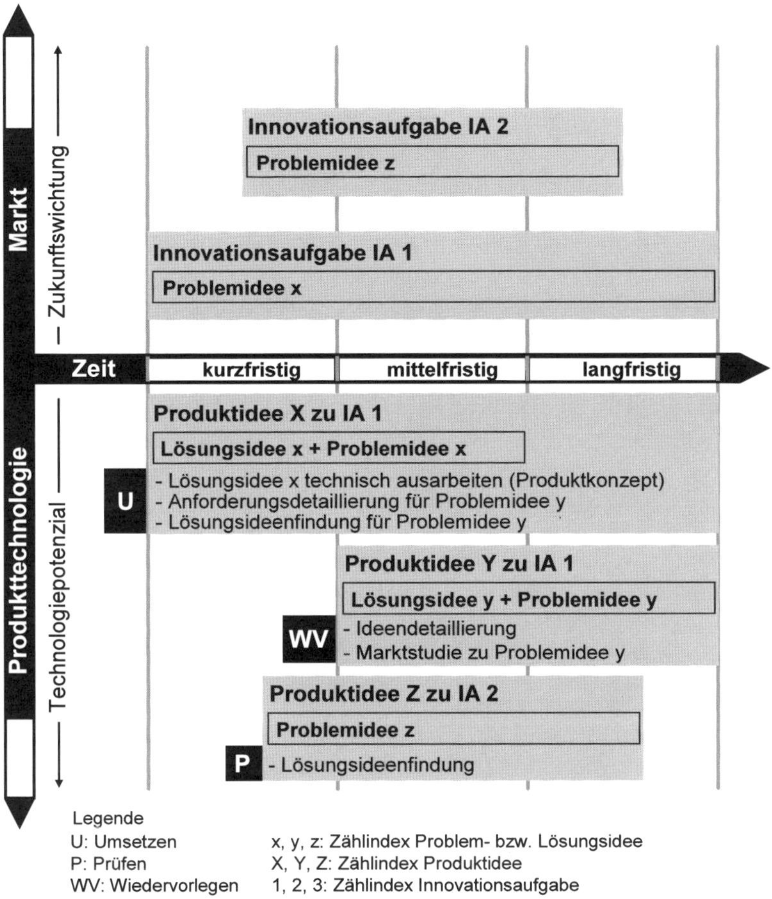

Abb. 3.28 Struktur der Innovations-Roadmap [10, 38]

die zukünftigen Marktentwicklungen in Form von Innovationsaufgaben (Problemideen) aufgetragen. Dabei bilden die Ergebnisse der Zukunftsanalyse (Planungsphase 2), der marktbezogenen Untersuchung der Ideenfindung (Planungsphase 3) und der Ideendetaillierung (Planungsphase 5) die Grundlage der Einträge. Grundsätzlich besteht die Möglichkeit, diese Einträge z. B. mit – im Zeitverlauf – steigenden Anforderungen zu konkretisieren bzw. zu priorisieren. Die zeitliche Einordnung der Innovationsaufgaben erfolgt sowohl über dem Zeithorizont der Zukunftsprojektion als auch anhand externer Dringlichkeiten der Innovationsaufgabe, die z. B. durch in Kraft tretende Normen und Gesetze bestimmt werden. Als ein mögliches Kriterium für die Einordnung der Innovationsaufgaben entlang der Achse „Markt" können bspw. die ermittelten Zukunftswichtungen der Innovationsaufgaben herangezogen werden.

Der „Technologie"-Bereich wird durch die Achsen Technologie und Zeit aufgespannt. Hier werden die technologiebezogenen Ergebnisse der Ideenfindung (Planungsphase 3) und der Ideendetaillierung (Planungsphase 5) sowie die Erkenntnisse der Zukunftsanalyse als zukünftige, unternehmensrelevante Produkttechnologien in Form von Produktideen aufgeführt. Die Spezifizierung der Ideen und Potenziale innerhalb dieses Bereichs erfolgt aufgrund mehrerer Aspekte. Eine Priorisierung der einzelnen Produktideen bzgl. ihrer zeitlichen Einordnung erfolgt anhand der Kriterien Umsetzen, Prüfen und Wiedervorlage. Des Weiteren wird nach der Art der Aktivität zwischen Markt- und Technologiebezug sowie dem Status im Planungsprozess unterschieden. Über die Zuordnung mindestens einer Problemidee aus dem Marktbereich mit einer Produkt- oder Lösungsidee aus dem Technologiebereich werden die beiden Bereiche miteinander verknüpft. Eine Einstufung entlang der Zeitachse resultiert einerseits aus der internen Dringlichkeit der Produktideen, andererseits aus der letztendlich erforderlichen Entwicklungszeit. Eine Einordnung in Richtung der Produkttechnologieachse kann aufgrund der Bewertung des vorhandenen Technologiepotenzials vorgenommen werden [38].

Nachdem sämtliche Informationen und Ergebnisse der vorangegangenen Planungsphasen in die Darstellung eingetragen worden sind, erfolgt in der Umsetzungsphase die Ausarbeitung unternehmensrelevanter Innovationsaktivitäten zur Umsetzung der ausgewählten Produktideen innerhalb eines spezifischen Realisationszeitraums. Aufgrund der Betrachtung verschiedener Markt- und Technologiebereiche über unterschiedliche Zeiträume hinweg ist eine umfassende, integrierte und synergetische Sichtweise gewährleistet. Anhand der Ergebnisdarstellung können u. a. folgende strategische und operative Entscheidungen getroffen werden:

- Ein ausgewähltes Produktkonzept soll als unternehmensinterner oder -externer Entwicklungsauftrag realisiert werden.
- Die technische Realisierung Erfolg versprechender Produktideen ist durch Demonstratorbau oder Prototypen zu unterstützen.
- Im Falle einer notwendigen, jedoch aufwendigen Produkttechnologieentwicklung soll eine Entwicklungskooperation mit Zulieferfirmen initiiert werden.
- Sind Innovationspotenziale oder Produktideen identifiziert, können konkrete Marktstudien in Auftrag gegeben werden.
- Zur Ausarbeitung offensichtlich fehlender Problem- bzw. Lösungsideen sollen Ideenfindungs- und -detaillierungsworkshops initiiert werden.
- Markteinführungsstrategien sind frühzeitig zu planen.
- Bei Produktideen mit hohem Innovationspotenzial sind gezielt Patentanalysen in Auftrag zu geben.
- Für identifizierte Produktideen mit hohem Innovationspotenzial sind neue Geschäftsfelder aufzubauen.
- Für Produktideen bzw. -konzepte oder Innovationspotenziale, die bei der Bewertung mit „Wiedervorlage“ eingestuft wurden, sind Verantwortliche zu benennen

Durch die zusammenfassende Darstellung aller Innovationsaktivitäten werden Synergieeffekte zwischen einzelnen Aktivitäten sichtbar und damit auch nutzbar. Die Gegenüberstellung von unternehmensspezifischen Technologiepotenzialen mit Markt- und Umfeldgegebenheiten fördert einen kreativen (Ideen-)Austausch in beide Richtungen. Durch die Zuordnung von Produktideen und Innovationsaufgaben wird eine transparente Verknüpfung von Markt- und Technologiesicht erreicht. Neben den Vorzügen, die die Darstellungsart bietet, ergeben sich mit der Anwendung der vorgestellten Methodik weitere Vorteile. So können Technologielücken aufgedeckt und gezielt geschlossen werden und es besteht die Möglichkeit, die Zuteilung von Ressourcen zur Ausarbeitung der Produktideen der zeitlichen Dringlichkeit entsprechend zu priorisieren. Da das Vorgehensmodell als ein dynamisches Planungsinstrument zu verstehen ist, empfehlen sich regelmäßige Wiederholplanungen, deren zeitliche Abfolge in Abhängigkeit von der Marktsituation, der Branche, dem Umfeld und dem Unternehmen bestimmt wird. Durch die zyklische Wiederholplanung ist neben der einmaligen instrumentellen Unterstützung eines Planungsprojektes auch eine nachhaltige und kontinuierliche Förderung von Innovationsaktivitäten im Sinne eines umfassenden Innovationscontrollings gewährleistet.

Am Ende der Umsetzungsplanung liegen bei erfolgreicher Anwendung der Methodik Produktkonzepte vor, die hinsichtlich der damit verbundenen Entwicklungsaufgaben bis zum geplanten Markteintrittszeitpunkt ausgearbeitet sind. Damit ist der Planungszyklus im Prinzip abgeschlossen. Um jedoch dynamischen Entwicklungen von Markt, Technologie und Unternehmen gerecht zu werden, sollten die Hauptaktivitäten der Planungsphasen Zielbildung, Zukunftsanalyse und Umsetzungsplanung periodisch wiederholt werden. Das W-Modell stellt somit ein Instrumentarium dar, das zur Steigerung der Innovationsfähigkeit beitragen kann. Es ist falsch anzunehmen, dass aus der reinen Anwendung automatisch innovative, erfolgreiche Produkte resultieren. Die Kreativität der beteiligten Menschen ist immer noch einer der ausschlaggebenden Faktoren; der allerdings durch die systematische Anwendung der Methodik zielgerichtet verstärkt wird. Das Vorgehensmodell gewährleistet die redundanzfreie und systematisch-strukturierte Durchführung der auf dem Weg zu erfolgreichen Produktinnovationen notwendigen Planungsschritte.

Die konkrete Anwendung der Methodik in der Praxis kann von dem beschriebenen idealtypischen Ablauf abweichen und ist auch dafür ausgelegt, dass Anwendung und Ausprägung verschiedener Planungsphasen und -schritte im Rahmen unterschiedlicher (finanzieller-, zeitlicher- oder inhaltlicher) Möglichkeiten individuell ausfallen. Die hier vorgestellte Methodik zur Planung technischer Produktinnovationen zeichnet sich durch eine hohe Zielorientierung unter Berücksichtigung vielfältiger äußerer Einflüsse aus und ist ein Instrumentarium, mit dem die systematische Planung von Produktinnovationen in Unternehmen umfassend unterstützt wird.

Fortsetzung Fallbeispiel Die letzte Phase der IRM-Methodik besteht aus der Umsetzungsplanung. Aus Zukunftsprojektionen wurden im Verlauf der Methodik Innovationspotenziale abgeleitet, die wiederum Innovationsaufgaben, eine Terminierungsbasis sowie Produktideen 1. Ordnung zur Folge hatten. Diese wurden danach durch die Ideen bzw. Konzeptbewertung zu Produktideen 2. Ordnung bzw. Produktkonzepten. Mithilfe dieser Daten wird nun die InnovationRoadMap erstellt. Als letzten Schritt sieht die Methodik die Ableitung unternehmensspezifischer Produktinnovationspotenziale vor. Im Fallbeispiel ist es der New Business Development-Stabsstelle nun möglich, der Unternehmensleitung eine konkrete Handlungsempfehlung aufgrund systematisch und objektiv ermittelter Daten auszusprechen. Das Konzept IntEnd stellt sich aufgrund sehr guter Synergien zwischen Markt und Technologie bei mittelfristiger Realisierung sehr potenzialträchtig für das Unternehmen dar.

3.3 Charakteristika von Innovationsprojekten

Bei der Umsetzungsplanung der Innovations-Roadmap ist zu berücksichtigen, dass die Komplexität jeder Produktinnovation bzw. jedes einzelnen Projektes unterschiedlich ist. Im Hinblick auf die Priorisierung von Innovationsprojekten und die daran anschließende Ressourcenzuweisung ist es wichtig zu verstehen, welche Typen von Innovationsprojekten es prinzipiell gibt und in welchen Charakteristika sich diese unterscheiden. Um die Charakteristika von Innovationsprojekten zu beschreiben werden im Folgenden vier Kriterien vorgestellt, mit denen sich die wesentlichen Ausprägungen der Projekte beschreiben lassen. Das Kriterium Innovationsbeitrag beschreibt den am Markt wahrgenommenen Neuheitsgrad von Innovationsprojekten, während der technologische Neuheitsgrad die unternehmensspezifische Neuheit eines Entwicklungsergebnisses darstellt. Die Auftragsart bestimmt Art und Umfang der Kundeneinbindung in das Innovationsprojekt und durch eine individuelle Sortimentsstrategie wird festgelegt, welche Varianten zu welchem Zeitpunkt im Innovationsprozess angelegt und ausdetailliert werden müssen. In den folgenden Kapiteln werden die einzelnen Kriterien mit ihren Ausprägungen detailliert vorgestellt.

3.3.1 Innovationsbeitrag

Eine Innovation zeichnet sich dadurch aus, dass sich die neuen Produkte grundsätzlich von dem bisherigen Status quo unterscheiden. Durch noch nicht vorgekommene Kombination von Mitteln und Zwecken entsteht die Neuartigkeit, aus der ein bestimmter Nutzen für eine Zielgruppe generiert wird. Erst der Erfolg am Markt macht die neuartige Kombination von Mitteln und Zwecken zu einer Innovation, wohingegen eine reine Idee ohne jeglichen Markterfolg als Invention bezeichnet wird. Zur Unterscheidung des Neuheitsgrades von Produkten wird die Anzahl der Änderungen der Produktcharakteristika herangezogen. Für eine sinnvolle Mess- und Bewertbarkeit einer Innovation reicht die Information über die Neuheit aber nicht aus. Es werden zusätzlich Informationen über den Innovationsgehalt einer Entwicklung benötigt, um die graduellen Differenzen zum vorherigen Zustand bewerten zu können. Einen Einfluss auf die Bewertung einer Neuheit hat zudem auch der Blickwinkel des Betrachters, da ein Produkt auf der einen Seite zwar neu für das Unternehmen, auf der anderen Seiten dem Markt aber bereits bekannt sein kann.

Voraussetzung für eine Innovation ist der Markterfolg, daher muss diese auch vom Standpunkt des Marktes bewertet werden. Eine unternehmensinterne Sicht reicht hier also nicht aus. Ein weiterer Einflussfaktor für den Innovationsbeitrag ist die Einordnung des Produktes in die Produkthierarchie, sodass abhängig von der Stellung des Produktes der Innovationsbeitrag unterschiedlich bewertet werden muss. So ist der Innovationsbeitrag einer simpel strukturierten Produktentwicklung geringer als der einer komplizierten Entwicklung (Abb. 3.29). Es existieren vier grundlegende Ausprägungen des Innovationsbeitrags. Diese sind die inkrementelle, die modulare, die Architektur- und die radikale Innovation.

Je höher der Innovationsbeitrag, desto höher ist jedoch auch das Risiko von Fehlentwicklungen einzuschätzen.Vor allem bei stark innovativen Entwicklungen kann anfangs

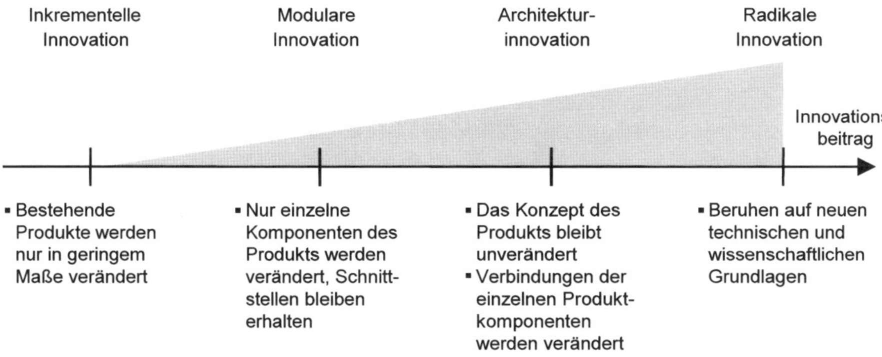

Abb. 3.29 Operationalisierung des Innovationsbeitrages [54]

weder auf den gesamten Funktionsumfang noch auf das Lösungskonzept geschlossen werden. Außerdem sind in den ersten Phasen Wechselwirkungen der Teillösungen mit anderen Komponenten nicht auszuschließen.Sobald Parallelentwicklungen auftreten, bei denen einzelne Teile eigenständig entwickelt werden, steigt auch das Risiko, dass Beschränkungen und Unvereinbarkeiten, bedingt durch die nicht eindeutig identifizierten Wechselwirkungen, auftreten.Um diesen Problemen entgegenzuwirken, ist Kreativität bei der Produktentwicklung unabdingbar. Je höher dabei der Innovationsbeitrag ist, desto mehr Kreativität ist auch erforderlich, da das vorhandene Wissen hier nicht mehr zur Findung der Lösung ausreicht. Ebenfalls problematisch stellen sich bei innovativen Projekten die Kooperation sowie die Fremdvergabe von Entwicklungsteilen dar. Hierbei muss besonders auf den Schutz des Know-hows geachtet werden, um Wettbewerbsvorteile nicht zu verlieren. Dass viele innovative Projekte nur mittels eines langwierigen iterativen Prozesses lösbar sind, wirkt sich erschwerend auf die Planung dieser Projekte aus. Die Herausforderungen für das Projektmanagement steigen somit mit dem Innovationsgrad des Projekts. Eine Überwachung und Minimierung der Risiken muss ebenso wie ein sinnvoller Einsatz der beschränkten Ressourcen erfolgen.

3.3.2 Technologischer Neuheitsgrad

Ob eine Entwicklung für das Unternehmen neu ist, zeigt sich in der Ausprägung des technologischen Neuheitsgrades. Je mehr Technologien für das Produkt verwendet werden, die dem Unternehmen vorher noch nicht bekannt waren, desto höher ist der technologische Neuheitsgrad. Dies bezieht sich sowohl auf neue Produkt- als auch auf Produktionstechnologien. Außerdem sind die wechselseitigen Abhängigkeiten der Technologien von Bedeutung. Bei einer integralen Produktarchitektur gibt es keine eindeutigen funktionalen Zusammenhänge zwischen den Komponenten. Jedoch führen meist Veränderungen an einer Komponente zu Änderungen der Schnittstellen und somit Änderungen an anderen Komponenten.

Für eine Nutzung des technologischen Neuheitsgrades zur Typologisierung kann man die kontinuierliche Skala in vier Bereiche einteilen (Abb. 3.30). „Low-Technology-Pro-

3

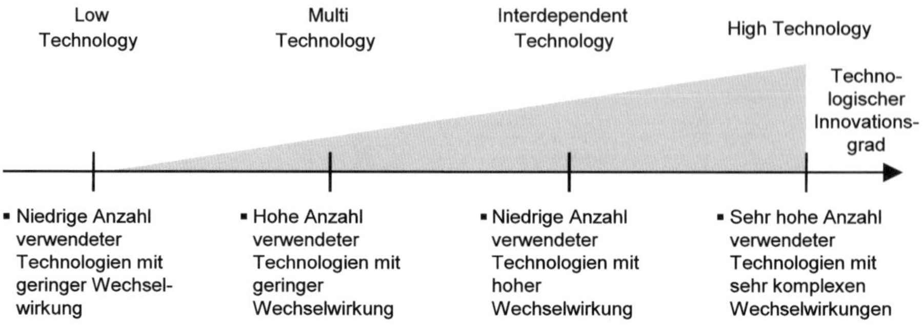

Abb. 3.30 Operationalisierung des technologischen Neuheitsgrads [54]

jekte“ sind Entwicklungen mit wenigen neuen Technologien und keinen Wechselwirkungen. Die nächste Klasse sind die „Multi-Technology-Projekte“, welche eine große Menge neuer Technologien mit geringer Wechselwirkung verbinden. Ein weiteres Kriterium ist der Einsatz neuer Prozesstechnologien.

Sobald eine integrale Produktarchitektur vorliegt, kann es vorkommen, dass der technologische Neuheitsgrad besonders hoch ist, obwohl nicht sehr viele neuartige Technologien verwendet wurden. Das liegt daran, dass die Interdependenzen zwischen den einzelnen Technologien eine Vergrößerung der Komplexität nach sich ziehen. Bei komplexen, stark verzweigten Produkten, hat eine Änderung einer Komponente oder eines Prozesses signifikanten Einfluss auf das Gesamtprodukt. Zur Beurteilung dieser Komplexität wird das Verhältnis der Schnittstellen zu den Komponenten herangezogen. Diese Projekte werden als „Interdependent-Technology-Projekte“ bezeichnet. Der letzte Bereich wird durch „High-Technology-Projekte“ beschrieben. Diese zeichnen sich durch viele neue Technologien mit komplexen Interdependenzen aus. Ein Richtwert für ein High-Technology-Projekt ist, dass mindestens 50 % neuer Technologien verwendet werden müssen. Bei diesem Wert bleiben aber die Wechselwirkungen unberücksichtigt.

Das Risiko bei einer Produktentwicklung steigt mit dem technologischen Neuheitsgrad. Entscheidungen und technische Randbedingungen, die am Anfang des Projekts getroffen werden, stützen sich zu diesem Zeitpunkt noch auf unzureichendes Know-how. Für die Unternehmen gibt es daher drei verschiedene Alternativen. Sie können das benötigte Wissen intern beschaffen, in Kooperationen aufbauen oder zukaufen. Für diese Entscheidung sind eine strategische Bewertung und eine Beurteilung der eigenen Kompetenz im Bezug auf diese Technologie unabdingbar. Handelt es sich um High-Technology-Projekte, so haben diese in der Regel eine hohe strategische Bedeutung und das erforderliche Wissen ist nur schwer extern beschaffbar. Daher sollte hierbei auf einen internen Wissensaufbau gesetzt werden. Bei Kooperationslösungen stellen sich für das Projektmanagement besondere Herausforderungen. Als Erstes müssen mögliche Kooperationspartner identifiziert und die Inhalte der Kooperation definiert werden. Schwierigkeiten liegen bei der Koordination und Beurteilung der einzelnen Partner sowie der Bewertung des Projektfortschritts, da es sich hierbei um unbekannte Technologien handelt. Liegt ein High-Technology-Projekt vor, so muss außerdem ein erreichter Wissensvorsprung durch ein intelligentes Intellectual Property Management gesichert werden.

3.3.3 Auftragsart

Wie und in welchem Maße Kunden mit in die Entwicklung eingebunden werden, bestimmt die Auftragsart, die in vier Typen differenziert werden kann: die generische Entwicklung, die Zielgruppen-Entwicklung, die frühe Kundeneinbindung und die Auftragsentwicklung (Abb. 3.31). Bei der generischen Entwicklung wird der Kunde außen vor gelassen und das Produkt enthält viele kundenneutrale Anteile. Bei der Auftragesentwicklung wird demgegenüber die Strategie einer starken Kundeneinbindung mit vielen kundenspezifischen Produktanteilen verfolgt. Auslöser der Entwicklung ist hierbei ein direkter Kundenauftrag. Die Vielzahl der Alternativen dazwischen bilden Mischformen der Auftrags- und der generischen Entwicklung. Werden die Charakteristika eines Produktes durch eine spezielle Gruppe bestimmt, so spricht man von der Zielgruppen-Entwicklung. Die frühe Kundeneinbindung tritt auf, sobald ein Lead User früh an der Entwicklung teilnimmt [54].

Bei der generischen Entwicklung ist ein Technology Push Anlass für die Entwicklung. Eine technologiegetriebene Idee führt zu einer Produktentwicklung. Dabei sind die späteren Kunden nicht eingebunden, da diese die zukünftigen Chancen aus der Entwicklung nicht komplett verstehen. Daher haben sie auch noch keine Anforderungen oder Bedürfnisse an das Produkt und damit einhergehend keinen direkten Bedarf, der erst mithilfe der Marketing Abteilung geweckt werden muss. Eine Eigenschaft der generischen Entwicklung ist der hohe technologische Neuheitsgrad. Durch ihn erhält das Unternehmen eine technologische Führungsposition, welche durch den zeitlichen Vorteil auch bei der Markteinführung gehalten werden kann. Außerdem kann das Unternehmen sein Image in Bezug auf Innovationen steigern, sollte es eine generische Entwicklung erfolgreich am Markt einführen. Falls ein neuer Markt etabliert werden kann, nimmt das Unternehmen die Führungsrolle ein und kann sich einen sehr hohen Marktanteil sichern sowie gleichzeitig auch einen höheren Preis verlangen, bis ein Wettbewerber in den Markt eintritt. Durch eine Lizenzierung des neuen Produktes kann ein weiterer Vorteil gegenüber der Konkurrenz geschaffen werden.

Schwierig stellt sich bei generischen Entwicklungen die Identifikation und Interpretation der latenten Kundenbedürfnisse dar. Da die Entwicklung ohne den Kunden erfolgt, muss auch der Kundenbedarf vom Unternehmen eingestuft werden. Wird der Bedarf zu hoch eingeschätzt, entstehen mehr Kosten und es kommt zu einer Fehlentwicklung. Bei einem zu niedrig geplanten Bedarf werden Kunden ihren Bedarf beim Wettbewerber decken.

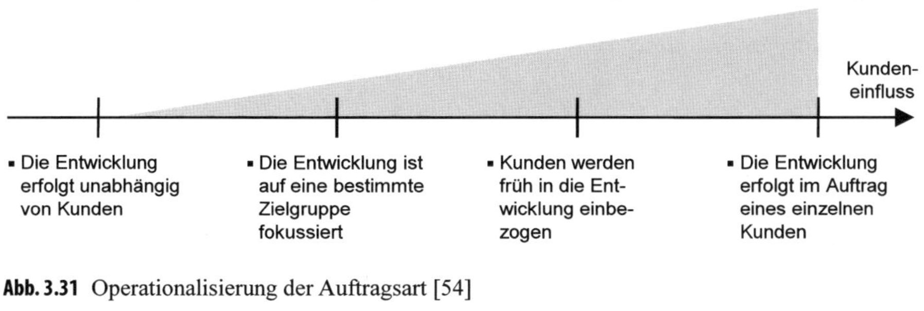

Abb. 3.31 Operationalisierung der Auftragsart [54]

Charakteristisch für die Zielgruppen-Entwicklung ist, dass nur ein Teil des Marktes betrachtet wird, die Produktanforderungen und der Bedarf am Markt jedoch grob bekannt sind. Eine Aufgabe des entwickelnden Unternehmens besteht hierbei darin, die unscharf formulierten Anforderungen in ein geeignetes Profil zu übertragen. Werkzeuge können die Methoden der Marktforschung sein. Da eine unklar definierte Zielgruppe betrachtet wird, sind auch die Forderungen der Kunden nicht eindeutig. Folglich muss das Produkt eine hohe Varianz aufweisen, um die verschiedensten Bedürfnisse zu erfüllen. Schwierigkeiten ergeben sich ebenfalls noch bei der Bedarfserfassung und deren saisonalen Schwankungen. Daher muss eine kontinuierliche Erfassung und Analyse der Zielgruppenanforderungen erfolgen, um einen hohen Deckungsgrad zwischen Bedürfnissen und realem Produkt sicherzustellen.

Die frühe Kundeneinbindung ist gekennzeichnet durch eine Einbindung von Lead Usern in den Prozess, der durch eine komplexe Kombination aus angebots- und nachfrageinduzierten Innovationen bestimmt wird. Charakteristisch ist, dass Spitzenanwender eine aktive Rolle schon früh im Entwicklungsprozess einnehmen. Diese aktive Zusammenarbeit mit Entwicklung und Marketing führt dazu, dass die Lead User die Produkte vom Anfang bis zum Ende begleiten. Passive Lead User kooperieren mit den Herstellern, um eine Innovation zu erzeugen, und stellen die treibende Kraft bei dieser Produktentwicklung dar. Positiv bei der frühen Kundeneinbindung ist die leichtere Anforderungserfassung durch die Lead User. Außerdem kann der Lead User auch für das Innovationsmarketing genutzt werden. Mit dieser Auftragsart ist es möglich das Risiko von Fehlentwicklung zu verkleinern, denn durch die besser bekannten Marktanforderungen werden die Entwicklungen auch besser vom Markt angenommen. Besondere Aufmerksamkeit erfordert daher die richtige Wahl des Lead Users, dessen hohe technische Kompetenz unabdingbar ist. Außerdem müssen ausreichend Managementressourcen vorhanden sein, die für eine langfristige Partnerschaft benötigt werden. Somit kommt die frühe Kundeneinbindung oft in technologieintensiven Branchen mit hohen Qualitätsstandards und hoher Automatisierung vor, bei denen Schnittstellenprobleme auftreten können. Durch die frühe Kundeneinbindung entsteht eine zum hohen Teil kundenspezifische Lösung, deren Anteil durch Modularisierung verringert werden kann.

Bei der Auftragsentwicklung hat der Kunde den größten Einfluss auf die Entwicklung des Produkts. Er gibt eine Spezifikation vor, die dann vom Unternehmen entwickelt wird. Ergebnis ist hierbei in der Regel eine mehrstufige und komplexe Erzeugnisstruktur, bedingt durch die einmalige Entwicklung. Da es sich hierbei um einen Kundenauftrag handelt, kann bei sorgfältig durchgeführter Angebotskalkulation das Risiko einer Fehlentwicklung minimiert werden. Negativ ist die starke Abhängigkeit vom Kunden zu bewerten, besonders in Bezug auf die Investitionsbereitschaft. Außerdem ist bei dieser Auftragsart keine durchgängige Auslastung der Entwicklungsabteilung sicherzustellen, da die Aufträge meist nicht regelmäßig und zudem kurzfristig eingehen. Durch Änderungswünsche des Kunden, die während des kompletten Entwicklungszeitraums auftreten, wird die Planung erheblich erschwert.

3.3.4 Sortimentsstrategie

Die gesamten während einer gewissen Zeitspanne hergestellten Produkte, die zum Absatz auf dem Markt bestimmt sind, bezeichnet man als Sortiment. Dabei setzt sich dieses

Sortiment aus Variationen des Produktes zusammen, welche unterschiedliche Markteinführungstermine haben. Die Menge an unterschiedlichen Produkten im Sortiment wird wie in Kap. 3.1 beschrieben als Sortimentsbreite bezeichnet. Die Variationen eines Produktes sollen die jeweiligen Kundenanforderungen zu einem möglichst hohen Maße abdecken. Neben diesen externen Faktoren gibt es auch interne Faktoren, die eine hohe Variantenanzahl entstehen lassen. Hauptursache der externen Faktoren ist die Forderung nach kundenindividuellen Lösungen durch eine immer stärkere Diversifizierung, wohingegen der Grund für die interne Variantenvielfalt in der unzureichenden Kooperation und Zusammenarbeit zwischen den Abteilungen eines Unternehmens zu sehen ist. Die Folge ist ein Komplexitätsanstieg, dem mit einem ausgewählten und intelligenten Management entgegengewirkt werden muss [54]. Dabei ist für die Entwicklung eines Produktes von entscheidender Bedeutung, in welcher Phase die Variationen in das Projekt einfließen. Die hier ansetzende Sortimentsstrategie übernimmt die Aufgabe, Zeitpunkte des Einsatzes und Detaillierungsgrad der Produktvarianten im Projektablauf festzulegen. Abhängig von Rahmenbedingungen und Komplexität der Produkte können verschiedene Strategien von dem Unternehmen genutzt werden, die sich in der Anzahl der Variationen im Projektzeitverlauf und dem Markteinführungszeitpunkt der Varianten unterscheiden [54].

Die 100 %-Engineering Sortimentsstrategie zeichnet sich dadurch aus, dass bereits in einer der ersten Phasen der Produktentwicklung die Variantenvielfalt vollständig geplant wird (Abb. 3.32). Voraussetzung für diese Strategie ist die Weitsicht, die in späterer Zeit auftretenden Marktanforderungen früh zu bestimmen. Dies führt dazu, dass die 100 %-Engineering Sortimentsstrategie meist nur für Produktentwicklungen mit geringem technologischen Neuheitsgrad eingesetzt wird. Außerdem führt diese Strategie zu einem sehr hohen Aufwand in der Initialphase, welcher durch die konzeptionelle Berücksichtigung aller Varianten in dieser Phase bedingt ist. Hieraus ergibt sich, dass diese Strategie meist auf wenige zu entwickelnde Varianten begrenzt ist. Da die Varianz über den kompletten

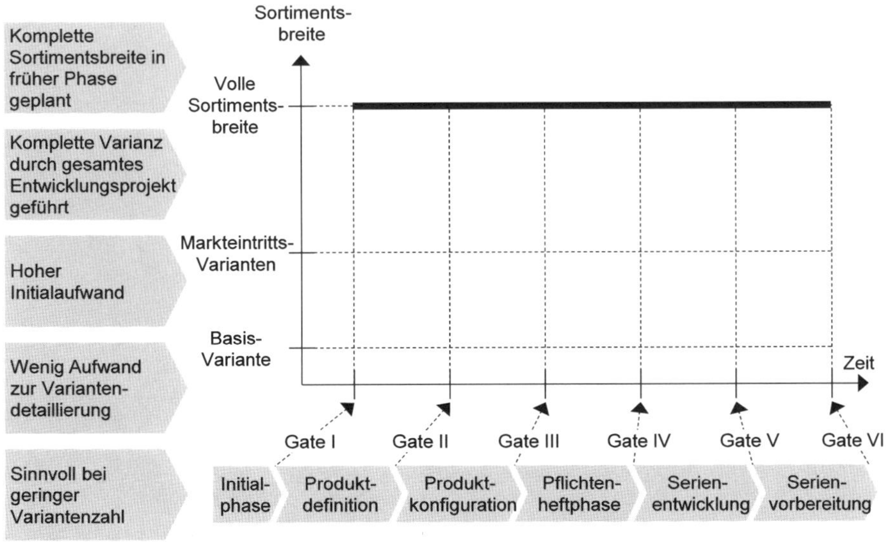

Abb. 3.32 Sortimentsstrategie 100 %-Engineering [54]

Prozess konstant bleibt, kann auf allen Produktstrukturstufen eine Optimierung der Produktionssequenz betrieben werden. Vorteile der 100 %-Engineering-Strategie sind die Reduzierung der Produktionszeiten und Herstellkosten. Nachteilig wirkt sich die geringe Flexibilität aus, da die Abwandlung von den geplanten Varianten nur durch einen unverhältnismäßig hohen Aufwand bewerkstelligt werden kann [54].

Bei der Job #1-Engineering Sortimentsstrategie werden in einer der ersten Projektphasen zwar alle Varianten bestimmt und konzipiert, in Kooperation wird jedoch anschließend mit dem Lead User nur eine erste Konfiguration hergestellt (Abb. 3.33). So kann der Lead User noch aktiv an der Entwicklung des neuen Produktes teilhaben. Nach Abschluss des Job #1 werden weitere Aufträge bearbeitet. Die unumgängliche Individualisierung der Konfiguration an den jeweiligen Kunden ist vor allem dem Grund geschuldet, dass diese Strategie meistens bei Entwicklungen von Investitionsgütern angewandt wird. Allerdings kann bei anschließenden Aufträgen der Aufwand durch die Nutzung von vorhandenen Baukastenelementen verringert werden. Positiv beim Job #1-Engineering ist, dass die gewonnenen Erfahrungen aus dem ersten Auftrag bei späteren Projekten genutzt werden können. Dem geringen internen Aufwand steht so eine hohe Leistungsdifferenzierung für den Kunden gegenüber [54].

Bei der Release-Engineering-Strategie wird das komplette Produktprogramm modularisiert. Dazu müssen zum einen die Varianten früh planbar sein, zum anderen sind anpassungsfähige Produktstrukturen notwendig. Auch hier ist der Aufwand in der Initialphase hoch, um die integralen Funktionalitäten aller Varianten zusammenzufassen (Abb. 3.34). Obwohl alle Varianten des Produktes schon am Anfang geplant werden, treten nur einige bestimmte Versionen in den Markt ein. Dies dient dem Zweck gleichzeitig unterschiedliche Module zu entwickeln, welches zusammen mit der strikten Modularisierung zu einer Verringerung der Entwicklungs- und Reaktionszeit bei Marktveränderungen führt. Außerdem können durch die Modularisierung die Schwierigkeiten bei einer etappenweisen Ein-

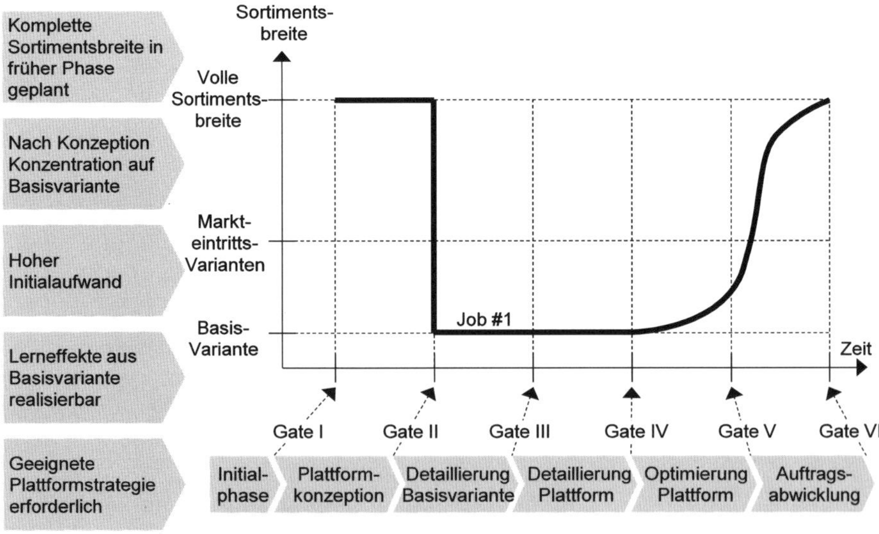

Abb. 3.33 Sortimentsstrategie Job #1-Engineering [54]

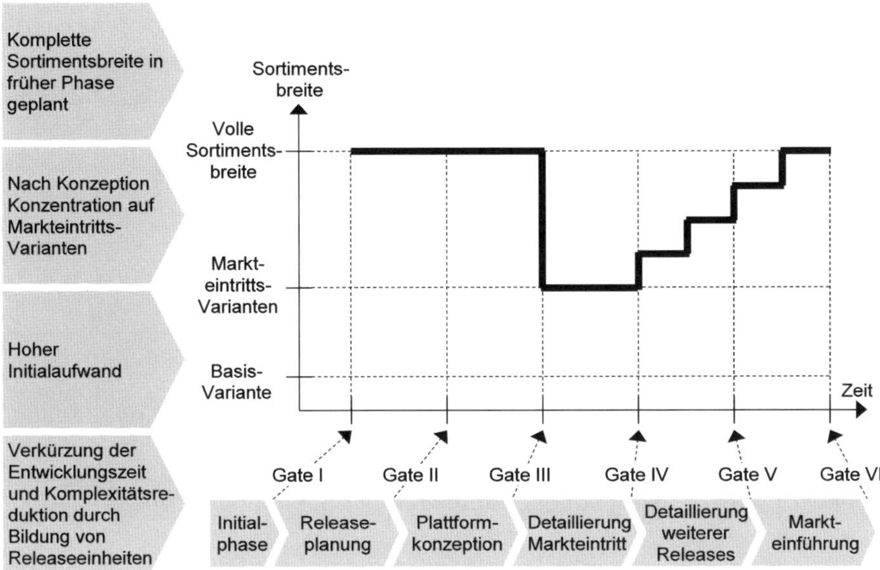

Abb. 3.34 Sortimentsstrategie Release-Engineering [54]

führung der neuen Produktvarianten verringert werden. Vorteilhaft wirkt hier, dass durch diese Reduzierung zum einen die Markteinführungstermine besser eingehalten und zum anderen die Kosten gesenkt werden können. Durch die Entkoppelung von Modulen und Produkten wird die Lebensdauer der Plattform im Vergleich zu ihren Produktvarianten verlängert, da das Unternehmen durch die stufenweise Einführung von Varianten selbst über den Lebenszyklus ihres Produktes bestimmt. Die Plattform muss aus der Menge der zeitlich stabilsten Einheiten definiert werden, um eine langfristige Stabilität zu erreichen.

Nachteilig wirken bei dieser Strategie der besonders hohe Aufwand zu Beginn der Produktentwicklung und die Probleme bei der Plattformentwicklung, die vor allem von der kompletten Modularisierung und Beschreibung der Schnittstellen herrührt [54]. Fehler bei der Auswahl der Module und Funktionen können nur durch hohen Änderungsaufwand korrigiert werden. Um dies zu vermeiden, muss ein hohes Wissen über die jetzigen und späteren Marktanforderungen vorliegen.

Die Add-on-Engineering Strategie zielt darauf ab, frühzeitig eine geringe Anzahl von Basisvarianten bereitzustellen, wobei die Planung der zukünftigen Varianten zu Beginn noch keine Rolle spielt. Diese Strategie ist zu empfehlen, sobald erste Konfigurationen kurzfristig gefragt sind. Erst nachdem die Basisvarianten abgewickelt wurden, werden neue Varianten durch Änderung der Grundvariante hergestellt (Abb. 3.35). Dieser Modifikationsaufwand ist meistens höher als bei der Release-Engineering-Strategie, wobei dies aber bewusst in Kauf genommen wird. Ebenso kann diese Strategie bei der Eingliederung von Innovationen in vorhandene Produkte genutzt werden. Sobald es möglich ist die Innovation für mehrere Produkte zu nutzen, kann neben dem Zeitvorteil auch ein Multiplikationseffekt auftreten.

Positiv wirkt hier natürlich die Entwicklungszeitverringerung für die Basisvarianten, negativ jedoch der hohe Änderungsaufwand für die Modifikationen. Außerdem liegt hier ein hohes Fehlentwicklungsrisiko vor, da die Sichtweise bei dieser Strategie stark fokus-

3

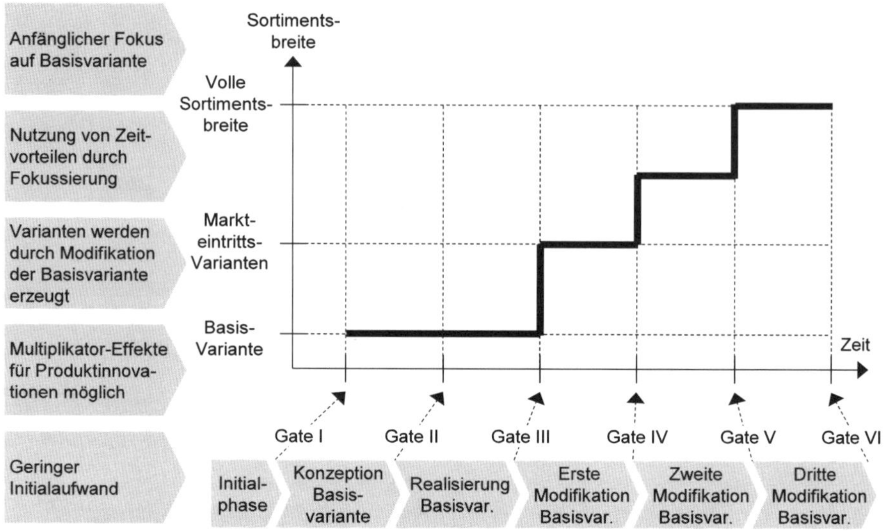

Abb. 3.35 Sortimentsstrategie Add-on-Engineering [54]

siert ist. Dadurch, dass das Unternehmen nicht flexibel auf die Kundenwünsche eingehen kann, folgt, dass die Add-on-Engineering Strategie vor allem bei der Entwicklung von Serienprodukten genutzt wird [54].

Die Non-variant-Engineering Strategie steht für eine individuelle kundenspezifische Entwicklung eines Produktes. Hierbei werden im Lastenheft die Anforderungen und Bedürfnisse des jeweiligen Kundenauftrags beschrieben. Die Entwicklung erfolgt in Kooperation mit dem Kunden im Anschluss an eine Konzeptphase, wodurch es dem Kunden möglich ist, aktiv an der Gestaltung teilzunehmen (Abb. 3.36). Da jedes Produkt individu-

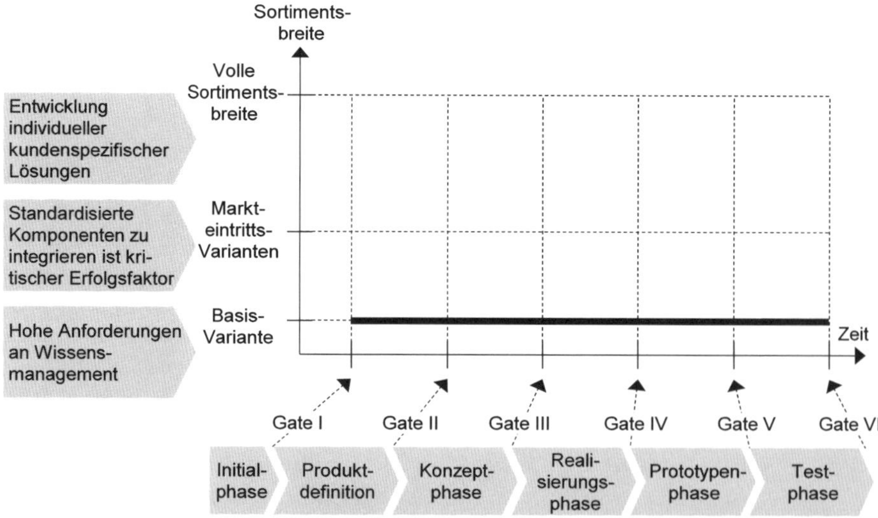

Abb. 3.36 Sortimentsstrategie Non-variant-Engineering [54]

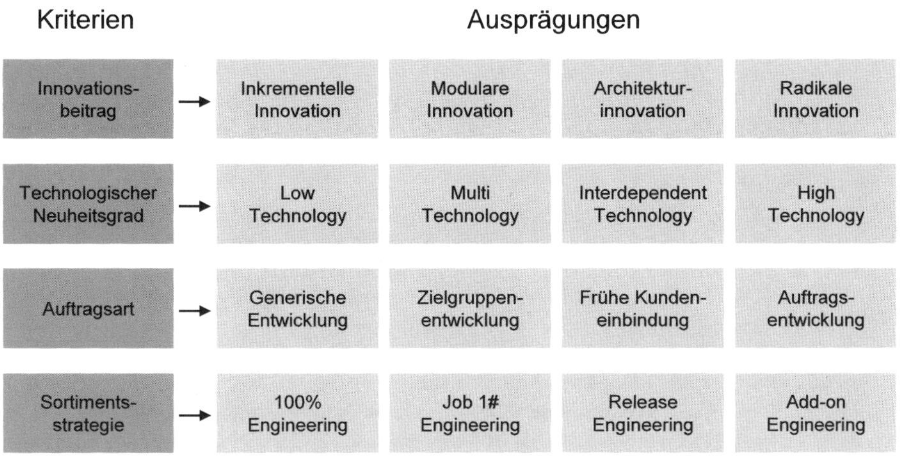

Abb. 3.37 Zusammenfassung der Kriterien in einem morphologischen Kasten [54]

ell auf den Kunden zugeschnitten wird, ist das Unternehmen mit dieser Strategie jedoch stark von dessen Investitionsbereitschaft abhängig. Ein Anwendungsfall für diese Strategieart ist zum Beispiel der Sondermaschinenbau.

Durch den Einsatz von bereits vorhandenen Komponenten oder Modulen kann das Unternehmen Nutzenvorteile generieren, ohne den individuellen Charakter ihrer Lösung zu verlieren. Als geeignetes Werkzeug hat sich dabei die Wissensdatenbank hervorgetan, durch die der Aufwand bei der Entwicklung reduziert werden kann [54].

3.3.5 Zusammenfassung der Charakteristika

Die in den vorangegangenen Kapiteln beschriebenen Kriterien zur Charakterisierung von Innovationsprojekten können übersichtlich in einem morphologischen Kasten dargestellt werden (Abb. 3.37). Er besteht aus den Kriterien „Innovationsbeitrag“, „technologischer Neuheitsgrad“, „Auftragsart“ sowie „Sortimentsstrategie“ mit ihren jeweiligen Ausprägungen.

Literatur

1. Meyer A, Dullinger F (1998) Leistungsprogramm von Dienstleistungs-Anbietern. In: Meyer A (Hrsg) Handbuch Dienstleistungs-Marketing. Schäffer-Poeschel, Stuttgart.
2. Gausemeier J, Ebbesmeyer P, Kallmeyer F (2001) Produktinnovation: strategische Planung und Entwicklung der Produkte von morgen. Hanser, München.
3. Kreikebaum H (1993) Strategische Unternehmensplanung, 5. Aufl. Kohlhammer, Berlin.
4. Meffert H (1994) Marketing-Management: Analyse – Strategie – Implementierung. Gabler, Wiesbaden.

3

5. Hinterhuber HH (1996) Strategische Unternehmungsführung, 6. Aufl. de Gruyter, Berlin.
6. Palupski R (2002) Management von Beschaffung, Produktion und Absatz: Leitfaden mit Praxisbeispielen, 2. Aufl. Gabler, Wiesbaden.
7. Meffert H, Bruhn M (2006) Dienstleistungsmarketing: Grundlagen, Konzepte, Methoden, 5. Aufl. Gabler, Wiesbaden.
8. Kleinaltenkamp M, Jacob F (1995) Gestaltung des Leistungsprogramms. Technischer Vertrieb: Grundlagen:703–743.
9. Albers S, Albers H (2002) Ziele, Aufgaben und Grundkonzept des Produktmanagement. In: Albers S, Albers H (Hrsg) Handbuch Produktmanagement: Strategieentwicklung – Produktplanung – Organisation – Kontrolle, 2. Aufl. Gabler, Wiesbaden.
10. Eversheim W (2003) Innovationsmanagement für technische Produkte: mit Fallbeispielen. Springer, Berlin.
11. Cooper RG (2002) Top oder Flop in der Produktentwicklung: Erfolgsstrategien; von der Idee zum Launch, 1. Aufl. Wiley-VCH Verl., Weinheim.
12. Pahl G, Beitz W (2005) Konstruktionslehre – Grundlagen erfolgreicher Produktentwicklung, Methoden und Anwendung. Springer, Berlin.
13. Backhaus K (2003) Industriegütermarketing, 7. Aufl. Vahlen, München.
14. Rathnow PJ (1993) Integriertes Variantenmanagement: Bestimmung, Realisierung und Sicherung der optimalen Produktvielfalt. Vandenhoeck & Ruprecht, Göttingen.
15. Müller S, Kaiser A (1995) Was kostet eine Produktvariante? Sonderdruck Technische Rundschau:31–35.
16. Kaiser A (1995) Integriertes Variantenmanagement mit Hilfe der Prozesskostenrechnung. St. Gallen.
17. Schuh G, Schwenk U, Speth C (1998) Komplexitätsmanagement im St. Galler Management-Konzept. io Management, 67(3):78–85.
18. Schuh G (2005) Produktkomplexität managen: Strategien – Methoden – Tools, 2. Aufl. Hanser, München.
19. Hichert R (1986) Probleme der Vielfalt, Teil 3: Was bestimmt die optimale Erzeugnisvielfalt? wt-Zeitschrift für industrielle Fertigung, 76:673–676.
20. Kluge J, McKinsey und Company (1994) Wachstum durch Verzicht: schneller Wandel zur Weltklasse: Vorbild Elektronikindustrie. Schäffer-Poeschel, Stuttgart.
21. Haberfellner R, Daenzer WF (2002) Systems engineering: Methodik und Praxis, 11. Aufl. Verl. Industrielle Organisation, Zürich.
22. Brose P (1982) Planung, Bewertung und Kontrolle technologischer Innovationen. E. Schmidt, Berlin.
23. Pleschak F, Sabisch H (1996) Innovationsmanagement. Schäffer-Poeschel, Stuttgart.
24. Cooper RG (1993) Winning at new products: accelerating the process from idea to launch, 2. Aufl. Addison-Wesley, Reading, Massachusetts.
25. Porter ME (1997) Wettbewerbsstrategie: Methoden zur Analyse von Branchen und Konkurrenten = (Competitive Strategy), 9. Aufl. Campus-Verl., Frankfurt a. M.
26. Meffert H (1998) Marketing: Grundlagen marktorientierter Unternehmensführung; Konzepte, Instrumente, Praxisbeispiele; mit neuer Fallstudie VW-Golf, 8. Aufl. Gabler, Wiesbaden.
27. Buchholz W (1996) Time-to-market-Management: zeitorientierte Gestaltung von Produktinnovationsprozessen. Kohlhammer, Stuttgart.
28. Zahn E (1995) Handbuch Technologiemanagement. Schäffer-Poeschel, Stuttgart.
29. Gassmann O (1996) Internationales Innovationsmanagement: Gestaltung von Innovationsprozessen im globalen Wettbewerb. Vahlen, München.
30. Eversheim W, Schuh G (1996) Hütte: Produktion und Management; Betriebshütte. Springer, Berlin.
31. Prahalad CK, Hamel G (1990) The Core Competence of the Corporation. Harvard Business Review, 68(3):79–91.

32. Pümpin C, Prange J (1991) Management der Unternehmensentwicklung: phasengerechte Führung und der Umgang mit Krisen. Campus-Verl., Frankfurt a. M.
33. Pelzer W (1999) Methodik zur Identifizierung und Nutzung strategischer Technologiepotentiale. Shaker, Aachen.
34. Eßmann V (1995) Planung potentialgerechter Produkte: ein Beitrag zur Produktkonversion. Dt. Univ.-Verl., Wiesbaden.
35. Kehrmann H (1972) Die Entwicklung von Produktstrategien.
36. Tschirky H, Birkenmeier B, Brodbeck H (1996) Die Handshake-Analysis: eine neue Methode des Technologie- und Innovationsmanagements. io Management, 65(11):19–22.
37. Webster J, Reif W, Bracker J (1989) The Manager's Guide to Strategic Planning Tools and Techniques. Strategy & Leadership, 17(6):4–48.
38. Brandenburg F (2002) Methodik zur Planung technologischer Produktinnovationen. Shaker, Aachen.
39. Aeberhard K (1996) Strategische Analyse: Empfehlungen zum Vorgehen und zu sinnvollen Methodenkombinationen. Lang, Bern.
40. Horx M, Wippermann P, Trendbüro (1996) Was ist Trendforschung? Econ, Düsseldorf.
41. Naisbitt J, Aburdene P (1991) Megatrends 2000: ten new directions for the 1990's, 1. Aufl. Avon Books, New York.
42. Popcorn F (1994) Der Popcorn-Report: Trends für die Zukunft, 3. Aufl. Heyne, München.
43. Servatius H-G (1985) Methodik des strategischen Technologie-Managements: Grundlage für erfolgreiche Innovationen. E. Schmidt, Berlin.
44. Wolfrum B (1994) Strategisches Technologiemanagement Teil I. Gabler, Wiesbaden.
45. Gausemeier J, Fink A, Schlake O (1996) Szenario-Management: Planen und Führen mit Szenarien, 2. Aufl. Hanser, München.
46. Probst GJB (1991) Vernetztes Denken: ganzheitliches Führen in der Praxis, 2. Aufl. Gabler, Wiesbaden.
47. Albers S, Eggers S (1991) Organisatorische Gestaltungen von Produktinnovations-Prozessen: führt der Wechsel des Organisationsgrades zu Innovationserfolg? ZfbF, 43(1):44–64.
48. Linde H, Hill B (1993) Erfolgreich erfinden: widerspruchsorientierte Innovationsstrategie für Entwickler und Konstrukteure. Hoppenstedt Technik Tab. Verl., Darmstadt.
49. Altschuller GS (1998) Erfinden – Wege zur Lösung technischer Probleme, 2. Aufl. PI – Planung und Innovation, Cottbus.
50. Gerhards A (2002) Methodik zur Interaktion von F&E und Marketing in den frühen Phasen des Innovationsprozesses, Shaker, Aachen.
51. Haberfellner R, Daenzer WF (1999) Systems engineering: Methodik und Praxis, 10. Aufl. Verl. Industrielle Organisation, Zürich.
52. Staudt E, Hafkesbrink J, Barthel R (1991) Neue Techniken im Spannungsfeld alter Systeme: Entscheidungshilfen bei der Einführung von CIM. In: Milling P (Hrsg) Systemmanagement und Managementsysteme, Duncker & Humblot, Berlin.
53. Schlicksupp H (1995) Führung zu kreativer Leistung: so fördert man die schöpferischen Fähigkeiten seiner Mitarbeiter. expert-Verl., Renningen-Malmsheim.
54. Paulukuhn L (2005) Typologisierung von Entwicklungsprojekten im Maschinenbau.

Produktarchitekturgestaltung 4

Günther Schuh, Michael Lenders, Christopher Nußbaum und Stefan Rudolf

Kurzüberblick Die systematische Produktarchitekturgestaltung wird in zunehmendem Maße ein wettbewerbsentscheidender Erfolgsfaktor für Unternehmen im produzierenden Gewerbe. Zur Steigerung des Umsatzes hat sich in den letzten Jahren das Streben nach einer globalen und verstärkten Kundenorientierung ausgebildet. Die Vielfalt bzw. Heterogenität an Kundenwünschen führt zu einer gesteigerten Produktvielfalt und somit zu einer Steigerung der unternehmensinternen Komplexität. Aufgrund steigender Variantenzahlen und neuer Modelle, die zur Erschließung von Nischenmärkten notwendig sind, steigt die Komplexität entlang der gesamten Wertschöpfungskette an. Somit sinkt häufig trotz der Erhöhung des Umsatzes der operative Gewinn.

Im Rahmen dieses Kapitels soll ein Verständnis für eine systematische Gestaltung von Produktarchitekturen zur besseren Beherrschung des eingangs genannten Dilemmas aufgezeigt werden. Modulare Produktarchitekturen bieten die Möglichkeit, bei gleichzeitiger Erfüllung marktspezifischer Anforderungen, Gleichheiten (Kommunalitäten) zwischen Produktfamilien sowie Produktgenerationen zu schaffen und Skaleneffekte entlang der Wertschöpfungskette zu erzielen.

Die Produktarchitekturgestaltung umfasst alle Schritte von der Ableitung technischer Funktionen aus Anforderungen, der Definition der Produktstruktur in Abstimmung mit der

G. Schuh (✉) · S. Rudolf
52074 Aachen, Deutschland
E-Mail: g.schuh@wzl.rwth-aachen.de

M. Lenders
41238 Mönchengladbach, Deutschland
E-Mail: lenders.michael@scheidt-bachmann.de

C. Nußbaum
81541 München, Deutschland
E-Mail: christopher.nussbaum@gmail.com

S. Rudolf
E-Mail: s.rudolf@wzl.rwth-aachen.de

G. Schuh (Hrsg.), *Innovationsmanagement* 3,
DOI 10.1007/978-3-642-25050-7_4, © Springer-Verlag Berlin Heidelberg 2012

Funktionsstruktur und der Schnittstellengestaltung bis hin zum Kommunalitätsmanagement über das Produktprogramm (Abb. 4.1).

In diesem Kapitel wird zunächst die Bedeutung der Produktarchitektur erläutert. Anschließend werden die Funktionsstrukturierung, Produktstrukturierung und das Kommunalitätsmanagement in den nachfolgenden Unterkapiteln beschrieben.

4.1 Die Bedeutung der Produktarchitektur

Zur Steigerung des Umsatzes hat sich in den letzten Jahren das Streben nach einer globalen und verstärkten Kundenorientierung ausgebildet. Die Vielfalt bzw. Heterogenität an Kundenwünschen führt zu einer gesteigerten Produktvielfalt und somit zu einer Steigerung der unternehmensinternen Komplexität. Aufgrund steigender Variantenzahlen und neuer Modelle, die zur Erschließung von Nischenmärkten notwendig sind, steigt die Komplexität entlang der gesamten Wertschöpfungskette an. Somit sinkt häufig trotz der Erhöhung des Umsatzes der operative Gewinn. Diese zunehmende Individualisierung und Auffächerung des Produktangebots macht ein Umdenken bei der Entwicklung von Produkten erforderlich. Um ein breit gefächertes Produktprogramm wirtschaftlich anbieten zu können, wird es zunehmend erforderlich, nicht mehr das Einzelprodukt im Vordergrund der Entwicklungsaktivitäten zu sehen. Vielmehr ist das Produktprogramm langfristig und ganzheitlich vorzudenken und zu konzipieren. Die Gestaltung der Produktarchitektur nimmt dabei eine zentrale Rolle ein.

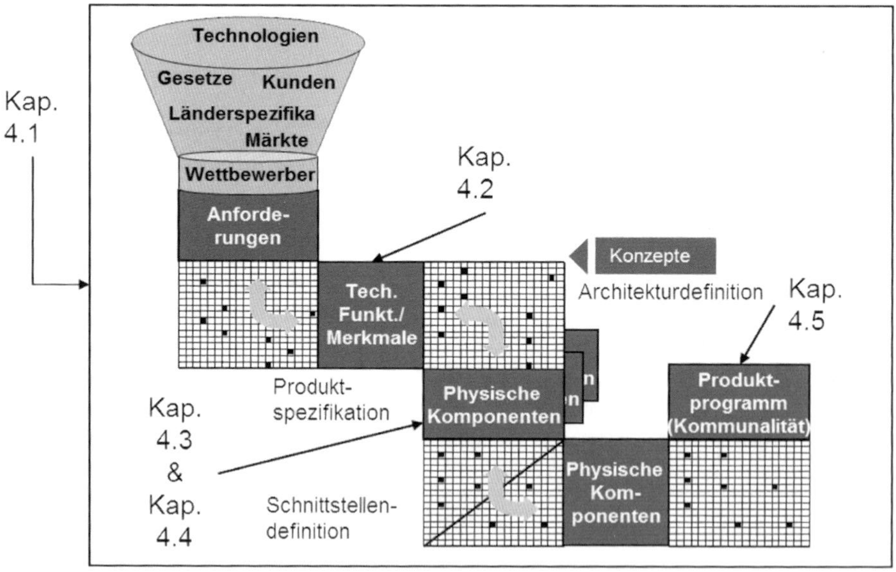

Abb. 4.1 Übersicht zum Vorgehen bei der Produktarchitekturgestaltung

4.1.1 Abgrenzung der Produktarchitekturgestaltung von der Produktentwicklung

Die Produktarchitektur ist die Summe aus Produktstruktur und Funktionsstruktur sowie deren Transformationsbeziehungen und kann mittels der folgenden drei Charakteristika beschrieben werden [1]:

- Der *Funktionsstruktur* des Produktes (der Aufgliederung der geforderten Funktion in Teilfunktionen und deren Beziehungen)
- Der *Produktstruktur* des Produktes (die konkrete physische Zusammensetzung der Komponenten und deren Beziehungen)
- Der *Transformation* zwischen Funktions- und Produktstruktur (der Zusammenhang zwischen funktionaler und physischer Beschreibung des Produktes)

Abbildung 4.2 stellt den Zusammenhang zwischen der Funktionsstruktur und der Produktstruktur grafisch dar.

Die Entwicklung der Produktarchitekturstandards kann unabhängig von der Produktentwicklung erfolgen und ist maßgeblich für die Erschließung von Skaleneffekten entlang der gesamten Wertschöpfungskette. Bei der Gestaltung der Produktarchitektur sind unterschiedliche Anforderungen an ein Produkt bzw. eine Produktfamilie bestmöglich zu berücksichtigen. Externe Anforderungen wie Kundenanforderungen, gesetzliche Anforderungen und Zuliefererrandbedingungen bilden ein Spannungsfeld bei der Gestaltung von Produktarchitekturen. Unternehmensinterne Anforderungen aus der Entwicklung, der Fertigung, Montage und der Beschaffung sind ein weiteres Spannungsfeld, dem bei der Produktarchitekturgestaltung Rechnung getragen werden muss. In Abb. 4.3 sind die unterschiedlichen Anforderungsgruppen an die Produktarchitektur dargestellt.

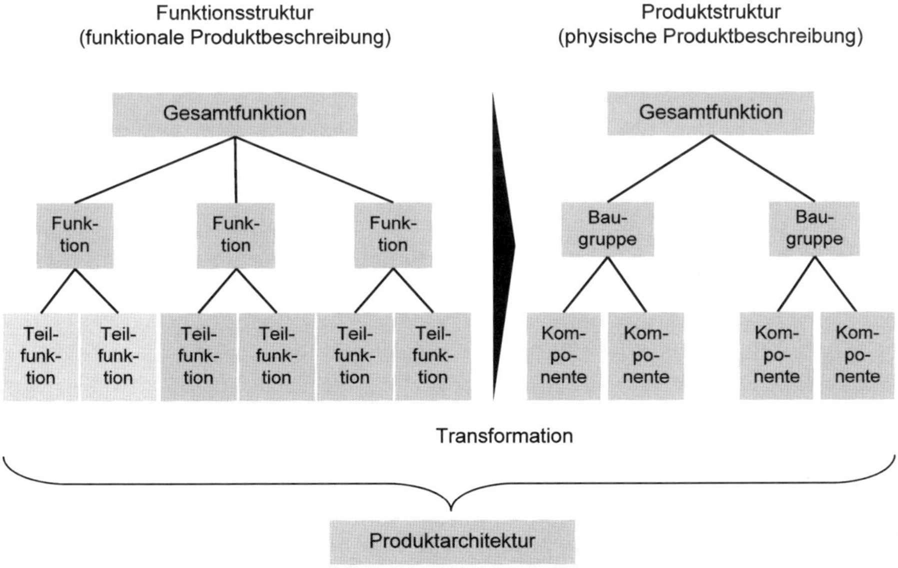

Abb. 4.2 Transformation der Funktions- in eine Produktstruktur

4

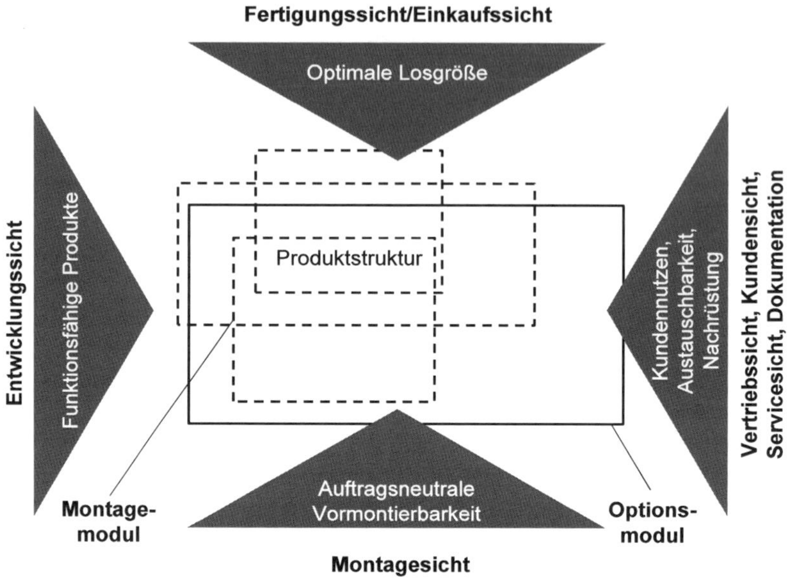

Abb. 4.3 Unterschiedliche Anforderungsgruppen an die Produktarchitektur [2]

Ein Erfolg versprechender Ansatz zur Erzielung eines optimalen Standardisierungsgrads in der Produktarchitektur und somit auch im Produktionssystem stellt die Entwicklung von modularen Baukästen in Form von produktübergreifenden Architekturen dar. Modulare Produktarchitekturen bieten die Möglichkeit, bei gleichzeitiger Erfüllung marktspezifischer Anforderungen, Gleichheiten (Kommunalitäten) zwischen Produktfamilien sowie Produktgenerationen zu schaffen und Skaleneffekte entlang der Wertschöpfungskette zu erzielen. Dabei wird ein Optimum zwischen einer bestmöglichen Kundenwunscherfüllung und der Realisierung von Skaleneffekten entlang der gesamten Wertschöpfungskette angestrebt. Erst mit einer **produktübergreifenden Architektur** wird es möglich, einzelne Produktderivate schnell und kostengünstig aus bestehenden Modellen abzuleiten. Durch eine gezielte Einschränkung von Freiheitsgraden werden Funktionen über Produktreihen hinweg in der Produktarchitektur so definiert, dass sie von identischen bzw. ähnlichen Modulen, Technologien oder Prozessschritten ausgeführt werden (Kap. 4.1.2 Bedeutung der Produktarchitektur für die Wettbewerbsfähigkeit). Durch eine **Standardisierung** wird das Ziel verfolgt, die Anzahl der Funktionsträger und Variantenteile zu reduzieren beziehungsweise variantenarme Baugruppen zu schaffen. Im Vordergrund steht dabei eine hohe Wiederverwendbarkeit von Teilen, Baugruppen, Technologien und Prozessschritten in der Wertschöpfungskette. Entscheidend ist das Verständnis der Standardisierung als Kontinuum: Wo keine gleichen Teile verwendet werden können, lassen sich möglicherweise dennoch Technologien oder Auslegungsprinzipien standardisieren und wo keine vollständige Gleichheit zu erzielen ist, lassen sich möglicherweise zumindest Ähnlichkeiten erzielen. Die Produktarchitektur dient dazu, diese Aspekte der Standardisierung unabhängig vom individuellen Einzelprodukt zu beschreiben.

Die Maßnahmen zur **Modularisierung** des Produktspektrums stellen eine Sonderform der Standardisierung dar und zielen darauf ab, die Abgrenzung von variantenarmen und variantenreichen Baugruppen voranzutreiben sowie die dabei auftretenden Schnittstellen zu vereinheitlichen. So wird bei gleichzeitig hohem Einsatz von Standardkomponenten eine rasche, kundenindividuelle Produktkonfiguration erreicht. Die Module innerhalb eines Baukastens zeichnen sich folglich durch standardisierte Schnittstellen und einen fixen Bauraum aus. Die einzelnen Produktfamilien bedienen sich aus einem vorkonfigurierten Set an Bauteilen bzw. Baugruppen und erzeugen somit unterschiedliche Merkmale und Merkmalsausprägungen bei geringer geometrischer Varianz.

4.1.2 Bedeutung der Produktarchitektur für die Wettbewerbsfähigkeit

Die Bedeutung einer systematischen Produktarchitekturgestaltung soll anhand eines Beispiels aus der Automobilindustrie verdeutlicht werden.

Wettbewerbsvorteile durch die Produktarchitektur – Das Beispiel des Modulbaukastens im Volkswagen-Konzern Der Volkswagen-Konzern ist ein prominenter Vorreiter im Bereich der systematischen Produktarchitekturgestaltung. Mit der Einführung von Fahrzeugplattformen in den 1990er- und 2000er-Jahren wurden bereits erhebliche Skaleneffekte realisiert, da eine fahrzeugübergreifende Wiederverwendung von Komponenten und Modulen ermöglicht wurde. Diese Plattformarchitekturen erfahren eine Evolution hin zu modularen Baukastensystemen, die einen noch größeren Wiederverwendungsgrad von Modulen, aber auch von Produkt- und Prozesstechnologien ermöglichen wird. Unter dem Begriff des modularen **Längs- und Querbaukastens** vollzieht Volkswagen einen weiteren Schritt hin zu einer noch umfassender aufgesetzten, systematischeren Produktarchitekturgestaltung, um zukünftig größere Skaleneffekte über das gesamte Produktprogramm zu erzielen.

Der modulare Längsbaukasten (MLB) ist für die Modelle des Volkswagenkonzerns mit größeren Motoren konzipiert, bei diesen Modellen ist der Motor längs eingebaut. Entsprechend ist der modulare Querbaukasten (MQB) für die Fahrzeuge konzipiert, die kleinere Motoren aufweisen und die Motoreinbaulage ist quer zur Fahrtrichtung. Die Verantwortung für die Baukastengestaltung liegt beim MLB bei Audi und beim MQB bei VW. Abbildung 4.4 ist die Aufteilung auf den MLB und MQB für unterschiedliche Fahrzeuge des Volkswagen-Konzerns dargestellt [3, 4].

Es ist hervorzuheben, dass nicht nur die Audi-Modelle aus dem MLB bzw. die VW-Modelle ausschließlich aus dem MQB bedient werden. Die Baukastenstrukturen werden markenübergreifend im Volkswagen-Konzern genutzt.

Im Unterschied zu den bisherigen Plattformen ermöglichen die zukünftigen Baukästen eine noch höhere Flexibilität und somit eine Fahrzeugklassen übergreifende Nutzung des Baukastens. Der „Clou“ der Baukastenentwicklung liegt in der Identifikation und richtigen Definition der maßgebenden Größen für den Baukasten, deren

4

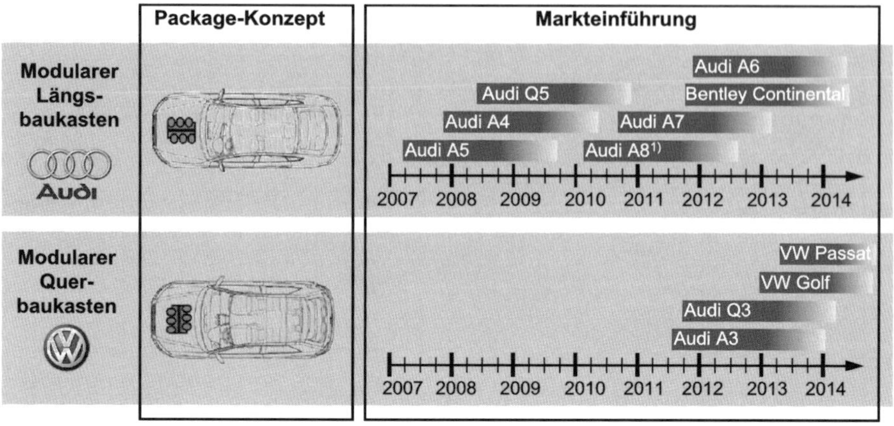

Abb. 4.4 Roadmap für den Modularen Längs- (MLB) und Querbaukasten (MQB) [3, 4]

Freiheitsgrade produktübergreifend auf ein Minimum eingeschränkt werden können. Diese „konstituierenden Merkmale“ eines Baukastens sind als Standards für die Produktarchitektur produktlinienunabhängig für den gesamten Baukasten definiert und geben damit vor, in welchen Aspekten die Produkte des Baukastens identisch sind. Bei der Entwicklung eines modularen Produktbaukastens kommt der Definition dieser Merkmale die erfolgsentscheidende Rolle zu: Wenn die konstituierenden Merkmale eines Modulbaukastens richtig gesetzt sind, verbleiben ausreichend große Freiheitsgrade zur Ableitung individueller Produkte aus dem Baukasten, wobei gleichzeitig dennoch maximale Skaleneffekte zwischen diesen Produkten bestehen.

Beim Beispiel des modularen Längs- und Querbaukastens handelt es sich um standardisierte geometrische Eigenschaften, die für sämtliche Baukastenprodukte gelten [5].

Die **einheitliche Techniklänge** bezeichnet die Standardisierung der Position von Motor, Getriebe, Achse, Klimagerät und Pedalwerk. Diese Maß ist für alle Produkte, die aus einem Modularen Baukasten bedient werden, einheitlich definiert. Ein weiteres Beispiel ist die **vereinheitliche Motoreinbaulage** in Form von Neigungswinkel und Abstand zur Achsmitte. Für die zukünftigen Fahrzeuge des Baukastens wurde die Anzahl der Kombinationen diesbezüglich von 36 auf 2 Varianten reduziert. Des Weiteren sind einheitliche Schnittstellen für die Mehrlenker- und Verbundachsen in Form einer **standardisierten Aufnahme für die Hinterachse** definiert worden. Diese konstituierenden Merkmale des Baukastens werden in der Produktarchitektur beschrieben und setzen weitreichende Standards für den Baukasten.

Durch die intelligente Definition der wenigen, konstituierenden Merkmale des Baukastens lassen sich die übrigen geometrischen Parameter eines Fahrzeugs bei dessen Produktentwicklung nahezu frei variieren. So verbleiben noch entsprechende Parameter, die bei der Fahrzeugentwicklung im Rahmen gängiger Größen beliebig variiert werden können, ohne die Kompatibilität des Einzelproduktes zur Modulwelt des Baukastens einzuschränken, solange die Einhaltung der konstituierenden Merkmale gewahrt bleibt.

Am konkreten Beispiel der Marke Audi lassen sich die Potenziale des modularen Längsbaukastens exemplarisch illustrieren [6]:

- Die Anzahl der Derivate in der B-Reihe konnte auf diese Weise von drei (Limousine, Avant, Cabrio) auf sechs (Limousine, Avant, Coupe, Cabrio, Sportback, SUV) gesteigert werden.
- Das einheitliche physikalische Wirkprinzip der Klimaanlage ermöglicht den Einsatz einer hochwertigen Basisanlage und deren modularen Ausbau über Mechatronikelemente für die Ansprüche der oberen Fahrzeugsegmente.
- Die einheitliche Zuordnung der Sitzposition ermöglicht neben der einheitlichen Bedienphilosophie die Abdeckung aller funktionalen Ansprüche, zusätzlich auch der Fahrzeuge des Konzerns mit Quermotoren, aus einem „Sitzmodul" bei gleichzeitiger Reduzierung der eingesetzten Baugruppen von 99 auf 69.

In der bilanzierenden Betrachtung ergeben sich die u. s. dargestellten, sowohl produkt- als auch prozessseitigen Nutzenpotenziale durch die Modulwelt im Volkswagen-Konzern. In Abb. 4.5 sind die Daten der bisherigen Plattformen (=PQX5, entspricht den Plattformen PQ25, PQ35, PQ45) den prognostizierten Daten des modularen Querbaukastens gegenübergestellt.

Der Anteil der Gleichteile kann durch den Produktbaukasten gesteigert werden, die Gesamtkosten in Entwicklung, Beschaffung und Produktion fallen etwa 20 % niedriger aus und der Einmalaufwand für die Entwicklung eines Fahrzeugs sinkt um etwa 30 % [7]. Bezeichnend für die Bedeutung der Produktarchitektur in Form der Baukästen bei Volkswagen ist sicherlich folgendes Zitat des Vorstandsvorsitzenden Prof. Martin Winterkorn: „Das technische Rückgrat für profitables Wachstum sind unsere Modulbaukästen" [7]. Es geht hiermit also nicht lediglich darum, Skaleneffekte zwischen Modellen zu erschließen, sondern vielmehr über zahlreiche Derivate aus dem Baukasten dort profitabel wachsen zu können, wo ohne Baukastenkonzept (wie bspw. mit einer Plattformstrategie) ein kostendeckendes Produkt nicht möglich gewesen wäre.

Abb. 4.5 Erzielbare Potenziale durch den Modularen Querbaukasten [8]

Am Beispiel Volkswagen wird deutlich, welche fundamentale Bedeutung eine systematische Gestaltung der Produktarchitektur auf den Unternehmenserfolg hat. Das Umdenken von der Einzelproduktentwicklung hin zu einer ganzheitlichen Entwicklung eines Baukastensystems, aus dem die Einzelprodukte abgeleitet werden, setzt eine langfristige Vorausplanung der zukünftigen Produkte als auch der einzusetzenden Module voraus. Diese Thematik wird im nachfolgenden Unterkapitel näher erläutert.

4.1.3 Synchronisation von Produkt- und Modulplanung

Eine der zentralen Fragestellungen bei der Produktarchitekturgestaltung ist die richtige Definition der **konstituierenden Merkmale** (maßgebenden Größen) innerhalb der Architektur, deren Freiheitsgrade produktübergreifend auf ein Minimum eingeschränkt werden können. Die konstituierenden Merkmale legen die Freiheitsgrade fest, die aufgrund der Architekturdefinition für alle Derivate gelten, die aus der gemeinsamen Architektur abgeleitet werden. Diese konstituierenden Merkmale können auf Funktions-, Geometrie-, Technologie- und Prozessebene definiert werden. Eine wichtige Voraussetzung für die richtige Definition der konstituierenden Merkmale ist die Abstimmung der Komponentenentwicklung mit der **Produkt-Roadmap**.

Die unterschiedlichen Komponenten sind hinsichtlich Ihrer individuellen Lebenszyklen vorauszuplanen, die maßgeblich davon abhängen, wie lange diese unverändert den entsprechenden Anforderungen genügen werden. Manche Komponenten weisen aufgrund der Dynamik des technologischen Fortschritts sehr kurze Lebenszyklen auf, bevor diese durch weiterentwickelte Komponenten ersetzt werden müssen, um den Kundenanforderungen gerecht werden zu können. Wiederum andere Komponenten weisen längere Lebenszyklen auf, da deren Veränderung aus Kundensicht eine untergeordnete Rolle spielt bzw. die zugehörigen Technologien längeren Zyklen unterliegen. Die Produktarchitektur ist derart zu gestalten, dass die über einen definierten Zeitraum einzusetzenden bzw. zu entwickelnden Komponenten in die Architektur integriert werden können. Das bedeutet, dass die konstituierenden Merkmale der Produktarchitektur so definiert werden, dass ein Austausch bzw. eine Kombination der geplanten Komponenten erfolgen kann, ohne dass die definierte Architektur verändert werden muss (siehe auch Kap. 5.5 Änderungsmanagement).

Um eine langfristige Kompatibilität von Komponenten und Produktarchitektur sicherzustellen, ist eine weitreichende Synchronisation von Komponentenentwicklung und Produktplanung erforderlich. Die Komponenten werden entsprechend ihrer geplanten Technologiezyklen in eine **Modul-Roadmap** eingetragen und bezüglich ihrer Schnittstellenspezifikationen definiert. Innerhalb der **Produkt-Roadmap** werden sämtliche Produkte (und deren Derivate) eingetragen, die aus der übergeordneten Produktarchitektur abgeleitet werden (Abb. 4.6).

Die abgestimmte Planung von Komponenten und Produkten in einer Architektur erfordert ein systematisches und methodisches Vorgehen. In den nachfolgenden Abschnitten werden die Grundlagen und Hilfsmittel zur Produktarchitekturgestaltung erläutert.

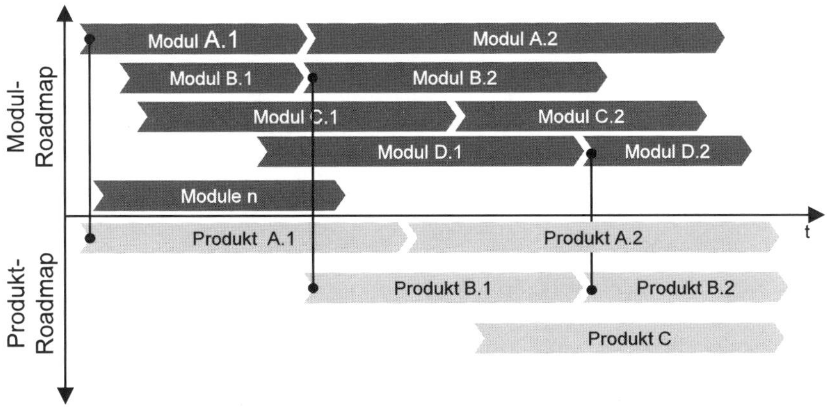

Abb. 4.6 Modul-Roadmap und Produkt-Roadmap

4.2 Funktionsstrukturierung

Die systematische Überführung von Anforderungen in die physischen Ausprägungen eines Produktes erfolgt idealerweise über eine Analyse bzw. Definition der zur Anforderungserfüllung notwendigen Funktionen und in deren Zusammenhängen untereinander. Die Funktionsstrukturierung ist ein wesentliches Hilfsmittel zur lösungsneutralen Detaillierung der Anforderungen.

4.2.1 Grundlagen der Funktionsstrukturierung

Funktionen beschreiben Zusammenhänge, die vor dem Hintergrund von Eingang und Ausgang eines Systems zur Erfüllung einer speziellen Aufgabe dienen. Dabei dient die Funktion der Erfüllung einer speziellen Aufgabe. Die Funktion selbst kann aus Teilfunktionen bestehen, die in ihrer Gesamtheit die Gesamtfunktion abbildet. Die Verknüpfung von Teilfunktionen zu einer Gesamtfunktion wird als **Funktionsstruktur** bezeichnet [9]. In Abb. 4.7 ist eine Funktionsstruktur in einem Systemmodell dargestellt.

Anhand der Funktionsstruktur können aufgrund der systematischen Darstellungsform Kenntnisse hinsichtlich potenzieller Wechselwirkungen bzw. funktionaler Beziehungen erlangt werden. Die Funktionsstruktur zeigt, wie Teilfunktionen durch verschiedene Flüsse miteinander verbunden sind, dies entspricht dem Beziehungsaspekt zwischen den Teilfunktionen des Produktes. Allgemein lassen sich Beziehungen durch die Eigenschaften *Art, Richtung und Intensität* beschreiben. Weiterhin ist aus der Systemtheorie bezüglich des Funktionsbegriffes bekannt, dass es sich um die Beziehung zwischen Input- und Outputgrößen handelt. Flussgrößen können hierbei die Ausprägung Materie (z. B. gasförmige, flüssige oder feste Körper, Bauteile, etc.), Energie (z. B. thermische, optische, elektrische

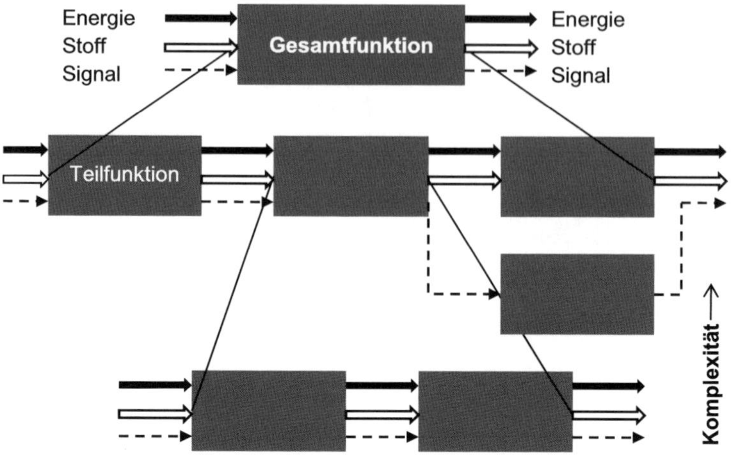

Abb. 4.7 Bilden einer Funktionsstruktur durch Aufgliedern einer Gesamtfunktion in Teilfunktionen [10]

Energie) oder Information (Daten, Steuersignale, Messgrößen usw.) aufweisen. Folglich können funktionale Schnittstellen bzw. Beziehungen energetischer, materieller oder informatorischer Art sein.

Ferner wird innerhalb der Funktionsstruktur die Gesamtfunktion hierarchisch in detailliertere Unterfunktionen zerlegt, wobei jeweils zu klären ist, wie weit diese dekomponiert werden sollten. Da es das Ziel ist, den Teilfunktionen im nächsten Schritt physische Komponenten zuzuweisen, ist jedoch meistens ein Abbruchkriterium gegeben, um dieser Forderung nachkommen zu können [1].

Der Neuheitsgrad der Aufgabenstellung und der anschließenden Lösungssuche bestimmt den zweckmäßigen Auflösungsgrad einer Gesamtfunktion in die Anzahl der Teilfunktions-Ebenen sowie die Zahl der Teilfunktionen je Ebene. Die einzelnen Teilfunktionen und deren Verknüpfungen untereinander sind bei ausgesprochenen Neuentwicklungen unbekannt. Daher gehört bei ihnen das Suchen und Aufstellen einer optimalen Funktionsstruktur zu den wichtigsten Teilschritten der Konzeptphase. Bei Anpassungskonstruktionen ist dagegen die Produktstruktur bestehend aus ihren Baugruppen und Einzelelementen größtenteils bekannt. Durch Analyse des weiterzuentwickelnden Produktes kann eine Funktionsstruktur aufgestellt werden. Entsprechend der spezifischen Anforderungen der Anforderungsliste kann die Funktionsstruktur durch Variation, Hinzufügen oder Weglassen einzelner Teilfunktionen und Veränderungen ihrer Zusammensetzung modifiziert werden. Dieses Vorgehen beim Aufstellen einer Funktionsstruktur bietet zusätzlich den Vorteil, dass bekannte Teilsysteme eines Produkts oder neu zu entwickelnde Teilsysteme gut abgegrenzt und getrennt bearbeitet werden können. Bekannte Baugruppen werden entsprechend komplexen Teilfunktionen unmittelbar zugeordnet und die Aufgliederung der Funktionsstruktur wird dann bereits auf hoher Komplexitätsebene unterbrochen. Gleichzeitig wird die Strukturierung in Teilfunktionen für die weiter oder neu entwickelten Baugruppen eines Produkts in abnehmender Komplexität so weit getrieben, bis eine Lösungssuche aussichtsreich erscheint. Durch die dem Neuheitsgrad der Aufgabe angepasste Funktionsgliederung ist das Arbeiten mit Funktionsstrukturen auch zeit- und kostensparend [10].

4.2.2 Bedeutung der Funktionsstrukturierung für die Produktarchitekturgestaltung

Die systematische Strukturierung von Funktionen hat einen erheblichen Einfluss darauf, in welchem Maße Kommunalitäten zwischen unterschiedlichen Produkten und Produktfamilien realisiert werden können. Die Strukturierung der Funktionen erfolgt in sogenannten Funktionsbaukästen, in denen einzelne Funktionen spezifischer Ausprägung eine Zuordnung zu den jeweiligen Produktfamilien erfahren (Abb. 4.8).

Unterschiedliche Anforderungen werden den jeweiligen Funktionsbausteinen zugeordnet und die Funktionsbausteine wiederum werden bestimmten Bauteilen zugewiesen. Auf diese Art erhält man Transparenz über die Gesamtanzahl an Funktionsvarianten und Funktionsausprägungen über sämtliche Produktfamilien hinweg. Einer unnötigen Parallelentwicklung von ähnlichen Funktionen, die meist zwangsläufig in leicht unterschiedlichen Bauteilen mündet, kann dadurch effektiv entgegengewirkt werden. Eventuell versteckte Kommunalitäten werden bereits bei der Überführung von Anforderungen in Funktionen identifiziert und führen zu einem höheren Standardisierungsgrad aus Bauteilebene, wodurch wiederum höhere Skaleneffekte entlang der gesamten Wertschöpfungskette erzielt werden können.

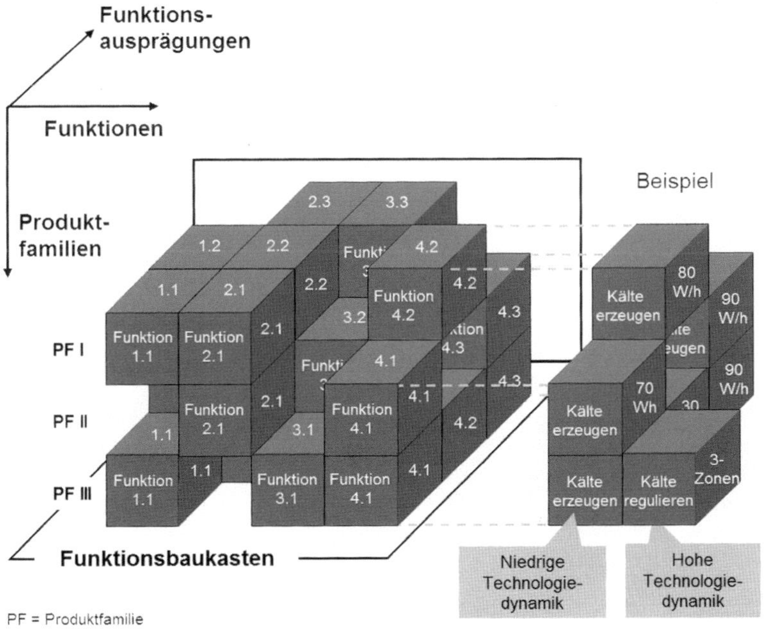

Abb. 4.8 Unternehmensweite Abbildung der Funktionsvarianz

4.2.3 Arten der Funktionsstrukturierung

Die Formulierung der Systemfunktionen erfolgt möglichst lösungsneutral, sodass Entwickler nicht Gefahr laufen, sich in Details zu verlieren und interessante Lösungsfelder auszublenden. Je nach Zielsetzug eigenen sich verschiedene Formen der Funktionsstrukturierung. Gängige Perspektiven auf die Funktionsstruktur orientieren sich an den Nutzern (Monteur, Anwender, Service, etc.), am Umsatz des Systems (Stoff, Energie oder Signal), an der Art der Relationen zwischen den Funktionen oder an logischen Zusammenhängen.

Je nach Art der Funktionsstrukturierung bieten sich unterschiedliche Darstellungsformen an (Tab. 4.1).

In einer Funktionsliste werden die Teilfunktionen unabhängig voneinander betrachtet. Mit einer hierarchischen Struktur können die unterschiedlichen Funktionen in eine Rangfolge unterteilt werden und mithilfe einer netzwerkartigen Struktur werden komplexe Beziehungen zwischen Funktionen abgebildet.

Durch eine umsatzorientierte Funktionsmodellierung kann die Funktionalität eines Systems zum Zeitpunkt der Benutzung betrachtet werden, indem die unterschiedlichen Zustände des Umsatzproduktes dargestellt werden. Am Beispiel eines Handrührgerätes für den Küchenbedarf ist eine umsatzorientierte Funktionsmodellierung in Abb. 4.9 dargestellt.

Mit einer nutzerorientierten Funktionsmodellierung können unterschiedliche Anwendungsfälle skizziert werden, um sich die Beanspruchungen, denen ein System ausgesetzt wird, bewusst zu machen. Wiederum am Beispiel eines Handrührgerätes wird in Abb. 4.10 eine nutzerorientierte Funktionsmodellierung dargestellt. Mit dieser Modellierung können sämtliche Fragestellungen entlang des Produktlebenslaufs frühzeitig berücksichtigt werden.

Mit einer relationsorientierten Funktionsorientierung können Zusammenhänge innerhalb eines Systems in Form eines Netzwerks verdeutlicht werden. Nützliche Funktionen (zum Beispiel „elektrische Energie in Rotation umsetzen") und schädliche Funktionen (zum Beispiel „Gehäuse erwärmen") werden durch spezifische Relationen (zum Beispiel: „elektrische Energie in Rotation umsetzen" verursacht „Gehäuse erwärmen") miteinander verknüpft. Dies kann zu sehr umfangreichen und komplexen Darstellungen führen, da sich zu jeder Funktion wieder Verknüpfungen zu weiteren Funktionen finden lassen. Es empfiehlt sich daher gemäß dem Grundprinzip „vom Groben zum Detail" vorzugehen, da das Ziel der relationsorientierten Funktionsmodellierung nicht die komplette Erfassung

Tab. 4.1 Übersicht zur Darstellung von Funktionsstrukturen [11]

	Umsatzorientierte Funktionsmodellierung	Relationsorientierte Funktionsmodellierung	Nutzerorientierte Funktionsmodellierung
Liste	x	–	O
Hierarchische Struktur	x	O	O
Netzwerkartige Struktur	x	x	x

x gut geeignet
O bedingt geeignet
– nicht geeignet

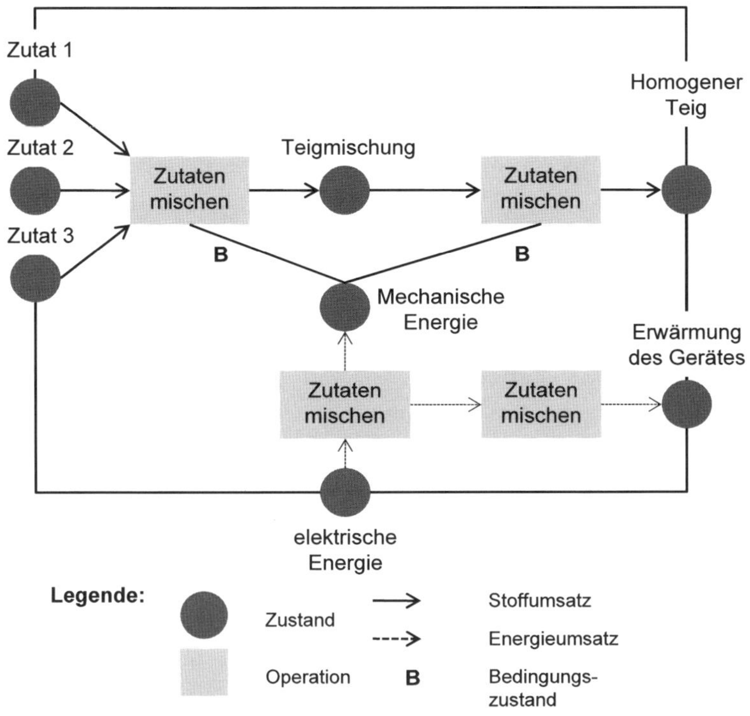

Abb. 4.9 Umsatzorientiertes Funktionsmodell eines Handrührgerätes [11]

sämtlicher Kausalketten ist, sondern eine der Problemstellung angemessene Systemdarstellung mit entsprechendem Detaillierungsgrad. In Abb. 4.11 ist ein relationsorientiertes Funktionsmodell am Beispiel eines Handrührgerätes abgebildet.

Zusammenfassend kann festgehalten werden, dass die Funktionsstrukturierung eine wesentliche Methode zur Problemstrukturierung bei der Überführung von Anforderungen in eine Produktstruktur und gleichzeitig auch ein wichtiges Hilfsmittel zur frühzeitigen und systematischen Analyse von Kommunalitätspotenzialen ist. Durch die Abstraktion der Problemstellung kann die Fülle an Einzelinformationen auf größere und abstraktere Sinnzusammenhänge reduziert werden. Dabei bleibt der Blick auf das gesamte Problem im Sinne eines holistischen Ansatzes erhalten und gleichzeitig erfolgt eine Auflösung von Fixierungen auf bekannte Lösungen und Vorgehensweisen.

4.3 Produktstrukturierung

Die wichtigsten kostenbestimmenden Entscheidungen werden in der Phase der Entwicklung und Konstruktion getroffen. Hier werden durch die Umsetzung der Anforderungen über die Funktionsstruktur in ein Produkt die Produkteigenschaften maßgeblich geprägt.

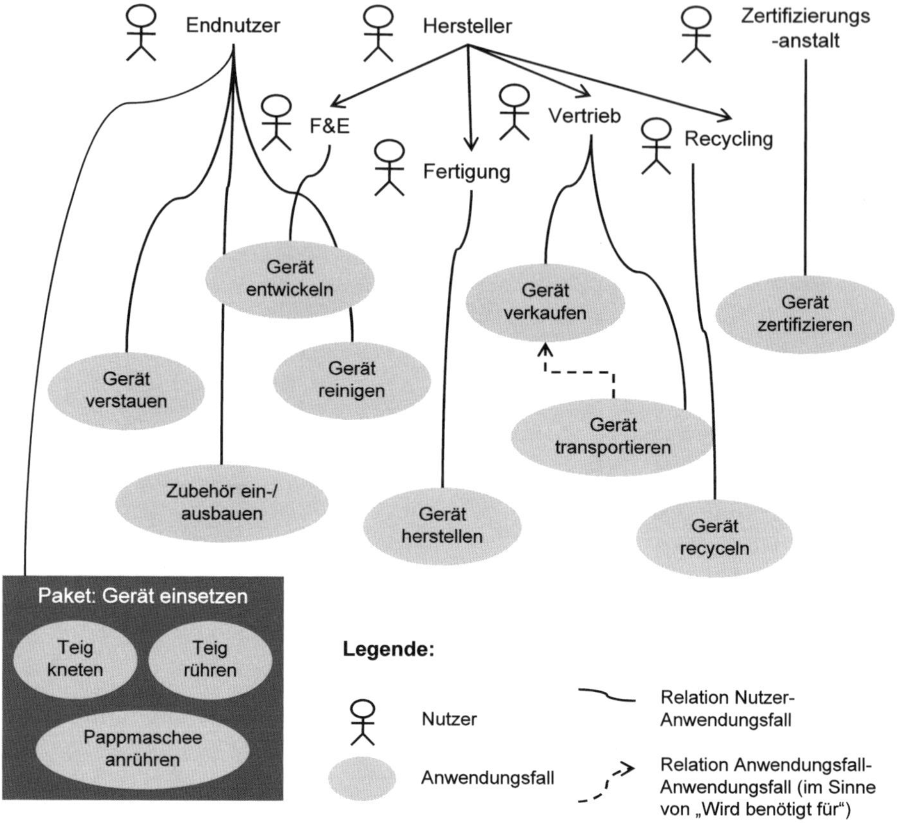

Abb. 4.10 Beispiel einer nutzerorientierten Funktionsmodellierung am Beispiel Handrührgerät [11]

Die Güte der Produktstrukturierung spielt somit eine entscheidende Rolle für nahezu sämtliche Unternehmensbereiche. Im Nachfolgenden wird erläutert, wie eine systematische Beschreibung der Komponenten eines Produktes mithilfe der Produktstrukturierung erfolgen kann, welche grundlegenden Arten von Produktstrukturen und -typen zu unterscheiden sind, welche Hilfsmittel zur Visualisierung hilfreich sind und wie und nach welchen Kriterien die Schnittstellen innerhalb einer Produktstruktur zu analysieren und systematisch zu definieren sind.

4.3.1 Beschreibung der Beziehungen zwischen Komponenten mithilfe der Produktstrukturierung

Die **Produktstruktur** ist ein darstellendes Modell eines Produktes, das die Gesamtheit des Produktes nach bestimmten Gesichtspunkten determinierten Beziehungen zwischen den einzelnen Bauteilen eines Produktes darstellt [12]. Die Anordnung sowie das Zusammen-

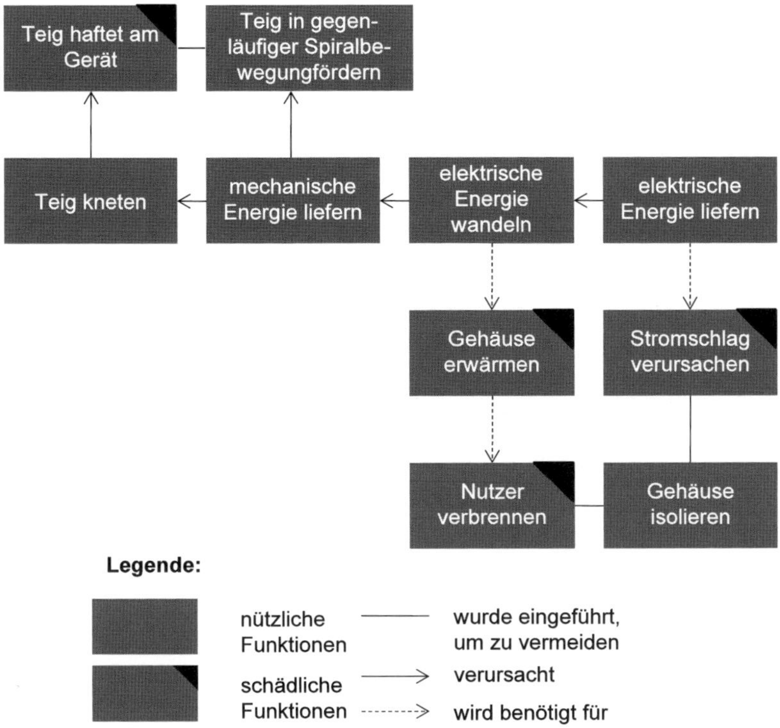

Abb. 4.11 Relationsorientiertes Funktionsmodell eines Handrührgerätes [11]

wirken von funktionalen Elementen werden in der Produktstruktur zusammengefasst. Sie stellt den Zusammenhang zwischen funktionalem Element und physischer Komponente her und definiert die spezifischen Schnittstellen, über die die Komponenten sich austauschen können [13].

Aufgabe der Produktstruktur ist es somit, das Produkt strukturell zu gliedern, die Beziehungen zwischen den Komponenten zu beschreiben, den Konstruktionsprozess zu strukturieren, den Stücklisten- und Zeichnungsaufbau zu vereinheitlichen und die Mehrfachverwendung von Komponenten und Baugruppen zu steigern [14]. Mit dem Aufbau und der Nutzung der Produktstruktur werden die folgenden Ziele verfolgt [2]:

- Strukturelle Gliederung der Bauteile eines Produktes
- Strukturierung des Konstruktionsprozesses
- Einheitlicher Zeichnungs- und Stücklistenaufbau
- Steigerung der Mehrfachverwendung von Baugruppen und Einzelteilen
- Reduzierung der Produktionsdaten und Unterstützung des Informationsflusses
- Vereinfachung der Informationsverarbeitung und Optimierung der Materialverteilung
- Schaffung von Wettbewerbsvorteilen mittels passender Strukturierungswahl

Analog zur Funktionsstruktur gibt es auch hier eine Hierarchie- und eine Beziehungskomponente. Aufgabe der Hierarchiebildung ist die Unterteilung des Produktes in die Gliederungsebenen der Erzeugnisse, Baugruppen und Einzelteile. Bezüglich des Beziehungsaspektes liegt der Fokus auf den Schnittstellen zwischen den einzelnen Komponenten. Hierbei handelt es sich jedoch um existente, physische Schnittstellen, die Energie, Materie oder Informationen zwischen den Komponenten übertragen. Da Baugruppen teilweise autark voneinander entwickelt werden, um mögliche Fehler von vornherein zu vermeiden, ist ein möglichst hoher Standardisierungsgrad hinsichtlich der Schnittstellen anzustreben [15].

Je nach erforderlichem Individualisierungsgrad des Endprodukts können vier grundsätzliche Produkttypen unterschieden werden (Abb. 4.12), für die jeweils unterschiedliche Produktstrukturen sinnvoll sind.

Standardprodukte ohne Varianz zeichnen sich dadurch aus, dass den Kunden keinerlei Einfluss auf die Produktausführung gewährt wird. Die Produktstruktur liegt somit vollständig aufgelöst vor. Ein entsprechendes Beispiel wäre eine Kompaktstereoanlage, bei der herstellerseitig typischerweise keine Zugeständnisse an individuelle Kundenwünsche gemacht werden.

Standardprodukte mit herstellerspezifischer Varianz sehen eine gewisse Individualisierung vor. Diese wird allerdings in einem Konfigurationsraum mit eindeutig definierten Merkmalen und Ausprägungen im Vorfeld des Produktionsstarts festgelegt. Somit zeichnen sich diese Standardprodukte mit herstellerspezifischer Varianz dadurch aus, dass sämtliche Komponenten vordefiniert sind, sodass keine auftragsspezifischen Anpas-

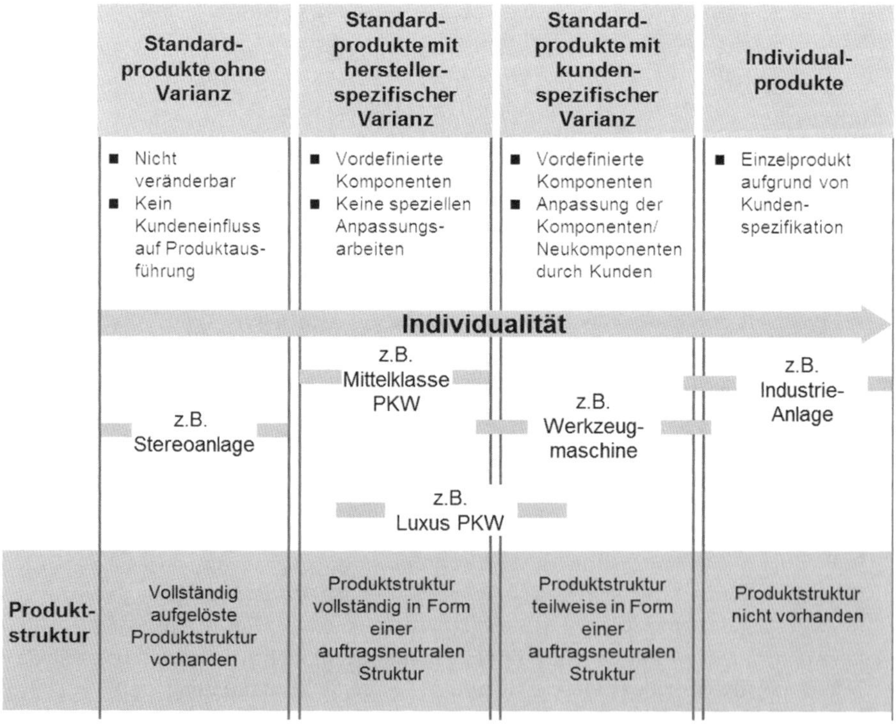

Abb. 4.12 Unterschiedliche Produktstrukturen in Abhängigkeit vom Produkttyp

sungsarbeiten mehr notwendig werden bzw. nicht erlaubt sind. Die Produktstruktur liegt somit in einer auftragsneutralen Struktur vor. Der Automobilbereich ist ein typisches Beispiel: Sämtliche Sonderausstattungen aus denen Kunden wählen können sind bereits vordefiniert und in der Produktstruktur vorausgeplant. Über eine mehr oder weniger große Vielfalt in den Ausstattungen wird so dem Kunden eine Individualisierbarkeit des Endprodukts ermöglicht, ohne jedoch kundenspezifische Anpassungen an Komponenten zu erlauben.

Standardprodukte mit kundenspezifischer Varianz weisen ebenfalls einen gewissen Anteil an vordefinierten Komponenten auf, über die eine Kundenindividualisierung erfolgt. Darüber hinaus erfährt ein nicht unerheblicher Teil dieser Produkttypen eine auftragsspezifische Anpassung von Komponenten in Abhängigkeit der Kundenanforderungen. Diese Produkttypen zeichnen dadurch aus, dass kein vollständig im Vorfeld definierter Konfigurationsraum vorgegeben ist. Die Produktstruktur liegt nur teilweise in Form einer auftragsneutralen Struktur vor und muss gewissen Unvorhersehbarkeiten bezüglich kundenindividueller Anpassungen gerecht werden können. Typische Vertreter dieses Produkttypus sind beispielsweise Werkzeugmaschinen, die häufig austragsspezifische Anpassungen erfahren, um ihrer geforderten Bearbeitungsaufgabe gerecht werden zu können.

Individualprodukte bilden eine Extremform eines Produkttyps, da jedes Produkt ein Einzelprodukt nach Kundenanforderungen ist. Eine vordefinierte Produktstruktur ist daher nicht vorhanden, weil jeder Auftrag so unterschiedliche Anforderungen an das Produkt aufweist, dass sich die Produktstrukturen von Auftrag zu Auftrag fundamental unterscheiden. Im Sondermaschinenbau trifft man diesen Produkttyp häufig an, Maschinen sind meist Einzelanfertigungen, oder werden zumindest nur in kleinen Stückzahlen hergestellt.

4.3.2 Differenzialbauweise und Integralbauweise

Die **Differenzialbauweise** von Teilen basiert auf der Zerlegung von Funktionsträgern in mehre Anbauteile. Mit dieser Maßnahme können verschiedene Ziele verfolgt werden. Prinzipiell wird versucht, innerhalb der Variante eines Funktionsträgers einen Gleichteileumfang zu schaffen. Dadurch wird einerseits die Entstehung der Varianz in die Montage verlegt, andererseits kann für den Gleichteileumfang eine größere Wiederholteilhäufigkeit erzeugt werden, was die Kostenposition günstig beeinflusst [16]. Ein weiterer Grund für den Einsatz der Differenzialbauweise kann die leichtere Handhabung der Teile sein, wenn deren Abmessungen bei einer Integralbauweise behindernd wirken. Zusammenfassend können folgende Vorteile und Nachteile einer Differenzialbauweise genannt werden [10]:

Vorteile der Differenzialbauweise:

- Verwendung handelsüblicher und beschaffungsgünstiger Halbzeuge oder Normteile,
- Erleichterte Beschaffung für Schmiede- und Gussstücke,
- Anpassung an betriebliche Fertigungseinrichtungen (Abmessungen, Gewicht),
- Erhöhung der Werkstück-/ Gleichteil-Lösungen auch bei Einzel- und Kleinserienfertigung,

- Erleichterte Qualitätssicherung infolge Werkstoffhomogenität,
- Erleichterte Instandsetzung, z. B. Verschleißzonen als Austauschteile,
- Bessere Anpassungsmöglichkeiten an Sonderwünsche,
- Verringerung des Terminrisikos und Verkürzung des Fertigungsdurchlaufs.

Nachteile der Differenzialbauweise:

- Erhöhter Zerspanungsaufwand,
- Erhöhter Montageaufwand,
- Erhöhter Aufwand zur Qualitätssicherung (kleinere Toleranzen, notwendige Passungen),
- Funktions- bzw. Belastungsgrenzen wegen der Fügestellen (Steifigkeit, Schwingungsverhalten, Dichtheit).

Die **Integralbauweise** entspricht dem Gegenteil der Differenzialbauweise. Die Teilevielfalt wird reduziert, indem mehrere Funktionen in einem Bauteil zusammengefasst werden. Auch hier wird versucht, die Wiederholhäufigkeit zu erhöhen. Zudem lassen sich durch die Integralbauweise Fertigungsschritte einsparen, indem beispielsweise mehrere Einzelteile mit zugehörigerer Montage durch ein einziges Spritzgussteil aus Kunststoff ersetzt werden. Der Einsatz von Integral- und Differenzialbauweise muss fallweise geprüft werden. Die Vor- und Nachteile einer Integralbauweise sind leicht nachvollziehbar, wenn die Kriterien für die Differenzialbauweise umgekehrt werden.

In Abb. 4.13 sind Differenzial- und Integralbauweise schematisch gegenübergestellt.

Ein typischer Vertreter der Differenzialbauweise nahezu in Reinform ist Lego. Mit einer relativ geringen Anzahl an Grundelementen, den Legosteinen, können praktisch unendlich viele Variationen an Konstruktionen erstellt werden. Das genaue Gegenteil sind z. B. die Spielzeugautos der Firma Matchbox. Diese sind typischerweise als Spritzgussteile hergestellt und jedes Fahrzeug hat eine individuelle Karosserie.

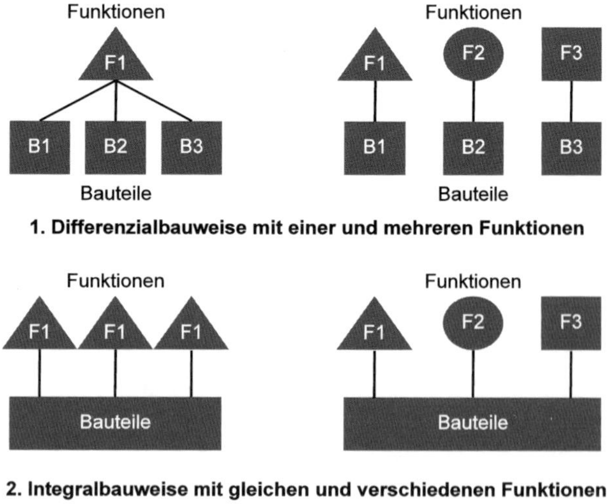

Abb. 4.13 Differenzial- versus Integralbauweise [16]

4.3.3 Produktstrukturtypen

Die Produktstrukturtypen von Schuh stellen die am weitesten verbreitete Kategorisierung von Produktstrukturen dar (Abb. 4.14):

Im Nachfolgenden werden die unterschiedlichen Produktstrukturierungstypen beschrieben.

Baureihen zeichnen sich durch gleiche Baumuster von Anbauteilen unterschiedlicher Größen aus. Unter einer Baureihe versteht man technische Gebilde (Maschinen, Baugruppen oder Einzelteile), die dieselbe Funktion mit der gleichen Lösung, in mehreren Größenstufen und bei möglichst gleicher Fertigung in einem weiten Anwendungsbereich erfüllen. Baureihen werden besonders bei konstruktiv und planerisch aufwendigen Produkten, wie z. B. Motoren, Turbinen und Aggregaten eingesetzt. Für den Hersteller ergibt sich der Vorteil, dass die konstruktive Arbeit für viele Anwendungsfälle nur einmal unter gewissen Ordnungsprinzipien geleistet wird. In der Fertigung wiederholen sich bestimmte Losgrößen und sie wird dadurch wirtschaftlicher, zusätzlich ist eher eine hohe Qualität erreichbar. Diese Vorteile wirken sich auch auf den Anwender aus, da er ein preisgünstigeres und qualitativ höherwertiges Produkt beziehen kann, das sich durch in der Regel kürzere Lieferzeiten und einer problemlosen Ersatzteilbeschaffung auszeichnet. Nachteilig wirkt sich eine eingeschränkte Größenwahl mit nicht immer optimalen Betriebseigenschaften aus [10].

Module sind Anbauteile, die mit unterschiedlichen Funktionen, aber einheitlichen Schnittstellen eine vielfältige Kombinierbarkeit der Komponenten und effiziente Vielfalterzeugung ermöglichen [17]. Ein Modul ist ein physisches Bauteil oder eine Baugruppe, das mit festen, definierten Schnittstellen in seiner Funktion unterschiedlich ausgeprägt sein kann. Durch die definierten und gleichzeitig standardisierten Schnittstellen können Komponenten mit unterschiedlichen Modulen auf verschiedenste Art und Weise kombiniert werden und so Varianten im Gesamtprodukt erzeugen [18]. Das Modularprinzip ist in

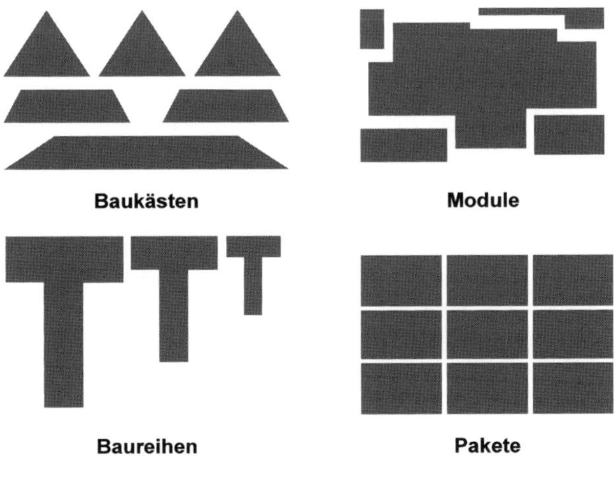

Abb. 4.14 Produktstrukturierungstypen [17]

besonderem Maße geeignet, durch Nutzung des Kombinatorik-Effekts eine außerordentliche Vielfalt bei nur begrenzten Innenwirkungen darzustellen [19].

Im Bereich der Konstruktion sind heute Synonyme für den Begriff **Baukasten** zu finden. Gängige parallel verwendete Begriffe sind Bausteinsysteme oder modulare Systeme. Synonym für die Baukastenbauweise werden Ausdrücke wie Baukastentechnik, Kombinationstechnik, Baukastenprinzip, Baukasten-Konstruktion, Baukastenfertigung oder modulare Bauweise eingesetzt [20]. In Kap. 4.4 wird speziell auf die modulare Produktgestaltung im Detail eingegangen. Baukästen sind „charakterisiert durch einen oder wenige Grundkörper, in die über verschiedene Montagestufen unterschiedlich variantenreiche Anbauteile montiert werden" [2, 16]. Dieses Prinzip ist häufig Grundlage von Stücklistenstrukturen im Anlagenbau. Rapp fügt in seinen Ausführungen ergänzend hinzu, dass es sich bei einem Baukastensystem um Systeme von Produkten handelt, „die so aufgebaut sind, dass alle Produkte aus einer Zahl von Bausteinen hergestellt werden können."

Es gibt eine Vielzahl an unterschiedlichen Ausprägungen von Baukästen bzw. Baukastensystemen. Es werden nachfolgend Typen von Baukastensystemen klassifiziert und deren Charakteristika beschrieben, die in Abb. 4.15 zusammenfassend aufgeführt sind [21].

Baukastensysteme

Art	modular	struktur-gebunden	abstrakt	ein-/mehr-direktional	voll-/unvoll-ständig	offen/ geschlossen
Merkmal	• Bausteine unterschiedlicher Funktion können an verschiedenen oder beliebigen Orten angeordnet werden • Gleiche geom. Schnittstellen erforderlich • Bausteine können eine, mehrere, gleiche oder unterschiedliche Funktionen erfüllen • Bausteinabmessungen können gleich sein oder variieren	• Zu an bestimmten Plätzen der Produktstruktur sitzenden Bausteinen existieren Alternativbausteine • Bausteine an bestimmte Plätze der Produktstruktur gebunden	• Grenzen/ Schnittstellen von Bausteinen sind Schnitte durch Bauteile, Baugruppen, Maschinen • Baukastensystem aus eigenständigen (diskreten) oder nicht eigenständigen Bausteinen	• In ein, zwei, drei oder mehrere Richtungen ausgedehnte, technische Gebilde	3 Typen • Vollständiges, nur aus standardisierten Bausteinen bestehendes Baukastensystem • Mischsystem: teils aus Bausteinen und teils aus anzupassenden Bauteilen • Kein Baukastensystem, sprich ein Multibaugruppensystem	Offene Systeme • Produkte werden auftragsspezifisch konfiguriert • Externe Vielfalt nicht genau definiert Geschlossene Systeme • Umfang der externen Vielfalt durch Bauprogramme genau definiert
Beispiel	• Schaltschränke • Elektrische Steuerung	• Motoren für PKW • Spindeln für WZM	• Schlüsselbärte • Distanzbolzen	• Distanzstücke, Endmaße • Ziegelsteine, Lego	• Baukastensysteme, in der Praxis meist Mischsysteme • PKW-Sitze	• Lego (offen) • Geschlossen (z.B.):

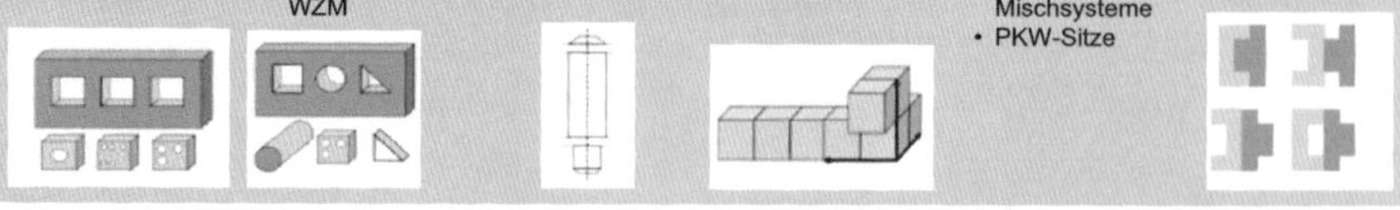

Abb. 4.15 Charakteristika unterschiedlicher Baukastentypen [21]

Modulare Baukastensysteme: Kennzeichen modularer Baukastensysteme ist, dass Bausteine mit einer oder mehreren, gleichen oder unterschiedlichen Funktionen an mehr als einem Ort oder sogar beliebig vielen Orten im System eingesetzt werden können. Voraussetzung dafür ist, dass die Bausteine über identische Schnittstellen verfügen oder sich diese durch den Zusammenschluss mehrerer Elemente generieren lassen. Die geometrischen Dimensionen der Bausteine sind abhängig von der Art und der Anzahl der Funktionen, die mit ihnen realisiert werden sollen. Häufig ist es der Fall, dass solche Bausteine, die unterschiedliche oder mehrere Funktionen aufweisen, entsprechend den Anforderungen größer oder kleiner zu dimensionieren sind. Diese geometrische Individualität führt im Rückschluss dazu, dass die Bausteine nicht mehr an jedem beliebigen Ort im System eingesetzt werden können. Beispiele für modulare Baukastensysteme sind elektrische Steuerungen, Schaltschränke, Gerüste oder Haustür-Kommunikationsanlagen.

Strukturgebundene Baukastensysteme: Strukturgebundene Baukastensysteme finden beispielsweise im Werkzeugmaschinenbau oder in der Automobilindustrie Anwendung. Wesentliches Kennzeichen dieser Systeme ist, dass die Bausteine derart individuelle und an die Gesamtform bzw. den Bauraum angepasste Geometrien besitzen, dass sie nur an einer spezifizierten Position verbaut werden können. Sollen an bestimmten Stellen unterschiedliche Funktionen oder verschiedene Ausführungen der Bausteine realisiert werden, erfolgt dieses durch sogenannte Alternativbausteine. Diese sind folglich ebenfalls aufgrund ihrer Form und der meist ähnlichen Funktion an die entsprechende Position in der Struktur gebunden und können nicht an jedem beliebigen Platz verbaut werden. Der genannte Sachverhalt soll an zwei Beispielen illustriert werden. Im Falle einer Werkzeugmaschine können z. B. bei Fräsmaschinen die Spindelköpfe (Ein- oder Mehrspindelbohrkopf) gewechselt werden. Beispiele aus der Automobilindustrie sind der Motor (Diesel oder Benzin), die Sitze oder die Infotainmentsysteme.

Abstrakte Baukastensysteme: Abstrakte Baukastensysteme sind dadurch charakterisiert, dass die Bausteine, aus denen sie bestehen, nur gedacht und somit nicht konkret sind. Elemente des Baukastens können Teilbereiche von Bauteilen, Baugruppen oder Geräten sein. Die Formen, Grenzen und Schnittstellen der Bausteine dieses Typs entstehen mittels Schnitten durch Bauteile, Baugruppen oder Maschinen. Die sich aus den Schnitten ergebenden Formen oder Muster können dann kombiniert werden. Ein weiteres wichtiges Charakteristikum ist, ob das Baukastensystem aus diskreten oder nicht eigenständigen Bausteinen besteht. Beispiele für abstrakte Systeme sind Schlüsselbärte oder Positionierbolzen.

Ein- oder mehrdirektionale Baukastensysteme: Je nachdem in wie viele Richtungen bzw. Dimensionen sich die mittels der Bausteine realisierten technischen Gebilde eines Baukastens erstrecken, handelt es sich um ein- oder mehrdirektionale Systeme. Beispiele für Bausteine, mit denen sich mehrdirektionale Produkte erzeugen lassen, sind Distanzstücke, Endmaße, Fliesen, Ziegelsteine, Möbel, Gerüste, Schaltschränke oder Antriebssysteme.

Vollständige oder unvollständige Baukastensysteme: Neben den bisher behandelten strukturellen Merkmalen von Baukastensystemen kann ein weiteres Merkmal deren Vollständigkeit sein. Mit der Vollständigkeit wird in diesem Zusammenhang beschrieben, ob

Produkte rein aus Bausteinen eines Baukastensystems erzeugt werden oder ob ebenfalls nicht standardisierte Bauteile oder Baugruppen von außerhalb des Baukastensystems enthalten sind. Dementsprechend lassen sich drei Ausprägungen klassifizieren:

- Vollständige Baukastensysteme, die nur aus standardisierten Bausteinen bestehen
- Mischsysteme, die teilweise aus standardisierten Bausteinen und teilweise aus auftragsspezifischen, nicht standardisierten Bausteinen bestehen
- Kein Baukastensystem (es handelt sich um ein Multibaugruppensystem)

Da in der Praxis häufig auftragsgebundene Anpassungen an den Erzeugnissen vorzunehmen sind, sind dementsprechend Mischsysteme oder Baukastensysteme mit Sonderfunktionen verbreitet.

Offene oder geschlossene Systeme: Neben den bisher vorgenommenen Klassifizierungen von Baukastensystemen wird ergänzend die Unterscheidung zwischen offenen und geschlossenen Baukastensystemen vorgenommen [22, 23]. Charakteristisch für offene Baukastensysteme ist, dass die Erzeugnisse auftragsspezifisch gestaltet werden. Die externe Vielfalt, sprich, wie viele Varianten sich mit den unterschiedlichen Bausteinen generieren lassen, ist bei dieser Art von Baukasten nicht genau bestimmt. Es werden vielmehr in einem Baumusterplan ausgewählte Kombinationsmöglichkeiten vorgegeben. Ein gutes Beispiel für diesen Typ ist das System des Spielwarenherstellers LEGO. Aus einer relativ geringen Anzahl an standardisierten Bausteinen können unterschiedlichste Gebilde umgesetzt werden, die Variantenzahl an Endprodukten ist quasi unendlich und somit nicht genau bestimmt. Im Gegensatz zu offenen Systemen ist bei geschlossenen Baukästen die externe Vielfalt genau bestimmt. Innerhalb des Bauprogramms werden sämtliche Kombinationsmöglichkeiten, die realisiert werden können und sollen, festgehalten.

Anwender- und Herstellerbaukästen: Herstellerbaukästen sind Systeme, die vom Hersteller zusammengebaut und danach in der Regel nicht mehr verändert werden (z. B. Getriebe- oder Motorenbaukästen). Anwenderbaukästen dagegen bieten dem Nutzer die Möglichkeit, Erzeugnisse selbst zu generieren und auch im Nachhinein noch zu ändern (z. B. Heimwerkerbaukästen oder Gerüste) [24]. Daher sollten Anwenderbaukästen möglichst einfach zu montieren sein [20].

Zusammenfassend werden die Vor- und Nachteile dieser beiden Baukastensysteme genannt, wobei zugleich die Anwender- als auch die Herstellersicht berücksichtigt wird.

Einer der wesentlichen Vorteile, der sich für Hersteller durch den Einsatz von Baukastensystemen ergibt, ist, dass sich mit einer relativ geringen Anzahl vordefinierter Bausteine (geringe interne Vielfalt) eine sehr große Anzahl an Produkten (hohe externe Vielfalt) herstellen lässt.

Unter externer Vielfalt ist die Anzahl und Verschiedenheit der Varianten eines Bauteils, einer Baugruppe oder eines Produktes zu verstehen, die vom Kunden wahrgenommen werden. Um einsatzwirksam und für das Unternehmen von Nutzen zu sein, muss sie jedoch vom Markt und somit vom Kunden wahrgenommen werden [25]. Die interne Vielfalt dagegen beschreibt die bei der Auftragsabwicklung entstehende Vielfalt an Bauteilen, Baugruppen, Produkten, Prozessen oder eingesetzten Ressourcen. Um die Komplexität innerhalb des Unternehmens gering zu halten, sollte die interne Vielfalt, wenn nicht gerade aus Kundenanforderungen entstehend, möglichst gering gehalten werden. Daher sollten Bausteine als Wiederhol-, Norm- oder Gleichteile eingesetzt werden [22]. Somit entsteht ein Produktprogramm mit möglichst niedrigen Variantenkosten [16]. Aufgrund der Tatsache, dass die Produkte im optimalen Fall aus nur wenigen unterschiedlichen Bausteinen erstellt werden, ergeben sich wegen der großen Losgröße und der geringen Teilevielfalt weitere positive Effekte. Hierzu zählt, dass die Fertigungsverfahren wirtschaftlicher genutzt werden und sich somit Skaleneffekte realisieren lassen, die Prüfmethoden verbessert werden, eine höhere Produktqualität erreicht wird (Senkung der Gewährleistungskosten) und die Lagerhaltungskosten sinken [20, 21].

Der Anwender wiederum profitiert von den kürzeren Lieferzeiten und der Tatsache, dass die Produktqualität erheblich gesteigert wird. Hinzu kommt, dass er die Möglichkeit hat, Produkte nachträglich nach- und umzurüsten. Weiterhin kann er je nach Art des Baukastens im Nachhinein das Produkt um entsprechende Funktionen ergänzen [10].

Nachteilig für den Hersteller ist, dass die Entwicklung eines Baukastensystems erhebliche Vorleistungen und Konstruktionsaufwand erfordert, der sich erst dann lohnt, wenn Varianten auch hinreichend genutzt werden [22]. Ebenfalls problematisch ist die Erfüllung von speziellen Kundenwünschen (Verlust der Flexibilität und Marktorientierung). Änderungen am Produkt sind bei Baukastensystemen nur in größeren Zeiträumen wirtschaftlich akzeptabel, da die anfallenden Entwicklungskosten hoch sind. Auch ist bei der Fertigung (z. B. bei Passflächen) und der Montage erhöhte Sorgfalt geboten [10]. Aus Kundensicht ist von Nachteil, dass aufgrund der Standardisierung individuelle Wünsche nur schwer erfüllbar sind. Hinzu kommt, dass wegen der modularen Bauweise und der Kopplung von Funktionen an einzelne Bauteile die Abmaße des Gesamtproduktes zunehmen und somit der Platzbedarf steigt.

In Abb. 4.16 sind die Vor- und Nachteile von Baukastensystemen unterteilt nach der Hersteller- und der Anwendersicht zusammengefasst.

Pakete setzen sich aus Anbauteilen für verschiedene Ausstattungen und Funktionen zusammen, die jeweils nur gemeinsam, nicht aber in einem anderen Paket auftreten. Pakete werden u. a. in der Automobilindustrie geschaffen, um die Kombinationsmöglichkeiten von Ausstattungen und Anbauteilen einzuschränken. Der Aufwand in Entwicklung und Disposition soll dadurch reduziert werden [17]. Die Paketbildung

	Vorteile	Nachteile
Herstellersicht	▪ Geringe interne Vielfalt bei vergleichsweise hoher externer Vielfalt ▪ Komplexitätsreduktion ▪ Niedrige Variantenkosten ▪ Verbesserung der Produktqualität ▪ Senkung der Lagerhaltungskosten	▪ In der Regel erhöhter Entwicklungsaufwand ▪ Erhöhter Aufwand bei Änderungen ▪ Begrenzte Möglichkeit der Erfüllung individueller Kundenwünsche
Anwendersicht	▪ Kürzere Lieferzeiten ▪ Verbesserte Produktqualität ▪ Möglichkeit der nachträglichen Nach- und Umrüstung	▪ Erhöhter Platzbedarf der Produkte ▪ Individuelle Wünsche nur begrenzt erfüllbar

Abb. 4.16 Vor- und Nachteile von Baukastensystemen

entspricht einer bewussten Einschränkung der vom Produkt gebotenen Konfigurationsmöglichkeiten. Die Paketbildung stellt mehr einen Ansatz zur Produktstrukturierung als eine Produktstruktur dar [16]. Rapp vertritt den Standpunkt, dass von den aufgeführten traditionellen Produktstrukturtypen nur Baukästen und Module alle Charakteristika einer Produktstruktur beschreiben. Wie gezeigt wurde, sind diese beiden Typen jedoch relativ eng verwandt. Es ist daher nicht erstaunlich, dass andere Autoren den Produktstrukturbegriff mit Modularität gleichsetzen und darauf aufbauend Modularitätstypen beschreiben [16].

Beispiel für die Baukastengestaltung aus der Automobilzuliefererindustrie In der Praxis treten die genannten Produktstrukturtypen häufig als Mischformen auf. Ein Beispiel stellt das Core-Product-Portfolio von Johnson Controls dar. Ziel ist auch hier möglichst mittels Standardisierung von Teilen, die Grundfunktionalitäten der Produkte abzudecken. Dargestellt in Abb. 4.17 ist das Core-Product-Portfolio aus dem Bereich Auto-Sitze [26].

Das Core-Product-Portfolio setzt sich aus Primärteilen, parametrisierten (skalierbaren) Teilen, kundenindividuellen Teilen und Standardteilen zusammen. Bei den Primärteilen wie z. B. der Lehneneinstellung wird eine kundenneutrale Übernahme angestrebt. Bei der Herstellung der Sitze stellen insbesondere die Stanzbiegewerkzeuge für die Metallteile einen wesentlichen Kostenblock dar. In den Primärteilen werden die Basisfunktionen abgebildet, sodass eine kundenindividuelle Anfertigung keine Differenzierungsmerkmale liefert. Die parametrisierten Bauteile wie z. B. Seitenteile oder Querträger können über die Veränderung einzelner Parameter an die Kundenbedürfnisse angepasst werden. Für die parametrisierten Teile stehen entsprechende Vorlagen zur Verfügung. Die parametrisierten Teile werden auch in anderen Kundenprojekten eingesetzt, sodass der Grad der Wiederverwendung deutlich höher ist als bei kundenindividuellen Teilen. Kundenindividuell werden alle Teile angefertigt, die für den Endkunden sichtbar sind und zur Markenidentität beitragen. Dies sind beispielsweise alle geschäumten Teile und Zierleisten an den Sitzen. Für die kundenindividuellen Teile existieren ebenfalls Vorlagen für die Schnittstellen zu den anderen Teilen. Weiterhin gibt es Standardteile, die unverändert in allen Produkten eingesetzt werden.

Johnson Controls unterscheidet zwischen einer neuen Sitzstruktur, einem Applikationsdesign und einem Kerndesign als mögliche Auftragsarten, wobei die neue Sitzstruktur das aufwendigste Projekt darstellt. Ein Kerndesign ist vollständig im Core-Product-Portfolio abgebildet und wird nach Spezifikationen von Johnson Controls entwickelt. Hierdurch können bei gleichem Kundennutzen ca. 50 % der Entwicklungsaufwendungen gegenüber einer Neuentwicklung eingespart werden. Das Applikationsdesign stellt einen Mittelweg zwischen den beiden Extremen dar und wird auf Basis des Kerndesigns entwickelt. Eine der Herausforderungen stellt die konsequente Einhaltung der Vorgaben aus dem Core-Product-Portfolio über den Entwicklungszeitraum der Automobile dar, die einen kontinuierlichen Abstimmungsprozess mit dem OEM und das Einhalten der Meilensteine Design-Freeze verlangt [26].

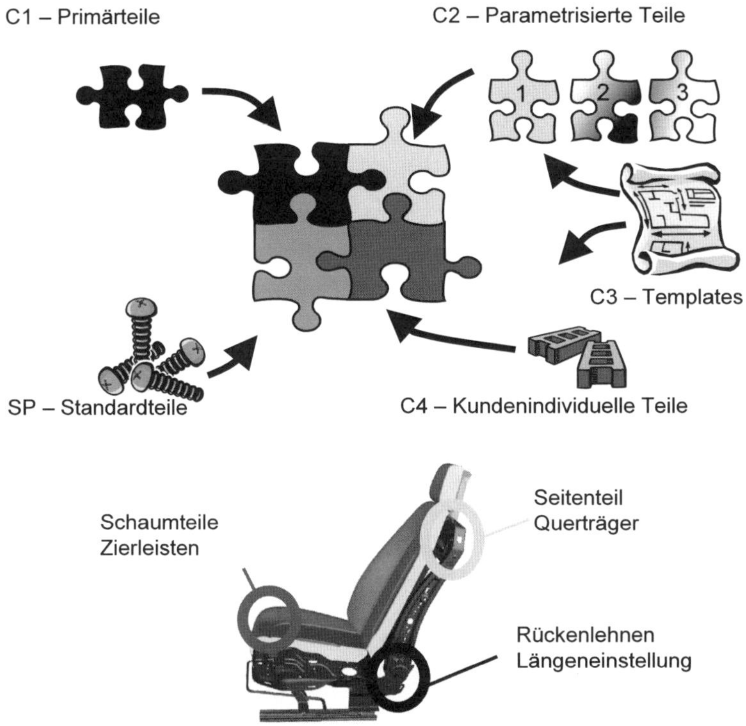

Abb. 4.17 Core Product Portfolio [26]

4.3.4 Sichtweisen auf die Produktstruktur

Die Erzeugnisgliederung bildet die Grundlage für eine Strukturierung der Produktinformationen. Sie spiegelt sich in Form eines Stücklisten- sowie eines Zeichnungssatzes wieder. Die Gliederung selbst kann funktionsorientiert, sowie fertigungs- bzw. montageorientiert erfolgen. Trotz der unterschiedlichen Anforderungen, die aus den verschiedenen Unternehmensbereichen an die Erzeugnisgliederung gestellt werden, hat es sich als zweckmäßig erwiesen, alle beteiligten Betriebsbereiche an der Aufstellung zu beteiligen [10]. Falls sich Forderungen an die Produktstruktur widersprechen, muss ein Kompromiss zwischen den einzelnen Unternehmensbereichen gefunden werden [2]. In Abb. 4.18 sind die verschiedenen Sichtweisen auf die Produktstruktur aus den jeweiligen Unternehmensfunktionen abgebildet.

Eine wesentliche Herausforderung bei der systematischen Produktstrukturierung stellt das konsistente Produktdatenmanagement über sämtliche Unternehmensfunktionen hinweg dar. Im Sinne des PLM-Gedankens (siehe auch Kap. 7 Product Lifecycle Management) sind die unterschiedlichen Darstellungsformen der Produktstruktur aus einer unternehmensweiten Datenbasis zur Verfügung zu stellen.

Die Produktstruktur (Erzeugnisgliederung) ist durch den in Abb. 4.19 dargestellten Stammbaum charakterisiert.

4

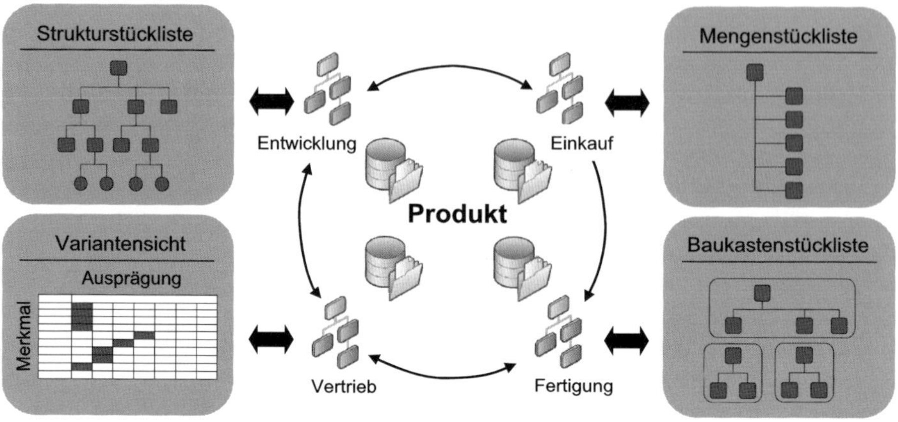

Abb. 4.18 Verschiedene Sichtweisen auf die Produktstruktur

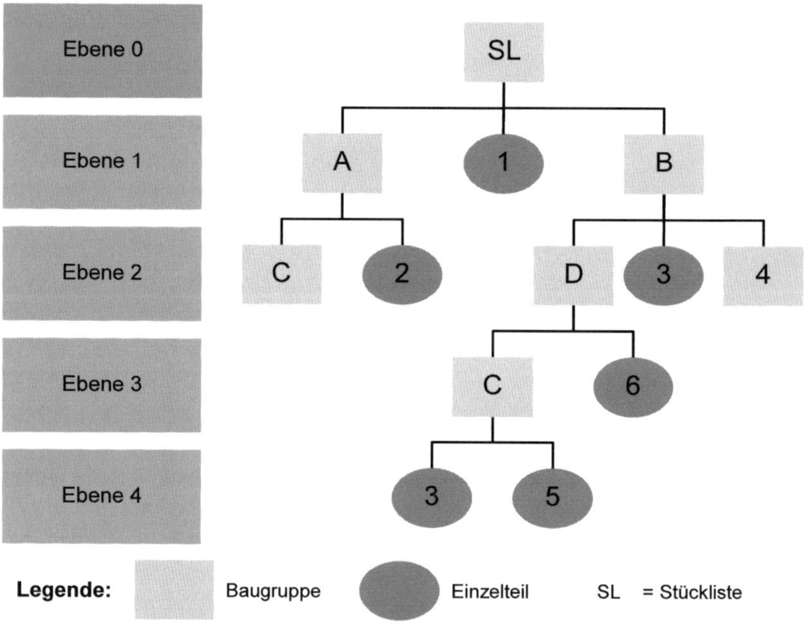

Abb. 4.19 Ebenen der Produktstruktur

Dem Endprodukt wird in der Produktstruktur der Stufencode 0 zugeordnet. Die Komponente eines Einzelteils oder einer Baugruppe weist jeweils einen um 1 höheren Stufencode aus. Die Anzahl der Ebenen ist abhängig von der Produktkomplexität.

Die Stückliste ist Bestandteil der Erzeugnisgliederung und dient als wichtiger Informationsträger zur Beschreibung der Bestandteile eines Erzeugnisses. Sie ermöglicht die Formatierung der Produktstruktur in eine durch Maschinen lesbare Form [2].

Die Einteilung von Stücklisten erfolgt nach Art und Verwendungszweck. Man unterscheidet hierbei zwischen verschieden Formen von Stücklisten, wie aus Abb. 4.20 hervorgeht [10].

Abb. 4.20 Einteilung von Stücklisten

Im Folgenden sollen die verschiedenen Stücklisten näher erläutert werden. Dabei werden zunächst die verschiedenen Stücklistenarten aufgeführt. Im Anschluss werden Stücklisten vorgestellt, die sich durch ihren Verwendungszweck voneinander abgrenzen.

Mengenstückliste: Die Mengenstückliste stellt die einfachste Form der Stücklistenarten dar. Sie listet undifferenziert alle Einzelteile eines Erzeugnisses samt ihrer Mengenangaben und Sachnummern auf. Es wird darauf verzichtet darzustellen, aus wie vielen Gliederungsebenen und Baugruppen ein Erzeugnis besteht [2]. Stattdessen enthält die Liste alle Bauteile eines Erzeugnisses nur einmal. Vorteil dieser Stücklistenart ist ihr geringes Speichervolumen. Darüber hinaus ermöglicht sie die Berechnung des Bedarfs an notwendigen Komponenten. Sie eignet sich aufgrund ihrer Oberflächlichkeit jedoch nur für Erzeugnisse mit wenigen Fertigungsstufen (<3 Strukturebenen). Abbildung 4.21 zeigt die Struktur einer Mengenübersichtsstückliste [10].

Strukturstückliste: Im Gegensatz zur Mengenstückliste zeigt die Strukturstückliste die Zusammensetzung des Produktes über alle Fertigungsstufen (Strukturstufen). Bei dieser Listenart werden alle Baugruppen und Einzelteile des Produkts strukturiert wiedergegeben. Dabei sind alle Gruppen bis zur höchsten Gliederungsstufe aufgelöst. Darüber hinaus wird zu jedem Element der Strukturstückliste deren Ebenenzugehörigkeit angegeben. Der Vorteil dieser Stücklistenart ist in der Möglichkeit begründet, dass sich die Gesamtstruktur eines Erzeugnisses aus ihr ablesen lässt. Nachteilig wirkt sich die Komplexität dieser

Erzeugnis Stückliste

Pos	Ident-Nr.	Menge	
1	1	8	
2	2	2	
3	3	19	
4	4	5	
5	5	2	
6	6	3	

Erzeugnis Stückliste

Pos.	Ebene	Ident-Nr.	Menge	
1	1	A	1	
2	.2	C	2	
3	..3	3	2	
4	..3	5	1	
5	.2	2	1	
6	1	1	8	
7	1	B		
8	2			

Abb. 4.21 Mengen- und Strukturstückliste

Methode aus. Mit hohen Positionszahlen verliert die Stückliste an Übersichtlichkeit. Des Weiteren werden sich wiederholende Gruppen erneut in der Liste aufgeführt, was sich negativ auf den Änderungsdienst auswirkt [10].

Baukastenstückliste: Die Baukastenstücklisten umfassen nur diejenigen Teile oder Baugruppen, die für eine Baugruppe der nächsttieferen Strukturebene benötigt werden. Das heißt, dass jede Baugruppe eines Produktes als eigenes Erzeugnis betrachtet und für dieses eine einstufige Stückliste erstellt wird. Im Gegensatz zur Strukturstückliste wird bei dieser Listenart bei Wiederholungen von Baugruppen auf eine einstufige, bereits bestehende Stückliste verwiesen. Vorteilhaft an der Baukastenstückliste ist der geringe Änderungsaufwand bei Veränderung einer Baugruppe. Aufgrund der Verweise auf eine Stückliste müssen nur an dieser Stelle Korrekturen bzw. Änderungen vorgenommen werden. Abbildung 4.22 zeigt die Struktur der Baukastenstückliste.

Im Fall der Baukastenstückliste beziehen sich die Mengenangaben jeweils auf die benötigte Menge pro Baugruppe. Der Auflösungsverweis (in der Abbildung als * dargestellt) gibt an, dass es sich bei dem aufgelisteten Element um eine Baugruppe handelt. Diese wiederum wird in einer eigenen Stückliste näher ausgeführt.

Variantenstückliste: Variantenstücklisten tragen der zunehmenden Produktvielfalt in Unternehmen Rechnung. Produkte, die mehrere Varianten aufweisen, sind dadurch charakterisiert, dass sie als Basis ein gemeinsames Erzeugnisspektrum nutzen, jedoch in ihren unterschiedlichen Ausführungen auf spezielle Teile zurückgreifen. Um nicht für jede mögliche Produktvariante eine Stückliste zu erstellen, kommen Variantenstücklisten zum Einsatz. Man unterscheidet hierbei zwischen der Gleichteile- und der Plus/Minus-Stückliste.

Erzeugnis Stückliste

Pos.	Ident-Nr.	Menge	AV	
1	A	1	*	
2	1	8		
3	B	1	*	

Baugruppe A

Pos.	Ident-Nr.	Menge	AV	
1	C	2	*	
2	2	1		

Baugruppe B

Pos.	Ident-Nr.	Menge	AV	
1	D	1	*	
2	3	5		
3	4	5		

Baugruppe C

Pos.	Ident-Nr.	Menge	AV	
1	3	2		
2	5	1		

Baugruppe D

Pos.	Ident-Nr.	Menge	AV	
1	C	1	*	
2	6	1		

Abb. 4.22 Baukastenstückliste

Mithilfe der **Grund-Stückliste oder Gleichteilestückliste** (Abb. 4.23) werden die gleichbleibenden Teile eines Erzeugnisses zusammengefasst [10]. Die Verwendung dieser Listenart ist nur dann effizient, wenn sich bei Stücklistenstrukturen nur wenige Teile ändern und der Anteil der Gleichteile am Produkt möglichst hoch ist.

Identnummer			Benennung
4709			Pleuelst. 450/70
POS	Ident-Nr.	ME	Bennenung
1	7811	1	Gleichteile
2	6712	1	Lager Durchm. 70
3	6812	1	Unterteil 450

Identnummer			Benennung
4708			Pleuelst. 450/70
POS	Ident-Nr.	ME	Bennenung
1	7811	1	Gleichteile
2	6711	1	Lager Durchm. 70
3	6811	1	Unterteil 500

Identnummer			Benennung
7811			Gleichteile Pleuelst.
POS	Ident-Nr.	ME	Bennenung
1	4711	1	Stangenkopf
2	4712	1	Lager Durchm. 125
3	4713	2	Schraube M8X60
4	4714	2	Mutter M8

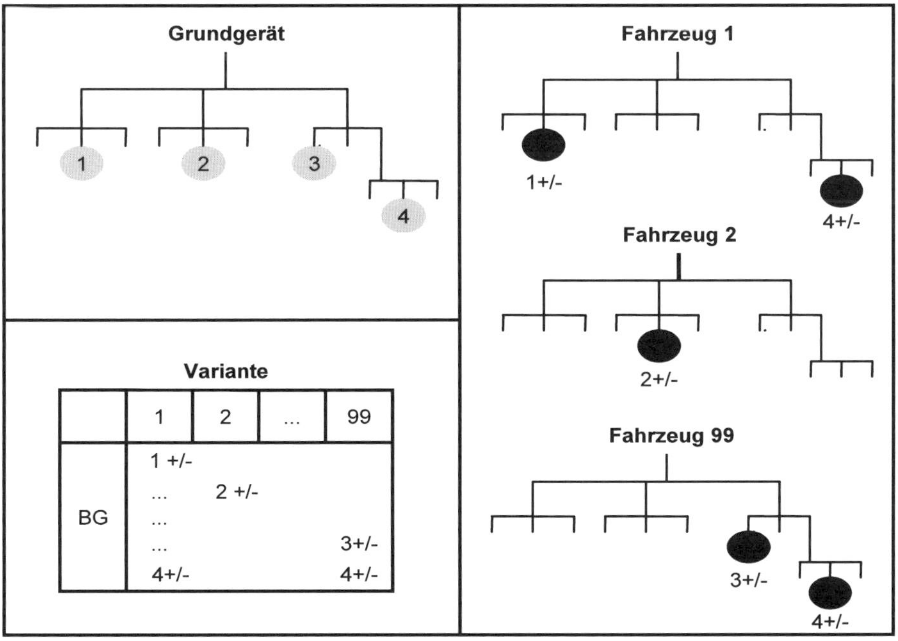

Abb. 4.23 Gleichteilstückliste und Plus/Minus-Stückliste

Alternativ zur Gleichteileliste kann die variablere **Plus/Minus-Stückliste**, deren Aufbau in Abb. 4.23 gezeigt wird, eingesetzt werden. Aufgrund der hohen Variabilität dieser Stücklistenart eignet sie sich besonders für hochkomplexe Variantenstrukturen. Bei dieser Methode werden die Variantenunterschiede durch Minus- oder Plusteile definiert. Wird bei einer Variante ein Teil zum Grunderzeugnis hinzugefügt, wird dies durch ein (+) kenntlich gemacht, wird jedoch ein Teil abgezogen, so wird dies durch ein (−) gezeigt. Nachteilig an dieser Methode sind die, durch die Komplexität entstehenden, hohen Kosten.

Neben diesen Stücklistenarten unterscheidet man weiter zwischen Stücklisten mit unterschiedlichen Verwendungszwecken.

Konstruktions-Stückliste: Die Konstruktions-Stückliste wird durch den Konstrukteur erstellt. Die Liste enthält die Teilezusammenstellung und die entsprechende Erzeugnisstruktur nach Funktionsgesichtspunkten. Die Positionsrangfolge ist äquivalent zu der Reihenfolge der Teile, wie sie in der Konstruktionsarbeit benötigt werden. Sie dient der Dokumentation der Konstruktionsergebnisse und ist in der Regel auftrags- und fertigungsneutral. Darüber hinaus eignet sich die Liste zur Unterstützung von Neu- und Anpassungskonstruktionen [10].

Fertigungs- oder Montage-Stückliste: Bei dieser Form der Stückliste handelt es sich um eine, durch Fertigungs- und Montageangaben ergänzte, Konstruktionsstückliste.

Bereitstellungs-Listen, Kalkulations-Stücklisten und Ersatzteillisten: Diese Listenform wird nur in Einzelfällen verwendet und hier nicht näher erläutert.

4.3.5 Schnittstellengestaltung

Die Definition von Schnittstellen hat einen entscheidenden Einfluss auf die Stabilität der Produktarchitektur [27]. Schnittstellen sind Verbindungsstellen, über die sich Systeme mit ihrer Umwelt austauschen. Auch innerhalb eines Systems dienen Schnittstellen zum Austausch zwischen Subsystemen bzw. Elementen [18]. Aus funktionaler Sicht sind Schnittstellen entweder für das Fügen von Stoffen (Herstellen einer mechanischen Verbindung) oder für das Leiten von Energie-, Stoff- und/oder Informationsflüssen verantwortlich [28].

Für eine optimale Gestaltung von Schnittstellen ist eine frühzeitige Definition aller Schnittstellenparameter erforderlich. Innerhalb der Funktionsstruktur sollten – sofern möglich – für alle Teilsysteme die Grenzen mit den Wechselwirkungen festgelegt werden, jedoch spätestens im Zuge der Festlegung der Produktstruktur. Für eine vollständige Definition aller Schnittstellenparameter ist es erforderlich, die Wechselwirkungen der Teilsysteme zu erfassen. Für eine stabile und robuste (variantentolerante) Schnittstellengestaltung sind die Verträglichkeiten der beteiligten Teilsysteme zu analysieren und anzupassen [22].

Für eine Analyse und Optimierung der Schnittstellen zwischen Komponenten bzw. Baugruppen (für die weitere Betrachtung unter dem Begriff Module zusammengefasst) empfiehlt sich folgendes Vorgehen:

- Beschreibung der Abhängigkeiten zwischen den Modulen
- Bewertung der Abhängigkeiten zwischen Modulen

Beschreibung der Abhängigkeiten zwischen den Modulen: Nach Identifikation der wesentlichen Module, die untersucht werden sollen, werden die Abhängigkeiten zwischen den Modulen beschrieben. Gängige Kategorien für die systematische Beschreibung der Abhängigkeiten zwischen den Modulen sind folgende: geometrisch, mechanisch, hydraulisch, pneumatisch, elektrisch, thermisch. Je nach Anwendungsfall können auch spezifischere bzw. andere Kategorien sinnvoll sein. Je detaillierter die Abhängigkeiten zwischen den Modulen beschrieben werden, desto genauer können die Abhängigkeiten im weiteren Verlauf auch quantifiziert und bewertet werden. Die Matrix muss dabei nur oberhalb der Diagonalen befüllt werden.

Bewertung der Abhängigkeiten zwischen den Modulen: Nach der detaillierten Beschreibung der Abhängigkeiten zwischen den Modulen wird die Stärke der Abhängigkeiten zwischen den Modulen in der Schnittstellenmatrix quantifiziert (Abb. 4.24). Kernfragestellungen sind dabei:

- „Wenn ich Modul A ändere, wie stark wirkt sich das auf die anderen Module aus?"
- „Wie häufig ist eine Änderung dieses Moduls erforderlich?"
- „Welchen Änderungsaufwand zieht eine Moduländerung nach sich?"

Unter Berücksichtigung der detaillierten Beschreibung der Schnittstellenabhängigkeiten zwischen den Modulen wird der Einflussgrad einer Moduländerung auf die restlichen Mo-

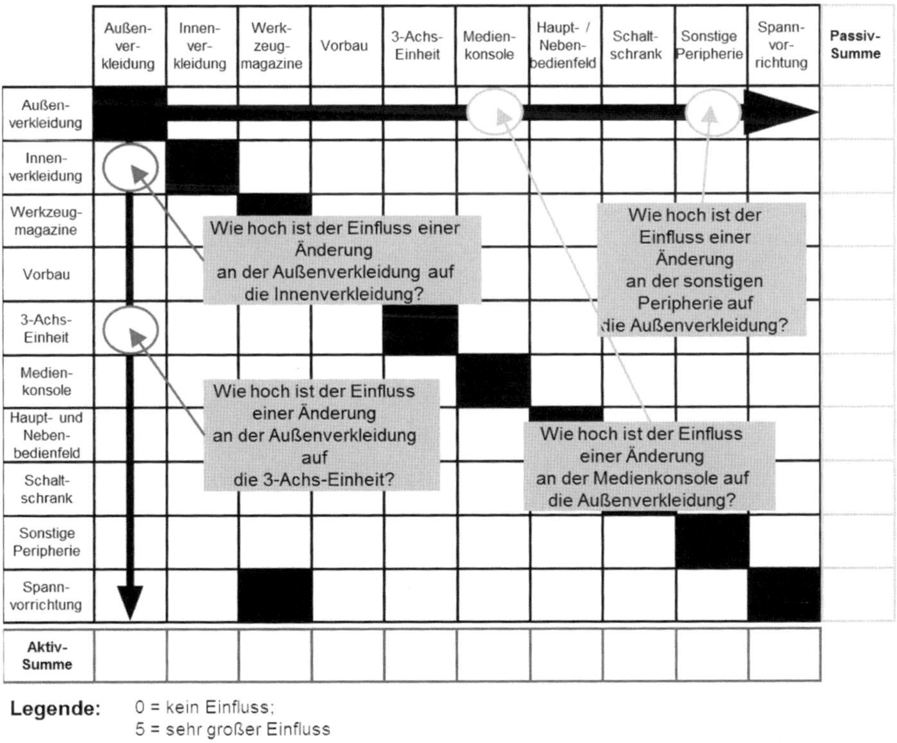

Abb. 4.24 Bewertung der Abhängigkeiten zwischen den Modulen in der Schnittstellenmatrix am Beispiel einer Werkzeugmaschine

dule bewertet. Die Bewertung erfolgt dabei progressiv, d. h., die Bewertung wird überproportional zum Einflussgrad vorgenommen, um eine stärkere Differenzierung zwischen den bewerteten Schnittstellen sicherzustellen.

Die Beziehungen eines Moduls zum restlichen System können mittels der sogenannten Aktiv- bzw. Passivsumme beschrieben werden. Der Einfluss vom System auf das Modul wird mithilfe der **Passivsumme** charakterisiert und der Einfluss des Moduls auf das System wird durch die **Aktivsumme** beschrieben. Durch eine Quotientenbildung aus Aktivsumme und Passivsumme wird die sogenannte **Aktivität** des Moduls charakterisiert. Aus der Bewertung der Schnittstellen können die Module in aktive, passive und kritische Module unterteilt werden. **Passive Module** zeichnen sich durch eine geringe Aktivität aus, d. h. sie müssen häufig aufgrund von Änderungen an anderen Modulen angepasst werden und ziehen hohe Änderungsaufwände nach sich. **Aktive Module** beeinflussen dahingegen das System stark. Die indirekten Einflüsse zwischen den Modulen können durch eine Multiplikation der Aktivsumme mit der Passivsumme, **Kritikalität** genannt, quantifiziert werden. Die Kritikalität gibt die Anzahl der indirekten Abhängigkeiten an, die über das jeweilige Modul gehen. Eine hohe Kritikalität bedeutet, dass viele indirekte Abhängigkeiten über das Modul laufen und das Modul somit stark in das System eingebunden ist. Module hoher Kritikalität werden als **kritische Module** bezeichnet, da Veränderungen an kritischen Modulen viele Änderungen im System anstoßen. Eine niedrige Kritikalität hingegen bedeutet, dass nur wenige indirekte Abhängigkeiten über das Modul laufen und das Modul somit schwach in das System eingebunden ist. Diese Module werden als träge Module bezeichnet. Zusammenfassend werden folgende Kennzahlen für die Charakterisierung der Abhängigkeiten zwischen Modulen herangezogen:

- Aktivsumme und Passivsumme
- Aktivität=Aktivsumme/Passivsumme
- Kritikalität=Aktivsumme * Passivsumme

Die zuvor ermittelten Kennzahlen können für die jeweiligen Module in einem Einfluss-Portfolio eingetragen werden. Auf der Abszisse wird die Aktivsumme aufgetragen, auf der Ordinate die Passivsumme (Abb. 4.25).

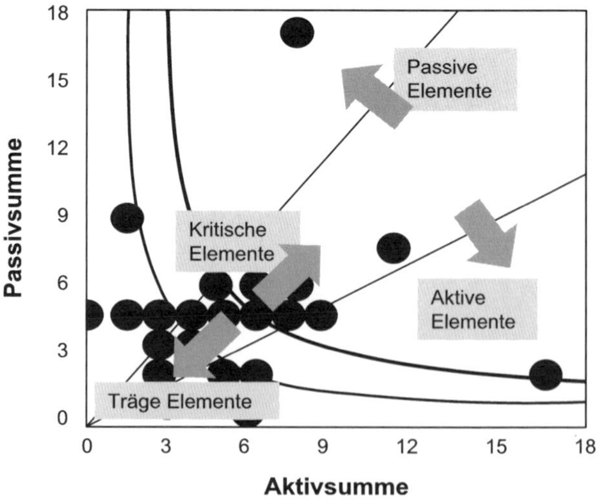

Abb. 4.25 Charakterisierung von Modulen anhand deren Position im Einflussportfolio

Die Linie konstanter Aktivität ist in dieser Darstellungsform somit eine Ursprungsgerade und Linien konstanter Kritikalität bilden eine Hyperbel. Je näher ein Modul an den Achsen liegt, desto aktiver (Abszisse) bzw. passiver (Ordinate) ist es. Je näher ein Modul an den Achsen bzw. am Ursprung liegt, desto träger ist es. Die kritischen Elemente liegen rechts oben im Portfolio.

Das Einflussportfolio gibt somit Hinweise darauf, welche Module als kritisch einzustufen sind und einer Anpassung bedürfen, wenn deren Einfluss entschärft werden soll. Der Einfluss von kritischen Elementen auf die Schnittstellenabhängigkeiten kann beispielsweise durch eine differenzialere Bauweise reduziert werden.

4.4 Modulare Produktgestaltung

Im Mittelpunkt vieler Methoden und Maßnahmen zur Produktstrukturierung steht die Modularisierung. So beruht die Ausgestaltung von beispielsweise Baukästen und Paketen auf einer vorherigen Entscheidung zur Modularisierung. Die Modularisierung ist eine Strukturierungsmethode von Produkten unter definierten Gesichtspunkten. Mit der Entscheidung zur Modularisierung wird eine differenziale physische Produktstruktur angestrebt, deren Elemente sich durch standardisierte Schnittstellen und nur geringen Interdependenzen in der Beziehungsstruktur auszeichnen.

Unter **Modularisierung** versteht man die geeignete Gliederung eines Produktes, indem sowohl die Abhängigkeiten zwischen den Elementen (Modulen) als auch die Schnittstellenvarianten reduziert werden [2].

Im Hinblick auf eine modulare Produktarchitektur bestehen sowohl die physische als auch die funktionale Produktstruktur aus weitgehend unabhängigen Modulen. D. h., jedes Modul ist aus funktionaler Sicht disjunkt und erfüllt nur eine einzige Funktion des Gesamtproduktes. Letztlich dient die Modularisierung der Generierung unterschiedlicher Produktarchitekturen bzw. verschiedene Produktarchitekturen setzen Modularität voraus.

4.4.1 Erfolgsfaktoren und Potenziale der Modularisierung

Mit einer Modularisierung von Komponenten bzw. Baugruppen zu Modulen wird die Basis geschaffen, um eine Standardisierung von Komponenten, Baugruppen und Modulen zu erzielen. Dazu sind ebenso die Schnittstellen der betroffenen Komponenten zu standardisieren. Durch die Standardisierung und die einheitliche Gestaltung der Schnittstellen ist sowohl eine Wiederverwendung als auch eine Austauschbarkeit der Komponenten möglich. Um möglichst viele Varianten des Produktes herzustellen, wird mit einem modularen Aufbau der Produktstruktur die Möglichkeit zur Erweiterbarkeit und Kombinierbarkeit gegeben. Ebenso erzielt man mit einer Modularisierung von Produkten wesentliche Vorteile bei der Kontrollierbarkeit, da durch den modularen Aufbau der Produkte sowohl in der Entwicklung Funktionstests besser durchgeführt werden können, als auch in der Produktion und Nutzung bei einem Fehler der Mangel schneller identifiziert und beseitigt werden kann. Verwendet man in der Produktentwicklung bereits vorhandene Module aus bereits bestehenden Produkten, so kann auf der einen Seite der Entwicklungsaufwand reduziert und gleichzeitig die Stabilität des Produktes im Sinne der Zuverlässigkeit und Qualität erhöht werden [1]. Zusammengefasst lassen sich die Einsparpotenziale aus wirtschaftlicher Sicht in den Bereichen Entwicklung und Produktion mittels der Wiederverwendung von Modulen durch Skalen- und Lernkurveneffekte erzielen [29].

Der Kostenvorteil der Modularisierung liegt darin, dass ein höherer Kommunalitätsgrad bzw. eine höhere Wiederholhäufigkeit erzielt werden kann. Bei standardisierten Baugruppen wird eine Baugruppe wiederholt unverändert eingesetzt, während bei Modulvarianten und kundenindividuellen Umfängen nur Designregeln, Prozessauslegungen oder physische Teilumfänge wiederverwendet werden. Auf diese Weise können Risiken hinsichtlich der Produktnutzung reduziert sowie Skaleneffekte in den Geschäftsprozessen realisiert werden. Den Einsparungen stehen höhere Entwicklungskosten durch die aufwendigere Auslegung der Produktstruktur sowie gegebenenfalls höhere Kosten durch die Standardisierung der Schnittstellen entgegen.

Der Differenzierungsvorteil der Modularisierung liegt in einer hohen Varianz der Produkte aus Sicht des Marktes trotz einer Standardisierung von Baugruppen. Gelingt es zudem die variantenbildenden Baugruppen so weit wie möglich an das Ende der Wertschöpfungskette zu legen – engl. Order-Penetration-Point (OPP) – ist eine kürzere Lieferzeit trotz hoher Produktvarianz möglich [30].

Neben den genannten Potenzialen besteht aber auch bei der Modularisierung das Risiko, dass ein höherer Aufwand für die Gestaltung der Module und deren Schnittstellen die möglichen Potenziale reduziert bzw. im schlimmsten Falle überschreitet. Dabei müssen neben dem Entwicklungsaufwand auch die Material- und Bearbeitungskosten betrachtet werden. Zusätzlich muss trotz der Modularisierung die Kundenindividualität der Produkte gewährleistet sein. Ebenso soll durch die Vorgaben für die Produktmodularisierung gerade im Bereich der Konstruktion keine Einschränkung der Innovationsfreude entstehen. In Tab. 4.2 sind die Potenziale und Gefahren modularer Produktarchitekturen zusammenfassend dargestellt.

4.4.2
Gestaltungsprinzipien für die Modularisierung

Unter der Perspektive der kundenindividuellen Massenfertigung sind verschiedene Arten der Modularität zu unterscheiden (Abb. 4.26). Mit der Modularität wird ein Zustand eines Produktes beschrieben, der Aufschluss über die Unabhängigkeit der einzelnen Komponenten bzw. Module in dem Produkt gibt. Dabei unterscheidet man zwischen funktionaler und physischer Unabhängigkeit der Komponenten [1]. Der Grad der Modularität eines Produktes ist damit abhängig von der Produktarchitektur, die die Beziehung der Funktionsstruktur eines Produktes zu der physischen Baustruktur herstellt [1, 13]. Zeichnet sich nach dieser Darstellung nun ein Produkt durch eine hohe Modularität aus, so besitzt dieses Produkt eine modulare Produktarchitektur. Der Gegensatz zu der modularen ist die integrale Produktarchitektur. In Abb. 4.26 sind die vier Typen von Produktarchitekturen in den

Tab. 4.2 Potenziale und Gefahren modularer Produktarchitekturen

Effekte der Modularisierung	Potenziale in der Entwicklung	Potenzial in der Produktion	Potenziale in der Entwicklung	Gefahren
Hierarchisierung	Komplexitätsreduktion Vereinfachte Dokumentation	Zusammensetzung des Produktes aus vorgefertigten Modulen	Durchschaubare Produktarchitektur vereinfacht d. Produktverständnis	Insgesamt aufwendigere Produktgestaltung durch redundante Funktion
Entkopplung	Reduzierung von Schnittstellen Parallelisierung der Entwicklung	Reduzierter Montageaufwand durch weniger physische Schnittstellen	Montage und Demontage durch den Nutzer möglich	Aufwändige Konstruktion, Spezifikation u. Realisierung der Schnittstellen
Wiederverwendbarkeit	Reduzierter Entwicklungsaufwand durch Rückgriff auf bereits entwickelte Module	Kostenreduzierung und geringere Fehlerrate durch Skalen- und Lernkurveneffekte	Weiterverwendung einzelner Module in anderen Produkten	Geringe Produktdifferenzierung
Austauschbarkeit	Einfache Veränderung der Produktarchitektur durch Austausch einzelner Module	Einfacher Austausch fehlerhafter Module in der Produktion	Vereinfachte Reparatur des Produktes durch Austausch defekter Module	Beschränkung der Reparaturmöglichkeiten auf Modulaustausch
Erweiterbarkeit	Erweiterung der Produktfunktionalität durch Hinzufügen v. Modulen	Produkterweiterung erfordert keine produktionstechnische Veränderung	Nachträgliche Produkterweiterung möglich	Fehlende Produktintegrität
Standardisierbarkeit	Verwendung existierender Lösungen durch Vereinheitlichung v. Modulen und Schnittstellen	Reduzierung der Komponentenvielfalt Verwendung marktverfügbarer Komponenten	Bessere Verfügbarkeit und günstigere Preise d. konkurrierenden Anbieter	Geringe Originalität Substituierbarkeit von Modulen Suboptimale Produktleistung
Kontrollierbarkeit	Vereinfachter Funktionstest im Entwicklungsprozess	Fehlerreduzierung durch Prüfung der Module vor dem Einbau	Vereinfachte Identifikation defekter Module	Einzelkontrolle v. Modulen garantiert nicht Funktion des Gesamtproduktes
Stabilität	Stab. Gesamtprozesse trotz Veränderung einzelner Module	Fehler bleiben auf einzelne Module begrenzt	Erhöhte Zuverlässigkeit des Gesamtproduktes	Späte Entdeckung von Fehlfunktionen
Kombinierbarkeit	Kombination von Modulen im Baukastenprinzip	Einfache Herstellung von Produktvarianten u. Produktfamilien	Individuelle Zusammenstellung und Gestaltung des Produktes	Erstellung von Baukästen kombinierbarer Module aufwändig

Dimensionen der funktionalen und physischen Abhängigkeit eingeordnet. Nachfolgend werden diese Dimensionen und die unterschiedlichen Typen näher erläutert.

Funktionale Unabhängigkeit meint, wie die Transformation von der Funktions- in die Produktstruktur vonstattengeht. Ist es möglich jeder Teilfunktion genau eine physische Komponente zuzuweisen, liegt eine vollkommene Unabhängigkeit vor. Nimmt jedoch die Anzahl an Funktionen, die eine Komponente erfüllt, zu, wächst auch der Grad der funktionalen Abhängigkeit. Ein Beispiel hierfür ist das Kabel einer Leuchte, das neben der Versorgung mit Strom ebenfalls als Befestigung an der Decke genutzt werden kann. Letztlich liegt ein Höchstmaß an funktionaler Unabhängigkeit dann vor, wenn Funktions- und Produktstruktur einander entsprechen [1].

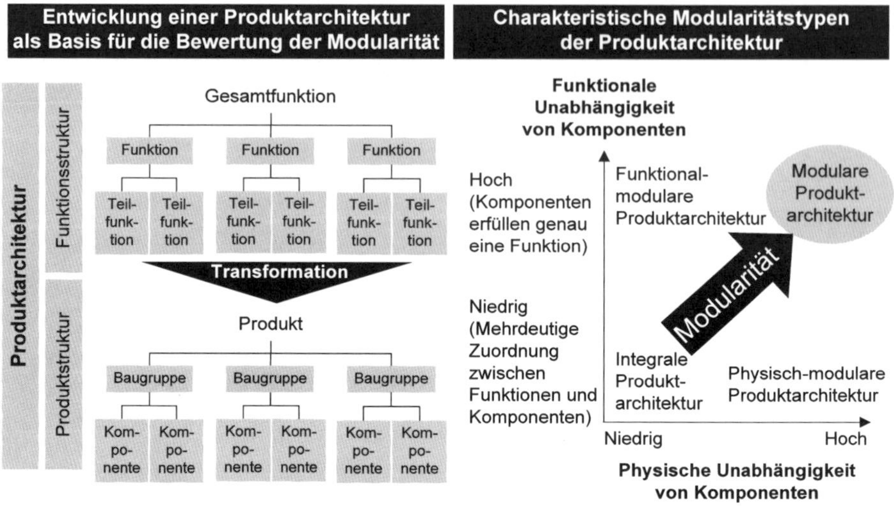

Abb. 4.26 Modularitätstypen der Produktarchitektur [1]

Bei der physischen Unabhängigkeit dagegen stehen nicht die Transformationsbeziehungen im Fokus der Betrachtung, sondern allein die physischen Beziehungen und Schnittstellen innerhalb der Produktstruktur eines Produktes. Die physische Unabhängigkeit zielt somit auf die physische Trennbarkeit von Komponenten ab. Bei einer Steckverbindung zwischen zwei Bauteilen beispielsweise ist die physische Unabhängigkeit höher, als wenn die beiden Elemente durch Kleben oder Schweißen verbunden wären. Weiterhin zielt die physische Unabhängigkeit auf die Trennbarkeit nach dem Zusammenbau eines Produktes und somit auf dessen Nutzungsphase ab. Ist ein Produkt so konstruiert worden, dass die Komponenten auch in dieser Phase noch problemlos vom Nutzer gewechselt werden können, liegt ein hoher Grad an physischer Unabhängigkeit vor. Als Maß dieser Form der Unabhängigkeit soll daher die Trennbarkeit von Komponenten nach der vollständigen Montage des Produktes herangezogen werden. Mechanische Elemente, welche die physische Unabhängigkeit erhöhen, sind beispielsweise Steck-, Schraub- oder Haftverbindungen. Gesteigert wird die Abhängigkeit durch Verbindungsvarianten wie Nieten, Kleben oder Schweißen [1].

Je nach Grad der funktionalen bzw. physischen Unabhängigkeit ergeben sich die Produktarchitekturtypen: modulare Produktarchitektur; integrale Produktarchitektur; funktional-modulare Produktarchitektur; physisch-modulare Produktarchitektur [1]. Diese werden im Folgenden genauer erläutert:

Modulare Produktarchitektur: Charakteristisches Kennzeichen modularer Produktarchitekturen ist, dass die Komponenten abgeschlossene Einheiten darstellen, sowohl in funktionaler als auch in physischer Hinsicht. Die individuellen Komponenten tragen die Bezeichnung Modul. Bezogen auf den Grad der Unabhängigkeit liegt bei diesem Architekturtyp sowohl eine hohe funktionale als auch eine hohe physische Unabhängigkeit vor. Es wird also angestrebt, eine Funktion möglichst in nur einem Modul zu realisieren, um auch nach dem Zusammenbau die einzelnen Module noch trennen zu können.

Integrale Produktarchitektur: Integrale Produktarchitekturen stellen das Gegenteil zur gerade beschriebenen modularen Ausprägung dar. Der Aufbau eines Produktes zeichnet sich hierbei durch hohe physische und funktionale Abhängigkeiten aus. Somit liegt keine eindeutige Zuordnung mehr zwischen Funktionen und Komponenten vor. Folglich werden mehrere Funktionen in einer Komponente realisiert oder eine Funktion auf mehrere Komponenten verteilt. Hinsichtlich der physischen Schnittstellen zwischen den Elementen lässt sich festhalten, dass sich diese nur schwer oder überhaupt nicht lösen lassen.

Physisch-modulare Produktarchitektur: Charakteristikum dieser Mischform ist, dass sie zwar eine hohe physische Unabhängigkeit besitzt, dafür aber in funktionaler Hinsicht Abhängigkeiten aufweist. Auf Produktebene bedeutet dies, dass die einzelnen Komponenten eines Produktes sich an ihren Schnittstellen gut trennen lassen. Dafür sind jedoch mehrere Elemente bzw. deren Zusammenwirken notwendig, um Teilfunktionen zu realisieren.

Funktional-modulare Produktarchitektur: Der umgekehrte Fall der gerade genannten Form liegt bei der funktional-modularen Produktarchitektur vor. Bei diesem Mischtyp liegt zwar eine hohe funktionale Unabhängigkeit vor, dafür sind aber die physischen Elemente voneinander abhängig. Dies bedeutet, dass die jeweiligen Funktionen mit nur einer oder wenigen Komponenten realisiert werden. Diese sind mittels Schnittstellen allerdings so miteinander verbunden, dass sie sich überhaupt nicht oder nur schwer (während der Nutzungsphase) voneinander trennen lassen.

Die Modularitäts-Typen können noch weiter detailliert werden. Die einfachste Form der Modularität („Modularität durch Gemeinsamkeit von Bestandteilen“) wird erreicht, indem ein Bestandteil in verschiedenen Produkten eingesetzt wird (siehe auch die schematischen Darstellungen in Abb. 4.27).

Durch den Einsatz von Gleichteilen werden Skaleneffekte erschlossen und somit Kosten gesenkt. Im Falle der „Modularität durch Austausch von Bestandteilen“ liegt der Unterschied im Umfang des Gleichteils. Je nach Betrachtung wird das Gleichteil zum Anbauteil bzw. zum Grundprodukt, sodass die Trennlinie zwischen diesen beiden Typen verschwindet. Der dritte Typ „Modularität durch passenden Zuschnitt“ bedeutet, dass die Produktstruktur, die Anzahl der Komponenten wie auch die Schnittstellen unabhängig von der gewählten Variante sind. Die einzige Änderung erfolgt in der Dimensionierung bzw. Auslegung der Bestandteile. Die „Misch-Modularität“ ist eine weitere Form der Modularität, welche nur auf aus verschiedenen Komponenten bestehende Produkte anwendbar ist, die unabhängig ihrer Schnittstellen zusammengeführt werden können (z. B. chemische Substanzen, Flüssigkeiten). Die „Bus-Modularität“ nutzt eine Grundstruktur (Bus), an der über eine standardisierte Schnittstelle eine Anzahl von Bestandteilen angebaut werden kann. Sie ist i. e. S. eine Erweiterung der Modularität durch Austausch von Bestandteilen. Die „Teil-Modularität“ ermöglicht die Kombination von Komponenten standardisierter Schnittstellen zu einem im Vorhinein nicht definierten Produkt. Bedeutendstes Beispiel dafür ist ein Legostein, der durch seine geometrische Teil-Modularität mit einer gewissen Anzahl von anderen Legosteinen kombiniert werden kann [29].

In Ergänzung zur beschriebenen allgemeinen Vorgehensweise gibt es drei Modularisierungsprinzipien, die bei der Umsetzung der Modularisierung berücksichtigt werden sollen. Im Vordergrund soll dabei nicht die Maximierung, sondern vielmehr die Optimierung der Modularisierung stehen (Abb. 4.28) [1]:

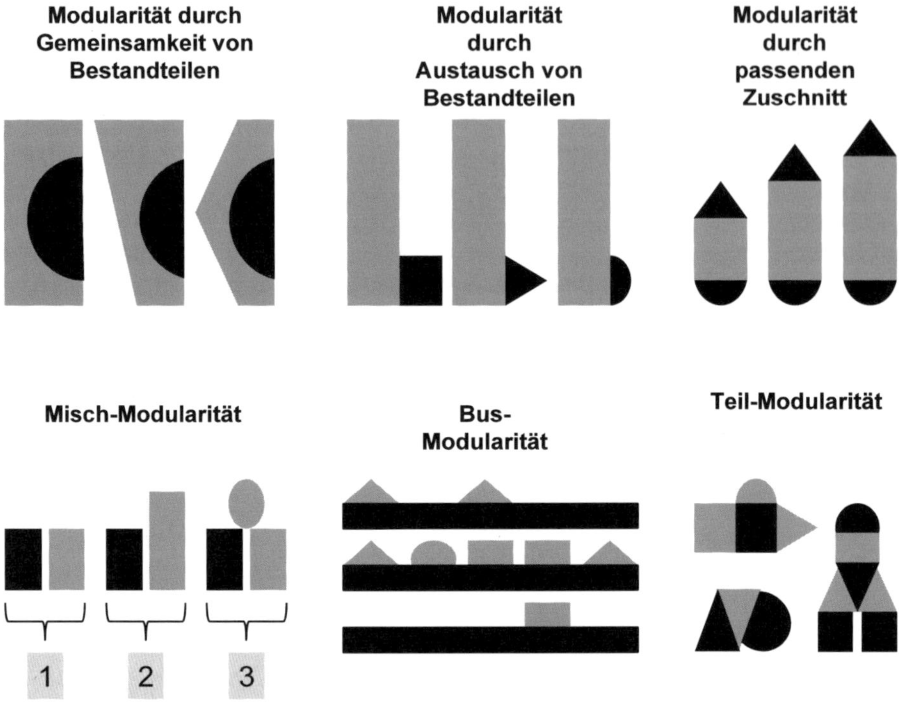

Abb. 4.27 Modularitätstypen der Produktarchitektur [29]

Gestaltungsprinzipien für die Modularisierung		
Unabhängigkeitsprinzip	**Integritätsprinzip**	**Dekompositionsprinzip**
Gestaltung eines Moduls aus möglichst unabhängigen Modulen	**Gestaltung der Module so, dass sie als Gesamtprodukt zusammenwirken**	**Erhöhung des Detaillierungsgrads durch selektive Dekomposition**
Verteile unterschiedliche Produktfunktionen möglichst auf verschiedene Module, sofern sich nicht die Nutzung mehrerer Funktionen einer Komponente anbieten. Bilde physisch möglichst unabhängige Module, sofern der Aufwand für die Spezifikation und Herstellung der Schnittstellen den Nutzen der Modularisierung nicht übersteigt.	Spezifiziere eindeutige Schnittstellen zwischen Modulen. Optimiere das Gesamtprodukt, nicht die einzelnen Module. Verwende bereits existierende Module wieder, sofern dadurch nicht Integrität und Charakter des Produktes gefährdet werden.	Dekomponiere die Funktion eines Produkts so lange in Teilfunktionen, bis sich Komponenten zu deren Erfüllung identifizieren lassen. Erhöhe den Detaillierungsgrad bei Bedarf durch fortgesetzte, selektive Dekomposition von Produktfunktionen und Komponenten.

Abb. 4.28 Gestaltungsprinzipien für die Modularisierung [1]

Das Unabhängigkeitsprinzip besagt, dass ein Produkt aus möglichst vielen unabhängigen Modulen bestehen soll. Dabei werden die unterschiedlichen Produktfunktionen nach Möglichkeit auf verschiedene Module verteilt, sofern sich nicht die Nutzung mehrerer Funktionen mit einem Modul bzw. einer Komponente anbietet. Die Anzahl der physisch unabhängigen Module darf nur so groß sein, dass der Aufwand für die Herstellung der Schnittstellen den Nutzen der Modularisierung nicht übersteigt. Das zweite, sogenannte Integritätsprinzip fordert eine Gestaltung der Module in dem Sinne, dass sie als Gesamtprodukt zusammenwirken können. Dazu sind eindeutige Schnittstellen zwischen den Modulen erforderlich. Zusätzlich soll das Gesamtprodukt und nicht die einzelnen Module optimiert werden. Dabei ist es sinnvoll, bereits existierende Module zu verwenden, sofern nicht die Integrität und der Charakter des Produktes gefährdet werden. Im dritten Prinzip, dem Dekompositionsprinzip, wird eine Erhöhung des Detaillierungsgrads der Module durch selektive Dekomposition vorgeschlagen. Die Funktionen eines Produktes sollen so lange in Teilfunktionen dekomponiert werden, bis sich Module bzw. Komponenten zu deren Erfüllung identifizieren lassen. Zusätzlich soll der Detaillierungsgrad bei Bedarf durch fortgesetzte, selektive Dekomposition von Produktfunktionen und Komponenten erhöht werden.

Das Produkt durchläuft verschiedene Lebenszyklusphasen. Von der Idee und Entwicklung, über die Fertigung und Montage bis schließlich zum Gebrauch und der Entsorgung des Produktes. Die Modulbildung mit Kriterien des Lebenszyklus verfolgt das Ziel, eine Balance zu finden zwischen der Wiederverwendung der Ressourcen, Reduktion der Variabilität beim Design- und Fertigungsprozess und den Stückkosten. Zwar können durch eine modulare Produktstruktur Ressourcen wiederverwendet und die Varianz der Prozesse begrenzt werden, dennoch stellt die Modulbauweise nicht immer die kostengünstigste Alternative dar. Bei der Entscheidung für die geeignete Produktarchitektur muss die strategische Ausrichtung des Unternehmens berücksichtigt werden. Bei einem Produkt mit langer Lebensdauer ist es sinnvoll, höhere Fertigungs- und Materialkosten durch Modulbildung in Kauf zu nehmen, da sowohl in der Fertigung durch standardisierte Prozesse Skaleneffekte möglich sind, als auch nachher im Reparaturfall durch standardisierte Schnittstellen Kosten reduziert werden können.

Beispiel aus der Druckmaschinenindustrie [33] Die Heidelberger Druckmaschinen AG (HDM) mit Hauptsitz in Heidelberg bietet offene und skalierbare Lösungen für die Herausforderungen der Printmedien-Industrie: für Familienbetriebe ebenso wie für Großdruckereien, für Spezialisten der Vorstufe genauso wie für Weiterverarbeiter. Stammgeschäft und umsatzstärkste Sparte der Heidelberger Druckmaschinen AG ist die der Bogenoffsetmaschinen.

Die Heidelberger Druckmaschinen AG wendet die Modularisierung auf ihre Bogenoffsetmaschinen an. Der Nutzen, der daraus erwächst, zeigt sich u. a. im angewandten Supply Chain Management und Produktlebenszyklusmanagement – engl. Product Lifecycle Management. Aufgabe ist hier insbesondere die Optimierung des Austauschs von Produktdaten unter Einbindung von Kunden, der Produktentwicklung, der Produktion, des Service sowie von Lieferanten. Darüber hinaus werden die Planung, Steuerung und Verwaltung der Teile, Baugruppen und kompletten Produkte vorgenommen.

Im Rahmen des Produktlebenszyklusmanagements unterstützt die Modularisierung die Wiederverwendung von Umfängen der funktionsbezogenen Stücklisten und vereinfacht die Variantenkalkulation (Abb. 4.29). Zur Reduzierung der Aufwände in der Montageplanung werden Ähnlichkeitsstücklisten und Arbeitspläne eingesetzt.

Im Rahmen der Supply Chain reduzieren verschiedene SAP-Funktionalitäten die Variantenkomplexität. Der Kundenauftrag wird mittels eines Variantenkonfigurators vor dem Hintergrund der definierten Modularisierung umgesetzt. Darüber hinaus wird u. a. eine Korrelationsanalyse über mehr als 100 Maschinenmerkmale durchgeführt, um zu einer Variantenprognose für die Langfristplanung zu gelangen. Element der Auftragsabwicklung über die gesamte Supply Chain ist eine intern und extern verwendete mehrstufige Kundenauftragsstückliste. Besonderer Aspekt des installierten Systems ist die Kundenänderungsabwicklung – engl. Order Change Management, die eine kurzfristige Änderung von Kundenwünschen und bei Kunden-/Maschinentausch auch kurzfristige Liefertermine erlaubt. Hierbei wird über eine Gegenüberstellung der alten und neuen Konfiguration sowie der zugehörigen Auftragsstücklisten der Unterschied in Teilen und Arbeitsgängen ermittelt. Anschließend werden begonnene Teilaufträge automatisch korrigiert sowie entsprechende Bestands- und Kostenbuchungen erledigt.

Das Praxisbeispiel zeigt, wie die Modularisierung umgesetzt werden kann und welche Potenziale mit ihr erschlossen werden können. Insbesondere im Maschinenbau ist darüber hinaus die kundenindividuelle Anpassung von Anlagen und Systemen in Verbindung mit einer Standardisierung von Teilen, Baugruppen und gesamten Anlagenteilen bereits seit geraumer Zeit Stand der Technik. Die exklusive Annahme von Kundenaufträgen über das

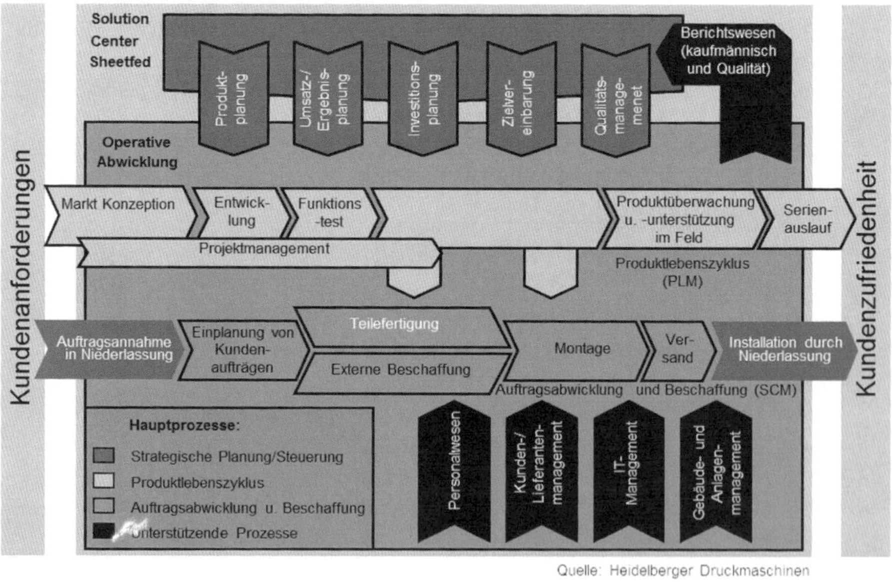

Abb. 4.29 Modularität über den gesamten Lebenszyklus nutzen – Beispiel Heidelberger Druckmaschinen AG [30]

Internet, selbst unter Verwendung eines Variantenkonfigurators, ist wegen der Erklärungsbedürftigkeit und der hohen Beratungsleistung beim Verkauf jedoch nicht wahrscheinlich. Eine Veränderung der Modularisierung wird sich insbesondere mit der weiteren Entwicklung von Schnittstellen- sowie Produkttechnologien und Informationssystemen vollziehen. Die Umsetzung bleibt eine methodische und fachliche Aufgabe unter der Herausforderung der Prognose von zukünftigen Konfigurationsbedarfen.

Mit einer Modularisierung des Produktes in standardisierte Teile, Variantenteile und kundenindividuelle Teile kann der Kommunalitätsgrad – d. h. die Wiederholhäufigkeit – gesteigert werden, ohne dabei die marktseitige Vielfalt zu reduzieren. Der Nutzen einer Modularisierung erstreckt sich dabei über die gesamte Wertschöpfungskette.

4.5 Kommunalitätsmanagement

Der Begriff Kommunalität stammt vom lateinischen Wort communis (allen, mehreren gemeinsam) ab [31]. Der betriebswirtschaftliche Ursprung des Begriffs Kommunalität ist im englischsprachigen Raum in Form des Begriffs „commonality" zu finden. Der Begriff commonality wird ebenfalls häufig im Bereich des Varianten- und Komplexitätsmanagements genutzt und besitzt hier die Bedeutung „Gemeinsamkeit" bzw. „das Teilen gemeinsamer Eigenschaften".

Das Kommunalitätsmanagement zielt somit auf die bewusste Schaffung von Kommunalitäten über möglichst viele Produkte in einem Unternehmen ab und dient damit der Effizienzsteigerung von Prozessen [32].

4.5.1 Nutzen des Kommunalitätsmanagements

In engem Zusammenhang zum Kommunalitätsmanagement steht die Produktarchitektur, da diese wesentlich für die Strukturierung und den Aufbau der einzelnen Produkte verantwortlich ist. Die Produktarchitektur beschreibt sowohl die Gemeinsamkeiten als auch die zur Differenzierung der einzelnen Derivate erforderlichen Unterschiede innerhalb einer Produktfamilie [33] und ist somit der Stellhebel zur Schaffung und Nutzung von Kommunalitäten. Ein ganzheitliches Kommunalitätsmanagement sollte daher bereits bei der Gestaltung der Produktarchitektur ansetzen und eng mit dieser verknüpft sein. An dieser Stelle entsteht innerhalb des Produktarchitekturmanagements ein gewisser Zielkonflikt. Einerseits soll die Anzahl der am Markt angebotenen Varianten hochgehalten werden, um den Kunden ein attraktives Leistungsangebot zu bieten, das deren individuelle Bedürfnisse abdeckt. Anderseits soll ein möglichst hoher Kommunalitätsanteil erreicht werden, um so die Kosten in Entwicklung und Konstruktion zu senken. An dieser Stelle gilt es, das richtige Verhältnis zwischen Kommunalität und Differenzierung zu finden.

Einsparungspotenziale durch Kommunalität entstehen durch repetitive Tätigkeiten, zu denen jegliche Form von Wertschöpfungsanteilen gezählt wird, die für unterschiedliche Produktvarianten gleich oder ähnlich sind. Sie lassen sich im Wesentlichen auf zwei Effekte zurückführen. Einerseits wird durch die Nutzung von Gleichteilen die Anzahl bestimmter Wertschöpfungsanteile erhöht, was zur Steigerung der Effizienz von Prozessschritten aufgrund von Skaleneffekten und Lernkurveneffekten führt. Der zweite Einsparungseffekt entsteht durch die Nutzung bestehenden Wissens durch die Wiederverwendung bereits erzeugter Daten. Der zur Erzeugung eines Bauteils erforderliche Wissensaufbau muss daher nicht mehrmals und individuell, sondern nur einmal innerhalb einer Produktfamilie durchlaufen werden. Kommunalitätspotenziale im Bereich dieses Effekts lassen sich vor allem im Bereich der Entwicklung realisieren. In Abb. 4.30 sind die Einsparpotenziale durch eine optimierte interne und interne Komplexität dargestellt.

In Summe können durch eine Optimierung der internen und externen Komplexität EBIT-Steigerungen von drei bis fünf Prozentpunkten erzielt werden [34].

Die Produktarchitektur sollte unter dem Gesichtspunkt eines effektiven Kommunalitätsmanagements so gestaltet werden, dass die zuvor beschriebenen Effekte realisiert werden können. In diesem Zusammenhang ist festzuhalten, dass der Begriff Kommunalität häufig im Bereich von Baukästen oder Produktplattformen fällt. Beide Produktstrukturierungsansätze zielen auf einen hohen Gleichteileumfang ab. Ziel bei Baukästen ist es, mit einem hohen Anteil an Gleichteilen und nur wenigen individuellen Elementen (geringe interne Vielfalt) durch Kombination eine hohe Anzahl an Varianten zu erzeugen.

4.5.2 Ebenen der Kommunalität

Kommunalität bezeichnet die Nutzung von Gleichheiten im Bereich des Produktes, der Technologie oder von Engineering-Richtlinien. Kommunalität kann in verschiedenen Dimensionen erzeugt werden (Abb. 4.31). So zeigen sich Möglichkeiten der Kommunali-

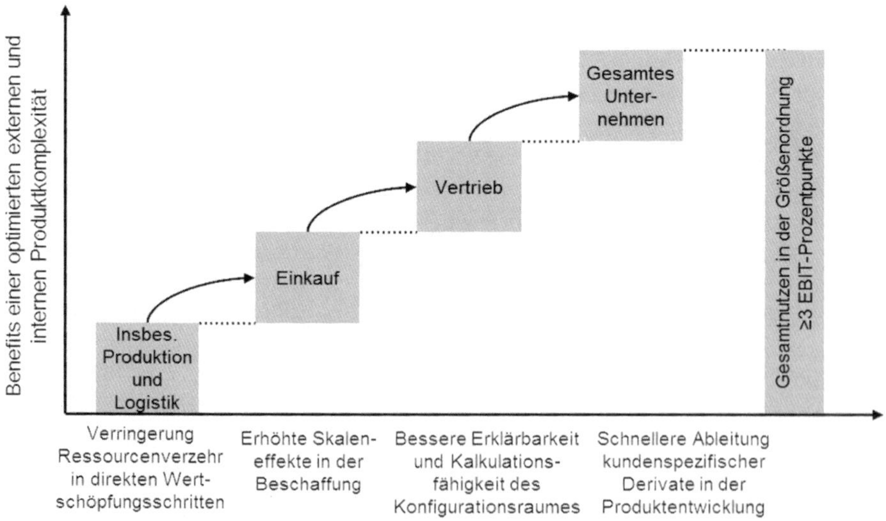

Abb. 4.30 Einsparpotenziale durch eine optimierte interne und interne Komplexität [34]

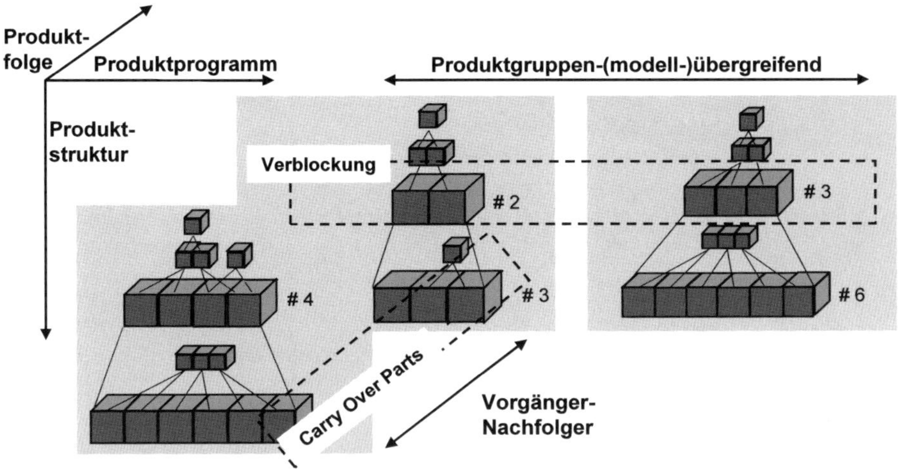

Abb. 4.31 Arten von Kommunalität [2]

tät in der Produktfolge, im Produktprogramm und in der Produktstruktur. In zeitlicher Dimension zeigt sich der Gedanke von Kommunalität in der wiederholten Verwendung von Bauteilen bzw. Komponenten. Sogenannte Carry Over Parts sind beispielsweise Bauteile bzw. Komponenten, die innerhalb der Produktfolge keiner Veränderung unterliegen [35]. Daher ist es möglich, diese Elemente auch in nachfolgenden Produkten ohne erneute Konstruktion einzusetzen und vorhandene Strukturen bzw. Richtlinien in Form von Engineeringplattformen weiterhin zu nutzen. Durch Standardisierung können innerhalb einer Unternehmung, durch Normteile über die Grenzen der Unternehmung hinweg, Mengen- bzw. Skaleneffekte erschlossen und gleichzeitig eine problemlose Austauschbarkeit der Bauteile/Komponenten gewährleistet werden [16]. Im Rahmen der Wiederholteilverwendung kann auf eine völlige Neukonstruktion verzichtet werden. Die wiederholte Verwendung von Bauteilen/Komponenten muss sich nicht auf ein einziges Produkt bzw. eine Produktfamilie beschränken, sondern kann unter Umständen für verschiedene Produkte angewendet werden.

Das Konzept der Kommunalität findet sich wie beschrieben in der Nutzung von Gleichteilen wieder. Jedoch erstreckt sich Nutzung von Gleichheit nicht nur auf Teileebene eines Produktes, sondern kann ebenfalls auf die Nutzung gleicher Technologien im Produkt und Fertigungsprozess bis hin zu den Anforderungen und Funktionen ausgeweitet werden. Ein erhebliches Potenzial wird vor allem durch die Erschließung von Kommunalitäten im Wertschöpfungsprozess erzielt. An dieser Stelle sei noch einmal auf das Baukastenbeispiel in 4.1.2 des Volkswagen-Konzerns verwiesen. Hohe Kommunalitäten in den unterschiedlichen Produkten ermöglichen erst die Erschließung hoher Kommunalitätspotenziale entlang der gesamten Wertschöpfungskette. Die unterschiedlichen Ebenen der Kommunalität sind in Abb. 4.32 in Anlehnung an [36] dargestellt.

Die bislang gängigste Form der Kommunalität ist die **physische Kommunalität**, die das Ziel verfolgt, möglichst die Nutzung gemeinsamer, identischer physischer Bauteile und Module innerhalb verschiedener Produkte sicherzustellen. Ein gängiges Beispiel hier-

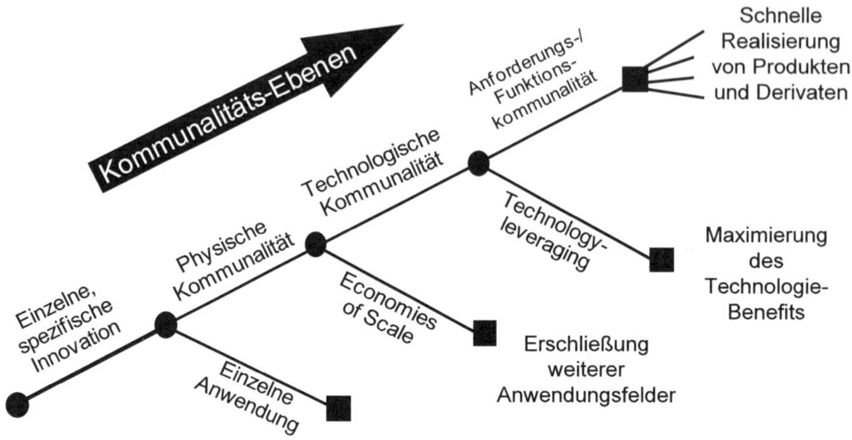

Abb. 4.32 Unterschiedliche Ebenen von Kommunalität [2]

für findet sich in der Automobilindustrie mit der Mehrfachverwendung gleicher Motoren über mehrere Baureihen und Typen hinweg. Beispielsweise findet sich der 2.0 TDI-Motor des VW-Konzerns nahezu baugleich in der Golfklasse (VW Golf, Audi A3, Seat Leon), der Mittelklasse (z. B. VW Passat, Audi A4, Skoda Oktavia) und der unteren Oberklasse (Audi A6, Skoda Superb) des gesamten VW-Konzerns wieder.

Je heterogener die umzusetzenden Anforderungen sind, desto eher sind neben der physischen Kommunalität auch weitere Kommunalitätsebenen zu erschließen. Die **technologische Kommunalität** zielt auf die Mehrfachnutzung bewährter oder neuer Produkt- und Prozesstechnologien ab. Im Produkt zu erfüllende Funktionen sind möglichst kommunal mit gleichen Technologien zu erfüllen. Dadurch können insbesondere Synergiepotenziale im Bereich der Auslegungskompetenz sichergestellt werden. Im Bereich der Produktionsprozesse können ebenfalls Skaleneffekte durch eine kommunale Nutzung von Technologien und Prozessfolgen erzielt werden. Produktübergreifend sollen gleiche Fertigungsprozesse mit einer möglichst gleichen Prozessfolge angestrebt werden.

Anforderungs- bzw. Funktionskommunalität ist die abstrakteste Form der realisierbaren Kommunalität. Eine systematische Analyse der Kundenanforderungen ermöglicht, Gleichheiten im Bereich der Anforderungsstrukturen herauszuarbeiten und auf dieser Basis eine Analyse der Funktionsausprägungen an der Anforderungsstruktur gegenüberzustellen. Oftmals können Basisfunktionen identifiziert werden, die über viele Produkte hinweg einheitlich gefordert werden. Wie in Kap. 4.2.2 bereits erläutert, kann eine unternehmensweite Analyse der Funktionsvarianz dazu beitragen, Kommunalitäten auf Funktionsebene sicherzustellen. Ein systematisches Kommunalitätsmanagement auf Funktionsebene bildet die Randbedingungen für die erzielbaren Kommunalitäten auf Technologieebene und physischer Ebene.

Doch der Nutzen von Kommunalität ist stets mit Aufwand verbunden. Die Nutzung von Standard- bzw. Normteilen verursacht Aufwand, beispielsweise durch die Abstimmung verschiedenster Unternehmensfunktionen, die Planung von Produktvarianten sowie erhöhte Materialkosten für Teile mir größerem Funktionsumfang. So werden ab einem bestimmten Punkt die Rationalisierungspotenziale von Kommunalität vom Aufwand zur Herstellung dieser Kommunalität überkompensiert. Schließlich wird die Summe aus Nutzen und Aufwand von Kommunalität negativ, sodass sich trotz neu generierter Vorteile in einzelnen Bereichen, insgesamt ein Nachteil für das gesamte Unternehmen ergibt. Deshalb muss dieser Sachverhalt stets berücksichtigt werden, um die Bestrebungen nach Kommunalität nicht zum Selbstzweck werden zu lassen.

Literatur

1. Göpfert J (1998) Modulare Produktentwicklung: zur gemeinsamen Gestaltung von Technik und Organisation. Dt. Univ.-Verl., Wiesbaden.
2. Schuh G (2005) Produktkomplexität managen: Strategien – Methoden – Tools, 2. Aufl. Hanser, München.
3. o.V. (2010) Im Fokus: Volkswagen – Hansdampf in allen Gassen. Automobil-Produktion, (5):24.
4. o.V. (2009) Lean besser durch die Krise? Automobil-Produktion, (12):20.
5. Löschmann F (2009) Innovative Antriebe und Perspektiven bei Volkswagen Sachsen. In Internationaler AMI Kongress Leipzig. Leipzig.
6. Schuh G, Adickes H, Arnoscht J, Bong A, Deger R, Hieber S, Krappinger R, Lenders M, Post P, Rauhut M, Rother M, Schelling J, Schulz J (2008) Lean Innovation – Auf dem Weg zur Systematik. In: Brecher C, Klocke F, Schmitt R, Schuh G (Hrsg) Wettbewerbsfaktor Produktionstechnik – Aachener Perspektiven. Apprimus, Aachen.
7. Winterkorn M (2009) Volkswagen Jahrespressekonferenz und Investorenkonferenz am 12. März 2009.
8. Volkswagen AG (2009) Driving ideas – Geschäftsbericht 2009.
9. Dubbel H, Grote K-H, Feldhusen J (2007) Dubbel. Taschenbuch für den Maschinenbau, 22. Aufl. Springer, Berlin.
10. Pahl G, Beitz W, Feldhusen J, Grote K-H (2007) Konstruktionslehre: Grundlagen erfolgreicher Produktentwicklung; Methoden und Anwendung, 7. Aufl. Springer, Berlin.
11. Lindemann U (2007) Methodische Entwicklung technischer Produkte: Methoden flexibel und situationsgerecht anwenden, 2. Aufl. Springer, Berlin.
12. DIN (1977) DIN199, Begriffe im Zeichnungs- und Stücklistenwesen.
13. Ulrich K (1995) The Role of Product Architecture in the Manufacturing Firm. Research Policy, 24(3):419–440.
14. Boos W (2008) Methodik zur Gestaltung und Bewertung von modularen Werkzeugen. Apprimus, Aachen.
15. Göpfert J, Steinbrecher M (2000) Modulare Produktentwicklung leistet mehr – Warum Produktarchitektur und Projektorganisation gemeinsam gestaltet werden müssen. Harvard Business Manager, 22(3):20–31.
16. Rapp T (1999) Produktstrukturierung. Institut für Technologiemanagement, Hochschule St. Gallen.
17. Schuh G (1989) Gestaltung und Bewertung von Produktvarianten: ein Beitrag zur systematischen Planung von Serienprodukten. VDI Verlag, Düsseldorf.
18. Meier J (2007) Produktarchitekturtypen globalisierter Unternehmen. Shaker, Aachen.
19. Rathnow PJ (1992) Integriertes Variantenmanagement – Bestimmung, Realisierung und Sicherung der optimalen Produktvielfalt, 20. Aufl. Vandenhoeck & Ruprecht, Nürnberg.
20. Kohlhase N (1997) Strukturieren und Beurteilen von Baukastensystemen. VDI Verlag, Düsseldorf.

21. Koller R (1998) Konstruktionslehre für den Maschinenbau: Grundlagen zur Neu- und Weiterentwicklung technischer Produkte mit Beispielen, 4. Aufl. Springer, Berlin.
22. Firchau NL (2003) Variantenoptimierende Produktgestaltung. Gemeinsame Fakultät für Maschinenbau und Elektrotechnik, Technische Universität Crolo-Wilhelmina zu Braunschweig.
23. Borowski K-H (1961) Das Baukastensystem in der Technik. Springer, Berlin.
24. Sekolec R (2005) Produktstrukturierung als Instrument des Variantenmanagements in der methodischen Entwicklung modularer Produktfamilien. Technische Hochschule Zürich.
25. Bartuschat M (1995) Beitrag zur Beherrschung der Variantenvielfalt in der Serienfertigung. Vulkan-Verl., Essen.
26. Brecher C, Eversheim W, Schuh G, Assmus D, Bauer P, Güthenke G, Nonn C, Meidlinger R, Paulukuhn L, Ritz P, Stahuber A, Weisbecker L, Winkler H-H (2005) Lean Products – Maximierung von Kundennutzen und Skaleneffekten. In: Brecher C, Klocke F, Schmitt R, Schuh G (Hrsg) Wettbewerbsfaktor Produktionstechnik – Aachener Perspektiven. Apprimus, Aachen.
27. Müller M (2000) Modularisierung von Produkten: Entwicklungszeiten und -kosten reduzieren. Hanser, München.
28. Baumgart IM (2005) Modularisierung von Produkten im Anlagenbau, 1. Aufl. Verl. Mainz, Aachen.
29. Pine BJ (1994) Maßgeschneiderte Massenfertigung: neue Dimensionen im Wettbewerb. Wirtschaftsverl. Ueberreuter, Wien.
30. Schuh G, Breuer T, Heller B, Huppmann WJ, Kroll H, Riedel H, Röpke M, Spiegel K, Tüllmann U, Ungeheuer U, Wey G (2002) Vielfalt in Serie – Produktgestaltung zwischen Kundenwünschen und Skaleneffekten. In: Eversheim W, Klocke F, Pfeifer T, Schuh G, Weck M (Hrsg) Wettbewerbsfaktor Produktionstechnik – Aachener Perspektiven. Apprimus, Aachen.
31. Scholze-Stubenrecht W, Wermke M, Bibliographisches Institut & F. A. Brockhaus AG. Dudenredaktion (2006) Duden – die deutsche Rechtschreibung: 24. Aufl. Dudenverl., Mannheim.
32. Dellanoi R (2006) Kommunalitäten bei der Entwicklung variantenreicher Produktfamilien. Hochschule St. Gallen.
33. Du XH, Jiao JX, Tseng MM (2000) Architecture of product family for mass customization. Proceedings of the 2000 Ieee International Conference on Management of Innovation and Technology, Volume 1:437–443.
34. Scheiter S, Scheel O, Klink G (2007) Was kostet Komplexität wirklich? A.T. Kearney, Düsseldorf.
35. Ericsson A, Erixon G (1999) Controlling design variants: modular product platforms. Society of Manufacturing Engineers, Dearborn, Michigan.
36. Schuh G, Meier J, Witte V (2005) Modularization – a practicable guideline for lifecycle driven product structuring. In: Proceedings of the Mass Customization and Personalization Congress. MCPC.

Gestaltung von Produktentwicklungsprozessen 5

Günther Schuh, Jochen Müller und Marcus Rauhut

Kurzüberblick Zur Planung und Steuerung von Produktentwicklungsprojekten haben sich in den Unternehmen neben klassischen Formen des Projektmanagements eine Reihe an Prozessstrukturen etabliert, die den zeitlichen Ablauf eines Entwicklungsprojekts nach bestimmten Schwerpunkten je Entwicklungsphase ordnen und Schnittstellen definieren. Im ersten Abschnitt dieses Kapitels werden die Besonderheiten gängiger Strukturierungsansätze für Entwicklungsprozesse vorgestellt. Prozessstrukturen, die bereits die Phase der Ideengenerierung und Selektion berücksichtigen und mit der erfolgreichen Produkteinführung am Markt enden, werden in der Regel als Innovationsprozesse bezeichnet. Demgegenüber dienen Entwicklungsprozesse ausschließlich der Strukturierung der Phasen der Produkt- und Prozessentwicklung. Auf die zu strukturierenden Aufgaben in diesen Phasen wird in den Kap. 5.2, 5.3 und 5.4 detailliert eingegangen. Die Aufgaben der Phasen vor der Entwicklung werden im Kapitel Produktplanung beschrieben; für alle Themen rund um das Anlaufmanagement für neue Produkte wird an dieser Stelle auf den Band „Fabrikplanung" verwiesen. Die Kap. 5.5 und 5.6 beinhalten darüber hinaus erfolgskritische Querschnittfunktionen von Entwicklungsprozessen. Die systematische Erkennung, Planung und Umsetzung von Änderungen begleiten jedes Produkt von dem Entwurf erster Konzepte über den gesamten Lebenszyklus bis hinein in die Entwicklung des Nachfolgeprodukts. Das Simultaneous Engineering befasst sich hingegen mit der Parallelisierung von Entwicklungsabläufen und der Integration verschiedener Fachdisziplinen in einen gemeinsamen Entwicklungsprozess (Abb. 5.1).

G. Schuh (✉)
52074 Aachen, Deutschland
E-Mail: g.schuh@wzl.rwth-aachen.de

J. Müller
69115 Heidelberg, Deutschland
E-Mail: jochen-mueller@gmx.de

M. Rauhut
47166 Duisburg, Deutschland
E-Mail: marcus.rauhut@thyssenkrupp.com

G. Schuh (Hrsg.), *Innovationsmanagement* 3,
DOI 10.1007/978-3-642-25050-7_5, © Springer-Verlag Berlin Heidelberg 2012

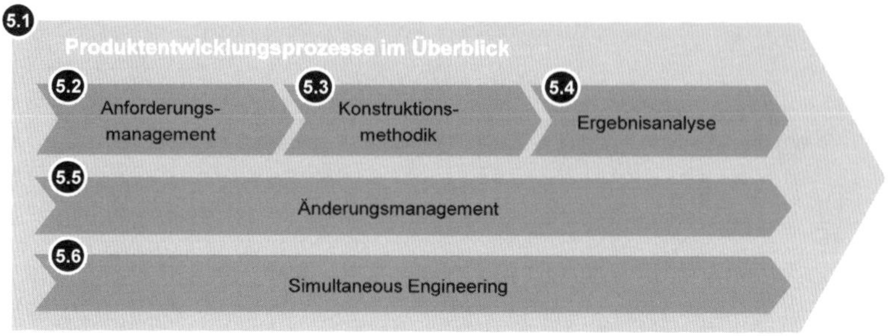

Abb. 5.1 Struktur für das Kapitel „Gestaltung von Produktentwicklungsprozessen"

Bevor in diesem Kapitel die Produktentwicklungsprozesse detailliert beschrieben werden, wird zu Beginn auf die unterschiedlichen Aufgaben der Produktentwicklung zwischen Produktpflege und Neuentwicklung eingegangen. Besonders im Bereich von Lifestyleprodukten scheint die Überlebensfähigkeit von Unternehmen eng an deren Fähigkeit geknüpft, in immer kürzeren Zyklen Neuentwicklungen in den Markt bringen zu können. Häufig sind aber gerade die Unternehmen langfristig erfolgreich, die in geschickter Weise Altes mit Neuem verbinden, d. h. die die Innovationsintensität bedarfsgerecht einsetzen. Für diese Unternehmen spielt die kontinuierliche Produktpflege eine ebenso wichtige Rolle wie die Produktneuentwicklung [1]. Abbildung 5.2 zeigt unterschiedliche Klassen von Produkten im Spannungsfeld zwischen den Aufgaben der Produktpflege und der Neuentwicklung.

Modische Produkte sind topaktuell gestaltet, jedoch besteht hier das Risiko darin, dass im Gegensatz zur erhofften Akzeptanz neuer Trends die totale Kaufverweigerung eintritt. Das Long-Life-Produkt entspringt dem Wunsch, ein Produkt zu schaffen, das keinen modischen Strömungen unterliegt, sondern lange angeboten werden kann und durch sein hohes Maß an Konstanz Marken bildend wirkt. Relativ nahe und objektiv schwer trennbar sind Relaunches (Produktvariationen) und Launches (neue Produkte). Selbst dem Golf VI sieht man noch Ähnlichkeiten zu dem vor über 35 Jahren eingeführten Golf I an. Allgemein lässt sich feststellen, dass der Relaunch starken Wert auf die Bemerkbarkeit des Konstanten legt, ebenso kann aber der Launch die Herkunft eines

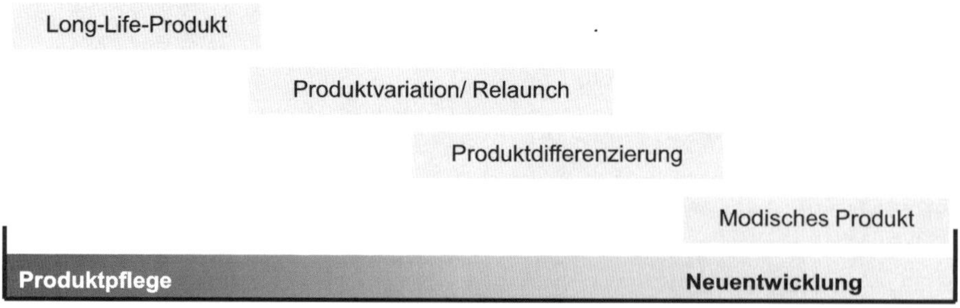

Abb. 5.2 Produktentwicklung zwischen Produktpflege und Neuentwicklung

neuen Modells betonen. Zudem ist Produktpflege auch mit den Maßnahmen der Produktdifferenzierung möglich. Während bei der Variation das Vorgängerprodukt eliminiert wird, tritt bei der Differenzierung ein weiteres hinzu, welches auf der gleichen Idee basiert und einen oder mehrere Leistungsaspekte (z. B. Bequemlichkeit, Wert, Größe) zielgruppenorientiert betont [1].

Eine systematische Produktentwicklung schließt nicht mit der Markteinführung ab, sondern geht in einen gesteuerten Prozess zur Produktpflege über, bei dem parallel zum Produkteinsatz kontinuierlich Verbesserungen erarbeitet und in die aktuelle oder nachfolgende Serie aufgenommen werden. Ein Automobilhersteller beispielsweise kann dem Innovationsdruck, der teilweise Modellwechsel nach weniger als sechs Jahren erfordert, nicht ohne permanente Entwicklungsarbeit und gleichzeitige Weiterverwendung von Teilen, Technologien oder Grundkonzepten und deren Verknüpfung zu Facelifts und Modellwechseln standhalten. Der Übergang zwischen Produktpflege und Neuentwicklung kann dabei fließend verlaufen und hängt teilweise sogar von der Sichtweise auf das Produkt ab. Der Facelift eines Serienfahrzeugs stellt für den OEM beispielsweise eine Produktpflegemaßnahme dar, während es für die Zuliefererindustrie bereits eine echte Neuentwicklung mit hohem Innovationsgrad bedeuten kann. Allgemein wird jedoch eine Abgrenzung nach der Innovationsintensität vollzogen, die es für eine Neuentwicklung erfordert, dass die Mehrheit der Komponenten oder das Grundkonzept des Produktes geändert werden.

Produktpflege bedeutet nicht zwangsweise die Abkehr von „echten" Innovationen, vielmehr kann eine kontinuierliche Weiterentwicklung von Produkten zusätzliche Wettbewerbsvorteile generieren. Dazu zählt einerseits die offensichtliche Lebenszyklusverlängerung von Produkten durch die Produktpflege und die damit verbundene Kostendegression bzw. die Verlängerung der Gewinnphase des Produktes. Andererseits gehören dazu die Schaffung und Pflege von nachhaltigen Produkten an sich, den „Klassikern", welche dem Unternehmen entscheidende Vorteile bieten. Dazu zählen beispielsweise die empirisch belegbare Preisstabilität und die höhere Produkt- und Markenbindung der Kunden.

Für die Steuerung von Projekten zur Produktpflege oder Neuentwicklung greifen Unternehmen neben klassischen Formen des Projektmanagements auf eine Reihe von Strukturierungsansätzen für Produktentwicklungsprozesse zurück, die im folgenden Kapitel näher beschrieben und diskutiert werden.

5.1 Produktentwicklungsprozesse im Überblick

5.1.1 Vorgehensmodelle für die methodische Entwicklung

Vorgehensmodelle strukturieren Prozesse in verschiedene, definierte Phasen. Diesen Phasen sind wiederum entsprechende Methoden zur Unterstützung zugeordnet. Die Aufgabe eines Vorgehensmodells besteht darin, die benötigten Aktivitäten zur Durchführung einer vorliegenden Aufgabenstellung in einer logischen Ordnung hinsichtlich des Ablaufs zu strukturieren.

5

5.1.2 VDI-Richtlinie 2221

Die VDI-Richtlinie 2221 „*Methodik zum Entwickeln und Konstruieren technischer Systeme und Produkte*“ wurde 1985 als Entwurf und 1986 als endgültige Fassung vorgestellt, die allerdings 1993 nochmals geringfügig überarbeitet wurde. Konzipiert wurde sie unter Beteiligung von Konstruktionswissenschaftlern verschiedener Ausrichtungen als Leitlinie für das Vorgehen bei Entwicklungen und Konstruktionen in der Praxis [2]. Die Richtlinie ist spezifisch auf die Disziplin Mechanik mit dem Schwerpunkt der Konstruktionslehre ausgerichtet und geht kaum auf die Problematik der Beteiligung verschiedener Fachdisziplinen am Konstruktionsprozess ein [3, 4].

Der Vorgehensplan (Abb. 5.3) gibt für die Produktentwicklung sieben grundlegende Arbeitsschritte vor, an deren Ende jeweils ein Arbeitsergebnis steht. Mehrere Arbeitsschritte können zu Entwicklungs- bzw. Konstruktionsphasen zusammengefasst werden (im oberen Teil von Abb. 5.3 zu sehen). Häufig werden die Phasen in Anlehnung an den Konstruktionsprozess nach Pahl/Beitz mit „Aufgabe klären“, „Konzipieren“, „Entwerfen“ und „Ausarbeiten“ bezeichnet [5]. Aufgrund der angestrebten hohen Allgemeingültigkeit des Vorgehens ist der Ablauf des Konstruktionsprozesses nur grob strukturiert und lässt daher eine Vielzahl von produkt- und unternehmensspezifischen Vorgehensvarianten zu. Hierdurch wird der Vorgehensplan eher zu einer Leitlinie, für die im jeweiligen Einsatzfall eine spezifische Transkription nötig ist, um eine verständliche Arbeitsanleitung zu generieren [5]. Besonders betont wird der iterative Charakter des Vorgehens, was bedeutet, dass die Reihenfolge der Arbeitsschritte nicht als starr anzusehen ist. In der Regel werden einzelne Schritte übersprungen und/oder es erfolgen an gegebener Stelle Rücksprünge zu vorhergehenden Schritten. Dies wird in Abb. 5.3 durch die Informationsbrücke dargestellt, die das iterative Vor- und Zurückspringen zu einem oder mehreren Arbeitsabschnitten darstellt. Diese Flexibilität entspricht der Praxiserfahrung von Konstrukteuren und ist für die Anwendung von Vorgehensplänen dieser Art von großer Bedeutung [3, 6, 7].

Im Folgenden werden die Arbeitsschritte jeweils kurz beschrieben [2]:

Klären und Präzisieren der Aufgabenstellung: Im ersten Arbeitsschritt werden die Anforderungen der zu lösenden Aufgabe geklärt und präzisiert. Hierzu gehört auch, Anfor-

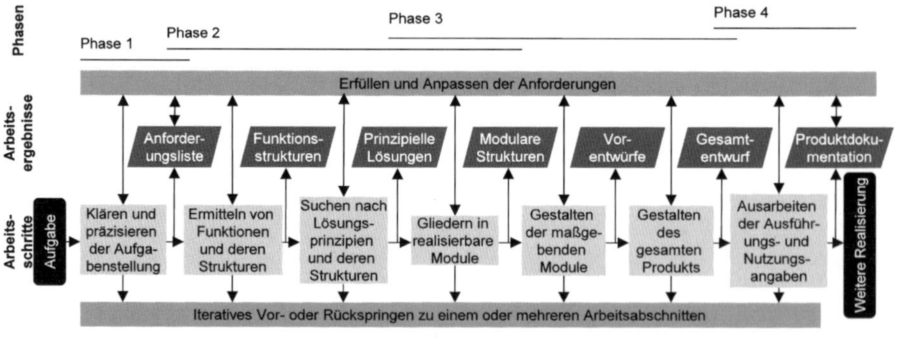

Abb. 5.3 Generelles Vorgehen beim Entwickeln und Konstruieren [2]

derungen auf Vollständigkeit zu prüfen sowie ggf. durch weitere externe oder interne Anforderungen zu ergänzen. Abschließend erfolgt die Formulierung der Aufgabenstellung durch den Konstrukteur selbst. Das Ergebnis dieses Schrittes ist eine *Anforderungsliste*, die immer auf dem aktuellen Stand gehalten werden sollte, da sie die Informationsgrundlage für alle weiteren Arbeitsschritte darstellt.

Ermitteln von Funktionen und deren Strukturen: In Arbeitsschritt zwei folgt zunächst die Ableitung der *Gesamtfunktion* und der wesentlichen *Teilfunktionen* (Hauptfunktionen). Diese werden gegliedert und zu Strukturen kombiniert, wodurch die Grundlage für die Suche nach Lösungen für das Gesamtprodukt bzw. die Gesamtfunktion gelegt wird. Diese Verknüpfung ist jedoch nur bei Produkten notwendig, die mit komplexeren Energie-, Stoff- und Signalflüssen einhergehen, während sie bei einfacheren Produkten vernachlässigt werden kann. Das Arbeitsergebnis sind *Funktionsstrukturen*, die beispielsweise als Beschreibung oder formale Darstellung festgelegt werden können.

Suche nach Lösungsprinzipien und deren Strukturen: Im Rahmen des dritten Arbeitsschrittes werden für alle im vorherigen Schritt gefundenen Teilfunktionen *Lösungsprinzipien* gesucht. Dies können z. B. mechanische oder chemische Effekte sein, die dann durch so genannte wirkstrukturelle Festlegungen – z. B. Festlegung von Geometrie, Bewegung und Werkstoff – realisiert werden. Die für die Teilfunktionen gefundenen Lösungsprinzipien werden anschließend analog zu den Funktionsstrukturen zur *Wirkstruktur* verknüpft. Ergebnis sind schließlich eine oder mehrere *prinzipielle Lösungen*, die die Wirkstruktur zur Lösung einzelner Funktionen oder der Funktionsstruktur festlegen. Eine Dokumentation der prinzipiellen Lösungen kann in Form von Prinzipskizzen, Schaltungen oder Beschreibungen geschehen.

Gliedern in realisierbare Module: In diesem vierten Arbeitsschritt wird eine Gliederung der prinzipiellen Lösung in realisierbare Teilmodule vorgenommen, die im nächsten Schritt konkretisiert werden. Als Arbeitsergebnis entsteht eine *modulare Struktur*, aus der im Gegensatz zur Funktions- und Wirkstruktur bereits eine Aufteilung der Lösung in reale Gruppen und Elemente sowie deren Schnittstellen hervorgeht. Auch hier gibt es vielfältige mögliche Darstellungsformen, wie Anordnungsskizzen, Graphen, Logikpläne usw. Im Rahmen dieses Arbeitsschrittes verzweigt sich der Entwicklungsprozess häufig in parallel laufende Konstruktionslinien, welche dann einzelne Module getrennt bearbeiten.

Gestalten der maßgebenden Module: Dieser fünfte Arbeitsschritt dient der Ausgestaltung der maßgebenden Module. Dies soll jedoch zunächst nur bis zu einem Detaillierungsgrad erfolgen, der eine Auswahl des Gestaltungsoptimums ermöglicht. Daher sind das Ergebnis der Phase erste *Vorentwürfe* für die noch weiter zu konkretisierenden Module. Eine Darstellung ist in Form von groben maßstäblichen Zeichnungen, Stromlaufplänen oder Ähnlichem möglich.

Gestalten des gesamten Produktes: Im sechsten Arbeitsschritt werden die bisher nur grob ausgearbeiteten Module bis ins letzte Detail ausgearbeitet. Außerdem werden bisher noch nicht bearbeitete Gruppen und Teile realisiert und zum Gesamtsystem hinzugefügt. Es erfolgt eine Verknüpfung aller Gruppen und Elemente. Arbeitsergebnis dieses Schrittes ist ein *Gesamtentwurf* des Produktes, der alle wesentlichen gestalterischen Festlegungen zur

Produktrealisierung enthält. Er wird vor allem in maßstäblichen Zeichnungen, vorläufigen Stücklisten usw. dargestellt.

Ausarbeitung der Ausführungs- und Nutzungsangaben: Im letzten Schritt folgt die Produktdokumentation in Form der Ausarbeitung aller vom Entwicklungs- und Konstruktionsbereich zu verantwortenden Ausführungs- und Nutzungsangaben. Hier gibt es eine Überlappung zum vorhergehenden Schritt, da in diesem bereits wesentliche Festlegungen hierzu getroffen wurden. Das Arbeitsergebnis dieses Schrittes ist die *Produktdokumentation* inklusive der Nutzungsangaben, in Form von Zeichnungen, Stücklisten, Fertigungsvorschriften usw.

5.1.3 Stage-Gate®-Modell

Das Stage-Gate®-Modell wurde von Cooper entwickelt, um Innovations- und Entwicklungsprozesse zu optimieren. Dazu stellte er eine Reihe von Zielen für sein Modell auf, die seiner Meinung nach bisher in Entwicklungsprojekten eine zu geringe Berücksichtigung fanden. Diese sind im Einzelnen [8]:

- Qualitätsverbesserung der Prozessdurchführung
- Schärfere Fokussierung und bessere Prioritätssetzung
- Parallele Prozessabwicklung mit hohem Tempo
- Einsatz eines bereichsübergreifenden Teams
- Explizite Einbeziehung von Marktorientierung und Marktbeurteilung
- Detaillierte Informationsgewinnung und Prognosen im Entwicklungsvorfeld
- Kreieren von Produkten mit Wettbewerbsvorteilen

Der im Stage-Gate®-Modell aufgebaute Stage-Gate®-Prozess zur Produktentwicklung ist generisch und nicht auf eine bestimmte Fachdisziplin festgelegt. Er unterteilt ein Entwicklungsvorhaben in mehrere Abschnitte und sogenannte „Tore" (Gates) [8, 9]. Die Tore zwischen den einzelnen Abschnitten haben dabei die Aufgabe von Meilensteinen. Sie dienen der Qualitätskontrolle und stellen Checkpunkte dar, an denen die Entscheidung getroffen wird, das Projekt fortzusetzen oder abzubrechen. Diese Projektbewertung wird anhand von zuvor definierten, vorzuweisenden Resultaten und Kriterien vorgenommen. Sie erfolgt üblicherweise durch vorgesetzte Leiter der verschiedenen Bereiche, die jene Mittel kontrollieren, die vom Projektteam für den nächsten Abschnitt benötigt werden. Abbildung 5.4 stellt den, um die Schritte „Entdeckung" und „Rückblick" erweiterten, traditionellen Stage-Gate®-Prozess mit den verschiedenen Abschnitten und Toren dar.

Jeder Abschn. (auch Stadium oder Schritt genannt) besteht aus bestimmten funktionsübergreifenden und parallelen Tätigkeiten. Diese werden durchgeführt, bevor in einem Tor die Zustimmung der je Gate definierten „Gatekeeper" für eine Fortführung des Projektes gegeben wird. Es wird also großer Wert darauf gelegt, dass in jedem Schritt Mitarbeiter aus verschiedenen Funktionsbereichen des Unternehmens mitarbeiten. Die Tore und Teilschritte aus Abb. 5.4 sind im Einzelnen [8]:

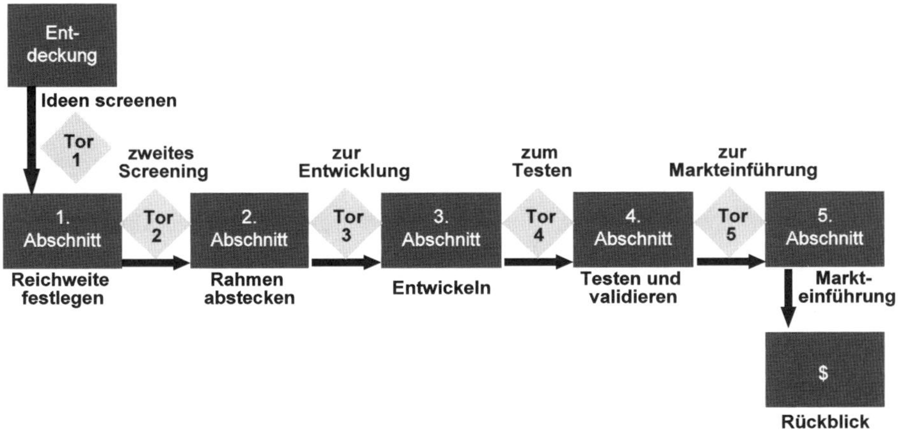

Abb. 5.4 Übersicht über ein typisches Stage-Gate®-System [8]

Entdeckung: Dieser Abschnitt wurde dafür entworfen, Möglichkeiten zu entdecken und Ideen zu erzeugen, wozu u. a. kreative Methoden wie Brainstorming eingesetzt und Lead-User befragt werden können. Abschließend werden Projekte ausgewählt, die die Firma verfolgen möchte und auch verfolgen kann, und anschließend an das erste Tor übergeben.

Ideen screenen (Tor 1): In diesem ersten Tor wird eine Entscheidung darüber getroffen, ob dem Projekt Ressourcen zur Verfügung gestellt werden sollen. Dazu wird die Idee auf einige Muss- und Sollkriterien hin überprüft. Dies kann beispielsweise die Übereinstimmung mit der Unternehmensstrategie, Marktattraktivität und Projektmachbarkeit sein. Finanzielle Kriterien existieren auf dieser Stufe zumeist noch nicht.

Reichweite festlegen (Abschn. 1): Diese Grobanalyse beinhaltet eine schnelle, einleitende Untersuchung des Projektes. Dabei sollen das Produkt mit seinen Stärken und Schwächen sowie der zugehörige Markt und die Konkurrenz bewertet werden. Dies kann z. B. durch eine Literaturrecherche, eine Konzeptüberprüfung mit potenziellen Kunden, eine Kostenanalyse oder eine Risikoanalyse zur Abschätzung technischer, rechtlicher oder regulatorischer Risiken geschehen.

Zweites Screening (Tor 2): Diese Überprüfung ist im Gegensatz zum ersten Tor tief gehender und basiert zunächst auf den gleichen Kriterien, die nun mithilfe der in Abschn. 1 gewonnenen Informationen neu überprüft werden. Es können jedoch auch neue Sollkriterien, welche z. B. die Kundenreaktion sowie potenzielle technische und regulatorische Variablen berücksichtigen, hinzugefügt werden. In diesem Tor werden erste grobe finanzielle Kriterien zur Bewertung herangezogen, welche durch schnelle und einfache Kalkulationen unterstützt werden und beispielsweise die auf die Investitionshöhe bezogene Rückzahlungsperiode berücksichtigen. Fällt die Entscheidung, das Projekt fortzuführen, so folgt der nächste Schritt, welcher mit deutlich mehr Ausgaben verbunden ist.

Rahmen abstecken (Abschn. 2): Dieser Schritt ist der letzte Schritt der Konzeptentwicklung. An dieser Stelle ist es für die Firmen essenziell, eine solide Analyse durchzuführen.

Das Produkt muss klar festgelegt und seine Attraktivität verifiziert werden, bevor es in den sehr kostenintensiven Entwicklungsschritt geht. Abschn. 2 ist im Vergleich zu den anderen Abschnitten sehr komplex und ressourcenaufwendig, denn in diesem Schritt wird das Produkt inklusive seines Marktes definiert. Es werden ausführliche Markt- und Wettbewerbsanalysen vorgenommen und eine Begutachtung aus technischer und Fertigungssicht wird aufgestellt. Ggf. werden rechtliche und regulatorische Probleme analysiert und zuletzt eine finanzielle Analyse durchgeführt. Das Ergebnis dieses Schrittes ist ein Business-Case für das Projekt.

Zur Entwicklung (Tor 3): Dieses Tor ist das Letzte vor dem eigentlichen Entwicklungsbeginn und damit die letzte Möglichkeit, das Projekt noch vor einer Phase hoher Investitionen zu stoppen. Hier wird die Durchführung aller nötigen Aktivitäten aus Schritt 2 auf ihre Qualität und das Ergebnis hin überprüft. Zudem werden wiederum die Muss- und Sollkriterien aus Tor 2 und vor allem auch finanzielle Kenngrößen betrachtet. Fällt die „Go-Entscheidung", sind damit die Produktdefinition und der Projektplan bestätigt worden. In diesem Schritt wird ebenfalls das Projektteam bestimmt.

Entwickeln (Abschn. 3): In Schritt 3 wird das bisher Geplante in die Tat umgesetzt und das physische Produkt entwickelt. In großen Projekten werden in diesem Schritt mehrere Meilensteine vorgegeben, die aber nicht wie die Tore über ein Fortführen des Projektes entscheiden, sondern dazu dienen, den Fortschritt für Projektcontrolling und Management zu überwachen. Außerdem finden hier bereits erste einfache Tests statt. Das Endergebnis des Produktentwicklungsschrittes ist ein Prototyp, der später in Abschn. 4 ausführlichen Tests unterzogen wird. Neben der technischen Entwicklung des eigentlichen Produktes werden in diesem Schritt parallel u. a. die Marketing- und Produktionspläne entwickelt sowie aktualisierte Finanzanalysen vorbereitet.

Zum Testen (Tor 4): An dieser Stelle werden der Fortschritt und die weitere Attraktivität des Produktes bzw. Projektes überprüft und die Übereinstimmung des Entwicklungsergebnisses mit den in Tor 3 bestätigten Eigenschaften sichergestellt. Außerdem findet eine Überprüfung der aktualisierten Finanzanalysen statt und es werden Test- und Prüf- sowie Marketing- und Produktionspläne bestätigt.

Testen und validieren (Abschn. 4): Die Aufgabe des vierten Schrittes ist die Validierung des Gesamtprojektes. Dabei werden das Produkt selbst, die Produktions- und Fertigungsprozesse, die Akzeptanz beim Kunden und die finanziellen Kenngrößen des Projektes untersucht. Es werden hierfür vor allem In-House-Tests, Feldtests, Produktionstest und Markttests genutzt.

Zur Markteinführung (Tor 5): Das finale der fünf Tore kann basierend auf den Ergebnissen des Test- und Validierungsabschnittes, den erwarteten Erträgen und der Beurteilung der Einführungs- und Anlaufpläne entweder das Projekt noch in letzter Minute stoppen oder aber das Produkt für die Kommerzialisierung freigeben. In letzterem Fall würde in Abschn. 5 die Produktion gestartet und das Produkt in den Markt eingeführt.

Markteinführung (Abschn. 5): In diesem letzten Schritt wird der Markteinführungs- und Produktionsplan in die Tat umgesetzt. Es beginnt die volle Produktion, das Marketing läuft an und das Produkt geht in den Verkauf.

Rückblick: Zu einem bestimmten Zeitpunkt nach der Produkteinführung (6-18 Monate) werden das Projekt aufgelöst und die Performance von Projekt und Produkt noch einmal kontrolliert. Dabei werden die tatsächlichen Daten mit den Vorhersagen des Projektplans verglichen. Zuletzt werden in einem abschließenden Audit die Stärken und Schwächen des Projektes analysiert, um daraus für zukünftige Projekte zu lernen.

Fallbeispiel Die Maschinen- und Anlagenbau GmbH gehört zu den weltweit führenden Herstellern für Kunststoffmaschinen und zeichnet sich vor allem durch den Einsatz spezifischer und innovativer Maschinentechnologien zur Unterstützung der Kunststoff produzierenden Industrie aus. Bei der Entwicklung dieser hoch innovativen Produkte kam es zu signifikanten Überziehungen der geplanten Entwicklungszeiten. Der Grund hierfür war ein nur rudimentär vorstrukturierter Entwicklungsprozess, der darüber hinaus je nach Bereich und Verantwortlichen unterschiedlich eingehalten wurde. Dies erzeugte nicht nur Unzufriedenheit bei den Beteiligten durch eine mangelnde Transparenz und Authentizität, sondern hatte vor allem eine deutliche Verfehlung der Kostenziele in den Projekten zur Folge. Um die Potenziale eines systematischen Vorgehens zu heben, wurde dementsprechend ein Stage-Gate®-Prozess eingeführt.

Dazu wurden zunächst in gemeinsamen Workshops klare Vorgaben und Leitlinien für einen unternehmensspezifischen Stage-Gate®-Prozess ermittelt und die Art und Anzahl der Gates gemeinsam definiert. Innerhalb dieser Gates wurden daraufhin die Review-Kriterien sowie die notwendigen Gate-Eingangs-Informationen identifiziert und festgelegt. In einem nächsten Schritt wurden die notwendigen Aktivitäten im Prozess nach Rollen gegliedert und die vorliegenden Zusammenhänge und Aktivitäten in Form von Prozesslandkarten einfach und transparent visualisiert (Abb. 5.5).

Daraus konnte schließlich ein konfigurierbarer Soll-Prozess abgeleitet werden. Dieser Soll-Prozess setzte auf bereits Bewährtem auf und schärfte die Rollen der einzelnen Bereiche und Personen in der Entwicklung, um die Basis für einen effektiven und effizienten Entwicklungsprozess darstellen zu können. Die notwendigen Methoden zur Entwicklung wurden jeweils auf den Soll-Prozess ausgelegt, anschließend darin verankert und jedem Mitarbeiter in Form eines Methodenleitfadens zugänglich gemacht. Der Sollprozess wurde abschließend für die verschiedenen Projekttypen vorkonfiguriert und in Form von definierten Workflows in das Unternehmen zentral integriert.

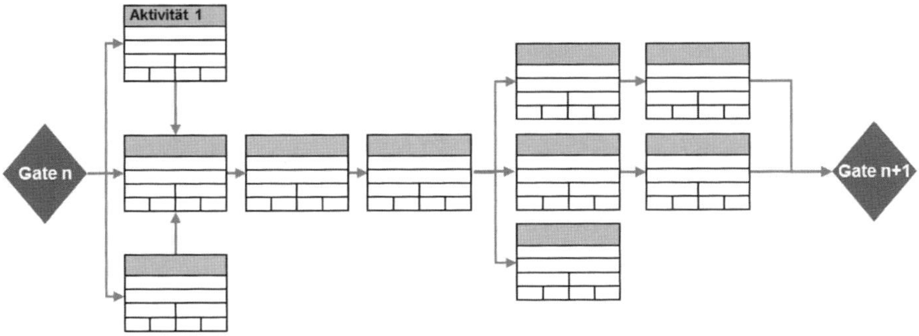

Abb. 5.5 Prozesslandkarte für den Stage-Gate®-Prozess bei der Maschinen- und Anlagenbau GmbH

5

5.1.4 Wasserfallmodell

Das Wasserfallmodell nach Royce ist das bekannteste Modell zur Softwareentwicklung. Es bildet den gesamten Lebenszyklus einer Software durch eine sequenzielle Unterteilung in Phasen ab. Die ursprünglich im Modell enthaltenen sieben Phasen – Systemanforderungen, Softwareanforderungen, Analyse, Entwurf, Codierung, Testen und Betrieb – werden in Abb. 5.6 dargestellt. Wie die Pfeile zeigen, sollen Rücksprünge nur zum direkten Vorgänger erfolgen. Größere Iterationsschleifen mit weiter entfernten Phasen sind unerwünscht [10]. Jede Phase hat klar definierte Start- und Endpunkte sowie eindeutig definierte Ergebnisse. Diese Ergebnisse gehen anschließend als bindende Vorgabe in die nächste Phase ein [11].

Das Wasserfallmodell verfolgt, wie es auch die Darstellungsform zeigt, einen Top-Down-Ansatz. Zunächst wird das System grob analysiert, im Weiteren detailliert ausgestaltet, dann implementiert und zuletzt getestet [6]. Es wird eine strenge Teilung der problemspezifischen und implementierungsspezifischen Tätigkeiten vorgenommen, die sich in einer expliziten Trennung zwischen einer Analyse- und einer Designphase ausdrückt [12].

Royce stellte dieses ursprüngliche Modell 1970 vor und deckt in seiner Arbeit auch dessen Schwächen auf, wie z. B. die hohen Kostenrisiken. Daher schlägt er Erweiterungen vor, wie z. B. zusätzliche iterative Elemente und eine „vorläufige Entwurfsphase" direkt nach der Erfassung der Softwareanforderungen [10]. Bis heute wird das Wasserfallmodell durch die Einführung von Validierungsschritten und Rückkopplungen zwischen den Prozessschritten kontinuierlich weiterentwickelt. Somit kann eine verbesserte Qualitätssicherung im Entwicklungsprozess garantiert werden [12].

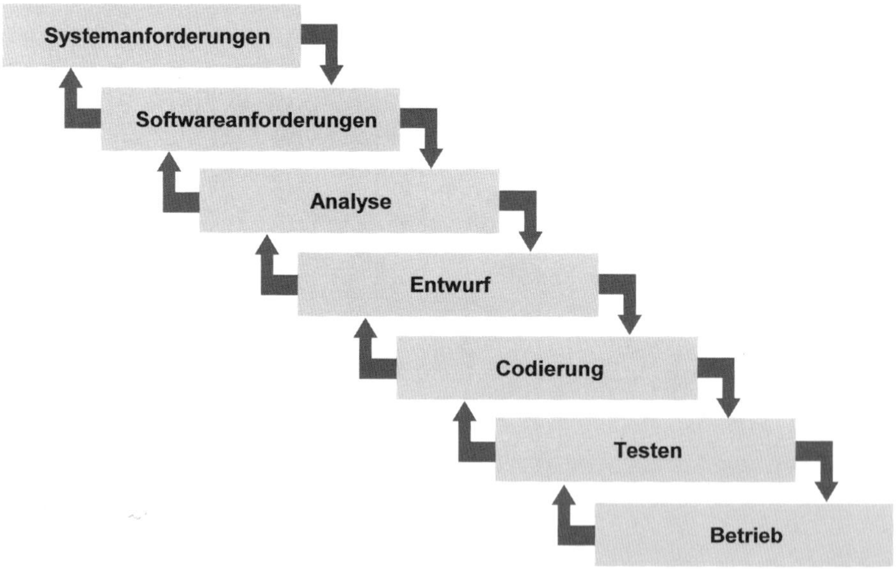

Abb. 5.6 Ursprüngliches Wasserfallmodell nach Royce [10]

Das Wasserfallmodell ist in seinem Aufbau einfach und verständlich und benötigt nur einen geringen Managementaufwand, der nicht zuletzt dem leicht zu kontrollierenden Prozessablauf zu verdanken ist. Ein weiterer Vorteil ist die Komplexitätsbewältigung durch Arbeitsteilung, indem die Software in einzelne Softwarekomponenten aufgeteilt wird, die parallel codiert werden können [5]. Den Hauptkritikpunkt des Wasserfallmodells bildet jedoch weiterhin das fehlende Änderungsmanagement. Aus diesem Grund ist das Wasserfallmodell sehr unflexibel und primär nur für kleinere, domänenspezifische Projekte geeignet, in deren Ablauf entweder keine Änderungen auftreten oder die auftretenden Änderungen keine größeren Auswirkungen auf den Projektverlauf haben [13]. Typische Anwendungsgebiete für das Wasserfallmodell sind daher Projekte zur Entwicklung von Prototypen, da sich diese durch kurze Entwicklungszeiten auszeichnen und lediglich Demonstrationszwecken dienen [13]. Weitere Nachteile des Modells sind die sequenzielle Abfolge der einzelnen Phasen, die geringe Berücksichtigung von Risiken sowie die Gefahr einer Überbewertung der Dokumentation [5].

5.1.5 VDI-Richtlinie 2206

Das Entwicklungsmodell der VDI-Richtlinie 2206 wurde speziell für mechatronische Produkte aufgestellt. Es soll dem Anspruch gerecht werden, die Entwicklung eines modernen mechatronischen Systems ganzheitlich zu behandeln und die interdisziplinäre Zusammenarbeit und Kommunikation während der Entwicklung zu fördern [14].

Der Fokus dieses Entwicklungsmodells liegt auf den Vorgehensweisen, Methoden und Werkzeugen für die frühen Phasen des Entwicklungsprozesses. Hierbei wird ein besonderer Schwerpunkt auf den Systementwurf gelegt. Der Systementwurf stellt dabei ein abgesichertes Konzept für das spätere Produkt dar [14]. Im Wesentlichen stützt sich das in der Richtlinie vorgeschlagene Prozessmodell auf drei Elemente [6]:

- Einen allgemeinen *Problemlösungszyklus* auf der Mikroebene
- Eine Abwandlung des *V-Modells* als Makrozyklus
- *Vordefinierte Prozessbausteine* zur Bearbeitung wiederkehrender Arbeitsschritte bei der Entwicklung mechatronischer Systeme

Der *Problemlösungszyklus* orientiert sich am allgemeinen Problemlösungszyklus und strukturiert das Vorgehen im Entwicklungsprozess [15]. Er umfasst dabei folgende Schritte (Abb. 5.7) [6, 14, 16]:

Situationsanalyse bzw. Zielübernahme: In dieser Phase, die sich noch vor dem eigentlichen Handlungszyklus befindet, gibt es zwei alternative Abläufe. Welcher gewählt wird, hängt davon ab, ob ein Ziel bereits extern vorgegeben ist oder nur eine unklare Situation vorliegt. Dementsprechend wird entweder das vorgegebene Ziel mit einer anschließenden Situationsanalyse übernommen (Soll-Zustand-orientiertes Vorgehen) oder zunächst die vorhandene Situation analysiert, was im Anschluss eine selbstständige Zielformulierung erfordert (Ist-Zustand-orientiertes Vorgehen).

5

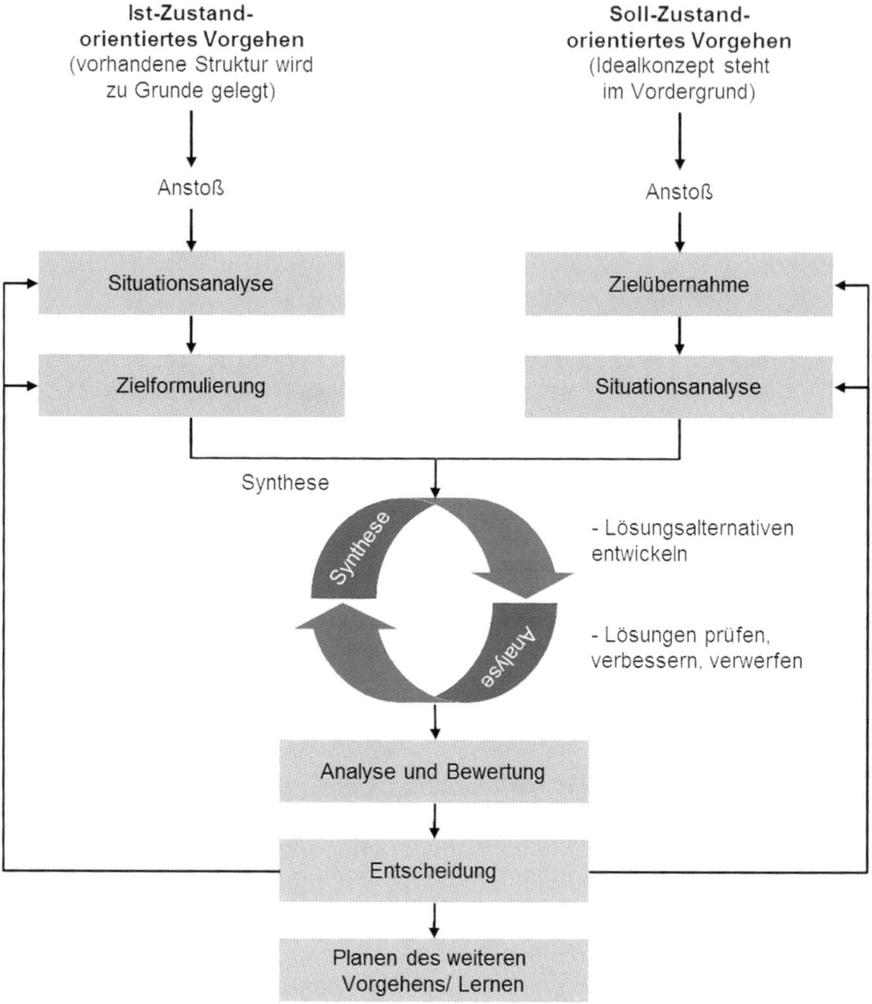

Abb. 5.7 Der Problemlösungszyklus als Mikrozyklus [15]

Analyse und Synthese: Basierend auf den Ergebnissen der Situationsanalyse und Zielformulierung erfolgt anschließend die Suche nach Lösungen für das vorliegende Problem. Dieser Prozess findet in der Praxis als ein ständiges Wechselspiel von Synthese und Analyseschritten statt, die teilweise bewusst und teilweise unbewusst von dem Entwickler durchgeführt werden. Sollten hierbei zusätzliche Aspekte des Problems erkannt werden, so können diese einen Rücksprung zu der Situationsanalyse oder der Zielformulierung bewirken oder als ergänzende Kriterien in den nachfolgenden Bewertungsschritt einfließen.

Analyse und Bewertung: Die in der vorhergehenden Phase konkretisierten Lösungsvarianten werden in dieser Phase einer detaillierten Evaluation unterzogen. Für die einzelnen Lösungen werden hierbei die Eigenschaften mit den an sie gestellten Anforderungen verglichen. Dies kann z. B. durch Berechnungen, Simulationen und Versuche geschehen. Sollte dies aufgrund eines zu starken Unterschieds im Konkretisierungsgrad der Lösungen nicht möglich sein, sollte auch hier ein Rückschritt zur Lösungssuche erfolgen. Das Ergebnis dieser Bewertung ist eine Empfehlung für eine oder mehrere Lösungsalternativen, die die Entscheidung im nächsten Schritt vorbereitet.

Entscheidung: In der Entscheidungsphase sollten eine oder mehrere Lösungen ausgewählt werden. Ist dies nicht möglich, also das Ergebnis des bisherigen Problemlösungsprozesses unbefriedigend, so muss zur ersten Phase zurückgekehrt werden.

Planen des weiteren Vorgehens bzw. Lernen: Mit dieser Phase wird der Problemlösungszyklus abgeschlossen und mündet häufig in weitere Problemlösungszyklen, wodurch sich ein effizienter, situationsangepasster Prozessverlauf ergibt. Um aus dem Geschehenen zu lernen, sollte neben einer rein operativen Bewertung des Handlungsergebnisses auch der Ablauf des Mikrozyklus einer kritischen Betrachtung unterzogen werden. So kann durch die gewonnenen Erkenntnisse der Ablauf zukünftiger Prozesse verbessert werden.

Das in Abb. 5.8 dargestellte *V-Modell* wurde aus der Softwareentwicklung übernommen und an die Mechatronik angepasst. Es bietet einen generischen Leitfaden für das grundsätzliche Vorgehen auf der Ebene des Produktentwicklungsprozesses für mechatro-

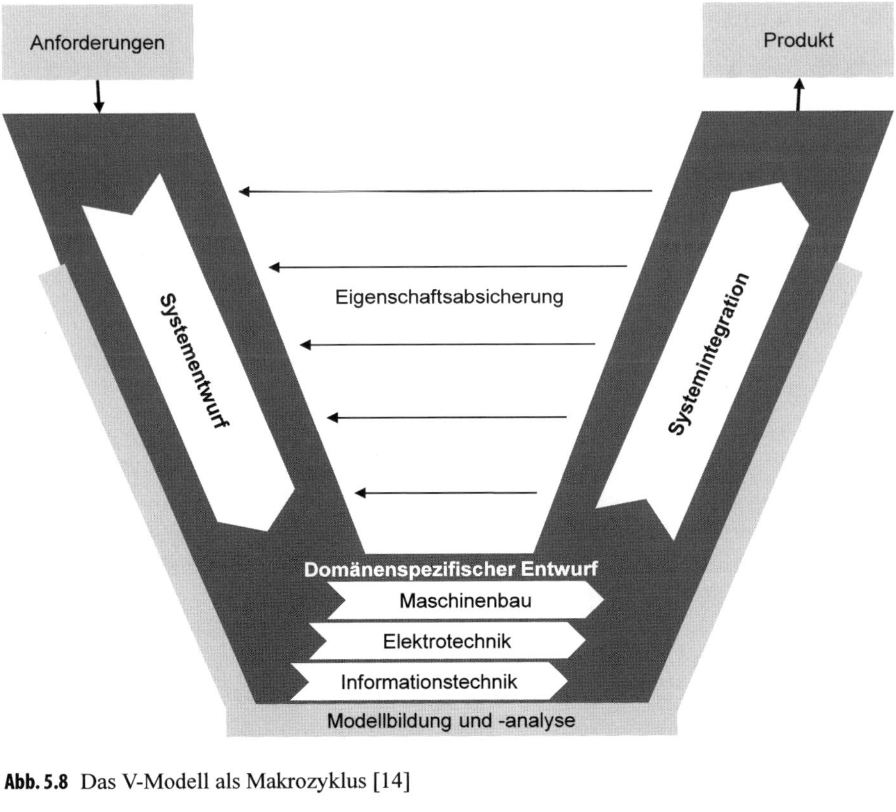

Abb. 5.8 Das V-Modell als Makrozyklus [14]

nische Produkte und beschreibt die logische Abfolge der wesentlichen Teilschritte bei der Entwicklung. Seine Ausprägung ist von Anwendungsfall zu Anwendungsfall anzupassen [17].

Auch auf der Makroebene wird das Vorgehen in verschiedene Teilschritte unterteilt [6, 14, 16, 17]:

Anforderungen: Zu Beginn des Entwicklungsprozesses wird ein konkreter Entwicklungsauftrag in Form von Anforderungen beschrieben und präzisiert. Bei der Bewertung des späteren Produktes bilden diese Anforderungen den Bewertungsmaßstab.

Systementwurf: In diesem Schritt werden die wesentlichen physikalischen und logischen Wirkungsweisen des zu entwickelnden Produktes in Form eines domänenübergreifenden Lösungskonzeptes festgelegt. Um dies zu bewerkstelligen, wird die Gesamtfunktion des Systems in die wesentlichen Teilfunktionen zerlegt, denen wiederum die geeigneten Wirkprinzipien bzw. Lösungselemente zugeordnet werden. Zur Validierung wird zuletzt die Funktionserfüllung im Systemzusammenhang geprüft. Auf diese Weise erhält man ein Lösungskonzept, das von allen Disziplinen verstanden wird und damit eine geeignete Basis für die zukünftige Entwicklung darstellt.

Domänenspezifischer Entwurf: Auf Basis des gemeinsam entwickelten Lösungskonzeptes erfolgt hier die weitere Konkretisierung und zwar zumeist getrennt in den beteiligten Disziplinen. An dieser Stelle sind detaillierte Auslegungen und Berechnungen nötig, um die Funktionserfüllung sicherzustellen.

Systemintegration: Um von den einzelnen Entwürfen wieder zu einem Gesamtentwurf zu gelangen, werden die Ergebnisse der einzelnen Domänen zu einem Gesamtsystem integriert. So wird zudem eine Untersuchung des Zusammenwirkens ermöglicht.

Eigenschaftsabsicherung: Durch einen fortlaufenden Vergleich des integrierten Gesamtsystems mit dem spezifizierten Lösungskonzept und den Anforderungen muss sichergestellt werden, dass die tatsächlichen mit den gewünschten Systemeigenschaften übereinstimmen.

Modellbildung und Analyse: Begleitend zu den bisher beschriebenen Schritten werden die Systemeigenschaften mithilfe von Modellen und rechnergestützten Werkzeugen zur Simulation abgebildet, untersucht und damit weiter abgesichert.

Produkt: Das Ergebnis eines durchlaufenen Makrozyklus wird als Produkt bezeichnet. Darunter ist jedoch nicht zwangsläufig das fertige Erzeugnis zu verstehen. Vielmehr entsteht ein fertiges, mechatronisches Produkt nicht im Rahmen eines Makrozyklus, sondern in mehreren Durchläufen mit zunehmendem Reifegrad. Beispiele für Produkte im Sinne von Ergebnissen des Makrozyklus mit unterschiedlichem Reifegrad sind das Labormuster, das Funktionsmuster oder ein Vorserienprodukt.

Da einige Teilschritte im V-Modell bei dem Entwurf mechatronischer Systeme immer wieder auftreten, wurde im Rahmen der Richtlinie eine Reihe von *vordefinierten Prozessbausteinen* beschrieben, um diese Teilschritte genauer zu konkretisieren. Innerhalb der Prozessbausteine orientiert sich das Vorgehen dabei an dem oben beschriebenen Problemlösungszyklus auf der Mikroebene, es wird jedoch viel konkreter an den auftretenden Aufgabenstellungen ausgerichtet. Ein Großteil der Beschreibungen setzt sich hierbei aus anzuwendenden Methoden und Vorgehensweisen zusammen, zu denen jeweils vertiefende Literatur angegeben wird.

In der Richtlinie werden Teilschritte für die Bereiche Systementwurf, Modellbildung und -analyse, den domänenspezifischen Entwurf, die Systemintegration und die Eigenschaftsabsicherung beschrieben [16].

5.1.6 Spiralmodell

Das ebenfalls von Boehm aus dem Wasserfallmodell weiterentwickelte Spiralmodell ist im Gegensatz zu Wasserfall- und V-Modell nicht phasenorientiert, sondern iterativ gestaltet. Jeder Zyklus des Spiralmodells besteht aus vier Schritten, die mehrfach durchlaufen werden (Abb. 5.9). Im ersten Schritt werden die Ziele, alternative Realisierungsmöglichkeiten und Randbedingungen des zu entwickelnden Teilproduktes identifiziert. Im zweiten Schritt erfolgen die Evaluierung der Alternativen sowie eine Identifikation und Behebung möglicher Risiken. Der dritte Schritt umfasst anschließend die Realisierung und Überprüfung des Teilproduktes, wobei verbleibende Risiken berücksichtigt werden müssen. Zuletzt wird im vierten Schritt der folgende Zyklus geplant und eine abschließende Betrachtung der ersten drei Schritte sowie des Gesamtprojektfortschritts vorgenommen. Auf Basis dieser Betrachtung ist hier eine bewusste Entscheidung für oder gegen die Weiterführung des Projektes zu treffen [6, 18].

Der jeweilige Radius der Spirale aus Abb. 5.9 zeigt die akkumulierten Kosten der Produktentwicklung, während der Winkel den Entwicklungsfortschritt im jeweiligen Zyklus

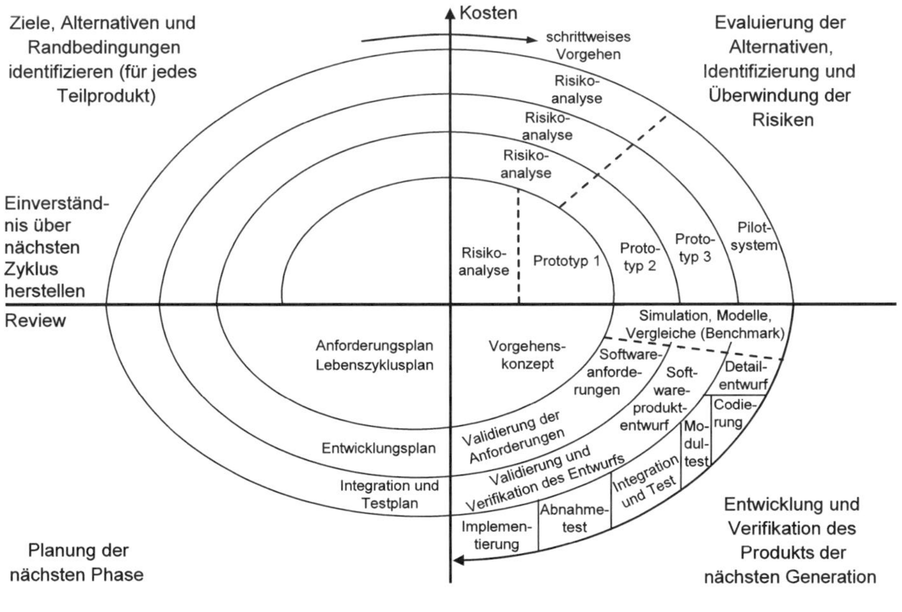

Abb. 5.9 Das Spiralmodell nach BOEHM [19]

anzeigt [6]. Zu Beginn jedes Durchlaufes werden einzelne Teile des zu realisierenden Systems einer Risikobewertung unterzogen, deren Ergebnis den Detaillierungsgrad des Durchlaufes festlegt [20]. Es werden dabei alle Risiken, die das Entwicklungsprojekt gefährden könnten, ermittelt und bewertet. Nach jedem Durchlauf sollte die Detaillierung steigen und ein jeweils verbesserter Prototyp zur Verfügung stehen. Für jeden dieser Prototypen sind eine Planungsphase, eine Risikoanalyse, die erwähnten Projektphasen zur Erstellung des Systems sowie eine Evaluierung durch den Kunden vorgesehen [12].

Da Spezifikations- und Designphasen bei klassischen, rein phasenorientierten Vorgehensmodellen zu überproportional hohen Änderungsaufwänden und damit verbundenen hohen Kosten in späten Phasen eines Projektes führen können, wird beim Spiralmodell großer Wert auf die adäquate Erfassung und frühzeitige Überprüfung von Benutzeranforderungen gelegt. Weiter findet eine periodische, risikogetriebene Überprüfung und erneute Festlegung des Ablaufs statt, um Fehler und ungeeignete Alternativen früh eliminieren zu können. Die Nachteile des Modells beruhen auf der methodischen Komplexität bei der Durchführung der Risikoanalysen sowie auf der komplexeren Projektsteuerung im Vergleich zu reinen Phasenmodellen [20]. Daher ist es für kleine und mittlere Projekte ungeeignet.

5.2 Anforderungsmanagement

5.2.1 Ziele und Aufgaben des Anforderungsmanagements

Aufgaben des Anforderungsmanagements sind die Erstellung, Abstimmung und Dokumentation der erforderlichen Informationen, um den gesamten Entwicklungsprozess reibungslos ablaufen zu lassen. Es nimmt eine zentrale Stellung im Entwicklungsprozess ein, da es die wichtigste Informationsquelle darstellt und die daraus abgeleiteten Informationen über den gesamten Entwicklungsprozess hinweg genutzt werden [21]. Die benötigten Informationen resultieren aus den Anforderungen des Kunden an das Produkt. Diese Informationen sind meistens zu Beginn eines Projektes nicht vollständig ableitbar, da nicht alle Anforderungen an das Produkt vom Kunden zu diesem Zeitpunkt explizit gefordert werden. Viele Anforderungen werden implizit vorausgesetzt oder ergeben sich erst im Laufe des Projektes. Je mehr Anforderungen jedoch in der Anfangsphase der Produktentwicklung geklärt werden können, desto besser lässt sich der Gesamtablauf planen und durchführen. Natürlich ist es ebenfalls Aufgabe des Anforderungsmanagements, neu auftretende Anforderungen in den Prozess zu integrieren, ohne dabei die Prozessstruktur an sich zu gefährden. Verspätete Änderungen im Produktdesign führen zu teilweise erheblichen Mehrkosten infolge von teuren Änderungsmaßnahmen und darüber hinaus zu Einnahmeausfällen durch eine verzögerte Markteinführung. Deshalb besteht das Ziel darin, eine möglichst vollständige Aufnahme der Kundenanforderungen zur Ableitung wichtiger Informationen zur Durchführung der strukturierten Produktentwicklung zu erreichen.

Das Anforderungsmanagement ist als anerkannte eigenständige Disziplin im Bereich der produzierenden Industrie, wie z. B. der Automobilindustrie, verhältnismäßig neu im

Vergleich zur Software- und Elektronikindustrie [22]. Häufig treten daher Fehler in der Anforderungsliste auf, wie beispielsweise Unvollständigkeit und Mehrdeutigkeit bei der Verarbeitung der Anforderungen.

5.2.2 Definition und Arten von Anforderungen

Eine Anforderung stellt allgemein ein fachliches oder technisches Leistungsmerkmal dar, welches das zu entwickelnde Produkt aufweisen soll. Eine Definition liefert die VDI-Richtlinie 2221. Laut dieser Definition ist eine Anforderung eine qualitative und/ oder quantitative Festlegung von Eigenschaften oder Bedingungen für ein Produkt [2]. Es handelt sich somit um Soll-Eigenschaften, die in die Ist-Eigenschaften (Merkmale) eines Produkts umgesetzt werden sollen [7].

In der Praxis werden verschiedene Arten von Anforderungen unterschieden. Laut Kano werden diese in drei unterschiedliche Arten von Anforderungen aufgeteilt [23, 24]:

- „Grundforderungen" sind sogenannte implizite Anforderungen, da sie vom Kunden nicht ausgesprochen, jedoch als selbstverständlich vorausgesetzt werden. Die Grundforderungen entscheiden über den Erfolg oder Misserfolg eines Produkts.
- „Leistungsforderungen" sind sogenannte explizite Anforderungen. Sie werden vom Kunden genannt und können zudem meist auch genau spezifiziert werden. Je höher der Erfüllungsgrad, umso höher die Zufriedenheit und umgekehrt.
- „Begeisterungsforderungen" sind ebenfalls implizite Anforderungen. Sie werden vom Kunden nicht explizit formuliert und auch nicht erwartet. Eine Erfüllung dieser Forderungen führt zu überproportionaler Kundenzufriedenheit, ihre Wertigkeit ist dennoch sehr schwer zu beurteilen.

In Abb. 5.10 wird die Beziehung zwischen dem Erfüllungsgrad dieser Anforderungen und der Kundenzufriedenheit gemäß dem Kano-Modell dargestellt.

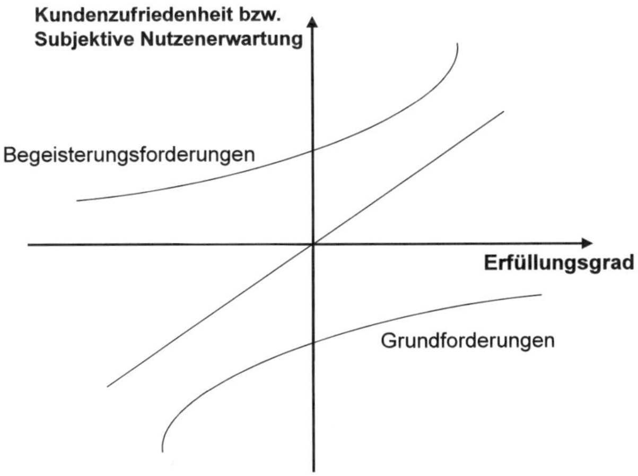

Abb. 5.10 Beziehung zwischen Erfüllungsgrad der Anforderungen und Kundenzufriedenheit [23, 24]

Neben dieser Unterteilung von Anforderungen gibt es im Bereich der Produktentwicklung eine weitere Untergliederung von Anforderungen in Forderungen und Wünsche. Forderungen müssen unter allen Umständen erfüllt werden, da ohne deren Erfüllung die vorgesehene Lösung keinesfalls akzeptabel ist [3]. Wünsche sollten nach Möglichkeit berücksichtigt werden, evtl. mit dem Zugeständnis, dass ein begrenzter Mehraufwand dabei zulässig ist [3]. Es empfiehlt sich, Wünsche zusätzlich nach hoher, mittlerer und geringerer Bedeutung zu klassifizieren.

Forderungen lassen sich weiterhin noch in Festforderungen und Bereichsforderungen unterteilen. Festforderungen sind im Gegensatz zu Bereichsforderungen Forderungen ohne Toleranzbereich. Bereichsforderungen lassen sich in Intervallforderungen (Forderungen mit Intervallangabe), Mindestforderungen (Forderungen mit Toleranzbereich nach oben) und Maximalforderungen (Forderungen mit Toleranzbereich nach unten) untergliedern. Mindest- und Maximalforderungen können also mehr oder weniger gut erfüllt werden [7] (Abb. 5.11).

Häufig werden die Anforderungen in der Praxis weiter unterteilt und in Kundenanforderungen und technische Anforderungen unterschieden [3, 7]. Hierbei werden unter Kundenanforderungen die vom Kunden angegebenen Anforderungen verstanden, welche um zusätzlich notwendige Informationen ergänzt werden und so in technische Anforderungen transformiert werden, die möglichst detailliert und quantifizierbar sein sollen. Kundenanforderungen werden somit mit Kundenbedürfnissen gleichgesetzt.

5.2.3 Struktur und Methodik des Anforderungsmanagements

Das Anforderungsmanagement ist als ein kontinuierlicher Prozess zu betrachten. Es kann in drei Kern- und zwei Querschnittsaktivitäten unterteilt werden [25–28]. Die Kern- und Querschnittsaktivitäten des Anforderungsmanagements können teilweise in mehrere Aufgaben zerlegt werden. Als drei Kernaktivitäten für das Anforderungsmanagement ergeben sich:

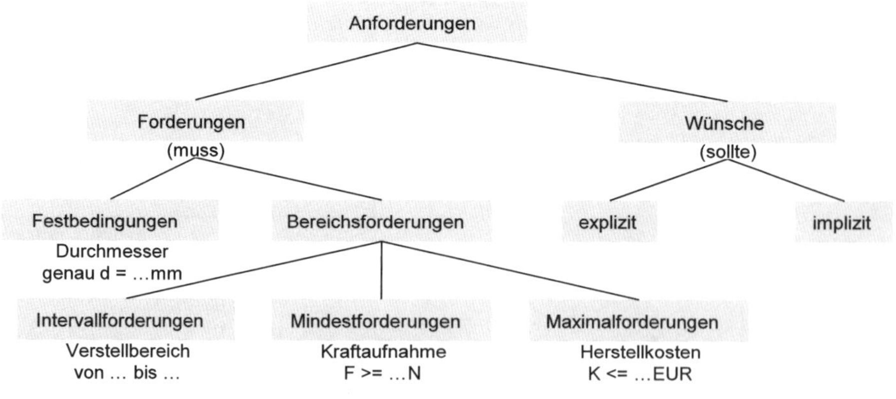

Abb. 5.11 Arten von Anforderungen [7]

- Anforderungsermittlung
- Anforderungsanalyse
- Anforderungsvereinbarung

Die Aufgaben der zwei Querschnittsaktivitäten sind:

- Spezifikation und Validierung
- Verfolgung und Änderungsmanagement

Die Methodik des Anforderungsmanagements sowie die genannten grundlegenden Aktivitäten und wichtigsten Arbeitsergebnisse werden in Abb. 5.12 illustriert.

In den folgenden Unterkapiteln werden diese Aktivitäten näher betrachtet und einige Techniken und Hilfsmittel im Anforderungsmanagement vorgestellt.

5.2.3.1 Anforderungsermittlung

Zu Beginn werden die Projektziele und einzelne Meilensteine für das Projekt festgelegt, die sich aus messbaren Zielen zusammensetzen. Eine zu diesem Zeitpunkt fehlende Dokumentation oder unklare Anforderungen seitens des Kundens erschweren die anschließende Anforderungsanalyse [26]. Das Hauptaugenmerk liegt darauf, die Anforderungen des Kunden genau umzusetzen [27, 29]. In diesem Zusammenhang spricht man von Anspruchsgruppen („Stakeholder"), da nicht nur der Endkunde der alleinige Nutzer des Produktes ist. Um die unterschiedlichen Bedürfnisse und Ansprüche der vorhandenen Anspruchsgruppen erfassen zu können, werden diese zuerst identifiziert.

Nachdem die Projektziele geklärt und entsprechend formuliert und dokumentiert sind, werden die Anforderungen ermittelt. Um alle gewünschten Funktionen, Eigenschaften, Einschränkungen und Erwartungen zu ermitteln und zu verstehen, wird mithilfe von Kreativitäts-, Befragungs- und Beobachtungstechniken eine Liste potenzieller Funktionen erarbeitet und es finden eine Markt- und Wettbewerbsanalyse statt [25–28, 30].

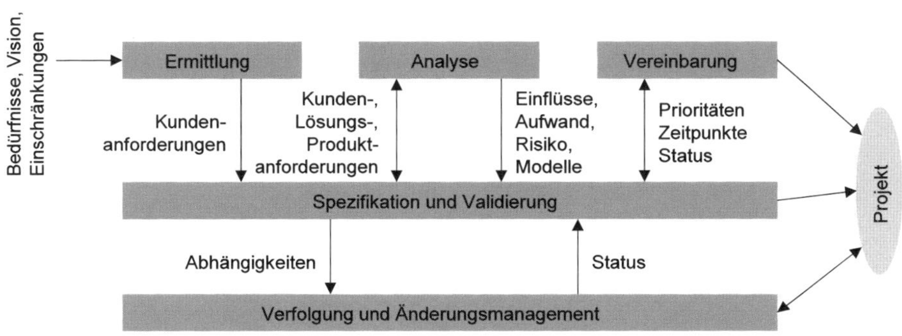

Abb. 5.12 Aktivitäten und Ergebnisse des Anforderungsmanagements [27]

5.2.3.2 Anforderungsspezifikation und -validierung

Als Querschnittsprozess innerhalb des Anforderungsmanagements beinhaltet diese Phase die Spezifikation von Anforderungen sowie deren Validierung. Die Spezifikationsphase dient dazu, die zuerst informell und unformatiert ermittelten Anforderungen zu strukturieren, zu dokumentieren und in einen Zusammenhang zu bringen. Hierzu werden die Anforderungen systematisch erfasst und beschrieben. Die daraus resultierende Dokumentation wird als Spezifikation bezeichnet [27].

Die Validierung der Anforderungen dient dazu, festzustellen, ob die Anforderungen genau das beschreiben, was die Anspruchsgruppen von dem für sie entwickelten Produkt erwarten [26].

Anforderungsspezifikation: Entscheidend ist bei der Spezifikation vor allem, dass mit der Anforderungsspezifikation ein Dokument für alle Beteiligten und so eine einheitliche Basis für alle Anforderungen geschaffen wird [27]. Generell wird zwischen zwei Formen der Spezifikation unterschieden: der Anforderungsspezifikation und der Lösungsspezifikation. Die Anforderungsspezifikation beschreibt, welche Eigenschaften von der Lösung erwartet werden, sie wird auch als Lastenheft bezeichnet. Die Lösungsspezifikation hingegen beschreibt, wie die Lösung realisiert werden soll, und wird auch als Pflichtenheft bezeichnet [25, 27, 28]. Bei der Spezifikation sollte darauf geachtet werden, dass in den Kundenanforderungen alles erfasst und keine Kundendarstellung übersehen wird [27]. Um diese zahlreichen Informationen in Bezug auf eine Anforderung strukturiert dokumentieren zu können, werden die Anforderungen um sogenannte Attribute ergänzt [25]. Die Attribute dienen vor allem dazu, die Bedeutung der Anforderung korrekt einzuschätzen, die Umsetzung zu prüfen und die Anforderung innerhalb ihres Kontextes einzuordnen [31]. Zudem sollte auf eine validierbare Beschreibung geachtet werden, [27] da sie zur Verständlichkeit und Widerspruchsfreiheit der Anforderungen beiträgt. Zudem ist zu beachten, dass die Anforderungsspezifikation die erste Konfigurationsbasis in einem Projekt ist, auf der viele weitere Arbeitsergebnisse aufbauen. Deswegen werden die Anforderungen nicht nur archiviert, sondern auch versioniert, um Konsistenz und Durchgängigkeit zu sichern [27].

Hinzu kommt, dass die aufgenommenen Anforderungen oft nicht eindeutig erfasst werden und dementsprechend zu zahlreichen Missverständnissen führen können. Aus diesem Grund sollte eine formalisierte Beschreibung angewandt werden [27]. Hierzu gibt es eine Vielzahl von unterschiedlichen Hilfsmitteln und Dokumentationstechniken. Als einfachste Form der Hilfsmittel bzw. Dokumentationstechniken eignen sich Datenbanken oder auch Tabellen- und Textprogramme [27]. Eine etwas weiter greifende Form der Hilfsmittel ist der Einsatz von Vorlagen, sogenannter Templates [25–27]. Diese sollten neben dem Gerüst auch eine Anleitung zum Ausfüllen angeben. Ein mögliches Template, das Satzstrukturen für verschiedene Anforderungen vorgibt, ist in Tab. 5.1 dargestellt.

Das abgebildete Template soll dabei helfen, Anforderungen klar auszudrücken und sauber zu strukturieren. Daneben wird insbesondere auch der Einsatz von Szenarien empfohlen [25]. Im Bereich der Szenarien werden vor allem das Klassendiagramm, Aktivitätsdiagramme und sog. Use-Cases empfohlen. Vor allem der Einsatz von Use-Cases hat sich sehr bewährt [27, 32]. Bei Use-Cases werden die jeweiligen Akteure in einem Szenario als äußere Schnittstellen und die Interaktion der Akteure mit dem entsprechenden System

Tab. 5.1 Template für Satzstrukturen verschiedener Anforderungstypen [27]

Anforderungstyp	Template für den Text der Anforderung	Beispiel für den Text der Anforderung
Produktanforderung, Basis	Das <System> soll oder muss oder wird <Verhalten> <Verb>	Die Kaffeemaschine soll Kaffee brühen
Produktanforderung, funktional, mit Schnittstelle	Das <System> soll oder muss oder wird <Verhalten> <Verb>	Die Kaffeemaschine soll für einen Kunden Kaffee brühen
Produktanforderung, funktional, mit Schnittstelle, Einschränkung	Das <System> soll oder muss oder wird <Person> <Verhalten> <Einschränkung> <Verb>	Die Kaffeemaschine soll für einen Kunden nach Einwurf von 1 EUR Kaffee brühen
Prozessforderung, nichtfunktional, mit Schnittstelle, Einschränkung	Das <System> soll oder muss oder wird <Person> <Verhalten> <Einschränkung> <Verb>	Die Kaffeemaschine soll für einen Kunden innerhalb von 10 Sekunden einen Kaffee brühen
Prozessanforderung, nichtfunktional, Einschränkung	Die <Interessengruppe> soll oder muss oder wird in der Lage sein <Eigenschaft> oder <Ziel> zu erreichen	Der Administrator soll das Kaffeepulver in 1 Minute nachfüllen können
Prozessanforderung, nichtfunktional	Das <Prozessergebnis>/der <Prozess> soll oder muss oder wird <Fähigkeit> oder <Eigenschaft> haben	Die Benutzerdokumentation soll in den Sprachen Deutsch, Englisch, Spanisch und Chinesisch vorliegen
Prozessanforderung, nichtfunktional, Projektrandbedingungen	Das <Prozessergebnis>/der <Prozess> soll oder muss oder wird <Fähigkeit> oder <Eigenschaft> haben	Die Projektorganisation soll aus einem Projektmanager, einem Projektmanager und einem Vertriebsbeauftragen bestehen

beschrieben. Use-Cases stellen eine eigenständige Modellierung dar und liefern eine einfache und verständliche Beschreibung. Auch die explizite Benutzerperspektive, die eingenommen wird, um aus der Sicht des Benutzers die Aufgabe des Systems darzustellen, ist ein Grund für den vielfältigen Einsatz [27].

Anforderungsvalidierung: Eine Validierung ist die Überprüfung der Eingaben, der Aktivitätsdurchführung und der Ausgaben (Anforderungsartefakte) von Kernaktivitäten auf die Erfüllung der definierten Qualitätskriterien [25]. Die Validierung erfolgt hierbei unter Einbeziehung der Anspruchsgruppen und weiterer Anforderungsquellen, wie z. B. Standards, Gesetze oder externer Personen [25].

Anforderungsspezifikationen sind das Ergebnis eines komplexen Entwicklungsprozesses, deshalb muss die erreichte Qualität der entwickelten Anforderungen überprüft werden [25], um einerseits einen Nachweis der Korrektheit der geprüften Anforderungen zu erbringen und andererseits Verstöße gegen die Qualitätskriterien zu finden [26]. Dies soll unter Einbeziehung der Stakeholder und weiterer Anforderungsquellen an definierten Stellen im Prozess geschehen [25]. Mit der Validierung werden die Anforderungsspezifikationen auch darauf geprüft, ob sie neben den Qualitätskriterien die ursprünglichen Anforderungen erfüllen.

In diesem Zusammenhang existiert eine Vielzahl von Maßnahmen und Validierungstechniken. Vor allem sind dies der Einsatz von Standards und Templates und die Überprüfung mit Reviews, Inspektionen und Walkthroughs [25, 26, 31].

5.2.3.3 Anforderungsanalyse

In der Anforderungsanalyse werden die Kundenanforderungen in Lösungs- und Produktanforderungen überführt [27]. Dazu werden die ermittelten Anforderungen inhaltlich und formal strukturiert, konsolidiert und auf Konsistenz überprüft [28]. Eine weitere Aufgabe der Analysephase liegt in der Erstellung einer ersten Abschätzung zum Projektrisiko [27]. Das Ziel der Anforderungsanalyse ist die vorläufige Synthese einer Lösung, die beschreibt, wie die Lösung aussieht, um die Anforderungen im Zusammenhang zu erfüllen [27]. Zur Unterstützung dieser Aufgabe gibt es eine Vielzahl an Analysemethoden, Modellen und Techniken. In Tab. 5.2 sollen einige dieser Analysemethoden mit den unterschiedlichen Modellen dargestellt werden [27]. Ebenso findet sich in Tab. 5.2 auch eine Auflistung der jeweils charakteristischen Inhalte bzw. Schwerpunkte der entsprechenden Methoden.

Tab. 5.2 Analysemethoden und die zugehörigen Modelle [27]

Analysemethode	Modelle	Inhalte
Kontextanalyse	Kontextmodell	Systemumgebung, Schnittstellen, Komponenten, hierarchische Verfeinerung
Analyse von funktionalen Szenarien	Anwendungsfälle (USE Cases)	Systemumgebung, ablauffähige Szenarien aus Benutzersicht, Schnittstellen zwischen den Benutzern oder Systemkomponenten
Architekturanalyse und Synthese	Funktionale Dekomposition	Existierende Komponenten werden analysiert, neue Komponenten werden hinzugefügt, hierarchische Verfeinerung der Komponenten
Datenflussanalyse	Datenflussmodell	Dynamische Verhaltensweisen im Datenfluss
Zustandsanalyse	Zustandsübergangsmodell, Petri-Netz	Dynamische Verhaltensweisen mit Zuständen, Zustandsübergängen und Ereignissen, welche die Zustandsübergänge auslösen
Entscheidungsanalyse	Entscheidungstabelle, Petri-Netz	Übergang von Zuständen, Ereignisse und deren Kombination, binäre Entscheidungen, Abhängigkeiten von Entscheidungen
Datenanalyse	Semantisches Datenmodell, Entity-Relationship-Attribute-(ERA-) Modell, Data Dictionary	Datenmodelle, Identifikation und Beschreibung von Datenelementen sowie deren Beziehungen, Datenstrukturen, Beziehungen zwischen Datenelementen, Bedingungen innerhalb von Datenmodellen, Normalisierung von Datenmodellen
Objektorientierte Analyse	Objekt - und Kalssmodell, Sequenzdiagramm	Beziehungen zwischen Objekten (Generalisierung, Vererbung, Interaktionen); Identifikation von Klassen

Bei der Auswahl der Modelle zur Entwicklung der Lösungs- und Produktanforderungen ist sowohl der optionale Einsatz von mehreren Modellen zur Entwicklung einer Lösung als vor allem auch der Einsatz verschiedener Modelle zur separaten Entwicklung von weiteren Lösungen möglich. So können verschiedene Lösungsansätze vergleichend bewertet werden, bevor dann im Anschluss eine endgültige Lösung detailliert erarbeitet wird. Wichtig ist es hierbei zu beachten, dass eine Beschreibung der Lösung nicht nur zu neuen Fragen führt, sondern auch zu weiteren Anforderungen, die wiederum spezifiziert und validiert, also wieder mit dem Kunden abgestimmt werden müssen.

Ein weiterer entscheidender Punkt in dieser Phase ist die Priorisierung von Anforderungen. Die zeitlichen oder auch finanziellen Restriktionen eines Projekts lassen es nicht zu, dass alle Anforderungen zeitgleich und mit der gleichen Intensität bearbeitet werden können. Deswegen werden die Anforderungen anhand ihrer Bedeutung für das Projekt im Verlauf eines Entwicklungsprojekts immer wieder priorisiert, um so diejenigen Anforderungen zu ermitteln, die aus Sicht der Bewerter bevorzugt umzusetzen sind. Mögliche Kriterien für die Priorisierung sind Wichtigkeit, Kosten, Schaden bei Nichterfüllung oder Zeitdauer [25]. Einfache Klassifikationstechniken beruhen dabei auf einem Kriterium (z. B. Akzeptanz in Bezug auf die Kosten des Produktes) und definieren für dieses Kriterium eine spezifische Anzahl von Klassen (z. B. gering; mittel, hoch). Ein Beispiel für eine solche Technik zur Anforderungspriorisierung ist die Kosten-Wert-Analyse. Hierbei werden in einem ersten Schritt, durch den paarweisen Vergleich der zu priorisierenden Anforderungen, sowohl deren anteilsmäßiger Wert für den Kunden als auch deren anteilsmäßige Kosten in Bezug auf das Gesamtprodukt ermittelt. Im darauf folgenden Schritt werden für jede Anforderung der prozentuale Wert in die Ordinate und die prozentualen Kosten in die Abszisse eines Portfolios eingetragen. Anhand der Aufteilung der Anforderungen im Koordinatensystem können diese anschließend in drei Prioritätsklassen eingeteilt werden, welche sich wie folgt aufteilen:

- Hoher Kosten-Wert-Faktor: Anforderungen mit hohem Gewicht von Wert für den Kunden zu Kosten für das Unternehmen
- Mittlerer Kosten-Wert-Faktor: Anforderungen mit mittlerem Gewicht von Wert für den Kunden zu Kosten für das Unternehmen
- Geringer Kosten-Wert-Faktor: Anforderungen mit geringem Gewicht von Wert für den Kunden zu Kosten für das Unternehmen

Durch die Einteilung der Anforderungen in Prioritätsklassen können die Anforderungen hinsichtlich ihres Wertes für den Kunden sowie ihrer relativen Kosten in Bezug auf das Gesamtprodukt für das Unternehmen priorisiert und transparent dargestellt werden [25].

5.2.3.4 Vereinbarung von Anforderungen

Eine oft vernachlässigte Aufgabe ist die Vereinbarung von Anforderungen. Dabei gehören die Einführung und Aufrechterhaltung von Vereinbarungen bezüglich Anforderungen mit dem Kunden zum Anforderungsmanagement [27]. Hierbei werden ausgewählte Anforderungen einem konkreten Projekt zugewiesen. Daraus ergibt sich das sogenannte „ABC“

des Anforderungsmanagements: „allocation before commitment", also Zuweisung vor Zustimmung, d. h. Anforderungen werden einem konkreten Projekt mit Ressourcen, Projektplan, Meilensteinen, Arbeitspaketen, Qualitätszielen etc. zugewiesen, bevor die Entwicklungsarbeiten beginnen [27].

Als Basis der Zuweisung, die intern und extern formal bindend sein soll, kann schon eine mit entsprechenden Attributen versehene Anforderungsliste genügen. Wichtig ist, dass nur eine Version existiert, die verbindlich ist und kontrolliert wird. So kann sichergestellt werden, dass alle Projektmitarbeiter auf Basis der gleichen Daten arbeiten. Damit existiert lediglich eine Vertragsbasis, die unter Beteiligung aller Projektpartner während der Spezifikation und Analyse zunehmend präziser wird und ebenso bzgl. ihrer technischen und kommerziellen Machbarkeit abgesichert wird. Mit der Zuweisung wird ein Zeitpunkt bestimmt, ab welchem alle Anforderungen verbindlich kontrolliert werden und die Änderungen einem formalen Änderungsmanagement unterliegen [27]. Die Zuweisung legt die Anforderungen nicht endgültig fest, sondern bildet nur eine Basis für den Fall späterer Änderungen [27].

5.2.3.5 Verfolgung und Änderungsmanagement

Die zweite Querschnittsaktivität beinhaltet die Verfolgung und das Änderungsmanagement, die im Folgenden näher erläutert werden.

Änderungsverfolgung: Mit der Verfolgung von Anforderungen soll deren Nachvollziehbarkeit sichergestellt werden. Diese stellt die Fähigkeit dar, den Lebenszyklus der Anforderung vom Ursprung der Anforderung über die verschiedenen Verfeinerungs- und Spezifikationsschritte bis hin zur Berücksichtigung der Anforderung in nachgelagerten Entwicklungsartefakten verfolgen zu können [25]. Hierbei erstreckt sich die Nachvollziehbarkeit auch auf Anforderungen unterschiedlicher Ebenen, Anforderungsänderungen sowie auf Abhängigkeiten und Verknüpfungen zwischen Anforderungen [26]. Damit kann die Konkretisierung der Anforderungen von der ursprünglich groben Ebene während des Prozesses bis zu einer entsprechend detaillierten Ebene verfolgt werden [33].

Grundsätzlich lassen sich drei Arten der Nachvollziehbarkeit unterscheiden. So gibt es die Nachvollziehbarkeit einer Anforderung zu ihrer Quelle. Hier wird der Frage nachgegangen, welcher Kunde bzw. welcher Markt diese Anforderung überhaupt stellt. So kann sichergestellt werden, dass die richtigen Funktionen entwickelt und keine irrelevanten Anforderungen realisiert werden. Daneben unterscheidet man die horizontale Nachvollziehbarkeit von Anforderungen untereinander. Dabei wird der Zusammenhang einzelner Anforderungen untersucht, z. B. die Auswirkung von Änderungen einer Anforderung auf andere Anforderungen. Die dritte Art der Nachvollziehbarkeit ist die vertikale Nachvollziehbarkeit von Anforderungen zu anderen Projektergebnissen. Hierbei werden die Anforderungen verfolgt, damit der Projektfortschritt zu jedem Zeitpunkt beurteilt und Änderungen kontrolliert werden können [27]. Für die Darstellung von Nachvollziehbarkeitsinformationen eignen sich verschiedene Methoden. So ist dies zum einen durch Verweisen mit textuellen Referenzen möglich. Eine andere Möglichkeit ist die Verknüpfung von Anforderungen mithilfe von Verlinkungen, die ähnlich wie Hyperlinks auf Webseiten funktionieren. Auch der Einsatz von Nachvollziehbarkeitsmatrizen oder Nachvollziehbarkeitsgraphen und -ketten ist möglich, um die Nachvollziehbarkeitsbeziehungen darzustellen [25, 27, 33]. Die Informationen zur Nachvollziehbarkeit, die man bei der Verfolgung von Anforderungen erhält, können einige Aktivitäten und Techniken im Anforderungsmanagement unterstützen. Dies sind vor allem die Nachweisbarkeit und Akzeptanz der Umsetzung von Anforderungen, das Änderungsmanagement, das Reengineering von Altsystemen, die Projektverfolgbarkeit und die Prozessverbesserung, da durch die Nachvollziehbarkeitsinformationen Probleme im Entwicklungsprozess auf ihre Ursachen zurückgeführt werden können. Weiterhin hilft die Verfolgung, die drei wichtigen Analysen im Laufe eines Projekts zu erstellen: die Einflussanalyse, die Abdeckungsanalyse sowie die Nutzenanalyse. Die Einflussanalyse zeigt auf, welche Auswirkungen Anforderungen oder Änderungen von Anforderungen bei ihrer Umsetzung auf die gesamte Lösung haben. Die Abdeckungsanalyse ermittelt den Projektfortschritt anhand bereits erfüllter und getesteter Anforderungen. Die Nutzenanalyse zeigt, weshalb bestimmte Entwurfsentscheidungen getroffen wurden oder warum Funktionen überhaupt im System vorhanden sind [27].

Änderungsmanagement: Grundsätzlich lassen sich für das Änderungsmanagement zwei Hauptaufgaben ausmachen. Zum einen sind Änderungsanforderungen in einem definierten und systematischen Prozess zu erfassen, zu bewerten und ggf. umzusetzen. Zum anderen ist für alle Beteiligten eine transparente Versionskontrolle von Anforderungen und Anforderungsdokumenten zu erstellen [28].

Die zweite Aufgabe fällt in den Bereich eines Versions- und Konfigurationsmanagements, welches für das Änderungsmanagement als Infrastruktur zur Verfügung stehen muss. Das Versionsmanagement umfasst die Verwaltung von verschiedenen, in einer zeitlichen Reihenfolge stehenden Versionen von Anforderungen und Ergebnisdokumenten, sogenannten Revisionen und die Verwaltung von zeitlich nicht zu ordnenden Versionen, sogenannten Varianten [28]. Das Konfigurationsmanagement sorgt dafür, dass alle Beteiligten die exakten Versionen von Dokumenten erhalten, die sie für die jeweilige Aufgabe benötigen. Diese Aufgaben sind jedoch nicht spezifisch für das Anforderungsmanagement [28]. Das Änderungsmanagement und der Änderungsmanagementprozess werden in Kap. 5.5 detailliert beschrieben.

5.3 Konstruktionsmethodik

Die Konstruktionsmethodik liefert Vorgehensweisen zum Entwickeln und Konstruieren technischer Systeme. In den nachfolgenden Kapiteln wird zunächst auf die Zielsetzung der methodischen Konstruktion eingegangen. Im Anschluss daran werden die einzelnen Phasen der Konstruktion vorgestellt. Neben den verschiedenen Konstruktionsarten im darauffolgenden Kapitel werden unterschiedliche Restriktionen an Konstruktionen, wie beispielsweise Fertigungsgerechtheit, Montage- und Demontagegerechtheit sowie Transportgerechtheit aufgezeigt. Abschließend werden verschiedene Bewertungs- und Analysemethoden aus dem Umfeld der Konstruktion betrachtet.

5.3.1 Zielsetzung der methodischen Konstruktion

Ziel der Konstruktionsmethodik ist es, Konstruktionslösungen besser und schneller zu erarbeiten. Um dabei praxisgerecht vorzugehen, muss die Konstruktionsmethodik die Vielfalt der Aufgaben, der unternehmensspezifischen Bedingungen sowie der marktseitigen und arbeitstechnischen Entwicklungstrends berücksichtigen. Der Konstrukteur kann die Konstruktionsmethodik zur Orientierung während des gesamten Konstruktionsprozesses nutzen. Die Einzelmethoden können gezielt eingesetzt werden und haben zu einem großen Teil inzwischen Normcharakter erlangt. Sie stellen somit anerkannte Regeln der Technik dar. Im Rahmen der Produkthaftung kann das Verletzen gesetzlicher Vorschriften durch Missachten dieser Regeln zu haftungsrechtlicher Inanspruchnahme führen [34, 35]. Das Entwickeln und Konstruieren nimmt eine zentrale Stellung im Produktentstehungsprozess ein [2]. Hier werden Ergebnisse aus der Produktplanung sowie Erfahrungen aus allen Produktentstehungs- und Produktlebensphasen für die Produktentwicklung umgesetzt. Dementsprechend hängt eine erfolgreiche Entwicklung und Konstruktion entscheidend vom Informationsaustausch mit dem Umfeld ab. Nach VDI 2222 wird der Konstruktionsprozess in vier Hauptphasen, nach VDI 2221 in sieben Arbeitsabschnitte eingeteilt (Kap. 5.1.2 VDI Richtlinie 2221). Diese werden je nach Aufgabenstellung vollständig, teilweise oder iterativ durchlaufen [2, 36].

Andere Vorschläge für eine methodische Vorgehensweise beim Konstruieren unterscheiden sich durch verschiedene Schwerpunkte, die sich aufgrund unterschiedlicher Anforderungen der Zielproduktgruppen ergeben. Eine Gegenüberstellung der Phasen ausgewählter Konstruktionsmethodiken zeigt die folgende Abbildung [3, 37–39] (Abb. 5.13).

Eine weitere, ebenfalls in der Praxis erprobte Vorgehensweise ist das Verfahren zur Bewältigung konstruktiver Aufgaben auf Basis statistischer Analysen von Vorgehensprinzipien bei der Patententwicklung [41]. Diese Methode des „Inventive Problem Solving" unterstützt insbesondere kreative Vorgänge bei der Konstruktion. Nach dieser widerspruchsorientierten Innovationsstrategie wird eine Problemstellung analysiert und zu einem scheinbar unlösbaren Widerspruch geführt, dessen technische Lösung ein hohes Maß an Kreativität erfordert. Dabei wird Kreativität nicht als intuitiver Prozess, sondern als exakte Wissenschaft verstanden [41]. Trotz unterschiedlicher Begriffe und Definitionen in den verschiedenen Konstruktionsmethodiken bestehen große inhaltliche Übereinstimmungen. Dies zeigt sich u. a. an den genannten VDI-Richtlinien, die unter Mitwirkung verschiedener Autoren erarbeitet wurden [3]. In Anlehnung an diese VDI-Richtlinien werden im folgenden Abschnitt die vier Hauptphasen, Planen, Konzipieren, Entwerfen und Ausarbeiten behandelt Abb. 5.14 [2].

Eine klare Trennung der Hauptphasen ist nicht immer möglich, da bereits in frühen Phasen der Konstruktion Erkenntnisse späterer Phasen oder Teilphasen benötigt werden können. Außerdem müssen aufgrund von Fehlern im Vorfeld des Konstruktionsprozesses oder aus anderen äußeren Gründen frühere Teilphasen häufig (in Schleifen) wiederholt werden. Jede Hauptphase lässt sich in verschiedene Hauptarbeitsschritte einteilen, die jeweils durch Entscheidungsschritte abgeschlossen werden. In jedem Hauptarbeitsschritt werden Ergebnisse erarbeitet, die als Grundlage für weitere Hauptarbeitsschritte dienen.

Roth	Pahl/Beitz	Koller	Rodenacker	VDI 2221	VDI 2222
Aufgaben-formulierungs-phase	Klären der Aufgabe	Klären der Aufgaben-stellung	Geforderter Wirkzusam-menhang	Aufgaben-stellung	Planen
Funktionelle Phase	Konzipieren	Funktions-systemsynthese	Funktion	Funktionen und Strukturen Lösungs-prinzipien Modularisierung	Konzipieren
Gestaltende Phase	Entwerfen	Qualitative Synthese	Wirkort	Gestaltung maßgeblicher Module	Entwerfen
	Ausarbeiten	Quantitative Synthese		Gestaltung des gesamten Produktes Ausarbeiten	Ausarbeiten

Abb. 5.13 Gegenüberstellung verschiedener Konstruktionsmethoden [40]

Sie können in Abhängigkeit von der Komplexität der Aufgabenstellung in untergeordnete Arbeitsschritte gegliedert werden. Vorgehenspläne sind grundsätzlich als Anleitung zu betrachten, nicht als starre Vorschrift. Die sequenzielle Anlage der Vorgehenspläne ist sinnvoll, jedoch können Arbeitsschritte u. U. auch übersprungen oder in anderer Reihenfolge erledigt werden. Oft werden Arbeitsabschnitte, die eine Folge bestimmter Arbeitsschritte darstellen, iterativ wiederholt, wobei eine möglichst geringe Anzahl an Iterationsschritten angestrebt wird. Auf eine zeitparallele Durchführung unterschiedlicher Arbeitsschritte zielen moderne Organisationskonzepte wie Simultaneous oder Concurrent Engineering ab.

5.3.2 Phasen der Konstruktion

In den Konstruktionsphasen werden jeweils mehrere Lösungsvarianten untersucht, gegebenenfalls in Mustern oder Prototypen erprobt und anschließend bewertet. Da derartige Auswahl-, Optimierungs- und Entscheidungsschritte in allen Arbeitsabschnitten vorgesehen sind, werden sie nicht für jede Phase explizit aufgeführt.

Methoden zur Problemlösung, die unabhängig von den Konstruktionsphasen sind, umfassen

5

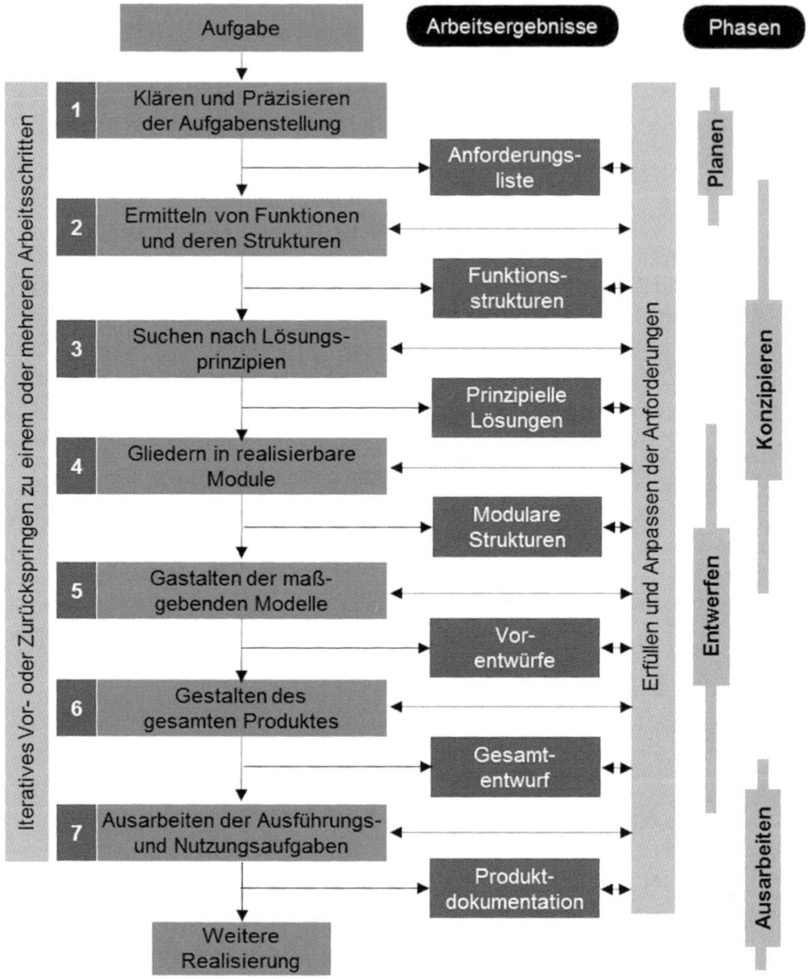

Abb. 5.14 Vorgehensweise beim Konstruieren nach VDI 2222 [40]

- konventionelle Methoden, angefangen bei der Literaturrecherche bis zur Analyse bestehender Systeme,
- intuitiv-betonte Methoden wie Brainstorming oder Delphi-Methode und
- diskursiv-betonte Methoden, beispielsweise die Verwendung von Ordnungsschemata oder von Konstruktionskatalogen [3].

Teillösungen von Problemen können mithilfe systematischer Methoden zur Lösungskombination wie dem morphologischen Kasten in eine Gesamtlösung integriert werden. [3]. Die Auswahl geeigneter Lösungsvarianten erfolgt auf Basis einer zielbezogenen Bewertung der verschiedenen Lösungen. Eine solche Bewertung ist beispielsweise mithilfe einer Wert- oder Nutzwertanalyse [42, 43] oder nach VDI 2225 möglich.

5.3.2.1 Planen

Mit der Festlegung der Produktidee und dem Vorliegen einer Konstruktionsaufgabe erfolgt im ersten Schritt des Konstruktionsprozesses die Planung bzw. Klärung und Präzisierung der Aufgabenstellung. Dazu gehören das Zusammentragen der verfügbaren Informationen und das Feststellen von Informationslücken, das Überprüfen und Ergänzen der externen Anforderungen sowie das Hinzufügen unternehmensinterner Anforderungen. Zusätzlich werden die Aufgabenstellung aus der Sicht des Konstrukteurs formuliert und bereits mögliche oder notwendige Strukturierungen festgelegt. Zur Beschreibung der Anforderungen wird zwischen Lasten- und Pflichtenheft sowie Anforderungslisten unterschieden (Kap. 5.2). In einem Lastenheft werden alle Anforderungen des Auftraggebers bezüglich des Liefer- und Leistungsumfangs beschrieben. Es ist vom Auftraggeber oder in dessen Auftrag vollständig und widerspruchsfrei zu erstellen und soll Antwort auf die Frage geben, „was wofür" zu lösen ist. Das daraus abgeleitete Pflichtenheft enthält eine Beschreibung zur Realisierung der Anforderungen des Lastenheftes. Mit definierten Aussagen wird festgelegt, „wie und womit" die Anforderungen zu erfüllen sind. Als Ergebnis der Planungsphase wird aus den Forderungen und Wünschen, die vom Auftraggeber im Lasten- oder Pflichtenheft beschrieben werden, eine Anforderungsliste abgeleitet, die in der Regel als Ausgangsbasis für moderne Produktentwicklungsprozesse genutzt wird. Detaillierter als Lasten- oder Pflichtenheft beschreibt sie Ansprüche an Systemfunktionen und Leistungen sowie Schnittstellen und sonstige technische, wirtschaftliche und gesetzliche Randbedingungen. Die Anforderungsliste hat somit die Aufgabe, Anforderungen an das Produkt abzubilden, die sich aus einer Betrachtung des gesamten Produktlebenszyklus ergeben. Gleichzeitig stellt sie ein internes Verzeichnis der Kundenforderungen und -wünsche dar. Kundenforderungen müssen bei der Konstruktionsrealisierung erfüllt werden, während die Wünsche nach Möglichkeit Berücksichtigung finden sollen. In Abwägung zwischen potenziellem Nutzen und Realisierungsaufwand ist dabei ein begrenzter Mehraufwand bzw. eine Reduzierung des Wunschumfangs zulässig [3]. Bei einer späteren Beurteilung der erzeugten Konstruktionsvarianten stellen nicht erfüllte Kundenforderungen Ausschlussgründe dar. Um ein Produkt in einem vorgegebenen Zeitraum realisieren zu können und die Entwicklungsdauer nicht durch nachträgliche Änderungen unnötig zu verlängern, wird ein Zeitpunkt bestimmt, nach dem die Anforderungsliste nicht mehr verändert werden darf [2]. Danach eingehende Kundenwünsche können nur mit erheblichem Mehraufwand berücksichtigt werden. Dieser Aufwand ist nur gerechtfertigt, wenn ihm ein entsprechender Nutzen gegenübersteht. Die Produktplanung kann methodisch durchgeführt werden oder innerhalb eines Teams durch eine Ideensammlung und Diskussion erfolgen. Dabei sind der Markt, das Unternehmen sowie das Umfeld bestimmende Einflussgrößen. Der Markt liefert Impulse in Form von Anregungen oder Kritik. Aus dem Unternehmen kommen Impulse wie die Einführung neuer Fertigungstechnologien, während das Umfeld durch die Entwicklung neuer Technologien beeinflusst wird.

5.3.2.2 Konzipieren

Nach Klärung der Aufgabenstellung und Abstraktion der Aufgabe wird die Gesamtfunktion des zu realisierenden Produkts in Teilfunktionen zerlegt. Komplexe Teilfunktionen werden weiter untergliedert. Eine zusammenfassende Abbildung der Teilfunktionen erfolgt in Funktionsstrukturen. Zur Realisierung der Teilfunktionen werden jeweils Lösungsprinzipien bestimmt. Beispielsweise können für mechanische Systeme die Geometrie, die Kinematik und der Werkstoff festgelegt werden. Entsprechend der Verknüpfung der Teilfunktionen in der Funktionsstruktur werden die einzelnen Lösungsprinzipien in Wirkstrukturen zusammengefasst. Wirkstrukturen stellen also prinzipielle Lösungen zur Erfüllung von Funktionen oder Funktionsstrukturen dar. Die Darstellung der Lösungsprinzipien kann beispielsweise durch Schaltpläne, Blockdarstellungen, Prinzipskizzen, grobe maßstäbliche Zeichnungen oder Beschreibungen erfolgen. Prinzipielle Lösungen werden in modulare Strukturen gegliedert, die im Gegensatz zu Funktionsstruktur und Wirkstruktur auch reale Teilsysteme oder Systemelemente und deren Schnittstellen abbilden können. In Arbeitsunterlagen wie Anordnungsskizzen, Graphen, Logikplänen, Struktogrammen oder Flussdiagrammen werden die Lösungen dargestellt. Eine Modularisierung vor den arbeitsintensiven Gestaltungsschritten in der Entwurfsphase ist insbesondere bei komplexen Produkten notwendig. Durch die Strukturierung wird eine effiziente Aufteilung der Konstruktionsarbeit ermöglicht und Entwicklungsschwerpunkte können schneller erkannt und optimal bearbeitet werden (Kap. 4 Produktarchitekturgestaltung). Die erzeugten modularen Strukturvarianten werden anschließend nach technischen Kriterien beurteilt. Dabei wird insbesondere auf die Erfüllung der Forderungen und Wünsche der Anforderungsliste geachtet. Gleichzeitig können pauschal wirtschaftliche Gesichtspunkte beachtet werden. Aufgrund der Bewertung erfolgt die Ermittlung der besten Variante. Um Mängel des Lösungsprinzips nicht in späteren Konstruktionsphasen korrigieren zu müssen, hat diese Auswahl mit großer Sorgfalt zu erfolgen. Bei mehreren gleich bewerteten Varianten wird die Entscheidung erst nach weiterer Detaillierung der Konstruktion in der Entwurfsphase getroffen.

5.3.2.3 Entwerfen

In der Entwurfsphase werden im ersten Arbeitsschritt, dem Vorgestalten oder Grobgestalten, die in der Konzeptphase erarbeiteten modularen Lösungsvarianten detailliert. Dabei werden für die wichtigsten Module maßstäbliche Entwürfe erarbeitet, Schwachstellen aufgedeckt und die Lösungen vergleichend bewertet. Als zweckmäßig hat es sich erwiesen, die geometrischen, stofflichen und/oder programmtechnischen Festlegungen nur so weit zu konkretisieren, dass das Erkennen bzw. Auswählen des Gestaltungsoptimums möglich ist. Entsprechend den modularen Lösungsvarianten, die in der Regel mit den Teilfunktionen der Wirkstruktur übereinstimmen, werden verschiedene Gestaltungszonen an den Produktentwürfen bestimmt. Die Gestaltungszonen werden nach technischen und wirtschaftlichen Gesichtspunkten optimiert, sodass Vor- und Nachteile der Varianten beurteilt werden können. Oftmals stellt sich heraus, dass die vermeintlich beste Lösungsvariante durch Kombination mit Teillösungen anderer Varianten weiter verbessert werden kann. Ergebnisse der Entwurfsphase sind also zunächst Vorentwürfe für die maßgebenden Module, die als grobe maßstäbliche Zeichnungen, Stromlaufpläne u. a. dargestellt sein können. Die vorentworfenen Module werden danach durch weitere Detailangaben festgelegt. Noch nicht bearbeitete Teilsysteme und Systemelemente werden ergänzt und zu einem vollständig gestalteten Produkt innerhalb eines Gesamtentwurfs verknüpft. Mit der Überprüfung des Gesamtentwurfs hinsichtlich Funktion, Haltbarkeit, technischer Umsetzbarkeit und Wirtschaftlichkeit wird die Entwurfsphase abgeschlossen. Hierzu können Berechnungs- oder Simulationsverfahren eingesetzt werden. Die Auswahl der Verfahren hängt im Wesentlichen von den zu überprüfenden Merkmalen ab. Beispielsweise können Bewegungsabläufe von Robotern überprüft werden, indem einfache Modelle im Rechner abgebildet und simuliert werden. Die Festigkeit einzelner Elemente kann mithilfe der Finite-Elemente-Methode berechnet werden. Zur Beurteilung der Wirtschaftlichkeit eines Entwurfs werden beispielsweise Verfahren zur Kurzkalkulation oder Relativkostenkataloge eingesetzt [44]. Auf einzelne Verfahren wird in Kap. 5.3.5 eingegangen. Teil der Entwurfsphase kann auch die Erprobung und technisch-wirtschaftliche Bewertung von Mustern oder Prototypen sein, deren Resultate im endgültigen Entwurf berücksichtigt werden.

Die Ergebnisse der Entwurfsphase werden hauptsächlich in maßstäblichen Zusammenbauzeichnungen und vorläufigen Stücklisten dargestellt. Bedingungen, die bei der Erarbeitung konstruktionstechnischer Aufgabenstellungen gelten, sind insbesondere in den Teilschritten des Entwerfens wirksam, da hier wesentliche Aspekte des Produkts bezogen auf dessen Lebenszyklus festgelegt werden. Derartige Bedingungen beziehen sich im Wesentlichen auf die Faktoren Kosten, Zeit, Qualität und Umwelt und werden in Kap. 5.3.4 besprochen.

5.3.2.4 Ausarbeiten

In der Ausarbeitungsphase werden die Einzelkomponenten im Detail gestaltet und optimiert. Neben der geometrischen Modellierung der Teile werden Werkstoffe sowie Gefüge- und Oberflächeneigenschaften festgelegt. Des Weiteren werden die Herstellungsmöglichkeiten geprüft und die endgültigen Kosten bestimmt. Ergebnis ist eine Produktdokumentation mit Nutzungsangaben, beispielsweise in Form von Einzelteil-, Gruppen- und Gesamtzeichnungen mit Stücklisten sowie Fertigungs-, Montage-, Prüf- und Transportvorschriften, Betriebsanleitungen und Benutzungshandbüchern. Gegebenenfalls enthält das Ergebnis der Ausarbeitungsphase Anweisungen bezüglich Demontage, Recycling und Entsorgung, die am Ende des Produktlebenszyklus benötigt werden.

5.3.3 Konstruktionsarten

Ein wesentliches Klassifizierungsmerkmal für Konstruktionsaufgaben ist der Neuheitsgrad des zu entwickelnden Produkts (Kap. 3 Produktplanung). In Abhängigkeit von Umfang und Tiefe der erforderlichen Arbeiten kann zwischen Neukonstruktion, Anpassungskonstruktion, Variantenkonstruktion und Prinzipkonstruktion unterschieden werden (Abb. 5.15) [3].

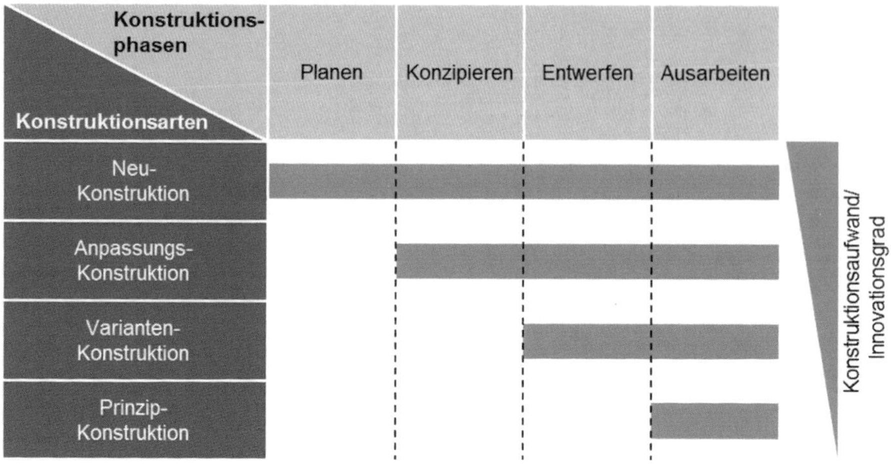

Abb. 5.15 Konstruktionsarten [40]

Eine eindeutige Abgrenzung der einzelnen Konstruktionsarten ist nicht immer möglich. Die Festlegung auf eine Konstruktionsart wird in starkem Maße von der Produktstrategie beeinflusst, für die hier zwei wesentliche Konzepte unterschieden werden. Diese wirken sich sowohl auf die Produktentwicklung als auch auf die Produktionsprozesse aus. Entsprechend einer „Politik der kleinen Schritte" führt die Standardisierung der Produktentwicklung zu einer Minimierung des technologischen Risikos [45, 46], da in der Regel auf bekannte konstruktive Lösungen zurückgegriffen wird. Hierbei kommen meist Prinzipien der Varianten- und Anpassungskonstruktion zur Anwendung. Demgegenüber erfolgen bei dem Konzept der grundlegenden Innovationen oder „big jumps" größere Produktinnovationen in längeren Intervallen. Dabei können Erfahrungen nur bedingt genutzt werden. Die daraus häufig erwachsende Notwendigkeit von Neukonstruktionen erhöht das technologische Risiko deutlich [47].

5.3.3.1 Neukonstruktion

Ziel der Neukonstruktion ist die konstruktive Beschreibung eines für das Unternehmen zumindest in wesentlichen Teilen neuen Produkts. Für die gegebenen Aufgabenstellungen und Probleme werden neue Lösungsprinzipien gesucht. Diese ergeben sich entweder aus einer Kombination bekannter Prinzipien und Technologien oder es müssen vollständig neue Prinzipien erdacht werden. Daher wird vor der eigentlichen Konstruktion häufig eine physikalische oder verfahrenstechnische Grundlagenentwicklung durchgeführt, deren anwendungsnahe Ergebnisse als Basis für die Neukonstruktion dienen. Zusätzlich sollen Technik- und Wirtschaftlichkeitsbetrachtungen die Realisierbarkeit sicherstellen und Marktpotenziale frühzeitig aufzeigen. Eine Neukonstruktion liegt auch dann vor, wenn für bekannte oder geringfügig geänderte Aufgabenstellungen neue Lösungsprinzipien angewendet werden. Bei der Neukonstruktion werden in der Regel alle Konstruktionsphasen durchlaufen. Der zeitliche Aufwand, die Kosten und die Anforderungen an den Konstrukteur sind daher im Vergleich zu den anderen Konstruktionsarten am höchsten. Aufgrund des hohen Neuheitsgrades ist auch das Risiko einer Fehlentwicklung am größten, die zu einem Misserfolg am Markt oder zu Regress- und Haftungsansprüchen des Kunden führen kann. Diesem Risiko steht der Vorteil gegenüber, dass durch den hohen Innovationsgrad sowie durch einen Innovationsvorsprung vor Mitbewerbern frühzeitig Marktanteile gesichert werden können.

5.3.3.2 Anpassungskonstruktion

Bei der Anpassungskonstruktion werden unter Beibehaltung grundsätzlicher Lösungsprinzipien lediglich einzelne Produktmerkmale modifiziert. Dabei kann die Neukonstruktion einzelner Produktkomponenten oder Baugruppen erforderlich sein. Bei einer Anpassungskonstruktion werden selten funktionale Änderungen des Produkts vorgenommen. Vielmehr wird es hinsichtlich geometrischer, fertigungs- oder werkstofftechnischer Merkmale überarbeitet. Durch den Anteil wiederverwendeter Teile ist der Konstruktionsaufwand geringer als bei einer Neukonstruktion. Die Beibehaltung großer Teile des Produkts vermindert das technologische und wirtschaftliche Risiko einer Anpassungskonstruktion. Sind jedoch wesentliche Funktionsträger eines Bauteils von der Anpassungskonstruktion betroffen, so kann deren Ausfall, wie bei der Neukonstruktion, zu einer verminderten oder fehlenden Marktakzeptanz und zu Produkthaftungsansprüchen führen.

5.3.3.3 Variantenkonstruktion

Bei der Variantenkonstruktion werden unter Berücksichtigung bereits festgelegter Funktionsstrukturen (Kap. 5.3.3.2) lediglich die Anordnung von Elementen sowie die Gestalt und Dimension der Elemente verändert. Die Elemente werden in unterschiedlicher Auswahl und in verschiedenen Relationen kombinatorisch verknüpft [44]. Hierzu werden im Rahmen einer Neukonstruktion die Variationsmöglichkeiten der Systemparameter innerhalb festgelegter Grenzen antizipiert. Da der wesentliche Konstruktionsaufwand bei der Neukonstruktion anfällt, treten bei der Variantenkonstruktion in der Regel keine größeren Probleme mehr auf. Voraussetzung dafür ist, dass die vorgedachten Grenzen nicht weit überschritten werden und mögliche Probleme bereits bei der Neukonstruktion erkannt und ausgeräumt wurden. Anwendung findet die Variantenkonstruktion im Rahmen der Konstruktion von Baureihen und Baukästen (Kap. 4 Produktarchitekturgestaltung). Trotz des überdurchschnittlichen Aufwands für den Entwurf eines Baukastens, mit dem mögliche Varianten antizipiert werden, bietet die Variantenkonstruktion auf der Grundlage des Baukastenprinzips ein hohes Rationalisierungspotenzial. Aus der gegebenen Menge von Elementen mit definierten Teilfunktionen lassen sich verschiedene Produkte oder Komponenten, die unterschiedliche Gesamtfunktionen realisieren, mit relativ geringem zeitlichen und personellen Aufwand ableiten. Damit wird das wirtschaftliche Risiko im Vergleich zur Neu- und Anpassungskonstruktion verringert. Aufgrund der Verwendung von Elementen, die in der Regel bereits in anderen Produkten genutzt werden, ist das technologische Risiko der Variantenkonstruktion niedrig. Diese Aussagen gelten für die Konstruktion einzelner Varianten, jedoch nicht für den Entwurf des gesamten Baukastens. Da dieser Aufwand den einer Neukonstruktion übersteigt, würde sich eine Fehlentwicklung wesentlich stärker auswirken.

5.3.3.4 Prinzipkonstruktion

Eine Prinzipkonstruktion liegt vor, wenn nur die Detaillierungsphase durchlaufen, der Entwurf dazu aber nicht im Rahmen der vorliegenden Konstruktionsaufgabe angefertigt wurde. Es bleiben sowohl die festgelegten Funktionsstrukturen als auch Anordnung und Gestalt aller Elemente erhalten. Die Elemente werden ausschließlich in ihren Abmessungen verändert. Der Aufwand für eine Prinzipkonstruktion ist unter den genannten Konstruktionsarten der geringste. Kleine Änderungen des Produkts werden häufig durch Erkenntnisse aus der Produktnutzung ausgelöst. Da diese Änderungen somit direkt vom Markt bestimmt sind, ist das Risiko einer Fehlentwicklung und der damit verbundenen wirtschaftlichen Auswirkungen klein. Auch das technologische Risiko ist gering, da solche Änderungen gut überschaubar sind.

5.3.4 Restriktionsgerechte Konstruktion

Restriktionsgerechtes Konstruieren: ist Konstruieren unter Beachtung von Randbedingungen. Diese Bedingungen ergeben sich aus den Anforderungen, die vom Abnehmer an ein Produkt gestellt werden oder aus zurückfließenden Anforderungen nachgelagerter Bereiche resultieren. Grundsätzlich sollen durch die Berücksichtigung von *Restriktionen* Zeit und Kosten, die in den der Konstruktion nachfolgenden Phasen des Produktlebenszyklus anfallen, reduziert oder die Qualität des Produkts erhöht werden [3, 39, 48]. Bei den Ansätzen zum restriktionsgerechten Konstruieren handelt es sich um spezielle Erweiterungen der Konstruktionsmethodik. Die in der Literatur am häufigsten behandelten konstruktiven Restriktionen sind Fertigungs-, Montage- und Recyclinggerechtheit. Eine vollständige Erfassung aller möglichen Restriktionen ist nicht sinnvoll, da sich diese aus jedem Prozess innerhalb des Produktlebenszyklus ableiten lassen. Dabei kann die Detaillierung vom gesamten Lebenszyklus, z. B. umweltgerecht, bis hin zu sehr kurzen Phasen erfolgen, z. B. inbetriebnahmegerecht. In Abb. 5.16 sind typische Restriktionen aufgeführt und den relevanten Produktlebensphasen zugeordnet. Darüber hinaus existieren weitere Restriktionen, die im Wesentlichen Teilaspekte der hier genannten darstellen. So ist z. B. die schmiedegerechte Konstruktion ein Teilaspekt der fertigungsgerechten Konstruktion.

Folgende Aspekte der restriktionsgerechten Konstruktion werden hier erläutert und gegeneinander abgegrenzt: beanspruchungsgerecht, fertigungsgerecht, montage- und demontagegerecht, transport- und handhabungsgerecht, wartungs- und instandhaltungsge-

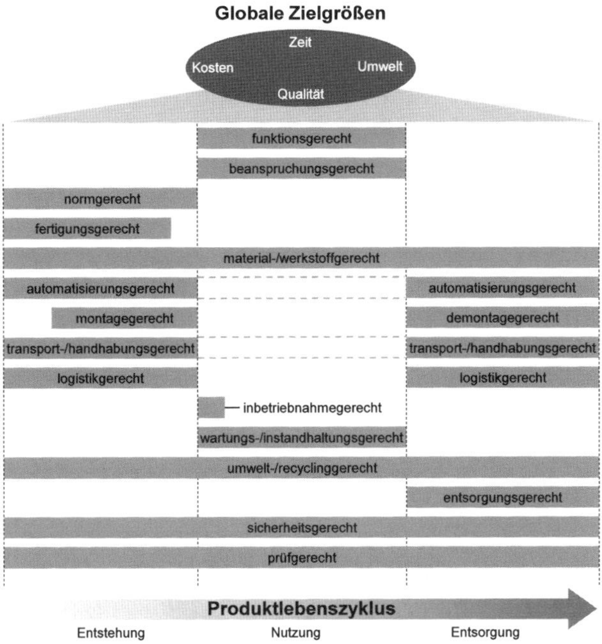

Abb. 5.16 Wesentliche Restriktionen beim konstruieren [40]

recht sowie umwelt- und recyclinggerecht. Da sich die einzelnen Restriktionen auf bestimmte Phasen des Produktlebenszyklus beziehen, entspricht ein hinsichtlich einer Restriktion optimiertes Produkt nicht zwangsläufig anderen Restriktionen. Vielmehr stehen die einzelnen Optimierungsziele häufig im Widerspruch zueinander, sodass eine Gewichtung der Restriktionen notwendig ist, um zu einem Gesamtoptimum zu gelangen.

5.3.4.1 Beanspruchungsgerechte Konstruktion

Bei der *beanspruchungs-* bzw. *belastungsgerechten Konstruktion* sollen vor allem Anforderungen bei der Produktnutzung berücksichtigt werden. Das Hauptziel der *beanspruchungsgerechten Konstruktion* ist es, ein Produkt so zu gestalten und auszulegen, dass für jede Komponente eine Mindestlebensdauer gewährleistet ist und bei der geplanten Nutzung kein unvorhergesehener Funktionsausfall auftritt [3, 49]. Darüber hinaus sind manche Produkte zusätzlich für Extremsituationen auszulegen, z. B. durch Pkw-Crashversuche für Unfallsituationen, Sollbruchstellen an Bohrmaschinen oder langsam versagende Kunststofffedern an Nutzfahrzeugen, sodass ein Funktionsausfall kontrolliert erfolgt. In Abb. 5.17 sind einige Beispiele für die beanspruchungsgerechte Bauteilauslegung aus dem Maschinenbau dargestellt.

Neben Auslegungsberechnungen für typische Maschinenelemente, die mit relativ einfachen Algorithmen durchführbar sind, wie z. B. Passfeder- oder Lagerberechnungen, ist in diesem Zusammenhang auch die FE-Methode (Finite Elemente) zu erwähnen. Die

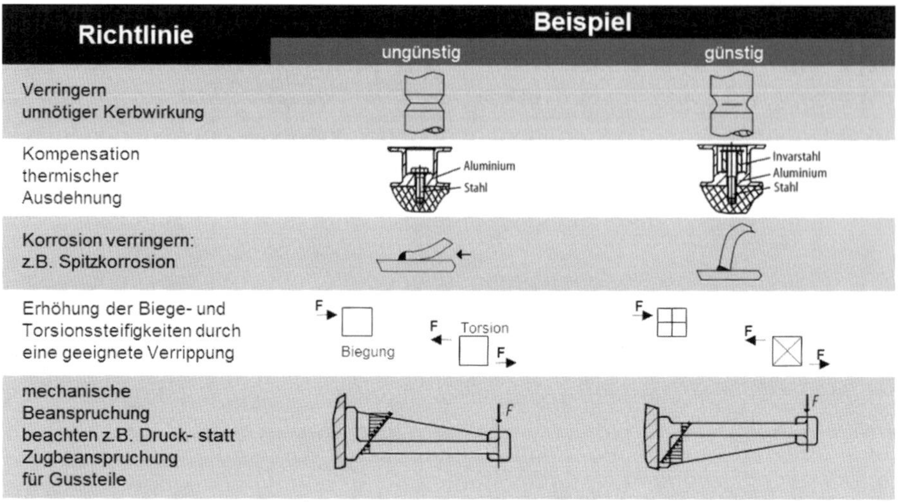

Abb. 5.17 Beispiele für beanspruchungsgerechte Konstruktion [40]

optimale Werkstoff- bzw. Materialauswahl wird häufig auch als Teil der material- und werkstoffgerechten Konstruktion aufgefasst. Hierbei stehen die Umgebungsbedingungen am Einsatzort des Produktes im Fokus. Dies können z. B. Oberflächenhärtungen gegen Verkratzen oder Beschichtungen mit Lacken oder Chrom gegen Korrosion sein. Im Kunststoffbereich sind beispielsweise die Gebrauchstemperaturen und eventuell die UV-Strahlung bei direkter Sonneneinstrahlung zu berücksichtigen.

5.3.4.2 Fertigungsgerechte Konstruktion

Unter *fertigungsgerechtem Konstruieren* (*design for manufacturing, DFM*) werden Gestaltungsmaßnahmen am Produkt verstanden, die eine möglichst einfache Fertigung ermöglichen. Entsprechend der Vielzahl der Fertigungsverfahren werden weitere verfahrensspezifische Restriktionen, wie z. B. gieß- oder schmiedegerecht, unterschieden [50–53]. Ein übergreifender Aspekt fertigungsgerechten Konstruierens ist die Berücksichtigung einer NC-Bearbeitung. In Abb. 5.18 sind Beispiele für *automatisierungsgerechte Produktgestaltung* zusammengestellt.

Zu den Hauptzielen fertigungsgerechter Produktgestaltung gehören

- die Vereinfachung des Fertigungsprozesses bzw. Ermöglichen eines einfacheren Fertigungsverfahrens,
- die Erhöhung der Prozesssicherheit zur Reduzierung der Fehleranfälligkeit und
- die Erhöhung des Automatisierungsgrades.

Nur die genaue Kenntnis der einsetzbaren Fertigungsverfahren ermöglicht eine fertigungsgerechte Konstruktion. Fertigungstoleranzen sind grundsätzlich so grob wie möglich zu wählen. Dadurch können ganze Nachbearbeitungsschritte entfallen oder einfachere Ver-

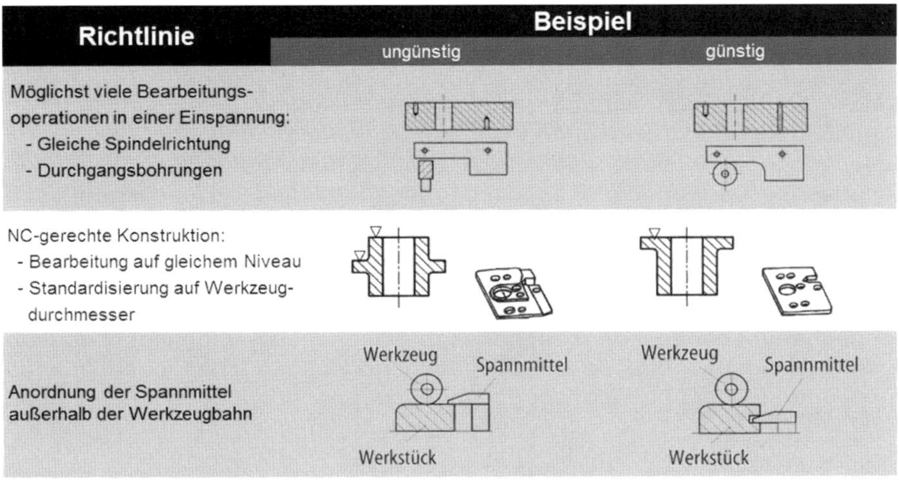

Abb. 5.18 Beispiele für automatisierungsgerechte Konstruktion [40]

fahren möglich werden. Aufgrund der größeren Toleranzen ergeben sich zudem geringere Ausschussquoten und es können einfachere Prüfverfahren angewendet werden. Bei der Auswahl der Fertigungsverfahren ist in der Regel der verfügbare Maschinenpark maßgebend. Ausnahmen können durch Outsourcing oder die Beschaffung zusätzlicher Fertigungsmittel ermöglicht werden. Durch eine Minimierung der Anzahl von Fertigungsverfahren pro Bauteil wird ein Teil der aufwendigen Maschinenwechsel vermieden. Man ist daher bestrebt, möglichst viele Bearbeitungsoperationen in einer Aufspannung vorzusehen. Das Ziel ist hierbei die Komplettbearbeitung durch Verfahrensintegration. Alle notwendigen Fertigungsschritte werden auf einer Maschine durchgeführt, z. B. auf einem Drehzentrum mit integriertem Laser, der das Bauteil nach dem Drehvorgang örtlich härtet. Durch die Vermeidung von Umspannvorgängen entfallen Liege- und Wartezeiten, die Lagegenauigkeit wird verbessert und unproduktive Tätigkeiten werden vermieden. Außerdem wird die Auftragssteuerung durch die geringere Anzahl von Arbeitsgängen entlastet. Ähnliche Effekte werden durch Reduzierung der erforderlichen Werkzeugwechsel erreicht, die wiederum durch eine Standardisierung der Elemente eines Bauteils erzielt werden können. Eine Verringerung der Variantenzahl wirkt sich auch bei der Fertigung positiv aus. Aufgrund der daraus resultierenden höheren Stückzahlen der Standardteile wird eine wichtige Voraussetzung für die Automatisierung geschaffen. In Abb. 5.19 werden konstruktive Maßnahmen aufgezeigt, die unterschiedlichen spanenden Verfahren Rechnung tragen. Der Schwerpunkt liegt dabei auf der Berücksichtigung von Werkzeugansätzen und -ausläufen.

Abbildung 5.20 behandelt exemplarisch das Gießen. Es werden einige Gestaltungsrichtlinien dargestellt, da hierbei spezielle Anforderungen auftreten.

Wie in dem Beispiel dargestellt, sollten spitze Winkel vermieden werden, da sie zu Rissgefahr und Kerbwirkung führen (1), (2). Alternativ sollten immer senkrechte Anschlüsse angestrebt werden. Darüber hinaus sollten Materialanhäufungen konstruktiv verhindert werden (3). Diese haben eine erhöhte Lunker- und Rissgefahr zur Folge, vor allem wenn sie in Form von Kreuzverrippungen auftreten (4). Um das Risiko von Rissen

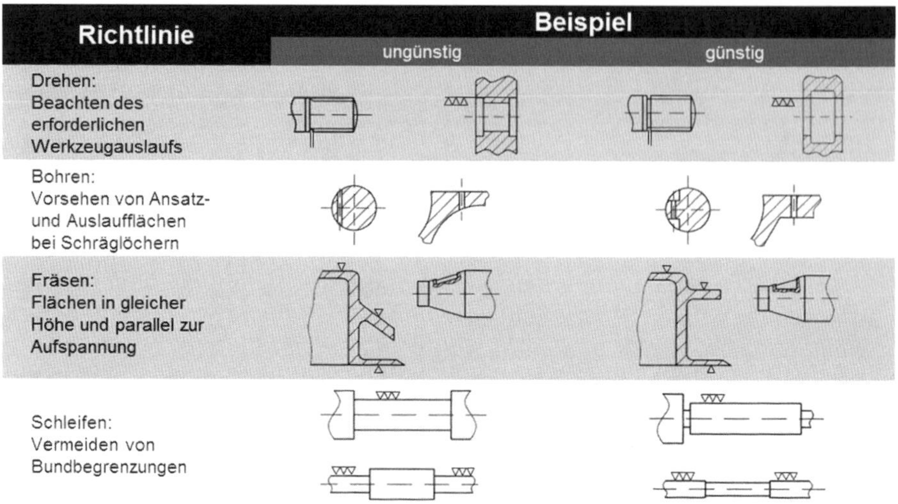

Abb. 5.19 Beispiele für fertigungsgerechte Konstruktion bei spanenden Verfahren [40]

Abb. 5.20 Beispiele zur gießgerechten Konstruktion [40]

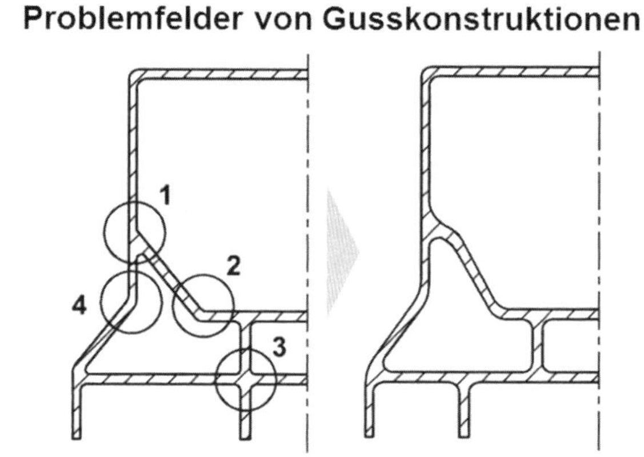

weiter zu minimieren, sollte der Spannungsverlauf in einer gießgerechten Konstruktion günstig gewählt werden. Dies kann erfolgen, indem ungünstige Spannungsverläufe durch scharfkantige Übergänge vermieden werden. Bei der gießgerechten Konstruktion sollte die flüssige und feste Schwindung des eingesetzten Werkstoffs schon in der Konstruktion mit berücksichtigt werden. Darüber hinaus gilt es, die Konstruktion so zu gestalten, dass eine leichte Entformbarkeit gewährleistet werden kann.

5.3.4.3 Montage- und demontagegerechte Konstruktion

Unter *montage- bzw. demontagegerechter Konstruktion* (*design for assembly, DFA* bzw. *design for disassembly, DFD*) wird der Entwurf einer hinsichtlich der manuellen oder automatisierten Montage bzw. Demontage optimierten Produktgestalt inklusive des Produktaufbaus verstanden [54]. Bezüglich der Transport- und Handhabungstätigkeiten wird auf Kap. 5.3.4.4 verwiesen. Wegen der teilweise gleichen Anforderungen an die Produktgestalt werden Montage und Demontage zusammen behandelt, obwohl die Demontage natürlich auch ein Aspekt der Wartung und Instandhaltung (Kap. 5.3.4.5) sowie des Recyclings (Kap. 5.3.4.6) ist. Die Hauptziele der montage- bzw. demontagegerechten Konstruktion sind:

- Reduzieren der Teileanzahl, z. B. durch ein Integralbauteil, um Arbeitsvorgänge zu vermeiden,
- Reduzieren der erforderlichen Anzahl von Füge- bzw. Trennrichtungen,
- Standardisieren von Bauteilschnittstellen,
- Vermeiden von biegeschlaffen Bauteilen (wie Kabeln, vor allem bei Automatisierung),
- Bilden von auftrags- und kundenunabhängigen Vormontagebaugruppen,
- Auswirkung von Produktvarianten auf wenige Baugruppen begrenzen,
- Ergänzen von Positionier- und Justierhilfen (z. B. Fasen) und von Sollbruchstellen sowie
- Vermeiden von Anpassungsaufgaben.

Einige Beispiele montagegerechter, konstruktiver Lösungen sind in Abb. 5.21 dargestellt.

Bei manchen Verfahren widersprechen sich allerdings die Montage- und die Demontagegerechtheit. So ist Kleben zwar montagefreundlich, geklebte Bauteile lassen sich aber schlecht demontieren. Ähnlich sind montagefreundliche Schnappverbindungen häufig nicht zerstörungsfrei demontierbar.

Die Entwicklung der *DFA-Methode* nach Boothroyd und Dewhurst wurde 1977 in den USA begonnen. Mit ihrer Hilfe kann der Montageaufwand beurteilt werden, um

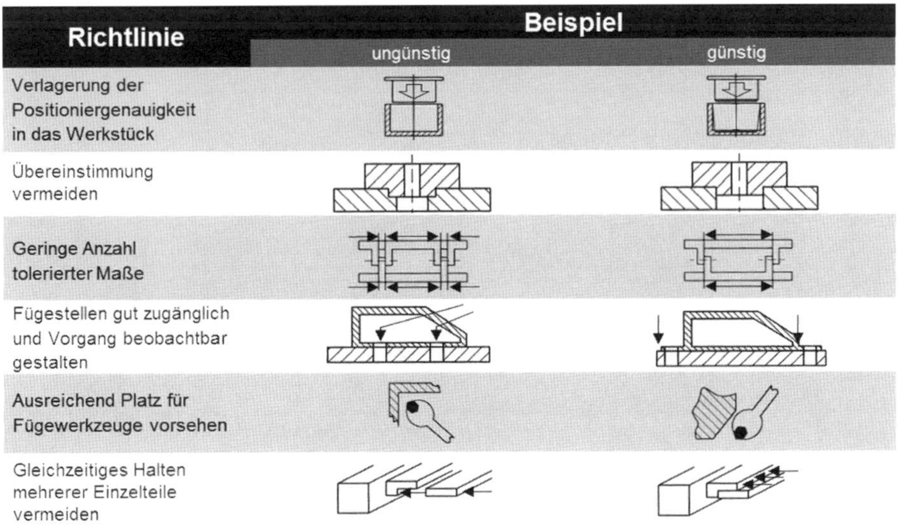

Abb. 5.21 Beispiele für montagegerechte Konstruktion [40]

Handhabungs- und Fügekosten zu minimieren [55, 56]. Dazu wird eine Konstruktion nach bestimmten Aspekten analysiert und den zur Montage erforderlichen Vorgängen Montagezeiten zugeordnet, die sich aus Grundwerten und Faktoren ergeben. In die Bewertung gehen die Montagemethode (manuell oder automatisiert), Anzahl und Gestalt der Teile sowie die Komplexität der Handhabungs- und Fügevorgänge ein. Zum Vergleich können die theoretisch möglichen minimalen Teilezahlen und Montagezeiten ermittelt werden.

Ähnlich ist die um 1980 bei Hitachi entwickelte *Assemblability-Evaluation-Method* (*AEM*). Die Montage wird hier in Elementarvorgänge aufgegliedert, die bezüglich des Aufwands mit Kennzahlen gewichtet werden [56, 57]. Diese Bewertung kann zwar abhängig vom Bearbeiter unterschiedlich ausfallen, führt aber zu einer differenzierten Betrachtung der Montagevorgänge. Dadurch können Schwachstellen erkannt und Verbesserungen gezielt angeregt werden.

5.3.4.4 Transport- und handhabungsgerechte Konstruktion

Ziel der *transport-* und *handhabungsgerechten Konstruktion* ist es, während verschiedener Phasen des Produktlebenszyklus Transport- und Handhabungsvorgänge zu vereinfachen oder gar zu vermeiden. Dies betrifft vor allem die Phasen Fertigung, Montage und Demontage. Für Transport und Lagerung ist eine palettierbare Gestaltung von Bauteilen mit definierten Auflageflächen günstig. Bei sehr schweren Bauteilen sind spezielle Transporthilfen vorzusehen, wie z. B. Gewinde für Lasthaken. Für die Bestückung der Vorrichtungen und Maschinen mit eventuellen Werkstückmagazinen sollten die Bauteile gut greifbar und orientierbar gestaltet sein. Dies gilt für Fertigung wie Montage und kann je nach Handhabungsart unterschiedliche Gestaltungen erfordern. Besonders hinsichtlich der Montage und Demontage sollen Bauteile möglichst nicht

- biegeschlaff (vor allem nicht bei Automatisierung),
- sehr schwer,
- verwechselbar in Form und Lage oder
- verletzungsträchtig, z. B. durch scharfe Kanten,

sein.

Die Abb. 5.22 zeigt Beispiele für transport- und handhabungsgerechte Produktgestaltung.

5.3.4.5 Wartungs- und instandhaltungsgerechte Konstruktion

Bei der *wartungs-* und *instandhaltungsgerechten Konstruktion* (*design for service*) geht es um die Nutzungsphase des Produkts [58]. Ziel ist es, die Nutzungsphase zu verlängern und eventuell erforderliche Reparaturen zu erleichtern. Eine Verlängerung der Produktnutzung dient gleichzeitig der Umweltgerechtheit. Typische Maßnahmen sind diesbezüglich

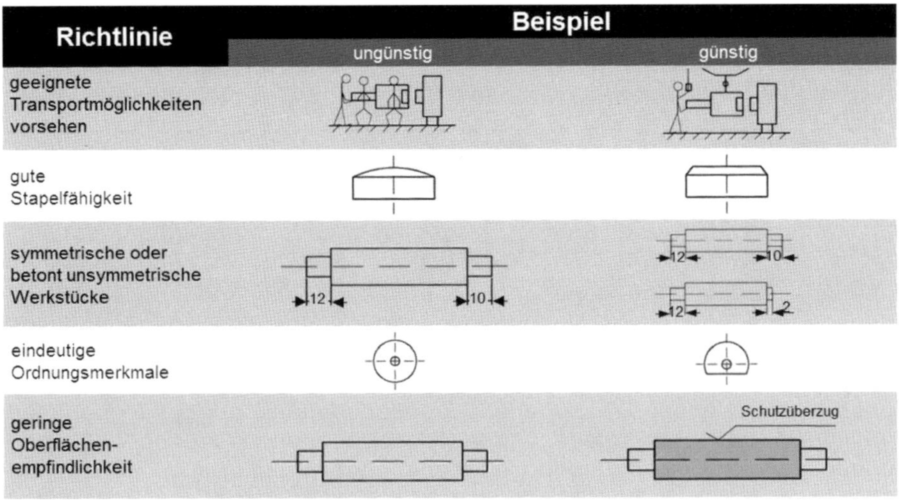

Abb. 5.22 Beispiele für transport- und handhabungsgerechte Konstruktion [40]

- Trennung von Funktions- und Verschleißteilen, wobei der Verschleiß auf wenige Teile beschränkt werden soll,
- modulare Bauweise mit standardisierten Schnittstellen zum einfachen Ersatz von defekten oder verschlissenen Komponenten und
- das Vorsehen von Möglichkeiten zur schnellen Bestimmung defekter Komponenten bei Funktionsausfällen.

Der Ersatz defekter Komponenten wird durch eine demontagegerechte Konstruktion unterstützt, wobei zerstörungsfreie Trennverfahren im Vordergrund stehen. Zur schnellen Lokalisierung von Funktionsstörungen dienen z. B. Fähigkeiten zur Selbstdiagnose, wie sie etwa bei modernen Kopiergeräten vorhanden sind. Viele Funktionsstörungen können aufgrund detaillierter Angaben in einem Anzeigefeld durch den Nutzer behoben werden. Zur Unterstützung der Funktionserhaltung können konstruktive Vorkehrungen getroffen werden. Beispiele sind Kontrolllampen, die von Sensoren gesteuert werden, oder Sichtfenster, z. B. für den Ölstand in einem Getriebe. Für Funktionsstörungen, die durch den Service der Hersteller- oder einer Wartungsfirma behoben werden müssen, können Anschlüsse für externe Diagnosegeräte vorgesehen werden (Abb. 5.23).

5.3.4.6
Umwelt- und recyclinggerechte Konstruktion

Mit der *umweltgerechten Konstruktion* wird das Ziel verfolgt, während aller Produktlebensphasen möglichst wenige natürliche Ressourcen, wie Luft, Wasser, Energie und Rohstoffe, in Anspruch zu nehmen. Da dieses Ziel nicht leicht betriebswirtschaftlich zu definieren und mit konkreten konstruktiven Maßnahmen zu verbinden ist, sind Maßnahmen

Abb. 5.23 Beispiele für wartungs- und instandhaltungsgerechte Konstruktion [40]

der umweltgerechten Konstruktion in Bezug auf einzelne Unternehmen schwer zu bewerten. Daher werden häufig Produkte schon als umweltgerecht bezeichnet, bei denen in einer einzelnen kurzen Produktlebensphase negative Umweltauswirkungen verringert wurden. Ansätze zur *recycling-* und *entsorgungsgerechten Konstruktion* bieten dagegen konkrete Unterstützung [59, 60]. Nach der VDI 2243 ist das Recycling ein Teilbereich der Entsorgung. Es umfasst die Wieder- und Weiterverwendung sowie die Wieder- und Weiterverwertung von Produkten. Die Entsorgung beinhaltet darüber hinaus die Beseitigung und Vernichtung. Im Weiteren wird deshalb ausschließlich die recyclinggerechte Konstruktion behandelt. Ziele der recyclinggerechten Konstruktion sind

- der Einsatz von Produktionsverfahren mit wenig Abfall,
- lange oder weitere Nutzungsphasen vor allem durch Wartung, Instandhaltung oder Aufarbeitung und
- das Ermöglichen eines Reststoffkreislaufes mit geringem Aufkommen an zu beseitigenden oder zu vernichtenden Stoffen bzw. Komponenten.

VDI 2243 unterscheidet zwischen Produkt- und Materialrecycling. Beim *Produktrecycling* bleibt die Gestalt des Produkts oder Teilprodukts weitgehend erhalten. Dies kann für denselben (Wiederverwendung) oder einen anderen Verwendungszweck (Weiterverwendung) zutreffen. Ein runderneuerter Autoreifen ist ein Beispiel der Wiederverwendung eines Teilprodukts; ein Reifen, der als Aufprallschutz an einer Rennstrecke dient, ist ein Beispiel von Weiterverwendung. Produktrecycling zeichnet sich durch die Erhaltung eines hohen Wertniveaus aus. Neben der Erhaltung des Materialwertes müssen die bei der Erstfertigung entstandenen Lohn- und Energiekosten nicht neu aufgebracht werden. Gegenwärtig ist das *Materialrecycling* weiter verbreitet, bei dem die Produktgestalt verloren geht, sodass nur ein geringeres Wertniveau erhalten bleibt. Werden die Altstoffe dem gleichen Produktionsprozess zugeführt, so handelt es sich um Wiederverwertung, während sie bei der Weiterverwertung in einen anderen Produktionsprozess eingehen. So kann z. B. das Material eines alten Reifens zur Herstellung eines neuen Reifens dienen. Entspricht das Material nicht mehr den geforderten Produktmerkmalen, kann es für Produkte mit niedrigeren Anforderungen, wie z. B. für eine Tartanbahn in Sportstadien, weiterverwertet werden. Einer recyclinggerechten Konstruktion dienen

- demontagegerechter Produktaufbau,
- geringe Anzahl verschiedener Werkstoffe,
- Auswahl leicht entsorgbarer Werkstoffe,
- Vermeiden bzw. Ermöglichen des leichten Entfernens von Schadstoffen und
- Kennzeichnung der Werkstoffe.

Besondere Schwierigkeiten bereitet das recyclinggerechte Konstruieren für die Zeit nach der Produktnutzung. Da viele Produkte erst lange nach ihrer Herstellung zu entsorgen sind, liegt das Wissen über die dann verfügbaren Entsorgungstechniken und -kosten zum Entwicklungszeitpunkt i. A. nur unvollständig vor.

5.3.5 Bewertungs- und Analysemethoden

Im Folgenden werden verschiedene Bewertungs- und Analysemethoden aus dem Umfeld der Konstruktion betrachtet. Dabei wird auf die Methoden Wertanalyse, und Nutzwertanalyse, auf Möglichkeiten konstruktionsbegleitender Kalkulationen sowie auf die Strukturierung der Kosten und den Einsatz von Relativkostenkatalogen eingegangen.

Wertanalyse: Die *Wertanalyse* stellt nach DIN 69910 eine Möglichkeit zur funktionsbezogenen Bewertung von Produkten dar [61]. Sie kann bei der Produktentwicklung und bei der Produktüberarbeitung eingesetzt werden. Bei der Produktentwicklung gilt es von vorneherein, durch Verzicht auf überflüssige Funktionen das Entstehen von Kosten zu vermeiden. Bei der Ermittlung unnötiger Funktionen unterscheidet man zwischen Haupt-, Neben- und Hilfsfunktionen. Funktionen, die nicht auf diese Weise klassifiziert werden können, müssen genauer untersucht werden. Außerdem wird zwischen Gebrauchs- und Geltungsfunktionen unterschieden. Bei Letzteren muss überlegt werden, wie viel der Kunde hierfür zu bezahlen bereit sein wird. Bei der Überarbeitung bestehender Produkte können u. a. Kosten durch eine kostengünstigere Realisierung von Funktionen gesenkt werden. Dabei empfiehlt sich folgende Vorgehensweise:

- Ermittlung und Beschreibung des Analyseobjektes (Funktions- und Kostenstruktur),
- Kritische Funktionsbetrachtung,
- Ausarbeiten von Alternativen für die Realisierung der noch zu realisierenden Funktionen,
- Bewertung der Alternativen und Auswahl der (kosten-) günstigsten und
- Begleitung der Umsetzung.

Nutzwertanalyse: Bei komplexen Aufgaben ist es in der Regel nicht möglich, die Bewertung von alternativen Lösungen anhand nur eines Kriteriums vorzunehmen. Oft gibt es mehrere, z. T. einander widersprechende Zielsetzungen, was die Bewertung zusätzlich erschwert.

Die *Nutzwertanalyse* ist ein Verfahren der Multikriterienbewertung. Hierbei werden einzelne Kriterien in Abhängigkeit von den verfolgten Zielen unterschiedlich gewichtet.

Es muss darauf geachtet werden, dass die Kriterien hinsichtlich des Gesamtzieles unabhängig voneinander sind, um Mehrfachbewertungen zu vermeiden. Zur Feststellung, inwieweit eine Variante ein Kriterium erfüllt, sind eine Reihe von Kurzanalysen durchzuführen. Deren Ergebnisse werden in einen Erfüllungsgrad umgerechnet. Die Produkte der Erfüllungsgrade mit den Kriteriengewichten liefern summiert je Variante eine Wertzahl, den Nutzwert. Bei der Interpretation der Bewertungsergebnisse ist zu berücksichtigen, dass Varianten mit hoher Wertzahl, aber mit einer ausgesprochenen Schwachstelle (unausgeglichenes Werteprofil) eine nicht vorhandene Qualität vortäuschen können. Dies trifft für die Variante 3 des Beispiels in Abb. 5.24 zu.

So kann die weitere Detaillierung ergeben, dass etwa aufgrund der Schwachstelle „Betriebssicherheit" das ganze Konzept verworfen werden muss. In solchen Fällen kann es günstiger sein, frühzeitig eine Variante mit ausgeglichenem Wertprofil auszuwählen, auch wenn diese in der Wertzahl zurückliegt. Im dargestellten Beispiel stellt Variante 2 eine gute Alternative zu Variante 3 dar.

Konstruktionsbegleitende Kalkulationen: Konstruktionsbegleitende Kalkulationen werden auch als *Kurzkalkulationen, Schnellkalkulationen* oder *Schätzkalkulationen* bezeichnet. Es handelt sich um einfache Kalkulationsverfahren, mit denen ein Konstrukteur aufgrund bekannter Werte die voraussichtlichen Kosten von Bauteilen abschätzen kann. Kennzeichnend ist, dass sie nur auf Größen beruhen, die der Konstrukteur bestimmt oder kennt, wie etwa den Abmessungen [62]. Ein Großteil der Erfahrung eines Konstrukteurs lässt sich durch einfache Regeln für den Entwurf von Bauteilen ausdrücken, beispielsweise für konstruktive Maßnahmen und die dadurch üblicherweise erzielbaren Eigenschaften. Eine Regel kann z. B. lauten: „Bei spanenden Verfahren wachsen die Fertigungskosten

Bewertungskriterien	GW	Variante 1		Variante 2		Variante 3	
		EG	NW	EG	NW	EG	NW
Einfachheit	3	1	3	3	9	4	12
Raumbedarf	3	2	6	3	9	4	12
Anbaumöglichkeit	2	2	4	4	8	4	8
Betriebssicherheit	4	2	8	3	12	1	4
Handhabung	4	4	16	3	12	4	16
Gesamtnutzwert	Σ NW	37		50		52	

G Gewichtungsfaktor
EG Erfüllungsgrad
NW Nutzwert (NW=GW*EG)

Abb. 5.24 Nutzwertanalyse für Druckluftzylinder [40]

aus Hauptzeiten etwa proportional zur Oberfläche geometrisch ähnlicher Teile“ [62]. Die Anwendung solcher Regeln erfolgt dort, wo andere Methoden und Hilfsmittel schwer oder gar nicht einsetzbar sind: z. B. wenn der Konkretisierungsgrad bei Fehlen von Kostendaten zu gering für eine verursachungsgerechte Kalkulation ist, wenn der Kalkulationsaufwand insgesamt zu hoch ist, oder wenn die Zeit für eine genaue Kalkulation nicht ausreicht. Beispiele für gute sowie schlechte Lösungen dienen häufig zur Veranschaulichung solcher Regeln [63].

Kostenstrukturen: Eine Kostenstruktur ist eine Aufteilung von Kosten (z. B. der Herstellkosten) in verschiedene Anteile, wobei die Kostenaufteilung unter unterschiedlichen Gesichtspunkten erfolgen kann (z. B. nach Kostenarten). Kostenstrukturen helfen dabei, Entscheidungen auf unterschiedlichen Ebenen der Produktstruktur zu treffen und die Prioritäten für die weitere Arbeit richtig zu setzen. So kann z. B. der Kostenstruktur eines Getriebes [62] entnommen werden, dass Gehäuse, Rad- und Ritzelwelle bereits 75 % der Herstellkosten ausmachen. Damit erscheint es sinnvoller, weiteren Aufwand in die Optimierung des Gehäuses zu stecken, als z. B. Dichtungen oder die Deckel zu verbessern. Eine für ein bestimmtes Produkt ermittelte Kostenstruktur kann nur auf ähnliche Produkte übertragen werden. Auch steigt der Aufwand für die Ermittlung von Kostenstrukturen mit dem gewünschten Detaillierungsgrad.

Relativkostenkataloge: Ein Hilfsmittel zur Kostenbeurteilung unterschiedlicher Konstruktionslösungen sind Relativkostenkataloge, die eine relative Bewertung alternativer Lösungen ermöglichen. Sie enthalten relative Bewertungszahlen, wobei eine kostengünstige und häufig verwendete Lösung zum Vergleich gewählt wird (Abb. 5.25).

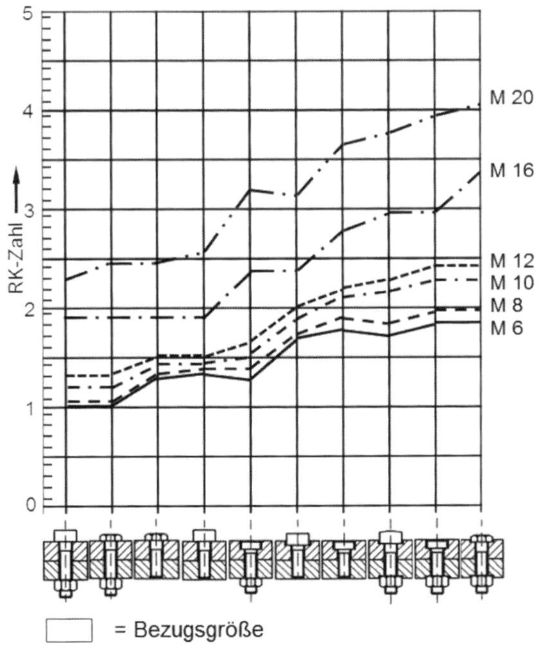

Abb. 5.25 Relativkostenzahlen für Schraubverbindungen mit Zylinderschrauben nach DIN 912 und Sechskantschrauben nach DIN 931 Teil 1 in den Größen M6 bis M29 [64]

Der Vorteil von Kostenvergleichszahlen gegenüber absoluten Kosten ist, dass sie weniger häufig aktualisiert werden müssen, sofern das Verhältnis der verschiedenen Kostenarten konstant ist. Nach DIN sind Relativkosten definiert als „die auf eine oder mehrere Bezugsgrößen bezogenen Kosten eines Objekts relativiert auf die in gleicher Weise bezogenen Kosten eines Vergleichsobjekts“ [65]. Ein Nachteil von Relativkosten ist, dass sie insofern nicht zur Kalkulation verwendet werden können, als keine absoluten Kostenaussagen möglich sind.

Die Anwendbarkeit der in diesem Abschnitt behandelten Methoden wird nicht zuletzt von einigen weiteren wichtigen Randbedingungen bestimmt, wie z. B.:

- Unternehmensgröße,
- methodisches Know-how der Mitarbeiter oder
- Art der Konstruktionsaufgabe.

5.4 Ergebnisanalyse

Das folgende Kapitel zur Ergebnisanalyse widmet sich den Vorgehensweisen und Methoden zur Analyse und Absicherung der entlang des Entwicklungsprozesses realisierten Lösungen. Dies sind nicht notwendigerweise „nur“ rein technische Systeme, meist stellt die realisierte Lösung eine Kombination aus den folgenden Objekten dar:

- Hardware (Motor, Kinematik, Sensorik…)
- Software (Maschinensteuerung, Analysesoftware,…)
- Dienstleistungen, Service (Kundendienst, Garantien, Schulungen,…)
- Organisation, Personal (Vertriebs-, Wartungsnetz,…)
- Informationen (Produktbroschüren, CAD-Modelle,…)
- Methoden, Vorgehensweisen, Technologien (Spannvorrichtung, Frästechnik,…)
- Materialien (neue Metallverbindungen,…)

Mit fortschreitender Projektdauer werden die Lösungen zunehmend genauer spezifiziert und über verschiedene Zwischenzustände realisiert. Bei technischen Systemen ist damit meist ein Übergang von einem immateriellen Zustand (z. B. Ideen, Daten, Entwürfe) über verschiedene Zwischenzustände (z. B. Modelle, Prototypen) in einen materiellen Zustand (z. B. realisierte Komponenten, Hardware, fertiges Produkt) verbunden. Dabei handelt es sich im Wesentlichen um Daten- bzw. Informationsobjekte, die zwischen den Entwicklungsprozessen übergeben werden. Beispiele für solche Zwischenergebnisse sind:

- Analysen (Marktanalysen, Kundenumfragen, Studien,…)
- Entwicklungsdokumente (Zielkataloge, Lastenhefte, Konzepte, Zeichnungen,…)
- Berechnungen, Simulationen, immaterielle Modelle (Statik, Festigkeit, FEM, Virtual Reality, Mehrkörpersystem-Simulation, Montage-Simulation, 2/3D-CAD, Funktions- und Verhaltensmodelle, Digital Mockup, Prozessmodelle,…)
- materielle Modelle (Design-Modelle, Muster, Prototypen, Vorserienmodelle,…)
- Hilfsmittel (Werkzeuge, Anlagen, Testvorrichtungen, Messgeräte,…)

- Pläne (Projekt-, Ablauf-, Termin-, Kosten-, Versuchs-, Montagepläne…)
- Berichte, Entscheidungsdokumentation (Fortschritts-, Versuchsberichte, Freigabedokumente,…)
- Verträge (Leistungsvereinbarungen, Lieferanten-, Produktionsverträge…)

Die Sicherstellung einer hohen Ergebnisqualität erfordert entlang des Entwicklungsprozesses eine fortlaufende Prüfung der Zwischenergebnisse und endgültigen Lösungen.

5.4.1 Ziele und Aufgaben der Ergebnisanalyse

Ziel der Ergebnisanalyse ist es, möglichst frühzeitig und effizient Eigenschaften der Lösungen zu erkennen und weitere Aufgaben aus den Prüfergebnissen abzuleiten. Für die Auswahl einzelner Prüfmethoden und die Festlegung des besten Prüfzeitpunkts ist das Spannungsfeld zwischen Informationsqualität und Änderungskosten zu berücksichtigen. Zum einen nimmt die Genauigkeit der Aussagen einer Prüfung mit der Menge und Detaillierung der vorhandenen Informationen zu, zum anderen steigt mit wachsender Festlegung der Produkt- und Prozesseigenschaften der Aufwand zur Beeinflussung und Änderung von Eigenschaften [7]. Die Strategie bei der Ergebnisanalyse muss also darin bestehen, frühzeitig und mit möglichst wenig Aufwand die wesentlichen Produkt- und Prozesseigenschaften grob abzuschätzen, um sie mit geringen Änderungen gezielt festlegen zu können. Entsprechend des Reifegrades des Entwicklungsgegenstandes eignen sich unterschiedliche Methoden zur Validierung von Konzepten: Simulation technischer Lösungsentwürfe anhand rechnergestützter Modelle oder physische Erprobung anhand realer Prototypen.

5.4.2 Validierung von Konzepten

Zur Beschreibung bestimmter Produkteigenschaften werden entlang des Entwicklungsprozesses unterschiedliche Konzepte entwickelt und validiert. Gemäß der VDI-Richtlinie 2206, wie in Kap. 5.1.5 beschrieben, werden in der frühen Phase der Entwicklung der Systementwurf, der domänenspezifische Entwurf und die Systemintegration konzipiert. Auf der Basis von Erfahrungswerten über Fertigung, Montage und Produkteinsatz können mögliche Risiken der jeweiligen Konzepte ermittelt und bewertet werden [40]. Die im Lastenheft formulierten Anforderungen definieren dabei den Maßstab der Bewertung. Zur methodischen Unterstützung der Analyse stehen systematische Ansätze wie Design Reviews oder die Fehler-Möglichkeits-und-Einfluss-Analyse zur Verfügung, die im Folgenden erläutert werden.

5.4.2.1 Design Reviews

Zielsetzung von Design Reviews ist es, funktionsübergreifend die Erfahrungen der Mitarbeiter zu nutzen, um die Qualität eines Design Review-Objektes zu bewerten und mög-

5

liche Fehler bzw. Unzulänglichkeiten zu finden und eine nachvollziehbare Dokumentation der Ergebnisse zu gewährleisten [66]. Durch frühzeitiges Erkennen von Schwachstellen oder Fehlern wird sichergestellt, dass das Produkt den Kunden- sowie Herstelleranforderungen genügt und das Produktionsrisiko sinkt. Design Reviews tragen des Weiteren dazu bei, die Anzahl der Änderungen im Entwicklungsprozess zu reduzieren und Entwicklungszeiten zu verkürzen. Ein Design Review ist eine dokumentierte, umfassende und systematische Untersuchung eines Entwurfes/Konzeptes, mit dem Zweck, dessen Eignung gemäß den Produktanforderungen zu beurteilen, existierende Probleme zu identifizieren und dazu die Entwicklung bestimmter Problemlösungen vorzuschlagen. Ein Design Review kann in einem beliebigen Stadium der Entwicklung stattfinden, sollte aber stets zum Abschluss einer Entwicklungsphase durchgeführt werden [67]. Entlang der Phasen des Entwicklungsprozesses werden die in Abb. 5.26 dargestellten Reviews unterschieden.

Werden durch Design Reviews Problembereiche und Unzulänglichkeiten identifiziert oder vorausgesehen, werden Korrekturmaßnahmen eingeleitet, um sicherzustellen, dass die endgültige konstruktive Lösung die vormals definierten Kundenforderungen erfüllt. Die Reviews stehen unter der Führung des Projektleiters. Die Teammitglieder für die Durchführung eines Reviews werden abhängig von der Aufgabenstellung festgelegt. Es handelt sich dabei um ausgewählte Mitarbeiter der Entwicklung und Konstruktion, Fertigung und Arbeitsvorbereitung, Betriebsmittelplanung, Vertrieb, Einkauf, Qualitätssicherung und ggf. Kundendienst. Immer beteiligt sind jedoch die Bereiche Entwicklung und Konstruktion, Fertigung und Qualitätssicherung [66]. Zu beachten ist, dass die ausgewählten Teilnehmer eine gewisse Distanz zum Projekt haben und über eine breite Erfahrung verfügen. Diese Teilnehmer fungieren als neutrale Sachverständige, die das jeweilige Untersuchungsobjekt anhand von Checklisten analysieren [68]. Die Checklisten werden auf Basis der Produktanforderungen projektbezogen von den Teilnehmern aufgestellt und mit deren Hilfe werden am vorhandenen Untersuchungsobjekt alle Gesichtspunkte zur Erfüllung der Forderungen betrachtet.

5.4.2.2 Fehler-Möglichkeits-und-Einfluss-Analyse (FMEA)

Mithilfe der Fehler-Möglichkeits-und–Einflussanalyse (FMEA) werden Konstruktions- bzw. Fertigungsentwürfe untersucht und potenzielle Schwachstellen identifiziert. Diese können durch die rechtzeitige Einleitung geeigneter Maßnahmen beseitigt werden [40]. Die FMEA ist bei konsequenter Nutzung eines der wirksamsten Mittel, um die Entste-

DR Typ	Phase	DR-Objekt
Konzept DR	Definition	Pflichtenheft
System DR	Entwicklung	Baugruppen
Kritisch DR	Qualifikation	Prototypen
Herstellung DR	Vorserie	Fertigungsprozesse
Abschluss DR	Ende Vorserie	Pilotlos

Abb. 5.26 Typen von Design Reviews (DR) [66]

hung von Fehlern bereits vor Beginn des Fertigungsanlaufes zu vermeiden und damit entscheidend zur Reduktion von Fehlerkosten beizutragen. Zudem ermöglicht die FMEA, das in einem Unternehmen vorliegende Erfahrungswissen über Fehlerzusammenhänge und Qualitätseinflüsse auf systematische Weise zu sammeln und verfügbar zu machen. Mit der FMEA können zum einen kurzfristige Potenziale, wie die schnelle Validierung konstruktiver Lösungen aber vor allem auch langfristige Potenziale erschlossen werden. Dazu gehören:

- Kundenzufriedenheit durch das Erfüllen der geforderten Spezifikationen,
- die Verringerung von Fehlerkosten,
- die Verkürzung der Entwicklungszeit,
- eine Verbesserung des Serienanlaufs sowie
- die Intensivierung der Kommunikation durch Teamarbeit.

Entsprechend dem Einsatzgebiet werden die zwei FMEA Typen System-FMEA Produkt und System-FMEA Prozess unterschieden. Die System-FMEA Produkt, auch Konstruktions-FMEA oder Entwicklungs-FMEA genannt, wird zur Analyse von Entwicklungskonzepten angewendet. Ziel der System-FMEA Produkt ist die Erkennung und Bewertung von Schwachstellen im Entwurf. Es wird dabei untersucht, welche Risiken bezüglich der vollständigen Funktionserfüllung der bestehende Entwurf in sich birgt. In der System-FMEA Prozess, auch Prozess-FMEA genannt, werden Fertigungskonzepte untersucht. Die Prozess-FMEA baut auf der Konstruktions-FMEA auf, kann aber auch eigenständig durchgeführt werden. Die System-FMEA oder Produkt-FMEA verknüpft die Konstruktions- mit der Prozess-FMEA und stellt einen Bezug zwischen der Bauteilebene und dem Gesamtsystem her. In der System-FMEA werden die Auswirkungen der Risiken, die in der Konstruktions-FMEA bzw. Prozess-FMEA ermittelt wurden, auf das System untersucht.

Die FMEA ist eine weitgehend formalisierte Methode; die klassische Durchführung der Analyse wird unterstützt durch das Ausfüllen eines Formulars [69]. Am weitesten verbreitet ist das Formblatt des Verbandes Deutscher Automobilhersteller (VDA) (Abb. 5.27) [70].

Bei der Anwendung wird zunächst ein Team aus Mitarbeitern verschiedener Unternehmensfunktionen gebildet. Einzubeziehen sind insbesondere Konstruktion, Entwicklung, Versuch, Fertigungsplanung, Fertigungsausführung und Qualitätsmanagement. Die FMEA-Durchführung ist in vier Arbeitsschritte gegliedert:

- Auswahl der Untersuchungsinhalte und organisatorische Vorbereitung,
- Beschreibung und Strukturierung des Analysegegenstandes,
- Durchführung der Risikoanalyse und
- Risikominimierung.

Die Analyse beginnt mit der Eingrenzung und Strukturierung des betrachteten Systems, anschließend werden die Funktionen der Strukturelemente definiert und auf potenzielle Fehlerursachen, Fehlerarten und Fehlerfolgen, die sich direkt aus den Funktionen der Strukturelemente ableiten, analysiert. Auf Basis einer Risikobeurteilung werden Maßnahmen- bzw. Lösungsvorschläge zu den priorisierten Risiken beschlossen und eine Restrisikobewertung durchgeführt [71]. Dabei werden außer funktionalen Anforderungen an das Produkt auch geplante Prozesse analysiert, wobei alternative Lösungskonzepte verglichen

Excellent Tyres Ltd.			**Fehler-Möglichkeits und Einfluss Analyse**					FMEA-Nr:		
			[x] System-FMEA Produkt		[ ] System-FMEA Prozess			Seite:		
Typ/Modell/Erzeugnis/Ladung: **Geländereifen**					Sachnr.: **90 HF** Änderungsstand: **A/369 438/KC**		Verantwortl.: **M. Schmidt** Firma: **ET Ltd**		Abteilung: **Entwicklung** Datum: **28.08.2010**	
System Nr. Systemelement: **Stahlgurt** Funktion/Anwendung:					Sachnr.: Änderungsstand:		Zuständigkeit: Firma:		Abteilung: Datum:	
Nr.	Mögliche Fehlerfolge	RzB	Möglicher Fehler	Mögliche Fehlerursache	Vermeidungsmaßnahmen	RzA	Entdeckungsmaßnahmen	RzE	RPZ	Fälligkeitsdatum
01	Reifen explodiert	9	Gurt reißt	Gurtdurchmesser zu gering (Ausleg.)	Belastungssimulation	3	Design Review	5	135	D. Müller 17.09.2010
02	Reifen explodiert	9	Gurt reißt	Gurtdurchmesser zu gering (Lieferant)	Lieferantenaudit	5	Wareneingangsprüfung	4	180	T. Schmidt 10.09.2010
03	Reifen explodiert	9	Gurt reißt	Materialfestigkeit zu gering	Belastungssimulation	3	Dimensionierung prüfen	3	81	H. Jansen 30.08.2010
04	Reifen explodiert	9	Gurt reißt	Materialermüdung	Ermüdung kalkulieren	3	Dauerprüfung	2	54	J. Smith 31.08.2010
05	Unkomfortables Abrollen	9	Gurt zu fest	Gurtdurchmesser zu groß (Ausleg.)	Belastungstest	2	Design Review	5	50	D. Peters 17.09.2010

Legende: R_zB = Bedeutung 1 (kleine B.) – 10 (sehr hohe B.); R_zE = Entdeckungswahrscheinlickeit 1(sehr wahrscheinlich) – 10(unwahrscheinlich); R_zA = Auftretenswahrscheinlickeit 1(unwahrscheinlich) – 10(sehrwahrscheinlich)

Abb. 5.27 Beispiel einer System-FMEA [nach VDA]

werden können. Die FMEA bietet die Möglichkeit, spätere Änderungen zu vermeiden und die Produkt- und Prozessgestaltung durch das Zusammenführen von Produkt- und Prozess-Know-how zu optimieren.

5.4.3 Simulationtechnischer Lösungen

Die Simulation als Verfahren zur Untersuchung dynamischer Systeme ermöglicht es in einer frühen Phase der Produktentstehung, verschiedene Lösungsalternativen zu bewerten, die sich in ihren Modellparametern unterscheiden [72, 73]. Mit Simulationstechniken können unterschiedlichste Aussagen über das Verhalten eines Produkts gewonnen werden. Auch Fertigungsverfahren oder Fertigungsabläufe können simuliert werden. Probleme und Fehler, die in späteren Planungsphasen nur mit vergrößertem Zeit- und Kostenaufwand behoben werden können, werden frühzeitig erkannt. Durch iterative Simulationsläufe können Produkt- und Planungsqualität optimiert werden. Damit kann die Anzahl der erforderlichen Prototypen reduziert werden. Simulationstechniken können in allen Produktlebensphasen eingesetzt werden (Abb. 5.28).

Aufbauend auf physikalischen Modellen und mathematischen Methoden liefern Simulationsprogramme Ergebnisse, die mittels geeigneter Ausgabeoberflächen anschaulich dargestellt werden können. Ein interaktives Eingreifen des Anwenders ist bei den echtzeitnahen, grafisch-dynamischen Simulationssystemen möglich [73]. Simulationssysteme werden im Wesentlichen zur Untersuchung folgender Vorgänge eingesetzt:

- Darstellung fotorealistischer Animationen von Geometriemodellen, um frühzeitig Produkte visuell bewerten zu können,
- Strömung von beliebigen Fluiden, beispielsweise der Umströmung von Fahrzeugkarosserien oder des Fließverhaltens von Werkstoffen in Gussformen,
- Verformungsverhalten von Massiv- oder Blechteilen beim Umformen, elastische und plastische Verformung sowie Spannungen bei mechanisch belasteten Bauteilen für statische und dynamische Lastfälle,
- Aufheiz- und Abkühlvorgänge in thermisch beanspruchten Bauteilen, beispielsweise das Abkühlverhalten von Schweißverbindungen,
- Kinematik von Baugruppen auf der Basis einer Beschreibung der Geometrie der Bauteile und der Gelenke und Führungen,

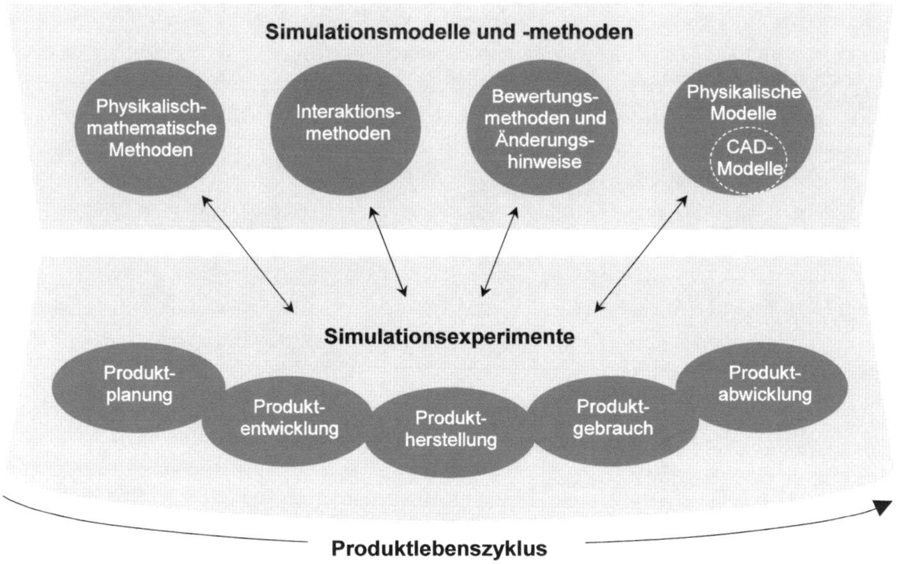

Abb. 5.28 Simulationsanwendungen im Produktlebenszyklus [73]

- Bearbeitungsabläufe an NC-Maschinen, flexiblen Fertigungssystemen oder Industrierobotern, beispielsweise zur Kollisionsbetrachtung,
- Bearbeitungsprozesse an Fertigungsmitteln, beispielsweise Spritzlackierprozesse, sowie
- Produktionsabläufe zur Optimierung der Auslegung und Auslastung von Fertigungssystemen.

Wenngleich die virtuellen Validierungsmethoden der Produktentwicklung heute bereits in vielen Branchen auf breiter Basis Einzug gehalten haben, werden die zugrunde liegenden Simulations- und Berechnungsmethoden oftmals noch nicht systematisch geplant und frühzeitig genug zum Einsatz gebracht. Oft besteht Unklarheit darüber, welche Aspekte eines Produktkonzeptes sich bereits in frühen Phasen mit einem sinnvollen Aufwand-Nutzen-Verhältnis digital validieren lassen. Die Vielfalt möglicher Simulationsaufgaben und die Intransparenz bezüglich des erzielbaren Nutzens und des Reifegrades der Simulationsmethoden erschweren die Entscheidung, welche Simulationsaufgaben zu welchem Zeitpunkt in den Produktentwicklungsprozess integriert werden sollen. Dieser Problematik kann jedoch durch eine systematische Integration der virtuellen Methoden in den Entwicklungsprozess entgegengewirkt werden.

Fallbeispiel Die Kühlschrank GmbH gehört zu den führenden Unternehmen der Hausgerätebranche weltweit und differenziert sich durch hohe Innovationsraten bei einer ausgeprägten, kundenorientierten Variantenvielfalt. Die Einhaltung immer strengerer Energieeffizienzanforderungen bei gleichzeitiger Maximierung des Nutzraums für den Kunden und die Einhaltung hoher Qualitätsstandards bei immer kürzeren Entwicklungszeiten erfordern eine zunehmend effiziente Validierung der angestrebten Produkteigenschaften. Physische Prototypentests finden in der Regel zu spät statt und treiben die Kosten der Vielzahl von Variantenprojekten zu sehr in die Höhe. Einzelne Fragestellungen in der Produktentwicklung wurden auch in der Vergangenheit bei der Kühlschrank GmbH bereits berechnet und simuliert; diese Aktivitäten waren jedoch nicht in die Projektplanung und den Produktentwicklungsprozess (PEP) integriert und wurden überwiegend reaktiv ausgeführt.

Um den Aufwand an ressourcenintensiven physischen Tests verringern zu können und neue Produktkonzepte bereits in frühen Phasen zuverlässig validieren zu können, wurde die Systematisierung der Simulationsaktivitäten und deren bedarfsgerechte Verankerung im PEP vorangetrieben.

Hierzu wurde zunächst der Sollprozess aufgebaut, der alle relevanten Simulationsaufgaben entlang der einzelnen Entwicklungsphasen umfasst. Der Sollprozess baut auf dem vorherigen Produktentwicklungsprozess auf. Innerhalb dieser Vorgabe erfolgte eine detaillierte Identifikation potenzieller Simulationsaufgaben. Dazu wurden mit den Prozessbeteiligten die in den einzelnen Phasen auftretenden Fragestellungen rund um die Konzept- und Produktentwicklung erarbeitet. Diese Fragestellungen wurden mit den verschiedenen Simulationsdisziplinen abgeglichen, um potenzielle Simulationsaufgaben zu definieren und in die Phasen des Entwicklungsprozesses einzuordnen. Außerdem wurden die Quality Gates zwischen den Phasen ebenfalls entsprechend der zusätzlich generierten virtuellen Ergebnisse angepasst. Abbildung 5.29 zeigt einen Aus-

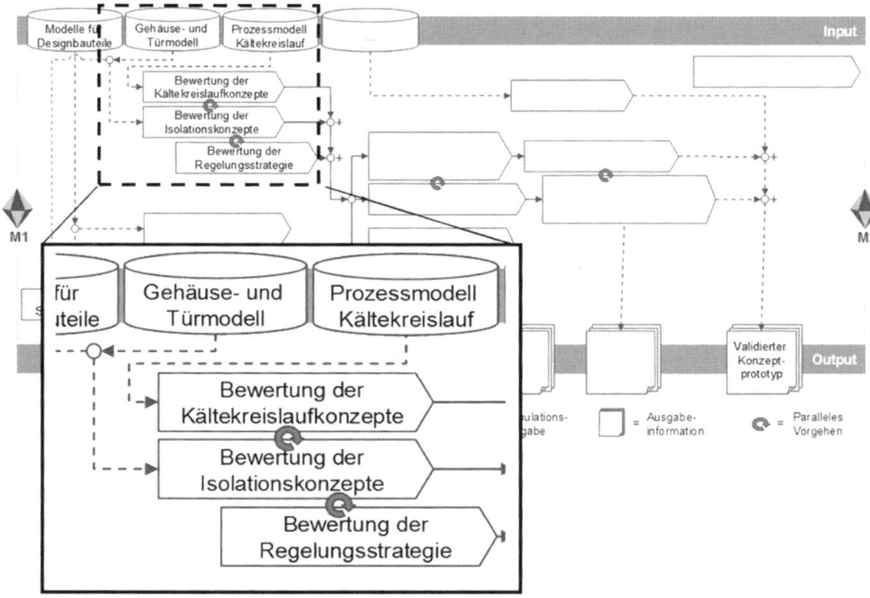

Abb. 5.29 Sollprozess für die virtuelle Entwicklung bei der Kühlschrank GmbH

schnitt des Sollprozesses für die Konzeptphase beispielhaft für die Bewertung von Kältekreislauf-, Isolations- und Regelungskonzept.

Abschließend wurde der Reifegrad einzelner Simulationsaufgaben durch die aktuell vorhandene Zuverlässigkeit der Ergebnisse und durch die kapazitive Verfügbarkeit des erforderlichen Know-hows definiert. Gemeinsam mit Experten aus den jeweiligen Simulationsgebieten wurden die für den Sollprozess relevanten Methoden bewertet und der bis zur Erreichung eines prozesssicheren Reifegrades notwendige Kompetenzaufbau abgeschätzt. Auf Basis der Reifegradanalyse der Simulationsaufgaben konnten nun die Ausbaustufen für den Produktentwicklungsprozess sowie die zugehörigen Roadmaps für den Kompetenzaufbau definiert werden.

Durch die systematische Nutzung von Berechnungs- und Simulationsmethoden bereits in frühen Phasen lässt sich eine größere Anzahl an Konzeptalternativen untersuchen und die einzelnen Konzepte sind zu Beginn der Konstruktionsphase wesentlich umfassender validiert. Späte Änderungen auf Basis von Erkenntnissen, die z. B. in Prototypentests zutage treten, können so drastisch minimiert werden.

5.4.3.1 Finite-Elemente-Methode

Zu den wichtigsten und vielseitigsten Berechnungswerkzeugen zählen Finite-Elemente-Methode (FEM)-Systeme, die auf der Methode der Finiten-Elemente aufbauen. Bei diesem Verfahren wird die zu untersuchende Struktur in eine große Anzahl leicht berechenbarer Elemente zerlegt. Für die Einzelelemente werden die mechanischen Grundgleichungen durch Ansatzfunktionen angenähert.

Diese Einzelfunktionen werden anschließend zu einem Gleichungssystem kombiniert, das numerisch gelöst wird. FEM-Systeme werden im Wesentlichen zur Berechnung und Darstellung von:

- Vektorfeldern von Kraft- und Spannungsverläufen,
- statischen und dynamischen Verformungen,
- Eigenformen (Schwingungsverhalten),
- Temperaturfeldern und -verläufen sowie von
- Geschwindigkeitsfeldern und -verläufen eingesetzt.

Die Finite-Elemente-Methode dient im Rahmen einer Nachrechnung der genauen Ermittlung von Größen wie Schwerpunktlagen, Volumen, Verformungen, Spannungen, Eigenformen oder Eigenfrequenzen, wobei die Bauteilgeometrie gegeben ist. In der Optimierungsrechnung wird die Finite-Elemente-Methode zur Optimierung von Bauteilmerkmalen wie Gewicht, Steifigkeit oder dynamischem Verhalten eingesetzt. Im Verlauf einer FEM-Anwendung wird in einem ersten Arbeitsschritt, dem Preprocessing, das Objekt im FEM-System aus Netzelementen generiert (Abb. 5.30).

Manche FEM-Systeme sind hierfür mit einem CAD-System gekoppelt, sodass sie direkt auf dessen geometrisches Modell zugreifen können.

Eine weitere, mit der FE-Methode verwandte Berechnungsmethode ist die Boundary-Elemente-Methode (BEM), die der Berechnung dickwandiger Bauteile dient. Bei ihr wird nur der Rand, d. h. die Oberfläche des Bauteils, in Elemente zerlegt und vernetzt. Durch die Reduzierung des Beanspruchungsproblems auf lineare zweidimensionale Zusammenhänge ist die benötigte Rechenzeit gegenüber der FEM deutlich verringert. Auf diese Weise können auch komplexe 3D-Körper hinsichtlich ihrer Oberflächenspannungen (z. B. Kerbspannungen) analysiert werden.

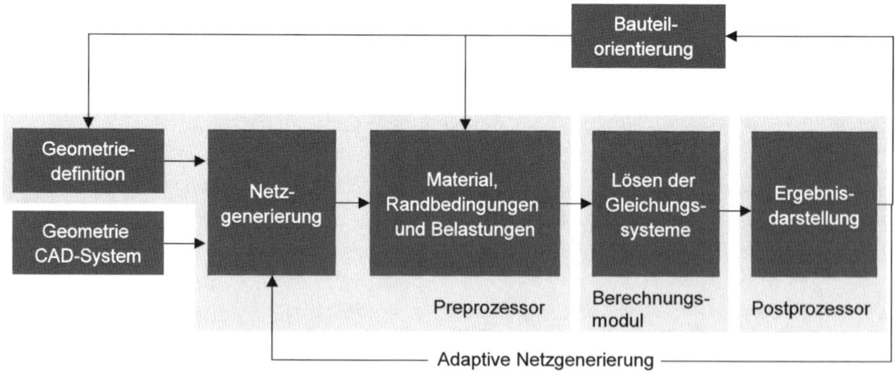

Abb. 5.30 Vorgehensweise zur Bauteiluntersuchung mit der Finite-Elemente-Methode

5.4.3.2 Digital Mockup

Digital Mockups sind rechnergenerierte (digitale) Modelle oder auch Simulationen, die Aussehen und/oder Funktionalitäten zu entwickelnder Produkte weitestgehend originalgetreu darstellen [74]. Ein Digital Mockup (DMU) – diese Bezeichnung wurde vor allem in der Automobil- und Luftfahrtindustrie geprägt – ist eine Weiterentwicklung der zeit- und kostenintensiven Physical Mockup (PMU) auf Basis von 3D-CAD-Daten und hilft, den Prozess der Produktentwicklung effizienter zu gestalten [75]. Der Einsatz eines Simulationsinstrumentes wie DMU ermöglicht eine Reduktion der zeitlichen und monetären Aufwände im Entwicklungsprozess. Durch den Einsatz eines DMUs können bestimmte Eigenschaften der Produktqualität zu einem früheren Zeitpunkt und mit weniger Ressourceneinsatz bewertet werden. Die in Abb. 5.31 dargestellten Verlaufskurven für Änderungskosten und Produktqualität veranschaulichen, wie ein DMU dazu beiträgt, die Änderungskosten zu reduzieren und eine höhere Produktqualität sicherzustellen [74]. Ein DMU gestützter Entwicklungsprozess erreicht demnach zu einem früheren Zeitpunkt einen bestimmten Grad der Produktqualität als ein rein auf physische Prototypen gestützter PMU-Prozess. Das Bewertungsdefizit der Zeitdifferenz kann mit den auflaufenden Änderungskosten identifiziert werden. Die progressive Steigung der Änderungskosten wird dabei auf die Aufwände zurückgeführt, die durch die zwangsweise Wiederholung ressourcenintensiver Aktivitäten wie der Erstellung von CAD-Modellen, der Fertigung von Werkzeugen oder der Reorganisation von Produktionsprozessen entstehen. Für Fehler, die bereits nach der Inbetriebnahme durch den Kunden auftreten, fallen zusätzlich nochmals Garantie- und Produkthaftungskosten an.

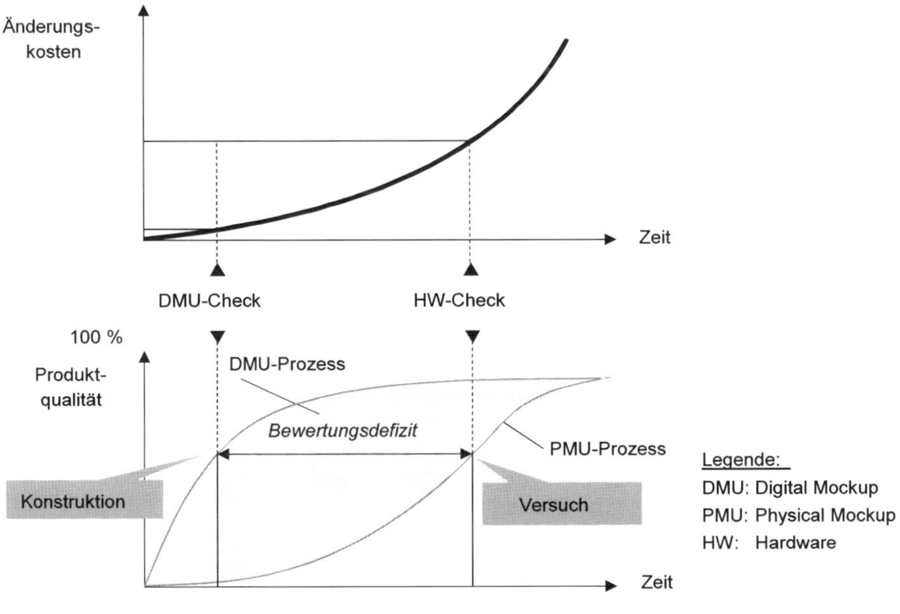

Abb. 5.31 Potenzial des Digital Mockup [76]

Ausgangspunkt des Digital Mockup ist die erweiterte und durchgängige Nutzung eines CAD-Modells innerhalb der Produktentwicklung [77]. Mittels Digital Mockup wird eine aktuelle und konsistente Sichtweise auf die Produktgestalt, die Produktfunktion sowie bei Fertigungs- und Montagesimulationen auf die zugrunde liegenden Produktionsprozesse ermöglicht [78]. Hierbei lassen sich unterschiedliche Stufen der Integration unterscheiden (Abb. 5.32).

5

Ein Digital Mockup der ersten Stufe bezieht sich auf die geometrische Integration. Der Schwerpunkt liegt in einer Visualisierung erster Versionen oder Varianten eines Produktes sowie in einer Überprüfung der geometrischen Verträglichkeit benachbarter Produktkomponenten. Die funktionale Integration basiert auf der Verbindung von Produktgeometrie und funktionalen Produkteigenschaften.

Hierbei werden aus einem Digital Mockup die Eingangsdaten für unterschiedliche Anwendungen aus dem Bereich des Computer Aided Engineering generiert. Diese zweite Integrationsstufe eines Digital Mockup wird auch als Virtueller Prototyp bezeichnet, der in der theoretischen Idealvorstellung das gleiche Verhalten wie ein reales Produkt im praktischen Versuchsbetrieb zeigt. Mithilfe eines Digital Mockup lassen sich neben der Produktgeometrie und -funktion insbesondere auch Produktionsabläufe und Produktionssysteme verifizieren. Die produktionstechnische Integration im Sinne eines Digital Mockup der dritten Stufe wird auch mit dem Begriff „virtuelles Produkt" umschrieben. Mit einem virtuellen Produkt lassen sich alle Aspekte von der ersten Designidee über die Entstehungs- und Nutzungsphase bis hin zur Entsorgung untersuchen [79, 80].

Wichtige Untersuchungsaspekte bei der Analyse komplexer Baugruppen sind Bauraumanalysen zur Gewährleistung einer optimalen Raumausnutzung und der Aspekt einer optimalen Montierbarkeit. Montagesimulationen dienen dazu, Bewegungen von Baugruppen bei der Montage bzw. Demontage abzubilden, um Informationen über mögliche

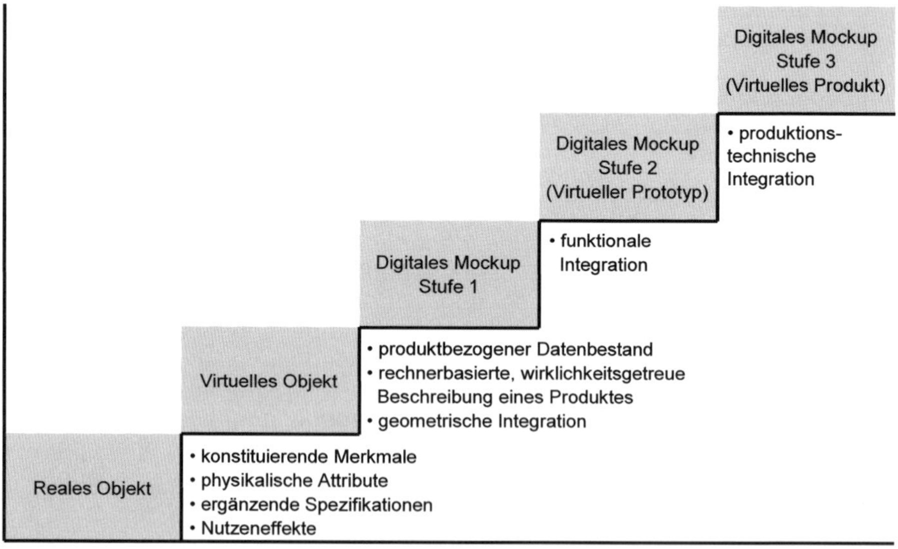

Abb. 5.32 Stufen des Digital Mockups [79]

Probleme zu bekommen. Speziell in der Konzeption und Konstruktionsphase lässt sich dadurch eine Vielzahl von Problemen erkennen und beseitigen, die im späteren Prototypenbau aufgetreten wären. Ein Digital Mockup ermöglicht diesbezüglich schon in frühen Entwicklungsphasen einige Vorteile, z. B.:

- Dynamische Ein-/Ausbauuntersuchung mit Kollisionsüberprüfung
- Überprüfung des verfügbaren Bau- und Montageraums
- Einbeziehung des Menschen in die Modellwelt

Mit modernen DMU-Programmen lassen sich Montagepfade automatisch von der Software finden. Wenn ein möglicher Bewegungspfad gefunden wurde, kann entlang dieses Pfades ein Platzhalter in die Baugruppe eingefügt werden, um den benötigten Bauraum frei zu halten [81].

Es lässt sich festhalten, dass der frühe Einsatz virtueller Bauraumuntersuchungen und Simulationen in der Produktentwicklung eine Reihe positiver Effekte beinhaltet und die Entscheidungssicherheit wächst erheblich. In der Automobilindustrie ist es durch den Einsatz virtueller Untersuchungsmethoden gelungen, den Bau kostspieliger realer Prototypen in den letzten Jahren zu halbieren. Gleichzeitig wird die Kommunikation zwischen den verschiedenen Entwicklungsteams auf der Basis einer gemeinsamen Entscheidungsplattform unterstützt.

5.4.4 Prototyping

In der Produktentwicklung sind Musterteile, Modelle und Prototypen wichtige Hilfsmittel zur Unterstützung der Produktgestaltung. Sie dienen während der Entwicklung zur Überprüfung der Produktgestaltung und zur Auslegung der Fertigung für die spätere Serienproduktion. Die Planungssicherheit, die mit der fortschreitenden Determinierung des Produktes einhergeht, lässt sich durch eine frühere Überprüfung der Produkteigenschaften erhöhen. Für diese „Eigenschaftsfrüherkennung" sind verschiedene Arten von Modellen und Prototypen unentbehrlich. Modelle und Prototypen sind physische Informationsträger. Ihre Verfügbarkeit bestimmt die Geschwindigkeit des Informationsaustausches zwischen den Unternehmensbereichen, ermöglicht ein frühzeitiges Erkennen von Fehlern und beschleunigt damit wesentlich die Produktentwicklung. Der Anwendungsschwerpunkt des Rapid Prototypings liegt derzeit in der technischen Konsumgüterbranche, wo ein großer Bedarf an Modellen besteht [82]. Das Rapid Prototyping bildet eine Ergänzung der bereits verfügbaren rechnergestützten Entwicklungs- und Fertigungshilfsmittel.

5.4.4.1 Arten unterschiedlicher Prototypen

Die Bezeichnungen der diversen Arten von Prototypen, die während der Produktentwicklung eingesetzt werden, unterscheiden sich in den einzelnen Branchen und Unternehmen. Im Folgenden wird daher eine Definition und Zuordnung von Prototypen zu einzelnen

Produktentwicklungsphasen gegeben [83]. Prototypen werden in sämtlichen Entwicklungsphasen – von der Produktidee bis zur Markteinführung – benötigt. In der Konsumgüterindustrie kann die Produktentwicklung beispielsweise in sechs Phasen unterteilt werden. Die in den einzelnen Phasen verwendeten Prototypen unterscheiden sich hinsichtlich Stückzahl und Werkstoffeigenschaften sowie geometrischer, optischer, haptischer und funktionaler Anforderungen. In Abb. 5.33 sind die Prototypenarten und ihre Einsatzfelder im Bereich der Produkt- und Prozessplanung dargestellt.

Designmodelle werden in der Regel als Einzelstücke hergestellt und müssen nur bedingt maßhaltig sein. Sie müssen jedoch häufig hohen optischen und haptischen Anforderungen genügen. Genutzt werden sie in den frühen Phasen der Produktentwicklung für Design- und Ergonomiestudien sowie für erste Marktanalysen. Demgegenüber stehen bei geometrischen Prototypen die erhöhten Anforderungen an Maß- und Formgenauigkeit im Vordergrund. Typischerweise dienen sie zur Überprüfung der Herstell- und Montierbarkeit. Diese Prototypen werden nicht zuletzt zur Unterstützung der Kommunikation benö-

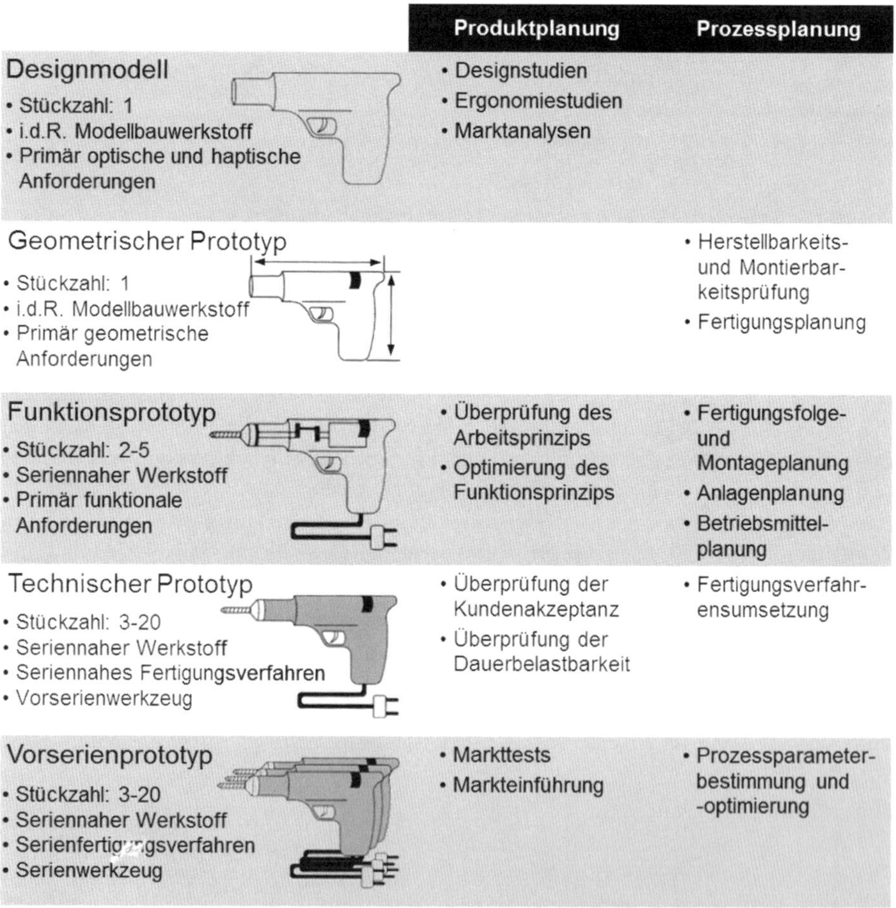

Abb. 5.33 Klassifizierung und Einsatzfelder von Prototypen [40]

tigt. Funktionsprototypen sollen die Wirkungsweise des geplanten Produkts zeigen, wobei die Gestalt und etwa die Lebensdauer eine untergeordnete Rolle spielen. Technische Prototypen, die dem Endprodukt hinsichtlich des verwendeten Werkstoffs und des eingesetzten Fertigungsverfahrens möglichst gleichen, werden in größeren Stückzahlen gefertigt, um detaillierte Funktionsanalysen durchführen und die Dauerbelastbarkeit untersuchen zu können. Daher werden bei diesen Prototypen, z. B. für Tiefzieh-, Spritzgieß- und Druckgussbauteile, Versuchswerkzeuge benötigt [40].

In Einzelfällen werden die technischen Prototypen ausgewählten Kunden, sog. Beta-Usern, zur Erprobung zur Verfügung gestellt, damit die Ergebnisse aus ersten Einsatztests für die Produktoptimierung genutzt werden können. Vor der Markteinführung eines Produkts werden je nach Branche bis zu 500 Vorserienprototypen produziert. Dabei wird der überwiegende Teil der Einzelteile mit dem Verfahren, dem Werkzeug und den Werkstoffen der späteren Serie hergestellt.

5.4.4.2 Fertigungsverfahren zur Prototypenherstellung

Prototypen für die Produktentwicklung werden zumeist noch konventionell, gegebenenfalls in Kombination mit gießtechnischen Folgeverfahren gefertigt. Insbesondere werden das NC-Fräsen, Kopierfräsen und Schleifen sowie manuelle Füge- und Laminierverfahren eingesetzt. Die Fertigung von Prototypen ist somit durch einen hohen Anteil von Handarbeit geprägt. Die kleinen Losgrößen und häufigen Änderungen bewirken hohe Kosten und Fertigungszeiten von Prototypen. Mit der CAD-/CAM-Technologie bietet sich prinzipiell die Möglichkeit, Prototypen direkt anhand der CAD-Daten zu fertigen. Neue, als Rapid Prototyping, Desktop Manufacturing, Solid Freeform Manufacturing und Layer Manufacturing bekannt gewordene Verfahren nutzen diese CAD-Schnittstelle [84], wobei die Bauteile ohne Form und Werkzeug innerhalb kürzester Zeit erzeugt werden. Kennzeichen aller dieser Technologien ist, dass die Formgebung nicht durch Materialabtrag – wie bei den konventionellen Fertigungsverfahren – sondern durch Hinzufügen von Material bzw. durch Übergang des Materials vom flüssigen oder pulverförmigen in den festen Zustand erzielt wird. Ein weiteres gemeinsames Merkmal ist, dass das Bauteil schichtweise aufgebaut wird (Layertechnik). Wesentliche Merkmale der verschiedenen Technologien sind in Abb. 5.34 dargestellt.

Seit 1988 sind eine Reihe von Rapid-Prototyping-Verfahren entwickelt worden [85]:

- Stereolithografie (STL) [86],
- Solid Ground Curing (SGC),
- Selektives Lasersintern (SLS),
- Fused Deposition Modelling (FDM),
- Laminated Object Manufacturing (LOM) und
- 3D-Printing (3DP).

Prinzipiell unterscheiden sich die Verfahren im Ausgangsmaterial, welches als Pulver, Flüssigkeit oder Feststoff vorliegen kann. Ferner lassen sich die Verfahren nach der Art der Geometrieerzeugung unterscheiden (Abb. 5.35).

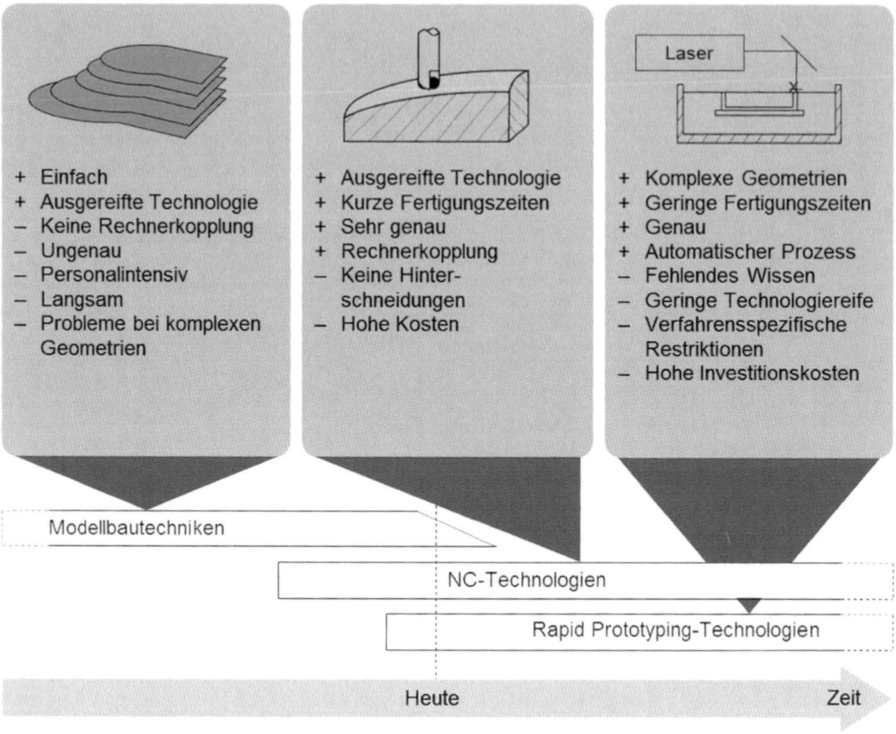

Abb. 5.34 Verfahren zur Herstellung von Prototypen [40]

Der schichtweise Aufbau der Prototypen (2D-Layer-Technik) kann durch ein gleichzeitiges Herstellen einer kompletten Schicht erfolgen (Layer-by-layer-Verfahren) oder durch ein schichtweises Abfahren der Bauteilkontur (Point-by-point-Verfahren).

Für eine Wirtschaftlichkeitsbetrachtung der verschiedenen Rapid Prototyping-Verfahren, sind eine Reihe von Informationen zu berücksichtigen, darunter:

- Investitionskosten
- Kosten für Zusatzausrüstung
- Höhe der Abschreibungen
- Kosten für Rohmaterial
- Kosten für Instandhaltung/Wartung
- Personalkosten (Schulungen)

Die Nutzung von Rapid Prototyping-Technologien in der Produktentwicklung kann gegenüber konventionellen Verfahren im Prototypenbau zu Zeit- und Kosteneinsparungen führen. Der Hauptvorteil beim Einsatz der RP-Technologie liegt vor allem in der möglichen Zeiteinsparung in verschiedenen Bereichen der Produktentwicklung, wie der Konstruktion, dem Werkzeugbau oder der Produkterprobung. Dies ist einerseits auf die Fähigkeit der Verfahren zur schnellen Fertigung von Modellen, andererseits auf die mit der direkten

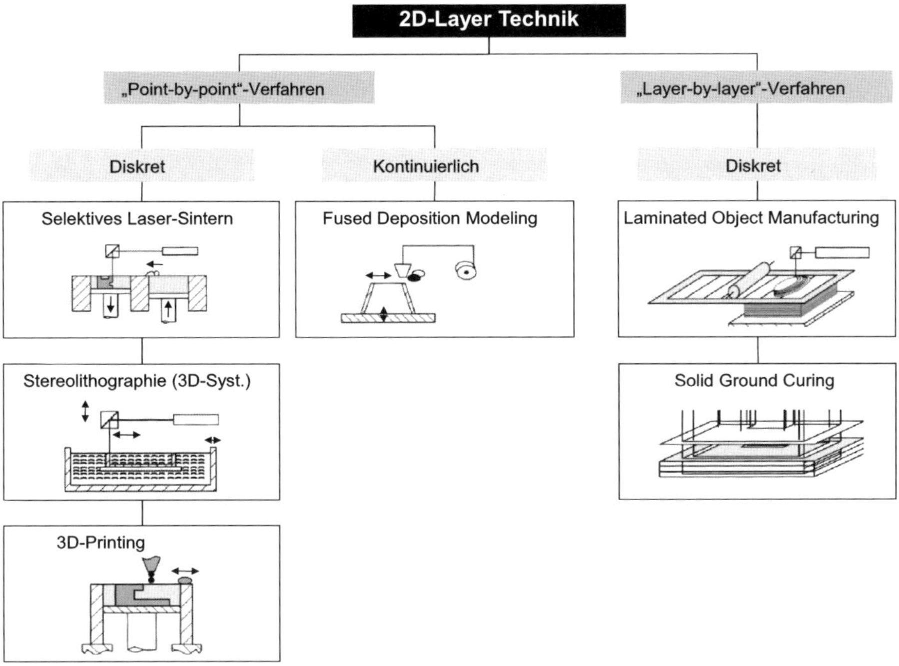

Abb. 5.35 Klassifizierung der Rapid Prototyping-Verfahren [40]

Rechnerkopplung einhergehende hohe Änderungsflexibilität im Prototypenbau zurückzuführen. Der hierdurch entstehende Kostenvorteil wird weitgehend durch produktbezogene Eigenschaften, wie der Geometrie und dem Verwendungszweck des Prototyps, sowie durch infrastrukturelle Einflussfaktoren des Unternehmens bestimmt, wie beispielsweise die Eignung des vorhandenen CAD-Systems oder die Verfügbarkeit alternativer Technologien und Folgetechnologien. Abbildung 5.36 zeigt qualitativ den zeitlichen Degressionseffekt bei der Fertigung mehrerer RP-Modelle in einem Prozess für unterschiedliche RP-Verfahren.

Insbesondere vor dem Hintergrund einer einfacheren Handhabbarkeit und einer weiteren Effizienzsteigerung der Rapid Prototyping Verfahren werden, analog zu den spanenden Fertigungsverfahren, Automatisierungsaspekte an Bedeutung gewinnen. Des Weiteren gilt, dass nur durch die adäquate Integration in den betrieblichen Daten- und Informationsfluss und den Einsatz von 3D-CAD-Konstruktion das Potenzial der Verfahren erst richtig ausgeschöpft werden kann.

5.5 Änderungsmanagement

Das Änderungsmanagement befasst sich mit der Organisation, Verwaltung und Abwicklung von Änderungsanträgen während des Entwicklungsprojekts. Die DIN 69901-5 zählt zu den Aufgaben des Änderungsmanagements die „Erfassung, Bewertung, Entscheidung,

5

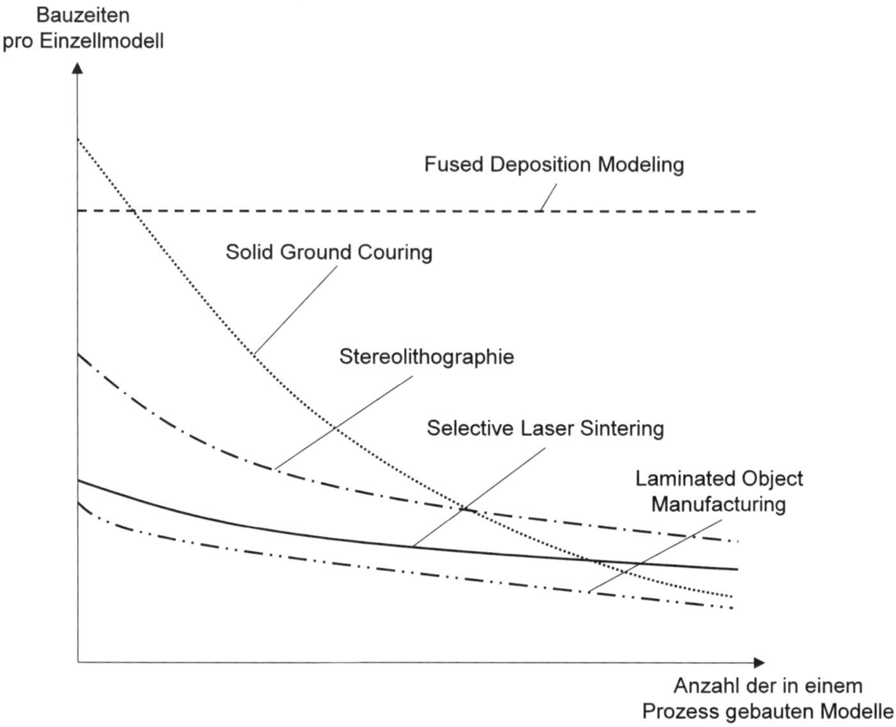

Abb. 5.36 Qualitativer Verlauf der Degression von Einzelbauzeiten [82]

Dokumentation und Steuerung der Umsetzung von Änderungen“ [87]. Als Referenz dafür, ob eine Änderung vorliegt, gibt die DIN die bisher gültige Planung an. Aufgrund der Häufigkeit von Änderungen ist die effiziente Ausgestaltung des Änderungsmanagements von hoher Bedeutung für den Erfolg von Innovationsprojekten. Daher wird der Begriff des Änderungsmanagements auch vielfach auf die Prävention von Änderungen ausgedehnt. Im folgenden Abschnitt werden die Ziele des Änderungsmanagements sowie Methoden und Prozesse zur Änderungsprävention und -abwicklung erläutert.

5.5.1 Ziele und Aufgaben des Änderungsmanagements

Ziel eines effektiven und effizienten Änderungsmanagements ist die Beschleunigung der Lernprozesse und die Vermeidung von Störungen durch technische Änderungen [88]. Arbeitsteilige und bürokratisch organisierte Prozesse entsprechen nicht mehr dem Umfeld, in dem Unternehmen heute agieren. Die Beherrschung von Änderungen in teamorientierten Strukturen erfordert daher die Integration der Änderungsprozesse in die Produktentwicklung, sodass eine vernetzte Arbeitsweise unterstützt wird. Die Fähigkeit, technische

Änderungen schnell und wirksam umzusetzen, kann Unternehmen aufgrund zunehmend komplexerer Produkte und kürzerer Entwicklungszeiten Wettbewerbsvorteile erschließen, indem [89]

- schnellere und flexiblere Reaktion auf neue Kundenwünsche und geänderte Marktanforderungen möglich werden,
- die Belastung der Unternehmen aufgrund geringer Kosten pro Änderung verringert wird,
- die Anzahl wirtschaftlich sinnvoller Änderungen steigt, wegen geringerer Kosten pro Änderung und damit eine höhere Innovationsrate erzielt werden kann,
- eine höhere Anzahl durchgeführter Änderungen sich positiv auf den Aufbau von Wissen und das Sammeln von Erfahrung auswirkt.

Der Änderungsprozess ist prinzipiell integraler Bestandteil jedes Entwicklungsprozesses, deshalb muss die Verbesserung der Änderungsprozesse auch mit der Verbesserung des Entwicklungsprozesses einhergehen. Die typischen Defizite des Änderungsmanagements können in acht Problemfelder strukturiert werden, aus denen sich acht Aktionsfelder für das Änderungsmanagement ableiten lassen (Abb. 5.37):

Die Aktionsfelder des Änderungsmanagements sollen nicht nur eine schnelle und zuverlässige Abwicklung notwendiger Änderungen garantieren, sondern auch der Vermeidung unwirtschaftlicher und fehlerbedingter Änderungen dienen.

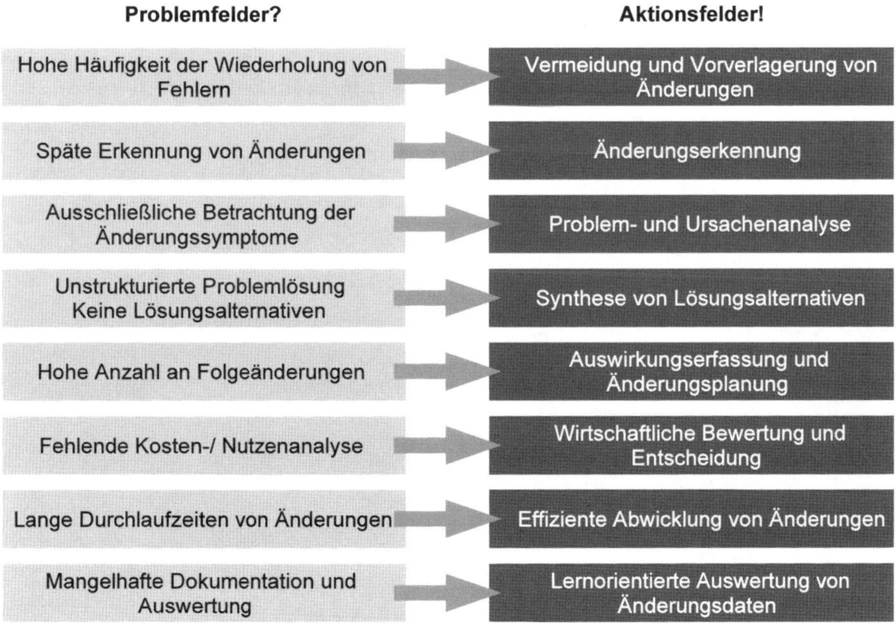

Abb. 5.37 Problemfelder und Aktionsfelder des Änderungsmanagements [89]

5.5.2 Präventive Methoden

Der Einsatz von definierten Prozessen in der Produktentwicklung und ein methodisches Vorgehen bei der Erarbeitung von Problemlösungen tragen dazu bei, Fehler grundsätzlich nicht zu begehen oder nicht zu wiederholen. Die in diesem Kapitel beschriebene systematische Vorgehensweise in Entwicklungsprozessen ist ein ganzheitlicher Ansatz zur Reduzierung des Bruttoschadenspotenzials von Änderungen. Wird bei der Auslegung von Prozessen zusätzlich auf eine Reduzierung von Schnittstellen und der damit verbundenen Reibungsverluste sowie auf eine Minimierung von Doppelarbeit geachtet, trägt dies zu einer höheren Prozesstransparenz und einem geringeren Änderungsrisiko bei.

Mangelnde Kommunikation, fehlende Informationen und eine hohe Anzahl von Prozessbeteiligten sind die häufigsten Ursachen für ineffiziente Abstimmungsprozesse [90]. Daher sind im Bezug auf die Vermeidung von Änderungen und die Beherrschung von Änderungsumfängen ein effektiver und effizienter Informationsfluss und eine systematische Suche von Lösungsalternativen wichtige Bestandteile. Im Folgenden werden Maßnahmen zur Verbesserung des Kommunikationsflusses, zur Vorverlagerung von Änderungen und zur effizienten Suche nach Lösungsalternativen vorgestellt.

5.5.2.1 Strategien zur Vorverlagerung von Änderungen

Mit zunehmendem Entwicklungsfortschritt ist mit einem extremen Anstieg von fehlerbedingten oder neuerungsbedingten Änderungskosten zu rechnen (Kap. 5.5.3.2). Damit Änderungen möglichst in die frühen Phasen des Entwicklungsprozesses vorverlagert werden können, müssen frühzeitig fundierte Aussagen über die Qualität des Produktes existieren. Die integrierten Methoden der präventiven Qualitätssicherung (Abb. 5.38) wie Quality

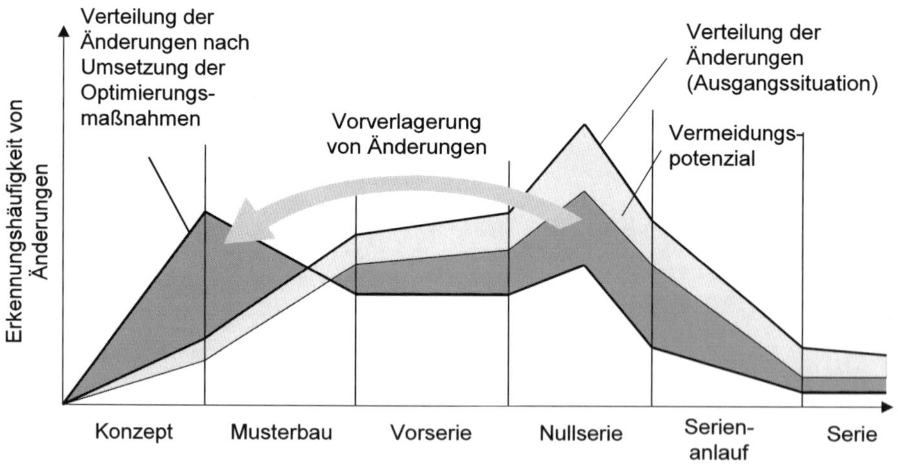

Abb. 5.38 Wirkungsweise präventiver Qualitätssicherungsmaßnahmen [89]

Function Deployment (QFD) oder Failure Mode and Effects Analysis (FMEA) vermeiden durch eine strukturierte Anforderungsklärung und frühzeitige Risikoidentifikation das Aufkommen später Änderungen [40].

Quality Function Deployment (QFD) ist eine Methode zur systematischen Aufbereitung von Kundenwünschen und deren Umsetzung in Produktmerkmale. Dabei werden Planungs- und Kommunikationsschritte zum strukturierten Informationsaustausch vorgegeben, um die am Produktentstehungsprozess involvierten Bereiche durch Teameinsatz am Produktplanungs- und -entwicklungsprozess zu beteiligen. Dabei werden die Erkenntnisse, die in den Köpfen Einzelner vorhanden sind, dem Team und dem Gesamtunternehmen zugänglich gemacht. Durch die Anwendung von QFD können die Kundenbedürfnisse allen Beteiligten bewusst gemacht und kundengerecht realisiert werden [91]. Ziel des Einsatzes von QFD ist die kundengerechte Produkt- und Prozessgestaltung, die Vermeidung von Änderungen an Produkt und Prozess sowie eine Dokumentation der Produktentstehung, um so die Entwicklungszeiten zu reduzieren und die Transparenz von Entscheidungen zu erhöhen. Voraussetzung ist die Orientierung der Produktentstehung an den Erwartungen des Kunden. Dabei hilft QFD durch die Systematisierung von Entwicklungsgesprächen, Kundenwünsche in die gesamte Produktentstehung einzubringen. Kundenwünsche und Produktmerkmale werden direkt gegenübergestellt, wodurch ein Overengineering vermieden wird. Mit QFD wird transparent, welche Tätigkeiten wenig Kundennutzen bringen und vom Kunden nicht ausreichend honoriert würden.

Bereits in den frühen Phasen der Produktentstehung können auf Basis von Erfahrungswerten Risiken in Fertigung, Montage und Nutzung des geplanten Produkts ermittelt und bewertet werden [40]. Hierfür steht die Fehler-Möglichkeits-und-Einfluss-Analyse (FMEA) zur Verfügung, die der Entdeckung und Vermeidung von Fehlern bereits in der Planungsphase dient. Werden zur Verfügung stehende Analysemethoden und -werkzeuge durchgängig in den Produktentwicklungsprozess integriert, können die Produkteigenschaften frühzeitig und umfassend erfasst werden und Prozesse mit weniger und kürzeren Iterationsschleifen realisiert werden. Die FMEA und Analysemethoden anhand realer und virtueller Prototypen werden im Kap. 5.4.2.2 näher beschrieben.

5.5.2.2
Entwicklung von Lösungsalternativen

Die Entwicklung von Lösungsalternativen hat die Suche, Bewertung und Auswahl der bestgeeigneten Lösung zur Realisierung einer Anforderung aus einer Vielzahl theoretischer Möglichkeiten zum Ziel und stellt damit eine der Kernaktivitäten eines Entwicklungsprojektes dar. Für eine möglichst niedrige Entwicklungszeit gilt es gleichzeitig, möglichst frühzeitig und zielsicher die bestgeeignete Lösungsalternative zu identifizieren [92].

Das Verständnis eines Problems steht grundsätzlich am Anfang der Lösungssuche, der Problemraum bildet in diesem Kontext die Problemumwelt, von dem ausgehend nach Lösungen für das Problem gesucht wird [93]. Ein Problem liegt vor, wenn der Bearbeiter einer Aufgabe diese in ihren Eigenschaften in einem Problemraum abgebildet hat und feststellt, dass sein Abbild eine oder mehrere unbefriedigende Lücken enthält [92]. In vielen Disziplinen wird der Begriff des Lösungsraumes auf eher abstrakter Ebene als Synonym für alle zu einem bestimmten Zeitpunkt zur Verfügung stehenden Lösungen benutzt, wie z. B. in der Analytik [94], der Fertigungsplanung [95] oder der Informatik [96].

Die Lösungsalternativen, die in ihrer Gesamtheit einen Lösungsraum aufspannen, dienen dazu, den Lösungsraum mit einer Vielzahl möglicher Erscheinungsformen (Lösungsalternativen) zu definieren (Abb. 5.39). Damit sollen systematisch

- nicht zufriedenstellende Teillösungen verbessert,
- Lösungen nach bestimmten Kriterien optimiert (z. B. Kosten, Gewicht),
- „alle" denkbaren Lösungsmöglichkeiten zu einem Problem gefunden (Schließen von weißen Feldern, Patentabsicherung bzw. -umgehung, …),
- Freiheitsgrade einer Lösung herausgefunden und
- Entscheidungen durch Erschließung des Lösungsraumes abgesichert werden.

5

Mit Bezug auf den Lösungsraum von Entwicklungsprojekten lässt sich feststellen, dass ein bestimmter Teil der Risiken, aber keineswegs alle Risiken, durch eine zu frühe oder zu späte Eingrenzung des Lösungsraumes bedingt sein können [92]. Die Risiken einer zu frühen Eingrenzung des Lösungsraumes bestehen vor allem in der Festlegung auf ein nicht optimales Lösungskonzept und damit auf eine die Anforderungen verfehlende oder zumindest gemessen am Stand der Technik nicht optimale Anforderungserfüllung. Alternativ besteht ceteris paribus das zeitliche Risiko, zusätzliche Iterationen zur Erfüllung der Kundenanforderungen durchlaufen zu müssen, die die Entwicklungsdauer („Time-to-market") eines Projektes signifikant erhöhen. Durch eine zu späte Eingrenzung des Lösungsraumes besteht hingegen die Möglichkeit unnötig hoher F&E-Kosten und einer verlängerten Entwicklungsdauer durch die parallele Untersuchung und Detaillierung verschiedener Lösungskonzepte.

Mit einem methodischen Ansatz gehen heutzutage einige Unternehmen dazu über, ihre Produkte auf Basis des „Set-Based Concurrent Engineering" zu entwickeln. Dies beschreibt ein Vorgehen in der Konzept- und Serienentwicklung, dessen Kerngedanke es ist,

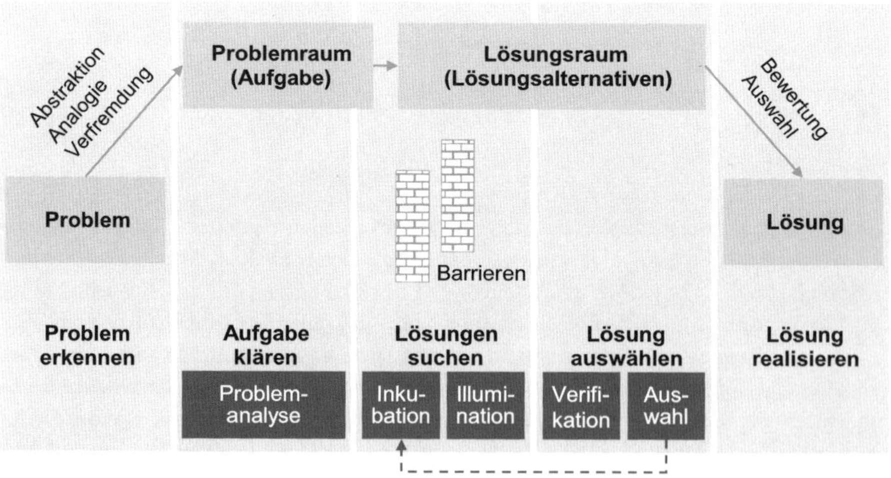

Abb. 5.39 Lösungsraum als Teil des Kreativitätsprozesses [97]

die Entscheidung für eine Lösungsalternative bis zum letztmöglichen Zeitpunkt hinauszuzögern – mit dem Ziel, eine möglichst umfassende Informationsbasis auf Basis physischer oder simulierter Tests zu bekommen und damit fehlerfreie und bestehende Entscheidungen treffen zu können. Ein Prinzip besteht darin, bewusst besonders viele Konzepte und Prototypen in frühen Phasen zu gestalten und deren Anzahl kontinuierlich zu verringern [98, 99].

In Folge starten die Entwicklungsteams in den Projekten mit einer deutlich höheren Anzahl von Lösungsansätzen und sind angehalten, diese Vielzahl an Möglichkeiten nur langsam zu reduzieren und erst spät eine endgültige Entscheidung zu treffen. Demzufolge wird auch eine deutlich größere Zahl an Prototypen und Modellen gebaut. Die Entwicklungsteams reagieren auf eine Problemstellung, indem sie Möglichkeiten skizzieren und so eine Sammlung von Vorschlägen erstellen. Die erste Selektion dieser Sammlung von Entwürfen findet auf sachlicher Ebene statt und wird mithilfe von Katalogen getroffen, die aus Sicht der Fertigungsingenieure Anforderungen an die Machbarkeit beschreiben. Durch dieses Vorgehen lässt sich die Wahrscheinlichkeit verringern, dass sich bei der Fertigung Probleme ergeben. So kann durch diesen Schritt die Entwicklungszeit verkürzt werden [98].

Die Konzepte, die weiterhin in Betracht kommen, werden weiterentwickelt, Entwürfe für Teilkomponenten werden skizziert und in die nächsten Entscheidungen einbezogen (Kap. 5.3). In mehreren Entwicklungsschritten werden die Konzepte stufenweise konkreter. Am Ende jedes Schrittes wird die Auswahl eingegrenzt, indem die Entwürfe aus der „Sammlung" entfernt werden, die das geringste Potenzial vermuten lassen und das Gesamtkonzept des Produkts am wenigsten verbessern (Prinzip der Negativselektion). Die schrittweise Selektion der Entwürfe scheint umständlich, doch sie erzeugt ein hohes Maß an Konvergenz (Abb. 5.40).

Wenn die endgültige Entscheidung fällt, ist sichergestellt, dass der Entwurf für das neue Konzept gut durchdacht ist und die daran beteiligten Ingenieure das Projekt unterstützen, weil sie in jedem Schritt ihre Zustimmung gegeben haben. Ist einmal das Konzept für eine Komponente, ein Teilsystem oder ein Modul festgelegt, werden keine Änderungen mehr vorgenommen. Erst sehr spät werden konkrete Zeichnungen mit Bemaßung erstellt.

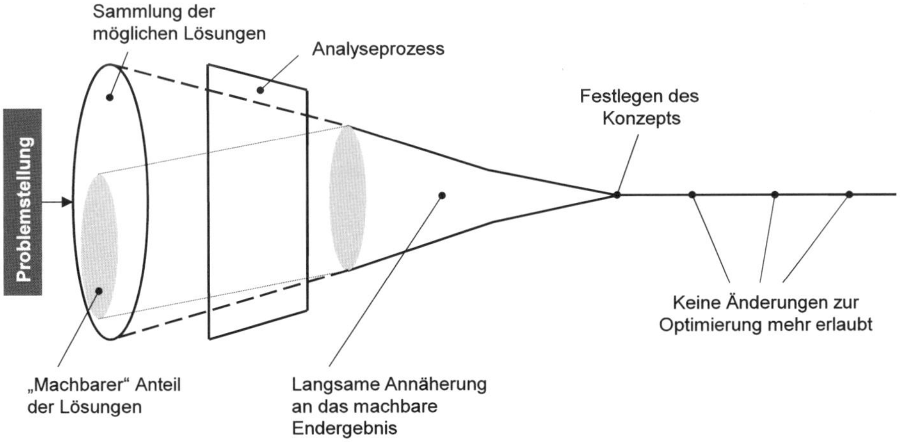

Abb. 5.40 Typische Phasen des Toyota Set-Based Engineering-„Trichters" [92]

Die grundlegende Strategie besteht darin, Entscheidungen so lange wie möglich zu verzögern, um bis zuletzt flexibel zu bleiben und nicht bei kleineren Abweichungen kostspielige Änderungen vornehmen zu müssen. Daraus ergeben sich folgende Nutzeneffekte des Set-Based Concurrent Engineering, die bei Toyota festgestellt wurden [98]:

- Erfolgskritische, frühe Entscheidungen nur auf Basis belastbarer Daten
- Zuverlässige und effiziente Kommunikation im Entwicklungsteam
- Institutionalisierter Lerneffekt durch Dokumentation von Konzepten
- Frühe, planbare Parallelität der Prozessentwicklung zur Produktentwicklung

5.5.3 Änderungsprozess

Bei der Abwicklung einer technischen Änderung handelt es sich um einen Prozess, der im Rahmen der Produktentwicklung bei Vorhandensein eines Änderungsbedarfs zu durchlaufen ist. Im Änderungsprozess stellt die Änderung das Gestaltungsobjekt dar, welches über prozessspezifische Aktivitäten in verschiedene Zustandsformen transformiert wird. Das in Abb. 5.41 dargestellte Prozessmodell gliedert sich in die vier logisch und zeitlich voneinander getrennten Prozessphasen „Änderungserkennung", „Änderungsbewertung", „Änderungsplanung" und „Änderungsumsetzung", durch die das Objekt „Änderung" in verschiedene Zustände vom Änderungsbedarf bis zur umgesetzten Änderung überführt wird.

5.5.3.1 Änderungserkennung

Zu Anfang des Änderungsprozesses steht die Feststellung eines Änderungsbedarfes. Im Hinblick auf den insgesamt zu durchlaufenden Änderungsprozess dient diese Phase der systematischen Erfassung verfügbarer, problemrelevanter Daten und Informationen aus

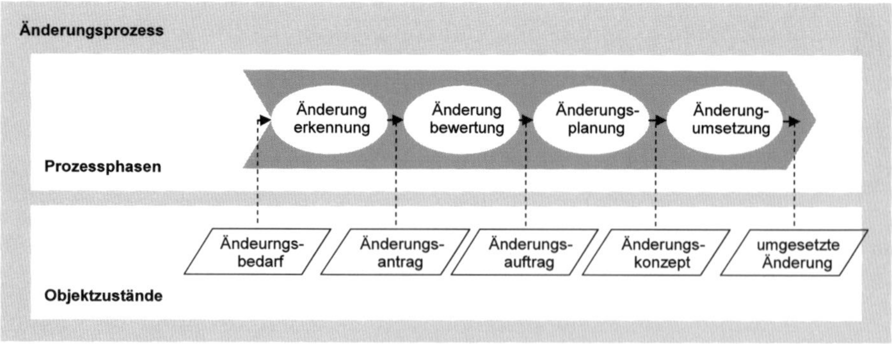

Abb. 5.41 Phasen und Objektzustände des Änderungsprozesses [100]

dem Entwicklungsprojekt und dem bestehenden Produktkonzept. Änderungsbedarf entsteht entsprechend den Anforderungen an ein Produkt aus geänderten technischen, wirtschaftlichen, rechtlich-politischen, sozialen oder ökologischen Anforderungen. Der Impuls für eine Änderung geht dabei vom Absatz- oder Beschaffungsmarkt, der Konkurrenz oder aus dem eigenen Unternehmen aus (Abb. 5.42).

Auslöser technischer Änderungen ist die Abweichungen zwischen Produktanforderungen und -eigenschaften. Man spricht von fehlerbedingten Änderungen, wenn aufgrund fehlerbedingter Abweichung das betrachtete (Ist-)Ergebnis im Entwicklungsprozess von expliziten oder impliziten Soll-Vorgaben, den Produktanforderungen, abweicht. Entspricht das Ist-Ergebnis den formulierten Vorgaben und ursprünglichen Anforderungen, kann eine Veränderung der formulierten Vorgaben und Anforderungen nach einer verbindlichen Festlegung jedoch dennoch zu Änderungen führen. In diesem Fall spricht man von neuerungsbedingten Änderungen, deren Ursachen in

- neuen gesetzliche Vorschriften oder Normen,
- technischem Fortschritt mit Verbesserungsmöglichkeiten am Produkt oder Prozess und
- veränderten Markt- bzw. Wettbewerbssituationen liegen können.

Lösungsansätze zur frühen und systematischen Änderungskennung liegen zum einen in der Gestaltung einer geeigneten Unternehmensorganisation, welche darauf abzielt, Schnittstellen weitestgehend zu reduzieren und effizient zu gestalten. Zum anderen ist eine ausgeprägte Kommunikationsdisziplin mit eindeutig definierter Hol- und Bringschuld für Informationen und mit proaktiver Information relevanter Empfänger notwendig. Diese Ansätze können mit der Etablierung von bereichsübergreifenden Entwicklungsteams (auch Kunden und Zulieferer) verfolgt werden.

Eine frühzeitige Änderungserkennung wird auch durch eine sorgfältige Planung des Produktentstehungsprozesses unterstützt, in der Arbeitsergebnisse einzelner Prozess-

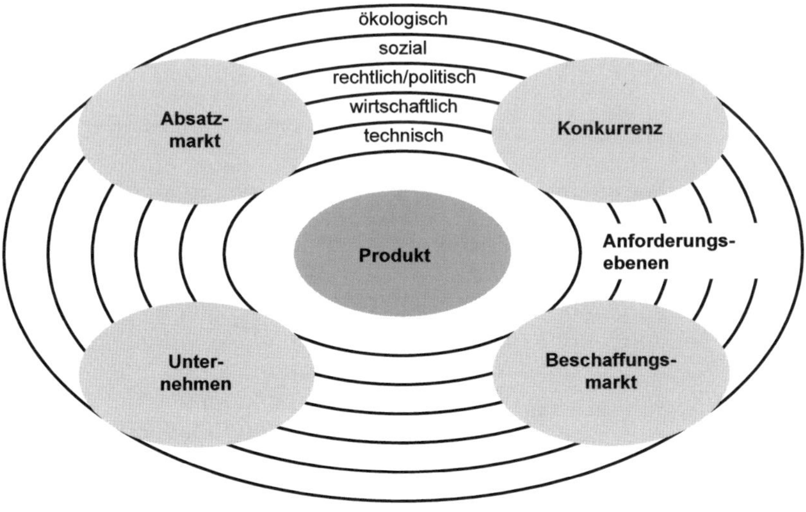

Abb. 5.42 Anforderungsebenen an ein Produkt [101]

schritte durch entsprechend Prüfverfahren abgesichert werden, bevor eine Freigabe der nächsten Prozessphase erfolgt. Je nach Phase des Entwicklungsprozesses eignen sich unterschiedliche Methoden zur Änderungserkennung, vom Design-Review über Simulationen bis zu technischen Tests; diese werden im Kap. 5.5 näher beschrieben. Ziel der Phase „Änderungserkennung" ist es, möglichst viele Informationen als Grundlage für die Weiterführung des Änderungsprozesses zu sammeln. Des Weiteren werden die Änderungen klassifiziert und die Änderungspriorität festgelegt. Mit dem in Abb. 5.43 dargestellten morphologischen Kasten zur Klassifizierung von technischen Änderungen können Änderungsanforderungen bewertet und in der Folge vordefinierten Änderungsprozessen zugeordnet werden.

Der Änderungsantrag, als Ergebnis dieser Phase, dokumentiert den Ausgangszustand der Änderung. Er beinhaltet die Beschreibung der Änderung und die Darstellung der Wirkungen auf das bestehende Produktkonzept und dessen Herstellungsprozess, die sich aus Sicht des Antrag stellenden Bereichs ergeben werden.

5.5.3.2 Änderungsbewertung

Im zweiten Prozessschritt, der Änderungsbewertung, wird der Änderungsantrag hinsichtlich unterschiedlich stark gewichteter Kriterien und Unterkriterien bewertet. Um dabei dem im technischen Änderungsmanagement vielfach anzutreffenden Phänomen entgegenzuwirken, dass vermeintlich dringende Änderungsanforderungen häufig höchste Priorität genießen, diese jedoch selten besonders wichtig sind, werden die Anforderungen zudem nach Wichtigkeit und Dringlichkeit klassifiziert [103]. Die Wichtigkeit stellt dabei den Wert einer Änderungsanforderung dar, z. B. in monetären Einheiten oder in einer Qualitätssteigerung. Die Dringlichkeit trifft hingegen eine Aussage über den Faktor Zeit, also zur Notwendigkeit der Änderungsbearbeitung bis zu einem definierten Zeitpunkt.

Eine möglichst vollständige Liste von Kriterien und Unterkriterien zur Beurteilung von technischen Änderungsanforderungen sollte unternehmens- oder zumindest branchenspezifisch erstellt werden und unter der Leitung des technischen Änderungswesens sowie unter Teilnahme von Experten aus allen von einer Änderungsanforderung betroffenen

Merkmal	Ausprägung				
Ursache	Produktmangel	Stückzahlproblem	Kundenanforderungen	Verbesserung	
Gegenstand	Spezifikation	Dokumentation	Material	Betriebsmittel	Prozess
Schnittstelle	Komponente/ Teilsystem 1	Komponente/ Teilsystem 2	---	Komponente/ Teilsystem n	
Mitwirkende	Kunde	Kooperations-partner 1	Kooperations-partner 2	---	Lieferant
Auslöser	Anfrage	Auftrag			
Zeitpunkt	Konzeptphase	Entwicklungsphase	Serienvorbereitung	Serie	
Durchführung	Planmäßig	Außerplanmäßig	Notmaßnahme		

Abb. 5.43 Klassifizierung von Änderungen nach Eversheim [102]

Fachbereichen stattfinden. Damit die Änderungsbewertung vereinfacht und deren Reproduzierbarkeit verbessert wird, sollten diese Kriterien zudem mit Richtwerten zur Gewichtung von Wichtigkeit und Dringlichkeit konkretisiert werden [103] (Abb. 5.44).

Um den tatsächlichen Aufwand und Nutzen einer technischen Änderung bewerten zu können, müssen in dieser Prozessphase bereits erste Lösungsansätze entwickelt werden. Die Vorgehensweise ist hierbei ausgehend von den Änderungsanforderungen vergleichbar zum Vorgehen beim methodischen Konstruieren, wie es im Kap. 5.3 erläutert wird.

Die Bewertung von technischen Änderungen ist in der unternehmerischen Praxis häufig durch ein Vorgehen gekennzeichnet, bei dem im Ergebnis die ermittelten Änderungskosten vom tatsächlichen Kostenumfang deutlich abweichen. Die Ursachen dafür liegen in fehlenden Methoden und Werkzeugen zur Messbarkeit vieler Kosteneffekte sowie einer meist unklaren Bedeutung dieser Kosten für den Unternehmenserfolg [103]. Die Erfassung der Änderungskosten konzentriert sich daher oft auf direkt anfallende Aufwände, während das tatsächliche Spektrum der kostenrelevanten Änderungsauswirkungen verborgen bleibt. Deshalb müssen neben den direkten auch indirekte Änderungsaufwände wie Koordinations- und Informationskosten ermittelt und verursachungsgerecht verteilt werden sowie zeitlich verschobene Kosteneffekte (sog. Folgekosten) entsprechend berücksichtigt werden [104]. Abbildung 5.45 zeigt eine vom Leitgedanken der Prozesskostenrechnung ausgehende Strukturierungsmöglichkeit der relevanten Kostenkomponenten, die bei Änderungen in Betracht zu ziehen sind.

Neben den monetären Aspekten der Änderungsbewertung sind auch die erwähnten zeitlichen Aspekte zu berücksichtigen. Hierzu gehören die Dauer der Änderung sowie der Änderungszeitpunkt. Die Durchlaufzeit von Änderungen ist im Entwicklungsbereich von zentraler Bedeutung, da eine hohe Liefertermintreue in vielen Branchen ein wichtiger Wettbewerbsfaktor ist [105]. Bei der Entscheidung für oder gegen eine Änderung bzw. zwischen verschiedenen Änderungsalternativen ist die Durchlaufzeit daher als wichtiger Bestimmungsfaktor unbedingt mit einzubeziehen. Neben der Information über die voraussichtliche Zeitverlängerung eines Projektes infolge von Änderungen sollte die Entscheidung über Annahme oder Ablehnung einer Änderungsalternative ebenso hinsichtlich der folgenden Fragestellungen kritisch betrachtet werden [89]:

- In welcher Höhe gehen Absatzmöglichkeiten am Markt verloren?
- Inwieweit wirkt sich der Verlust von Pioniervorteilen (leicht gewonnene Marktanteile, Monopolrenten, Imagegewinne etc.) aus?

Nr.	Kriterium	Nr.	Unterkriterium	Wichtigkeit	Dringlichkeit
1	Produktfehler	1.1	Gefahr für Personen oder Sachen	10	10
		(...)	(...)	(...)	(...)
		1.s	Optischer Mangel, nicht direkt sichtbar	2	1
(...)	(...)	(...)	(...)	(...)	(...)
r	Kriterium r	r.s	Unterkriterium r.s	(...)	(...)

Abb. 5.44 Beispiele für Richtwerte zur Bewertung von Kriterien und Unterkriterien

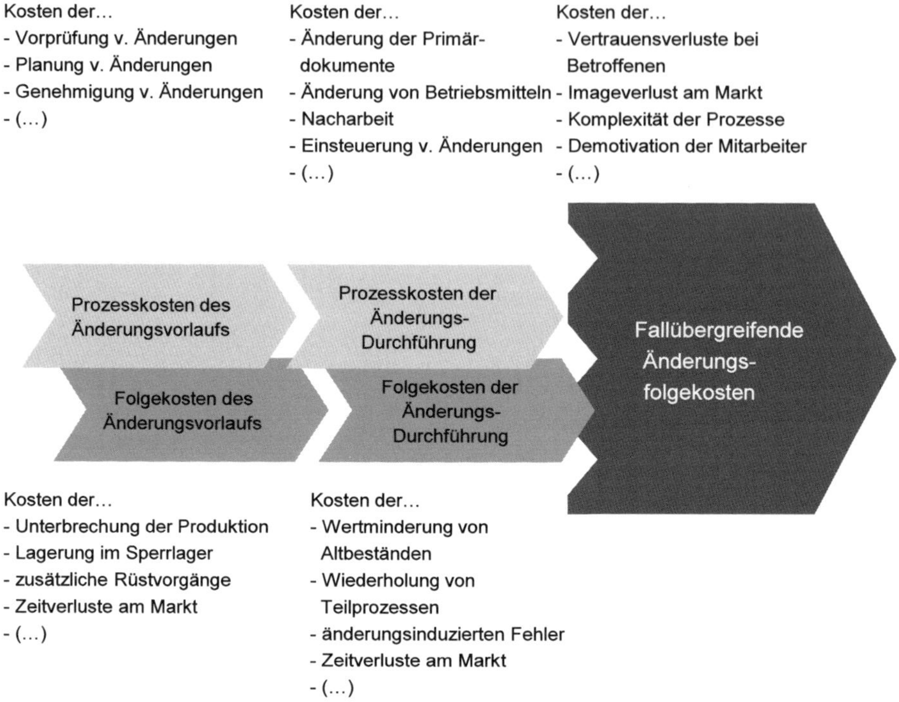

Abb. 5.45 Prozessmodell der Änderungskosten [104]

- Inwieweit ergeben sich durch eine Durchlaufzeitverlängerung Vertragsstrafen oder drohen Verlustmöglichkeiten bei Folgeaufträgen?

Der prinzipielle Zusammenhang eines extremen Kostenanstiegs über die verschiedenen Entwicklungsphasen für die Beseitigung von Fehlern bzw. für neuerungsbedingte Änderungen wird in Abb. 5.46 dargestellt.

Der konkrete Kostenverlauf ist von zahlreichen Merkmalen des Änderungsobjekts abhängig und daher meist nicht genau bekannt. Dennoch lassen sich Einflussfaktoren bestimmen, die das Kostenniveau wie auch den Erkennungszeitpunkt einer Änderung bestimmen [89]. Das Kostenniveau wird weitestgehend durch den Einsatz physischer Komponenten, Versuche und die Effizienz der Änderungsprozesse bestimmt. Der Erkennungszeitpunkt einer Änderung kann durch eine methodische Vorgehensweise, eine fundierte Wissensplattform über die Einsatzbereiche des Produkts und der Kenntnis der internen Anforderungen im Produktentstehungsprozess positiv beeinflusst werden.

Das Ergebnis der Änderungsbewertung ist die Überführung des Änderungsantrags in einen schriftlich fixierten und genehmigten Änderungsauftrag, der Forderungen an das Lösungskonzept enthält und den neu zu gestaltenden Bereich des Produktkonzepts vollständig definiert.

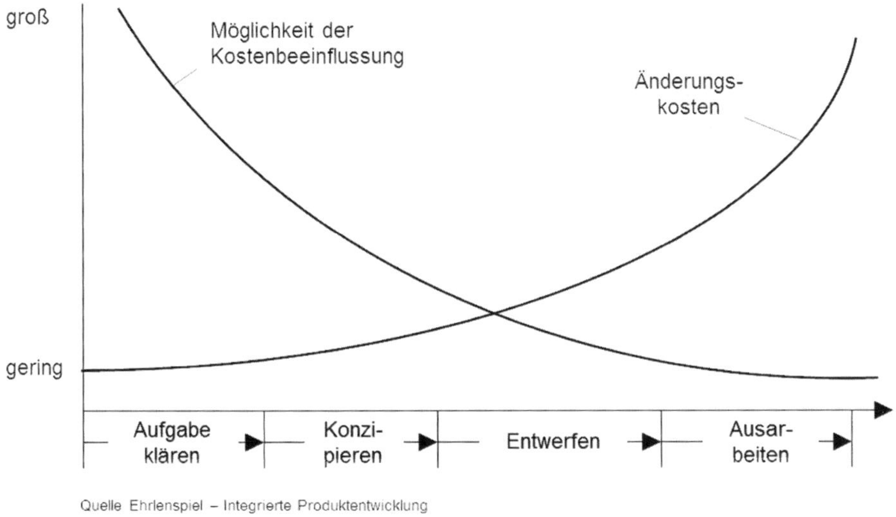

Abb. 5.46 Möglichkeit der Kostenbeeinflussung im Konstruktionsprozess [7]

5.5.3.3 Änderungsplanung

Ausgehend von der Genehmigung der Änderungsdurchführung in der vorhergehenden Phase wird der Änderungsprozess in der Phase „Änderungsplanung" weitergeführt. Diese Phase dient der Erarbeitung eines anforderungsgerechten Änderungskonzepts, welches sich in das bereits bestehende Produktkonzept integrieren lässt [100].

Auf Basis der Änderungsbewertung wird entschieden, ob die Änderung sofort bearbeitet wird, zunächst konsolidiert oder direkt abgelehnt wird. Bei der Konsolidierung werden Änderungen über einen bestimmten Zeitraum zurückgehalten, um dann gebündelt in die Produktentwicklung weitergegeben zu werden. Das bietet den Vorteil, dass sich einzelne Änderungen inhaltlich überschneiden oder Wechselwirkungen zwischen Änderungen im Voraus berücksichtigt werden können, wodurch sich der Gesamtänderungsaufwand reduziert [106].

Grundlegend für die nachfolgende Erarbeitung eines Lösungskonzepts ist die Berücksichtigung der bereits ermittelten Anforderungen an das Lösungskonzept sowie die Kenntnis des Änderungsbereichs im Produktkonzept und in den geplanten Herstellungsprozessen. In diesem Zusammenhang ist zu beachten, dass auch Eigenschaften des Gesamtprodukts von einer Änderung beeinflusst werden können. Diese Eigenschaften ergeben sich oft erst durch das Zusammenspiel verschiedener Komponenten. So sind z. B. Schwingungsverhalten, Akustik und die Sicherheit einer Maschine nicht alleine von einem Bauteil abhängig. Bei der Änderung einer Komponente können sich erhebliche Veränderungen an der Eigenschaft ergeben. Da diese Eigenschaften oft direkt vom Kunden wahrgenommen werden, ist deren Berücksichtigung im Rahmen der Auswirkungserfassung dringend erforderlich. Deshalb müssen auch auf unterschiedlicher technischer Ebene die Auswirkungen im Produkt betrachtet werden. Eine Fokussierung auf eine Relationsart (z. B. eine bestimmte Funktion) ist in der Regel nicht ausreichend [89].

Wird die Änderung eines in Produktion befindlichen Produktes genehmigt, erfolgen je nach Produktlebenszyklusphase Maßnahmen wie Produktionsstopp, Einkaufsstopp oder ein Produktrückruf. Zusätzlich werden die von der Änderung betroffenen Positionen manuell oder mithilfe eines in die PLM-Umgebung (Kap. 7) integrierten Schnittstellenmanagements ermittelt und wenn nötig gesperrt [106]. Des Weiteren sind die Auswirkungen der Änderung bezüglich des Produktionsprozesses zu beurteilen wie auch Aspekte der Wartung und des Recyclings (vgl. Kap. 5.3.4). Je nach Umfang, Risiko und Entwicklungsstand der Lösung sind geeignete Modelle und Verfahren für die Bestimmung kritischer Eigenschaften auszuwählen, wie sie im Kap. 5.3.5 geschildert werden.

Das Ergebnis der Änderungsplanung ist die Überführung des Änderungsauftrags in ein detailliert ausgearbeitetes Änderungskonzept, das die gestellten Forderungen erfüllt und sich in das bestehende Produktkonzept integrieren lässt [100].

5.5.3.4 Änderungsumsetzung

Den Abschluss des Änderungsprozesses bildet die Phase der „Änderungsumsetzung“. Sie dient der Integration des Änderungskonzepts aus der Prozessphase „Änderungsplanung“ in das bestehende Produktkonzept und vollzieht damit die Realisierung der Änderung. Zu einem frühen Zeitpunkt kann sich die Realisierung auf die Verbreitung des dokumentierten Änderungskonzepts in den von der Änderung betroffenen Bereichen beschränken [100]. Zu einem späteren Zeitpunkt im Entwicklungsprojekt sind möglicherweise bereits fertiggestellte Teile des Systembaus betroffen und aufbauend auf den bereits freigegebenen Daten wurden schon die geplanten Betriebsmittel beschafft und die Produktionseinrichtungen modifiziert. Die Einbindung der Materialwirtschaft und Logistik ist in diesem Fall zur optimalen Nutzung des Materialbestands von großer Bedeutung [107].

Um bei der Änderungsdurchführung möglichst effizient vorzugehen, wird diese systematisch Top-Down gegliedert. Hierzu ist die Ermittlung der höchsten von der Änderung betroffenen Ebene notwendig. Innerhalb dieser beginnt der Änderungsprozess. Diese Ebenen sind die Funktionsstruktur, die Produktstruktur, die einzelne Baugruppe bzw. das Bauteil, die Produktdokumentation und der Fertigungsprozess (vgl. Kap. 5.3) [106].

Da Änderungen in ihrer Realisierung im Produktentwicklungsprojekt erheblichen Aufwand verursachen und durch zahlreiche zumeist parallel verlaufende Änderungen die Gefahr von Intransparenz besteht, muss die Einsteuerung des Änderungskonzepts in das Produktentwicklungsprojekt zu einem geeigneten Zeitpunkt erfolgen [100].

Eine sinnvolle Unterstützung, speziell bei Projekten mit hohen Änderungshäufigkeiten, bieten Verfahren zur Einsteuerung von Änderungen. Abbildung 5.47 zeigt den „kontinuierlichen Änderungsprozess“, den „eingeschobenen Änderungsprozess“ und den „begleitenden Änderungsprozess“ als die drei wesentlichen Verfahrensweisen der Änderungseinsteuerung [108].

Der kontinuierliche Änderungsprozess greift unmittelbar nach Freigabe des Änderungskonzepts, der eingeschobene Änderungsprozess bündelt mehrere Änderungen und

Abb. 5.47 Vorgehensweisen bei Änderungsprozessen [108]

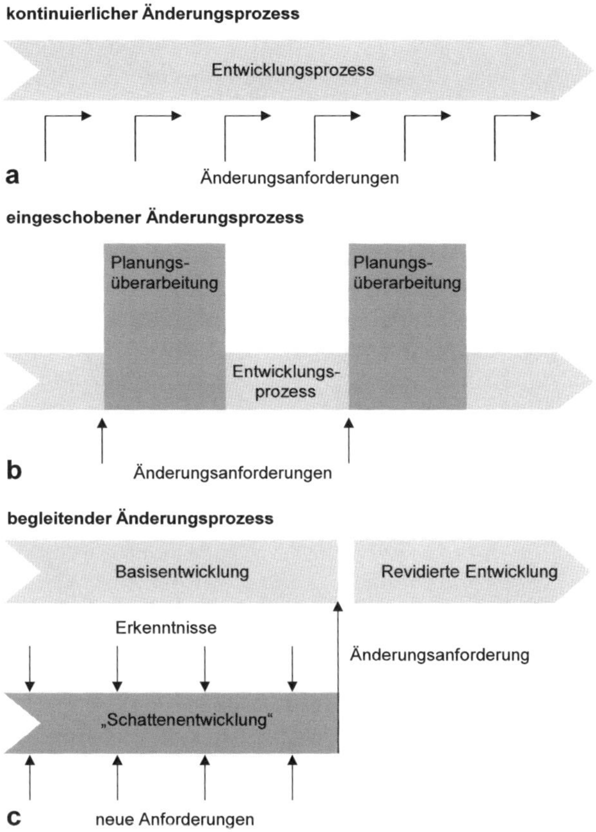

steuert sie gemeinsam in das Entwicklungsprojekt ein. Beide stellen gängige Verfahren des Änderungsmanagements dar. Die kontinuierliche Einsteuerung wird insbesondere in den frühen Phasen der Produktentwicklung eingesetzt, um frühzeitig eine Modifikation des Produktkonzepts zu erreichen und dadurch den Weg für weitere Entwicklungsschritte zu ebnen. Das Verfahren der getakteten Einsteuerung findet sich meist in den späten Phasen der Produktentwicklung wieder. Es kann über die Bündelung von Änderungen bei der Einsteuerung zur Transparenzsteigerung im Entwicklungsprojekt beitragen und eine Effizienzsteigerung bei der Änderungsrealisierung bewirken [100, 108].

Eine Besonderheit innerhalb der drei Verfahrensweisen der Änderungseinsteuerung stellt der „begleitende Änderungsprozess“ dar. Durch einen von der Basisentwicklung unabhängig verlaufenden Schattenentwicklungsprozess sollen Änderungen von der unter Projektzwängen verlaufenden Basisentwicklung ferngehalten werden. Erst zu einem späteren Zeitpunkt erhöhter Risikoabsicherungen werden Änderungen in eine revidierte Entwicklung überführt. Einsatz findet dieses Verfahren in hochinnovativen Projekten, bei denen aufgrund einer Vielzahl von Änderungen mit einem hohen Änderungsumfang zu rechnen ist. Der begleitende Änderungsprozess rückt die Änderungsproblematik in den Mittelpunkt der Entwicklungsstrategie und ist somit vor dem Beginn eines Entwicklungsprojekts festzulegen [100, 108].

Den Abschluss der Änderungsumsetzung bildet die Dokumentation der Änderung sowie deren Verbreitung und Archivierung. Verbreitung und Archivierung erfolgen unabhängig davon, ob eine physische Bearbeitung der Änderung erfolgt ist oder nicht. Die Verbreitung findet in Form einer Änderungsmitteilung an die betroffenen Bereiche der Produktentwicklung statt und verweist auf den neuen Änderungsstand des Produktkonzepts. Die Archivierung dient dazu, zu späteren Zeitpunkten einen gezielten Rückgriff auf die abgewickelte Änderung zu ermöglichen [100].

5.6 Simultaneous Engineering

Simultaneous Engineering bedeutet wörtlich übersetzt „gleichzeitige Ingenieurtätigkeit" und ist vor allem ein ablauforganisatorisches Konzept zur Entwicklungszeitoptimierung, indem die einzelnen Entwicklungstätigkeiten so früh wie möglich beginnen, sich so weit wie möglich zeitlich überlappen, und indem die Belange aller nachfolgenden Abteilungen von Beginn an berücksichtigt werden.

5.6.1 Ziele und Aufgaben des Simultaneous Engineering

Die zunehmende Komplexität der Produkte führt dazu, dass die Entwicklungszeiten bei der Nutzung konventioneller Entwicklungsmethoden für neue Produkte zunehmen, während gleichzeitig die Produktlebenszyklen in den schnelllebigen Märkten abnehmen. Nur Unternehmen, die in der Lage sind, die richtigen Produkte zur richtigen Zeit und zu konkurrenzfähigen Preisen anzubieten, sind langfristig erfolgreich. Die Befriedigung dieser Anforderungen bringt für Unternehmen eine Vielzahl an Problemen mit sich. Eine hohe Arbeitsteiligkeit der Abteilungen, nicht dokumentiertes Spezialistenwissen, unzureichender Wissenstransfer und Akzeptanzprobleme zwischen Mitarbeitern begünstigen lokale Einzeloptimierungen bei der Gestaltung von Produkten und Prozessen.

Das Simultaneous Engineering (SE) hat zum Ziel, den Schnittstellenproblemen in der Produktentstehung zu begegnen, die aufgrund von

- Schnittstellen in der Organisation und in der internen und unternehmens-übergreifenden Kommunikation,
- Produktschnittstellen (z. B. zwischen Baugruppen) und
- Datenschnittstellen,

entstehen. Dies erfordert die explizite Abstimmung der miteinander verketteten, funktionsübergreifenden Prozesse. Der Einsatzschwerpunkt des Simultaneous Engineering besteht daher in der Optimierung der organisatorischen Schnittstellen im Unternehmen durch eine vertikale und horizontale Aufgabenintegration in der Produktentstehung. Ziel ist, in einer verkürzten Entwicklungs- und Herstellungszeit marktgerechte Produkte zu entwickeln, die vorgegebenen Kosten und Qualitätsanforderungen genügen (Abb. 5.48).

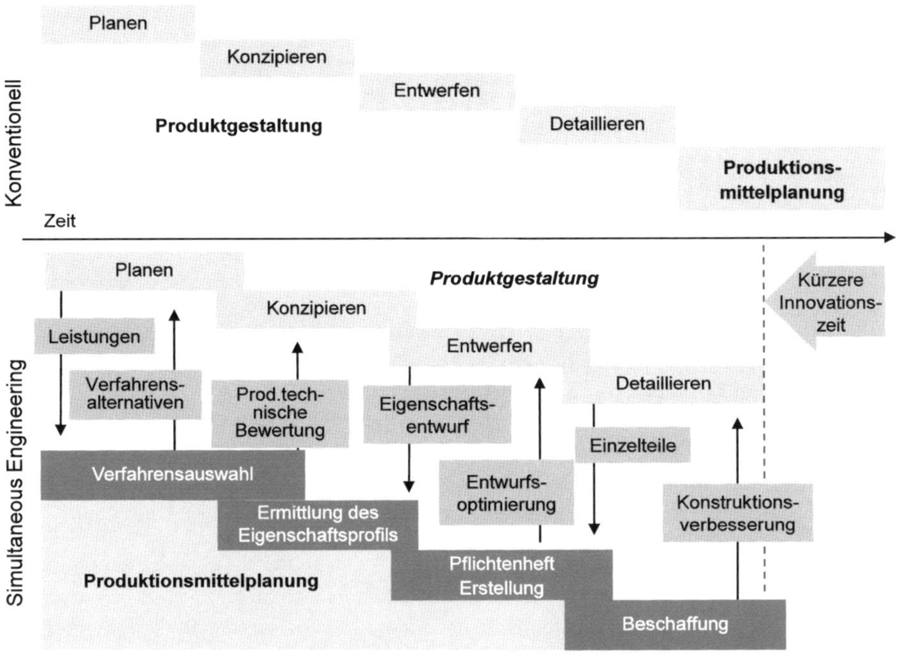

Abb. 5.48 Parallelisierung der Produkt- und Prozessgestaltung sowie der Produktionsmittelplanung

Unter horizontaler Aufgabenintegration wird die frühzeitige, prozessorientierte Zusammenführung und Abstimmung von Aufgaben entlang den internen und unternehmensübergreifenden Prozessketten von der Produktidee bis zur Markteinführung verstanden [109]. Ziel einer vertikalen Aufgabenintegration im Rahmen des Simultaneous Engineering ist es dagegen, das Planungswissen in den indirekten Unternehmensbereichen durch Anwendungserfahrungen aus direkten Bereichen zu ergänzen. Hierzu werden beispielsweise Facharbeiter in die Produkt- und Prozessgestaltung einbezogen. Beim Simultaneous Engineering stehen somit die Parallelisierung und die verbesserte Abstimmung von Abläufen der Produktentstehung im Vordergrund. Der Begriff Simultaneous Engineering kann dabei mit dem im angelsächsischen Sprachgebrauch synonym verwendeten Concurrent Engineering gleichgesetzt werden [110–113].

Eine effektive organisatorische Umsetzung des Simultaneous Engineering ist nicht auf bestimmte Produkte oder Branchen produzierender Unternehmen beschränkt. Vielmehr ist sie überall dort sinnvoll, wo zur Entwicklung und Herstellung ein hohes Maß an technischem Know-how und intensiver fachübergreifender Zusammenarbeit vorausgesetzt wird [114]. Dabei muss diese Umsetzung insbesondere auf operativen Ebenen erfolgen [115]. Als Kern einer operativen Umsetzung des Simultaneous Engineering können drei wesentliche methodische Ansätze abgeleitet werden:

- Ablauforganisatorische Integration durch Parallelisierung und Kompetenzzusammenführung
- Aufbauorganisatorische Integration durch Entwicklungs- und SE-Teams
- Informationsorientierte Integration durch Systeme und Datenmodelle

Die Aufbauorganisation gliedert das Unternehmen in aufgabenspezifische Einheiten. Die Ablauforganisation strukturiert hingegen den Ablauf des betrieblichen Geschehens, d. h. den Vollzug und die Erfüllung von Funktionen. Die informationsorientierte Integration zielt auf die Vermeidung von Informationsverlusten, Doppelarbeiten und die Reduzierung von Iterationsschleifen zwischen Produkt- und Produktionsmittelgestaltung.

5.6.2 Ablauforganisatorische Integration

Der Geschäftsprozess der Produktentstehung wurde in der Vergangenheit oftmals nach den Prinzipien von Taylor organisiert [116, 117]. Im Wesentlichen sind diesbezüglich drei verschiedene Problembereiche entstanden [118]:

- Zerlegung sämtlicher Arbeitsgänge in kleinste Schritte,
- Trennung vor- und nachgelagerter Bereiche und
- Trennung von dispositiven Managementaufgaben und operativen Sachaufgaben.

Bei der prozessorientierten Integration wird der Fokus von der vertikalen hierarchischen Gliederung der Aufbauorganisation auf die horizontale Strukturierung des Wertschöpfungsprozesses verlegt. Ausgangspunkt ist dabei der direkt bzw. anonym formulierte Kundenwunsch. Basierend auf dem Kundenwunsch ist die Aufgabenintegration verschiedener Unternehmensbereiche für eine ganzheitliche Kundenorientierung anzustreben. Hierbei wird der Begriff Kunde in zwei Richtungen definiert: Zum einen in Bezug auf den Endkunden, d. h. den Abnehmer des Produktes; zum anderen in Bezug auf den so genannten. „internen Kunden", d. h. Mitarbeiter, Abteilungen oder Bereiche, die in die Produktentstehung involviert sind [119, 120]. Schon in der frühen Entwicklungsphase werden die Kundenwünsche, die demnach auch Anforderungen nachgelagerter Bereiche umfassen, in einem gemeinsamen Lasten- und Pflichtenhefterstellungsprozess zusammengefasst [121–123].

Die ablauforganisatorische Parallelisierung von Aktivitäten erfordert zudem eine frühzeitige Weitergabe von evtl. noch unvollständigen bzw. unsicheren Ergebnissen sowie Rückmeldungen über Auswirkungen, die sich durch diese Teilergebnisse für nachfolgende Aufgaben ergeben. Zwei Dimensionen einer Parallelisierung von Abläufen können hierbei unterschieden werden: Eine Dimension wird durch das Handlungsträgersystem, also die beteiligten Fachbereiche bzw. Mitarbeiterqualifikationen definiert, die andere Dimension definiert das Objektsystem der abgrenzbaren Produktkomponenten (Abb. 5.49). Ein maximales zeitliches Parallelisierungspotenzial ergibt sich demnach bei einer fachbereichsübergreifenden Zusammenarbeit, in deren Verlauf mehrere Module oder Baugruppen eines Produktes parallel bearbeitet werden.

Zur Reorganisation der Entwicklungsabläufe existieren eine Reihe von Prozessmodellierungssprachen und Hilfsmitteln zur Darstellung und Optimierung von Prozessen, von denen im Folgenden die Prozessmodellierungssprachen Business Process Modeling Notation und Aixperanto sowie die Design-Structure-Matrix kurz vorgestellt werden. Eine ausführliche Einführung in die Ansätze zur Prozessmodellierung wird in Band 1 – Strategie und Unternehmensentwicklung gegeben.

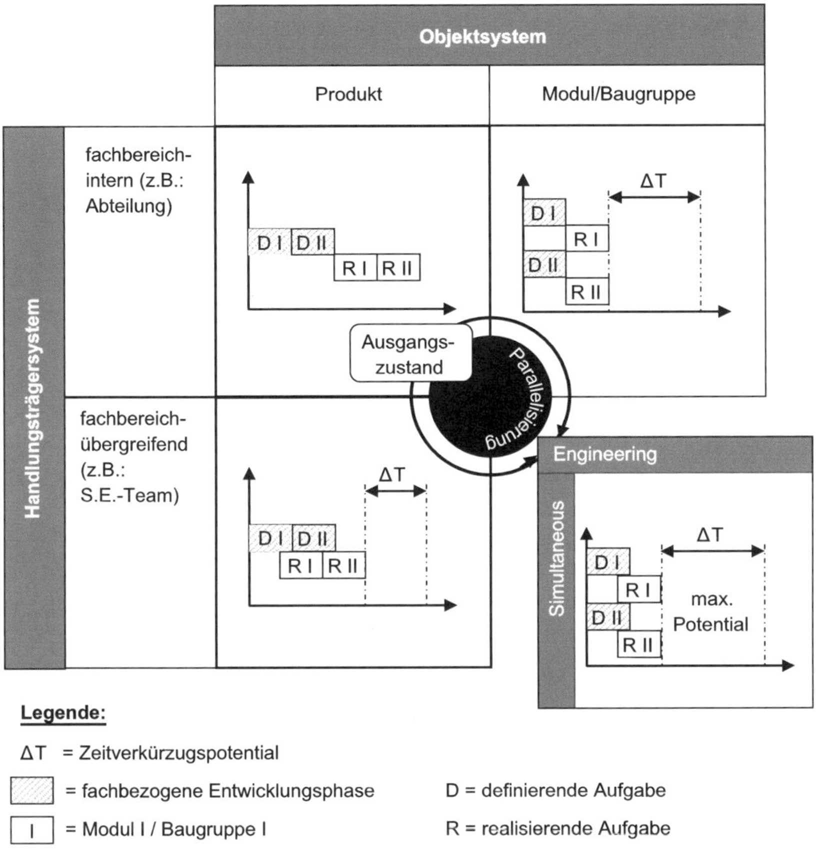

Abb. 5.49 Dimensionen der zeitlichen Parallelisierung von Abläufen

Die Business Process Modeling Notation (BPMN) wurde mit dem Ziel entwickelt, eine für alle Akteure der Prozessmodellierung gleichermaßen verständliche, standardisierte Modellierungssprache zur Darstellung von Geschäftsprozessen zu erhalten [124]. Kern des zu der Sprache gehörenden Modellierungsansatzes sind Geschäftsprozessdiagramme, welche Modellierungselemente enthalten, die wiederum in vier Klassen eingeteilt wurden. Jede der Klassen stellt einen bestimmten Teil der Prozessinformationen dar. Die Klassen sind Ablaufelemente, auch Flussobjekte genannt, Verbindungselemente, Swimlanes und Artefakte [124, 125]. Ablaufelemente stellen die Aktivitäten und den zeitlichen und logischen Ablauf zwischen ihnen dar. Es werden drei Ablaufelemente unterschieden: die Aktivitäten, die das eigentliche Handeln repräsentieren, die Ereignisse, die z. B. den Beginn und das Ende eines Prozesses darstellen, und die Entscheidungspunkte, mit denen der Ablauf in verschiedene Stränge aufgeteilt und wieder zusammengeführt werden kann. Verbindungselemente werden zur Verbindung verschiedener Elemente genutzt und legen damit z. B. die Beziehungen zwischen den Ablaufelementen fest. Die Swimlanes sind horizontale Bahnen, in denen die Aktivitäten von einzelnen Prozessbeteiligten oder homogenen Organisationseinheiten visualisiert werden. Zur Klasse der Artefakte gehören Datenobjekte, Gruppierungen und Anmerkungen. Die Datenobjekte sind als Inputs und Outputs der Aktivitäten zentrale Elemente des Prozessmodells. Zuletzt sind Anmerkungen dazu da, um an beliebige Modellelemente zusätzliche Informationen in Form eines freien Textes anzubringen.

Zur ganzheitlichen Analyse und Optimierung von Geschäftsmodellen dient die Prozessmodellierungssprache Aixperanto. Diese baut auf Ansätzen bestehender Methoden zur Prozessmodellierung, wie der oben beschriebenen BPMN, auf und ist so angepasst, dass der verwendete Zeichensatz der „Sprache" eine höhere Verständlichkeit bei allen Beteiligten ermöglicht. Der entwickelte Zeichensatz der Prozessmodellierungssprache analysiert u. a. die Prozesscharakteristika Wertschöpfung, Standardisierung, Steuerungsart sowie Durchlaufzeit und ermöglicht den Mitarbeitern, Schwachstellen direkt zu erkennen. Dazu wird bspw. für Wertschöpfung und Standardisierung die bekannte Ampel-Logik verwendet, um schnell zwischen „guten" und „schlechten" Prozessen differenzieren zu können. Darüber hinaus markieren „Kaizen-Blitze" Probleme bzw. Verbesserungsvorschläge direkt am Ort der Schwachstelle. Die so herausgestellten Problemstellungen im Prozess führen in der Diskussion nicht nur zu einem Verständnis der Notwendigkeit von Veränderungen, sondern schaffen auch ein Verständnis, um Prozesse zu standardisieren und in diesen Prozessen Wertschöpfung aus Kundensicht zu erzeugen.

Fallbeispiel Die Elektrogeräte AG ist ein Konsumgüterhersteller, dessen Erfolgsposition darin besteht, seinen Kunden Technologien und Design-Trends in neuen, bedarfsgerechten Lösungen anzubieten. Ziel der Prozessmodellierung war es, die Effizienz und Effektivität des Produktentwicklungsprozesses für zwei ausgewählte Produktgruppen zu steigern. Insbesondere in der Konzeptphase und frühen Prototypenentwicklung treten bei den Abstimmungsprozessen zwischen den Funktionsbereichen Marketing, Design, Entwicklung und dem Testlabor Reibungsverluste auf. Daher wurden diese Phasen und die entsprechenden Stakeholder für eine Workshop-Reihe zur Prozessoptimierung ausgewählt.

In einem ersten Workshop wurde ein Review eines typischen Entwicklungsprojektes durchgeführt, um erste charakteristische Defizite zu identifizieren. Ergänzend dazu wurde die strategische Top-down-Perspektive des Entwicklungsleiters definiert. Zur Aufnahme des Wertstroms im zweiten Workshop kam die Prozessmodellierungssprache Aixperanto zum Einsatz, die jedem der Stakeholder des Prozesses eine eigene Bahn zuordnet und so Übergabepunkte durch den Wechsel zwischen den Schwimmbahnen abbildet. Wichtig ist vor der Prozessaufnahme die Festlegung des Detaillierungsgrades in Abhängigkeit der Größe und Komplexität des abzubildenden Prozesses. Der im Projekt betrachtete Prozess hatte eine typische Durchlaufzeit von sechs bis neun Monaten, daher kamen für den Detaillierungsgrad nur Prozessschritte mit einer Dauer von ein bis zwei Wochen in Betracht; für den wichtigen Abstimmungsprozess von Designentwurf und Architekturkonzept wurde jedoch eine etwas feinere Auflösung gewählt, um den Informationsfluss korrekt abbilden zu können. Als besondere Defizite im Prozess wurden neben langen Durchlaufzeiten und Iterationsschleifen eine teilweise unsystematische Kommunikation der Kundenwerte durch das Marketing identifiziert. Außerdem war die Absicherung der ersten Entwürfe der Design-Abteilung wegen Zeitmangel oft nur unzureichend durch Kundentests abgesichert.

Nach Abschluss der Dokumentation des Ist-Prozesses wurden zunächst Verbesserungsmaßnahmen für die erkannten Defizite definiert und anschließend in einem weiteren Workshop in Form eines zu realisierenden Soll-Prozesses visualisiert. Als wohl radikalste Änderung hat man sich für den Soll-Prozess auf eine konsequent alternativenorientierte Entwicklung im Sinne des Set-Based-Design verständigt. Die Reduzierung der in Entwicklung befindlichen Anzahl an Konzepten erfolgt dann nur an bestimmten Meilensteinen auf Basis der Ergebnisse aus Markt- und Kundentests. Bei Projekten mit einem besonders hohen Schadenspotenzial wird bis zum Ende der Entwicklungsphase eine Fallback-Lösung mitgeführt. Als weitere Maßnahmen wurden ein neues Vorgehen zur Kommunikation der Kundenwerte in die Bereiche Design und Entwicklung definiert, sowie der frühzeitige Einsatz hochwertiger Design-Prototypen und die Anpassung der Testmethoden beschlossen.

Die Design-Structure-Matrix (DSM) ist ein Hilfsmittel zur Ablaufgestaltung, mit dem auf Basis von Informationsflüssen die Strukturen zwischen den Aktivitäten abgebildet sowie logisch und zeitlich entkoppelte Prozessketten gebildet werden können [126]. Die DSM ist eine quadratische Aktivitäten-Aktivitäten-Matrix, in die Aktivitäten und Informationsflüsse eingetragen werden (Abb. 5.50). Die verschiedenen Prozesse (Bsp.: A–H) sind durch Informationsbeziehungen miteinander vernetzt. Benötigt ein Prozess Informationen aus einem nachfolgenden Prozess, so werden Iterationsschleifen notwendig. Ziel ist es, die Prozesse so anzuordnen, dass möglichst wenig Iterationsschleifen notwendig sind. In der oberen Matrix sind die Abhängigkeiten aufgetragen. Ein Kreuz bedeutet, dass der Prozess

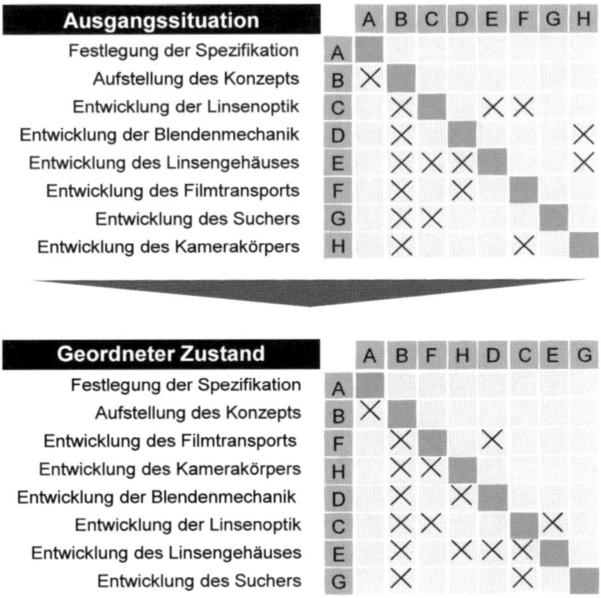

Abb. 5.50 Design-Structure-Matrix am Beispiel einer Spiegelreflexkamera

dieser Zeile Informationen aus dem Prozess der Spalte benötigt. Durch einen DSM-Algorithmus werden Zeilen und Spalten so vertauscht, dass so viele Kreuze wie möglich unterhalb der Diagonalen liegen (untere Matrix). Die ermittelte Reihenfolge der Prozesse ist optimal, da die Anzahl der Iterationsschleifen minimal ist [127].

5.6.3 Aufbauorganisatorische Integration

Die Aufbauorganisation ist auf die Bildung funktionsfähiger Teileinheiten und deren Koordination ausgerichtet und verknüpft die Stellen zu einer Organisationsstruktur und dient der Regelung der Beziehungen zwischen diesen Stellen [48, 128, 129]. Eine wesentliche Aufgabe der aufbauorganisatorischen Gestaltung ist hierbei die Bildung von Instanzen und Abteilungen, bestimmt durch die Rangbildung der einzelnen Stellen. Unter einer Instanz ist eine Stelle zu verstehen, die Aufgaben für mehrere rangniedrigere Stellen wahrnimmt, wobei die Instanz und die untergeordneten Stellen als Abteilung bezeichnet werden. Produktentwicklung und Arbeitsplanung sind in den meisten produzierenden Unternehmen in getrennte Abteilungen untergliedert. Dies resultiert in einer streng funktionalen Aufgabenteilung zwischen Produkt- und Prozessgestaltung mit einer mangelhaften Optimierung von Produkt- und Prozessgestaltung aufgrund deren schlechten Zusammenarbeit [7]. Da eine Beratung der Konstruktion durch die Arbeitsplanung meist nicht ausreicht um die so entstandene Lücke zu schließen, ist eine stärkere organisatorische und räumliche Zusammenfassung von Konstruktion und Arbeitsplanung anzustreben [130]. Im Zusammenhang mit Simultaneous Engineering werden für Produktentwicklungsprojekte als temporäre Organisationsform SE-Teams bzw. interdisziplinäre Entwicklungsteams eingesetzt. Zielsetzung der Integration über den SE-Teameinsatz ist der Schnittstellenabbau durch Kommunikationsverbesserung und Informationsaustausch sowie die Kompetenzzusammenführung hinsichtlich Entscheidungen, Aufgabenbearbeitung und Problemlösung. Durch den Einsatz von fachübergreifenden, integrierten Teams können erhebliche Kosten- und Zeiteinsparungen erreicht werden, wobei der einzelne Erfolg auch stark von arbeits- und organisationspsychologischen Aspekten abhängt [131, 132].

5.6.4 Informationsorientierte Integration

Die informationsorientierte Integration zielt auf die ganzheitliche, unternehmensweite Verwaltung und Steuerung aller Produktdaten und Prozesse des kompletten Lebenszyklus entlang der erweiterten Logistikkette – von der Konstruktion und Produktion über den Vertrieb bis hin zur Wartung. Bekannt geworden ist die informatorische Integration durch CIM (Computer-Integrated-Manufacturing) und die rechnerintegrierte Produktentwicklung (Computer-Integrated-Development, Product-Lifecycle-Management). Das Thema der informatorischen Integration wird in Kap. 7 vertiefend behandelt.

Literatur

1. Koppelmann U (2002) Produktinnovation oder Produktpflege?: Überlegungen zu Strategiealternativen.
2. VDI (1993) 2221 Methodik zum Entwickeln und Konstruieren technischer Systeme und Produkte. VDI Verlag, Düsseldorf.
3. Pahl G, Beitz W (2007) Konstruktionslehre, Grundlagen der erfolgreichen Produktentwicklung. Springer, Berlin.
4. Rink AW (2002) Entwicklung einer Methode für die systemtechnische Auslegung verteilter und sicherheitskritischer Führungsfunktionen für Fahrzeugantriebe. Bergische Universität Wuppertal.
5. Dohmen W (2002) Interdisziplinäre Methoden für die integrierte Entwicklung komplexer mechatronischer Systeme. Utz, München.
6. Schmitt R, Rauchenberger J (2007) Qualitätsmanagement bei der Entwicklung software-intensiver technischer Produkte. In: Masing W, Pfeifer T, Schmitt R (Hrsg) Masing Handbuch Qualitätsmanagement, 5. Aufl. Hanser, München.
7. Ehrlenspiel K (2009) Integrierte Produktentwicklung. Denkabläufe, Methodeneinsatz, Zusammenarbeit, 4. Aufl. Hanser, München.
8. Cooper RG (2002) Top oder Flop in der Produktentwicklung: Erfolgsstrategien: Von der Idee zum Launch. Wiley-VCH, Weinheim.
9. Cooper RG (2008) Perspective: The Stage-Gate-Process.Idea-to-Launch Process-Update, What's New, and NexGen Systems. Journal of Product Innovation Management, 25(3):213–232.
10. Royce WW (1970) Managing the Development of Large Software Systems. Concepts and Techniques. In: IEEE WESCON. Los Angeles.
11. Helmke H, Höppner F, Isernhagen R (2007) Einführung in die Software-Entwicklung. Vom Programmieren zur erfolgreichen Software-Projektarbeit. Hanser, München.
12. Picot A, Reichwald R, Wigand RT (2003) Die grenzenlose Unternehmung. Information, Organisation und Management, 5. Aufl. Gabler, Wiesbaden.
13. Versteegen G, Chughtai A (2002) Software-Management. Beherrschung des Lifecycles. Springer, Berlin.
14. VDI (2004) 2206: Entwicklungsmethodik für mechatronische Systeme. VDI Verlag, Düsseldorf.
15. Becker M, Büchel A, Haberfellner R, von Massow H, Nagel P (2002) Systems Engineering Methodik und Praxis, 11. Aufl. Verl. Industrielle Organisation, Zürich.
16. Gausemeier J, Redenius A (2005) Entwicklung mechatronischer Systeme. In: Schäppi B, Andreasen MM, Kirchgeorg M, Radermacher F-J (Hrsg) Handbuch Produktentwicklung. Hanser, München.
17. Gausemeier J, Feldmann K, Peitz T, Bigl T (2006) Vorgehensmodell. In: Gausemeier J, Feldmann K (Hrsg) Integrative Entwicklung räumlicher elektronischer Baugruppen. Hanser, München.
18. Vogel-Heuser B (2003) Systems Software Engineering. Angewandte Methoden des Systementwurfs für Ingenieure. Oldenbourg-Industrieverlag, München.
19. Boehm B (1988) A Spiral Model of Software Development and Enhancement. IEEE Computer, 21(5):61–72.
20. Bullinger H-J (1997) Betriebliche Informationssysteme. Grundlagen und Werkzeuge der methodischen Softwareentwicklung. Springer, Berlin.
21. Ponn J, Lindemann U (2008) Konzeptentwicklung und Gestaltung technischer Produkte: Optimierte Produkte – systematisch von Anforderungen zu Konzepten. Springer, Berlin.
22. Mayer-Bachmann R (2008) Integratives Anforderungsmanagement: Konzept und Anforderungsmodell am Beispiel der Fahrzeugentwicklung. Universitätsverlag, Karlsruhe.

23. Kano N, Seraku N, Takahashi F, Tsuji S (1984) Attractive Quality and must-be quality. Journal of the Japanese Society for Quality Control(2):39–48.
24. Kramer F, Kramer M (1997) Bausteine der Unternehmensführung – Kundenzufriedenheit und Unternehmenserfolg. Springer, Berlin.
25. Pohl K (2008) Requirements Engineering – Grundlagen, Prinzipien, Techniken. dpunkt, Heidelberg.
26. Rupp C, SOPHIST-Gesellschaft für Innovatives Software-Engineering (2009) Requirements-Engineering und -Management: professionelle, iterative Anforderungsanalyse für die Praxis, 5. Aufl. Hanser, München.
27. Ebert C (2005) Systematisches Requirements Management – Anforderungen ermitteln, spezifizieren, analysieren und verfolgen. dpunkt, Heidelberg.
28. Schienmann B (2002) Kontinuierliches Anforderungsmanagement – Prozesse-Techniken-Werkzeuge. Addiso-Wesley, München.
29. Akao Yo (1992) QFD – quality function deployment: wie die Japaner Kundenwünsche in Qualität umsetzen. Verl. Moderne Industrie, Landsberg/Lech.
30. Versteegen G, Weischedel G (2003) Konfigurationsmanagement. Springer, Berlin.
31. Versteegen G, Heßeler A (2004) Anforderungsmanagement: formale Prozesse, Praxiserfahrungen, Einführungsstrategien und Toolauswahl. Springer, Berlin.
32. Kaiya H, Osada A, Kaijiri K (2004) Identifying stakeholders and their preferences about NFR by comparing Use Case Diagrams of several existing Systems. In: Proceedings of the 12th IEEE International Requirements Engineering Conference (RE'04). Japan, 6.-10.Oktober 2004: IEEE Computer Society Press.
33. Hull E, Jackson K, Dick J (2005) Requirements Engineering. Springer, London.
34. VDI (1988) VDI-Handbuch Konstruktion. VDI Verlag, Düsseldorf.
35. VDI (1988) VDI-Handbuch technische Zuverlässigkeit. VDI Verlag, Düsseldorf.
36. VDI (1977) 2222: Konstruktionsmethodik; Konzipieren technischer Produkte. VDI Verlag, Düsseldorf.
37. Rodenacker WG (1991) Methodisches Konstruieren: Grundlagen, Methodik, praktische Beispiele, 4. Aufl. Springer, Berlin.
38. Roth K (1994) Konstruieren mit Konstruktionskatalogen, 2. Aufl. Springer, Berlin.
39. Koller R (1998) Konstruktionslehre für den Maschinenbau. Springer, Berlin.
40. Eversheim W, Schuh G, Akademischer Verein Hütte (1996) Hütte: Produktion und Management; Betriebshütte. Springer, Berlin.
41. Altschuller G-S (1984) Creativity as an exact science.Gordon & Breach, Newark, N.J.
42. VDI (1991) Wertanalyse, 4. Aufl. VDI Verlag, Düsseldorf.
43. (1987) DIN 69910: Wertanalyse.
44. Spur G, Stöferle T (1994) Fabrikbetrieb. Hanser, München.
45. Schlicksupp H (1988) Produktinnovation: Wege zu innovativen Produkten u. Dienstleistungen, Vogel, Würzburg.
46. Loos U (1992) Lean-Production, Philosophie oder Methode? VDI Verlag, Düsseldorf.
47. Karsten H (1991) Abspeckprogramm für den Automobilbau. Automobil-Produktion(5):2.
48. Eversheim W (1997) Organisation in der Produktionstechnik, 3., vollst. überarb. Aufl. Springer, Berlin.
49. Weck M, Brecher C (2006) Werkzeugmaschinen – Konstruktion und Berechnung, 8. Aufl. Springer, Berlin.
50. Rögnitz H, Köhler G (1959) Fertigungsgerechtes Gestalten im Maschinen- und Gerätebau. Teubner, Stuttgart.
51. VDI (1979) 2006: Gestalten von Spritzgußteilen aus thermoplastischen Kunststoffen. VDI Verlag, Düsseldorf.
52. VDI (1973) 3237: Fertigungsgerechte Werkstückgestaltung im Hinblick auf automatisches Zubringen und Montieren. VDI Verlag, Düsseldorf.

53. VDI (1980) Ideen verwirklichen mit Guß. VDI Verlag, Düsseldorf.
54. VDI (1992) Montage und Demontage. VDI Verlag, Düsseldorf.
55. Boothroyd G (2005) Assembly automation and product design, 2. Aufl. CRC Press, Boca Raton, Fla.
56. Boothroyd G, Alting L (1992) Design for assembly and disassembly. In: CIRP.
57. Miyakawa S, Oahashi T (1986) The Hitachi Assemblability Method (AEM). In: Int. Conference on Product Design for Assembly. Rochester.
58. (1985) DIN 31051: Instandhaltung; Begriffe und Maßnahmen.
59. VDI (1993) Recyclinggerechte Produktentwicklung, 4. Aufl. VDI Verlag, Düsseldorf.
60. Brinkmann T, Ehrenstein GW, Steinhilper R (1994) Umwelt- und recyclinggerechte Produktentwicklung: Anforderungen, Werkstoffwahl, Gestaltung, Praxisbeispiele. WEKA-Fachverl. für Technische Führungskräfte, Augsburg.
61. Ried PA, Spitzner W (1968) Grundsätze für die systematische Handhabung der Wertanalyse. VDI Verlag, Düsseldorf.
62. VDI (1987) 2235: Wirtschaftliche Entscheidungen beim Konstruieren. VDI Verlag, Düsseldorf.
63. Ehrlenspiel K, Kiewert A, Lindemann U (2007) Kostengünstig entwickeln und konstruieren: Kostenmanagement bei der integrierten Produktentwicklung, 6. Aufl. Springer, Berlin.
64. (1983) DIN 32911: Graphische Symbole und Schilder zur Information der Fahrgäste von Seilbahnen und Schleppliften.
65. (1989) DIN 32990: Begriffe zu Kosteninformationen in der Maschinenindustrie.
66. Masing W, Pfeifer T, Schmitt R (2007) Handbuch Qualitätsmanagement, 5. Aufl. Hanser, München.
67. Deutsches Institut für Normung, Deutsches Institut für Normung. Normenausschuß Qualitätsmanagement Statistik und Zertifizierungsgrundlagen (1994) Qualitätsmanagement und Elemente eines Qualitätssicherungssystems. Beuth, Berlin.
68. Kürner H (1988) Qualität durch strukturierte Entwicklung. In: Qualität und Zuverlässigkeit, Jg. 33(2).
69. Carwin (2002) Fehler-Möglichkeits- und -Einfluß-Analyse (FMEA): Referenzhandbuch; [QS-9000]. Carwin Continuous, Gray.
70. VDA (2006) Sicherung der Qualität vor Serieneinsatz – Produkt- und Prozess-FMEA, 2. Aufl.
71. N. N. (2006) DIN EN 60812: Analysetechniken für die Funktionsfähigkeit von Systemen – Verfahren für die Fehlzustandsart- und -auswirkungsanalyse (FMEA). Deutsches Institut für Normung e. V., Beuth Verlag, Berlin.
72. Eversheim W (1986) Simulationstechnik als Hilfsmittel zur Strategie-, Produkt- und Produktionsplanung. In: Spur, G CIM – Die informationstechnische Herausforderung. Produktionstechnisches Kolloquium. IPK/IWF, Berlin.
73. Krause F-L (1992) Leistungssteigerung der Produktionsvorbereitung. In: Produktionstechn. Koll: 166-184. IPK, Berlin.
74. Kamiske GF, Brauer J-P (2008) Qualitätsmanagement von A bis Z: Erläuterungen moderner Begriffe des Qualitätsmanagements, 6. Aufl. Hanser, München.
75. Syska A (2006) Produktionsmanagement: Das A - Z wichtiger Methoden und Konzepte für die Produktion von heute. Gabler, Wiesbaden.
76. von Praun S (1998) Integration of manufacturing system and product design with DMU. Intelligent Systems for Manufacturing: Multi-Agent Systems and Virtual Organization:535–544,632.
77. Daemisch K-F (1999) Der Konstrukteur taucht in virtuelle Welten ein. Industrieanzeiger, 36/99:48–49.
78. Janocha Aea (1998) Digital Mock-Up und Cax-Systemintegration. CAD-CAM Report(6):62–66.
79. Weber P (2003) Digital Mock-Up im Maschinenbau. Shaker, Aachen.

80. Milberg Jea (1999) Virtual Engineering - Leistungsfähige Systeme für die Produktentwicklung. In: AWK Aachener Werkzeugmaschinen-Kolloquium. Shaker Verlag, Aachen.
81. Behnisch S (2003) Digital Mockup mit CATIA V5: mit 12 Tabellen. Hanser, München.
82. Geuer A (1996) Einsatzpotential des Rapid Prototyping in der Produktentwicklung. Springer, Berlin.
83. König W, Eversheim W, Weck M, Pfeifer T (1993) Wettbewerbsfaktor Produktionstechnik. VDI-Verlag, Düsseldorf.
84. NC-Gesellschaft (1992) Solid freeform manufacturing. In: 1. NCG-Hearing. Ulm.
85. Kruth JP (1991) Material ingress manufacturing by rapid prototyping techniques. In: CIRP annuals.
86. Jacobs P (1992) Rapid prototyping and manufacturing: Fundamentals of stereolithography. In: Soc.of Manuf. Engineers. Dearborn, Michigan.
87. Deutsches Institut für Normung. Ausschuss Netzplantechnik und Projektmanagement (1987) Projektwirtschaft: Projektmanagement: Begriffe: DIN 69901 = Project controlling; project management; concepts. Beuth, Berlin.
88. Wildemann H (2010) Änderungsmanagement – Leitfaden zur Einführungeines effizienten Managements technischer Änderungen, 18. Aufl. TCW Transfer-Centrum GmbH & Co. KG, München.
89. Aßmann G, Conrat J-I (1998) Modell eines integrierten Änderungsmanagements. In: Lindemann U, Reichwald R (Hrsg.) Integriertes Änderungsmanagement. Springer, Berlin.
90. Grabowski H, Geiger K (1997) Neue Wege zur Produktentwicklung. Raabe, Stuttgart.
91. Schöler HR (1990) Quality Function Deployment – Eine Methode zur qualitätsgerechten Produktgestaltung. VDI-Zeitschrift, 11:49–51.
92. Lenders MJE (2009) Beschleunigung der Produktentwicklung durch Lösungsraum-Management. Apprimus, Aachen.
93. Newell A, Simon HA (1972) Human problem solving. Prentice-Hall, Englewood Cliffs, N.J.
94. Proske D (2006) Unbestimmte Welt. Proske, Dresden.
95. Boysen N, Hansmann K-W (2005) Variantenfließfertigung, 1. Aufl. Dt. Univ.-Verl., Wiesbaden.
96. Heinze T (2004) Wissensbasierte Technologien, Organisationen und Netzwerke: eine Untersuchung der Kopplung von Wissenschaft und Wirtschaft am Beispiel der Nanotechnologie in Deutschland. Zeitschrift für Soziologie, Jg. 34 (1), Lucius & Lucius, Stuttgart.
97. Lindemann U (2007) Methodische Entwicklung technischer Produkte. Methodenflexibel und situationsgerechtanwenden, 2. Aufl. Springer, Berlin.
98. Ward AC, K. LJ, Cristiano JJ, Sobek DK (1995) The Second Toyota Paradox – How Delaying Decisions Can Make Better Cars Faster. Sloan Management Review, Spring 1995:43–61.
99. Sobek DK, Ward AC (1996) Principles from Toyota's Set-Based Concurrent Engineering Process. In: Proceedings of The 1996 ASME Design Engineering Technical Conferences and Computers in Engineering Conference. Irvine, California.
100. Hiller F (1997) Ein Konzept zur Gestaltung von Änderungsprozessen in der Produktentwicklung. Univ., Kaiserslautern.
101. Rupp MA (1999) Produkt-, Markt-Strategien: Handbuch zur marktsicheren Produkt- und Sortimentsplanung in Klein- und Mittelunternehmungen der Investitionsgüterindustrie, 3. Aufl. Orell Fuessli, Zürich.
102. Eversheim W, Warnke L, Schröder T (1997) Änderungsmanagement in Entwicklungskooperationen. VDI-Zeitung, 139:60–63.
103. Belener PM (2008) Technisches Änderungsmanagement modularer Produkte und Prozesse. Shaker, Aachen.
104. Conrat J-I, Riedel D (1998) Änderungskosten – wirtschaftliche Auswirkungen von technischen Änderungen. In: Lindemann U, Reichwald R (eds.) Integriertes Änderungsmanagement. Springer, Berlin.
105. Schuh G, Verband Deutscher Maschinen- und Anlagenbau (2007) Effizient, schnell und erfolgreich: Strategien im Maschinen- und Anlagenbau. VDMA-Verl., Frankfurt, a. M.

106. Schuh G, Schlick C, Schmitt R, Lenders M, Bender D, Bohl A, Gärtner T, Hatfield S, Müller J, Mütze-Niewöhner S (2008) Handbuch TFB 57 „Systemunabhängige Referenzprozesse". Werkzeugmaschinenlabor WZL der RWTH Aachen, Aachen.
107. Aßmann G (2000) Gestaltung von Änderungsprozessen in der Produktentwicklung. Dissertation Technische Universität München, München.
108. Burghardt M, Siemens-Aktiengesellschaft (2007) Einführung in Projektmanagement: Definition, Planung, Kontrolle, Abschluss, 5. Aufl. Publicis Corp. Publ., Erlangen.
109. Winner RI, Penell JP, Bertrand HE, Slusarczuk MG (1988) The Role of Concurrent Engineering in Weapons System Acquisition. IDA Report – Institute for Defense Analysis:338.
110. Lindberg L (1993) Notes on Concurrent Engineering. In: Annals of the CIRP Vol. 42/1.
111. Voss GA, Russel V, Twigg D (1991) Implementation Issues in Simultaneous Engineering. Interational Journal of Technology Management, 6(3/4):293–302.
112. Krause F-L, Ochs B (1991) Potenziale der CAD Technologie zur Gestaltung simultaner Vorgehensweisen in der Produktentwicklung. VDI Berichte 865: Die Konstruktion als entscheidender Wettbewerbsfaktor, Ziele, Strategien, Maßnahmen:87–102.
113. Sohlenius G (1992) Concurrent Engineering. In: Annals of the CIRP Vol. 41/2.
114. N. N. (1990) Erste Erfahrungen mit Simultaneous Engineering. CIM Management (6/90):39–41.
115. Eversheim W, Laufenberg L, Marczinski G (1993) Integrierte Produktentwicklung mit einem zeitparallem Ansatz. CIM Management (2):4–9.
116. Pfeifer T, Prefi T (1994) Präventive Qualitätstechniken in der Produktentwicklung. In: VDI-Berichte, Nr. 1136: Wettbewerbsvorteile durch integrierte Produktentwicklung. VDI Verlag, Düsseldorf.
117. Klein B (1993) Von Time-to-Market zu Just-in-Time, Ein Grundsatzbeitrag zum Simultaneous Engineering. Der Konstrukteur (6):10–13.
118. Klingel H (1992) Von Taylorismus zur integrierten Struktur einer Entwicklung. In: VDI-Berichte, Nr. 990. VDI Verlag, Düsseldorf.
119. Martin J (1989) A Team Approach to Success. Manufacturing Engineering.
120. Eversheim W, Bochtler W, Gräßler R, Laufenberg L (1994) Simultaneous Engineering auf Basis prozeßorientierter Strukturmodelle. Management & Computer (3):165–173.
121. Wasserloos G, Kugel R (1991) Paradigmenwechsel in der Produktentwicklung. Fabrik der Zukunft:10–13.
122. Kusiak A, Yang H-H (1992) Modeling Design Cycles with Stochastic Petri Nets. In Concurrent Engineering ASME.
123. Holz BF (1992) Vom Zeit zum Marktgewinn: Eine Integrationsaufgabe. In: VDI Berichte, Nr. 990. VDI Verlag, Düsseldorf.
124. Becker J, Mathas C, Winkelmann A (2009) Geschäftsprozessmanagement. Springer, Berlin.
125. Fettke P (2008) Business Process Modeling Notation. Wirtschaftsinformatik, 50(6):504–507.
126. Ulrich KT, Eppinger SD (2008) Product Design and Development, 4. Aufl. McGraw Hill, Singapore.
127. Eppinger SD, Whitney DE, Smith RP, Gebala DA (1994) A Model-Based Method for Organizing Tasks in Product Development. Research in Engineering Design-Theory Applications and Concurrent Engineering, 6(1):1–13.
128. Kosiol E (1978) Betriebswirtschaftslehre und Unternehmensforschung: eine Untersuchung ihrer Standorte und Beziehungen auf wissenschaftstheoretischer Grundlage.
129. Heiermann K (1993) Das Zusammenspiel von Konstruktion und Planung, Ansätze und Beispiele aus der Michael Weinig AG, Tauberbischofsheim. FB/ IE, 42(1):14–17.
130. Eversheim W (1995) Simultaneous engineering: Erfahrungen aus der Industrie für die Industrie. Springer, Berlin.
131. Gerpott TJ (1991) Simultaneous Engineering. DBW, 50(3):399–400.
132. Krause F-L, Beitz W (1993) Produktentwicklung mit Simultaneous Engineering. In: Facts. Springer, Berlin.

Innovationscontrolling

6

Günther Schuh, Jens Arnoscht und Michael Schiffer

Kurzüberblick Aufgrund der immer größeren Planungsunsicherheit, den beschleunigten Innovationszyklen und den steigenden Investitionen in Innovationsprojekte steigt das Interesse an einem in das Innovationsmanagement integrierten, professionalisierten Innovationscontrolling zur Entscheidungsunterstützung. Um sowohl die Effizienz als auch die Effektivität im Innovationsprozess zu steigern, bedarf es daher einer Unterstützung des Innovationsmanagements sowohl auf strategischer als auch auf operativer Ebene.

Im Rahmen dieses Kapitels soll ein zweckdienliches Verständnis des Innovationscontrollings mit seinen Zielen, Auswirkungen und Dimensionen geschaffen werden. Zudem wird ein Modell eingeführt, welches den Innovationsprozess als einen Regelkreis versteht, in dem das Innovationsmanagement mithilfe des Innovationscontrollings den Innovationsprozess gezielt auf seine Zielgrößen hin steuert. Im Anschluss daran werden die Aufgaben und Instrumente des strategischen Innovationscontrollings erläutert. Die operative Ausrichtung des Innovationscontrollings umfasst die Aufgabengebiete F&E-Controlling, Produktcontrolling und Variantencontrolling, die in den letzten drei Unterkapiteln behandelt werden.

G. Schuh (✉) · J. Arnoscht · M. Schiffer
52074 Aachen, Deutschland
E-Mail: g.schuh@wzl.rwth-aachen.de

J. Arnoscht
E-Mail: j.arnoscht@wzl.rwth-aachen.de

M. Schiffer
E-Mail: m.schiffer@wzl.rwth-aachen.de

G. Schuh (Hrsg.), *Innovationsmanagement* 3,
DOI 10.1007/978-3-642-25050-7_6, © Springer-Verlag Berlin Heidelberg 2012

6.1 Ziele und Dimensionen des Innovationscontrollings

Die Sicherung der Wettbewerbsfähigkeit des Unternehmens mittels erfolgreicher Innovationen stellt das grundlegende Ziel des Innovationsmanagements dar [1]. Während das Alltagsgeschäft den Cash-Flow der Gegenwart generiert, sorgt ein erfolgreiches Innovationsmanagement für die Sicherstellung zukünftiger Cash-Flows [2]. Die Markteinführung neuer Produkte und Verfahren soll zur Umsatz- und Gewinnsteigerung und damit auch zur Erfüllung höherer Unternehmensziele beitragen [3]. Das Ziel des Innovationsmanagements kann demnach auch als „die nachhaltige Maximierung des durch Innovationstätigkeit geschaffenen Nutzens für die Unternehmung" gesehen werden [1]. Das Innovationscontrolling gewinnt vor dem Hintergrund dieser Aufgabe aufgrund von vier wesentlichen Entwicklungen zunehmend an Bedeutung [4]:

1. Durch eine fortschreitende Individualisierung der Bedürfnisse, welche mit einem Wandel vom Anbieter- zum Käufermarkt einhergeht, sowie einen zunehmenden Konkurrenzdruck müssen die Produkte einer zunehmenden Zahl von Kundenanforderungen auf immer höherem Niveau gerecht werden.
2. Aufgrund der verkürzten Produktlebenszyklen und der steigenden Komplexität der Produkte fordern Innovationsvorhaben zunehmend mehr finanzielle Ressourcen.
3. Mit der zunehmenden technischen Komplexität der Produkte und einer geforderten kurzen time-to-market steigt zugleich das Entwicklungsrisiko.
4. Zusätzlich wird eine Veränderung der Rechnungslegungsvorschriften des HGB voraussichtlich zu einer Annäherung an die International Financial Reporting Standards führen, wodurch Entwicklungsaufwendungen aktiviert werden können. Dies muss durch eine Kostenrechnung bzw. ein Controlling im Entwicklungsbereich umgesetzt werden können.

Durch diese zunehmende Komplexität und Dynamik in der Unternehmensumwelt benötigt das Innovationsmanagement Unterstützung bei der Wahrnehmung seiner Funktionen in allen beteiligten Unternehmensbereichen, welche durch eine Professionalisierung des Innovationscontrollings ermöglicht wird [5]. Die Ziele und Handlungsfelder des Innovationscontrollings müssen auf diese Herausforderungen abgestimmt werden und werden im Folgenden näher erläutert.

6.1.1 Ziele des Innovationscontrollings

Das Innovationscontrolling stellt eine integrative Servicefunktion des Innovationsmanagements dar [1]. Es hat die zielgerichtete Koordination der Aktivitäten und die Unterstützung der Zusammenarbeit zwischen einzelnen Organisationen und Individuen im Innovationsmanagement und im Innovationsprozess zur Aufgabe [5]. In diesem Rahmen zielt es darauf ab, „die Effektivität und Effizienz sowie die Anpassungs- und Entwicklungsfähigkeit des Innovationsmanagements zu erhöhen" [5].

Die Effektivität stellt ein allgemeines Maß der Zielerreichung dar und wird auch als Output/Output-Relation bezeichnet. Die Output/Output-Relation beschreibt das Verhältnis zwischen erzieltem und gewünschtem Ergebnis. Eine Handlung ist effektiv, wenn sie zur Zielerfüllung beiträgt [6]. Effizienz wird als allgemeines Maß der Wirtschaftlichkeit, also Output/Input-Relation verstanden [5]. Dabei ist Effizienz eine Eigenschaft, die eher in operativen als in strategischen Bereichen relevant ist. Eine effiziente Handlung erfüllt ihr Ziel mit maximalem Nutzen bei minimalen Kosten, erzielt also einen möglichst hohen Output durch Einsatz eines möglichst geringen Inputs [6]. Die Effizienz ist jedoch weder eine notwendige noch eine hinreichende Bedingung für Effektivität [3].

Eine hohe Anpassungs- und Entwicklungsfähigkeit im Innovationsmanagement ist zur Aufrechterhaltung der Flexibilität erforderlich. Der Umgang mit dynamischen Anforderungen und Entwicklungen – gerade in Unternehmensbereichen, die von Innovationen betroffen sind – setzt eine effektive Zusammenarbeit betroffener Individuen und Institutionen voraus [5]. Diese Zusammenarbeit wird bspw. im Rahmen des Schnittstellenmanagements vom Innovationscontrolling unterstützt.

Ziel des Innovationscontrollings ist es, das Innovationsmanagement durch Kontrolle, zielgerichtete Koordination sowie Unterstützung der Planung und Informationsversorgung in der Wahrnehmung seiner Funktionen hinsichtlich Effektivität, Effizienz sowie Anpassungs- und Entwicklungsfähigkeit zu unterstützen.

6.1.2 Messung von Effektivität und Effizienz

Das Innovationscontrolling hat sich entsprechend den Zielen auf die Effektivität und Effizienz des Innovationsprozesses auszurichten. Seine wichtigste Aufgabe in diesem Zusammenhang ist die Auswahl, Messung und Verteilung geeigneter Steuerungsinformationen bezüglich der Effektivität und Effizienz dieses Prozesses, wodurch eine Verbesserung erst ermöglicht wird [3].

Die Sicherstellung der Effektivität erfolgt insbesondere in den strategischen Prozessen des Innovationsmanagements [1]. Hier hat das Innovationscontrolling die Aufgabe dem Innovationsmanagement Methoden an die Hand zu geben, welche eine strategie- und anforderungskonforme Auswahl möglichst erfolgsversprechender Innovationsprojekte ermöglichen. Dazu werden Kriterien ausgewählt und detailliert, die eine Bewertung des Potenzials der einzelnen Ideen zulassen und somit die Projektauswahl erleichtern [7]. Instrumente, die in diesem Zusammenhang angewendet werden, sind Punktbewertungsverfahren, wie z. B. die Nutzwertanalyse und Portfoliodiagramme [3, 7]. Neben der Projektauswahl muss jedoch zusätzlich permanent die strategische Zielerreichung überprüft werden, was primär durch eine Fortschrittsüberwachung der strategischen Projekte erfolgt. Dabei wird die sukzessive Erreichung der strategischen Pläne anhand von Zwischenzielen in Form von Meilensteinen überprüft [8, 9].

Die Effizienz der Innovationsprozesse wird vor allem von den operativen Prozessen des Innovationsmanagements beeinflusst. Wesentliche Aufgabe ist hier die Leistungs-, Kosten- und Zeitbewertung der verschiedenen Projekte. Auf Basis dessen wird eine Steuerung des Innovations- bzw. Projektportfolios ermöglicht. Dazu werden der Leistungsfortschritt, die Kosten- und die Termineinhaltung der Projekte gemessen, wodurch eine verbesserte Entscheidung und Durchführung im Innovationsgeschehen ermöglicht wird [4, 10]. Diese Daten gilt es sowohl auf Bereichs- als auch auf Projektebene zu erfassen. Instrumente wie das Target Costing, die Meilenstein-Trendanalyse sowie das Kapazitätscontrolling können dabei eingesetzt werden.

6.1.3 Auswirkungen des Controllings auf die Innovationsproduktivität

Vor dem Hintergrund der hohen Bedeutung von Innovationen für die Wettbewerbsposition der Unternehmen wird deutlich, dass insbesondere die Fähigkeit des Innovationsmanagements, seine Innovationsprojekte zielgerichtet zu planen, zu steuern und zu kontrollieren, erfolgsentscheidend ist. Nur wenn die Innovationsbudgets zielorientiert eingesetzt werden, um zukunftsfähige Projekte zu fördern und „Innovationssackgassen" frühzeitig zu erkennen, können Unternehmen dem wirtschaftlichen Druck auf der einen und dem Innovationsdruck auf der anderen Seite gerecht werden. Die grundlegende Herausforderung, welche sich für das Innovationsmanagement bei der Erfüllung dieser Aufgaben ergibt, ist die zielorientierte Bewertung und Steuerung des Wertbeitrags der Innovationsprozesse und -aktivitäten. Nur wenn sich alle Aktivitäten des Innovationssystems hieran messen lassen, ist eine effektive und effiziente Steuerung gewährleistet [1, 11].

Im Rahmen der Innovationsprozesse herrscht bezüglich des Wertbeitrags jedoch mangelnde Transparenz. Informationsdefizite betreffen sowohl die Kosten, den Projektfortschritt, das Risiko als auch die strategische Bedeutung der einzelnen Innovationsprojekte. Die fehlende Transparenz verhindert frühzeitige auf Faktenwissen beruhende Entscheidungen und verschuldet, dass unrentable Projekte zu spät als solche identifiziert oder Erfolg versprechende Projekte aus Unwissen abgebrochen werden. Neben dieser Opazität von der operativen zur strategischen Ebene liegt auch in der Gegenrichtung ein Mangel an Transparenz vor. Den Entwicklern ist z. B. oft unklar, inwieweit eine ihrer Entscheidungen/ Tätigkeiten den Firmenwert beeinflusst oder den Unternehmenszielen dient. Die Auflösung dieses Transparenzproblems entlang der gesamten Innovationswertschöpfungskette ist eine der Hauptaufgaben des Innovationscontrollings [1, 12]. Das Innovationscontrolling steigert die indirekte Wertschöpfung im Innovationssystem durch verschiedene Einzeleffekte [6, 13, 14]: Es

- befähigt das Innovationsmanagement zum Überblick über die Einhaltung des Projektplanes in den einzelnen Innovationsphasen,
- deckt Wirkzusammenhänge zwischen den Innovationsaktivitäten und dem Unternehmensergebnis auf,
- erhöht die Transparenz von Effektivitäts- und Effizienzpotenzialen im Innovationssystem, und
- stellt eine rationale, an der Wertschaffung orientierte Allokation der Innovationsressourcen sicher.

Auf diesem Wege bereitet das Innovationscontrolling Managemententscheidungen vor, wodurch eine Steuerung des Innovationsprozesses ermöglicht wird. Dadurch kann das

Innovationscontrolling die Effektivität und Effizienz sowie die Anpassungs- und Entwicklungsfähigkeit des Innovationsmanagements erhöhen, indem es dessen Planungs-, Steuerungs- und Kontrollaufgaben unterstützt [5, 15].

Neben diesen positiven Nutzeneffekten kann das Innovationscontrolling bei einer falschen Umsetzung im Unternehmen jedoch auch wertvernichtende Wirkung haben. Oft beruht das Innovationscontrolling auf einer reinen Kontrolle und wirkt damit von „außen" auf den einzelnen Mitarbeiter ein, was ihn zu sehr einschränkt und so Kreativität und Risikobereitschaft mindert. Dadurch wird es von vielen Mitarbeitern des Innovationssystems, vor allem in den kreativen Bereichen, als störend empfunden. Hier muss der wertschöpfungsoptimierte Handlungsspielraum gefunden werden, wie es Abb. 6.1 grafisch dargestellt [13, 16].

Neben dieser möglichen einschränkenden Wirkung sind die Implementierung und die fortwährende Pflege eines Innovationscontrollingsystems mit signifikanten Aufwänden verbunden. Daher müssen vor allem Unternehmen mit einer verhältnismäßig niedrigen Innovationsrate bei der Konzeptionierung eines solchen Innovationscontrollingsystems immer das Aufwand-Nutzenverhältnis im Auge behalten. Zudem müssen die Unternehmen sich bewusst sein, dass die Einführung eines Innovationscontrollings immer zu einer Erhöhung der Planorientierung auf Basis unsicherer Prognosedaten führt, weshalb sich Fehlprognosen nicht vollständig vermeiden lassen. In der Vergangenheit hat dies dazu geführt, dass z. T. erfolgte Fehlentscheidungen des Innovationscontrollings aufseiten der Mitarbeiter ein natürliches Misstrauen hervorriefen [13, 16].

6.1.4 Der Innovationsprozess als Regelkreis

Um die regelnde Funktion des Innovationscontrollings zu verdeutlichen, werden in diesem Kapitel das Innovationscontrolling und der Innovationsprozess in die Regelkreislogik übertragen. In diesem Zusammenhang bietet sich eine Betrachtung des Innovationsprozesses im Rahmen des Input-Prozess-Output-Outcome Modells an [18, 19].

Der Innovationsprozess und der zugehörige Teilprozess der Forschungs- und Entwicklungstätigkeit werden dabei zunächst als „Blackbox" betrachtet [20]. Der F&E-Prozess steht im Mittelpunkt des Innovationsprozess-Systems aus Abb. 6.2 und wird als bearbeitendes System („Processing System") bezeichnet. Er endet definitionsgemäß vor dem Markteintritt und erzeugt aus den zugeführten Inputs einen Output, z. B. ein neu entwi-

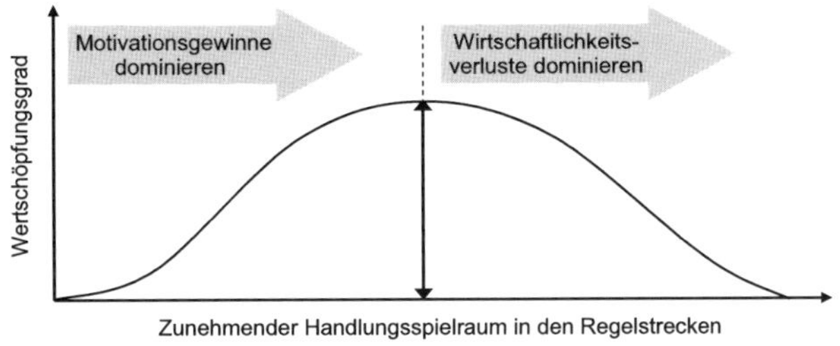

Abb. 6.1 Zusammenhang von Innovationserfolg und Handlungsspielraum [17]

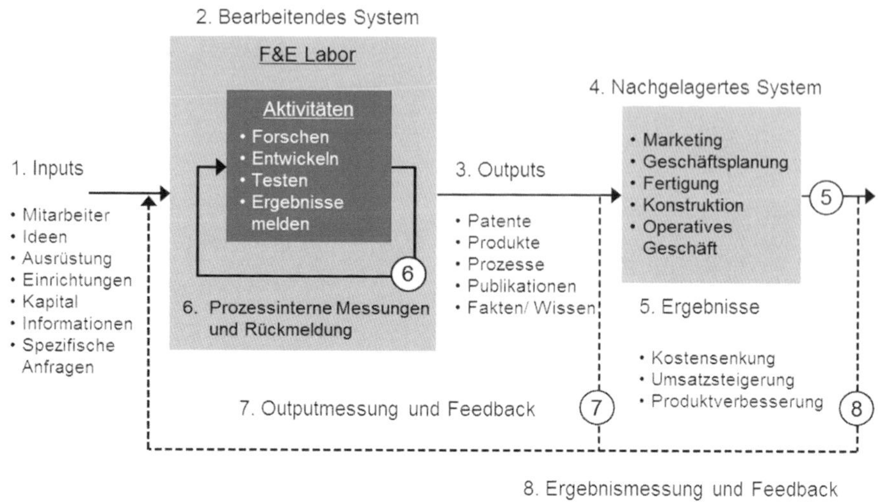

Abb. 6.2 Das Innovationsprozess-System nach Brown und Svenson [19]

6

ckeltes Produkt. Der Output wiederum wird im weiteren Innovationsprozess in nachgelagerte „Receiving Systems" eingespeist, die ihn weiterverwerten. Hier wird z. B. das neue Produkt mit einer Vermarktungsleistung verknüpft. Das Endresultat des Innovationsprozesses wird als Outcome bezeichnet und hat im Allgemeinen einen positiven Einfluss auf das Unternehmensergebnis [1].

Aus Sicht der Regelungstechnik handelt es sich bei diesem Innovationsprozess-System um einen Regelkreis [1, 10, 21]. Das bearbeitende und das nachgelagerte System sind Regelstrecken, während Output und Outcome Regelgrößen darstellen, die es zu messen und rückzuführen gilt. An dieser Stelle wird im Innovationsprozess-System das Innovationscontrolling aktiv, indem es z. B. die Messung der benötigten Größen übernimmt. Die gemessenen Regelgrößen werden dann vom Innovationscontrolling mit den Input-Werten, die im Regelkreismodell die Soll-Vorgaben z. B. in Form von Zielen repräsentieren, verglichen. Aus dem Abgleich muss die regelnde Instanz (hier z. B. auf Unternehmensebene die Unternehmensleitung und innerhalb des Innovationsprozesssystems das Innovationsmanagement oder die Projektleitung) Schlüsse ziehen und regelnd in den Prozess eingreifen, um Soll- und Ist-Wert anzugleichen. Andere Input-Faktoren aus Abb. 6.2, wie z. B. Ideen und Kapital, gehen bei dieser Betrachtungsweise direkt in die Regelstrecke ein und werden zur Erzeugung der Output-Faktoren benötigt.

Im Folgenden werden die Größen Input, Output, Outcome und Prozess näher betrachtet.

6.1.4.1 Input

Beim Input handelt es sich um Rohmaterialien und Stimuli, die ein System erhält und verwertet [19]. Sie stellen damit Voraussetzungen dar, die für das Innovationsvorhaben benötigt werden und vor dem Beginn des Vorhabens vorhanden sein müssen. Beim Innovationsprozess-System im Speziellen können dies z. B. Soll-Vorgaben, Mitarbeiter, Ideen, Informationen oder spezifische Anfragen, aber auch materielle Dinge wie Ausrüstung, Einrichtungen und Kapital sein [19]. Genauso wie Output- und Outcome-Größen kann auch der Input gemessen werden. Dies ist besonders bei der Grundlagenforschung und bei radikalen Innovationen von Bedeutung, da hier die benötigten Prozesse und ihr Output sehr unsicher sind [22].

6.1.4.2 Prozess

Der Prozess findet in diesem Modell in der F&E-Abteilung selber statt. Hier wird der eben genannte Input in einen Output umgewandelt. Dies kann z. B. dadurch geschehen, dass Konstruktionszeichnungen erstellt, neue Werkstoffe getestet oder neue Produktionsverfahren erprobt werden [19].

Auch innerhalb dieses Umwandlungsprozesses ist eine Performancemessung von großer Bedeutung, um die Effektivität und Effizienz der F&E zu gewährleisten. Hierbei handelt es sich in der Regel um Echtzeitmessungen von bestimmten Zielgrößen der Innovationsprojekte, mit denen aufgedeckt werden kann, ob ein Projekt von seinem Kurs abgekommen ist. So kann ggf. regelnd in den Prozess eingegriffen und das Projekt wieder auf das Ziel ausgerichtet werden [18]. Dabei sind sowohl projektübergreifende als auch projektspezifische Messungen möglich [4].

Das Prozesscontrolling ist eines der umstrittensten Themen des Innovationsmanagements, da häufig Bedenken entstehen, dass eine zu starke Kontrolle des Prozesses die Kreativität und teilweise auch Risikobereitschaft zu stark einschränken würde [23]. Daher wird das Innovationscontrolling auf Prozessebene stärker bei inkrementellen Innovationen als bei radikalen Innovationen eingesetzt, da hier weniger Unsicherheiten über die Erwartungen und deren Erreichung existieren [22].

6.1.4.3 Output

Typische Output-Größen des Innovationsprozesses sind Patente, neue Produkte und Prozesse sowie neue Erkenntnisse und Prinzipien, die zuvor noch unbekannt waren [19].

Wird der Output erfasst, so erhält man im Gegensatz zu den prozessinternen Messungen verzögerte Messgrößen, die ein verspäteter Indikator für den Erfolg der F&E sind. Sie werden erst erfasst, nachdem der eigentliche Prozess bereits durchlaufen wurde und folglich schon abgeschlossen ist. So können nur im Nachhinein Schlüsse gezogen werden, die dann für die Zukunft zu Verbesserungen führen, ein Eingreifen in Echtzeit jedoch nicht zulassen. Damit eignet sich eine Output-Messung im Gegensatz zu Input-Messungen vor allem für Projekte mit geringen Unsicherheiten, bei denen ein solches Eingreifen vermutlich nicht notwendig ist [22].

6.1.4.4 Outcome

Der Innovationsprozess ist abgeschlossen, wenn der Output in den nachgelagerten Systemen verwertet, z. B. kommerzialisiert wurde. Das dabei entstehende Endresultat, der Outcome, hat einen direkten Wert für die Organisation. Handelt es sich dabei um eine auf Profit ausgerichtete Organisation, so kann dies eine Umsatzsteigerung oder Kostensenkung, neue Produkte, eine Erhöhung des Marktanteils oder auch eine Kapitalschonung sein [19]. Handelt es sich jedoch z. B. um öffentliche oder gemeinnützige Organisationen, so ist ein Outcome z. B. in Form einer Steigerung des Bildungsniveaus oder eines Beitrags zur Lösung sozialer Probleme von größerem Interesse [24].

Für den Outcome gilt das zuvor für den Output Gesagte in einem noch stärkeren Maße. Er kann ebenfalls erst lange, nachdem die Entscheidungen gefällt und Ausgaben angefallen sind, erfasst werden. Daher ist er bei projektspezifischem Controlling vor allem für Projekte mit sehr hoher Sicherheit und möglichst kurzer Verzögerung zur Ergebniswirksamkeit geeignet [22].

6.1.5 Dimensionen des Innovationscontrollings

Das Innovationscontrolling als ein unterstützender Teil des Innovationsmanagements wird in diesem Kapitel anhand von drei Dimensionen näher erläutert (Abb. 6.3). Die erste Di-

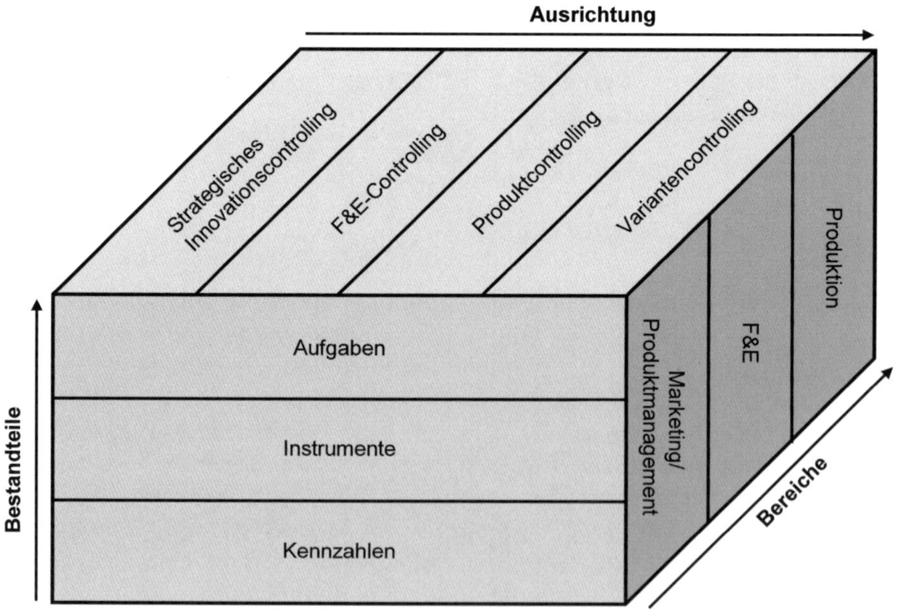

Abb. 6.3 Die drei Dimensionen des Innovationscontrollings

mension ist die Ausrichtung des Innovationscontrollings. Hier werden die strategische und die operative Ausrichtung unterschieden, je nachdem ob die Unterstützung sich auf die langfristigen strategischen Aufgaben des Innovationsmanagements (z. B. die Erarbeitung der Innovationsstrategie) oder die eher kurzfristigen operativen Aufgaben (z. B. das Controlling des Verlaufes einzelner Projekte) bezieht [7]. Die operative Ausrichtung kann in die Teilgebiete des F&E-Controllings, Produktcontrollings, und Variantencontrollings unterteilt werden. Bei der zweiten Dimension handelt es sich um die Bestandteile des Innovationscontrollings. Die drei Bestandteile sind hier die Aufgaben des Innovationscontrollings, seine Instrumente und verwendete Kennzahlen. Die dritte und letzte Dimension stellen die Bereiche dar, in denen das Innovationscontrolling aktiv ist und das Innovationsmanagement unterstützt. Als Teil des Innovationsmanagements umfasst das Innovationscontrolling nicht nur den Bereich der Forschung und Entwicklung, sondern unterstützt alle Phasen des Innovationsprozesses und vernetzt die beteiligten Fach- und Produktbereiche entlang der gesamten Wertschöpfungskette [12]. Diese drei Dimensionen werden im Folgenden näher beschrieben.

6.1.5.1 Ausrichtungen des Innovationscontrollings

Das Controlling wird im Produktentstehungsprozess bereits seit längerer Zeit unterstützend eingesetzt. Zunächst stand hier die Unterstützung der operativen Aufgaben im Vordergrund, wie z. B. das Controlling einzelner Entwicklungsprojekte bezüglich der Einhaltung bestimmter Kostenvorgaben. Der Fokus lag dementsprechend vornehmlich auf der Sicherstellung der Effizienz im Innovationsprozess. Um den innovationsimmanenten Risiken und der Komplexität gerecht zu werden, wurde dieses Verständnis jedoch zunehmend erweitert, sodass sich ein erfolgreiches Innovationscontrolling heutzutage dadurch auszeichnet, dass es sowohl die strategischen als auch die operativen Aufgaben des Innovationsmanagements unterstützt [7]. Da bei der strategischen Ausrichtung vor allem die Effektivität im Vordergrund steht, wird so sichergestellt, dass sowohl die Effizienz als auch die Effektivität des Innovationsprozesses reflektiert und optimiert werden können [1]. So geht es im operativen Controlling darum die Projekte möglichst schnell und ressourcenschonend durch den Innovationsprozess zu bringen, während die Auswahl und die angemessene Verteilung der Projekte das strategische Controlling beschäftigen [25]. Nicht minder wichtig ist zudem eine koppelnde Funktion, die das Innovationscontrolling zwischen den beiden Perspektiven einnimmt. So werden z. B. strategische Vorgaben durch das Innovationscontrolling in operativ messbare Zielgrößen übersetzt und operative Informationen werden gesammelt, um mit ihrer Hilfe die zukünftige Innovationsplanung verbessern zu können [1]. Die beiden Perspektiven sind aufgrund der vielseitigen Wechselwirkungen in der Praxis untrennbar miteinander verbunden und müssen immer im Zusammenhang gesehen werden [26]. Betrachtet man die Phasen des Innovationsprozesses, in denen das strategische und das operative Innovationscontrolling eingesetzt werden, so werden in den frühen Phasen die Grundlagen für effektive Innovationsprojekte gelegt, während mit zunehmender Konkretisierung die Effizienz in den Mittelpunkt des Innovationscontrollings rückt. Daher kommt in den frühen Phasen vorwiegend strategisches

Innovationscontrolling und in den späten Phasen vorwiegend operatives Innovationscontrolling zum Einsatz [15, 21, 27].

Für die Unternehmensführung besteht auf strategischer Ebene die Aufgabe vor allem darin, Erfolgspotenziale langfristig aufzubauen und zu erhalten. Das strategische Innovationscontrolling soll hier Grundlagen liefern, die es dem Innovationsmanagement und im weiteren Sinne der Unternehmensführung ermöglichen, strategische Entscheidungen fundiert zu treffen und damit die langfristige Ausrichtung der Innovationsaktivitäten festzulegen. Hierzu zählt z. B. die Entscheidung, in welchen Bereichen der Schwerpunkt für innovative Produkte und Dienstleistungen gelegt werden soll. An dieser Stelle sind Informationen über das Umfeld des Unternehmens von besonderer Bedeutung [21, 26]. Ziel muss es dabei sein, die Innovationsprozesse so aufeinander abzustimmen, dass sie sich in synergetischer Weise gegenseitig verstärken [5]. Das Innovationscontrolling unterstützt jedoch nicht nur die strategische Entscheidungsfindung, sondern auch die Steuerung und Kontrolle der Umsetzung dieser Entscheidungen.

Die operative Perspektive des Innovationscontrollings verfolgt dagegen eine eher kurz- und mittelfristige, ergebnisorientierte Planung, Steuerung und Kontrolle der einzelnen Innovationsaktivitäten. Sie fokussiert insbesondere das Controlling der einzelnen Innovationsprojekte und das Multiprojektcontrolling, um die Einhaltung der strategischen Zielvorgaben zu gewährleisten und den Innovationsprozess auf die festgelegten Meilensteine und Phasenziele auszurichten. In diesem Zusammenhang findet zudem die Überwachung der eingesetzten materiellen, personellen und finanziellen Ressourcen statt und die Ergebnistransparenz innerhalb der gesamten Wertschöpfungskette einer Innovation wird sichergestellt [21, 26]. Im Speziellen werden in der operativen Perspektive des Innovationscontrollings drei Teilgebiete unterschieden. Hierbei handelt es sich um das F&E-Controlling, das Produktcontrolling und das Variantencontrolling. Das F&E-Controlling dient der Steuerung und Kontrolle der F&E-Bereiche sowie der F&E-Projektlandschaft. Während in diesem Teilgebiet die Organisationsstruktur aus Aufbau- und Ablaufperspektive im Vordergrund steht, ist der Objektbereich beim Produktcontrolling auf das Produkt selbst gerichtet. Das Produktcontrolling sichert demnach die Einhaltung der produktbezogenen Ziele, die sich zum einen auf den Wert des Produkts und zum anderen auf den erzeugten Werteverzehr, also die Kosten, beziehen. Deshalb liegt die wesentliche Zielgröße des Produktcontrollings in der Effektivität, wohingegen sich das F&E-Controlling vornehmlich auf die Effizienz bezieht. Das dritte Teilgebiet des operativen Innovationscontrollings stellt das Variantencontrolling dar. Auch hierbei handelt es sich um eine Planung und Steuerung effektivitätsbezogener Größen. Die Aufgabe des Variantencontrollings liegt in der Schaffung von Transparenz über die angebotene Produktvielfalt sowie die Aufbereitung von Informationen zur Optimierung der Vielfalt.

6.1.5.2 Bestandteile des Innovationscontrollings

Jedes der beschriebenen Teilgebiete des Innovationscontrollings besteht aus spezifischen Aufgabenbereichen, die unter Nutzung von Instrumenten und Kennzahlen bearbeitet werden. Diese Bestandteile werden im Folgenden kurz erläutert.

Aufgaben

Das Innovationscontrolling erfüllt im Unternehmen eine Vielzahl von Aufgaben. Zu den wichtigsten gehören die Unterstützung der Planung, Steuerung und Kontrolle sowie die Informationsversorgung [7, 28]. Diese drei Aufgaben hängen ebenfalls eng zusammen, da die systematische Informationsversorgung die Kontrolle (als kritischen Nachvollzug) mit der Planung (als gedanklichen Vorvollzug) verbindet, wodurch eine koordinierte Steuerung des Innovationsprozesses möglich wird [29]. Diese drei Aufgaben werden im Folgenden kurz dargestellt.

Unterstützung der Planung: Die Planung umfasst die systematische Entscheidungsvorbereitung und das Fällen von Führungsentscheidungen [30]. Dabei werden nicht nur klassische resultatbezogene und strategische Zielgrößen im Rahmen der Innovationsaktivitäten festgelegt, Beispiele sind hier die Kosten der Innovationsentwicklung oder die Qualität der Innovation, vielmehr sind auch operative Aspekte wie der Ressourceneinsatz oder die Gestaltung der Innovationsprozesse zu determinieren [26]. Die Unterstützung dieser Planung stellt eine zentrale Aufgabe des Controllings dar [12]. Das Innovationscontrolling agiert hier als Beratungsservice für das Innovationsmanagement, um die zielbezogene Planung des Innovationsprozesses durch Koordination der Planungsaktivitäten und Bereitstellung der notwendigen Planungsinformationen zu unterstützen [7]. Zudem hat das Innovationscontrolling die organisatorischen und instrumentellen Voraussetzungen zur effektiven und effizienten Durchführung der Planung in Form eines umfassenden Planungssystems zu schaffen, was jedoch nicht bedeutet, dass das Innovationscontrolling alle Planungsaktivitäten eigenständig durchführt. Vielmehr ist es dessen Aufgabe, passende Voraussetzungen zur eigenständigen Durchführung der Planung seitens der Verantwortlichen zu schaffen [10, 28]. Es übernimmt damit die sogenannte Metaplanung, also die Gestaltung der Planung selbst [1, 12].

Unterstützung der Steuerung und Kontrolle: Eng mit der Planung verbunden sind sowohl die Steuerung als auch die Kontrolle. Während es sich bei der Steuerung um die Planungsausführung sowie ihre Veranlassung handelt, werden bei der Kontrolle die Zielgrößen aus der Planung in Bezug auf ihren Soll- und Ist-Zustand verglichen, wodurch eine gezielte Steuerung und Planung ermöglicht wird. Damit dient die Kontrolle als eines der zentralen Aufgabengebiete des Controllings der Sicherstellung der Planerfüllung im Innovationsprozess und der effizienten Umsetzung der strategischen Vorgaben [1, 26, 30]. Ebenso wie bei der Planung kann das Innovationscontrolling auch hier als unterstützender Beratungsservice für das Innovationsmanagement zur zielbezogenen Steuerung des Innovationsprozesses gesehen werden [7]. Diese zielbezogene Steuerung wird erst dadurch möglich, dass durch Kontrolle die Einhaltung der geplanten Ziele überprüft und zurückgemeldet wird.

Die Kontrolle selbst sollte als permanenter Überwachungsvorgang fest in den Planungs- und Realisierungsablauf einbezogen sein und verfolgt dabei zwei grundlegende Ziele [21, 31]:

1. Die Zielerreichung der Innovationsbereiche sowie der einzelnen Innovationsprojekte soll durch rechtzeitiges Erkennen und Korrigieren von Abweichungen sichergestellt werden (Feedback/ Handlungsaspekt).

2. Die Zieltreue und Effizienz in zukünftigen Prozessen und Projekten soll durch bessere Beherrschung der Ziel-Einflussfaktoren erhöht werden (Feed-forward/Erfahrungs- und Lernaspekt).

Informationsversorgung: Informationen bilden die Grundlage jedweder Planungs-, Kontroll-, Koordinations- und Entscheidungsprozesse sowie der Leistungserstellungsprozesse des Innovationsmanagements. Ziel der Informationsversorgung ist es daher, dem Innovationsmanagement für die Planungs-, Kontroll- und Steuerungsaufgaben ziel-, aufgaben- und nutzeradäquate Informationen bereitzustellen [28]. Im Hinblick auf das Erreichen der Controllingziele kann die Informationsversorgung daher als primäre Aufgabe des Innovationscontrollings gesehen werden. Sie verbindet wie oben erwähnt Planung, Steuerung und Kontrolle und verbessert die Ergebnisse in allen drei Bereichen [10]. Dies gilt insbesondere aufgrund des Unsicherheits- und Unschärfeproblems im Rahmen des Innovationsmanagements, welches ein effektives und effizientes Handeln im Innovationsprozess erschwert. Je besser jedoch die verfügbaren, relevanten Informationen sind, desto geringer fällt dieses Problem aus [1].

Die Aufgaben der Informationsversorgung umfassen zunächst die Ermittlung des Informationsbedarfes sowie Beschaffung, Aufbereitung, Speicherung und Übertragung der Informationen [12]. Demnach bildet das Innovationscontrolling den Kern eines Informationssystems zur Entscheidungsunterstützung und Leistungsmessung, welches der Informationsversorgung aller Zielgruppen dient (Abb. 6.4) [15].

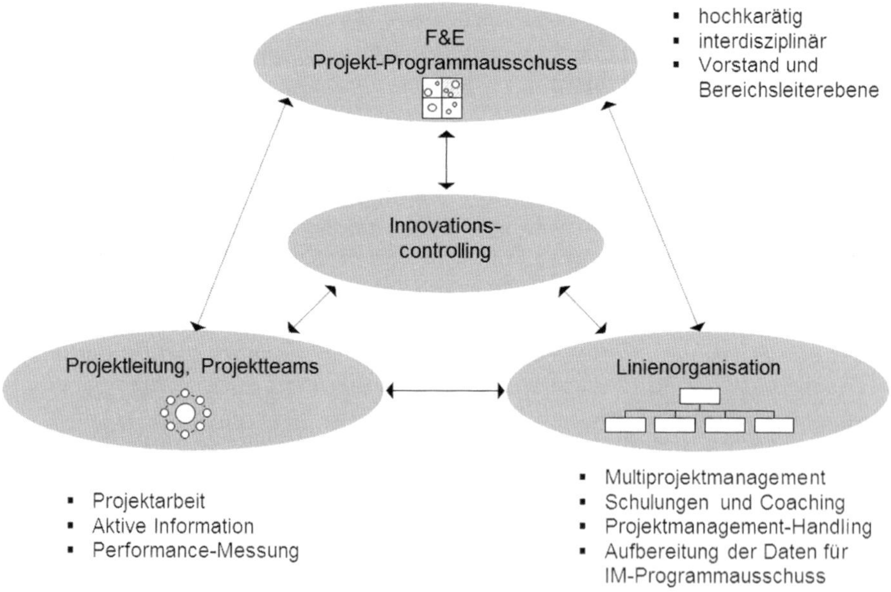

Abb. 6.4 Das Innovationscontrolling als Kern eines Informationssystems zur Entscheidungsunterstützung und Leistungsmessung [15]

Instrumente

Zur Sicherstellung eines zielgerichteten und effizienten Innovationscontrollings ist der Einsatz problemadäquater Controllinginstrumente notwendig [10]. Daher sind Instrumente der zweite wichtige Bestandteil des Innovationscontrollings. Das Ziel ist es, dem Innovationsmanagement zu jeder Aufgabe das geeignete Instrumentarium zur Verfügung zu stellen, indem verschiedenste Instrumente hinsichtlich ihrer Vor- und Nachteile beurteilt und bezüglich ihrer Anwendungsbereiche sowie Ergänzungsnotwendigkeiten festgelegt werden. Im Rahmen der Informationsversorgung umfasst dieser Bestandteil auch den Einsatz geeigneter Instrumente zur Analyse und Prognose strategischer und operativer Chancen und Risiken durch den Controller [8].

Unter dem Begriff „Instrumente" werden hier Methoden, Verfahren, Techniken, Werkzeuge und Modelle zusammengefasst [10]. Diese Instrumente können bezüglich ihrer Ausrichtung in strategische und operative Instrumente oder aufgabenspezifisch in Planungs-, Steuerungs- und Kontrollinstrumente unterteilt werden. Eine weitere Unterteilung ergibt sich daraus, wie die Ergebnisse des Instruments erfasst werden und auf welcher Datenbasis dies geschieht. Ersteres unterscheidet eine qualitative und eine quantitative Erfassung, während bei Letzterem zwischen einer objektiven und einer subjektiven Datengrundlage unterschieden wird. Daraus ergibt sich eine Einteilung in quantitativ-objektive, quantitativ-subjektive bzw. semiquantitative und qualitativ-subjektive Instrumente. Die vierte Kombinationsmöglichkeit wird nicht berücksichtigt, da qualitativ-objektive Instrumente nach dem hier genutzten Schema einen Widerspruch in sich darstellen. Bei objektiver Datengrundlage sollten die Ergebnisse numerisch dargestellt werden [20, 32, 33]. Wann welches Instrument besser geeignet ist, hängt zum einen von der aufgabenspezifischen Eignung ab. Schmelzer nennt hierzu die Kategorien Anwendungsbereich, Problemangemessenheit, Anwendungsvoraussetzungen, Benutzerfreundlichkeit und Wirtschaftlichkeit in denen die Eignung zu prüfen ist [28]. Zum anderen ist die aktuelle Innovationsphase ausschlaggebend (Abb. 6.5). Während in den frühen Innovationsphasen vor allem aufgrund der geringen Datensicherheit und -verfügbarkeit qualitative oder semiquantitative Instrumente Vorteile besitzen, die auf einer erfahrungsbasierten, subjektiven Einschätzung beruhen, können bei zunehmender Datensicherheit und -verfügbarkeit im Innovationsverlauf stärker quantitative Verfahren der Investitionsrechnung zur Anwendung kommen, die auf Berechnungen basieren [34].

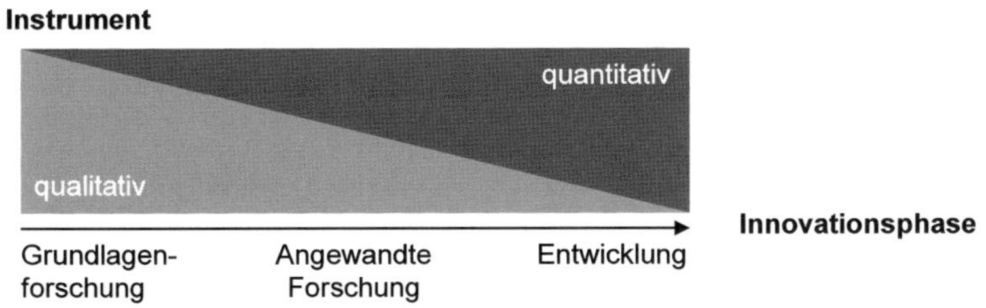

Abb. 6.5 Phasenabhängigkeit der Messmethode [35]

Quantitativ-objektive Instrumente nutzen nachvollziehbare Berechnungsalgorithmen, um die Beobachtungen in konkrete Zahlen zu überführen und führen daher und aufgrund der Objektivität der Datengrundlage unabhängig vom Messsubjekt zu identischen Ergebnissen. Dies fördert eine einfache Anwendung sowie gute Interpretier- und Vergleichbarkeit. Zudem lassen sich die Ergebnisse leicht kommunizieren [32]. Beispielhaft sei hier die Berechnung der F&E-Intensität über die klare Berechnungsvorschrift

$$\text{F\&E-Intensität} = \frac{\text{F\&E-Kosten}}{\text{Umsatz}}$$

genannt, deren Eingangsgrößen unproblematisch objektiv erhoben werden können [20].

Nachteile haben diese Instrumente jedoch bei steigender Komplexität, hoher Unsicherheit und einmaligen Handlungen, wie sie z. B. in der Grundlagenforschung auftreten [35, 36]. Weitergehend können die Messmethoden, soll eine vollständig objektive Datengrundlage gewährleistet sein, nur vergangenheitsorientiert eingesetzt werden und ermöglichen damit keine zeitnahe Prozesssteuerung [20].

Quantitativ-subjektive Instrumente werden vor allem dann eingesetzt, wenn eine Kennzahl ermittelt werden soll, noch bevor objektive Informationen hierfür vorliegen. In diesem Fall müssen subjektive Abschätzungen vorgenommen werden, um dennoch ein Ergebnis berechnen zu können. Ein Beispiel wäre eine Abschätzung des Return-On-Investment noch während der Entwicklung eines neuen Produktes [18]. Mit diesen Instrumenten lassen sich dementsprechend quantitative Kennzahlen subjektiv schätzen, es können jedoch auch qualitative Aussagen in Zahlenwerte umgewandelt werden [37]. Hierfür eignen sich z. B. Nutzwertanalysen oder Scoringverfahren.

Die Vor- und Nachteile ähneln denen quantitativ-objektiver Instrumente, da auch hier gute Interpretier- und Kommunizierbarkeit gegeben sind. Ein Vorteil gegenüber diesen Instrumenten ist jedoch die größere Aktualität, welche durch eine höhere Ungenauigkeit der Messungen und eine Abhängigkeit der Ergebnisse von der schätzenden Person erkauft wird [20, 32].

Im Gegensatz zu den quantitativen Instrumenten basieren die qualitativen Instrumente auf „intuitive judgements". Diese werden hier nicht in Zahlen umgewandelt, sondern grafisch oder verbal dargestellt. Zudem werden keine objektiv messbaren und reproduzierbaren Kennzahlen ermittelt, was insgesamt zu einer umfassenderen und ganzheitlicheren, dafür aber weniger konkreten Bewertung führt [20, 32]. So ermöglichen solche Instrumente z. B. eine anschauliche Beurteilung der Leistung von F&E-Mitarbeitern. Hier bieten sich Verfahren der Selbsteinschätzung und Mitarbeiterbewertung sowie Peer Reviews oder Audits an [20].

Ebenso wie die Ergebnisse der quantitativ-subjektiven Instrumente sind die der qualitativ-subjektiven Instrumente stark von subjektiven Einflüssen abhängig, was sich jedoch über eine Durchschnittsbildung oder Gruppenentscheidungen einschränken lässt [38]. Auch hier wird eine umfassendere Bewertung ermöglicht, gleichzeitig steigen jedoch auch der Personal- und Zeitaufwand und damit die Kosten. Qualitativ-subjektive Instrumente sind von großer Bedeutung für das Innovationscontrolling, da in vielen Situationen nur diese Art von Instrumenten anwendbar ist [20].

Kennzahlen

Kennzahlen werden in der Literatur als solche Zahlen betrachtet, die quantitativ erfassbare Sachverhalte in konzentrierter Form abbilden. Daher bieten Kennzahlen dem Innovationsmanagement die Möglichkeit, sich schnell und umfassend einen Überblick über die Innovationsstrukturen und -prozesse zu verschaffen. Kennzahlen haben damit eine Informationsfunktion, indem sie zweckorientiertes Wissen für konkrete Entscheidungssituationen bereitstellen, und können sowohl für die externe als auch für die interne Vermittlung von Informationen eingesetzt werden. Neben ihrer deskriptiven Funktion werden Kennzahlen auch dazu verwendet, normative Informationen in Form von Vorgaben im Unternehmen zu vermitteln. Eine solche Zielvorgabe ist die Voraussetzung für alle erfolgreichen Kontrollaktivitäten in Form von Soll-/ Ist-Vergleichen [8]. Aufgrund dieser Eigenschaften eignen sich Kennzahlen besonders für die entscheidungsbezogene Informationsbereitstellung und sind damit für den Einsatz im Rahmen eines Controllings prädestiniert. So werden sie im Innovationscontrolling zur Bereitstellung verdichteter, normativer Informationen zur Unterstützung der Planung, Steuerung und Kontrolle des Innovationsprozesses und der Innovationsprojekte gebildet. Der deskriptive Charakter von Kennzahlen kann weitergehend dem Aufbau einer Erfahrungsdatenbank zur Verbesserung der Planung und Steuerung dienen und ermöglicht Zeitreihenanalysen und externe Vergleiche zu anderen Unternehmen, z. B. in Form eines Benchmarkings [7]. So können Kennzahlen im Innovationscontrolling eine Operationalisierungsfunktion, eine Kontrollfunktion, eine Vorgabefunktion, eine Anregungsfunktion und eine Lenkungsfunktion haben [5].

Da besonders im Innovationsprozess jedoch nicht alle Sachverhalte quantitativ gemessen oder in einer Zahl dargestellt werden können, wird in der Literatur häufig der Begriff Messgröße oder Indikator parallel zu dem der Kennzahl genutzt und der Trend bewegt sich weg von einem reinen Kennzahlensystem hin zu einem Performance Measurement System für das Innovationssystem [1, 4, 5].

Werden die Kennzahlen gemäß dem Input-Prozess-Output-Outcome Modell aus Kap. 6.1 klassifiziert, so lassen sich Input-, Prozess-, Output- und Outcome-Kennzahlen unterscheiden. Die verschiedenen Kategorien werden im Folgenden kurz dargestellt.

Input-Kennzahlen erfassen die den Innovationsaktivitäten zur Verfügung gestellten Ressourcen. Diese können – wie Abb. 6.2 zeigt – Mitarbeiter, Ausrüstung, Kapital, Informationen, etc. sein. Input-Kennzahlen sind zwar leicht zu erheben, da sie zumeist schon in der Budgetplanung erfasst werden [20], haben jedoch den Nachteil, dass kein funktionaler Zusammenhang zwischen Input und Output besteht. So lässt sich von der Höhe der zur Verfügung gestellten Ressourcen nicht direkt auf die Qualität des Ergebnisses schließen. Insbesondere bewirkt ein höherer Input nicht zwangsläufig einen höheren Output. Entscheidend ist hier vielmehr, wie effektiv und effizient die Mittel eingesetzt werden [39]. Zudem gilt es zu berücksichtigen, dass eine Veränderung des Inputs nur eine verzögerte Auswirkung auf den Output hat [20].

Insgesamt ist es jedoch sinnvoll, auch die Input-Kennzahlen zu erheben, da so Richt- und Vergleichswerte der Ressourcenbereitstellung ermittelt und sowohl intern als auch extern verglichen werden können [4].

Um, wie oben genannt, Effektivität und Effizienz bei der Umwandlung vom Input in den Output zu sichern, können *Prozess-Kennzahlen* eingesetzt werden. Ähnlich wie im

Projektcontrolling können diese z. B. die Dimensionen Zeit, Kosten, Projektfortschritt und Qualität besitzen [4]. Hier sind sowohl Kennzahlen sinnvoll, die nur eine dieser Dimension aufzeigen, wie z. B. die „Termintreue", als auch Kennzahlen, die mehrere abdecken, da zwischen den Dimensionen Interdependenzen bestehen. Hier verbindet z. B. die „Meilenstein-Trend-Analyse" die Dimensionen Projektfortschritt und Zeit [20].

Neben einer Einordnung der Prozess-Kennzahlen hinsichtlich ihrer abgedeckten Dimensionen kann zwischen projektspezifischen oder projektübergreifenden Kennzahlen unterschieden werden. So hat der „Anteil der Änderungskosten an den Innovationsgesamtkosten" im Gegensatz zu den oben genannten Prozess-Kennzahlen einen projektübergreifenden Charakter [7].

Vor allem die eindimensionalen Kennzahlen haben ohne zusätzliche Informationen zu anderen Dimensionen eine geringe Aussagekraft. So kann eine Kostenkennzahl zwar zeigen, dass die Ist-Kosten über den Plan-Kosten liegen, wurden jedoch mit 5 % mehr Kosten 8 % mehr Leistung erbracht, so würde diese Information alleine zu einer zu negativen Projektbewertung führen. Aussagekräftiger sind die beschriebenen mehrdimensionalen Kennzahlen, aber auch hier ist eine Bewertung der Aussage, dass alle Kosten-, Zeit- und Qualitäts-Ziele eingehalten wurden davon abhängig, wie ambitioniert die Ziele selbst waren. Um die Planung als solche präziser und fehlerfrei durchzuführen, ist es notwendig, sich mit den dargestellten Kenngrößen zu beschäftigen und sie zu verfolgen. Die daraus gewonnenen Erkenntnisse können in Datenbanken gespeichert und für die Planung zukünftiger Projekte genutzt werden, wodurch ein Soll-Ist-Vergleich immer aussagekräftiger wird [18, 20].

Um mithilfe der Erhebung von Prozess-Kennzahlen zu aussagefähigen Erkenntnissen zu gelangen, ist eine gute Strukturierung und Planung der Projekte unerlässlich. Nur wenn Planvorgaben für Kosten, Zeit und Fortschritt, z. B. in Form eines Projektplans existieren, können projektorientierte Prozess-Kennzahlen sinnvoll eingesetzt werden [20].

Output-Kennzahlen können – wie in Abb. 6.2 dargestellt – z. B. aus dem Bereich Wissen (in Form von Patenten, Publikationen und Fakten/ Wissen) und dem Bereich Produkt und Prozess kommen.

Messungen auf der Ebene Wissen gestalten sich schwer, da die Kennzahlen zum einen schwer erfassbar und zum anderen leicht manipulierbar sein können. So lässt sich z. B. die „Anzahl der Patente" leicht durch die Stückelung eines großen Patentes in viele kleine Patente beeinflussen. Nichtsdestotrotz stellen patentbasierte Kennzahlen im Forschungs- und Entwicklungsbereich eine wichtige Output-Kennzahlenkategorie dar [4]. Neben diesen auf Patente bezogenen Kennzahlen werden vor allem Kennzahlen eingesetzt, die mit dem beschriebenen Output in Beziehung stehen. In frühen Phasen kann dies die „Anzahl generierter Lösungsvarianten" für ein Teilproblem sein, während später z. B. die „Anzahl an Prototypen" erhoben werden kann [40]. Eine einseitige Verfolgung solcher Kennzahlen ist jedoch ebenfalls kritisch zu sehen, da so den Forschern ggf. falsche Anreize vermittelt werden, sich mehr auf Publikationen als die Forschung als solche zu konzentrieren.

Auf der Produkt/ Prozess-Ebene hingegen fällt eine Messung leichter, da die Entwicklung des neuen Produktes bzw. Prozesses bereits im technischen Sinne abgeschlossen sein muss, bevor die Messung durchgeführt werden kann. Auf dieser Ebene können z. B. als absolute Kennzahlen die „Anzahl neuer Produkte" [38] oder die „Anzahl an Innovationen" [41] gemessen werden. Relative Kennzahlen sind beispielsweise der „Anteil neuer

Produkte am gesamten Produktprogramm“ oder der „Anteil der erfolgreichen Projekte“ [20]. Aber auch die Qualität des Forschungsergebnisses kann z. B. anhand der „Anzahl der Beschwerden“ abgeschätzt werden [42].

Trotz der teilweise schwierigen Mess- und Interpretierbarkeit der Output-Kennzahlen auf Ebene der Wissensgenerierung lässt sich mit der richtigen Zusammensetzung der Output-Kennzahlen eine Verhaltensbeeinflussung der Mitarbeiter in Richtung der gewünschten Ziele erreichen [18].

Da der Beitrag des Innovationsprozesses mit seinen vielfältigen Ergebnissen zum Unternehmenserfolg von besonders hoher Bedeutung ist, nehmen auch die Outcome-Kennzahlen, die den Erfolg relativ und absolut erfassen können, eine besonders wichtige Stellung ein [43].

Bei *Outcome-Kennzahlen* handelt es sich zumeist um Umsatzkennzahlen. Eine absolute Kennzahl aus diesem Bereich ist z. B. der „Umsatz mit Neuprodukten“ [40]. Diese Kennzahl kann, bezieht man sie auf den Gesamtumsatz, zu einer relativen Kennzahl umgewandelt werden [7]. In gleicher Weise kann mit dem Gewinn anstelle des Umsatzes verfahren werden. Relative Kennzahlen sind dazu geeignet, den Outcome zum Output und dem investierten Input in ein Verhältnis zu setzten. Hier kann z. B. das „Verhältnis zwischen den Gewinnen von Neuprodukten und ihren F&E-Kosten“ [44, 45] genutzt werden, um den Aufwand eines Innovationsprojektes mit seinem Nutzen zu vergleichen. Weitere relevante Outcome-Kennzahlen sind „Deckungsbeiträge“ und „Margen“ sowie „EVA“, „Cash-Flow“ und „Barwert“ eines Innovationsprojektes. Auch Renditegrößen und Amortisationszeiträume wie der „ROI“ oder die „Break-Even-Time“ sind von Bedeutung [4].

Durch Outcome-Kennzahlen kann der Erfolgsbeitrag der Innovationstätigkeit transparent dargestellt werden. So wird sichergestellt, dass die Produkte auch an ihrem Erfolg im Markt und nicht nur an ihrem technologischen Neuerungsgrad gemessen werden [18]. Zudem sind sie in vielen Fällen einfach zu erheben und haben eine klare Aussagekraft [20].

Eine zu starke Orientierung an Outcome-Kennzahlen kann jedoch zu einer zu kurzsichtigen Optimierung führen, was gerade bei langfristigen und risikoreichen Projekten große Nachteile birgt. Für solche Projekte sollte daher weniger Gewicht auf den marktbezogenen Outcome gelegt werden [41]. Weiter ergeben sich häufig Probleme bei der sachlichen und zeitlichen Zurechenbarkeit. Aufgrund der Zusammenarbeit mehrerer Abteilungen wie z. B. F&E, Produktion und Marketing, ist es schwer festzustellen, wer zum Markterfolg inwieweit beigetragen hat. Zudem ist es schwierig, den einzelnen Neuprodukten Ergebnisse der Grundlagenforschung und Erfahrungen aus abgebrochenen Projekten zuzuordnen. Probleme bei der zeitlichen Zurechenbarkeit ergeben sich aus der Tatsache, dass sich eine Monetarisierung des Ergebnisses erst mit einer zeitlichen Verzögerung ergibt [4]. Durch diese zeitliche Verzögerung wird ein steuerndes Eingreifen aufgrund der Messergebnisse nahezu unmöglich [20].

6.1.5.3 Bereiche

Zwei der Hauptaufgaben des Innovationsmanagements sind die frühe Einbeziehung aller am Innovationsprozess beteiligten Unternehmensbereiche und die Ausrichtung auf ein gemeinsames Ziel durch marktorientierte Planvorgaben. Aufgrund dieser integrierenden Sichtweise muss auch das Innovationscontrolling als Bestandteil des Innovationsmanagements, den Innovationsprozess in allen Phasen unterstützen, was meist jedoch nicht durchgängig realisiert wird [7, 46].

Sollen nun z. B. Kennzahlen erhoben werden, so muss zuvor der Messbereich festgelegt werden, in dem dies geschehen soll. Hierbei gilt es, das Messobjekt dahin gehend einzugrenzen, welche Bereiche in die Messung des Innovationserfolges einbezogen werden sollen [35].

Mögliche Messbereiche sind z. B. die F&E-Abteilung und die nachgelagerten Systeme, wie die Produktion und das Marketing. Der Messbereich kann aber auch weiter gefasst werden und das gesamte Unternehmen betrachten. Einen geringeren Umfang, ähnlich dem der Abteilungen, haben einzelne Teams bzw. Projekte. Das kleinste Messobjekt stellt der einzelne Mitarbeiter dar [1].

Messungen auf Unternehmensebene haben den Nachteil, dass Messresultate kaum einzelnen verantwortlichen Teams oder Individuen zugeordnet werden können. Hierdurch wird es erschwert, Managemententscheidungen für mögliche Verbesserungen im Innovationsprozess zu treffen. Zieht man den Betrachtungskreis jedoch enger, so läuft man Gefahr, wichtige Aspekte nicht zu erfassen. Je kleiner das Messobjekt, desto schwieriger wird es, aus den Messergebnissen einen Eindruck des gesamten Innovationssystems zu erhalten [1]. Welches Messobjekt zu wählen ist, muss für jede Messsituation einzeln festgelegt werden, da es keine Messebene gibt, die generell bevorzugt wird [47].

Die Wahl des Messbereichs bestimmt wiederum mit, welche Kennzahlen von besonderem Nutzen sind. Auf Unternehmensebene werden Kennzahlen mit einem hohen Aggregationsgrad benötigt und finanzielle und strategische Kennzahlen spielen eine größere Rolle. Auf Projektebene werden hingegen vor allem Kennzahlen zur Prozesssteuerung benötigt [18].

6.2 Strategisches Innovationscontrolling

Während des Innovationsprozesses müssen an vielen Punkten Entscheidungen getroffen und immer wieder auf ihre Richtigkeit hin überprüft werden. Im Rahmen dieser Entscheidungsfindung benötigt die Unternehmensführung zur Wahrnehmung ihrer Aufgaben eine fundierte Entscheidungsunterstützung [7]. Das strategische Innovationscontrolling bildet im Unternehmen diese funktionelle Verbindung zwischen den strategischen Zielen der Unternehmensleitung sowie den Aktivitäten im Innovationsprozess [10]. Es bezeichnet somit eine Unterstützungsfunktion zur Entwicklung, Gestaltung und Lenkung des Innovationsprozesses mit dem übergeordneten Ziel, die Effektivität und somit die Anpassungs- und Entwicklungsfähigkeit des Innovationsmanagements zu erhöhen [5]. Das strategische Innovationscontrolling stellt demnach die Frage, ob das Richtige gemacht wird, das Controlling der Effektivität und strategischen Ausrichtung steht im Mittelpunkt. Die Frage danach, wie effizient dies geschieht, lässt sich größtenteils dem operativen Innovationscontrolling zuordnen. Das strategische Innovationscontrolling befasst sich mit der längerfristigen und gesamtunternehmerischen Entwicklung und fokussiert jene Größen, welche langfristig die Existenz des Unternehmens sichern. Eine wesentliche Aufgabe des strategischen Innovationscontrollings besteht daher in der Unterstützung bei der Auswahl der richtigen Innovationsprojekte [21]. Die strategische Ebene des Innovationscontrollings fördert somit eine langfristige Ausrichtung der Innovationsaktivitäten.

Im Folgenden werden die Aufgaben und ausgewählte Instrumente des strategischen Innovationscontrollings näher erläutert.

6.2.1 Aufgaben des strategischen Innovationscontrollings

Wie in Kap. 6.1.5.2 beschrieben, unterstützt das Innovationscontrolling die Planung und Steuerung im Innovationsprozess und führt Kontrollaufgaben aus. Dies gilt im gleichen Maße für das strategische Innovationscontrolling, welches jedoch den Fokus insbesondere auf die Unterstützung der Planungsaktivitäten des Innovationsmanagements legt. Zudem hat das strategische Innovationscontrolling als Bestandteil des Innovationsmanagements die Aufgabe, dieses mit den benötigten strategischen Informationen zu versorgen.

6.2.1.1 Unterstützung der strategischen Innovationsplanung

Der Zweck der Planung als solche ist es, den Unternehmenserfolg zu sichern, Risiken zu erkennen und zu reduzieren, die Komplexität zu reduzieren und die unternehmerische Flexibilität zu erhöhen [48, 49]. Die Unterstützung der strategischen Planung durch das Innovationscontrolling dient in dem Zusammenhang der Ausrichtung aller strategischen Planungsaktivitäten des Innovationsmanagements auf die übergeordneten Unternehmens- und Innovationsziele. Damit kommt dem Innovationscontrolling eine Koordinationsfunktion zu, welche mit zunehmender Anzahl der Innovationsaktivitäten immer mehr an Bedeutung gewinnt [50]. Im Rahmen der materiellen und inhaltlichen Planung kann das strategische Innovationscontrolling wesentliche Unterstützung leisten und die in der Praxis häufig anzutreffenden Managementdefitzte in der strategischen Innovationsplanung u. U. vermindern. Insbesondere bei der Gestaltung des strategischen Planungsprozesses, bei der Auswahl geeigneter Planungsinstrumente sowie bei der Koordination der strategischen Planungsprozesse wird es benötigt [2, 28, 50].

Im Mittelpunkt der strategischen Innovationsplanung steht die Erarbeitung der Innovationsstrategie. Sie bildet die Basis für weitreichende Innovationsentscheidungen, die das Zielsystem, die Schwerpunkte der Innovationen, die Organisationsstruktur und Ressourcen betreffen (Abb. 6.6) [28].

Die Kernpunkte der Innovationsstrategie sind, wie Abb. 6.6 zeigt, die Festlegung wettbewerbsentscheidender Erfolgspotenziale für die Entwicklung, welche u. a. auf einer Analyse der Wettbewerbsstellung des Unternehmens beruht, die Festlegung und Gewichtung der Zielgrößen in der Entwicklung, die Festlegung der Entwicklungstiefen, Technologiestrategie und Produktstrategie sowie die Planung der erforderlichen Ressourcen und orga-

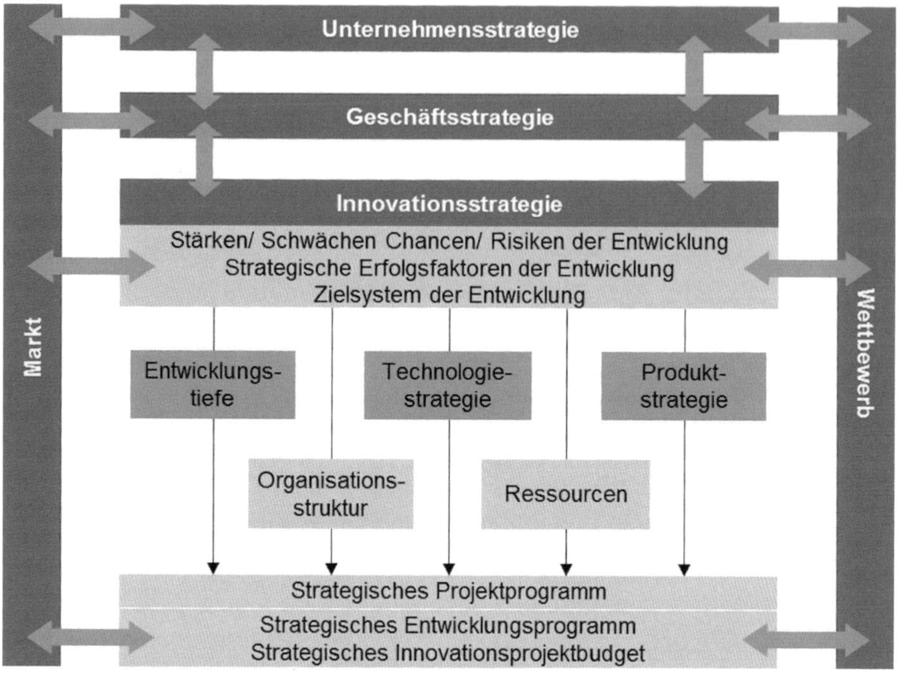

Abb. 6.6 Kernpunkte der Innovationsstrategie in Anlehnung an [28]

nisatorischen Rahmenbedingungen. Auf Basis dessen wird das strategische Entwicklungsprogramm mit den Einzelprojekten geplant und das Budget festgelegt [28].

Im Rahmen der strategischen Innovationsplanung wird zunächst eine strategische Analyse des Produktprogramms des Unternehmens vorgenommen, um durch einen Abgleich mit den Innovationszielen Innovationsbedarfe aufzudecken. Um diese zu decken, müssen anschließend eine Innovationsstrategie abgeleitet und Innovationsideen ausgewählt werden, die eine Umsetzung der Strategie zur Erreichung der Unternehmensziele gewährleisten können (Abb. 6.7) [7, 28]. Das Innovationscontrolling übernimmt die spezifische Ausgestaltung dieses Planungsprozesses. Insbesondere hat es dafür Sorge zu tragen, dass keine wichtigen Schritte vernachlässigt werden, was dazu führen könnte, dass die Innovationsstrategie sowie das Projektportfolio nicht zu den Unternehmens-, Marketing-, Produktions- und Innovationszielen beitragen [3].

Ableitung des Innovationsbedarfs: Das Innovationscontrolling nimmt in der Phase zur Ableitung des Innovationsbedarfes eine analytische Rolle ein. In dieser Phase gilt es, über einen Abgleich der vom Innovationsmanagement abgesteckten Innovationsziele mit der gegenwärtigen Situation Ziellücken aufzeigen und daraus Innovationsbedarfe abzuleiten [7].

Zunächst muss die strategische Ausgangsposition analysiert werden. Im Rahmen der strategischen Analyse übernimmt das Innovationscontrolling den Aufbau von Früherkennungssystemen, um Stärken und Schwächen (Unternehmensanalyse) sowie Chancen und Risiken (Umweltanalyse) zu analysieren. Dadurch wird das Innovationsmanagement da-

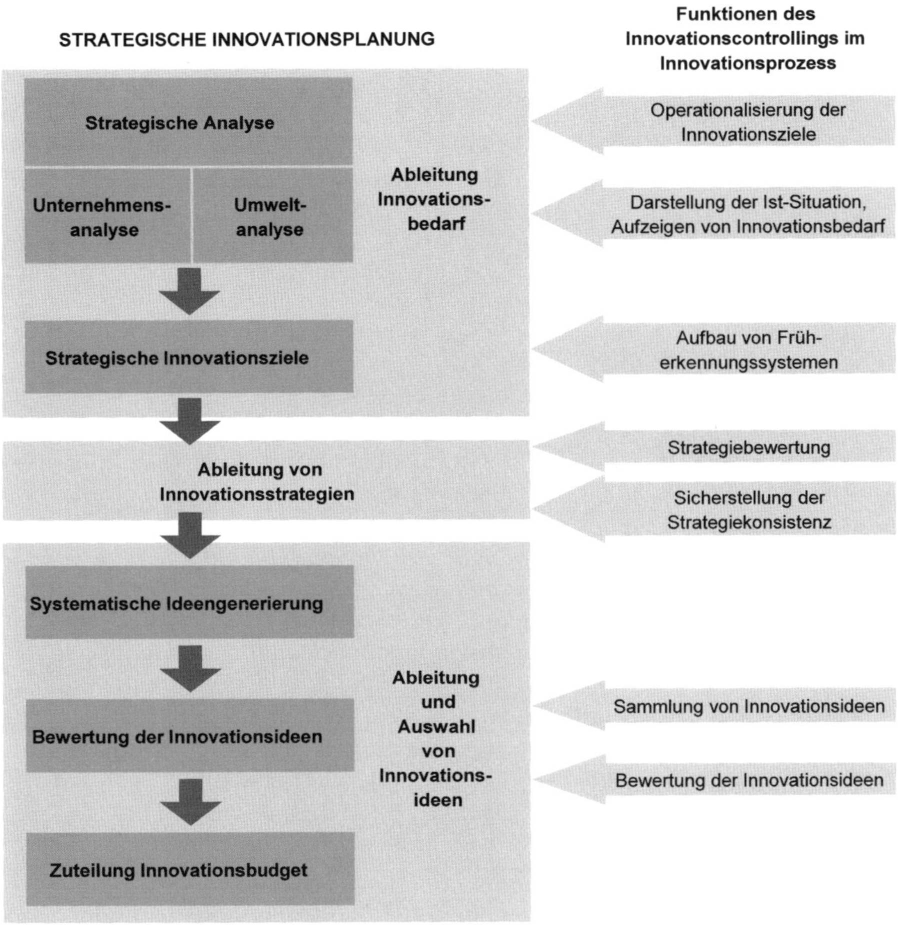

Abb. 6.7 Die strategische Innovationsplanung in Anlehnung an [7]

hin gehend sensibilisiert, frühzeitig alternative strategische Stoßrichtungen in Betracht zu ziehen. In diese Früherkennung gilt es alle an einer Innovation beteiligten Bereiche wie Forschung und Entwicklung, Marketing, Produktion und Beschaffung zu integrieren. So können auf diese Weise z. B. über Expertendiskussionen strategische Stoßrichtungen in den verschiedenen Bereichen aufgedeckt werden, welche in Zukunft in der Innovationsstrategie berücksichtigt werden sollten. Das Innovationscontrolling stellt im Rahmen der Früherkennung die benötigten Informationen bereit (Kap. 6.2.1.3) und koordiniert die erhebenden und interpretierenden Stellen [3, 21]. Neben dieser auf neue strategische Stoßrichtungen ausgerichteten Analyse muss zudem die Ist- und Wird-Situation des Innovationsprojektportfolios durch das Innovationscontrolling analysiert werden. Die Ist-Situation kann relativ unproblematisch auf Basis von Daten des operativen Innovationscontrollings abgeleitet werden. Schwieriger ist es jedoch abzuleiten, wie sich bestimmte Zielgrößen entwickeln würden, falls die aktuelle Unternehmenspolitik unverändert fortgesetzt würde. Diese Wird-Entwicklung, mit der sich die Entwicklungslinie, welche z. B. bei der Gap-Analyse (Kap. 6.2.2.1) benötigt wird, ableiten lässt, kann basierend auf dem Konzept der Lebenszyklusanalyse (Kap. 6.2.2.2) durchgeführt werden. Hierfür müssen die Einflussparameter auf die verschiedenen Innovationsprojekte abgeschätzt werden, was z. B. mit der Szenariotechnik geschehen kann. Eine andere Analyseform, die in diesem Zusammenhang ebenfalls ergänzend angewendet wird, sind Portfolio-Analysen, mit denen sich eine Vielzahl von Parametern gleichzeitig in eine Betrachtung einbeziehen lässt. Insbesondere ein Marktwachstum-Marktanteil-Portfolio und ein korrespondierendes Portfolio für die laufenden Innovationsprojekte bieten sich an, da sich hier ebenfalls wichtige Einflussparameter auf den Produktlebenszyklus wiederfinden [7].

Aufbauend auf dieser Analyse der Ausgangssituation und der prognostizierten Wird-Entwicklung, muss nun die strategische Zielposition definiert werden. Diese kann zum einen in quantitativen Zielgrößen, wie z. B. einen bestimmten Gewinn, Umsatz oder Marktanteil ausgedrückt werden, enthält jedoch auch qualitative Vorgaben zur Soll-Wettbewerbsposition [7, 51]. Nur wenn das Ziel jedoch messbar ist, kann eine Ziellinie hergeleitet werden, welche im Rahmen der Gap-Analyse der Entwicklungslinie gegenübergestellt werden kann. Diese Ziellinie stellt die gewünschte Entwicklung der jeweiligen Zielgröße dar und muss zur Ableitung konkreter Innovationsbedarfe durch das Innovationscontrolling auf die Ebene einzelner Entwicklungsprojekte heruntergebrochen werden. Auch hier bietet sich die Anwendung des Modells der integrierten Produktlebenszyklen an, welches den Entstehungs- mit dem Marktzyklus verbindet [7]. Andere qualitative Vorgaben beziehen sich z. B. auf die strategischen Erfolgspotenziale des Unternehmens oder die Auswahl zukünftiger strategischer Geschäfts- und Technologiefelder [21].

Werden nun beim Vergleich der strategischen Ausgangsposition mit der strategischen Zielposition strategische Lücken sichtbar, indem die aus dem Portfolio von Innovationen resultierenden Erfolge nicht dem geplanten Niveau entsprechen, so besteht ein Innovationsbedarf [14]. Dieser Innovationsbedarf muss nun noch hinsichtlich seiner Entstehungsgründe klassifiziert werden. Es lässt sich ein außerplanmäßiger Innovationsbedarf, z. B. durch einen unerwartet schlechten Erfolg einer bereits eingeführten Innovation oder den Abbruch eines laufenden Innovationsprojektes, von einem planmäßigen Innovationsbedarf unterscheiden, der eine kontinuierliche Ausbringung von Innovationen sicherstellen soll [7]. Auch bei der Auswahl der zukünftig zu beherrschenden Technologien muss ein Abgleich der aktuellen Ist-Situation im Unternehmen mit der strategischen Zielposition stattfinden, um den Technologiebedarf abzuleiten. Nur so kann der Technologie-Pool ständig um neue zukunftsträchtige Technologien erweitert werden. Diese sind essenziell für die Ideengenerierung und den Verlauf der Innovationsprojekte [7].

Ableitung von Innovationsstrategien: Sind der Innovationsbedarf und die Ziele, welche mit der Innovationstätigkeit erreicht werden sollen, ermittelt bzw. festgelegt, muss die richtige Innovationsstrategie gewählt werden, um erwartete Lücken zu schließen und die gesetzten Ziele zu erreichen.

Bei der Entscheidung, wie die vier generischen Innovationsstrategien aus Kap. 2.1 ausgestaltet werden sollen, übernimmt das Innovationscontrolling häufig die Funktion die strategischen Entscheidungen auf ihre finanziellen Auswirkungen und ihre Konsistenz mit den Strategien der anderen Unternehmensteilbereiche hin zu untersuchen. Die Institutionalisierung des Innovationscontrollings in der Rolle des Innovationscontrollers als neutralem Beobachter mit einer hohen Vertrautheit mit Strategien und der Koordination komplexer Teilplanungen ist für diese Aufgabe besonders erforderlich [3, 14].

Insbesondere bei Entscheidungen zur Technologiebeschaffung im Rahmen der Innovationsstrategie ist die Neutralität der Innovationscontroller von Vorteil. Häufig wird an traditionsgewachsenen Aufgabengebieten und Ressourcen festgehalten, die auf die Erreichung der aktuell kritischen Erfolgspotenziale nur geringen Einfluss haben und damit keine strategische Wirkung entfalten [14]. Ein Festhalten kann hier zu einer Schwächung oder sogar dem Verlust von Erfolgspotenzialen und Wettbewerbspositionen führen. Das Innovationscontrolling kann durch eine klare Bewertung der Vor- und Nachteile interner und externer Entwicklungen die Transparenz bei Technologiebeschaffungs-Entscheidungen erhöhen und diese damit fundiert vorbereiten [25, 52]. Berücksichtigt werden müssen dabei neben kurzfristigen Effekten auch langfristige Chancen und Risiken, die aus Entwicklungskooperationen bzw. der Fremdvergabe von Entwicklungsaufgaben entstehen können [28].

Wird im ersten Schritt ein Innovationsbedarf für ein Produkt abgeleitet, so muss das Innovationsmanagement nun die Produktstrategie festlegen. Verschiedene Strategien können dabei über Portfolio-Analysen miteinander verglichen werden. Diese Portfolios bieten einen Bezugsrahmen, in dem alle Produktlinien einer Unternehmung betrachtet und Zielvorstellungen sowie Strategien aus der Gesamtsicht der Unternehmung entwickelt werden können. Die Ressourcen werden dabei so gesteuert, dass eine Ausgewogenheit aller Strategien erreicht wird. Verschiedene Ansätze liefern hierbei Heuristiken (sog. „Normstrategien"), mit deren Hilfe die vier generischen Strategien konkret ausgestaltet werden können. Eines der wohl bekanntesten Portfolios ist das Marktwachstum-Marktanteil-Portfolio aus Abb. 6.8. Das Innovationscontrolling liefert für die Portfolio-Analyse die not-

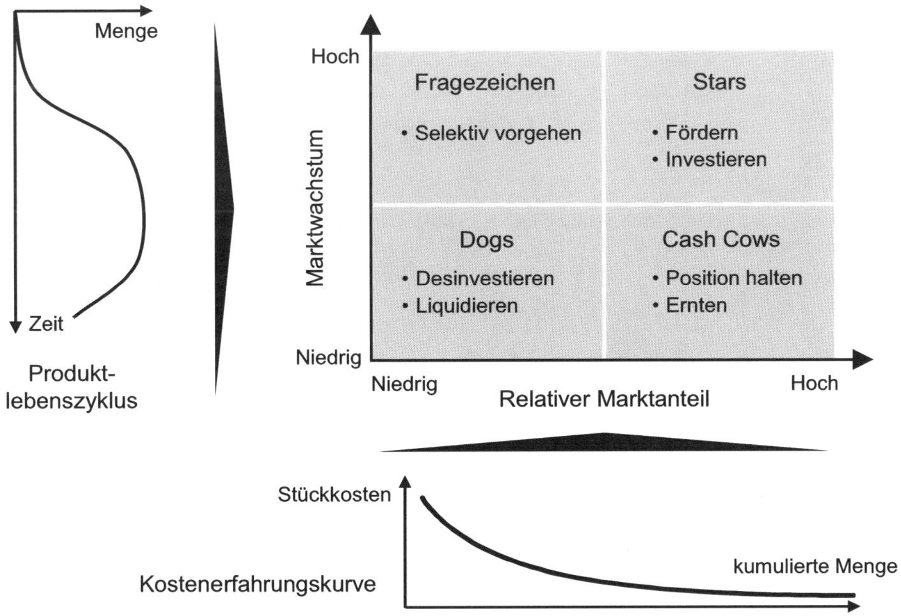

Abb. 6.8 Marktwachstum-Marktanteil-Portfolio in Anlehnung an [53]

wendigen Instrumente, wie das Lebenszykluskostencontrolling sowie die Messgrößen, das Marktwachstum und den relativen Marktanteil, die für die Einordnung auf den Achsen notwendig sind [12].

Im Rahmen der Festlegung der Produktstrategie bei Neuprodukten ist zudem über den Eintrittszeitpunkt des Produktes in den Markt zu entscheiden. Hier unterscheidet man, wie in Kap. 2.1.1 beschrieben, Führer- und Folgerschaftsstrategien. Um eine Auswahl treffen zu können, welche Strategie für die jeweilige Situation angemessen ist, kommt dem Innovationscontrolling die Aufgabe zu, die Konsequenzen aufzuzeigen, die mit der jeweiligen Strategie für das Unternehmen verbunden wären. Je nach Zielsetzung aus der ersten Phase der strategischen Innovationsplanung müssen diese Konsequenzen beurteilt werden. Sie lassen sich an den Vor- und Nachteilen in Form von Chancen und Risiken festmachen, welche die Strategietypen mit sich bringen. Beispiele geben Abb. 6.8 und 6.9 [7].

Auch im Bereich der Technologiestrategie können Portfolio-Analysen eingesetzt werden. Wurden im ersten Schritt der strategischen Innovationsplanung die technologischen Ist- und Soll-Kompetenzen identifiziert, so kann das Technologieportfolio mit den Dimensionen Strategie und eigene Ressourcen (Abb. 6.9) genutzt werden, um die weitere Vorgehensweise bezüglich der Einzeltechnologien festzulegen. Hier können die einzelnen Sollpositionen mit der momentanen Ressourcenstärke verglichen werden, woraus sich eine bestimmte Handlungsempfehlung ergibt. Technologien, für die das Unternehmen nur über beschränkte Ressourcen verfügt, werden je nach Bedeutung für die angestrebte Soll-Position in die Felder „Beobachten" und „Pilotprojekte" eingeordnet. Gut beherrschte Technologien finden sich in den Feldern „Investieren", „Optimieren" und „Desinvestieren". Der Lebenszyklus der einzelnen Technologien findet sich in einem Durchlauf der fünf

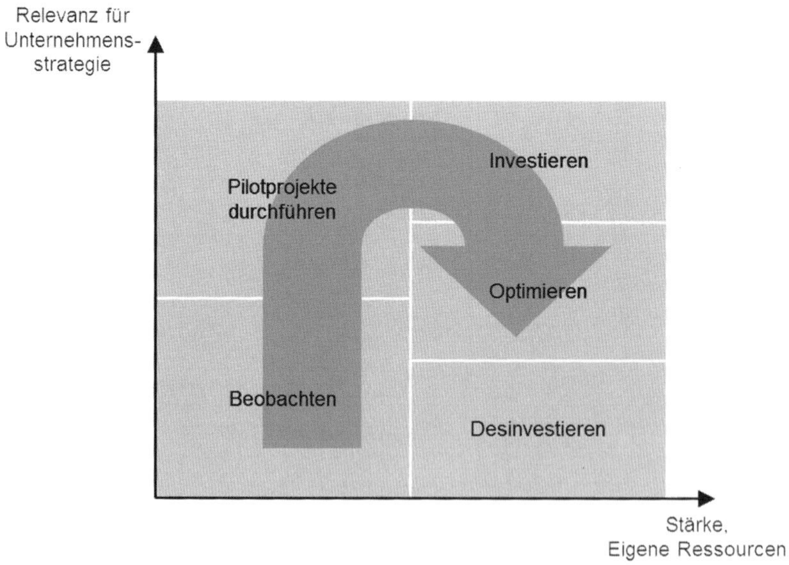

Abb. 6.9 Strategische Ausrichtung der Innovationsressourcen auf Technologien [25]

Felder, wie in Abb. 6.9 dargestellt, wieder. Das Innovationscontrolling kann im Rahmen der Technologiebeurteilung und der Ermittlung der eigenen Technologieposition unterstützend wirken [25].

Im Rahmen der Innovationsstrategie muss zudem über die Ausgestaltung der Organisationsstruktur entschieden werden. Neben der Unterstützung einer sinnvollen Auswahl der in Kap. 2.2 beschriebenen Aufbauorganisationsformen ist an dieser Stelle die Integration des Innovationscontrollings in die Aufbauorganisation relevant. Die zentrale Gestaltungsvariable bei der Einbindung des Innovationscontrollings in den Innovationsprozess ist die Zentralisierung bzw. Dezentralisierung der Controllingfunktion. Häufig wird das Innovationscontrolling nach dem Dotted-line Prinzip fachlich dem Innovationsmanagement und disziplinarisch dem Zentralcontrolling unterstellt werden. Es wird jedoch z. T. auch die umgekehrte Variante der Unterstellungsverhältnisse praktiziert [50]. Eine weiterführende Entwicklungsrichtung für die organisatorische Einbindung des Innovationscontrollings in die Aufbauorganisation zeigt die Innovationsforschung auf. Diese Entwicklungsrichtung, u. a. basierend auf dem Promotorenmodell, geht von einer starken Bindung der Innovationen an Personen aus [40]. Diesem Trend der Innovationsforschung kommt die Entwicklung des Selbstcontrollings entgegen [54]. Dabei werden Controllingfunktionen ganz oder teilweise auf einzelne Manager übertragen. Bezüglich des Innovationscontrollings könnten die Controllingaufgaben vom Innovationsmanagement selbstverantwortlich wahrgenommen werden [12]. Dadurch wird die Versorgung des Innovationsmanagements mit Controllinginformationen weiter verbessert und das Controlling-Know-how bleibt permanent im Innovationsprozess vorhanden. Eine dadurch verursachte Beschleunigung des Controllingregelkreises trägt zu höherer Flexibilität, Effizienz und Geschwindigkeit im Innovationsprozess bei [50].

Ein weiterer Aspekt der Innovationsstrategie, der im Rahmen der strategischen Innovationsplanung festgelegt wird, ist die Verteilung von Ressourcen. Während die genaue Aufteilung auf die einzelnen Innovationsprojekte erst nach der Projektauswahl erfolgt, muss zuvor eine Budgetierungsstrategie festgelegt werden. Die Aufgabe des Innovationscontrollings ist es in diesem Zusammenhang vor allem die benötigten Daten für die Budgetierung zu liefern und ggf. die Vor- und Nachteile verschiedener Strategien aufzuzeigen. Viele deutsche Unternehmen legen das Gesamtbudget der Innovationen anhand von vergangenheitsbezogenen Kriterien ex ante fest, bevor die einzelnen Innovationsprojekte ausgewählt wurden. Häufig findet dabei eine Orientierung am Umsatz oder dem Innovationsbudget der Wettbewerber statt [55]. Diese Art der Budgetierung ist jedoch unzureichend, da sie wenig differenziert und nicht an den aktuellen Zielen orientiert ist. Eine bessere Möglichkeit stellt die Budgetierung im Gegenstromverfahren (Abb. 6.21) dar, durch die sich die Budgetplanung strategisch ausrichten lässt [56]. Für Innovationsprozesse eigenen sich verfahrensorientierte Budgetierungstechniken, die über ein Regelwerk zur Budgetierung verfügen. Ausgangspunkt des periodischen oder aperiodischen Budgetierungsprozesses können hier sowohl der Prozess-Input, abgeleitet von den geplanten Innovationsaktivitäten, oder der Prozess-Output, in Abhängigkeit der Werthaltigkeit des Innovationsprozesses, sein [50, 57].

Ableitung und Auswahl von Innovationsideen: Im Rahmen der Ableitung von Innovationsideen ist es nicht die Aufgabe des Innovationscontrollings, neue Ideen zu generieren, vielmehr hat es dafür zu sorgen, dass die Ideengenerierung systematisch erfolgt. Mögliche alternative bzw. sich ergänzende Vorgehensweisen sind hier die systematische Ideensammlung und die systematische Ideengenerierung. Während Erstere kontinuierlich und unabhängig von konkreten Projekten läuft, um einen Ideenpool aufzufüllen und in den richtigen Momenten nutzen zu können, wird Letztere nur dann angestoßen, wenn ein zusätzlicher Ideenbedarf in den einzelnen Phasen des Innovationsprozesses auftritt. Eine weitere Aufgabe in dieser Phase, die insbesondere mit dem Aufbau eines Ideenpools zusammenhängt, ist es die Dokumentation der Ideen sicherzustellen, um sie bei der möglichen späteren Suche nach alternativen Realisierungsmöglichkeiten erneut nutzen zu können [7].

Ist die Ideensammlung abgeschlossen, so gilt es, die alternativen Ideen einer sorgfältigen Bewertung zu unterziehen. Das Innovationscontrolling stellt hierfür eine geeignete Systematik zur Verfügung und erhebt die benötigten Informationen. Dieser Aufgabe kommt eine hohe Bedeutung zu, da sie für den Erfolg der Innovationstätigkeit von entscheidender Bedeutung ist. In die Bewertung gilt es vor allem technische und wirtschaftliche aber auch organisatorische, arbeitswissenschaftliche, zeitliche und ggf. ökologische Aspekte sowie markt- als auch bedarfsorientierte Kriterien einzubeziehen. Die Bewertung muss sich zudem klar an der zuvor definierten Innovationsstrategie orientieren [21, 58].

Um eine zügige und effiziente Bewertung zu gewährleisten, kann eine mehrstufige Bewertungssystematik angewandt werden. Damit können die zu bewertenden Ideen schrittweise reduziert und die Genauigkeit der Bewertung schrittweise erhöht werden. So wird eine detaillierte Bewertung aller Ideen vermieden, ohne dass eine Idee in die Umsetzungsphase gelangt, die keiner detaillierten Überprüfung unterzogen wurde [7].

Bevor mit einer ersten Grobbewertung begonnen werden kann, müssen die wichtigsten Bewertungskriterien, die zu berücksichtigen sind, festgelegt werden. Hierzu können z. B. die Konsistenz zur Innovationsstrategie, die Höhe des zu erwartenden Marktpotenzials, die Vereinbarkeit mit dem vorhandenen Unternehmenspotenzial und die erreichbare Wettbewerbsposition gehören [59]. Sind die Kriterien festgelegt, kann die Grobbewertung auf Grundlage von Experteneinschätzungen erfolgen. Ideen, die in allen Dimensionen einer anderen Idee unterlegen sind und daher von ihr dominiert werden, scheiden nach der Grobbewertung bereits aus der Auswahl der Innovationsprojekte aus [7].

Ist die Grobbewertung abgeschlossen, so folgt mit der Kurzanalyse die zweite Bewertungsstufe. Die Kriterien aus der ersten Stufe werden dazu erweitert und stärker detailliert. Außerdem gilt es die verschiedenen Kriterien zueinander zu gewichten und die Bewertungsskala zu verfeinern [7, 60]. Instrumente, die in dieser Phase angewendet werden können, sind Punktbewertungsverfahren, wie z. B. die Nutzwertanalyse und Portfoliodiagramme. Ein Beispiel, in dem die beiden Möglichkeiten kombiniert wurden, zeigt Abb. 6.10 [3, 7].

Ist diese qualitative Kurzbewertung abgeschlossen, so gilt es zuletzt, eine quantitative Detailanalyse der verbliebenen Innovationsideen durchzuführen. Diese Quantifizierung bezieht sich auf eine Abschätzung des Erfolgsbeitrages der Innovationsideen, da nur die Ideen, die die Rentabilität maximieren, umgesetzt werden sollten. Wirtschaftliche Kennzahlen, die es für jedes potenzielle Projekt abzuschätzen gilt, sind z. B. die Kosten, der Gewinn, der Kapitalrückfluss und der erforderliche Kapitaleinsatz. Aufgrund der frühen Phase können diese Daten ebenfalls nur geschätzt werden und müssen mit fortschreitender Projektlaufzeit immer weiter konkretisiert werden. Zuletzt kann den Erfolgsgrößen noch

	Kriterien	G[1]	Idee a Pkt[2]	Idee a TW[3]	Idee b Pkt	Idee b TW	Idee c Pkt	Idee c TW
Markt/ Wett-bewerb	Marktvolumen	10	5	50	3	30	2	20
	Marktwachstum	10	4	40	3	30	2	20
	Neuigkeitsgrad	5	4	20	2	10	2	10
		5	3	15	4	20	3	15
		10	4	40	3	30	1	10
		10	3	30	2	20	1	10
		5	2	10	5	25	2	10
		5	5	25	3	15	2	10
	Zwischenwert	60		230		180		105
Unter-nehmen	Kapitalbedarf	10	2	20	5	50	2	20
	Synergien	2	4	8	4	8	3	6
	Patentfähigkeit	3	2	6	4	12	2	6
		15	2	30	5	75	2	30
		1	5	5	1	1	1	1
		5	1	5	3	15	1	5
		4	2	8	3	12	2	8
	Zwischenwert	40		82		173		76
	Gesamtwert	100		312		353		181

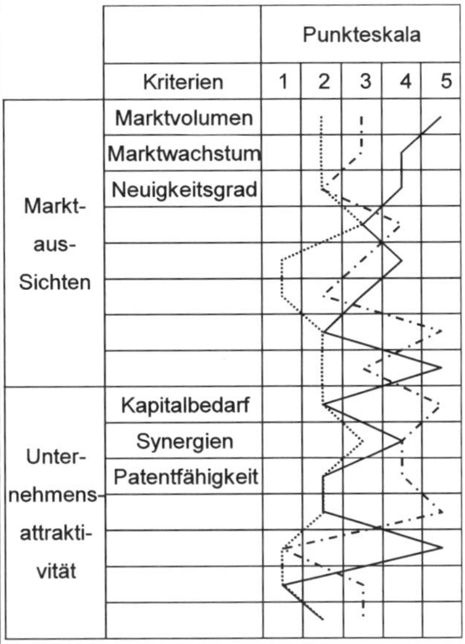

[1]Gewichtung
[2]Punktwert
[3]Teilwert

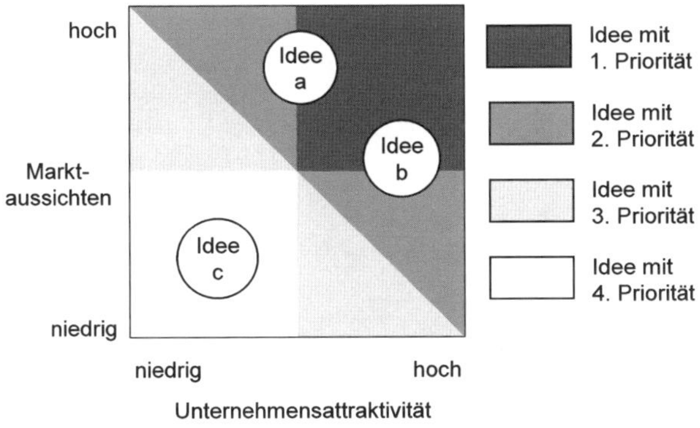

Abb. 6.10 Kurzanalysen der Innovationsideen [7]

das Risiko gegenübergestellt werden, welches die Unsicherheit bei der Realisierung der Innovationsidee darstellt. Werden die Dimensionen Erfolg und Risiko in einem Portfolio gegeneinander aufgetragen, so ergibt sich ein effizienter Rand von Innovationsideen, zu denen es bei gleichem oder geringerem Risiko keine Alternative gibt, um einen höheren Erfolg zu erzielen [7, 61].

Fallbeispiel Henkel AG & Co. KGaA: Das F&E-Portfoliomanagement ist bei Henkel ein entscheidender Bestandteil des Planungsprozesses. Es findet grundsätzlich bei der Analyse und Planung von F&E-Programmen zur Entscheidungsunterstützung bezüglich des Starts bzw. Abbruchs von Projekten Anwendung. Eingeführt wurde das F&E-Portfoliomanagement 1992 mit folgenden wesentlichen Zielen:

- Systematische Erfassung der derzeitigen F&E-Landschaft
- Vergleich der aktuellen F&E-Schwerpunkte mit dem Ist-Portfolio sowie Maßnahmenableitung zur Erreichung des Soll-Portfolios
- Strategisch orientierte Zuordnung von kritischen F&E-Ressourcen zur Förderung des Entwicklungs- und Kerngeschäfts

Henkel setzt im Rahmen des F&E-Portfoliomanagements insbesondere drei grundsätzliche Typen von Portfolios ein:

Der erste Typ ist das Markt/ Technologie-Portfolio, welches den Neuheitsgrad der Projekte dem Typ des Zielmarktes gegenüberstellt. Beim Markt wird zwischen eigenen Märkten, Wettbewerbsmärkten und noch nicht existierenden Märkten unterschieden. Beim Neuheitsgrad wird zwischen einer Modifikation, einem neuen Produkt und einem neuen Konzept differenziert. So können offensive (neue Märkte und Konzepte) und defensive (Absicherung bestehender Märkte, Line Extension) Forschungsprojekte unterschieden werden. Ziel ist es zu überprüfen, ob die aktuellen F&E-Projekte die jeweilige F&E-Strategie optimal unterstützen.

Das zweite Portfolio ist das Attraktivität/ Risikoportfolio, welches das Chance-/ Risiko-Verhältnis von geplanten bzw. laufenden F&E-Vorhaben veranschaulicht. Basis für die Bewertung in den beiden Kategorien bildet ein im Unternehmen einheitlicher Katalog von Attraktivitäts- und Risikokriterien. Die Attraktivität eines Projektes wird dabei an acht Kriterien gemessen: Marktvolumen, Marktwachstum, zusätzlich erreichbarer Umsatzanteil, zusätzliches Renditepotenzial, Differenzierungspotenzial, Dauerhaftigkeit des Wettbewerbsvorsprungs, Vermarktungsressourcen und Beitrag zu Öko-Leadership. Einen Auszug aus dem Kriterienkatalog für die Attraktivität zeigt Abb. 6.11. Die Bewertung des Risikos wird anhand von sechs Kriterien aus den Bereichen technologisches Know-how, potenzielle Nutzungsdauer, Wettbewerbssituation, Sicherheit der technischen Zielerreichung, Sicherheit der wirtschaftlichen Zielerreichung und Time-to-Market bestimmt. Um auch auf spezifische Besonderheiten in bestimmten Organisationseinheiten eingehen zu können, können geschäftsspezifische Bewertungsmaßstäbe und Skalierungsbandbreiten genutzt werden. Sind das Risiko hoch und die Chance niedrig, so sollte das Projekt abgebrochen bzw. nicht durchgeführt werden. Entgegengesetzt verhält es sich bei niedrigem Risiko und hoher Chance. In den anderen beiden möglichen Fällen ist selektiv zu entscheiden.

Das dritte Portfolio ist das Time-to-Market-Portfolio, welches Informationen zur Innovationsgeschwindigkeit enthält und die zeitliche Bearbeitung und Fertigstellung der Produktinnovationen widerspiegelt. So wird darin festgehalten, wann die Forschungsergebnisse an die operativen Einheiten übergeben werden, was eine einheitliche F&E-, Marketing- und Produktionsplanung gewährleistet. Zudem kann so eine bessere Kapazitätsplanung durchgeführt werden, die Engpässe vermeidet und es lässt sich die Kapitalbindung für F&E-Investments ableiten [62].

Zuletzt gilt es, den ausgewählten Innovationsideen auf Basis der zuvor festgelegten Budgetierungsweise ein Innovationsbudget zuzuweisen. Häufig ist ein bestimmtes Innovationsbudget fest vorgegeben und nach Abschätzung der Kosten und Zeiten der einzelnen Innovationsprojekte werden beginnend mit dem besten Projekt so viele realisiert, wie

Portfolioanalyse	Gewichtung	Zielerreichungsgrad	Begründung
A1 Marktvolumen Welche zukünftig erreichbaren Marktvolumen sind in den Zielmärkten zu erzielen?		-- - 0 + ++	
A2 Marktwachstum Welche Wachstumsraten hat der Zielmarkt zu verzeichnen (inflationsbereinigt)?		-- - 0 + ++	
A3 Zusätzlich erreichbarer Umsatzanteil Schätzen Sie den mit der Realisierung des Projektes verbundenen zusätzlich erzielbaren Umsatz ab! Bei einer Substitution eines bestehenden Produktes muss der vermiedene Umsatzverlust herangezogen werden.		-- - 0 + ++	

Abb. 6.11 Kriterienkatalog für die Attraktivität (Auszug) [62]

es das Budget zulässt [10]. Besser ist jedoch das zuvor erwähnte Gegenstromverfahren. Hier werden die Budgetvorstellungen, die aus der Gesamtsicht der Unternehmensführung resultieren, den aus Bereichs- oder Projektsicht notwendigen Budgets gegenübergestellt (Abb. 6.21). Ein Abgleich erfolgt dann in mehreren Einzelschritten [56].

Von dem abschließend tatsächlich verabschiedeten Innovationsbudget sind nun noch die Einzelbudgets für bereits laufende Projekte abzuziehen. Diese sollten aus Gründen der Kontinuität für die gesamte Projektlaufzeit festgesetzt sein und daher zum Betrachtungszeitpunkt nicht erneut angepasst werden. Das verbleibende Budget steht nun für neu anzustoßende Innovationsprojekte zur Verfügung. Häufig können jedoch nicht alle auf dem effizienten Rand liegenden neuen Innovationsprojekte durchgeführt werden, weshalb eine integrierte Auswahl gemäß Risiko und Chance zu erfolgen hat. Anzustreben ist ein ausgeglichenes Projektportfolio mit risikoreichen Projekten, die einen hohen Erfolgsbeitrag versprechen, und Ideen mit geringerem Risiko, dadurch aber auch geringerem Erfolgsbeitrag [7].

Fallbeispiel DASA AG Die Luft- und Raumfahrtindustrie ist geprägt von langen Entwicklungszeiten und kurzfristigen gravierenden Marktveränderungen. Daher sind die notwendigen hohen Investitionen in eine Entwicklung von hohen Risiken geprägt. Bei der Dasa AG werden diese Risiken durch eine enge Verknüpfung der strategischen Planung mit dem projektorientierten F&E-Controlling in einem Regelkreis minimiert wird. So fließen Veränderungen des Marktes auf kurzem Weg in die projektsteuerung ein. Da der Wertschöpfungsbeitrag der F&E-Leistung nur über den gesamten Innovationsprozess gemessen werden kann und damit ein eingeschränktes Bereichscontrolling zu kurz greift, werden in das F&E-Controlling die Phasen drei Phasen Strategie, F&E und Produktion/ Markt integriert. Dies spiegelt sich in einer Integration der Unternehmensleitung, des Projektmanagements und des Fachbereiches Entwicklung in dem F&E-Controlling-Regelkreis wider. Der Regelkreis ist in Abb. 6.12 dargestellt.

Um eine strukturierte und transparente Überleitung der Unternehmensstrategie in konkrete F&E-Projekte und -Budgets sicher zu stellen, werden für jedes Projekt und das Gesamtportfolio die technischen, produktstrategischen und wirtschaftlichen Zielsetzungen klar aus der Unternehmensstrategie abgeleitet und in Projektsteckbriefen als Plan-Referenz für den gesamten Projektverlauf festgehalten. Dazu werden die vorhandenen oder potenziellen F&E-Projekte zunächst nach Risiko-/ Erfolgs- und Strategiepotenzialen vorstrukturiert, was anhand einer Kernkompetenzanalyse und mithilfe eines Technologieportfolios geschieht. Die Projekte werden dabei anhand von strategischen Merkmalen in die drei Projektkategorien Grundlagenforschung, Technologien und Produktentwicklung/ Derivate mit zunehmender Marktnähe unterteilt. Der Wettbewerb um die Ressourcen findet dabei innerhalb der einzelnen Kategorien statt, wobei ca. 80 % der gesamten F&E-Mittel in weniger als zehn Projekten der Kategorie Produktentwicklung/ Derivate gebunden sind, während rund 50 Projekte der Kategorie Grundlagenforschung nur 5 % des Budgets einnehmen. Desto höher die Marktnähe und Mittelbindung der Projekte ist, desto höher wird auch der Anspruch an den Wirtschaftlichkeitsnachweis und die eingesetzten Controlling-Methoden. Erfolgt die Projektbewertung für Projekte der Grundlagenforschung noch auf Basis einer qualitativen Nutzwertanalyse, so werden Projekten der Kategorie Produktentwicklung/ Derivate auf Basis des Net-Present-Value oder anderer Cash-Flow-basierter Kennwerte bewertet. Bei Technologieprojekten findet eine Mischung der Methoden ihre Anwendung [63].

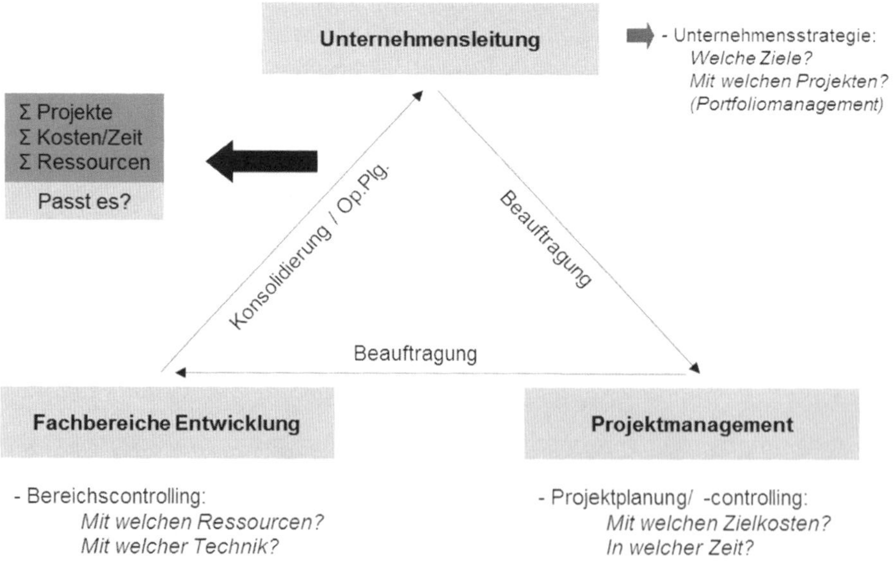

Abb. 6.12 F&E-Controlling-Regelkreis in der Matrix-Organisation [63]

6.2.1.2 Strategische Kontrolle

Ausgehend von der Planung wird auch beim strategischen Innovationscontrolling eine Kontrolle zur Rückkopplung und damit dem Schließen des Planungs- und Kontrollregelkreises benötigt. Die strategischen Kontrollaufgaben lassen sich dabei direkt aus der strategischen Planung ableiten [64]. Im Rahmen der strategischen Kontrollen werden die Durchführungs- und Prämissenkontrolle unterschieden [65]. Auf der strategischen Ebene hat diese Rückkopplung häufig den Charakter einer Feed-forward Kontrolle, welche bei unsicherheitsbehafteten Planungen nicht zu einer Modifikation der Realisation, sondern einer Anpassung der Planung unter Berücksichtigung zusätzlicher Informationen dient. Die Ursachen für eine Planabweichung sind im Falle der strategischen Planung seltener in einer fehlerhaften Umsetzung der Planung, sondern viel häufiger in fehlerhaften oder sich ändernden Planungsprämissen zu suchen [50]. Daher liegt der Fokus bei den strategischen Kontrollaktivitäten des Innovationscontrollings auf einer Kontrolle der Prämissen, die der strategischen Planung des Innovationsmanagements zugrunde liegen [10].

Während beim operativen Innovationscontrolling eine Kontrolle anhand von definierten Kennzahlen durchgeführt wird, ist dies für eine Steuerung des Innovationssystems aus strategischer Hinsicht nicht ausreichend. Hier müssen Frühwarnsysteme (Kap. 6.2.1.1) aufgebaut werden, die Indikatoren enthalten, welche auch qualitative Größen in die Beurteilung der Unternehmensumwelt einbinden [65]. Wichtig ist es daher, die Kontrolle nur wie es typischerweise der Fall ist auf Soll-/ Ist-Vergleiche zu beschränken, sondern auch zukunftsorientiert um Soll-/ Wird-Vergleiche zu erweitern. Die Kontrolle muss demzufolge bereits parallel zum Planungs- und Realisationsprozess erfolgen [9].

Die strategische Kontrolle sollte z. B. in Form eines Strategieausschusses institutionalisiert werden, in dem alle Führungskräfte, die an der Umsetzung der Strategie beteiligt sind, mitwirken. Aufgrund der langfristigen Ausrichtung der strategischen Planung und der langen Umsetzungsdauer kann die Kontrollhäufigkeit jedoch gering gewählt werden [66].

Prämissenkontrolle: Im Rahmen der Prämissenkontrolle gilt es abzuschätzen, inwieweit die durch die Zukunftsorientierung gewonnenen Erkenntnisse Auswirkungen auf die, während der Planerstellung und -realisierung angenommenen, Prämissen haben [10, 14]. Aufgrund der mit dem großen Planungszeitraum verbundenen Unsicherheit der getroffenen Annahmen muss im Management die Bereitschaft bestehen, gewählte Strategien infrage zu stellen und ggf. umzuformulieren. Wird z. B. der Einsatz einer zuvor sehr vielversprechenden Technologie durch eine Gesetzesänderung aus Umweltschutzgründen verboten oder beschränkt, kann dies zu einer Abbruchentscheidung für diese Technologie führen [10].

Um die Effizienz bei der Kontrolle der Prämissen für die strategische Innovationsplanung sicher zu stellen, bietet es sich an, die Prämissen nach verschiedenen Merkmalen zu kategorisieren. Ein Merkmal ist der Bereich, für den die jeweilige Prämisse relevant ist. So können Prämissen, die der Formulierung der Innovationsstrategie und damit der gesamten Innovationstätigkeit zugrunde liegen, von Prämissen, die nur für die Auswahl bestimmter Innovationsprojekte relevant sind, unterschieden werden. Ersteres sind vor allem Annahmen über das globale Umfeld, die Branchen- und Wettbewerbsstruktur, das technologische

Umfeld sowie die sozio-kulturellen Werte und Entwicklungen der Kundengruppen des Unternehmens. Prämissen, die nur einzelnen Projekten zugrunde liegen, sind solche der Leistungs-, der Kosten- und der Zeitplanung. Insbesondere umfassen diese Prämissen Annahmen über die Kundenanforderungen, über die Konzepte der potenziellen Konkurrenzinnovationen sowie über die verfügbaren Unternehmensressourcen [7, 67]. Ein weiteres bedeutendes Merkmal für die Prämissen ist, wie kritisch sie für die strategische Planung sind. Als besonders kritisch sind hier diejenigen einzustufen, die folgende Kriterien aufweisen [9]:

- Eine hohe Unsicherheit hinsichtlich ihrer Entwicklung
- Einen hohen Stellenwert innerhalb des strategischen Planungskonzeptes
- Eine Lage ganz oder teilweise außerhalb des Einflussbereiches des Unternehmens

So lässt sich ein Prämissenportfolio erstellen (Abb. 6.13), welches es erlaubt Schwerpunkte in der Prämissenkontrolle zu setzen. Diese Priorisierung hat den großen Vorteil, dass die Kontrollen entsprechend der Prioritäten effizient ausgerichtet werden können und bei den besonders kritischen Prämissen die Wahrscheinlichkeit eine Abweichung rechtzeitig zu erkennen steigt [7]. Entsprechend der Klassifizierung können dann auch Kontrollzeitpunkte festgelegt werden. Während kritische Prämissen permanent zu überprüfen sind, sollten wichtige Prämissen nur zu bestimmten Zeitpunkten und unkritische Prämissen nur bei Bedarf kontrolliert werden [68].

Für Technologieinnovationen zu prüfende Prämissen können z. B. folgende sein [67]:

- die technologische Grenze, im Sinne der Leistungsfähigkeit einer Technologie,
- die Einsatzmöglichkeiten der Technologie im Hinblick auf die Umsetzung in marktfähige Produkte (Marktvolumen),
- das eigene Know-how im Vergleich zur Konkurrenz,

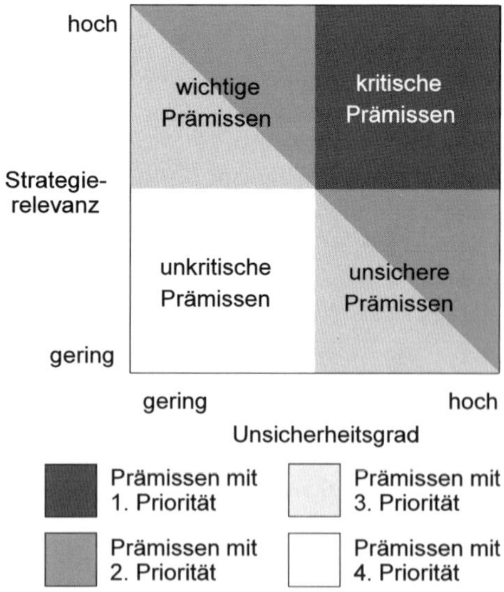

Abb. 6.13 Prämissenportfolio [7]

- Technologietransfermöglichkeiten zwischen Innovationssystemen (not-invented-here-Syndrom) bei organisatorisch unabhängigen Bereichen

Für das Frühwarnsystem müssen bestimmte Indikatoren definiert werden, die eine Prämissenveränderung anzeigen können. Strategische Indikatoren, die im Frühwarnsystem eingesetzt werden können, sind z. B. nachfolgend dargestellte:

- Preis- und Programmpolitik der Konkurrenten
- Veränderungen am Kapitalmarkt (Zinsen, Wechselkurse)
- Lohn- und Gehaltszuwächse
- Auftragseingänge und Nachfragesituation
- Informationen über technologische Veränderungen (Produkt-/ Verfahrenstechnologien)

In der Regel reicht es jedoch nicht aus nur aktuelle Veränderungen der Indikatoren zu erkennen, um zukünftige Situationen antizipieren zu können. Hier können bestimmte Methoden wie etwa die Szenariotechnik eingesetzt werden, um alternative Zukunftsmöglichkeiten zu erstellen und sie bezüglich ihrer Chancen und Risiken zu untersuchen [69].

Zur Kontrolle der zugrunde gelegten Prämissen ist es notwendig, diese ex ante zu dokumentieren, was sich vor allem aufgrund ihres häufig impliziten Charakters als problematisch erweist. Die Dokumentation kann z. B. in Form einer Prämissenliste oder eines Prämissenkataloges erfolgen, welcher dann zur Validitätsprüfung bestimmten Personen oder Institutionen (z. B. dem Strategieausschuss) im Unternehmen vorgelegt werden kann. Er wird dann zu bestimmten definierten Zeitpunkten oder bei Bedarf kontrolliert [10].

Das Innovationscontrolling hat bei Veränderungen der Prämissen die Aufgabe, die Auswirkungen der Veränderungen zu analysieren, wobei es auf eine integrierte Betrachtungsweise ankommt. Zum Teil führt erst eine kombinierte Veränderung mehrerer Prämissen zu einer gravierenden Auswirkung, die bei einer isolierten Betrachtung nicht auffallen würde. Neben der Prämissenkontrolle sollten hier auch die Erkenntnisse der operativen Kontrolle und der strategischen Durchführungskontrolle berücksichtigt werden. So ist z. B. die Prämissenänderung, dass die Konkurrenz mit ihrem Produkt etwas früher als erwartet in den Markt eintritt, erst dann besonders kritisch, wenn das Controlling des Innovationsprojektes anzeigt, dass der eigene geplante Markteintritt sich vermutlich verzögert. Ist zum Kontrollzeitpunkt eine solche Strategiegefährdung zu erkennen, so ist dies ein Warnsignal, welches einen dringenden Anpassungsbedarf anzeigt [7].

Durchführungskontrolle: Die strategische Durchführungskontrolle kontrolliert die strategische Zielerreichung und basiert primär auf einer Fortschrittsüberwachung der strategischen Projekte. Es gilt festzustellen, ob Abweichungen die Strategie gefährden und wie diesen Abweichungen entgegen gewirkt werden kann. Strategische Abweichungen zeigen sich jedoch aufgrund der langfristigen Umsetzung erst in großen Zeitabständen, was eine Korrektur häufig nur mit einem großen Ressourcenaufwand erlaubt [28]. Neben einer reinen Kontrolle der Umsetzung der strategischen Maßnahmen muss jedoch auch geprüft werden, inwiefern die Maßnahmen selbst bei einer korrekten Durchführung die beabsichtigte strategische Wirkung haben. Wurden in der strategischen Planung die falschen Maßnahmen gewählt, welche zu einer Strategieumsetzung nicht geeignet sind, würde eine reine Maßnahmenverfolgung zu einer fehlerhaften Beurteilung der Situation führen [10].

Die Durchführungskontrolle im Sinne der Fortschrittsüberwachung analysiert die sukzessive Erreichung der strategischen Pläne anhand von Zwischenzielen in Form von Meilensteinen. In den Meilensteinen wird der Erreichungsgrad der Zwischenziele kontrolliert, falls Zielabweichungen vorliegen, werden die Ursachen analysiert und zuletzt werden die Umsetzungskriterien neu bewertet [8, 9]. Eine Kontrolle an den Meilensteinen kann jedoch aufgrund der großen Zeitabstände, in denen sich strategische Abweichungen zeigen, nicht nur auf Basis eines Vergleiches der Sollwerte mit den realisierten Ist-Größen erfolgen. Vielmehr muss sich die strategische Kontrolle im Rahmen des Innovationscontrollings auf Soll-Wird-Vergleiche stützen. Hier werden Sollgrößen mit voraussichtlichen Ist-Größen bzw. Prognosegrößen verglichen [28]. Vor allem bei den Prognosen ist die strategische Durchführungskontrolle auf die Prämissenkontrolle angewiesen, um die Schätzung der zukünftigen Entwicklungen auf Basis der aktuellsten Randbedingung treffen zu können.

Um bei der strategischen Durchführungskontrolle schnell eine Gefährdung der Innovationsstrategie feststellen zu können, sollten für die einzelnen strategischen Projekte diejenigen Teilziele identifiziert werden, die aufgrund ihrer Strategierelevanz besondere Betrachtung finden müssen. Bei einer First-Mover-Strategie sind dies insbesondere die Termin- und Leistungsziele, während bei einer Follower-Strategie eine Erreichung der Zielkosten besonders hohe Relevanz besitzt. Für diese strategierelevanten Teilziele sind anschließend Schwellwerte festzulegen, bei deren Über- bzw. Unterschreitung eine Umsetzung der Strategie akut gefährdet ist. Vor allem bei der Kontrolle relevanter Teilziele zeigen sich Überscheidungen mit dem operativen Projektcontrolling, weshalb die strategische Durchführungskontrolle im Hinblick auf diese Teilziele in das operative Projektcontrolling zu integrieren ist [7].

6.2.1.3
Strategische Informationsversorgung

Während sich die bisherigen Ausführungen dieses Kapitels auf das strategische Planungs- und Kontrollsystem („PK-System") bezogen haben, wird in diesem Abschnitt die strategische Informationsversorgung und damit das strategische Informationsversorgungssystem („IV-System") behandelt. Die Informationsversorgung wird als eine der originären Aufgaben des Controllings angesehen. Das IV-System ist unlösbar mit den Planungs- und Kontrollaktivitäten verbunden, da es den Input des PK-Systems liefert und es informatorisch fundiert. Ein IV-System für Planung und Kontrolle umfasst daher alle Informationsprozesse und Informationen, die zur Durchführung der Planung und Kontrolle benötigt werden [12].

Im Rahmen des strategischen Innovationscontrollings ist die Informationsversorgung als Antwort auf das Unsicherheits- und Unschärfeproblem von besonderer Bedeutung, da mit der Qualität der Informationen auch gleichzeitig die Qualität der Planung und Kontrolle zunimmt [1, 70]. Aufgrund der frühen Phasen, in denen das strategische Innovationscontrolling vorwiegend aktiv wird, arbeitet es größtenteils mit qualitativen Informationen aus der relevanten Umwelt und dem Inneren des Unternehmens. Die Daten sind im starken

Maße einmalig, zukunftsorientiert und unpräzise, was jedoch aufgrund des häufigen Prognosecharakters unvermeidbar ist. Quantitative Daten, die z. B. dem Rechnungswesen entnommen werden können, spielen eine untergeordnete Rolle [12, 21]. Insbesondere bei der frühzeitigen Aufdeckung von Chancen und Risiken sowie Stärken und Schwächen sind die Informationen aus der Umwelt- und Unternehmensanalyse für die strategische Planung und Kontrolle von hoher Bedeutung [12].

Die strategische Informationsversorgung beinhaltet folgende Aufgaben [12, 28, 71]:

- Ermittlung des Bedarfs an strategischen Informationen
- Festlegung der Informationsquellen zur Abdeckung des strategischen Informationsbedarfs
- Gestaltung des Informationsversorgungssystems
- Auswahl/ Bereitstellung/ Anwendung von Instrumenten zur Analyse und Prognose strategischer Informationen (z. B. Aufbau und Institutionalisierung einer systematischen Konkurrenzanalyse)
- Organisation/ Koordination der Beschaffung, Bereitstellung und Auswertung strategisch relevanter Informationen

Zur *Bestimmung des Informationsbedarfs* im ersten Schritt existiert eine Reihe von Methoden, die in induktive und deduktive Methoden unterschieden werden. Induktive Methoden analysieren die tatsächlichen Gegebenheitenin der Unternehmung, d. h. die für die Aufgabenerfüllung und Entscheidungsfindung tatsächlich verfügbaren bzw. berücksichtigten Informationen sowie das Informationsverhalten der Entscheidungsträger, und leiten daraus den Informationsbedarf ab. Deduktive Methoden sind dagegen zukunftsorientiert und leiten auf systematischem und logischem Wege den Informationsbedarf aus den aktuellen und zukünftigen Aufgaben ab. Zudem gibt es kombinierte Methoden, die den Informationsbedarf in einem mehrstufigen Prozess unter Zuhilfenahme von induktiven und deduktiven Methoden ableiten. Sie sind besonders für den strategischen Informationsbedarf geeignet [57]. Induktive Methoden sind z. B. die datentechnische Analyse, die Organisationsanalyse und die Befragung von Informationsempfängern, während die deduktiv-logische Analyse und die Modellanalyse Beispiele für deduktive Methoden darstellen [50].

Der strategische Informationsbedarf hat jedoch einen sehr spezifischen Charakter, den es bei der Ableitung des Bedarfes zu berücksichtigen gilt. Wichtige Kriterien, die bei seiner Bestimmung zu berücksichtigen sind, sind im Folgenden aufgelistet [72]:

- Durch Umweltturbulenzen kann sich die strategische Relevanz von Informationen schlagartig ändern. Daher dürfen Sach- bzw. Beobachtungsbereiche nicht „ex ante" eingeschränkt werden
- Da strategische Informationen Unternehmungen und ihre Märkte insgesamt betreffen, sind sie hochaggregiert und umfassend
- Strategische Informationen weisen meist einen qualitativen und wenig präzisen Charakter auf. Daher lassen sie sich manchmal auch verbal nur schwer beschreiben
- Bei strategischen Informationen ist das Unsicherheitsproblem besonders gravierend
- Strategische Informationen sollen frühzeitige Signale liefern und eine gewisse Exklusivität besitzen

Um diese Kriterien zu berücksichtigen und den Informationsbedarf des Innovationsmanagements mit seinen schlecht strukturierten Entscheidungsgegenständen darzustellen, kann die Methode der kritischen Erfolgsfaktoren eingesetzt werden [50]. Der Informationsbedarf wird bei dieser Methode basierend auf der Annahme, dass für jede Unternehmung nur wenige Erfolgsfaktoren existieren, die über Erfolg oder Misserfolg entscheiden, auf diese wenigen branchenspezifischen Faktoren reduziert. Quellen für Erfolgsfaktoren sind die Branchenstruktur, die Wettbewerbsstrategie, Umweltfaktoren und temporäre Einflussgrößen [73]. Trotz der häufig kritisierten Subjektivität der Methode hat sie den großen Vorteil, dass sie unmittelbar von dem strategischen Informationsbedarf der Führung ausgehend die Informationssuche und -auswahl steuert und gewichtet [12].

Mit der Festlegung der Informationsquellen wird der erste Schritt von der Analyse des Informationsbedarfs hin zur *Informationsbeschaffung und -aufbereitung* vollzogen. Wichtige Quellen sind dabei [74]:

- Konkurrenzanalysen
- externe Datenbanken
- Szenarien
- Frühaufklärungssysteme (Kap. 6.2.1.2)
- Lückenanalysen
- Prognosen
- Rechnungswesen (mit geringerer Bedeutung)

Um eine entscheidungsbezogene Informationsversorgung des Innovationsmanagements zu ermöglichen, ist es sinnvoll die Bereitstellung strategischer Informationen an den einzelnen Phasen des Entscheidungsprozesses zu orientieren. Abbildung 6.14 zeigt, an welchen Stellen des Managementprozesses welche entscheidungsbezogenen Informationen bereitgestellt werden müssen.

6.2.2 Ausgewählte Instrumente des strategischen Innovationscontrollings

Im Rahmen des strategischen Innovationscontrollings dient eine Vielzahl von Instrumenten zur Planung, Steuerung und Kontrolle der systematischen Gewinnung von Erkenntnissen [50]. Dieses fein abgestimmte Instrumentarium, welches den gesamten Innovationsprozess als Regelkreis planen, steuern und kontrollieren kann, ist für den Erfolg des Innovationscontrollings von zentraler Bedeutung [21]. Im Folgenden werden drei Instrumente vorgestellt, die für das strategische Innovationscontrolling von hoher Bedeutung sind. Dies sind die Gap-Analyse, das Lebenszykluskostencontrolling und die Balanced Innovation Card. Die Gap-Analyse wird im Rahmen der strategischen Innovationsplanung zur Aufdeckung von Innovationsbedarfen eingesetzt und kann mit dem Lebenszykluskostencontrolling zum selben Zweck verbunden werden. Letzteres wird jedoch auch eingesetzt, um die gewünschte strategische Position in konkrete Innovationsprojekte zu übertragen. Zuletzt wird mit der Balanced Innovation Card ein umsetzungsorientiertes, an der Innovationsstrategie ausgerichtetes Instrument zur mehrdimensionalen, strategischen Steuerung des gesamten Innovationssystems vorgestellt.

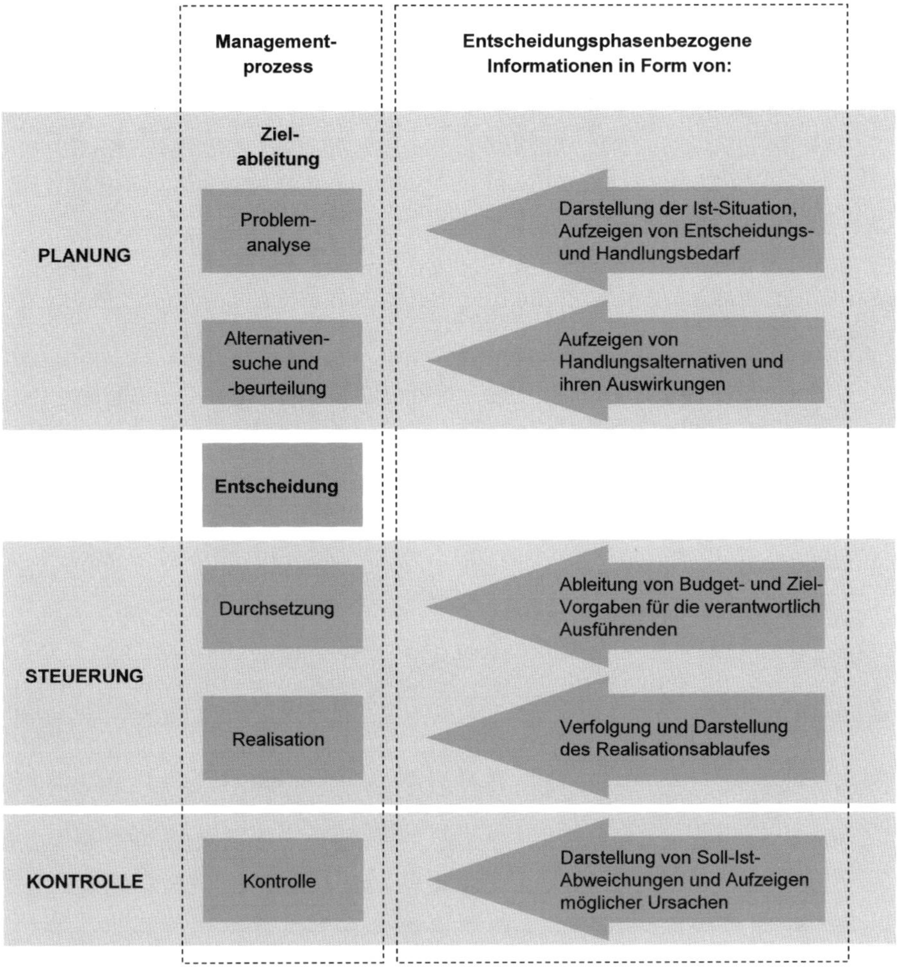

Abb. 6.14 Entscheidungsbezogene Informationsversorgung [7]

6.2.2.1 Gap-Analyse

Um die Nachhaltigkeit im Unternehmen sicherzustellen, ist es notwendig zu prüfen, inwieweit zukünftige Zielerwartungen mit den aktuell ergriffenen Maßnahmen realisiert werden können. Die Gap-Analyse („Lücken"-Analyse von englisch Gap = Lücke) wird hierbei als Ausgangspunkt zur Zielbestimmung verwendet, um mit ihrer Hilfe Abweichungen zwischen erwünschter (Soll-Zustand) und erwarteter (Ist-Zustand) Entwicklung festzustellen. Dabei werden Handlungsbedarfe in Form von Lücken (Gaps) aufgezeigt, welche im weiteren Verlauf der strategischen Planung konkretisiert werden müssen, da die Gap-Analyse als grobes Anregungsinstrument nur erste Anhaltspunkte ermittelt [7, 75]. Je größer diese

Lücken ausfallen, desto dringlicher ist eine Strategieänderung bzw. Methodenänderung notwendig [76]. Deshalb wird aufbauend auf der Gap-Analyse der Versuch unternommen, Strategien zu erarbeiten, mit denen die erwünschte Zielprojektion erreicht und somit die entstandenen Lücken geschlossen werden können [8].

Zur Erstellung einer Gap-Analyse muss zunächst ein Unternehmensziel quantifiziert werden. Notwendig ist hierbei, dass die gewünschte Entwicklung einer Zielgröße, wie z. B. Gewinn oder Umsatz, für den gesamten Betrachtungszeitraum der strategischen Planung vorzugeben ist. Diese Entwicklung des Unternehmensziels ist in der Gap-Analyse als Ziellinie visualisiert. Anschließend wird diese Ziellinie der Entwicklung gegenübergestellt, welche sich bei unveränderter Unternehmenspolitik ergeben würde. Diese Linie wird als Entwicklungslinie bezeichnet [7]. Von einer ungedeckten (Gewinn- bzw. Umsatz-) Lücke muss ausgegangen werden, wenn diese fortgeschriebenen/ prognostizierten Ist-Größen nicht zu jedem der betrachteten Zeitpunkte die jeweiligen Gewinn- oder Umsatzerwartungen erfüllen [75].

6

Zusätzlich zu der strategischen Lücke unterscheidet die differenzierte Gap-Analyse eine operative Lücke. Diese kann durch eine Planverbesserung unter Beibehaltung bestehender Produkte und Märkte geschlossen werden. Zur Schließung der verbleibenden strategischen Lücke ist jedoch eine Suche nach neuen Märkten und Produkten notwendig. Abbildung 6.15 stellt eine differenzierte Gap-Analyse mit operativer und strategischer Lücke dar [77].

Ein noch weiter verfeinertes Konzept der Gap-Analyse wurde von der Fichtel & Sachs AG entwickelt. Hierbei wird die Analyse der tatsächlich erwarteten Unternehmensentwicklung aufgrund der initiierten und laufenden Innovationsprojekte differenzierter durchgeführt. Die Gesamtheit der Projekte wird dabei gemäß ihrer Marktnähe unterteilt. Diese dient gleichzeitig als Indikator für die Realisierungs- und damit Deckungsbeitragsfähigkeit der einzelnen Projekte. Bereits realisierte Projekte und solche, die sich in einer weit fortgeschrittenen Phase des Innovationsprozesses befinden, werden aufgrund ihres hohen Potenzials zu einer sicheren bzw. starken Basis (firm base) für die prognostizierte Entwick-

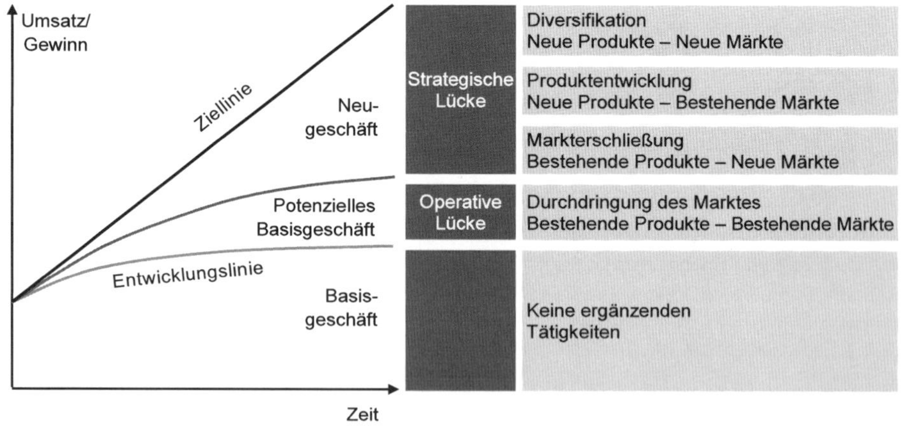

Abb. 6.15 Die differenzierte Gap-Analyse in Anlehnung an [78]

lung zusammengefasst. Ihr prognostizierter Zielbeitrag geht mit einem hohen Prozentsatz in die Entwicklungslinie ein. Projekte mit einem höheren Umsetzungsrisiko, welche sich in einer früheren Phase des Innovationsprozesses befinden, werden dementsprechend mit einer geringeren Umsetzungschance gewichtet [75].

Ein Vorteil der Gap-Analyse ist die einfache Anwendung, der jedoch vor allem der für die Prognose benötigte Aufwand in der Datenabschätzung/ -erhebung gegenübersteht. Herrschen stabile Marktbedingungen, so kann die Gap-Analyse nicht nur als Instrument der Effizienzkontrolle dienen, sondern auch zielgerichtete strategische Anpassungsprozesse initiieren [8]. Häufig kritisiert wird jedoch, dass die Gap-Analyse Stoßrichtungen eindimensional und unvollständig wiedergibt. Vor allem werden aufgrund des Messproblems nicht-quantifizierbare Größen als vermeintlich irrelevant behandelt und für den strategischen Gestaltungsbereich des Unternehmens praktisch unterschlagen. Jedoch zwingt die Gap-Analyse den Anwender dazu Zielvorstellung exakt zu formulieren und zu quantifizieren [75, 79]. Zusammenfassend ist festzuhalten, dass die Gap-Analyse zwar aufgrund der Eindimensionalität der Zielgrößen und des Unschärfeproblems gewisse Nachteile besitzt, jedoch als Einstieg in den Prozess der strategischen Planung durchaus das Potenzial besitzt, Innovationsbedarfe aufzuzeigen.

6.2.2.2 Lebenszykluskostencontrolling

Das Lebenszykluskostencontrolling (englisch: Life Cycle Costing) ist eine Wirtschaftlichkeitsanalyse basierend auf dem Konzept des Produktlebenszyklus, welche zur Vorbereitung langfristiger, strategischer Entscheidungen genutzt werden kann [12, 21, 80]. Während die Investitionsrechnung zur Beurteilung von Entscheidungsalternativen im Bereich der Potenzialfaktoren dient, ist das Lebenszykluskostencontrolling ein Instrument zur ergebniszielorientierten Fundierung produktorientierter Entscheidungen [81]. Im Rahmen des strategischen Innovationscontrollings soll durch die Anwendung des Lebenszykluskostencontrollings erreicht werden, dass Zahlungsströme produktbezogen mittels integrierten Produktlebenszyklen in der Entscheidungsfindung berücksichtigt werden.

Der Produktlebenszyklus basiert auf der Annahme, dass jedes Produkt nur eine begrenzte Lebensdauer besitzt und während dieser Zeit unterschiedliche Phasen durchläuft. Jede Phase zeichnet sich durch spezifische Merkmale wie Wachstum, Wirtschaftlichkeit oder Marktpotenzial aus [12]. Der idealtypische Verlauf des Produktlebenszyklus ist eine S-förmig Kurve, wobei zunächst lediglich der Marktzyklus vom Markteintritt bis zur Entscheidung das Produkt vom Markt zu nehmen, betrachtet wird. Dieser Marktzyklus gliedert sich ab Markteintrittsdatum bis zum Marktaustritt in die Phasen [8]:

- Einführung
- Wachstum
- Reife
- Sättigung

Neben dem Marktzyklus betrachtet das Produktlebenszykluskonzept auch die Generationenabfolge von Produkten, da nur durch eine regelmäßige Aufeinanderfolge neu in den

Markt eintretender Produkte die Existenz eines Unternehmens gesichert werden kann [7]. Um während des Innovationsprozesses zielorientierte Entscheidungen zu treffen, ist jedoch eine periodenübergreifende, integrierte Sicht notwendig, welche neben dem Marktzyklus auch den Entstehungszyklus berücksichtigt (Abb. 6.16). In dieser Phase anfallende Kosten würden bei einer periodischen Betrachtung, wie sie dem klassischen Produktlebenszyklus zugrunde liegt, nicht dem Produkt zugerechnet, sondern als Gemeinkosten umgelegt [12]. Das Lebenszykluskostencontrolling verlangt daher als unverzerrte Informationsunterstützung eine verursachungsgerechte Verrechnung der Kosten auf das Produkt, durch eine periodenübergreifende Aggregation aller Daten und unter Berücksichtigung der Phasen vor der Markteinführung.

Als Maßgröße für die Abbildung des Marktzyklus über der Zeit kann der Gewinn, der Umsatz oder die Absatzmenge für die einzelnen Phasen gewählt werden. Um jedoch Markt- und Entstehungszyklus vollständig zu integrieren und eine bloße Nebeneinanderreihung zu vermeiden, ist die Verwendung einer gemeinsamen Messgröße notwendig. Diese gemeinsame Messgröße kann nur durch die Gewinn- bzw. Verlustgröße dargestellt werden [7].

Das Instrument des Lebenszykluskostencontrollings kann in Verbindung mit einer, auf dem Gewinn als Messgröße basierenden Gap-Analyse genutzt werden, um die Entwicklungslinie aus den integrierten Lebenszyklen der aktuellen Innovationsprojekte zu prognostizieren und im Gegenzug die Ziellinie in einzelne Innovationsprojekte herunter zu brechen. So kann die Ist- der Soll-Entwicklung wie in Abb. 6.17 dargestellt, gegenübergestellt werden.

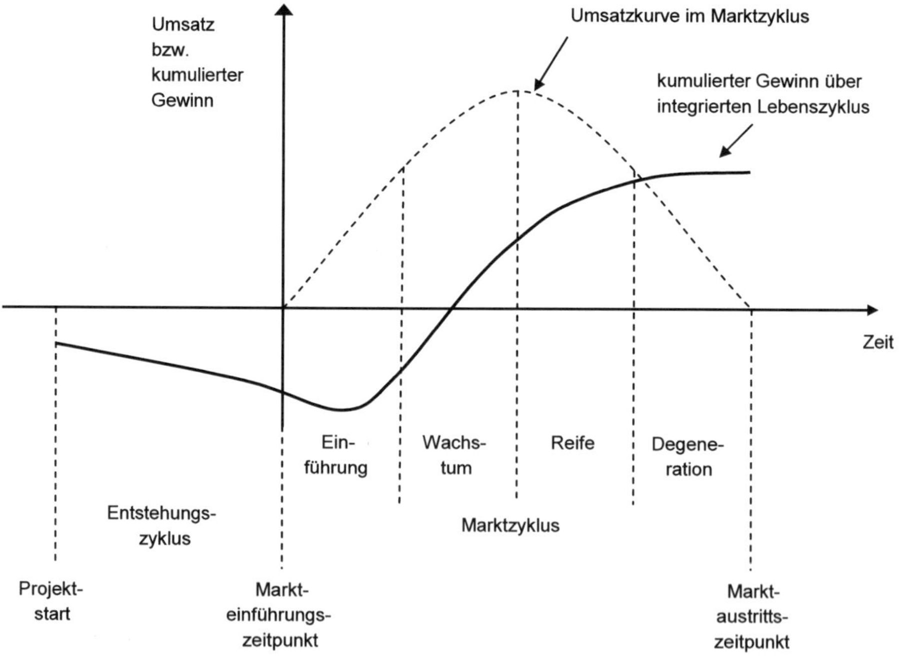

Abb. 6.16 Der integrierte Produktlebenszyklus [7]

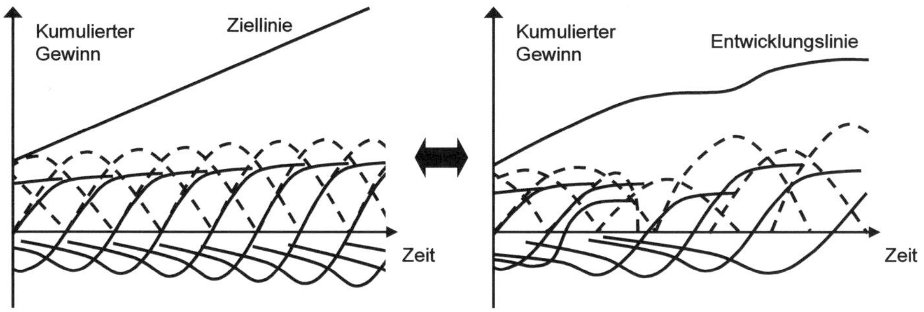

Abb. 6.17 Ableitung der Ziel- und Entwicklungslinie

Generell ist das Lebenszykluskostencontrolling stets mit einer Unsicherheit behaftet, da das zukünftige Produktvolumen bzw. die zukünftigen Produktpreise geschätzt werden müssen, um eine Kostenverteilung vornehmen zu können. Ferner ist in manchen Branchen die Produkterfolgsquote zu schätzen. Ergebnis der Prognose sind somit keine exakten Daten, sondern nur Anhaltspunkte, die jedoch auf expliziten Stellungnahmen bezüglich wichtiger Entscheidungsparameter basieren. Des Weiteren erfährt das Lebenszykluskostencontrolling als Prognoseinstrument eine Einschränkung, da es eine gewisse Regelmäßigkeit voraussetzt. Dort wo unsystematische, diskontinuierliche Veränderungen vorkommen, verliert das Konzept an Zuverlässigkeit und Aussagekraft [12, 80]. Durch die integrierte, verursachungsgerechte Zuordnung der Kosten über den gesamten Produktlebenszyklus trägt das Lebenszykluskostencontrolling trotz dieser Schwächen dazu bei, dass die einzelnen Innovationsprojekte bezüglich ihres Beitrages zu den Gewinnzielen des Unternehmens untersucht und in Verbindung mit der Gap-Analyse strategische und operative Lücken aufgedeckt werden können.

6.2.2.3 Balanced Innovation Card

Ein bewährtes Instrument des strategischen Innovationscontrollings, um die Lücke zwischen der Entwicklung der Innovationsstrategie und ihrer Umsetzung zu schließen, ist die Balanced Innovation Card (BIC) [82]. Die Balanced Innovation Card entstand aus einer Weiterentwicklung der Balanced Scorecard (BSC) sowie der Innovation Scorecard [83].

Der Begriffsbestandteil *Balanced* bezieht sich, sowohl bei der originären Balanced Scorecard als auch bei ihrer Weiterentwicklung der Balanced Innovation Card, auf das Gleichgewicht verschiedener Perspektiven und Kennzahlen. So werden quantifizierbare Ergebniskennzahlen genauso berücksichtigt wie subjektive und urteilsabhängige Leistungstreiber, vergangenheitsbezogene sowie zukunftsorientierte oder operative und strategische Kennzahlen [8, 84]. Die Balanced Scorecard wurde als ein umfassendes, strategisches Managementsystem zur Identifikation, Spezifikation und langfristigen Verfolgung der Unternehmensstrategie konzipiert. Gleichzeitig unterstützt sie auch Kommunikation, Feedback und Lernprozesse sowie die Verknüpfung von Zielen, Maßnahmen und Planung [85, 86]. Sie wurde, wie Abb. 6.18 zeigt, bereits in ihrer originären Form auf den Fachbereich der Forschung und Entwicklung angewandt.

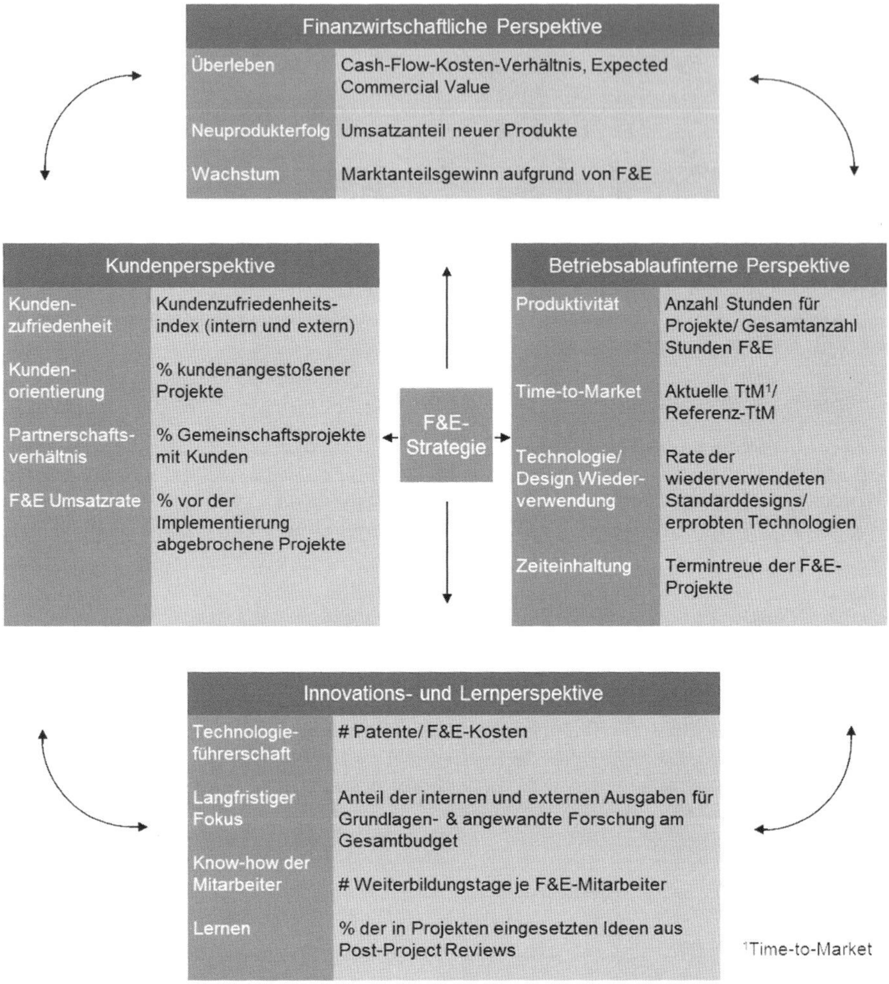

Abb. 6.18 Balanced Scorecard für Forschung und Entwicklung [38, 87]

Ebenso wie die Balanced Scorecard versucht die Innovation Scorecard die Kennzahlenflut zu reduzieren. Im Vergleich zur Balanced Scorecard berücksichtigt sie jedoch in einem noch höheren Maße qualitative und gegenwartsbezogene Faktoren. Ursache-Wirkungsketten werden hingegen nicht abgebildet. Die unterschiedlichen Perspektiven der Innovation Scorecard orientieren sich direkt am Innovationsmanagement und weisen daher einen reinen Innovationsfokus auf [83].

Die BIC übernimmt die Struktur der BSC und basiert auf dem Konzept der zielstrategischen Berücksichtigung und Ausgewogenheit von vier unterschiedlichen Interessengruppen und Perspektiven des Innovationsmanagements, welche größtenteils aus der Innovation Scorecard übernommen werden. Sie spiegelt die Ursache-Wirkungsbeziehungen der erarbeiteten Ziele wider und zeigt Ansätze für Verbesserungsmöglichkeiten auf [83].

Bei der Entwicklung der Balanced Innovation Card wird wie folgt vorgegangen:

1. *Festlegung der Perspektiven des Innovationsmanagements bzw. der Innovation*
   Die Perspektiven der BIC müssen so ausgewählt werden, dass alle Aspekte, die das Innovationsmanagement beeinflussen, abgebildet werden [88]. Es ist daher sinnvoll, zwischen den in der Innovation Scorecard verwendeten Perspektiven Innovationskultur, Innovationsressourcen, Innovationsprozess sowie der Dimension Innovationsoutput zu unterscheiden (Abb. 6.19) [83]. Durch diese Perspektiven ist es möglich, die Innovationskraft des Unternehmens umfassend darzustellen, da die Innovationsfähigkeit (durch Ressourcen- und Kulturperspektive), die Innovationstätigkeit (durch Innovationsprozesse) und der Innovationserfolg (durch Innovationsoutput) abgebildet werden [89].
2. *Bestimmung von strategischen Zielen für jede der Perspektiven*
   Die Ableitung eindeutig formulierter, strategischer Ziele ist für die BIC zentral und der erste Schritt auf dem Weg zur Strategieumsetzung [88, 90]. Nur auf Basis dieser Ziele

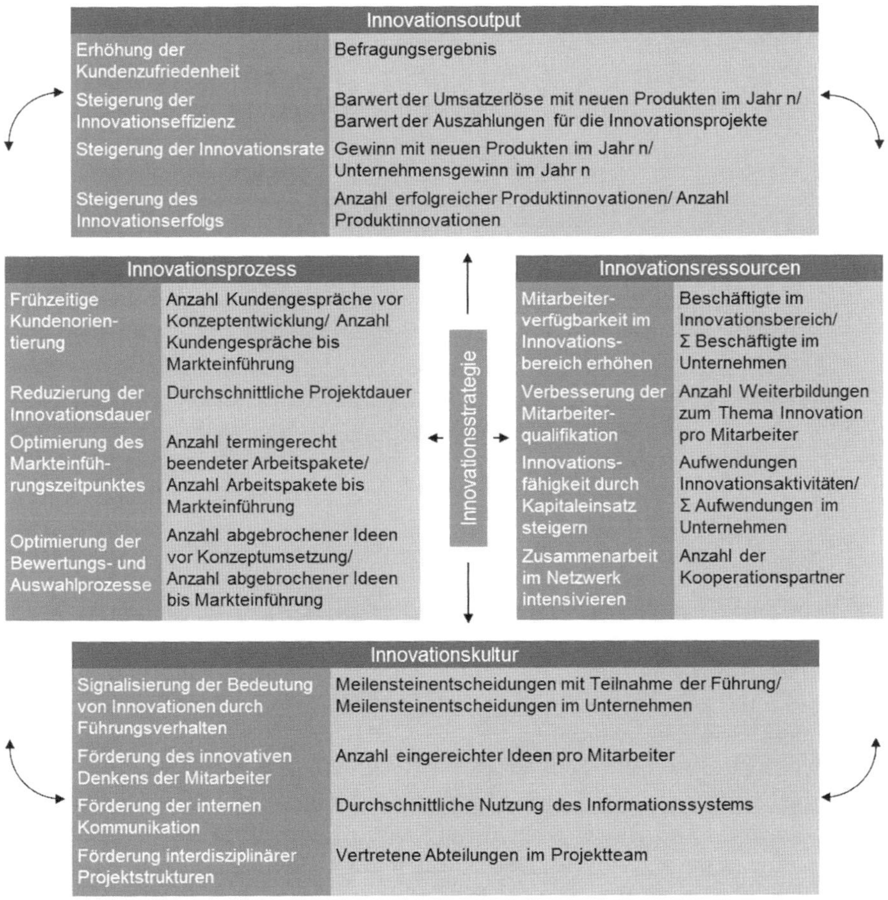

Abb. 6.19 BIC für mittelständische Automobilzulieferer in Anlehnung an [83]

können innerhalb der vier Perspektiven Ursache-Wirkungs-Ketten entwickelt werden und es wird der Grundstein zur Operationalisierung der strategischen Innovationsziele gelegt [83, 88].
Mithilfe von Workshops und Interviews wird eine Liste mit innovationsspezifischen, strategischen Zielen entwickelt, die mit der übergeordneten Innovationsstrategie konsistent sein muss [91].
Die Perspektive *Innovationskultur* zielt darauf ab, innovatives Denken und Handeln im Unternehmen zu fördern und zu messen. Die Ziele dieser Perspektive sind beispielsweise die Förderung interdisziplinärer Projektgruppen und innovativen Verhaltens oder die Signalisierung der Bedeutung von Innovationen durch Führungsverhalten [83]. Für die Perspektive *Innovationsressourcen* gilt als oberstes Ziel der effiziente Einsatz von Ressourcen [92]. Dieses Ziel kann heruntergebrochen werden auf Ziele wie die Verbesserung der Mitarbeiterqualifikation, die Nutzung externer Ressourcen oder eine Steigerung der Innovationsfähigkeit durch Kapitaleinsatz [83]. Wichtige strategische Unterziele der Perspektive *Innovationsprozess* können zum Beispiel eine frühzeitige Kundenorientierung, die Optimierung des Markteintrittszeitpunktes und des Selektionsprozesses darstellen [83]. Durch die Perspektive *Innovationsoutput* werden die Ziele zur Steigerung der Kundenzufriedenheit, Innovationseffizienz, Innovationsrate und Innovationserfolg gebündelt [83].

6

3. *Entwicklung von Kennzahlen zur Messung des Erreichungsgrades*
Dem Grundsatz „*If you can't measure it you can't manage it*" [93] folgend geht es bei der Entwicklung der Kennzahlen insbesondere darum, die Messbarkeit der strategischen Ziele zu gewährleisten und komplexe Sachverhalte in verdichteter Form darzustellen. Zudem müssen die Klarheit der Definition und die Wirtschaftlichkeit des Erhebungsaufwandes sichergestellt werden [1, 83]. Zur Entwicklung der Kennzahlen sind folgende Schritte erforderlich [88, 93]:

   - Bestimmung der Kennzahlen
   - Festlegung eines Zielwertes für ausgewählte Kennzahlen (Soll-Größe) und
   - Festlegung der Aktionen/ Maßnahmen zur Erreichung der Ziele

   Mögliche Kennzahlen der Perspektiven finden sich in Abb. 6.19.
4. *Entwicklung des Umsetzungsplans und Feedback-Prozess*
Die entwickelten Ziele und Messgrößen der verschiedenen Perspektiven, sowie die erarbeiteten, konkreten Maßnahmen zur Zielerreichung müssen in einem Umsetzungsplan festgelegt werden, um so Strategie und Umsetzung zu verzahnen. Die erarbeitete Scorecard sollte gemeinsam verabschiedet und ihre Inhalte in die Informationstechnologie integriert werden [94].
Der wesentliche Vorteil der BIC liegt in der erhöhten Transparenz durch die Übersetzung der Unternehmensstrategie in messbare Zielgrößen [94]. Dabei werden nicht nur quantitative und vergangenheitsbezogene Kennzahlen des Rechnungswesens verwendet, sondern auch qualitative, zukunftsorientierte Messgrößen. Jedoch ist nicht davon auszugehen, dass alle strategischen Zielgrößen messbar sind und dadurch in der BIC berücksichtigt werden können. Dennoch ist die BIC in der Lage, einen vielfach komplexen Innovationsprozess entsprechend den strategischen Zielen des Innovationsmanagements zu systematisieren und über alle betroffenen Unternehmensbereichen und Ebenen transparent und nachvollziehbar zu steuern [8, 12, 94]. Insbesondere durch die

Darstellung von Ursache-Wirkungsketten besteht die Möglichkeit, Schwächen sowie Potenziale aufzuzeigen [83]. Die bereichsübergreifende Entwicklung der BIC im Team fördert die Akzeptanz der Beteiligten und verbessert daher auch die Motivation der Mitarbeiter sowie die Identifikation mit der Innovationsstrategie [94].

6.3 F&E-Controlling

Das operative F&E-Controlling unterstützt das Innovationsmanagement in der Planung und Umsetzung von Innovationsprojekten [1, 2]. Im Vordergrund steht das Projektcontrolling. Dabei liegt der Fokus beim operativen Innovationscontrolling im Gegensatz zum strategischen Bereich eher auf der effizienten Durchführung von Innovationsprojekten als auf der effektiven Ausrichtung. Im Allgemeinen umfasst das operative Innovationscontrolling die folgenden vier Funktionen:

1. Planungsunterstützung: Perioden-/Projektprogrammplanung, Budgetplanung/-verwendung, Dokumentation, Investitionsbewertung, Gemeinkostenplanung;
2. Kontrolle: Überwachung operativer Ziele, Aufzeigen von Abweichungen, Analyse der Ursachen, Erarbeitung von Korrekturvorschlägen;
3. Informationsversorgung: Betrieb des Informationssystems, Beobachtung operativer Frühindikatoren, Versorgung der Entscheidungsträger mit relevanten Informationen und
4. Koordination: Abstimmung von dem Einzelprojekt-, Multiprojekt- und Bereichscontrolling mit dem Controlling im Gesamtunternehmen, Integration der Kostenrechnung des F&E-Bereichs in die des Unternehmens.

Da das Innovationsmanagement als Erweiterung des F&E-Managements einen ganzheitlichen Ansatz verfolgt, sind diese Funktionen in allen am Innovationsprozess beteiligten Bereichen zu beachten. Ein wirkungsvolles Innovationscontrolling-System muss also neben der F&E-Abteilung auch weitere Unternehmensbereiche der Wertschöpfungskette, wie beispielsweise Produktion, Marketing und Beschaffung in den Innovationsprozess integrieren. Mit Hinblick auf die Koordination und die Abstimmung des Controllings mit anderen Bereichen und dem Gesamtunternehmen stellen die Aufgaben der Schnittstellenüberwindung eine besondere Herausforderung dar.

Die Aufgabenfelder und Instrumente des operativen Innovationscontrollings sind Inhalt des folgenden Kapitels.

6.3.1 Aufgaben des F&E-Controllings

Das operative Innovationscontrolling lässt sich in drei Aufgabenbereiche unterteilen. Im Bereichscontrolling wird die Planung, Steuerung und Kontrolle der nicht projektgebundenen Ressourcen und Leistungen einzelner Unternehmensbereiche verantwortet, während das Einzelprojektcontrolling die Controllingaufgaben von Einzelprojekten wahrnimmt. Das Multiprojektcontrolling bildet hierbei die Verbindung dieser beiden Ebenen. Die entstehenden Schnittmengen und Überschneidungen werden in Abb. 6.20 verdeutlicht. Jeder

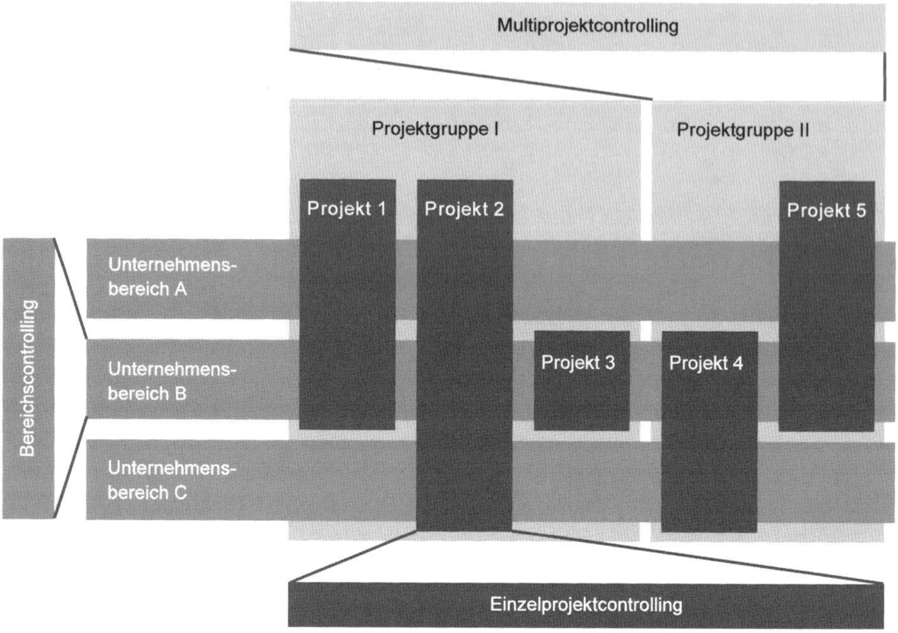

Abb. 6.20 Aufgabenbereiche des F&E-Controllings

der drei Aufgabenbereiche lässt sich in die vier Funktionen der Planungsunterstützung, Kontrolle, Informationsversorgung und Koordination einteilen.

Die dargestellten Aufgabenfelder werden in den folgenden Unterkapiteln näher beschrieben.

6.3.1.1 Bereichscontrolling

Das bereichsbezogene F&E-Controlling unterstützt den jeweiligen an der F&E beteiligten Unternehmensbereich bei der effektiven und effizienten Nutzung seiner Leistungspotenziale. Der Aufgabenbereich zielt nicht nur auf das Controlling der Entwicklungsabteilung ab, da die F&E-Aktivitäten heutzutage nur in seltenen Fällen isoliert von der Entwicklungsabteilung übernommen werden. Produkte werden in der Regel unter Einbeziehung verschiedener Anspruchsgruppen im Unternehmen entwickelt. Zur Definition und Nachverfolgung der Anforderungen wird in der Regel das technische Marketing bzw. das Produktmanagement in den Prozess integriert, die Analyse der Fertigungs- und Montagegerechtheit von Produktkonzeptalternativen wird von der Produktion übernommen und vor allem in Unternehmen mit geringer Fertigungstiefe haben die vom Einkauf durchzuführenden Aufgaben, wie Lieferantenauswahl und Preisverhandlungen oftmals signifikante Auswirkungen auf die Projektergebnisse (s. Kap. 3). Im Rahmen des Controllings der an der F&E beteiligten Bereiche steht die bestmögliche Erfüllung periodenbezogener

Unternehmensziele im Vordergrund [3]. Grundsätzlich beziehen sich die Aufgaben des Bereichscontrollings auf projektübergreifende Leistungen. Einen wesentlichen Anteil stellen hier angebotene Dienstleistungen, wie beispielsweise Versuchsdurchführungen oder Analysen dar. Das Controlling der projektgebundenen Ressourcen und Leistungen fällt in andere Aufgabenbereiche, allerdings werden auch diese Ressourcen in der Regel zunächst von einem oder mehreren Unternehmensbereichen bereitgestellt. Dazu ist die enge Abstimmung mit dem Multiprojektcontrolling (Kap. 6.3.1.2) erforderlich [3, 95].

Im Folgenden werden beispielhaft die Aufgaben und Herausforderungen des Controllings der Bereiche Produktentwicklung und Marketing hervorgehoben.

Das Controlling des F&E-Bereichs unterstützt das F&E-Management in den Bereichen der Informationsversorgung, Kontrolle, Koordination und Planung. Eine besondere Herausforderung tritt in der Informationsversorgung auf. Die entscheidungsrelevanten Informationen werden vom Controlling bereitgestellt, die Entscheidungsverantwortung liegt beim Management. Die Erfassung und Bereitstellung relevanter Informationen über die Leistung der F&E-Bereiche stellt das F&E-Bereichscontrolling dabei vor eine schwierige Aufgabe. Für die Beurteilung der Entwicklungsleistung können zwar verschiedene Kennzahlen, wie der Faktoreinsatz, wirtschaftliche Ergebnisgrößen (bspw. Umsatz), technische Ergebnis-/ Mengengrößen (bspw. Patentanzahl) oder Prozessgrößen (Zeit/ Kosten) herangezogen werden. Eine eindeutige Aussage kann aus diesen Kennzahlen allerdings nicht abgeleitet werden, da zwischen Kennzahlen und tatsächlicher F&E-Leistung nur mittelbare Zusammenhänge bestehen. Eine Kernaufgabe besteht also in der Identifikation von Messgrößen zur Bewertung des Outputs des F&E-Bereiches, welche diesen zeitnah abbilden können und mit vertretbarem Aufwand erfassbar sind [1, 2]. Die Kontrolle des F&E-Bereichscontrolling überwacht die Erreichung der operativen F&E-Bereichsziele und zeigt Abweichungen auf. Auswirkungen und Ursachen werden analysiert und geeignete Korrekturvorschläge erarbeitet. Um das Bereichscontrolling vollständig in das Controllingsystem des Unternehmens einzubinden, ist weiterhin die Abstimmung mit den Aufgabenbereichen des Multi- und Einzelprojektcontrollings, wie auch mit dem betrieblichen Gesamtcontrolling erforderlich. Dabei müssen die Ziele und Pläne der F&E mit anderen Abteilungen und höheren Instanzen koordiniert werden. Schließlich gehört auch die Planungsunterstützung zum F&E-Bereichscontrolling. Hier werden Investitionsrechnungen durchgeführt, Kostenarten, Kostenstellen und Gemeinkosten geplant und an der Projektprogramm- sowie Budgetplanung mitgewirkt [3].

Ein wesentlicher Teil der Budgetplanung im F&E-Bereich ist die Ermittlung des Gesamtbudgets. Hierzu haben sich zwei Verfahren etabliert. Im „Top Down"-Ansatz wird das Budget von der übergeordneten Stelle festgelegt und zur Aufteilung auf die einzelnen Projekte zur Verfügung gestellt. Die optimale Höhe der aufzuwendenden Finanzmittel kann nur geschätzt werden. Als Anhaltspunkte dienen entweder Werte aus dem Wettbewerb, wie Budgets von Konkurrenten, Branchendurchschnitte oder Werte, die aus der Vergangenheit abgeleitet werden können, wie das Budget der Vorperiode oder prozentuale Anteile vom Umsatz oder Gewinn. Dieser Ansatz ist für die Realisierung von Projekten im Bereich der Grundlagenforschung zwingend erforderlich.

Eine andere Methode setzt am vorhandenen Projektprogramm an. Im „Bottom Up"-Ansatz werden die für laufende und geplante Projekte benötigten Ressourcen und Kosten abgeschätzt und im Gesamtkostenplan aufaddiert. Daraus lässt sich der für das Planjahr erforderliche Bedarf ermitteln. Aufgrund der Bedarfsorientierung ist dieser Ansatz für Projekte in der Produktentwicklung vorteilhaft.

Im Gegenstromverfahren werden beide Ansätze zusammen geführt, wie in Abb. 6.21 verdeutlicht. Danach erfolgt die Projektbudgetierung durch die Gegenüberstellung der mittels „Bottom Up"-Methode geschätzten Projektkosten und den nach „Top Down"-Methode zur Verfügung stehenden Finanzressourcen [3, 7].

Neben der operativen Projektbudgetierung bleibt die Notwendigkeit, die bereitzustellenden Ressourcen auch den Ansprüchen der Unternehmensstrategie anzupassen. Geeignet hierzu ist die Orientierung an der strategischen Lücke des Unternehmens, ermittelbar mithilfe der Gap-Analyse, die in Kap. 6.2.2.1 beschrieben wurde.

Neben der F&E ist das Marketing ein weiterer im Innovationsprozess beteiligter Unternehmensbereich. Der Schwerpunkt des hier benötigten Innovationscontrollings liegt bei der Koordination und Abstimmung zwischen der Planung, Kontrolle und Personalführung innerhalb des Marketings. Die Informationsgewinnung und -bereitstellung muss der Marketingplanung entsprechend bedarfsorientiert ausgerichtet werden. Hier steht die Koordination der Informationsversorgung an der Schnittstelle zwischen Absatzmarkt und Unternehmung im Fokus. Die erfassten Markt- und Unternehmensdaten bilden die Grundlage für absatzpolitische Entscheidungen und zur Bestimmung der Erfolgsgrößen des Zielsystems; das Marketing-Informationssystem ist deshalb mit der Unternehmensrechnung direkt verbunden. Weiterhin ist das Bereichscontrolling des Marketings eng an die strategische Planung gebunden. Der Informationsbedarf für das frühzeitige Erkennen längerfristiger Nachfrage-, Wettbewerbs- und sonstiger Umweltentwicklungen muss hierzu ermittelt werden.

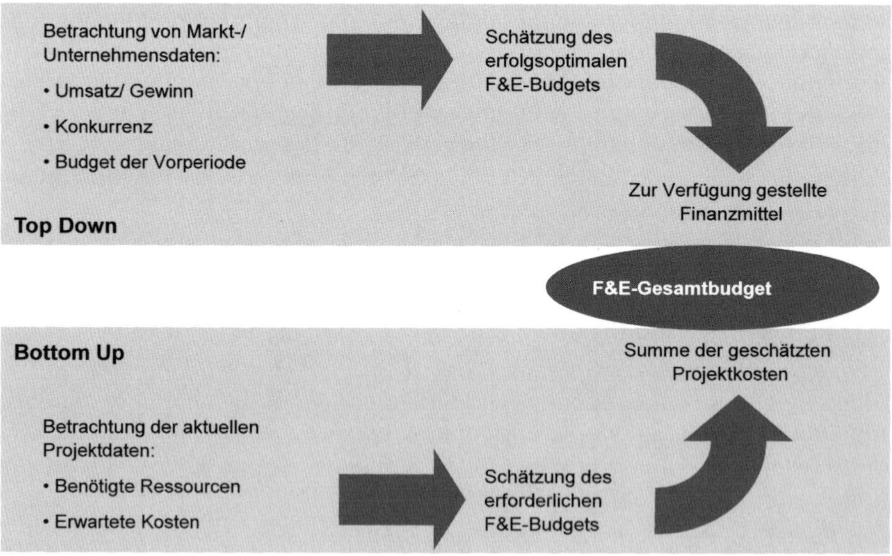

Abb. 6.21 Budgetierung im Gegenstromverfahren

6.3.1.2 Multiprojektcontrolling

Während sich das Einzelprojektcontrolling auf die Gesamtlaufzeit eines Projekts bezieht und damit kalenderjahresunabhängig ist, werden beim Multiprojektcontrolling mehrere Projekte mit verschiedenen Startterminen und unterschiedlichen Fertigstellungsständen zusammengefasst betrachtet. Der Fokus liegt, wie auch bei dem Bereichscontrolling, auf der Abrechnungsperiode anstatt auf der Laufzeit eines einzelnen Projekts. So stellt das Multiprojektcontrolling die Verbindung von der projektorientierten zur periodenbezogenen Ergebnisrechnung des Gesamtunternehmens her. Wie in Abb. 6.20 verdeutlicht, sind die einzelnen Projekte hierzu in Projektgruppen eingeteilt. Das Multiprojektcontrolling übernimmt die in den Projektgruppen anfallenden Controllingaufgaben, also die Unterstützung der Planung, Kontrolle, Koordination und des Informationssystems. Die Vernetzung des Multiprojektcontrollings als Schnittstelle zwischen Bereichs- und Einzelprojektcontrolling führt auch zu Überschneidungen, die eine saubere Trennung der Aufgabenbereiche nicht immer ermöglichen [96].

Zu den Planungsaufgaben gehört vor allem die Priorisierung der Projekte innerhalb des Projektprogramms [3]. Dabei sind wirtschaftliche und strategische Aspekte gleichermaßen zu beachten. Hier nimmt das Multiprojektcontrolling eine wichtige Brückenfunktion zwischen strategischem und operativem Innovationscontrolling ein. Die Projektprogrammplanung ist das zentrale Element zur Umsetzung der strategischen Vorgaben der Unternehmensleitung [3]. Mit den Kosten- und Finanzwirkungen und den Risiken der Projekte, sowie den Kapazitätsgegebenheiten des Bereiches müssen aber auch wirtschaftliche Aspekte in die Bewertung mit einfließen. Dabei können die Projekte als Investitionen betrachtet werden, wobei die hohe Unsicherheit vor dem Hintergrund der Einmaligkeit besondere Berücksichtigung erfordert. Für die Beurteilung von Innovationsprojekten können Verfahren der Wirtschaftlichkeitsrechnung herangezogen werden.

Eine Übersicht der verfügbaren Beurteilungsverfahren für Investitionen bietet Abb. 6.22. Auf oberster Ebene wird zwischen ein- und mehrdimensionalen Verfahren unterschieden. Während eindimensionale Verfahren sich ausschließlich auf die quantitative Investitionsrechnung beziehen, also nur den Vergleich verschiedener Projekte in Bezug auf eine quantitative Zielgröße ermöglichen, wie beispielsweise der Amortisationsdauer, können bei mehrdimensionalen Verfahren auch mehrere Zielgrößen bzw. Bewertungskriterien berücksichtigt werden [95].

Auf der zweiten Ebene wird eine weitere Einteilung in quantitative, semi-quantitative und qualitative Verfahren getroffen. Da die Ausgaben und Rückflüsse von Innovationsprojekten bezüglich Höhe und Zeitpunkt oft nur schwierig im Voraus abzuschätzen sind, ist der Einsatz von rein quantitativen Verfahren nicht immer sinnvoll. Qualitative Verfahren bieten den Vorteil, nicht quantifizierbare Aspekte zur Projektbeurteilung heranziehen zu können. Um aber auch die monetären Konsequenzen von Innovationsprojekten abbilden zu können, sollten sie mit qualitativen Verfahren kombiniert werden. Einen guten Kompromiss dazu stellen semiquantitative Verfahren dar, wie etwa die Nutzwertanalyse [3, 6].

In jedem Fall muss die Wirtschaftlichkeitsrechnung so erweitert werden, dass auch die Risiken der Projekte in der Bewertung Beachtung finden. Dazu eignen sich Korrekturverfahren, Sensitivitäts- oder Risikoanalysen, bei denen den Unsicherheiten entweder durch

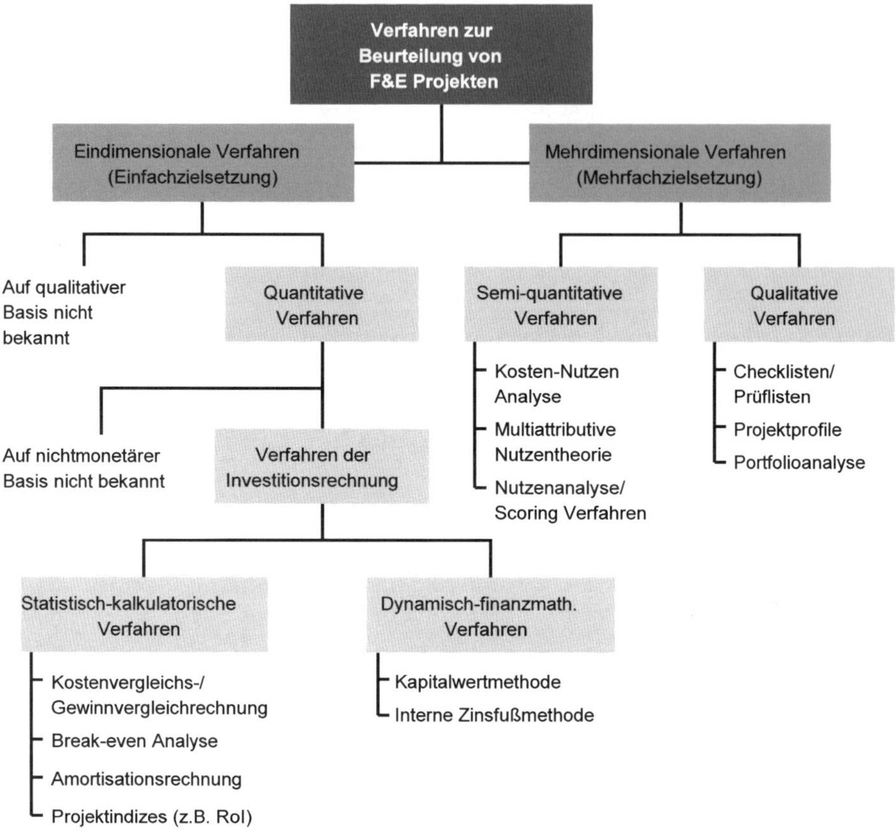

Abb. 6.22 Verfahren zur Beurteilung von Investitionen

prozentuale Risikoauf- oder -abschläge oder durch die Einbeziehung von Erwartungswerten mit geschätzten Eintrittswahrscheinlichkeiten anstatt von festen Zahlenwerten Rechnung getragen wird [95].

Die mithilfe der Wirtschaftlichkeitsrechnung erzielte Projektbeurteilung bezieht also strategische und finanzielle Aspekte sowie Unsicherheiten im Projektablauf mit ein und macht die Projekte untereinander vergleichbar. Da sich Rahmenbedingungen und Fortschritt der Innovationsprojekte stetig ändern und nicht immer vorhersehbar sind, ist eine laufende Aktualisierung der Projektbeurteilung erforderlich. Im Ergebnis bildet sich so eine Rangordnung, die eine Priorisierung der Projekte erlaubt. Die für eine Projektgruppe von den Innovationsbereichen bereitgestellten Ressourcen sind begrenzt, daher ist eine Selektion der Projekte notwendig. Mögliche Alternativen sind neben dem Projektabbruch die Projektfortführung mit oder ohne Anpassungsmaßnahmen [7]. Die Projektbeurteilungen dienen der Planung dabei als Entscheidungsgrundlage.

Die verbleibenden Einzelprojekte konkurrieren um die knappen Ressourcen [95]. Im Rahmen der Ressourcenplanung müssen die in der jeweils betrachteten Projektgruppe verfügbaren Sachmittel und Personalkapazitäten systematisch verteilt werden. Dies erfolgt auf Basis der Projektpriorisierung durch Zuweisung der Ressourcen auf die einzelnen Projekte. Dabei sind sowohl die in der Projektgruppe verfügbaren als auch die für ein Projekt erforderlichen Mittel zu beachten. Die Vorgehensweise kann analog zum in Kap. 6.3.1.1 vorgestellten Gegenstromverfahren gewählt werden, unter Berücksichtigung der ermittelten Prioritätenrangfolge. Das erfordert enge Abstimmung des Multiprojekt- mit dem Einzelprojektcontrolling.

Der Kontrolle kommt die Aufgabe zu, Soll-Ist-Abweichungen im Rahmen von Fortschrittskontrollen laufend zu erfassen und deren Auswirkungen zu prognostizieren. Gegebenenfalls müssen korrigierende Maßnahmen, wie beispielsweise eine Umverteilung der Ressourcen oder Änderung der Projektprioritäten, ergriffen werden [3]. Insoweit übernimmt die Kontrolle im Multiprojektcontrolling auch eine Steuerungsfunktion. Dabei steht im Multiprojektcontrolling die Kapazitätssteuerung im Vordergrund. Kapazitätsengpässe müssen aufgefangen und -überschüsse umverteilt werden, mit dem Ziel, eine möglichst optimale Allokation unter den Projekten zu erreichen. Im Falle von Anpassungsmaßnahmen sind die Wirkungszusammenhänge der Projekte einer Projektgruppe besonders zu beachten. Insbesondere Wechselwirkungen zwischen den Projekten, die beispielsweise dadurch entstehen, dass einzelne Mitarbeiter gleichzeitig an mehreren Projekten beteiligt sind, stellen im Multiprojektcontrolling eine Herausforderung dar.

Vor dem Hintergrund der Einbeziehung strategischer Aspekte im Multiprojektcontrolling ist die Überwachung der Verläufe von strategisch bedeutenden Projekten eine weitere wichtige Kontrollaufgabe. Gerade hier kann die frühzeitige Erkennung von Planabweichungen und Problemen höheren Korrekturaufwand zu späteren Zeitpunkten ersparen.

Die Unterstützung der Informationsversorgung bezieht sich in erster Linie auf den Aufbau und Betrieb des Informationssystems, also die Aufbereitung und Bereitstellung relevanter Informationen. Als Schnittstelle zwischen Einzelprojekt- und Bereichscontrolling stellt die Übertragung von projekt- zu periodenbezogenen Informationen dabei die Hauptaufgabe des Informationssystems im Multiprojektcontrolling dar. Die Erfolgs- und Liquiditätsdaten der Einzelprojekte müssen vom Multiprojektcontrolling periodisiert und verdichtet werden, sodass der Informationsbedarf des an der F&E beteiligten Bereiches an Informationen über die Projektgesamtheit gedeckt werden kann.

Wie die Ausführungen zu den Aufgaben deutlich machen, stellt die Koordination im Multiprojektcontrolling eine besondere Herausforderung dar. Sie ist weniger als eigenständiger Aufgabenbereich zu sehen, sondern als wesentliches Element in der Planung, Kontrolle und Informationsversorgung. In der Planung und Projektauswahl müssen die strategischen Ziele der Unternehmung beachtet werden und zur Ermittlung und Bereitstellung der nötigen Ressourcen ist eine enge Abstimmung mit dem Bereichscontrolling sowie dem Einzelprojektcontrolling erforderlich. Innerhalb der Projektgruppen müssen die verfügbaren Ressourcen laufend koordiniert und gesteuert werden, um das Ziel der bestmöglichen Kapazitätsauslastung erreichen zu können. Hier wird auch der Abstimmungsbedarf zwischen Projektkontrolle und Planung deutlich.

6.3.1.3 Einzelprojektcontrolling

Das Einzelprojektcontrolling ist für die Planung, Kontrolle, Informationsversorgung und Koordination auf Projektebene zuständig. Angestrebt wird eine möglichst effektive und effiziente Umsetzung der Zielvorgaben. Dabei bezieht sich das Einzelprojektcontrolling kalenderunabhängig auf die gesamte Laufzeit eines Projektes. Diese lässt sich grob in Planungs- und Realisierungsphase unterteilen, welche allerdings nicht immer scharf trennbar sind [3].

Abbildung 6.23 stellt den Regelkreis im Projektablauf dar, der vom Einzelprojektcontrolling unterstützt wird. Die Projektplanung erstellt Ablauf-, Kosten- und Kapazitätspläne, aus denen sich die Sollvorgaben für die Projektdurchführung ableiten lassen. Während der Umsetzung werden im Rahmen der Projektkontrolle die Ist-Werte laufend erfasst und mit den Soll-Werten aus der Projektplanung abgeglichen. Die Projektsteuerung setzt die Korrekturmaßnahmen der Projektkontrolle um, wenn beim Soll-Ist-Vergleich Abweichungen festgestellt wurden. Schwerwiegende Abweichungen können auch eine Anpassung der Sollvorgaben erforderlich machen. Die Wirkung der Maßnahmen wird von der Projektkontrolle überwacht. Neben den Aufgaben der Projektplanung und -kontrolle wird im Folgenden auch auf die Bereiche Informationsversorgung und Koordination eingegangen.

6

Die Projektplanung bildet den Schwerpunkt der Planungsphase. Sie lässt sich in die Teilbereiche der Strukturplanung, Zielplanung und Aufgabenplanung gliedern. In der Strukturplanung müssen zunächst Kompetenzen und Aufgaben innerhalb der Projektleitung zugewiesen und Organisationsstrukturen definiert werden. Außerdem wird das Projekt im Sinne der Grobplanung in kleinere Teilprojekte und Arbeitspakete zerlegt, um die weitere Vorgehensweise im Planungs-, aber auch im Steuerungsprozess zu erleichtern. Die Zielplanung legt die zu erreichenden Projektziele und ihre Prioritäten fest. Dabei wird zwischen Muss- und Kann-Zielen unterschieden. Während Muss-Ziele für den Projekterfolg unbedingt erforderlich sind, bewirkt die Erfüllung von Kann-Zielen eine Verbesserung des Ergebnisses. Das Controlling hilft hier durch die Überführung der Ziele in Sollvorgaben, beispielsweise durch die Formulierung von Spezifikationen in Form eines Pflichtenheftes. Die Sollvorgaben bilden die Rahmenbedingungen für den weiteren Planungsprozess. In der Aufgabenplanung kann eine weitere Unterteilung in Ablauf- und Ressourcenplanung getroffen werden. Die Ablaufplanung beschäftigt sich mit der Planung des zeitlichen Projektverlaufs. Nützliche Hilfsmittel bzw. Instrumente hierzu sind Netzpläne, Balkendiagramme und die Meilensteinplanung (Kap. 6.3.2.2). Die Aufgaben der Ressourcenplanung sind die Planung der Personal- und Betriebsmittelkapazitäten und die Budgetplanung. Bei-

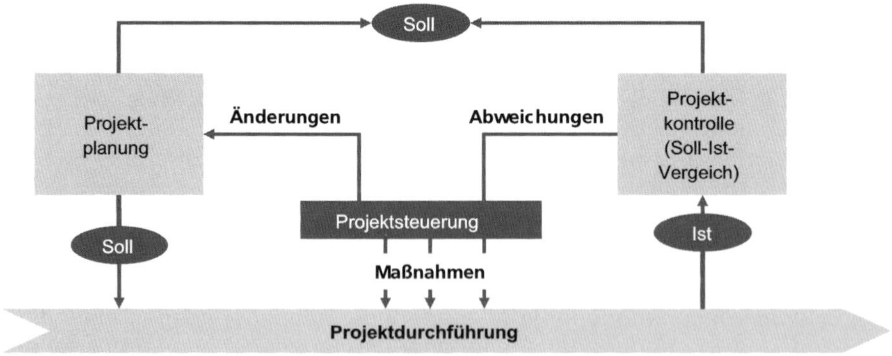

Abb. 6.23 Regelkreislauf des Projektcontrollings [95]

des ist von den zur Verfügung stehenden Mitteln abhängig, welche vom Multiprojektcontrolling (Kap. 6.3.1.2) vorgegeben werden. Eine gelungene Aufspaltung des Projektes in Arbeitspakete vereinfacht die Ressourcenplanung und ermöglicht eine präzisere Bedarfsschätzung [3, 95].

In der Realisierungsphase wird der Projektplan umgesetzt. Hier steht die Projektkontrolle und -steuerung im Vordergrund. In erster Linie besteht diese aus der Projektfortschrittskontrolle. Dazu werden Ist-Werte erfasst und mit den Sollvorgaben der Projektplanung verglichen. Abweichungen und ihre Ursachen und Auswirkungen müssen analysiert und Vorschläge zu möglichen Gegenmaßnahmen erarbeitet werden [6]. Die laufende Überwachung der Projektziele bezüglich Qualität, Zeit und Kosten erfordert entsprechende Zielsetzungen in der vorherigen Projektplanung. Da der Planung bestimmte Rahmenbedingungen zugrunde liegen, muss auch die Entwicklung des Projektumfeldes im Projektablauf stetig beobachtet werden. Beispielsweise können Veränderungen des Nachfrageverhaltens oder der Marktsituation seitens der Anbieter den Projekterfolg beeinflussen.

Abweichungen vom Planzustand verlangen korrigierende Eingriffe, wie etwa die Umverteilung des Ressourceneinsatzes oder die Anpassung der Zielgrößen [3]. Um die negativen Auswirkungen so gering wie möglich zu halten, ist eine möglichst frühe Identifikation von Planabweichungen notwendig. Mit der Meilenstein-Trendanalyse (Kap. 6.3.2.2) als wesentliches Instrument der Fortschrittskontrolle können Terminüberschreitungen frühzeitig prognostiziert und entsprechende Steuerungsmaßnahmen eingeleitet werden. Vor der Entscheidung für bestimmte Plananpassungen untersucht das Controlling die Abweichungsursache. So kann gewährleistet werden, dass die Modifikation an der richtigen Stelle ansetzt und die verfügbaren Mittel effizient genutzt werden. Beispielsweise erfordert ein bestimmter Ressourcenengpass eine Änderung in der Kapazitätsplanung und bei Defiziten in der Informationsabstimmung ist eine Verbesserung des Informationssystems notwendig [3].

Auch auf der Projektebene stellen der Aufbau und die Sicherstellung des Betriebes eines Informationsversorgungssystems einen wesentlichen Aufgabenbereich des F&E-Controllings dar. Die projektbezogenen Informationen werden gesammelt, verarbeitet und dem Projektmanagement zur Erfüllung der Planungs- und Steuerungsaufgaben selektiv zur Verfügung gestellt. Ziel ist es, die Entscheidungsqualität durch eine gute Informationsgrundlage zu verbessern. Ein wichtiges Hilfsmittel für die Projektsteuerung ist der Projektbericht. Darin werden Informationen über die Entwicklung und den Status von Qualitäts-, Termin- und Kostensituation des Projektes in standardisierter Form zusammengeführt. Projektberichte sind für die interne Verwendung vorgesehen, verfolgen aber die Absicht, den Projektstand auch für Außenstehende transparent darzustellen. Sie werden in regelmäßigen Abständen, je nach Gesamtlaufzeit des Projektes, erstellt. Zusätzlich können zwischenzeitlich Sonderberichte angefertigt werden, wenn überraschende Planabweichungen dies verlangen. Ein Projektbericht beinhaltet neben allgemeinen Informationen, wie Projektname, Kurzbeschreibung und Projektleiter, auch die Darstellung von Termin-Trendanalysen, dem Projektkostenverlauf und Ergebnisfortschritt. Im letzten Projektbericht kommen außerdem noch die Ergebnisse der Nachkalkulation sowie ein ausführlicher Abschlussbericht hinzu. Aufgetretene Probleme und Lösungsansätze sollen dokumentiert werden, um die gewonnenen Erfahrungen so für nachfolgende Projekte verwendbar zu machen [3]. Abbildung 6.24 zeigt ein beispielhaftes Formblatt, in welchem die Projektinformationen übersichtlich zusammengeführt werden können.

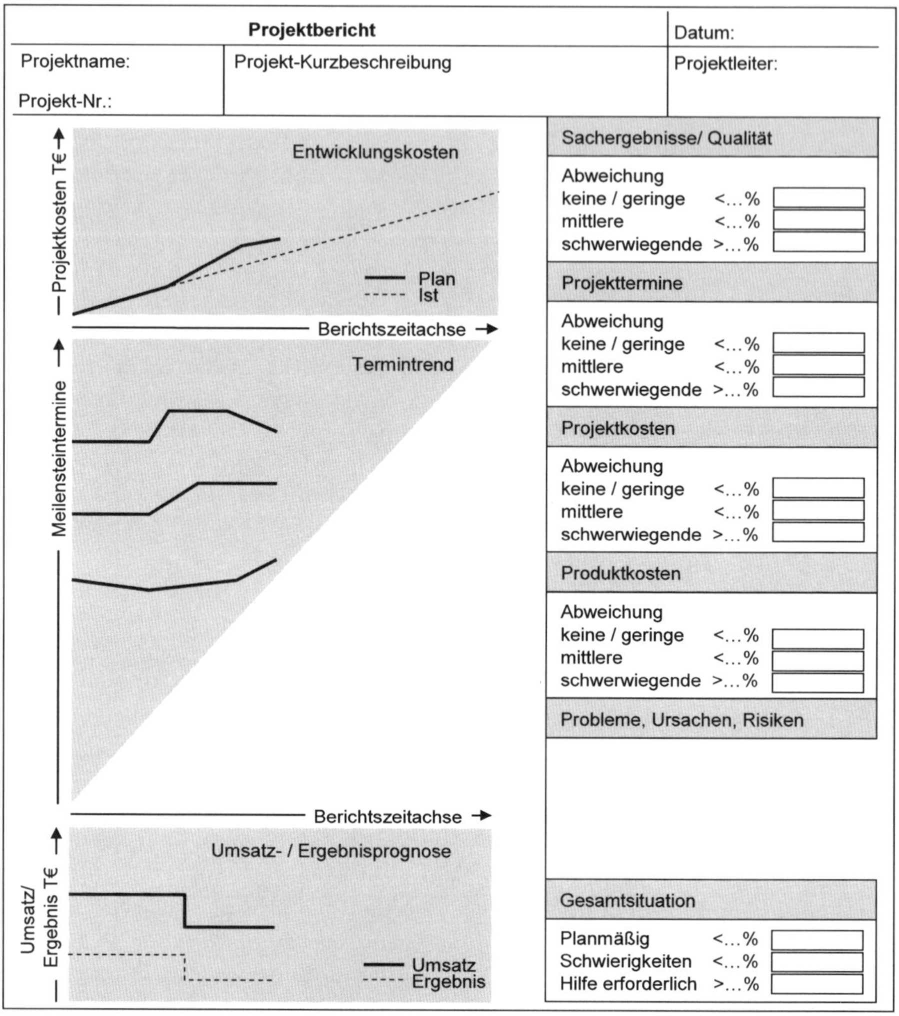

Abb. 6.24 Beispiel eines Projektberichts [95]

Die Informationsversorgung im Einzelprojektcontrolling ist eng mit der Koordination verbunden. Über die gesamte Projektlaufzeit besteht großer Abstimmungsbedarf mit dem Multiprojektcontrolling. In der Planungsphase unterstützt das Multiprojektcontrolling das Management der Einzelprojekte bei der Formulierung und Priorisierung der Zielvorgaben, um auch strategische Aspekte ausreichend zu berücksichtigen. Außerdem erfolgt die Koordination der Ressourcenplanung zwischen Einzelprojekt- und Projektgruppenebene. Während der Realisierungsphase ist das Multiprojektcontrolling weiterhin auf die Informationsversorgung durch das Einzelprojektcontrolling angewiesen, um seine in Kap. 6.3.1.2 dargestellten Aufgaben ordnungsgemäß erfüllen zu können. Relevante Informationen über die Entwicklung und den Status des Innovationsprojektes müssen dem Multiprojektcontrolling dazu laufend übermittelt werden. Daneben stellt das Einzelprojektcontrolling auch die projektinterne Abstimmung zwischen Planung und Steuerung sicher [3].

Auf dem Markt existieren zahlreiche Standardsoftwareprogramme zur Projektplanung und -steuerung, welche durch die Bereitstellung einiger der hier genannten Controllingfunktionen das Projektmanagement in seiner Aufgabenerfüllung unterstützen [95]. Allerdings ist bei der Implementierung von Standardprogrammen und Controllingmethoden stets darauf zu achten, dass Innovationsprojekte Besonderheiten mit sich bringen, die auch im Projektcontrolling berücksichtigt werden müssen. Sie zeichnen sich durch hohe Komplexität und hohen Neuheitsgrad aus, welcher oft auch ein großes Risiko mit sich bringt. Weiterhin besitzen Innovationsprojekte eine hohe Individualität, unterscheiden sich demnach in der Regel untereinander stark. Eine Festlegung von Standardabläufen ist daher auf branchenspezifischer Basis sinnvoller.

Fallbeispiel Ein Unternehmen aus der Versorgungstechnikbranche führte im Jahr 2005 ein standardisiertes Projektcontrolling ein. Zur systematischen Einführung des Controlling-Systems wurde ein einjähriger Umsetzungsplan definiert, der die einzelnen Phasen bis zur finalen Implementierung umfasste. Systemseitig wurde auf ein bestehendes Projektmanagement-System eines großen Software-Anbieters aufgesetzt. In einer ersten Phase wurde zunächst eine einheitliche Projektnummernstruktur festgelegt, die eine eindeutige Zuordnung projektbezogener Kosten zu dem jeweiligen Standort, dem betreffenden Projekt sowie der kostenverursachenden Projektphase erlaubt und die jeweilige Kostenart beschreibt. Auf Basis dieser Projektstruktur wurden Konzepte für das Berichtswesen erarbeitet und systemseitig abgebildet. Parallel hierzu wurden die betreffenden Mitarbeiter hinsichtlich des neuen Budgetierungs- und Reporting-Prozesses geschult. Durch die frühe Einbindung der Mitarbeiter im Rahmen der Schulungen konnte eine hohe Akzeptanz der neuen Lösung erreicht werden. Auf Basis standardisierter Monatsberichte besteht nun Transparenz über den jeweiligen F&E-Projektstatus. Diese umfassen neben den bereits verausgabten und prognostizierten Projektkosten auch Informationen über die Meilensteintermintreue. Außerdem können dem Statusbericht auf einen Blick produktbezogene Informationen, wie beispielsweise die Zielkosten und Istkosten des Produkts sowie das erreichte Qualitätsniveau entnommen werden.

6.3.2 Ausgewählte Instrumente des F&E-Controllings

6.3.2.1 Target Costing

Ein weitverbreitetes Instrument der Kostenplanung und -kontrolle ist das Target Costing, auch Zielkostenmanagement genannt. Dabei steht die Orientierung der Produktentwicklungen an Marktanforderungen und die Steigerung der Produktrentabilität im Vordergrund [12].

Während in der traditionellen Vorgehensweise der Produktpreis in der Regel durch einfache Aufschlagverfahren auf Basis der in Entwicklung und Produktion angefallenen Kosten abgeleitet wird, bildet beim Target Costing der auf dem Markt erzielbare Preis den Ausgangspunkt. Die Ermittlung des Zielpreises (Target Price) kann sich entweder an der Zahlungsbereitschaft der Kunden oder an den Preisen der Wettbewerber orientieren. Durch Berücksichtigung der angestrebten Rendite ergeben sich aus dem Zielpreis die Zielkosten (Target Costs) [3, 97].

Neben dem Kostenaspekt sind auch die funktionalen Anforderungen der Kunden zu beachten, die ebenfalls durch gezielte Markforschung ermittelt werden können. Hilfreiche Instrumente zur Erfassung und Gewichtung der Kundenwünsche sind beispielsweise die Quality Function Deployment Methode, das Kano-Modell, das Reverse Product Engineering oder die Conjoint-Analyse. Die ermittelten Anforderungen und Funktionen müssen im Folgenden den einzelnen Produktkomponenten zugeordnet werden. Dementsprechend können die Zielkosten auf die Komponenten aufgespaltet werden. Dabei werden die Gewichtung der Funktion und der Anteil, den die jeweilige Komponente an der Funktionserfüllung beiträgt, bei der Zuordnung berücksichtigt [7, 12].

Die Kosten der einzelnen Komponenten im Endprodukt dürfen die vorgegebenen Zielkosten weder zu stark über- noch unterschreiten. Eine Überschreitung führt dazu, dass das Produkt nicht zum angestrebten Preis angeboten werden kann, ohne Gewinneinbuße hinnehmen zu müssen. Unterschreitet eine Komponente ihre Zielkosten, gilt das als Anzeichen dafür, dass das Potenzial zur Befriedigung der funktionalen Kundenanforderung nicht optimal genutzt worden ist. Die Abweichungstoleranz nimmt mit höherem Kosten- und Nutzenanteil ab, wie in Abb. 6.25 verdeutlicht [3, 7, 12].

Um die geplanten Zielkosten der einzelnen Komponenten erreichen zu können, reicht eine Kostenreduktion in der Produktion nicht aus. Wie in Abb. 6.26 dargestellt ist, wird der Großteil der Produktkosten bereits in der Entwicklungsphase determiniert. In der Produktionsphase ist dieser feste Anteil nicht mehr beeinflussbar, mögliche Steuerungsmaßnahmen beschränken sich auf den verbleibenden, kleineren Kostenanteil [7]. Aus diesem Grund setzt ein erfolgreiches Zielkostenmanagement bereits früh im Produktentstehungsprozess ein, um so seine Möglichkeiten voll nutzen zu können [7].

Die Einhaltung der zuvor geplanten Kosten muss in allen Prozessschritten auch nach der Zielkostenplanung sichergestellt werden. Dazu erfolgt im Rahmen des Target Costing eine stetige Kontrolle der Kostensituation. Für den Fall, dass Abweichungen auftreten, müssen entsprechende Gegenmaßnahmen eingeleitet werden [3]. Das Target Costing ist ein wirkungsvolles Instrument, um Marktorientierung und Kostenbewusstsein im Unternehmen zu erhöhen. Allerdings muss bei der Anwendung darauf geachtet werden, dass der Fokus auf die Kostenziele nicht zur Vernachlässigung anderer Ziele, wie z. B. die erforderliche Produktqualität oder die anvisierte Time-to-market, führt [3].

6.3.2.2 Meilenstein-Trendanalysen

Die Meilenstein-Trendanalyse ist ein wichtiges Verfahren zur Terminprognose und Terminverfolgung während der Realisierungsphase eines Projektes. Dabei wird der Ver-

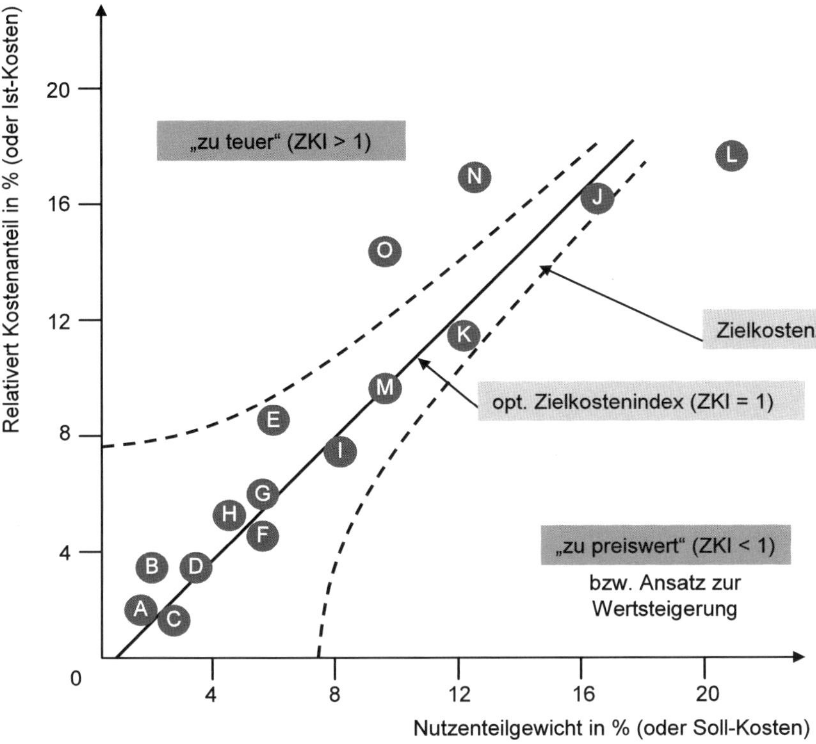

Abb. 6.25 Zielkostendiagramm

Abb. 6.26 Kostenbeeinflussung vs. Kostenentstehung

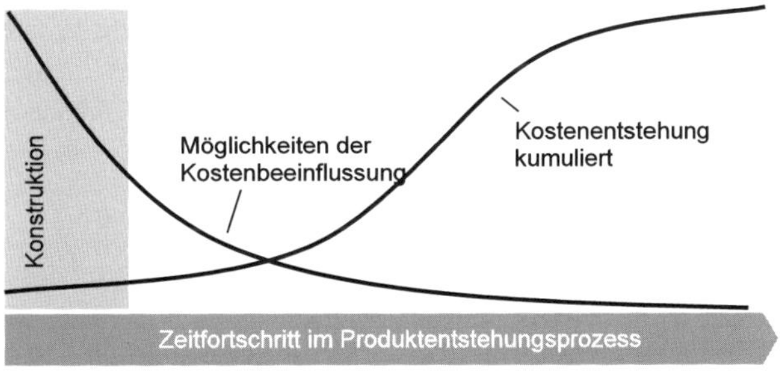

lauf der erwarteten Fertigstellungstermine wesentlicher Meilensteine im Prozessablauf grafisch dargestellt. Abbildung 6.27 zeigt die Meilenstein-Trendanalyse eines beispielhaften Projektes.

Die Durchführung einer Meilenstein-Trendanalyse erfordert zunächst die Festlegung von projektbezogenen Meilensteinen im Rahmen einer Meilensteinplanung. Die Meilensteinplanung ist neben Netzplänen und Balkendiagrammen ein wichtiges Instrument zur Terminplanung. In der Planungsphase werden Teilziele definiert, die den Projektablauf in sinnvolle Abschnitte einteilen. Ein Teilziel in Verbindung mit dem angestrebten Ein-

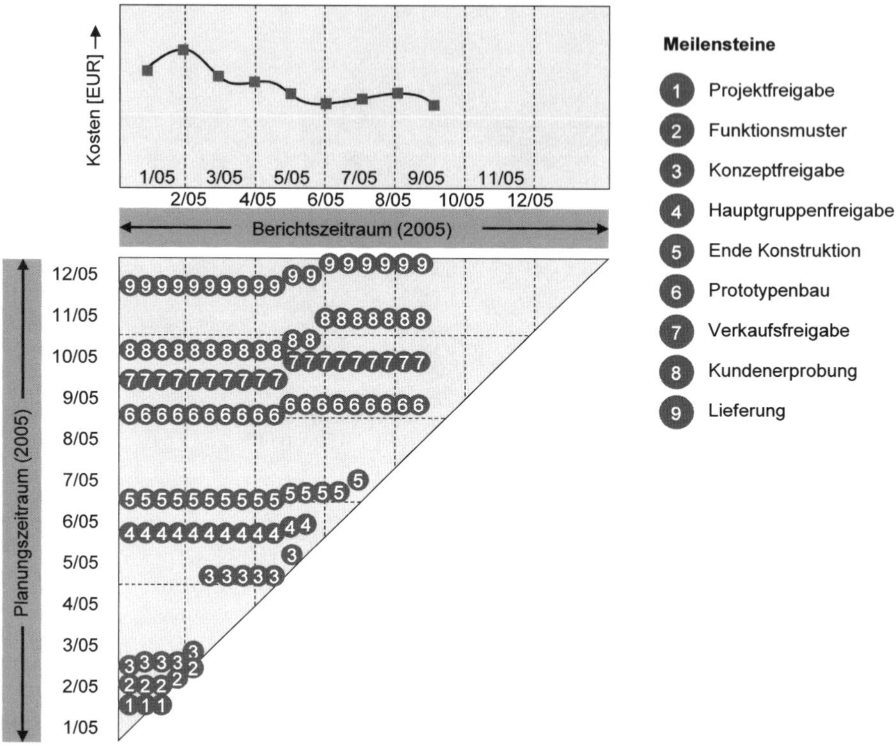

Abb. 6.27 Beispiel der Meilenstein-Trendanalyse [3]

trittszeitpunkt stellt einen Meilenstein dar. Geeignete Teilziele richten sich nach wichtigen Ereignissen, welche überprüfbar und eindeutig sind. Übliche Meilensteine sind beispielsweise die Fertigstellung eines Prototyps oder die Freigabe der Designstudie [95].

Sind für ein Projekt zweckmäßige Meilensteine ausgewählt worden, ermöglicht die Meilenstein-Trendanalyse die übersichtliche Darstellung des zeitlichen Projektfortschritts. Dazu werden die Meilensteintermine in ein Diagramm mit zwei Zeitachsen gleichen Maßstabs eingetragen, wie in Abb. 6.27 verdeutlicht. Die horizontale Achse teilt den Projektablauf in Berichtszeitpunkte ein, an denen die Terminsituation überprüft wird. Diese Überprüfung findet in regelmäßigen Abschnitten statt und bildet dabei eine feinere Einteilung als der Meilensteinplan. Zu jedem Berichtszeitpunkt wird nun abgeschätzt, ob die geplanten Meilensteintermine eingehalten werden und das Diagramm durch die Eintragung neuer Schätzwerte aktualisiert wird. Verschiebt sich dabei der voraussichtliche Eintrittstermin eines Meilensteins, muss auch geprüft werden, ob sich dadurch Auswirkungen auf nachfolgende Meilensteintermine ergeben. Wird ein Meilensteintermin auf der Diagonalen eingetragen, ist das entsprechende Teilziel erreicht worden – der Eintrittstermin entspricht dem Berichtszeitpunkt. Die Verbindung der voraussichtlichen Termine eines Meilensteins über mehrere Berichtszeitpunkte hinweg bildet die Meilensteinlinie. Aus ihr ist der Termintrend des zugehörigen Meilensteins ablesbar. Eine waagerechte Meilensteinlinie steht für einen planmäßigen Projektverlauf, weicht die Linie im Zeitverlauf nach oben ab, zeugt das von auftretenden Verzögerungen, die zur Terminüberschreitung führen können [7].

Die Anwendung der Meilenstein-Trendanalyse ist mit geringem Aufwand verbunden und bietet eine wirkungsvolle Kontrolle von Terminen und Teilergebnissen während der Projektdurchführung. Die transparente Darstellung von Terminsituation und Termintrend verbessert das Zeitbewusstsein der Projektmitarbeiter und damit auch die Genauigkeit der Terminplanung [3].

6.3.3 Produktcontrolling

Während das F&E-Controlling die Effizienz und Effektivität im Innovationsprozess sicherstellt und somit eher prozessbezogen ist, bezieht sich das Produktcontrolling auf die Kostenträger als Bezeichnung für die betrieblich wertmäßige Leistung entsprechend dem Unternehmenszweck. Jede einzelne, im Unternehmen erbrachte Leistung, die einen Werteverzehr ausgelöst hat, kann ein solcher Kostenträger sein [98]. Neben physischen Produkten können dies auch Dienstleistungen sein, die jedoch in der Darstellung des folgenden Kapitels eine untergeordnete Rolle spielen. Kostenträger werden in einem Abrechnungszeitraum entweder am Markt abgesetzt oder anderen Unternehmenseinheiten im Sinne einer Profitcenter-Struktur übergeben [98]. Zur Sicherung des nachhaltigen Ertrags der jeweiligen Kostenträger ist eine Controlling-Funktion erforderlich, die sowohl den Werteverzehr, also die Kosten, als auch die Werterzeugung im Sinne des Kunden und der diesen Kunden bedienenden Unternehmung überwacht. Diese Funktion übernimmt das Produktcontrolling, dessen Aufgabenfelder in den folgenden Unterkapiteln erläutert werden.

6.3.4 Controlling der produktbezogenen Kosten

Im Rahmen des Kosten-Controllings werden die über den gesamten Lebenszyklus anfallenden Kosten eines Produktes betrachtet und so eine Basis für eine ganzheitliche produktbezogene Wirtschaftlichkeitsbetrachtung geschaffen. Zum Einsatz kommt dabei die sogenannte Kostenträgerrechnung, die im Folgenden in den Gesamtkontext der Kostenrechnungsverfahren eingeordnet und erläutert wird.

6.3.4.1 Teilgebiete und Formen der Kostenrechnung

Kostenrechnungen werden für zeitliche und sachliche Ausschnitte der Unternehmung durchgeführt. Geschäftsjahre, Halbjahre oder Quartale sind typische zeitliche Ausschnitte. Traditionelle sachliche Ausschnitte, für die separate Kostenrechnungen durchgeführt werden, sind Kostenarten, Kostenstellen und Kostenträger, welche die drei charakteristischen Teilgebiete der Kostenrechnung darstellen [99]: Abb. 6.28 zeigt die Einordnung der verschiedenen Teilgebiete der Kostenrechnung im betrieblichen Rechnungswesen.

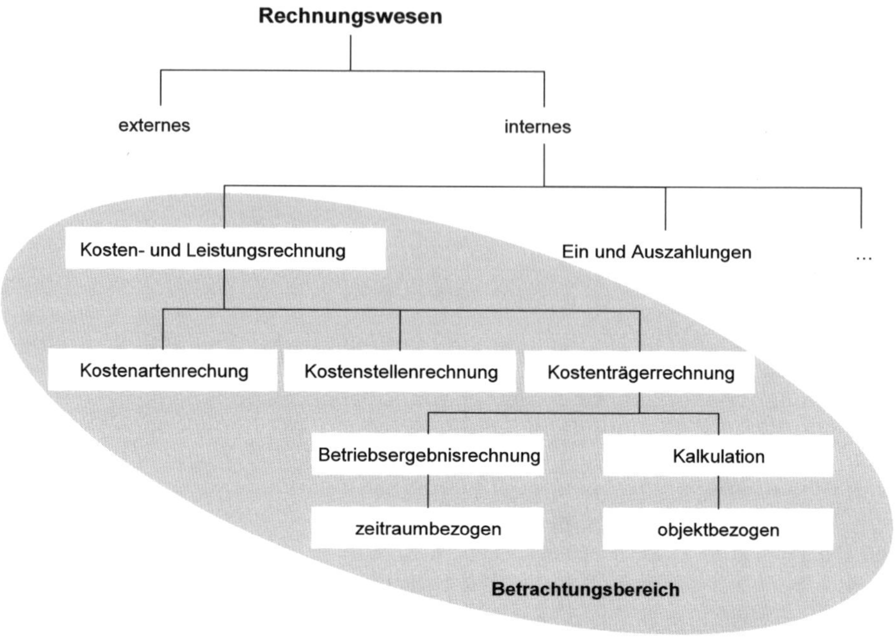

Abb. 6.28 Teilgebiete der Kostenrechnung im betrieblichen Rechnungswesen [100]

Die Kostenartenrechnung dient der lückenlosen Erfassung der Gesamtkosten einer Periode. Diese werden nach Kostenarten gegliedert, um damit den mengenmäßigen Verbrauch an Produktionsfaktoren bestimmen, bewerten und verrechnen zu können [100]: Die Unterscheidung der Kosten nach Kostenarten findet häufig in den Kategorien: Material-, Personal-, Kapital-, Abschreibungskosten sowie Fremdleistungen, Gebühren und Steuern statt.

Neben dieser Unterteilung in Kategorien sind für die Definition von Kosten folgende drei Begriffspaare voneinander abzugrenzen [101]:

- Grenzkosten und Fixkosten
- Beeinflussbare und nicht beeinflussbare Kosten
- Einzelkosten und Gemeinkosten

Grenzkosten entstehen mit jeder zusätzlichen Beschäftigungs- oder Erzeugniseinheit und werden daher auch als proportionale Kosten oder Beschäftigungskosten bezeichnet. Im Gegensatz dazu sind die Fixkosten beschäftigungsunabhängig und fallen beispielsweise für die Bereitstellung von Kapazitäten zur Leistungserstellung an (Kapazitätskosten) [101]. Fixkosten sind allerdings nicht unverändert fix, sondern in Abhängigkeit vom betrachteten Zeitraum als beeinflussbar anzusehen. Manche Fixkosten sind kurzfristig veränderbar, wie z. B. Ausgaben für Werbung, andere, wie Kosten für Gebäude oder Maschinenparks, nur längerfristig. Grenzkosten sind aufgrund ihrer Beschäftigungsabhängigkeit als kurzfristig beeinflussbar anzusehen. Die Unterscheidung zwischen Einzel- und Gemeinkosten bezieht sich auf die Erfass- bzw. Zurechenbarkeit der Kosten und ist entscheidend von der

Wahl des Kalkulationsobjekts abhängig [99]. Aus der Perspektive des Produkts stellen alle Kosten, die der Produkteinheit nicht direkt bzw. anwendungsbezogen zugerechnet werden können, Gemeinkosten dar [102].

Diese können jedoch für ein anderes Kalkulationsobjekt, wie z. B. eine Produktgruppe, durchaus Einzelkosten sein. Nach DIN sind Einzelkosten alle Kosten, die einem Zurechnungsobjekt direkt zugerechnet werden können bzw. im konkreten Anwendungsfall zugerechnet werden. Häufig werden Einzelkosten als Produkt aus Menge (z. B. Anzahl, Gewicht, Arbeitsstunden) und Wert pro Mengeneinheit (z. B. Verrechnungspreis, Lohnsatz) ermittelt [102].

Abbildung 6.29 zeigt den Kostenwürfel von Deyhles, der die beschriebenen Ausprägungen der Kostenarten zusammenfasst.

Bei der Kostenstellenrechnung wird das Unternehmen in Teilbereiche (Stellen) eingeteilt und somit der zu betrachtende Ausschnitt verkleinert, um das Gesamtgeschehen differenzierter erfassen und steuern zu können. Die nach Kostenarten gegliederten Gemeinkosten werden den verantwortlichen Kostenstellen möglichst nach Verursachungsgesichtspunkten angelastet und können dadurch separat geplant und überwacht werden [100]: Bei der dazu vorzunehmenden Aufteilung des Unternehmens wird dem Kostenstellenverantwortlichen von der Unternehmensleitung zugleich ein Teil der Entscheidungskompetenz übertragen, nach deren Umfang sich verschiedene Arten von Kostenstellen unterscheiden lassen [99]:

- Ein Costcenter ist das Äquivalent zu dem deutschen Begriff Kostenstelle, wobei der Leiter die Kompetenz hat, Kostenentscheidungen selbst zu treffen.
- In einem Profitcenter wird die Verantwortung für alle Entscheidungen, die das Einkommen der Einheit bei vorgegebenen Kapazitäten betreffen, übertragen.
- Bei einem Investmentcenter darf der Verantwortliche zusätzlich auch Kapazitätsentscheidungen treffen, also Investitionen veranlassen.

Darüber hinaus lassen sich Haupt- und Hilfskostenstellen unterscheiden, je nachdem ob die Kosten direkt aus der Kostenartenrechnung übernommen werden (Primärkosten) oder über die sog. innerbetriebliche Leistungsverrechnung, gemäß der Inanspruchnahme der Leistungen der Hilfskostenstellen, weiterverrechnet werden (Sekundärkosten) [100]. Auf

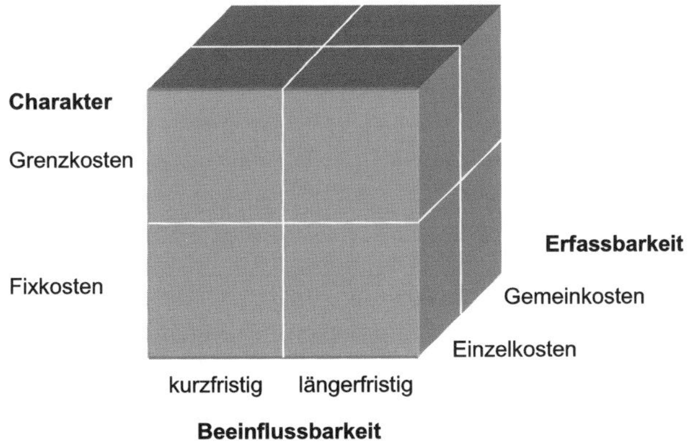

Abb. 6.29 Deyhles Kostenwürfel

Basis der in den Hauptkostenstellen angefallenen Kosten werden dann Kalkulationssätze für die Zuordnung der Kosten zu Kostenträgern gebildet.

Die Kostenträgerrechnung gibt an, wofür Kosten angefallen sind, wobei Kostenträger sowohl marktgerichtete, absetzbare Leistungen als auch innerbetriebliche Leistungen für selbst erstellte Anlagen oder den unmittelbaren Verbrauch sein können. Der Zweck der Kostenträgerrechnung besteht hauptsächlich in der Bereitstellung von Informationen für preispolitische Entscheidungen und zur Bewertung von Beständen. Darüber hinaus bildet sie aber auch die Grundlage für das Aufdecken von Erfolgs- oder Misserfolgsquellen im Produktprogramm, nach bestimmten Absatzmärkten oder Kundengruppen. Diese Aufgaben werden zum einen in der Kostenträgerstückrechnung (Kalkulation) und zum anderen in der Kostenträgerzeitrechnung (Betriebsergebnisrechnung) erfüllt.

Die Hauptaufgabe der Kalkulation besteht darin, die für eine Erzeugniseinheit angefallenen Kosten zu ermitteln. Diese als Selbstkosten bezeichneten Stückkosten setzen sich aus den Herstell-, den Verwaltungs- und den Vertriebskosten zusammen. Zu ihrer Ermittlung – insbesondere zur Zuordnung von Gemeinkosten – sind eine Reihe von Verfahren entwickelt worden, die aufgrund ihrer zentralen Stellung in Kap. 6.3.4.2 ausführlicher erläutert werden. Des Weiteren wendet man die Kalkulation für die Erfolgsüberprüfung von Produkten, als Basis für die Produktprogrammplanung und für Vergleichsrechnungen verschiedener Produkte zu verschiedenen Zeiten und bei verschiedenen Produktionsverfahren an [103].

In der Betriebsergebnisrechnung werden den Selbstkosten der in einer Periode produzierten oder abgesetzten Einheiten die entsprechenden Erlöse (Leistungen) gegenübergestellt und anhand dessen der Unternehmenserfolg (oder auch der Erfolg einzelner Produkte, Produktgruppen, Kunden, Märkte o. ä.) aufgezeigt.

In diesem Zusammenhang kann die Kostenträgerrechnung auch als zentrales Teilgebiet der Kostenrechnung angesehen werden, das in einem integrierten System durch die Kostenarten- und Kostenstellenrechnung unterstützt wird [99]. Der diesem Verständnis folgende Zusammenhang der Kostenrechnungsarten ist in Abb. 6.30 dargestellt.

Wie aus obiger Darstellung deutlich wird, ist die Unterscheidung in Einzelkosten und Gemeinkosten für die Weiterverrechnung im Kostenrechnungssystem relevant [100]: Die Einzelkosten werden direkt aus der Kostenarten- in die Kostenträgerrechnung übernommen. Die Gemeinkosten werden hingegen üblicherweise zunächst in die Kostenstellen-

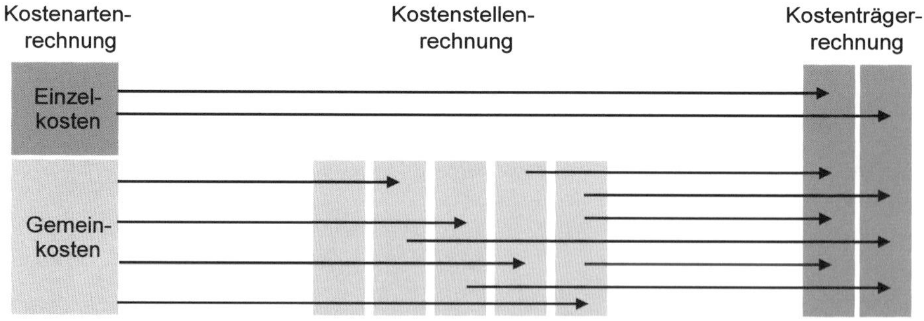

Abb. 6.30 Kostenarten-, Kostenstellen- und Kostenträgerrechnung [104]

rechnung übernommen und erst dann im Rahmen der Kalkulation den Leistungseinheiten zugerechnet.

Neben den Teilgebieten der Kostenrechnung, die sachliche Ausschnitte des Unternehmens repräsentieren, existieren verschiedene Formen der Kostenrechnung, die unterschiedliche Charakteristika hinsichtlich des Zeitbezugs und des Umfangs der verrechneten Kosten aufweisen.

Die ursprüngliche Form der Kostenrechnung, bei der die effektiv angefallenen Kosten erfasst und verrechnet werden, wird als Istkostenrechnung bezeichnet. Das Ziel der Istkostenrechnung ist die Nachkalkulation von betrieblichen Aufträgen und Erzeugnissen, wobei nach dem Prinzip der Kostenüberwälzung alle angefallenen Kosten einer Abrechnungsperiode den Kostenträgern zugerechnet werden.

Zur Vereinfachung der Istkostenrechnung wurde die Normalkostenrechnung entwickelt, bei der zur Reduzierung des Arbeitsaufwands schwankende Istkostensätze durch konstante Normalkostensätze ersetzt werden. Diese Normalkostensätze umfassen einerseits feste Verrechnungspreise für Roh-, Hilfs- und Betriebsstoffe (Durchschnittspreise der vergangenen Periode) und andererseits gemittelte Durchschnittswerte für innerbetriebliche Leistungen [100].

Eine dritte Form der Kostenrechnung ist die Plankostenrechnung, bei der für bestimmte Zeiträume Kosten festgelegt werden, die man auch als Plan- oder Budgetkosten bezeichnet. Einzelkosten werden für jede Erzeugniseinheit mit den prognostizierten Stückzahlen auf Planeinzelkosten der Periode hochgerechnet. Gemeinkosten werden nach Kostenstellen und Kostenarten differenziert budgetiert, wobei für jede Kostenstelle eine Planbeschäftigung angesetzt wird. Die gleichzeitige Anwendung von Plan- und Istkostenrechnung ermöglicht Kostenanalysen bzw. -kontrollen, bei denen die Abweichungen zwischen Plan- und Istkosten in einzelne Kostenabweichungen (Preisabweichungen, Abweichung im Materialverbrauch u. a.) aufgelöst werden können [100].

Neben dieser Unterscheidung nach dem Zeitbezug lassen sich Kostenrechnungssysteme nach dem Umfang der verrechneten Kosten in Vollkosten- und Teilkostenrechnungen differenzieren [95]. In Vollkostenrechnungssystemen werden sämtliche Kosten (Einzel- und Gemeinkosten) auf die Kostenträger verteilt, wohingegen bei der Teilkostenrechnung nur ein Teil der Kosten verrechnet wird und die Übrigen direkt in die Betriebsergebnisrechnung übernommen werden [105]. Die Verrechnung von Gemeinkosten bei der Vollkostenrechnung und die damit verbundene Proportionalisierung von Fixkosten basiert größtenteils auf willkürlichen Verteilungsschlüsseln und können aufgrund der fehlenden Verursachungsgerechtheit der Kostenzuordnung zu Verzerrungen beim Ausweis von Stückkosten und damit zu strategischen Fehlentscheidungen führen. Als Folge dessen können Produkte, die aufgrund der von ihnen zu tragenden Gemeinkostenlast teurer kalkuliert werden als der erzielbare Marktpreis, nicht mehr abgesetzt werden, obwohl sie einen positiven Beitrag zur Deckung der Fixkosten erbringen würden [105]. Verstärkt wird dieser Effekt bei einem Rückgang der Beschäftigung, da in diesem Fall immer höhere Kosten auf die Erzeugniseinheiten verteilt werden.

Aus dieser Kritik entwickelten sich die Systeme der Teilkostenrechnung, bei denen auf die vollständige Verteilung der Kosten verzichtet wird. Ein Prinzip der Teilkostenrechnung ist die alleinige Verrechnung der Einzelkosten bei Außerachtlassen der Gemeinkosten. Da diese Kosten aber in vielen Fällen als entscheidungsrelevant angesehen werden, hat sich dieses Verfahren nicht durchgesetzt. Gebräuchlich sind hingegen Systeme, bei denen die Kosten in Grenz- und Fixkosten getrennt werden und die Fixkosten nicht verteilt, sondern direkt in die Betriebsergebnisrechnung übertragen werden. Als Ergebnis ergeben sich die sogenannten Deckungsbeiträge, die angeben, in welcher Höhe das jeweilige Erzeugnis zur Deckung der Fixkosten beiträgt (Deckungsbeitragsrechnung).

Die Grundidee des Verfahrens besteht darin, dass nur die Grenzkosten für den Aufbau und die nachträgliche Kontrolle einer kurzfristigen Planung relevant sind, wenn die fixen Kosten für diesen Zeithorizont als unveränderlich angesehen werden können [100]. Die Gefahr liegt darin, dass die Deckungsbeiträge evtl. nicht ausreichen, um die Fixkosten zu decken und dass langfristige Wirkungen von Entscheidungen, z. B. Investitionsentscheidungen, nicht erfasst werden. Darüber hinaus geht der Anteil der beschäftigungsabhängigen Kosten an den Gesamtkosten radikal zurück und es existieren auch für die Fixkosten maßgebliche Einflussgrößen, die unbeachtet bleiben.

Eine Weiterentwicklung und Verbesserung der (einstufigen) Deckungsbeitragsrechnung stellt die Fixkostendeckungs- oder auch mehrstufige Deckungsbeitragsrechnung dar [12]. Dabei werden die Fixkosten in mehrere Blöcke aufgespaltet und in die Deckungsbeitragsrechnung übernommen. Die Aufteilung der Fixkosten kann von Fall zu Fall unterschiedliche Formen annehmen. Denkbar ist eine grobe Aufteilung in artikel- oder produktgruppenbezogene sowie allgemeine Fixkosten [101]. Für Unternehmen mit einer breiten Produktpalette ist beispielsweise die folgende feinere Untergliederung sinnvoll [105]:

- Produktfixe Kosten: Fixkosten, die unmittelbar durch Entwicklung, Produktion und Vertrieb eines Produktes verursacht werden,
- Produktgruppenfixe Kosten: Fixkosten, die einer bestimmten Produktgruppe oder -art zugeordnet werden können,
- Spartenfixe Kosten: Fixkosten, die einer Sparte oder einem Bereich direkt zugerechnet werden können,
- Unternehmensfixe Kosten: alle verbleibenden Fixkosten.

Der Vorteil dieser Fixkostenschichtung liegt in der Bereitstellung detaillierter Informationen für die mittel- und kurzfristige Planung sowie differenzierterer Aussagen über den Erfolgsbeitrag der Produkte und damit zur Sortimentsgestaltung. Die Ergebnisse der mehrstufigen Deckungsbeitragsrechnung können strategische Informationen zur Produktbereinigung liefern, wenn diese nach Abzug produkt- bzw. produktgruppenfixer Kosten keine positiven Restdeckungsbeiträge erwirtschaften.

Da in Unternehmen die verschiedenen Teilgebiete und Formen der Kostenrechnung häufig in einem integrierten System zum Einsatz kommen, ist es unabdingbar, bei der Gestaltung eines der Teilsysteme die vorgegebenen Bedingungen in die Planung einzubeziehen, um im Nachhinein festgestellte Schnittstellenprobleme und Inkompatibilitäten zu vermeiden.

6.3.4.2 Arten und Verfahren der Kalkulation

Die Kalkulation oder auch Kostenträgerstückrechnung dient wie beschrieben der Ermittlung der Selbstkosten einer Kostenträgereinheit. Für die Produktkostenkalkulation im Rahmen des Produktcontrollings wird als Kostenträger eine Mengeneinheit einer bestimmten Produktart herangezogen. Diese Mengeneinheiten können in Abhängigkeit von der Art des Produktionsverfahrens Stückeinheiten, aber auch Gewichts-, Längen-, Flächen- oder Volumeneinheiten sein [100]. Zur Kalkulation von Stückkosten existieren unterschiedliche Verfahren, deren Eignung vom jeweiligen Produktaufbau, dem Produktprogramm und dem eingesetzten Produktionsverfahren abhängt. Ähnlich wie bei der Kostenrechnung unterscheidet man je nach Zeitpunkt und Art der Kosteninformationen verschiedene Kalkulationsarten.

Grundsätzlich wird zwischen Vor- (oder auch Angebots-), Nach- und Plankalkulationen unterschieden. Die Anwendbarkeit dieser drei Kalkulationsarten hängt wesentlich davon ab, ob in einem Unternehmen hauptsächlich standardisierte Produkte oder vorrangig Einzel- und Auftragsfertigung vorliegen. In letzterem Fall liegt der Schwerpunkt bei auftragsindividuellen Vor- und Nachkalkulationen, wohingegen bei wiederholt produzierten Erzeugnissen zeitraumbezogene Plankalkulationen bevorzugt werden [100].

Sowohl Angebots- als auch Vorkalkulation werden vor der Erstellung der Leistung auf der Basis geschätzter oder geplanter Kostendaten durchgeführt.

Die Angebotskalkulation wird in der Regel vor der Auftragserteilung im Rahmen von Verhandlungen erstellt, wohingegen die Vorkalkulation nach Vertragsabschluss und meist erst während oder nach der Produktentwicklung durchgeführt wird.

Eine Nachkalkulation ist eine nachträgliche, auf Basis der tatsächlich angefallenen Istkosten erstellte Kalkulation, die der Ermittlung der tatsächlichen Gewinnerzielung des Auftrags und der Kontrolle der vorkalkulierten Kosten dient.

Unter einer Plankalkulation wird die Kalkulation von Selbstkosten verstanden, die für abgegrenzte Zeiträume im Voraus auf Basis differenziert geplanter Kosten (häufig auf Basis von Kostenstellenbudgets und Planmengen) erstellt wird. Veränderungen in den Kostenstrukturen werden über Abweichungen erfasst und erst in der Betriebsergebnisrechnung den Kostenträgergruppen zugeordnet [100].

In Unternehmen mit standardisierten Erzeugnissen kann auf die laufende Anwendung von Vor- und Nachkalkulationen verzichtet werden, wenn die erstellten Plankalkulationen in regelmäßigen Zeitabständen durch Nachkalkulationen überprüft werden. Bei Auftrags- oder Einzelfertigung hingegen können aus den Nachkalkulationen einzelner Auftragsgruppen im Sinne eines Regelkreises wertvolle Kostendaten für die Angebots- und Vorkalkulation zukünftiger Aufträge abgeleitet werden [100]. Dieser Regelkreis ist in Abb. 6.31 dargestellt. Der Vorteil dadurch erzielbarer Lerneffekte liegt in einer stetigen Verbesserung der erstellten Vorkalkulationen, mit denen sowohl zu niedrige als auch zu hohe Angebote vermieden werden können.

Die im Folgenden vorgestellten Kalkulationsverfahren sind im Laufe der Zeit für die Bestimmung von Herstell- und Selbstkosten entwickelt worden und unterscheiden sich vor allem bei der Erfassung und Verrechnung von Gemeinkosten. Aufgrund dessen weisen sie teilweise erhebliche Unterschiede im Hinblick auf ihren Beitrag zur Transparenz in den Gemeinkostenbereichen und die Verursachungsgerechtheit der Kostenzuordnung auf.

Als grundsätzlich wird an dieser Stelle die Trennung der Gesamtkosten in Einzel- und Gemeinkosten angenommen, auch wenn nicht alle in diesem Kapitel geschilderten Kalkulationsverfahren in ihrem ursprünglichen Aufbau dieser Annahme entsprechen. Da die Einzelkosten in der Praxis jedoch in den meisten Fällen direkt aus der Kostenartenrech-

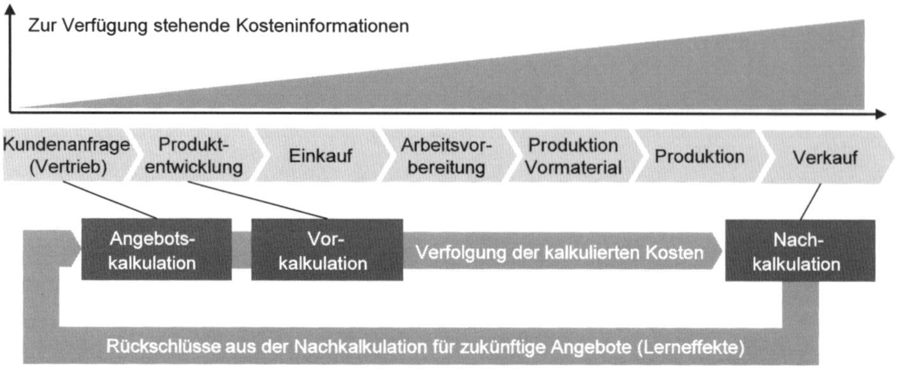

6

Abb. 6.31 Regelkreis aus Vor- und Nachkalkulation

nung in die Kostenstellenrechnung übernommen werden, ist für das Produktcontrolling die Aufgabe der Kalkulationsverfahren zur Verrechnung der Gemeinkosten aus den Kostenstellen zu den jeweiligen Produkten von besonderer Relevanz. Abbildung 6.32 ordnet den hier beschriebenen Fokus der Kalkulationsverfahren in den Zusammenhang zwischen Kostenarten-, Kostenstellen- und Kostenträgerrechnung ein.

Ein wesentliches Kalkulationsverfahren ist die Divisionskalkulation, deren Grundprinzip eine stückzahlbasierte Verteilung der Kosten ist, d. h., die in einer Periode angefallenen Kosten werden durch die Anzahl produzierter Einheiten dividiert und diesen entsprechend zugeordnet. Je nach Vorsegmentierung der nach diesem Prinzip verrechneten Kosten ergeben sich verschiedene Ausprägungen der Divisionskalkulation (einstufige, mehrstufige und mehrfache Divisionskalkulation). Je feiner die Unterteilung der Gemeinkosten ausfällt, desto höher wird die mit diesem Verfahren erzielbare Kostentransparenz in den Gemeinkostenbereichen hinsichtlich der Art und der Herkunft der Kosten. Die Verteilung der Kosten auf Basis der Stückzahl wird aber, je unterschiedlicher die Produkte sind, immer weniger verursachungsgerecht [103].

Eine Weiterentwicklung der Divisionskalkulation stellt die Äquivalenzziffernkalkulation dar, die bei artverwandten Produkten, welche sich nur hinsichtlich ihrer Dimensionen

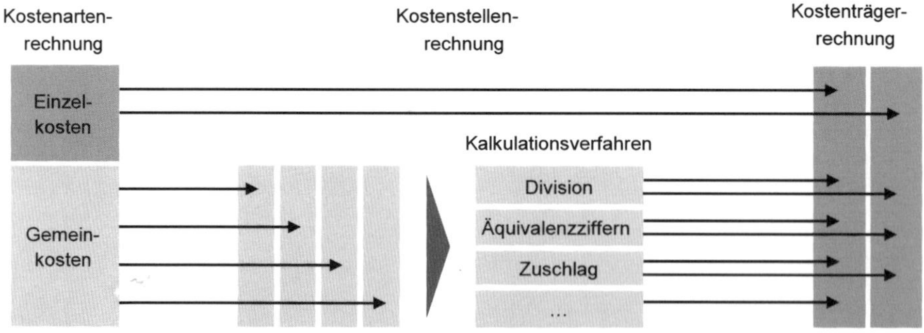

Abb. 6.32 Traditionelle Kalkulationsverfahren im Kostenrechnungssystem

und/oder Qualität unterscheiden (Sortenfertigung), zum Einsatz kommt [106]. Die Äquivalenzziffern sind Verhältniszahlen, die für die jeweilige Produktart angeben, in welchem Verhältnis ihre Kosten zu einer als Standard definierten Produktart stehen. Die Verteilung der Kosten erfolgt dabei analog zur Divisionskalkulation, nur dass die Stückzahlen der einzelnen Produkte nun mit ihren Äquivalenzziffern gewichtet werden. Ebenso beeinflusst bei diesem Verfahren die Vorstrukturierung der Gemeinkosten die erreichbare Kostentransparenz. Die Eignung für eine verursachungsgerechte Zuordnung der Gemeinkosten hängt von der Genauigkeit der ermittelten Äquivalenzziffern ab. Häufig müssen diese durch ein geeignetes Kalkulationsverfahren ermittelt werden, sodass auf die Anwendung der Äquivalenzziffernrechnung auch verzichtet werden kann [107].

Für Unternehmen, die verschiedenartige Produkte in Einzel- oder Serienfertigung herstellen, ist die Zuschlagskalkulation entwickelt worden, bei der die Gemeinkosten über sogenannte Zuschlagssätze verrechnet werden. Die Zuschlagskalkulation verwendet im Gegensatz zu den mengenbasierten absoluten Kalkulationssätzen der Divisionskalkulation prozentuale Zuschläge – meistens wertbasiert auf die direkt zugeordneten Einzelkosten. Anhand des Differenzierungsgrads der Zuschlagsbasen lassen sich verschiedene Ausprägungen des Verfahrens unterscheiden [100]:

- Einstufige Zuschlagskalkulation: Sämtliche Gemeinkosten werden für alle Produktarten mit einem Verrechnungssatz prozentual auf die Einzelkosten verteilt,
- Mehrstufige oder differenzierte Zuschlagskalkulation: Die Gemeinkosten werden aufgeteilt und gesondert zugeschlagen.

Als Kritik an der Zuschlagskalkulation wird häufig angemerkt, dass die unterstellte Proportionalität zwischen Gemein- und Einzelkosten in der Praxis nur in den seltensten Fällen gegeben ist [103, 106]. Insbesondere bei den Fertigungskosten hat der Rückgang der Lohneinzelkosten im Vergleich zu den Gemeinkosten sehr hohe Zuschlagssätze hervorgebracht, die keinerlei Bezug zur Kostenverursachung aufweisen.

Diese Entwicklung hat in vielen Unternehmen dazu geführt, dass für den Fertigungsbereich das Kalkulationsverfahren der Stundensatzkalkulation eingesetzt wird. Dabei werden die Einzel- und Gemeinkosten zu den Fertigungskosten einer Stelle zusammengefasst und auf die Arbeitszeiten der Lohnempfänger oder auch auf die Maschinenzeiten bezogen (Maschinenstundensatzkalkulation) [100]. Sie führt bei entsprechender Erfassung der Zeiten zu annähernd exakten Ergebnissen, wenn die Fertigungsstunden die Leistungsinanspruchnahme und damit die Kostenverursachung der unterschiedlichen Erzeugnisse widerspiegeln. Das Verfahren ist zur sogenannten Bezugsgrößenkalkulation verallgemeinert worden, bei der außer den Fertigungszeiten eine oder mehrere verschiedene (homogene/heterogene Kostenverursachung) Maßgrößen verwendet werden. Die Grundidee der Kostenzuordnung über kostenverursachende Faktoren kann damit über den Fertigungsbereich hinaus prinzipiell für alle Kostenstellen eingesetzt werden, wenn sich dort entsprechende Maßgrößen finden lassen [100]. Diese allgemeine Form der Kalkulation ist theoretisch bei beliebiger Produktvielfalt und unterschiedlichen Produktionsprozessen anwendbar und kann durch Differenzierung der Bezugsgrößen jede gewünschte Kalkulationsgenauigkeit erreichen [107]. Eine offensichtliche Schwäche ist allerdings das Problem des Auffindens von passenden Bezugsgrößen in den indirekten Gemeinkostenbereichen.

Ein Lösungsansatz ist die Prozesskostenrechnung, bei der die Bezugsgrößen durch Tätigkeiten, bzw. Prozesse ersetzt werden. Beim Einsatz der Prozesskostenrechnung für die Kostenträgerrechnung werden die Gemeinkosten zunächst auf Tätigkeiten und dann auf Kostenträger (nach Inanspruchnahme der jeweiligen Tätigkeit) verrechnet. Dieses Verfahren der Kalkulation ist vor allem im Rahmen des Variantencontrollings von zentraler Bedeutung. Der Ursprung und die verschiedenen Ausprägungen dieser Methode werden in Kap. 6.4.2 näher erläutert.

6.3.5 Controlling des Kundennutzens

Sämtliche Aktivitäten im Unternehmen sind darauf ausgerichtet, dem Kunden durch das Produkt einen Wert zu schaffen, sodass er für das Produkt einen Preis zahlt, der über den Kosten liegt, die für die Produktentstehung im Unternehmen entstanden sind. Alle Bereiche des Unternehmens sind entweder direkt oder indirekt an der Produktentstehung beteiligt. Das betriebliche Planungs- und Kontrollsystem sowie das Informationsversorgungssystem müssen sich an dieser durch die Arbeitsteilung im Unternehmen zustande gekommenen Funktionsbereichsstruktur ausrichten [108].

6.3.5.1 Kundenwert-Controlling im Spannungsfeld kunden- und wertorientierter Unternehmensführung

Das Kundenwert-Controlling liegt im Spannungsfeld zwischen wert- und kundenorientierter Unternehmensführung und Steuerung. Stark verbreitet ist die wertorientierte Unternehmensführung. Hier wird das Unternehmen aus Sicht der Anteilseigner betrachtet [109–111], die die Maximierung der Verzinsung ihres eingesetzten Kapitals verfolgen [111, 112]. Bei der kundenorientierten Unternehmensführung und Steuerung liegt der Fokus mehr auf den Kunden statt auf den Eigenkapitalgebern. Die dahinter liegende Annahme ist, dass die eine hohe Kundenzufriedenheit die Basis für ein erfolgreiches Unternehmen darstellt [111, 113]. Kundenorientierung im Sinne von Kundenzufriedenheit und Kundenbindung ist jedoch kein alleiniger Garant für die optimale Befriedigung der Interessen der Kapitalgeber [110]. Erst wenn ökonomische Kundenwertbeiträge aus Sicht des Unternehmens maximiert werden, führt dies auch zur Unternehmenswertmaximierung [110]. Abbildung 6.33 stellt den Zusammenhang zwischen wertorientierter und kundenorientierter Unternehmenssteuerung und das in diesem Spannungsfeld liegende Kundenwert-Controlling dar.

6.3.5.2 Nachfragerspezifischer und anbieterspezifischer Kundenwert

Grundsätzlich existieren zwei unterschiedliche Sichtweisen auf den Begriff Kundenwert. Zum einen kann der Kundenwert aus Kundenperspektive betrachtet werden. Dabei erfolgt

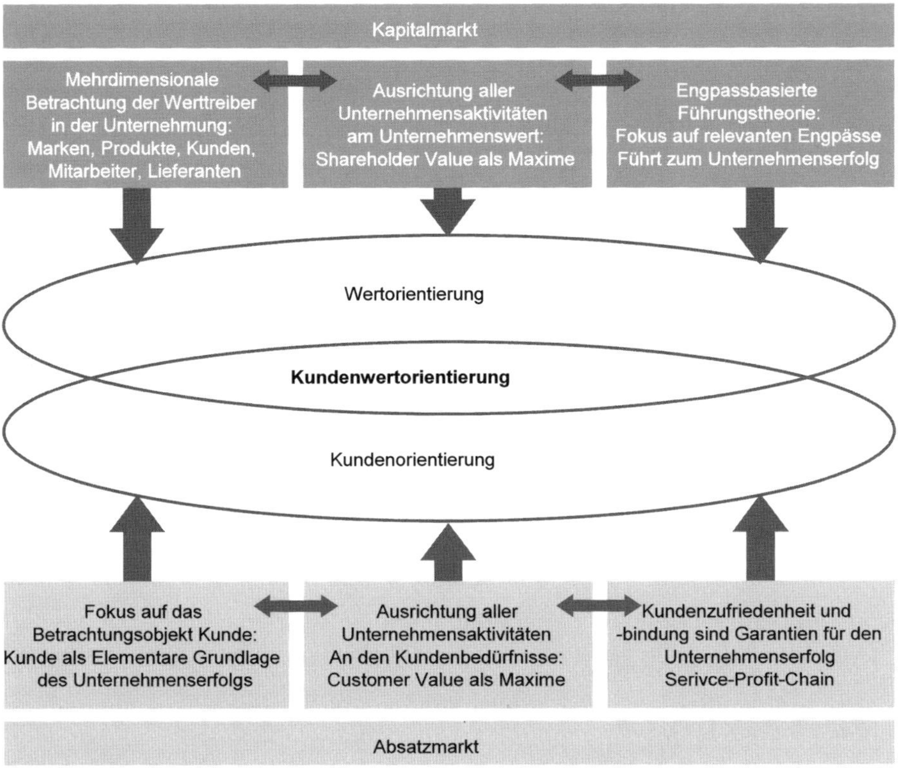

Abb. 6.33 Spannungsfeld zwischen Wert- und Kundenorientierung [110]

eine Gleichsetzung mit dem englischsprachigen Verständnis von *Customer Value*, der den monetär bewerteten Kundennutzen, also die maximale Zahlungsbereitschaft des Kunden für die Leistungen eines Unternehmens ausdrückt [114]. Daraus leitet sich der Nettonutzen eines Kunden ab. Der Nettonutzen ergibt sich aus der Differenz des monetären Nutzens, den das Produkt für den Kunden darstellt, und dem Preis, den er für die Erbringung der Leistung bzw. die Bereitstellung des Produkts zahlen muss [115].

Auf der anderen Seite kann anstelle des nachfragespezifischen Kundenwerts eine anbieterspezifische Betrachtungsweise zugrunde gelegt werden. Die Anbieterperspektive definiert den Kundenwert als den Wert, den der Kunde für das Unternehmen darstellt [116]. Bei dieser Betrachtungsweise drückt der anbieterspezifische Kundenwert den heutigen Residualwert der zukünftigen kundenbezogenen Ein- und Auszahlungen und somit den Barwert der Kundenbeziehungen aus [110]. Für ein Unternehmen ist die Beziehung zu einem Kunden wirtschaftlich sinnvoll, wenn der Barwert des Kunden positiv ist. Aufgrund der dynamischen Betrachtung wird der Barwert des Kunden auch Customer-Lifetime-Value genannt (Kap. 6.3.5.3) [110].

Abbildung 6.34 verdeutlicht den Zusammenhang zwischen der anbieterspezifischen und der kundenbezogenen Sicht auf den Kundenwert. Die Darstellung zeigt, dass die beiden Größen keineswegs voneinander entkoppelt sind. Ein geringerer Bruttokundenwert

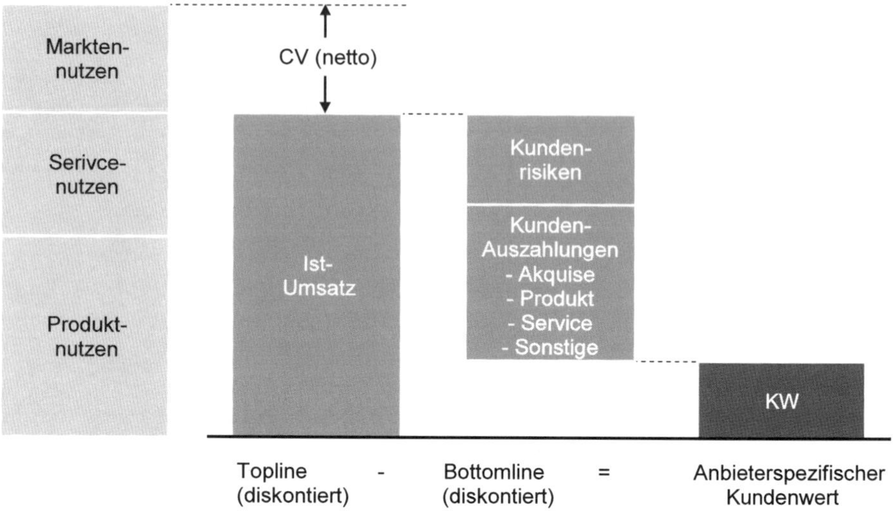

Abb. 6.34 Anbieter- und kundenbezogene Perspektiven auf den Kundenwert [110]

führt ceteris paribus vielmehr zu einer Reduzierung des Kundennettonutzens oder des anbieterspezifischen Kundenwerts und somit der Wirtschaftlichkeit der Kunden-Lieferanten-Beziehung.

Aus Anbietersicht besteht der Kundenwert aus kundenbezogenen Ein- und Auszahlungen sowie das durch Kundenbeziehungen verursachte Risiko. Durch diese Betrachtungsweise kann mit klassischen Modellen der Investitionsrechnung der Kapitalwert bestimmt werden. Dabei stellen Ein- und Auszahlungen sowie verursachtes Risiko die Dimensionen des Kundenwerts im Kundenwerttreibersystem dar. Den Dimensionen sind jeweils bestimmte Kundenwerttreiber zugeordnet, die eindeutig abgrenzbar sind und sich in einem logisch-konsistenten Berechnungssystem einbetten lassen. Beispiele für diese Kundenwerttreiber sind Größen wie „Share of Wallet", die den wertmäßigen Marktanteil eines Anbieters an den Gesamtausgaben eines Kunden beziffert, oder „Churnrisk", die das Risiko von Abwanderungen erfassen. Die unterste Ebene besteht aus den Bestimmungsfaktoren, die über die ursprünglichen Ursachen des Kundenwerts Aufschluss geben. Neben quantitativen Kennzahlen werden auch qualitative Größen wie z. B. die Kundenzufriedenheit erfasst [110] (Abb. 6.35).

6.3.5.3 Verfahren zur Bestimmung des Kundenwerts

Zur Bestimmung des Kundenwerts existieren verschiedene Methoden. Grundsätzlich können Kundenwertbewertungsmodelle in eindimensionale und mehrdimensionale Modelle unterschieden werden [111, 116]. Bei eindimensionalen Modellen wird der Kundenwert auf eine einzelne, als besonders wichtig erachtete Größe bezogen. Die Analysen mehrdimensionaler Modelle basieren auf verschiedenen Größen. Auf diese Weise wird versucht,

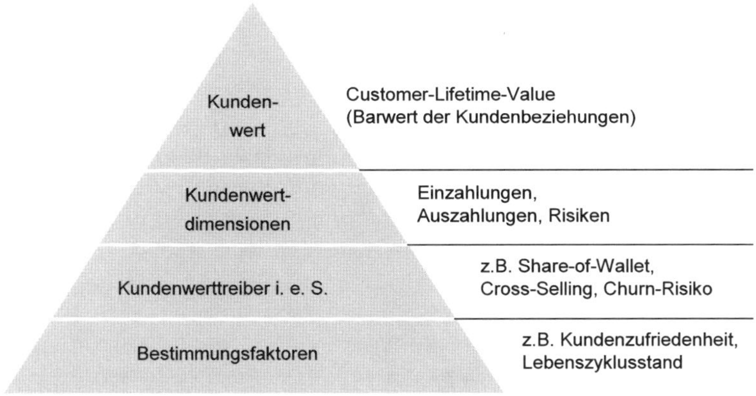

Abb. 6.35 Ebenen zur Ermittlung des anbieterspezifischen Kundenwertes [110]

der Komplexität möglicher Wertbeiträge zum Kundenwert Rechnung zu tragen [116] und den Kundenwert in ein hierarchisches Ursachen-Wirkungs-System einzubetten [111]. Außerdem können Bewertungsmodelle hinsichtlich ihres Zeitbezugs gegliedert werden. So kann der Kundenwert je nach Modell zeitpunktbezogen (statisch) oder zeitraumraumbezogen (dynamisch) erfasst werden [111]. Ferner lassen sich die Modelle hinsichtlich des Aggregationsniveaus ihrer Bezugsbasis gliedern, indem zwischen Bewertungsmodellen auf Einzelkunden-, Segment- oder Kundenstammbasis unterschieden wird [111, 117]. Abbildung 6.36 gibt Beispiele für ein- und mehrdimensionale Bewertungsmodelle, die im Folgenden kurz beschrieben werden.

Umsatzanalyse: Mithilfe von Umsatzanalysen werden Kunden eines Produkts anhand der erzielten Umsätze in Rankings eingeordnet und/oder in Klassen eingeteilt [116]. Für diese Kundenwertermittlung ist in der Unternehmenspraxis die ABC-Analyse am weitesten verbreitet [116, 118]. Die Methode der ABC-Analyse wird in Kap. 3 näher beschrieben. Nach

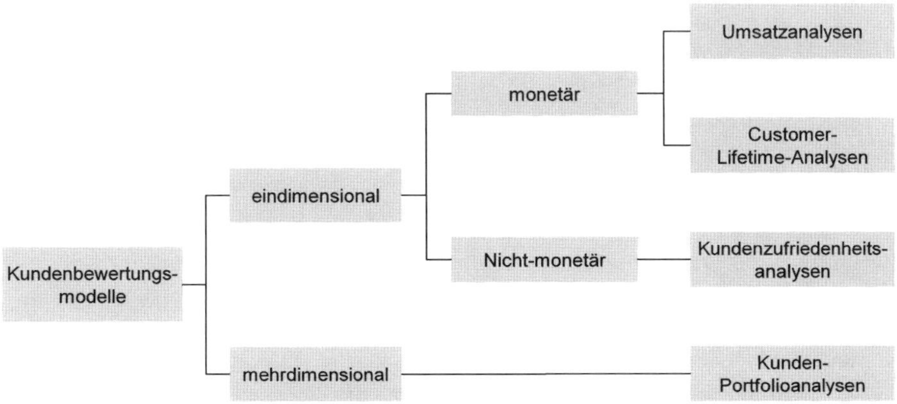

Abb. 6.36 Klassifizierung von Modellen zur Bewertung des Kundenwerts [116]

dem praxisbewährten Pareto Prinzip erzielen 20 % der Kunden oftmals 80 % des gesamten Umsatzes, den das Unternehmen mit dem jeweils betrachteten Produkt erzeugt [116, 119]. Dementsprechend wichtig ist die Orientierung des Produkts an den Bedürfnissen dieser wichtigen Kunden.

Customer-Lifetime-Value-Analyse: Der Customer-Lifetime-Value basiert auf einer periodenübergreifenden Betrachtung und wird mithilfe von investitions- oder kostenrechnerischen Modellen abgeschätzt. Die Bewertung des Kunden wird durch periodenübergreifende Bewertungsansätze von Verzerrungen einzelner Perioden befreit und erhält eine zukunftsgerichtete Ausrichtung [116]. Unter dem Customer-Lifetime-Value wird der Barwert eines Kunden über die gesamte Kundenbeziehungsdauer verstanden [111, 120]. Dementsprechend handelt es sich um den Wert, den ein Kunde für den Anbieter über die gesamte Dauer der Geschäftsbeziehung stiftet [116]. Im Rahmen des Produktcontrollings kann diese Methode genutzt werden, um die Wirtschaftlichkeit eines Produkts über dessen potenzielle Kunden zu analysieren. Der Customer-Lifetime-Value gibt außerdem den Schaden, der durch eine Abwanderung des Kunden entstehen würde und somit den drohenden Verlust von Erfolgspotenzialen, wieder [111, 121]. Die Kundengewinnung mithilfe des zu entwickelnden Produkts lohnt sich bei einem Kapitalwert der Kundenbeziehung größer Null [122]. Werden alle Customer-Lifetime-Values der Bestandskunden und potenziellen Neukunden aufsummiert, entspricht dies dem Customer Equity [111]. Abgleitet vom Discounted-Cash-Flow-Verfahren zur Unternehmensbewertung ergeben sich unterschiedliche Kundenwerte durch Zahlungsströme und Risikogrößen der Kunden [116]. Kundenrisiken können beispielsweise Kundenverlustrisiken, Zahlungsausfälle (Bonitätsrisiko) oder Kundenplanungs-/ Informationsrisiken sein [111].

Kundenzufriedenheitsanalyse: Wenn der Kundenwert nicht rechnerisch auf Basis von monetären Größen erhoben werden kann und intersubjektiv schwierig nachprüfbar ist, wird für die Kundenwertermittlung auf nicht-monetäre (qualitative) Größen zurückgegriffen. Die wichtigsten nicht-monetären Kriterien sind die Kundenzufriedenheit und die Kundenbindung.

Unter Kundenzufriedenheit wird ein psychischer Vergleichsprozess des Kunden zwischen den tatsächlichen Erfahrungen durch den Gebrauch des Produkts (Ist-Leistung) mit einem bereits vorhandenen Vergleichsstandard (Soll-Leistung) verstanden [123, 124]. Erwartungen, Ideale, individuelle Normen oder andere Maßstäbe bilden den Vergleichsstandard. Eine hohe Kundenzufriedenheit liegt vor, wenn die wahrgenommene Leistung dem Vergleichsstandard entspricht oder diesen überragt. Ist dies nicht der Fall, herrscht beim betrachteten Kunden in der Regel Unzufriedenheit. Es liegt eine so genannte negative Diskonfirmation vor. Abbildung 6.37 verdeutlicht diesen Zusammenhang [125].

Kundenbindungsanalyse: Die Kundenbindung wird in der Praxis häufig mit der Kaufhäufigkeit gleichgesetzt. Erfolgt die Kaufhäufigkeit aufgrund von Bequemlichkeit oder Gewohnheit, ist von keiner positiven Einstellung des Kunden und folglich von einer schwachen Kundenbindung auszugehen. Daher ist eine weiter gefasste Betrachtungsweise der Kundenbindung sinnvoll, um die positive Einstellung eines Kunden gegenüber dem von ihm gewählten Anbieter mit zu berücksichtigen. Hierfür kann die Kundenbindung in die Dimensionen „bisheriges Verhalten" und „Verhaltensabsichten" unterteilt werden. Die

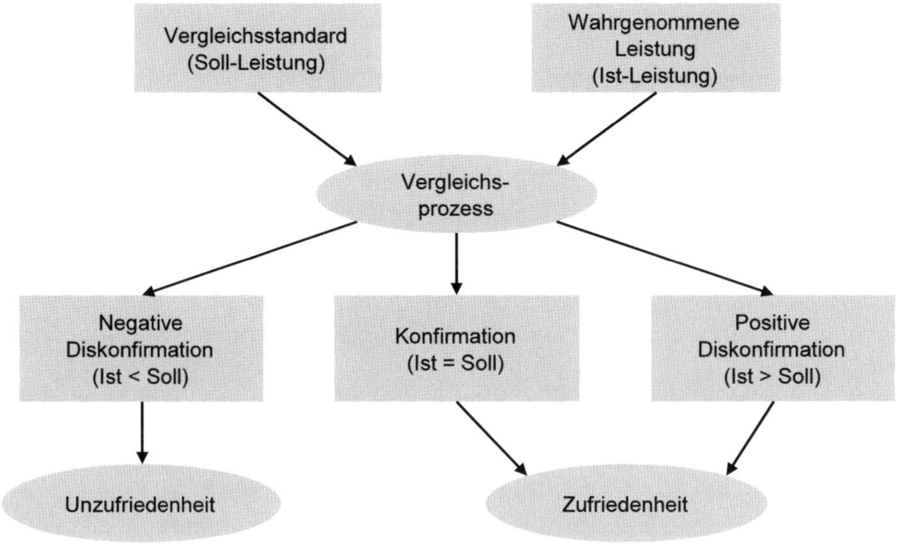

Abb. 6.37 Kundenzufriedenheit als Ergebnis eines Vergleichsprozesses [125]

Dimension „bisheriges Verhalten" kann mithilfe der Faktoren des derzeitigen Kaufverhaltens des Kunden sowie seines Weiterempfehlungsverhaltens konkretisiert werden. Die Dimension der Verhaltensabsichten des Kunden kann in die Faktoren Wiederkaufabsicht, Zusatzkaufabsicht (Cross-Selling-Potenzial) und Weiterempfehlungsabsicht unterteilt werden [125] (Abb. 6.38).

Zur Messung der Kundenzufriedenheit und Kundenbindung existieren objektive und subjektive Methoden. Objektive Methoden basieren auf leicht messbaren, meist monetären oder numerischen Größen wie Umsatz, Gewinn, Marktanteil und Abwanderungsrate zur Erhebung des Zufriedenheitsniveaus. Die Bewertung basiert auf der Annahme, dass diese Größen mit der Kundenzufriedenheit und der Kundenbindung eng korrelieren. Beispielsweise kann durch die Erfassung kundenbezogener Daten am Point of Sale das

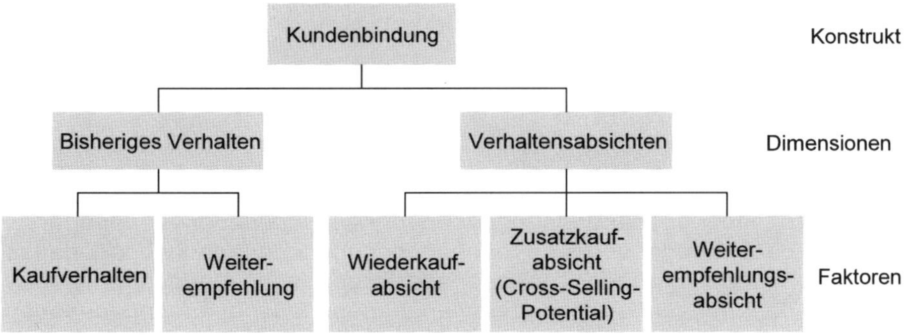

Abb. 6.38 Dimensionen und Faktoren der Kundenbindung [125]

Wiederverkaufsverhalten, welches stark mit der Kundenbindung korreliert, gemessen werden [125].

Ein weitverbreitetes Instrument zur qualitativen Erhebung dieser Kriterien ist die Befragung. Wird für eine qualitative Analyse eine eigene Erhebung durchgeführt, handelt es sich um eine Analyse auf Basis von Primärinformationen. Für qualitative Analysen auf Basis von Sekundärinformationen werden bereits existierende Befragungsergebnisse genutzt. Aufgrund der Subjektivität sind die Ergebnisse nicht-monetärer Methoden nur schwer vergleichbar und nur eingeschränkt zur Ermittlung des Kundenwerts anwendbar. Sie eignen sich jedoch zur Ergänzung und Absicherung monetärer Verfahren und als Indikatoren innerhalb der strategischen Produktplanung [111]. Die im Rahmen der Befragung ermittelten Ergebnisse können zudem in Kennzahlen übertragen werden, mit denen die Vergleichbarkeit und Analysierbarkeit der erhobenen Daten vereinfacht wird. Für die Gesamtzufriedenheit des Kunden kann der Kundenzufriedenheitsindex (KZI) und für die Kundenbindung der Kundenloyalitätsindex (KLI) ermittelt werden. Hierzu werden die Fragen den entsprechenden Kennzahlen zugeordnet. Die Antworten der Befragung werden auf Basis einer numerischen Skala erhoben. Der Kundenzufriedenheit- und Kundenloyalitätsindex berechnet sich aus dem Mittelwert aller Befragten und allen jeweils zugeordneten Fragen. Durch Zusammenführen beider Kennzahlen kann mithilfe des in Abb. 6.39 gezeigten Portfolios das Kundenpotenzial bestimmt und die Kundensegmente bezüglich ihrer Zufriedenheit und Bindung eingeordnet werden [125].

Portfolio-Analyse: Portfolio-Analysen stellen ein bewährtes Instrument zur Kundenbewertung dar [114, 116]. Im Rahmen der Kundenwertbestimmung wird die Position eines Kunden bzw. Kundensegments in einen mehrdimensionalen Bewertungsraum eingetragen und für verschiedene Positionen des Bewertungsraums Normstrategien entwickelt. Die Auswahl, Gewichtung und Verrechnung der Kriterien ist dabei unternehmensspezifisch festzulegen [116]. Es ist anzumerken, dass es sich hierbei trotz der quantitativen Bewer-

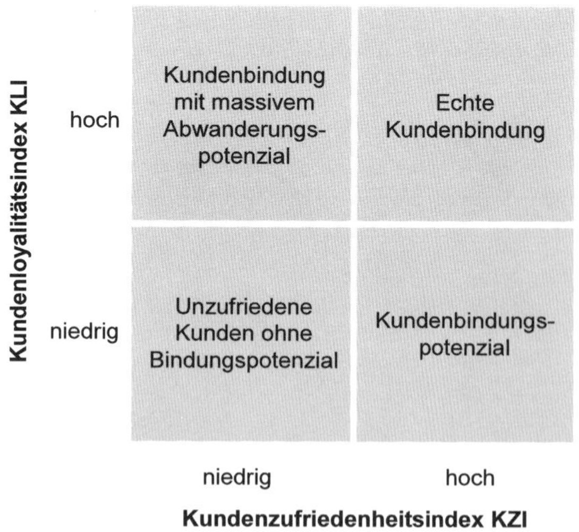

Abb. 6.39 Kundenbindungspotenzial auf Basis der Zufriedenheit und der Loyalität

tung von Kriterien um eine qualitative Bewertungsmethode handelt, die in erster Linie den Diskurs unterstützen soll und kein deterministisch erzeugbares Ergebnis liefert. Beim Kundenwert-Controlling eignet sich die Portfolio-Analyse beispielsweise zur Ermittlung der Zielkundensegmente. Abhängig von der Unternehmensstrategie lassen sich strategische Entscheidungen zur Zielgruppenauswahl beispielsweise im Industriegütermarkt auf Einzelkundenbasis oder im Massenmarkt auf Segmentbetrachtung treffen. Bei der Portfolio-Analyse ist die Segmentierung der Kunden hinsichtlich des Kundenwerts aus Gesamtmarktsicht und der Bedürfnisstruktur des Kunden sinnvoll. Produktqualität, Ausstattung, Preis, Markenimage und Service sind typische Komponenten der Bedürfnisstruktur eines Kunden.

Durch die strategische Positionierung der Kundensegmente sollen Kundengruppen mit hohem Marktpotenzial und mit einer guten Übereinstimmung von Bedürfnissen mit der Kernkompetenz des Unternehmens identifiziert werden. Die Übereinstimmung von Kundenbedürfnissen und Kernkompetenz ist zudem ein guter Indikator über die Höhe der Wahrscheinlichkeit, vorhandene Kundenpotenziale möglichst maximal und effizient mit den angebotenen Produkten auszuschöpfen. Nach der strategischen Positionierung erfolgt das Kundenwertranking. Bevor Kundensegmente endgültig ausgewählt bzw. eliminiert werden, sind Kundenverbundeffekte zu prüfen [110]. So kann die Erschließung von augenscheinlich unwirtschaftlichen Segmenten unter Berücksichtigung der damit zu erschließenden Skaleneffekte und der zu realisierenden Risikostreuung sinnvoll sein. Die Vorgehensweise der kundenwertorientierten Auswahl von Kundensegmenten mithilfe der Portfoliotechnik ist in Abb. 6.40 dargestellt.

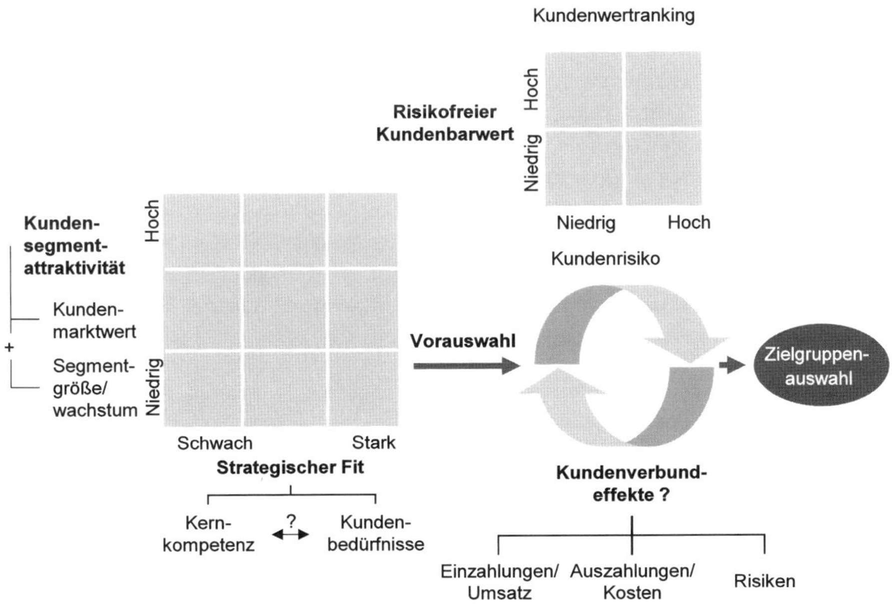

Abb. 6.40 Vorgehensweise bei der kundenwertorientierten Segmentauswahl [110]

6.4 Variantencontrolling

Wie in Kap. 3 detailliert beschrieben, ist die systematische Planung der Produktvarianz ein Erfolgsfaktor zur wirtschaftlichen Erzeugung von Innovationen. Neben der variantengerechten Planung neuer Produkte ist die kontinuierliche Kontrolle der bestehenden Varianz im Produktprogramm eine zentrale Aufgabe des Innovationsmanagements. Hierbei handelt es sich um das Variantencontrolling, das häufig auch mit den Begriffen Vielfaltscontrolling oder (Produkt-) Komplexitätscontrolling bezeichnet wird. Im Folgenden wird zunächst auf die Notwendigkeit des Variantencontrollings eingegangen. Anschließend werden die für ein effektives Variantencontrolling notwendigen Kostenrechnungsverfahren vorgestellt und die Aufgabenbereiche des Variantencontrollings erläutert.

6.4.1 Notwendigkeit des Variantencontrollings

Häufig wird bei sinkendem oder stagnierendem Absatz in den Volumenmärkten bzw. angestammten Marktsegmenten versucht, durch die Erschließung neuer, meist weniger attraktiver Segmente freie Kapazitäten auszulasten, um den Umsatz zu sichern. Eine niedrigere Attraktivität dieser Märkte kann beispielsweise aufgrund stark divergierender Produktanforderungen gegeben sein, die dazu führt, dass die erzielbaren Stückzahlen pro Variante relativ gering sind. Dennoch werden häufig durch zusätzliche Typen und Sonderausstattungen überdurchschnittliche Deckungsbeiträge erwartet. Der erwartete positive Effekt ist jedoch nur dann gegeben, wenn der höhere Preis über den durch die Varianz zusätzlich induzierten Kosten liegt. Die durch Einführung zusätzlicher Varianten erwarteten Volumeneffekte (Economies of Scale) werden dabei oft überschätzt und die sich daraus ergebenden Vielfaltswirkungen (Diseconomies of Scope) unterschätzt. Meist sind durch die Einführung zusätzlicher Leistungen nur geringe Mengenausweitungen erzielbar, denen jedoch ein erheblicher Anstieg der komplexitätsbedingten Kosten in Form von rüst- und nebenzeitbedingten Einzelkosten in der Fertigung und verschiedenen Gemeinkosten gegenübersteht [126]. Diese zusätzlichen Komplexitätskosten werden dann über Preissteigerungen an den Markt weitergegeben, sodass sich die Wettbewerbsfähigkeit weiter verschlechtert. Empirische Studien zeigen innerhalb eines Zeitraumes von zehn Jahren folgende vielfaltsbedingte Entwicklungen in den Unternehmen [127]:

- Zunahme der Artikelzahl um bis zu 130 %,
- Erhöhung der Produktvarianten um bis zu 420 %,
- Verkürzung der Produktlebenszyklen um bis zu 80 % und
- Verminderung der Lieferzeiten um bis zu 90 %.

Infolge dieser strategischen Fehler in der Produkt- und Leistungsplanung sehen sich viele Hersteller mit folgender Situation konfrontiert: Ausgehend von einem ursprünglich einfachen Produktprogramm, das zunächst nur ein Standardprodukt für den Volumenmarkt und wenige Grundtypen umfasst, erhöht sich die Variantenvielfalt drastisch. Die Häufigkeitsverteilung einzelner Produktvarianten hat sich somit durch mehr Exoten und weniger Standardprodukte verflacht. Diese typische Entwicklung ist in Abb. 6.41 dargestellt.

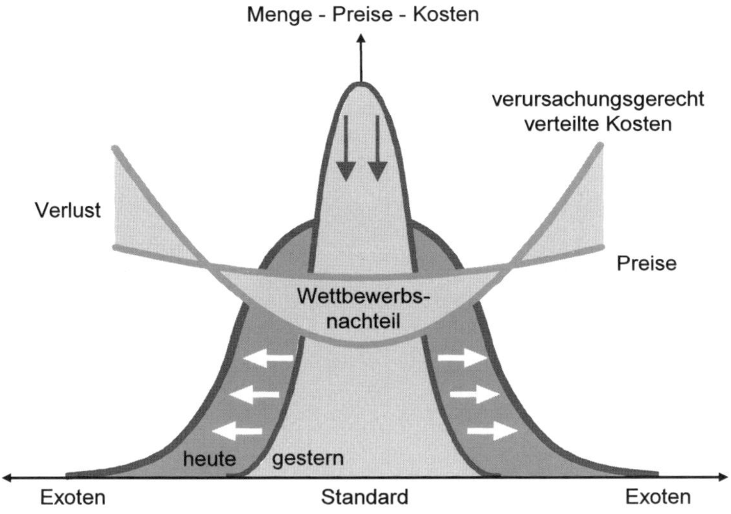

Abb. 6.41 Handlungsbedarf im Umgang mit Variantenvielfalt [126]

Ein wesentliches Problem dabei ist die fehlende Kostentransparenz, die infolge der Ausweitung der Produktvarianten durch die Effizienzverluste im Leistungserstellungsprozess entsteht. Die Exoten des Produktspektrums werden daher typischerweise zu Preisen unterhalb der tatsächlich verursachten Kosten verkauft. Durch diese (oft unbewusste) Quersubventionierung und die damit einhergehende Preiserhöhung entsteht im Bereich des Standards zwangsläufig ein Wettbewerbsnachteil gegenüber Wettbewerbern mit einem weniger variantenreichen bzw. besser fokussierten Leistungssystem. Die unsystematische und zum Teil auf falsch interpretierte Kundenorientierung zurückzuführende Entwicklung neuer Produktvarianten kann somit zu einer existenzgefährdenden Einbuße der Wettbewerbsfähigkeit führen. Dies ist zum einen in den direkten Kostenwirkungen der Variantenvielfalt bedingt, die entlang der Wertschöpfungskette zutage treten. Zum anderen wirkt sich eine erhöhte Varianz auf die strategische Schlagkraft des Unternehmens aus [126].

Beispiele für unmittelbare Auswirkungen einer erhöhten Variantenvielfalt können entlang der gesamten Wertschöpfungskette gefunden werden. So fallen in der Entwicklung beispielsweise zusätzliche Stücklisten und Konstruktionszeichnungen, die zunächst erstellt und anschließend, während der Nutzungsphase der Varianten, gepflegt werden müssen, an. Im Einkauf fließt aufgrund der meist einhergehenden steigenden Anzahl an Zukaufteilen mehr Aufwand in die Suche und die Bewertung neuer Lieferanten. Sinkende Auftragsvolumina je Bauteil- bzw. Modulvariante führen zu einer Schwächung der Verhandlungsposition bei Preisverhandlungen. In der Produktion werden zur Herstellung der Varianten in der Regel zusätzliche Werkzeuge und Vorrichtungen sowie zusätzliche Arbeitspläne erforderlich. Zur Koordination der Fertigung und Montage kleinerer Losgrößen, die typisch für eine variantenreiche Produktion sind, werden häufig aufwendigere Produktionsplanungs- und -steuerungssysteme eingesetzt. Zudem sind in der Regel höhere Lagerbestände einzurichten, um die verschiedenen Bauteilvarianten vorhalten zu können. Des Weiteren erfordert eine variantenreiche Produktion aufwendigere Prüfverfahren mit variantenspezifischen Prüfmerkmalen und -ausprägungen. Komplexe Produktprogramme erfordern zudem zusätzliche Mitarbeiterschulungen in Vertrieb und Marketing, da diese dem Kunden verständlich erklärt werden müssen. Hier kommt es vor allem an der Schnittstelle zur Entwicklung häufig zu Problemen, da diese häufig das Wissen hinsichtlich der Konfiguration, also der Kombinierbarkeit verschiedener Bauteile aus funktionaler Sicht, bündelt. Der Vertrieb, der die Produkte unter Berücksichtigung dieser Konfigurationslogik verkaufen muss, ist daher auf konsistente und aktuelle Informationen über diese Kombinierbarkeit angewiesen. Häufig kann die Schnittstelle nur mit aufwendiger IT-Tool-Unterstützung, z. B. in Form von Produktkonfiguratoren, beherrscht werden. Im Service wirkt sich eine erhöhte Variantenvielfalt in Form zusätzlicher Kundendienstunterlagen aus, die produktspezifische Anleitungen für die Wartung und Instandhaltung der Produkte umfassen. Abbildung 6.42 fasst die beschriebenen Auswirkungen der Variantenvielfalt zusammen [128].

Die dargestellten Kostentreiber haben in erster Linie gemeinkostensteigernde Auswirkungen. Je nach Branche steigen 20 bis 50 % der Gemeinkosten „produktproportional". Sie wachsen demnach je zusätzlicher Produktvariante um einen bestimmten Betrag. Dies ist jedoch unabhängig davon, welchen Beitrag das Produkt zum Sortimentsumsatz hat [129]. Vielfaltskosten sind demnach weitgehend mengenunabhängig, was zu einer intensiven Betrachtung gerade bei Exotenprodukten führen sollte [130].

Funktion / PLZ	Entwicklung	Einkauf	Produktion	Vertrieb/ Marketing	Kunden- dienst
Entstehungszyklus	- Konstruktions- zeichnungen - Stücklisten - Versuche	- Zusätzliche Lieferanten- suche/ -auswahl	- Zusätzliche Werkzeuge - Zusätzliche Arbeitspläne	- Zusätzliche Mitarbeiter- schulungen - Aufwendigere Preissetzung	- Zusätzliche Kundendienst- unterlagen - Zusätzliche Mitarbeiter- schulungen
Marktzyklus	- Anpassung der Varianten an technischen oder sonstige Änderungen	- Sinkende Auftrags- volumen - Kein Mengen- nachlass	- Aufwendigere Fertigungs- steuerung - Hohe Rüstkosten - Hohe Lagerbestände - Aufwendigere Qualitäts- sicherung	- Höhere Fertigerzeug- nisbestände zum Erhalt der Liefer- bereitschaft - Häufigere Fehler bei Auftrags- bearbeitung	- Verminderung der „fix-it-right- first-time"- Quote
Entsorgungszyklus	- Zusätzliche Daten- bereinigung	- Aufwendigere Auslaufplanung	- Betriebsmittel- /Werkzeug- entsorgung	- Aufwendigere Auslaufplanung	- Langfristige Ersatzteil- bevorratung

PLZ = Produktlebenszyklus

Abb. 6.42 Auswirkungen der Variantenvielfalt entlang der Wertschöpfungskette [128]

Neben diesen als unmittelbar einzustufenden Auswirkungen lassen sich mittelbare Auswirkungen der Produktvarianz identifizieren. So schränkt eine zu hohe Varianz häufig die Effektivität des Vertriebssystems ein, da die einfache Erklärbarkeit des Produktprogramms dem Kunden gegenüber ab einer bestimmten Varianz nicht mehr gegeben ist. Dies führt häufig dazu, dass sich der Vertrieb auf die ihm gut bekannten Varianten konzentriert, was sich negativ auf die verkauften Stückzahlen anderer Varianten auswirkt. Zudem büßt das Unternehmen an Aktions- und Reaktionsgeschwindigkeit ein. So ist zum Beispiel die kontinuierliche Betrachtung dynamischer Kundenanforderungen für ein stark differenziertes Produktprogramm aufgrund der Vielzahl zu erhebender Information schwerer möglich. Daraus resultiert in der Regel eine längere Anpassungszeit an diese Bedürfnisse. Zudem werden Innovationen im eigentlichen Kernsegment durch eine starke Ausdifferenzierung des Produktprogramms häufig vernachlässigt. Darüber erhöht sich der Aufwand für das Management der Produktlebenszyklen der jeweiligen Varianten. Aufgrund begrenzter Entwicklungskapazitäten können in der Regel nicht alle Varianten entsprechend ihres Lebenszyklus erneuert werden. Die Folge sind häufig veraltete Varianten, die am Markt nicht mehr ausreichend gefragt sind. Zuletzt ist noch die Gefahr der Produktkannibalisierung zu nennen, bei der die eigenen Produkte untereinander um gleiche oder ähnliche Marktsegmente konkurrieren und sich somit gegenseitig Marktanteile nehmen. Abbildung 6.43 gibt eine Übersicht über beispielhafte, mittelbare und unmittelbare Auswirkungen der Variantenvielfalt.

6.4.2 Variantenorientierte Kostenrechnung

Aufgrund der unmittelbaren Auswirkungen der Varianz ist es für Unternehmen unabdingbar geworden, detaillierte Kenntnisse über ihre Produktkosten zu haben und entsprechende Instrumente zu nutzen, um die varianteninduzierten Kosten zu beherrschen,

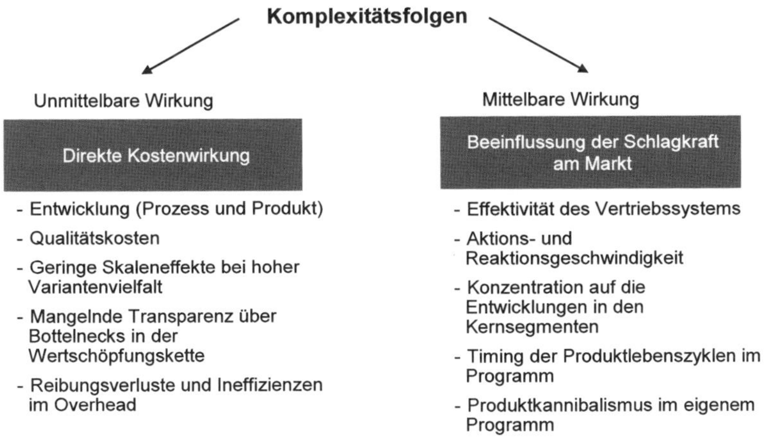

Abb. 6.43 Wirkung der Variantenvielfalt [126]

bzw. zielgerichtet gestalten zu können. Neben der Notwendigkeit der Kenntnis der pro Variante angefallenen Kosten tritt im Zusammenhang mit dem Kostenmanagement das frühzeitige Erkennen und Beeinflussen von Produktkosten in den Vordergrund. Insbesondere für die Phase der Produktentwicklung, in der mit ca. 70 % der größte Teil der letztendlich anfallenden Produktkosten festgelegt wird, stellen traditionelle Kostenrechnungssysteme kein adäquates Instrument dar [103]. Notwendig sind Kostenrechnungssysteme, die Varianten bereits in den frühen Planungsphasen bewertbar machen und in jeder Lebensphase des Produkts Informationen über „Kostenverursacher" bereitstellen und verursachungsgerecht verrechnen. Hierzu eignet sich vor allem die Prozesskostenrechnung in Verbindung mit dem Zielkostenmanagement (Target Costing), das in Kap. 6.3.2.1 beschrieben wird.

Im Folgenden werden einige Verfahren zur Analyse der Prozesskosten beschrieben.

Der erste Ansatz der Prozesskostenrechnung in der wissenschaftlichen Forschung stammt aus dem Jahr 1985, in dem Miller und Vollmann in ihrem Aufsatz „The hidden factory" auf die gestiegene Bedeutung der Gemeinkosten in den indirekten Bereichen aufmerksam machen [131]. Der Kostenanteil der dort ausgeführten planenden, steuernden und kontrollierenden Tätigkeiten an der Nettowertschöpfung sowie an den Fertigungskosten ist im letzten Jahrhundert stetig gestiegen [132].

Diese Veränderung der betrieblichen Wertschöpfungsstruktur hat mehrere Ursachen:

- Die zunehmende Automatisierung der Produktionsprozesse in modernen Anlagen bringt einen Anstieg der sog. Technologiekosten für Abschreibungen, Zinsen, Energie und Instandhaltung bei gleichzeitigem Rückgang der Fertigungslohnkosten mit sich [133].
- Die größere Variantenvielfalt und die flexiblere Fertigung führen zu einem gestiegenen Umfang an planenden und unterstützenden Tätigkeiten in den indirekten Bereichen [134].
- Die informationstechnische Durchdringung, vor allem der indirekten Bereiche, verursacht neben zusätzlichen Kosten für die Ausstattung der Arbeitsplätze auch einen größeren Aufwand für die Wartung und Pflege der eingesetzten Systeme [135].

Aufgrund ihrer gestiegenen Bedeutung wird eine differenziertere Betrachtung der Gemeinkosten und ihrer verursachenden Einflussfaktoren als unbedingt erforderlich angesehen.

Kern des Ansatzes von Miller und Vollmann ist die Betrachtung des betrieblichen Geschehens als eine Abfolge von Transaktionen, die dazu dienen, die Produktion und den Vertrieb von Erzeugnissen oder Dienstleistungen zu fördern [135]. Da die Ausführung von Transaktionen als Kostentreiber festgestellt wird, können die als fix angesehenen Gemeinkosten zu proportionalen Kosten in Abhängigkeit von Tätigkeiten gemacht werden, um zum einen nicht notwendige Transaktionen zu reduzieren und zum anderen die zur Leistungserstellung notwendigen Aktivitäten effizienter auszuführen. Dieser Ansatz wurde vor allem von den amerikanischen Autoren R. Cooper und R. Kaplan aufgegriffen und unter dem Begriff Activity-Based-Costing weiter entwickelt. Dieser Ansatz sowie die verwandten Ansätze der Prozesskostenrechnung nach Horváth, sowie der ressourcenorientierten Prozesskostenrechnung werden im Folgenden kurz beschrieben.

6.4.2.1 Activity-Based-Costing

Im Gegensatz zu den in Europa verbreiteten Kostenrechnungssystemen mit Kostenarten- und Kostenstellenrechnung wurden in den USA traditionell eher wenige, zentrale Kosteninformationen erfasst, die über sogenannte „Cost pools" ermittelt werden [104]. Die dort gesammelten Gemeinkosten wurden größtenteils über einen einzigen Verrechnungsschlüssel, meist die Lohneinzelkosten, auf die Kostenträger umgelegt, was in einigen Fällen zu pauschalen Zuschlägen von über 1000 % auf die stetig gesunkene Zuschlagsbasis geführt hat [131]. Daraus resultierten Verzerrungen in den ausgewiesenen Produktkosten, die sich vor allem beim Vergleich zwischen hoch- und niedrig-volumigen Produkten bemerkbar machten. Die Verwendung einer einzigen volumenorientierten Bezugsgröße, wie die der direkten Arbeitsstunden, führte dazu, dass auf eine Verdoppelung der Stückzahl eine Verdoppelung der zugerechneten Gemeinkosten folgte. Dies erscheint vor allem insofern unrealistisch, als bei einer Stückzahlerhöhung eher das gegenteilige Phänomen von Skaleneffekten erwartet wird. Das Ziel der Einführung des Activity-Based-Costing bestand daher in der Beseitigung der Mängel der bisherigen Gemeinkostenverrechnung und der Verbesserung der Produktkalkulation.

Die Grundidee des Activity-Based-Costing liegt in der Bewertung der Kosten einzelner betrieblicher Aktivitäten. Die Verrechnung dieser Aktivitäts- oder Prozesskosten auf die Kostenträger erfolgt über verschiedene Bezugsgrößen. Diese Bezugsgrößen werden „Cost driver" genannt und zeichnen sich dadurch aus, dass sie vom Produktionsvolumen unabhängig sind. Beispiele hierfür sind die Anzahl der Rüstvorgänge, die Anzahl der Bestellungen oder die Anzahl der Transportvorgänge. Korrelieren die Bezugsgrößen vollständig, weil beispielsweise für jeden Fertigungsauftrag genau einmal disponiert, transportiert und gerüstet wird, können die Prozesskosten zusammengefasst und die Anzahl der verwendeten Bezugsgrößen reduziert werden. Die Volumenunabhängigkeit dieser neuen Bezugsgrößen, die den Hauptunterschied zu den traditionellen Kalkulationsverfahren ausmacht, erlaubt es, nicht (produktions-)mengenproportionale Kostenverläufe, wie sie zumeist in den indirekten Bereichen auftreten, zu erfassen und entsprechend auf die Produkte zu verrechnen. Der prinzipielle Unterschied zwischen der traditionellen Kostenrechnung und dem Activity-Based-Costing ist in Abb. 6.44 dargestellt.

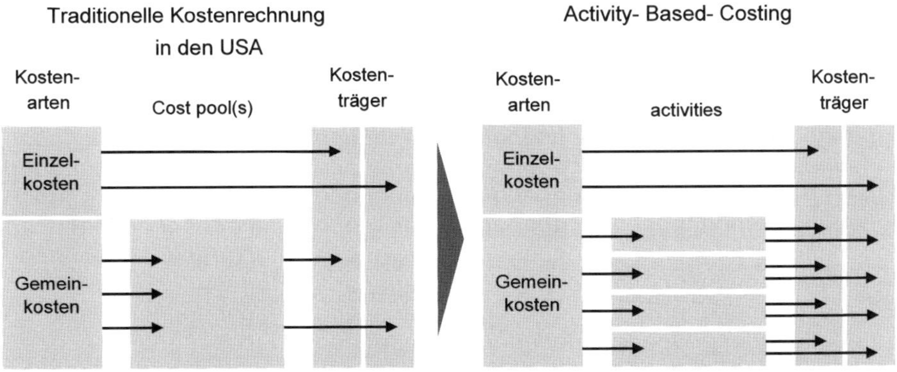

Abb. 6.44 Traditionelle Kostenrechnung in den USA und Acitivity-Based-Costing [104]

Das Activity-Based-Costing sieht im Hinblick auf eine Prozessstrukturierung die Unterscheidung von Tätigkeiten (untere Stufe) und Aktivitäten (obere Stufe) vor. Das Charakteristikum einer Aktivität – und damit ausschlaggebend für die Verdichtung von Tätigkeiten zu Aktivitäten – ist, dass ihr Ressourcenverbrauch nur von jeweils einem Kostentreiber abhängt, der auch verwendet wird, um die Kosten auf die Kostenträger zu verrechnen [136]. Die Zahl der festzulegenden Aktivitäten hängt vom Zweck des Kostenrechnungssystems und von der Komplexität des betrachteten Unternehmensbereichs ab. Prinzipiell sollten bei der Einführung eines ABC-Systems aus Gründen der Wirtschaftlichkeit auf die betrieblichen Kostenschwerpunkte sowie Ressourcen konzentrieren, die von verschieden Produktvarianten unterschiedlich beansprucht und nur zu einem geringen Anteil verursachungsgerecht verrechnet werden.

6.4.2.2 Prozesskostenrechnung

Der Betrachtungsfokus des Activity-Based-Costing liegt auf der Verrechnung der nicht als Einzelkosten erfassbaren Fertigungskosten, also den Kostenstellenkosten in der Produktion, die in den in Kap. 2 beschriebenen Kostenrechnungssystemen in Europa bereits wesentlich differenzierter behandelt werden, als das in den USA der Fall ist. Da weder eine Unterscheidung nach fixen und proportionalen Kosten noch eine solche nach kostenstellenbezogenen Teilprozessen und kostenstellenübergreifenden Hauptprozessen vorgenommen wird, beinhaltet das Activity-Based-Costing einige pragmatische Vereinfachungen, die auf die Rahmenbedingungen in Deutschland nur bedingt übertragbar sind. Aus diesen Gründen modifizierten Horváth und Mayer 1989 das amerikanische Konzept des Activity-Based-Costing für die Anforderungen deutscher Industrieunternehmen und prägten den Begriff der „Prozesskostenrechnung" [137]. Es wird jedoch darauf hingewiesen, dass das Prinzip der Prozesskostenrechnung, wenn auch nicht in der theoretisch beschriebenen Durchgängigkeit, bereits vorher bei Unternehmen wie Siemens oder Schlafhorst eingesetzt worden ist [134].

Ein Hauptunterschied zwischen der Prozesskostenrechnung und dem Activity-Based-Costing liegt in der Konzentration des Anwendungsbereiches auf die indirekten Gemeinkostenbereiche eines Unternehmens. Ursache hierfür ist der in der europäischen Industrie weitverbreitete und als sinnvoll erachtete Einsatz der Deckungsbeitragsrechnung für die produktionsnahen, direkten Bereiche. Fertigungsprozesse werden hier bereits teil- oder produktindividuell in Arbeitsplänen hinterlegt. Die Bewertung der Zeiteinheiten erfolgt in der Regel je Arbeitsschritt mit den jeweiligen Kostenstellenverrechnungssätzen. Dahingegen sind die Kosteneinflussfaktoren in den anderen Bereichen, wie Beschaffung, Logistik, Arbeitsvorbereitung oder Vertrieb, weitgehend nicht erfasst. Da die dort entstehenden Leistungen aber erhebliche Bedeutung für die Erzielung eines Markterfolgs haben und die Kostentransparenz im Verhältnis zu den stetig steigenden Kosten sehr gering ist, entstand mit der Prozesskostenrechnung eine Methodik, die es ermöglicht, diese Gemeinkosten besser zu steuern, zu planen und auf Kostenträger zu verrechnen [134].

Zur Anwendung des Ansatzes ist zunächst der Aufbau einer Prozessstruktur erforderlich, die das Handlungsgeflecht der analysierten Unternehmensbereiche zusammenfasst.

Zu diesem Zweck werden in Anlehnung an die bestehenden Kostenstellenstrukturen neben bereits verwendeten Begriffen „Prozess“ und „Tätigkeit“ die Abstufungen „Teilprozess“ und „Hauptprozess“ unterschieden [137]. Ein Teilprozess ist ein kostenstellenbezogener Arbeitsvorgang, in dem mehrere Tätigkeiten, die einen logischen Ablauf bilden, zusammengefasst werden. Die Teilprozesse werden wiederum zu Hauptprozessen verdichtet, bei denen es sich um sachlich zusammengehörige Vorgänge mehrerer Kostenstellen in den indirekten Bereichen handelt (Abb. 6.45).

Darüber hinaus müssen die Kosteneinflussgrößen in den indirekten Bereichen identifiziert werden. Dies sind die sogenannten Maßgrößen einerseits und die Kostentreiber andererseits. Diese Bestimmungsgrößen haben eine Doppelfunktion: Sie messen zum einen die Ressourceninanspruchnahme bzw. Kostenverursachung und zum anderen den Leistungsoutput der Prozesse. In diesem Verständnis entsprechen beide Begriffe weitestgehend dem bei der Grenzplankostenrechnung verwendeten Begriff der direkten Bezugsgröße, nur dass sie sich nicht auf den Fertigungsbereich, sondern auf die indirekten Gemeinkostenbereiche beziehen [138].

Bei der Ermittlung der Kosteneinflussgrößen sind leistungsmengeninduzierte (lmi), d. h. vom Leistungsoutput der Kostenstelle abhängige, und leistungsmengenneutrale (lmn) Teilprozesse, wie zum Beispiel die Leitung einer Abteilung, zu unterscheiden. Die Leistungsmenge des jeweiligen Prozesses wird durch die Maßgröße gemessen, weswegen für lmn-Prozesse keine Maßgrößen existieren. Für die Anwendbarkeit der Prozesskostenrechnung ist zu berücksichtigen, dass die Kosteneinflussgrößen:

- einfach aus den verfügbaren Informationsquellen abzuleiten sind,
- durchschaubar und verständlich sind,
- und eine Proportionalität zur Beanspruchung der Ressourcen aufweisen.

Diese Bedingungen weisen darauf hin, dass die Ermittlung der prozessorientierten Bezugsgrößen in der Phase der Implementierung die meiste Kreativität verlangt [133].

Ein weiterer Prozesstyp sind die leistungsmengenunabhängigen (lmu)Teilprozesse, deren Leistungsinanspruchnahme keinen Zusammenhang mit den eigentlichen Tätigkeiten

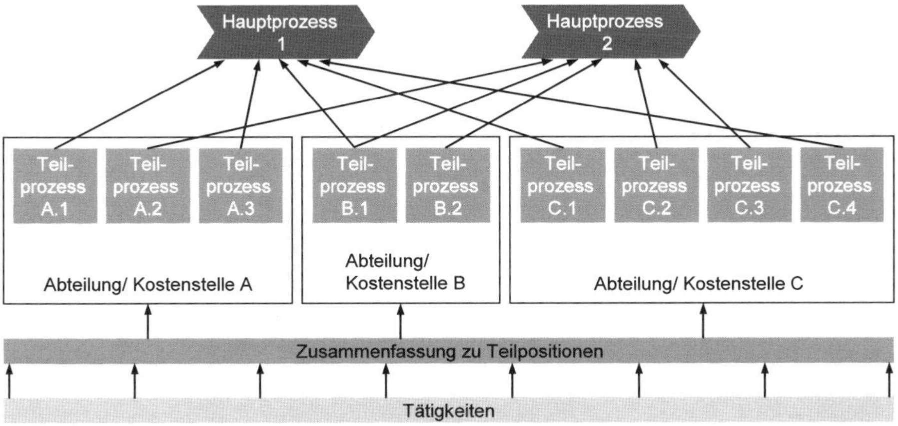

Abb. 6.45 Prozessstruktur bei der Prozesskostenrechnung

der Kostenstelle aufweist, aber dennoch Kapazitäten verzehren (z. B. Betriebsratsaktivitäten der Mitarbeiter).

Die Prozesse und die zugehörigen Kosteneinflussgrößen eines Unternehmens lassen sich im Hinblick auf die Kostenverursachung in drei Typen unterscheiden [139]:

Stückbezogene Prozesse werden für jede Produkt- oder Serviceeinheit durchgeführt. Die Anzahl der Durchführungen und damit die Kostentreiber verhalten sich proportional zum Produktions- oder Absatzvolumen. Analog zu den traditionellen Kalkulationsverfahren werden die verursachten Gemeinkosten dieser Prozesse mit stückbezogenen Kostentreibern bzw. Bezugsgrößen verrechnet. Der Hauptunterschied einer Kostenträgerrechnung mit Prozesskosten liegt in der Verwendung von Kostentreibern nicht stückbezogener Prozesse.

Losbezogene Prozesse sind Teilprozesse, die für jedes Produktionslos oder jeden Umrüstvorgang durchgeführt werden. Sie umfassen neben den fertigungsbezogenen Aktivitäten (Fertigungslos), wie der Einrichtung der Maschine für einen Produktionslauf, auch den Materialeinkauf (Beschaffungslos) und die Auftragsbearbeitung (Auftragslos). Die erforderlichen Ressourcen und damit auch die Kosten sind unabhängig von der Losgröße, weswegen sie in der traditionellen Kostenrechnung als fix (beschäftigungsunabhängig) angesehen werden. Je mehr Prozesse jedoch auf Losebene benötigt werden, was abgesehen von der kundenindividuellen Einzelfertigung in den meisten Produktionssystemen der überwiegende Teil ist, desto mehr Ressourcen müssen die Unternehmen für diese Prozesse bereitzustellen. Insbesondere bei großer Produkt- bzw. Variantenvielfalt und damit verbundenen sinkenden Losgrößen steigt der Anteil der losbezogenen Kosten an den jeweiligen Stückkosten.

Produktbezogene und kundenbezogene Prozesse dienen dazu, die Produktion einzelner Produkte sowie den Verkauf an verschiedene Kunden zu ermöglichen. Zu dieser Art von Prozessen gehören z. B. spezielle Tests oder der technische Support für bestimmte Produkte und Kunden. Die Quantität der Ressourcen ist dabei per Definition unabhängig vom Produktions- und Verkaufsumfang.

Bei der Ermittlung von Prozesskosten können verschiedene Wege beschritten werden: Die Kosten können auf Prozessebene analytisch geplant und zu Gesamtkosten summiert werden, was die genaueste, aber auch aufwendigste Vorgehensweise ist. Alternativ kann von Vorjahreskosten ausgegangen und die Prozesskosten retrograd anhand der in Anspruch genommenen Kapazitäten ermittelt werden. Meist wird jedoch auf Budgetzahlen (Plankosten) aufgebaut, die Ergebnis einer analytischen Planung sein können und in der Regel im Laufe des Geschäftsjahres festgelegt werden. Bei der Prozesskostenrechnung werden daher auf Basis von Kostenstellenbudgets zunächst die Teilprozesskostenermittelt, bevor die Aggregation zu Hauptprozesskosten stattfindet. Die ermittelten Prozesskosten werden dann in der Regel unterjährig nicht verändert [137].

Zur Ermittlung der Teilprozesskostensätze, d. h. der Kosten, die durchschnittlich für die einmalige Prozessdurchführung anfallen, ist die Kenntnis der Prozessmenge (Maßgröße) notwendig. Die Prozesskostensätze ergeben sich dann aus der Division der Planprozesskosten (aus den Kostenstellenbudgets) durch die Planprozessmengen [140]. Diese Beziehung gilt allerdings nur für lmi-Teilprozesse, da für lmn-Prozesse keine Maßgrößen ermittelt werden können. Eine Möglichkeit zur Verrechnung der lmn-Kosten ist, diese proportional zur Kostenhöhe der lmi-Prozesse umzulegen und die Gesamtkosten der Prozessdurchführung durch Addition der beiden Kostentypen zu ermitteln [137]. Der Vorteil dieses Vorgehens liegt in der Einfachheit der Anwendung, jedoch weist es die gleichen Mängel auf wie die traditionellen Divisions- oder Zuschlagsverfahren. Zusätzliche Informationen stehen zur Verfügung, wenn alle lmn-Kosten kostenstellenübergreifend gesammelt und erst nach Bestimmung der produktspezifischen Einzel- und Prozesskosten auf diese zugeschlagen werden [133], dies kann aber auch durch einen getrennten Ausweis der lmi- und lmn-Kosten erreicht werden. Darüberhinaus wird bei den Prozesskostensätzen neben dieser Unterscheidung idealerweise auch die Zusammensetzung nach Kostenarten weiterhin als Information geführt, um die Ergebnisse der Kostenträgerrechnung für eine Deckungsbeitragsrechnung nutzen zu können.

Zur Ermittlung der Hauptprozesskosten werden die Kosten der einzelnen lmi-Teilprozesse, die in den Hauptprozess eingehen, addiert. Daraus können wiederum per Division durch die Kostentreibermenge die Hauptprozesskostensätze errechnet werden. Eine direkte Addition der Teilprozesskostensätze ist nur möglich, wenn die Maßgrößen mit den Kostentreibern der Hauptprozesse übereinstimmen oder entsprechende Verhältniszahlen zwischen den unterschiedlichen Prozessmengen gebildet und für die Verrechnung verwendet werden. Mit der Bestimmung der Prozesskosten sind die grundlegenden Schritte zum Aufbau einer Prozesskostenrechnung abgeschlossen. Prinzipiell können mit der Prozesskostenrechnung verschiedene Ziele verfolgt werden, nach denen die Ausgestaltung des jeweiligen Systems ausgerichtet werden sollte:

- Die Darstellung kostenstellenübergreifender Wirkzusammenhänge und die Erhöhung der Gemeinkostentransparenz,
- die Verbesserung der Produktkalkulation durch eine differenzierte Verrechnung der Gemeinkosten,
- die Planung und Steuerung der indirekten Leistungsbereiche über Kostentreiber und eine (prozess-)mengenorientierte Budgetierung,
- die Optimierung der Geschäftsprozesse durch Aufzeigen von Effizienzsteigerungspotenzialen.

Dabei zeigt meist schon die Analyse der gesamten Prozesskette eines Unternehmens, mit den darin enthaltenen nicht wertschöpfungserhöhenden Komponenten, Schnittstellen- und Fehlerkosten, Möglichkeiten zur Effizienzsteigerung in den unternehmerischen Abläufen auf. Als permanentes, im Jahresrhythmus eingesetztes Instrument zum Gemeinkostenmanagement ermöglicht die Prozesskostenrechnung durch Analyse der Ist-Prozessmengen und -kosten die Identifikation von Unterauslastungen sowie die Festlegung von Optimierungszielen für die Folgeperiode. Für eine mittel- bis langfristige Beeinflussung der Gemeinkosten sind die gemeinkostentreibenden Prozesse mengenmäßig zu reduzieren. Die Ansatzpunkte dafür liegen neben einer Änderung der Produktionsstrategie insbesondere in der Entwicklung neuer Produkte. Durch Berücksichtigung der Konsequenzen der Teilevielfalt, vieler Fertigungsstufen, häufiger Änderungen, etc. können gezielt konstruktive Maßnahmen zu Senkung der Prozessmengen ergriffen werden [137].

Von ihrem Ursprungszweck als reinem Instrument der Produktkalkulation, der Auslöser für die Entstehung des Activity-Based-Costing war, hat sich die Prozesskostenrechnung deutlich entfernt. Der Einsatz der Prozesskostenrechnung entwickelt sich als weites Anwendungsfeld im Rahmen des Gemeinkosten- und Prozessmanagements, da das Verfahren insbesondere auch der Erreichung der Ziele Effizienz und Transparenz in den indirekten Leistungsbereichen dienen kann.

6.4.2.3 Ressourcenorientierte Prozesskostenrechnung

Die Ressourcenorientierte Prozesskostenrechnung (RPK) ist mit dem Ziel entwickelt worden, die Produktkalkulation und die konstruktionsbegleitenden Kosteninformationen weiter zu verbessern. Sie verbindet Elemente aus mehreren verbreiteten Methoden der Kostenrechnung zu einem detaillierten Verfahren, bei dem die Zuweisung der Gemeinkosten ebenfalls in Relation zu den beanspruchten Prozessen erfolgt. Der Unterschied zur Prozesskostenrechnung besteht darin, dass auf die Aggregation zu Hauptprozessen verzichtet und als kleinste Einheit die Ressource pro Teilprozess betrachtet wird [126]. Dazu wird konsequent zwischen technischem, z. B. mengenmäßigem, und wertmäßigem Ressourcenverzehr unterschieden. Die quantitative Nutzung der Ressourcen (Personal, Maschinen, Gebäude und Kapital) in Abhängigkeit von den Kostentreibern des jeweiligen Teilprozesses wird in Form einer Verbrauchsfunktion dargestellt. Der so ermittelte Ressourcenverzehr wird erst danach im gleichen Nomogramm mit dem entsprechenden Kostensatz multipliziert, um die Teilprozesskosten zu bestimmen. Die Vorgehensweise ist in Abb. 6.46 dargestellt.

Zum Aufbau der RPK sind alle Aufgaben der Abteilungen so weit in Teilprozesse zu unterteilen, bis diese von nur noch einem Kostentreiber abhängig sind. Anschließend sind den einzelnen Wertschöpfungsstufen Ressourcen zuzuordnen, wobei diese bei mehreren Ressourcen pro Prozess separat betrachtet werden. Für jeden betrachteten Teilprozess

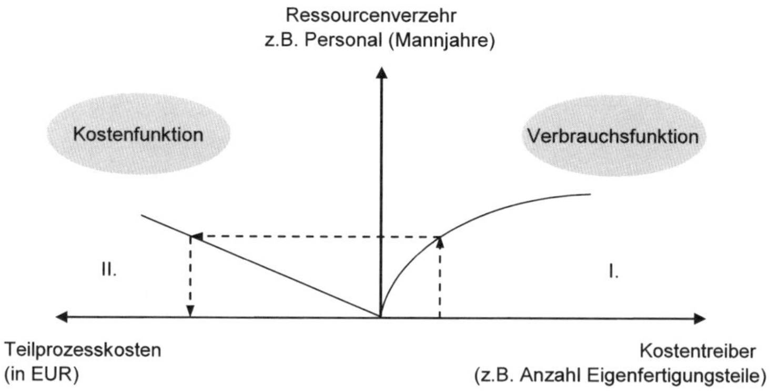

I.	Kostentreiber-quantität	X	Verbrauchssatz	=	Ressourcenverzehr
II.	Ressourcen-verzehr	X	Kostensatz der Ressource	=	Teilprozesskosten

Abb. 6.46 Kosten- und Verbrauchsfunktion im Nomogramm [126]

werden Verbrauchsfunktionen festgelegt, die neben linearen Verläufen im Gegensatz zur herkömmlichen Prozesskostenrechnung auch nichtlineare Verläufeannehmen können. Erst über die Kostenfunktion wird aus dem mengenmäßigen der monetäre Verbrauch ermittelt, was den Vorteil hat, dass die beiden Funktionen des Modells getrennt an reale Veränderungen angepasst werden können und damit getrennte Untersuchungen von Änderungen an Produkt, Prozess und Kosten durchgeführt werden können.

Die besonderen Merkmale der Ressourcenorientierten Prozesskostenrechnung sind [126]:

- Die flexible Kombinierbarkeit von Teilprozessen für unterschiedliche Bewertungszwecke entsprechend der jeweils zu betrachtenden Kostentreiber,
- die Trennung zwischen Ressourcenverbrauch und Ressourcenwert und deren übersichtliche Abbildung in Nomogrammen,
- die Dynamisierung durch nicht-lineare Funktionen zur Abbildung von in der Praxis häufig vorzufindenden nicht proportionalen Zusammenhängen zwischen Ressourcenverbrauch und Prozessmenge sowie
- die Verwendung von Standardkostensätzen anstelle von tatsächlichen Kosten zur Unterstützung strategischer Entscheidungen durch Kalkulation von in Zukunft anfallenden Kosten.

Der Initialaufwand zum Aufbau der Ressourcenorientierten Prozesskostenrechnung ist höher als bei den beiden zuvor beschriebenen Verfahren. Unabhängig vom Detaillierungsgrad der Bewertung ist, wie bei anderen Formen der Kostenrechnung auch, ein Datenvolumen zu bearbeiten, das nur durch ein entsprechendes IT-System bewältigt werden kann [141]. Der Aufbau des flexibel einsetzbaren Kostenrechnungssystems stellt jedoch die Grundlage für ein systematisches Variantencontrolling dar, dessen Bedeutung bereits zu Beginn des Kapitels erläutert wurde.

6.4.3 Aufgaben des Variantencontrollings

Das Ziel des Variantencontrollings liegt darin, eine fundierte Informationsgrundlage für die Produkt- und Produktprogrammplanung zu schaffen und auf deren Basis produktvielfaltsbezogene Entscheidungen systematisch zu treffen. Hierbei sind im Wesentlichen drei Aufgabenbereiche zu unterscheiden: die Abbildung existierender und geplanter Varianz, deren kosten- und nutzenorientierte Bewertung und die Ableitung von Optimierungsmaßnahmen. Die Aufgabenfelder des Variantencontrollings sind in Abb. 6.47 dargestellt und werden in den folgenden Abschnitten beschrieben.

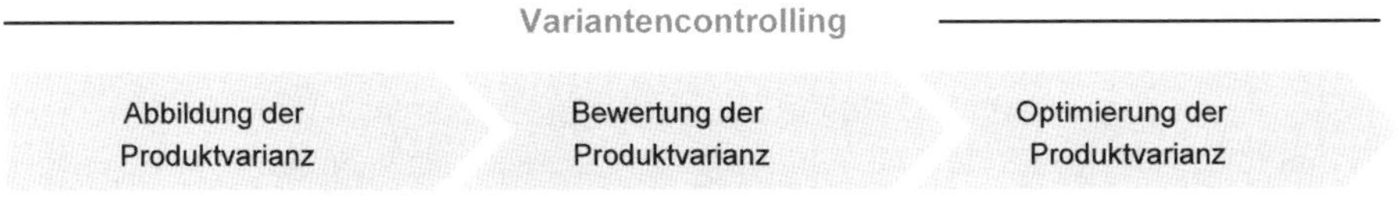

Abb. 6.47 Aufgabenfelder des Variantencontrollings

6.4.3.1
Abbildung der Produktvarianz

Die Erzeugung von Transparenz über die existierende Variantenvielfalt ist als notwendige Grundlage des Variantencontrollings anzusehen. Die systematische Analyse und Aufbereitung der existierenden und der zukünftig geplanten Produktvarianz stellt in vielen Unternehmen aufgrund der häufig nur implizit vorliegenden Information jedoch eine große Herausforderung dar.

In der Wahrnehmung des Kunden wird die Produktvarianz in erster Linie durch die verschiedenen Ausprägungen der Produkteigenschaften charakterisiert. Die Beschreibung dieser Eigenschaften erfolgt mittels sogenannter Merkmale und Ausprägungen. Hierbei bilden Merkmale die Kategorien für die Eigenschaften eines Produktes. Ausprägungen kennzeichnen die jeweilige Realisierung dieser Eigenschaft. So lässt sich beispielsweise die Spindel einer Werkzeugmaschine aus Sicht des Kunden unter anderem auf Basis der Merkmale „Werkzeugaufnahme“ oder „Spindeldrehzahl“ charakterisieren. Beispiele für Ausprägungen des Merkmals „Spindeldrehzahl“ könnten die Drehzahlen 2.000 oder 3.000 U/min sein. Ein wesentliches Entscheidungskriterium für die Auswahl von Merkmalen zur Beschreibung der marktseitigen Varianz eines Produktprogramms ist die Kundenrelevanz eines Merkmals und seiner Ausprägungen. In der Abbildung sollten nur solche Merkmale berücksichtigt werden, die eine klare Wahrnehmbarkeit auf Kundenseite besitzen und zur Differenzierung der Produkte untereinander beitragen. Vor allem bei der Abbildung komplexer technischer Systeme ist eine sinnvolle Bildung von Teilsystemen bzw. auf die Wahl eines adäquaten Detaillierungsgrads sicherzustellen.

So lässt sich beispielsweise das Produktprogramm eines Werkzeugmaschinenherstellers aufgrund der Komplexität der Produkte und der daraus resultierenden Varianz nicht als Gesamtsystem modellieren. Die Abbildung des Gesamtsystems in adäquaten Teilsystemen konzentriert sich hierbei auf die Hauptfunktionsgruppen und Variantentreiber. Dies können beispielsweise die Teilsysteme Werkzeugmagazin, Maschinenbett inklusive der Verfahrachsen, Spindel, Werkstückwechsler, Späneentsorgung und Kühlsystem sein. Bei einer baureihenübergreifenden Abbildung der Produktvarianz ist die Vergleichbarkeit der Ergebnisse der Baureihen untereinander sicherzustellen. Das beschriebene Beispiel der Werkzeugmaschine mit seinen Teilsystemen und beispielhaften Merkmalen und Ausprägungen ist in Abb. 6.48 dargestellt.

Aufbauend auf der Beschreibung des Produktprogramms durch Merkmale und Ausprägungen erfolgt die Abbildung der angebotenen Produktvarianz. Die maximal mögliche Varianz eines Produktprogramms ist durch die freie Kombination der Ausprägungen untereinander definiert. In der Regel werden Produktprogramme jedoch sowohl durch ein kaufmännisch als auch durch ein technisch beeinflusstes Regelwerk, die Konfigurationslogik, eingeschränkt. Hierbei kann zwischen sogenannten „Kombinationsgeboten“, also der zwingenden Kopplung zweier oder mehrerer Merkmalsausprägungen aneinander, und „Kombinationsverboten“, die unzulässige Konfigurationen von Merkmalsausprägungen beschreiben, unterschieden werden. Kaufmännisch motivierte Kombinationsverbote ergeben sich aus Kombinationen, die technisch machbar sein können, jedoch aus Marketing- und Vertriebssicht kein sinnvolles Angebot darstellen bzw. aufgrund strategischer Überlegungen nicht gewünscht sind. Kombinationsgebote aus kaufmännischer Sicht er-

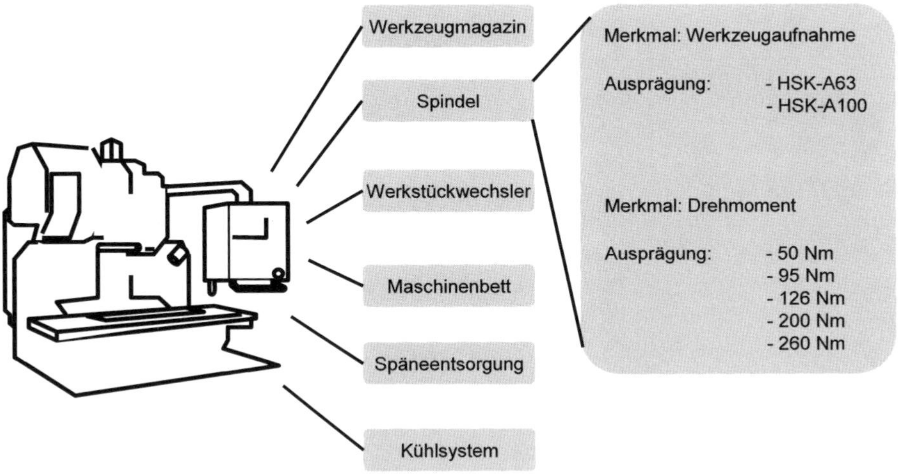

Abb. 6.48 Beispielhafte Merkmale und Ausprägungen einer Werkzeugmaschine

geben sich z. B. aus angebotsstrategischen Paketierungsmaßnahmen, die beispielsweise eine gezielte Quersubventionierung der Ausprägungen untereinander ermöglichen sollen. Technische Kombinationsverbote werden bei sich technisch inkompatiblen Merkmalskombinationen oder solchen, die zusammen aus technischer Sicht keinen Nutzen erzeugen können, definiert. Technische Kombinationszwänge ergeben sich in der Regel aus der technischen Notwendigkeit einer Merkmalsausprägung für die Realisierung einer anderen. Sie lassen sich beispielsweise aus einer relationsorientierten Funktionsstruktur ableiten, in der beschrieben ist, welche Funktionen welche anderen Funktionen bedingen. Aus Unternehmenssicht stellt die Intelligenz der marktseitig motivierten, kaufmännisch getriebenen Konfigurationslogik einen entscheidenden Schritt dar, da die auf diesem Regelwerk basierenden Produktkonfigurationen entweder genau die Kundenbedarfe treffen und die Wertschöpfung somit auf die einzelnen Kundensegmente fokussiert wird oder aber die konfigurierten Varianten die Bedarfe der Kundensegmente genau verfehlen und somit im weiteren Produktentstehungsprozess Blindleistung erzeugt wird.

Auf Basis der definierten Eigenschaften des untersuchten Produktprogramms durch Merkmale und Ausprägungen sowie des aufgestellten Regelwerks lässt sich der sogenannte Merkmalbaum zur Visualisierung der Varianz im Produktprogramm aufbauen. Dieser gibt einen Überblick über die verschiedenen, aus den jeweiligen Kombinationen der Merkmalsausprägungen erzeugten Varianten. Ein Beispiel eines solchen Merkmalbaums ist in Abb. 6.49 dargestellt. Bei den im Merkmalbaum dargestellten Elementen kann es sich sowohl um funktionale als auch um geometrische Merkmale handeln. Im dargestellten, vereinfachten Beispiel wird das Teilsystem Spindel auf Basis von drei Merkmalen beschrieben, die jeweils unterschiedliche Ausprägungen aufweisen. Die möglichen Konfigurationen dieser Merkmalsausprägungen werden durch die Zweige des Merkmalbaums dargestellt. Ein Zweig stellt somit jeweils eine Variante dar.

Um Transparenz über das in vielen Fällen hoch komplexe Regelwerk aus Kombinationsverboten und -geboten zu besitzen, können die Beziehungen der Merkmalsausprä-

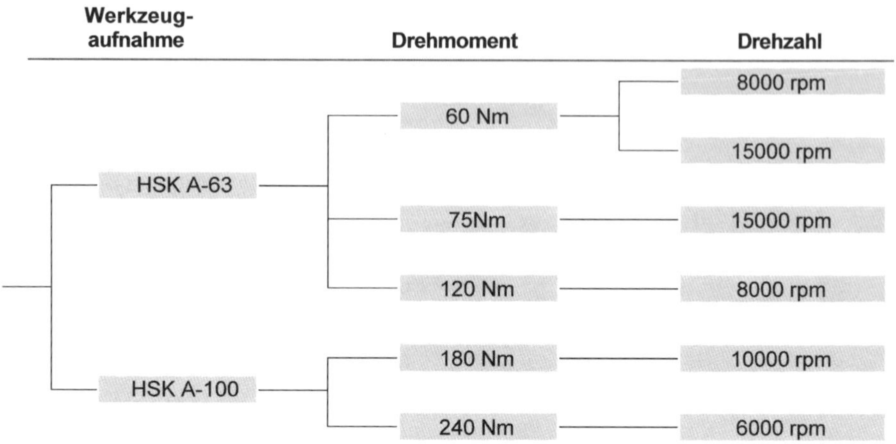

Abb. 6.49 Beispielhafte vereinfachte Darstellung eines Merkmalbaums

gungen untereinander in einer farbcodierten Matrix dargestellt werden. Farbcodes stellen die Art der Beziehung zwischen den Ausprägungen dar, also Kombinationsgebote oder -verbote und weitergehende Abhängigkeiten. Diese Darstellung ermöglicht insbesondere bei im Laufe des Produktlebenszyklusses häufig auftretenden Modifikationen oder Erweiterungen des Produktprogramms Transparenz über die Auswirkungen auf das Regelwerk und reduziert somit den Pflegeaufwand von Konfigurationsinformationen. Abbildung 6.50 zeigt ein Prinzipbild der Konfigurationsmatrix.

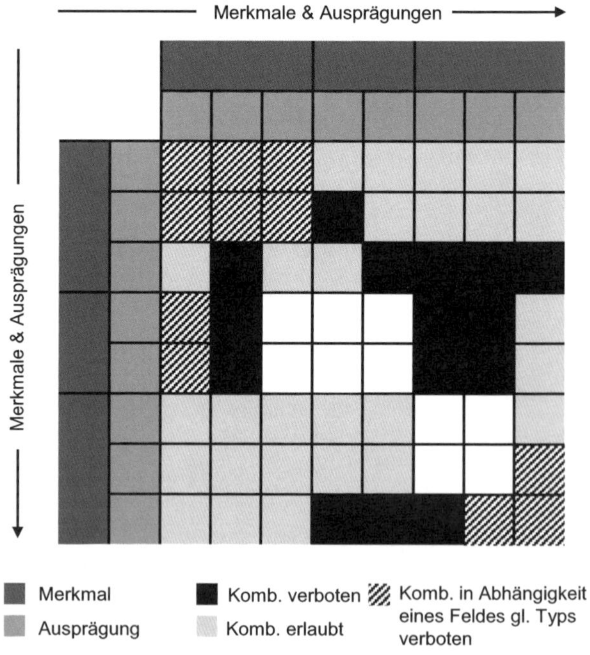

Abb. 6.50 Darstellung der Kombinationsregeln mit der Konfigurationsmatrix

6.4.3.2
Analyse der Produktvarianz

Im Rahmen der Analyse wird die Produktvarianz hinsichtlich ihrer Wirtschaftlichkeit bewertet. Hierbei werden sowohl der Nutzen der Varianz im Sinne der erzielten Absatzzahlen bzw. des erzielten Umsatzes als auch deren negative Auswirkungen hinsichtlich der verursachten Komplexitätskosten bewertet. Die Analyse erfolgt in regelmäßigen Intervallen, um negative Trends hinsichtlich der Wirtschaftlichkeit zu erkennen und Gegenmaßnahmen einleiten zu können.

Bei der Absatzanalyse spielen neben den in einem Referenzzeitraum bislang erzielten Absätzen auch die für die Zukunft prognostizierten Absatzzahlen in einem vergleichbaren zukünftigen Referenzzeitraum eine Rolle. Insbesondere bei neu eingeführten Varianten eines Produktes ist die Berücksichtigung zukünftiger Entwicklungen von Bedeutung. Aber auch für am Markt etablierte Produktvarianten werden auf Basis variantenspezifischer Verkaufsprognosen eventuelle Absatzschwankungen und -veränderungen frühzeitig berücksichtigt. Auf Basis der variantenspezifischen Stückzahlen erfolgt die Analyse des Produktprogramms. Die Bewertung erfolgt sowohl auf Ebene der Merkmalsausprägungen als auch auf Ebene der einzelnen Typen bzw. Varianten. Zur Visualisierung der letztgenannten Analyse bietet sich eine Darstellung auf Basis des Merkmalbaums an, die durch Balkendiagramme der Absatzzahlen hinter den einzelnen Typen ergänzt wird. Ein Beispiel für eine solche ausprägungs- und variantenbezogene Auswertung gibt Abb. 6.51.

Um einen schnellen Gesamteindruck der Verteilung der Absatzzahlen zu bekommen, empfiehlt sich die Durchführung von ABC-Analysen. Diese ermöglichen es sowohl die „Renner“ als auch die „Ladenhüter“ im Produktprogramm identifizieren. Eine Beschreibung der Methode findet sich in Kap. 3. Mithilfe der Analyse des Verwendungsnachweises auf Merkmalsebene können dominante Produktspezifikationen identifiziert werden. Nicht zuletzt erlaubt die Gegenüberstellung von bestehenden Absatzzahlen mit prognostizierten Absätzen bevorstehende Brüche in den Analysen, beispielsweise aufgrund veränderter Kundenanforderungen, zu identifizieren.

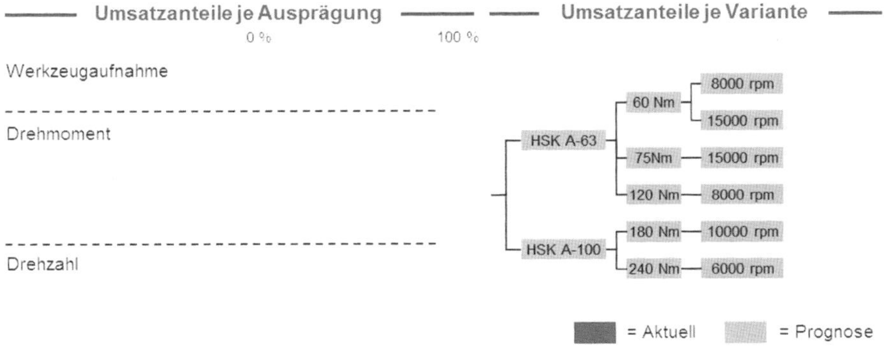

Abb. 6.51 Analyse der Absatzzahlen

Neben der Analyse der Absatzzahlen zur Bewertung des Nutzens der Produktvarianten erfolgt eine Bewertung der Auswirkungen der Varianz auf die direkten und indirekten Wertschöpfungsprozesse im Unternehmen. Zur Kalkulation der in diesen Prozessen entstehenden Variantenkosten eignet sich die in Kap. 6.4.2 beschriebene Ressourcenorientierte Prozesskostenrechnung. Aufgrund der hohen Sensibilität des Montageprozesses hinsichtlich der Variantenvielfalt der zu montierenden Baugruppen ist zudem eine gezielte Analyse der Auswirkungen von Produktvarianz in diesem Wertschöpfungsprozess sinnvoll. Eine solche Analyse kann durch das Instrument des Variantenbaums unterstützt werden. Dieser stellt die Teile- und Variantenvielfalt über der Montagereihenfolge dar. Im Gegensatz zum Merkmalbaum handelt es sich hierbei um die Abbildung physischer Varianten. Ein Beispiel eines solchen Variantenbaumes ist in Abb. 6.52 dargestellt. Die kleinen Kästen symbolisieren Anbauteile, die nebeneinanderstehenden Kästen mit dicker Umrandung kennzeichnen alternativ zu montierende Bauteilvarianten. Große Kästen stellen die jeweils erzeugten Baugruppenvarianten dar, die durch Kurzzeichen in den Variantenkästen eindeutig defi-

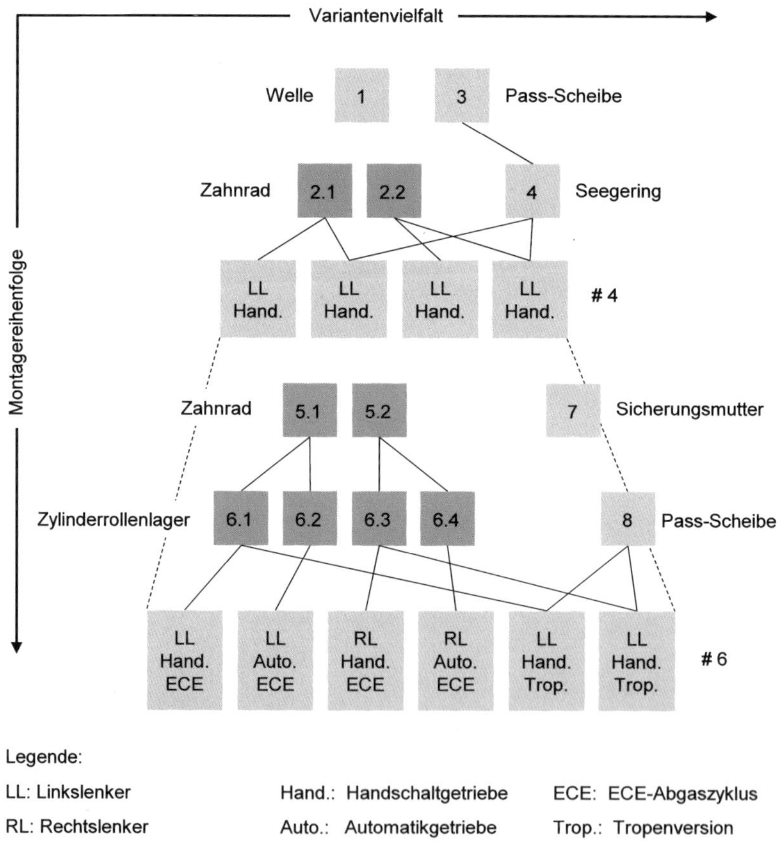

Abb. 6.52 Analyse der Auswirkungen der Variantenvielfalt auf den Montageprozess mit dem Variantenbaum

niert werden. Den Zusammenbau zweier oder mehrerer Anbauteile zeigen Verbindungslinien an. Diese stellen ebenfalls dar, welche Anbauteile in welchen Varianten verwendet werden. Die Anbauteile werden in ihrer Montagereihenfolge untereinander dargestellt. Die laufende Nummer der Anbauteile verdeutlicht die Montagereihenfolge. Die Varianten können für beliebige Montageschritte ermittelt und dargestellt werden. In der Variantenleiste werden die Varianten, die aufgrund der Anbauteile und deren Verwendung entstehen, nach Art und Anzahl (#) bestimmt. Die Variantenleisten kennzeichnen einen Vormontageabschnitt oder einen Teilvorgang bzw. können zur Verbesserung der Übersichtlichkeit zu beliebigen Montagezeitpunkten dargestellt werden. Der Variantenbaum kann mithilfe von Grundarbeitsplan-,Stücklistendaten und Sonderausstattungsplänen sowie Kombinationszwängen und -verboten erstellt werden. Der Aufbau erfordert jedoch zunächst eine systematische Beschreibung der Varianten erzeugenden Merkmale und -ausprägungen, wie sie im Merkmalbaum dargestellt sind, und die Zuordnung der Merkmalsausprägungen zu den zugehörigen Bauteilen.

Die übersichtliche Darstellung im Variantenbaum ermöglicht eine Aussage hinsichtlich der Auswirkungen von Produktvarianz im Montageprozess. Werden die Bauteile, die eine hohe Varianz aufweisen, zu Beginn des Montageprozesses verbaut, ergibt sich ein breiter Variantenbaum, die so genannte „breite Eiche", die es zu vermeiden gilt. Ein breiter Variantenbaum bedeutet für den Prozess beispielsweise, dass bei vielen Montageschritten aufwendige Vorrichtungen eingesetzt werden müssen, um die verschiedenen Baugruppenvarianten aufnehmen zu können. Bei automatisierten Montageprozessen erfordert eine höhere Varianz im Prozess eine komplexere Steuerung der Handhabungsanlagen. Zudem ist die Bereitstellung vormontierter Baugruppen aufwendig und platzintensiv. Bei der Auslegung neuer Modulstrukturen ist somit die Breite des sich ergebenden Variantenbaums zu berücksichtigen.

6.4.3.3
Optimierung der Produktvarianz

Auf Basis der in der Analyse offengelegten Schwachpunkte werden in regelmäßigen Intervallen Optimierungsszenarien entworfen, die die Wirtschaftlichkeit der Varianz steigern. So lassen sich beispielsweise im Fall von Varianten, die im Verhältnis zu anderen Varianten zu geringe Verkaufszahlen aufweisen, Szenarien aufstellen, in denen entweder das Streichen der Variante aus dem Produktprogramm oder die Zusammenführung von Produkteigenschaften, z. B. im Sinne einer Überdimensionierung, dargestellt wird. Auch bei bereits am Markt etablierten Varianten, die über geringe Verkaufsprognosen verfügen, können im Zusammenspiel mit der Analyse des Umsatzanteils der der Variante zugrunde liegenden Merkmalsausprägungen, Aussagen über mögliche Ursachen getroffen werden. Außerdem kann eine gezielte Optimierung dieser Ursachen bewertet werden. Die verschiedenen Szenarien werden schließlich in Zusammenarbeit mit den jeweiligen Fachabteilungen hinsichtlich ihrer Auswirkungen auf die Variantenvielfalt, den generierten Umsatz, die Produktivität im Entstehungsprozess mit besonderem Fokus auf die Montage, der sich ergebenden Lieferanten- bzw. Netzwerkflexibilität sowie der Auswirkungen auf die indirekten Bereiche wie F&E oder Service analysiert (Abb. 6.53).

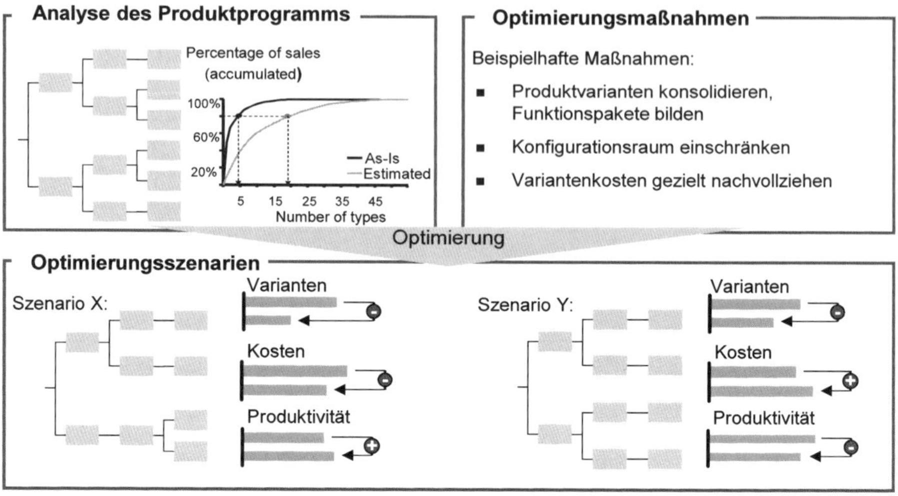

Abb. 6.53 Ableitung und Bewertung von Optimierungsszenarien

Basierend auf den Optimierungsszenarien lassen sich durch den Vergleich der Potenziale in den verschiedenen Bewertungsdimensionen Handlungsempfehlungen für die Gestaltung des Produktprogramms ableiten. Aufgrund der Notwendigkeit einer fundierten Bewertung in allen Dimensionen ist die interdisziplinäre Zusammenarbeit eine wichtige Voraussetzung für die erfolgreiche Optimierung des Produktprogramms. Nur die Integration aller über den Produktlebenszyklus betroffenen Anspruchsgruppen wie Produktentwicklung, Einkauf, Produktion, Vertrieb und Service ermöglicht die Erschließung aller Potenziale. Insbesondere die Abbildung der Auswirkungen der marktseitigen Varianz und der Optimierungsmaßnahmen auf die Teilevielfalt und die Produktionsprozesse im Unternehmen sind zu untersuchen und zu bewerten. Hier lassen sich neben dem Entfall oder der Zusammenlegung von Merkmalsausprägungen ebenso die Möglichkeiten von Integralteilbildungen oder Erweiterungen des Baukastens prüfen. Das Variantencontrolling bildet demnach die Voraussetzung zur Analyse der verschiedenen Produkte hinsichtlich baureihenübergreifender Kommunalitätspotenziale. Losgelöst von den etablierten Teilestrukturen der Produkte der verschiedenen Marken erlaubt die lösungsneutrale Beschreibung durch kundenrelevante Produktmerkmale und -ausprägungen die Identifizierung bisher nicht genutzter Potenziale als Basis für die Entwicklung von konzernweiten Baukastenstrukturen. Maßnahmen zur Komplexitätsbeherrschung durch Gestaltung der Produktarchitektur werden in Kap. 4 näher beschrieben. Auch hier ist für jede Handlungsempfehlung zunächst eine Bewertung des tatsächlichen Kosten-Nutzen-Verhältnisses durchzuführen, bei der insbesondere die durch Vielfalt entstehenden Komplexitätskosten in den indirekten Bereichen wie F&E, Service und Vertrieb zu berücksichtigen sind.

Fallbeispiel AUDI AG: Die Beherrschung von Produktvarianz stellt für die AUDI AG als variantenreicher Serienfertiger von Premium-Automobilen eine Kernaufgabe dar. Zur Veranschaulichung der enorm hohen Varianz, die zur Bedienung dieses Marktes erzeugt wird, sei an dieser Stelle exemplarisch auf das Dachmodul verwiesen. Dieses umfasst Komponenten wie die Innenraumbeleuchtung, Leseleuchten, Mikrofone für Freisprechanlagen und die Betätigung für das Schiebedach. Nur für die A4-Baureihe wird dieses Modul in 130 verschiedenen Varianten entwickelt und produziert. Die Stückzahlen je Varianten variieren zwischen 20 und 300.000. Um diese Komplexität zu beherrschen, hat die AUDI AG ein ganzheitliches Komplexitäts- und Variantencontrolling aufgebaut. Das Rückgrat des Controlling-Systems bildet der Variantenmanagementprozess, der 2003 durch den Vorstand des VW-Konzerns verbindlich für alle Marken festgelegt wurde. Der Prozess stellt sicher, dass die optimale Variantenvielfalt je Funktion ermittelt und umgesetzt wird. Ein wichtiger Erfolgsbaustein des Prozesses ist die Schaffung von Transparenz über die existierende und geplante Varianz auf Basis eines Merkmalbaums. Dieser dient als Diskussionsgrundlage für interdisziplinäre Teams. Diese Teams erarbeiten ausgehend von der Varianz eines Vorgängerfahrzeugs mögliche Alternativszenarien. Auf Basis der Analyse der Verkaufszahlen des aktuellen Modells werden diese Szenarien hinsichtlich ihrer Stückzahlverteilung analysiert. Varianten, deren Stückzahlen unter 0,1 % der Gesamtstückzahl liegen, werden in der verwendeten Visualisierungssoftware gesondert gekennzeichnet und versucht zu vermeiden. Auf Basis einer ABC-Analyse werden die Kostenarten identifiziert, die einen Einfluss auf die Kostenstruktur haben. In der Regel werden hier der einmalige Aufwand für die Entwicklung sowie die Investitionen in Werkzeuge und Vorrichtungen und laufende Kosten wie Fertigungs- und Materialkosten bewertet. Die Einbindung dieses Variantencontrollings in die Planung neuer Produkte führte einerseits zu einer Reduzierung unwirtschaftlicher Varianten um 88 % sowie zu einer Erhöhung der Varianten um 100 %, die einen positiven Beitrag zum Ergebnis haben. Dem Aufwand für den Einsatz eines Simultaneous Engineering Teams für je eine Woche pro Baugruppe standen Einsparungen im zweistelligen Millionenbereich gegenüber [142].

Literatur

1. Bösch D (2007) Controlling im betrieblichen Innovationssystem: Entwicklung einer Innovationscontrolling-Konzeption mit besonderem Fokus auf dem Performance Measurement. Kovac, Hamburg.
2. Boutellier R, Völker R, Voit E (1999) Innovationscontrolling: Forschungs- und Entwicklungsprozesse gezielt planen und steuern. Hanser, München.
3. Specht G, Beckmann C, Amelingmeyer J (2002) F&E-Management: Kompetenz im Innovationsmanagement, 2. Aufl. Schäffer-Poeschel, Stuttgart.
4. Möller K, Janssen SH (2009) Performance Measurement von Produktinnovationen: Konzepte, Instrumente und Kennzahlen des Innovationscontrollings. Controlling, 21(2):89–96.

5. Schön A (2001) Innovationscontrolling: Eine Controlling-Konzeption zur effektiven und effizienten Gestaltung innovativer Prozesse in Unternehmen. Peter Lang, Frankfurt a.M.
6. Littkemann J (2005) Innovationscontrolling. Vahlen, München.
7. Stippel N (1999) Innovations-Controlling: Managementunterstützung zur effektiven und effizienten Steuerung des Innovationsprozesses im Unternehmen. Vahlen, München.
8. Reichmann T, Richter HJ (2006) Controlling mit Kennzahlen und Management-Tools: die systemgestützte Controlling-Konzeption, 7. Aufl. Vahlen, München.
9. Hahn D (2006) Strateische Kontrolle. In: Hahn D, Taylor B (Hrsg) Strategische Unternehmungsplanung - strategische Unternehmungsführung: Stand und Entwicklungstendenzen, 9. Aufl. Springer, Berlin.
10. Geiger O (2000) Kennzahlenorientiertes Entwicklungscontrolling: Ein ganzheitliches, kennzahlenbasiertes Planungs-, Steuerungs- und Kontrollinstrument zur Analyse des Entwicklungsbereichs industrieller Unternehmen. Shaker, Aachen.
11. Schuh G, Lenders M, Hieber S (2008) Lean Innovation: Introducing Value Systems to Product Development. In: Kocaoglu DF, Portland International Center for Management of Engineering and Technology (Hrsg) Portland International Conference on Management of Engineering & Technology, 2008: PICMET 2008; Cape Town, South Africa, 27–31 July 2008. IEEE Service Center, Piscataway, NJ.
12. Horváth P (2009) Controlling, 11. Aufl. Vahlen, München.
13. Bürgel HD, Hess S, Bauder S (2006) Modernes F&E-Projektcontrolling. In: Gassmann O (Hrsg) Management von Innovation und Risiko: Quantensprünge in der Entwicklung erfolgreich managen, 2. Aufl. Springer, Berlin.
14. Weber Ju, Vinkemeier R (2007) Controlling und Innovation: Beitrag des Controllings zu Zukunftsorientierung und Innovationsmanagement, 1. Aufl. WILEY-VCH-Verl., Weinheim.
15. Wildemann H (2008) Innovationscontrolling: Leitfaden zur Selektion, Planung, Steuerung und Erfolgsmessung von F&E-Projekten, 6. Aufl. TCW-Verl., München.
16. Hauschildt J (2009) Innovationsmanagement, 5. Aufl. Vahlen, München.
17. Littkemann J, Lewerenz S (2000) Organisation des Innovationscontrolling - Eröffnung und Begrenzung von Handlungsspielräumen für das Projektteam. io management, (11):20–30.
18. Möller K, Schmälzle H (2008) Messung und Steuerung im Innovationsprozess.
19. Brown MG, Svenson RA (1988) Measuring R&D Productivity. Research Technology Management, 31(4):11–15.
20. Werner BM (2002) Messung und Bewertung der Leistung von Forschung und Entwicklung im Innovationsprozess: Methodenüberblick, Entwicklung und Anwendung eines neuen Konzepts. Technische Universität Darmstadt.
21. Granig P (2007) Innovationsbewertung: Potentialprognose und -steuerung durch Ertrags- und Risikosimulation. Deutscher Universitäts-Verlag, GWV Fachverlage GmbH, Wiesbaden.
22. Etiennot H, Corrales Peñalva JM (2007) Measuring Innovation: A framework for action. In: Davila T, Epstein MJ, Shelton RD (Hrsg) The Creative Enterprise: Execution. Greenwood Publishing Group, Westport, Conn.
23. Cardinal LB (2001) Technological Innovation in the Pharmaceutical Industry: The Use of Organizational Control in Managing Research and Development. Organization Science, 12(1):19–36.
24. Coccia M (2001) A basic model for evaluating R&D performance: theory and application in Italy. R&D Management, 31(4):453–464.
25. Boutellier R, Demarmels A (2003) Innovationscontrolling. In: Habann F (Hrsg) Innovationsmanagement in Medienunternehmen: theoretische Grundlagen und Praxiserfahrungen, 1. Aufl. Gabler, Wiesbaden.
26. Handermann U, Robers D, Gleich R (2007) Innovationscontrolling im Dienstleistungssektor. Performance Excellence - Zeitschrift für Controlling und Innovationsmanagement (ZfCI), 2(1):32–37.

27. Gemünden HG, Littkemann J (2007) Innovationsmanagement und -controlling: Theoretische Grundlagen und praktische Implikationen. In: Weber J (Hrsg) Controlling und Innovation. Gabler, Wiesbaden.
28. Schmelzer HJ (1992) Organisation und Controlling von Produktentwicklungen: Praxis des wettbewerbsorientierten Entwicklungsmanagement. Schäffer-Poeschel, Stuttgart.
29. Hauschildt J, Schewe G (1993) Der Controller in der Bank: systematisches Informations-Management in Kreditinstituten, 2. Aufl. Knapp, Frankfurt a.M.
30. Hahn D (1997) Controlling in Deutschland - State of the Art. In: Gleich R, Arnaout A, Horváth P (Hrsg) Die Kunst des Controlling. Vahlen, München.
31. Gaulhofer M (1988) Controlling im Mittelbetrieb: Gedanken zur Abstimmung von Verfahren u. Instrumenten d. Controlling auf d. Situation von Führung u. Organisation im Mittelbetrieb. Lang, Frankfurt a.M.
32. Gerpott TJ (2005) Strategisches Technologie- und Innovationsmanagement, 2. Aufl. Schäffer-Poeschel, Stuttgart.
33. Werner BM, Souder WE (1997) Measuring R&D Performance - State of the Art. Research Technology Management, 40(2):34–42.
34. Keim G, Littkemann J (2005) Methoden des Projektmanagements und -controlling. In: Littkemann J (Hrsg) Innovationscontrolling. Vahlen, München.
35. Leker J (2005) F&E-Controlling. In: Albers S, Gassmann O (Hrsg) Handbuch Technologie- und Innovationsmanagement. Gabler, Wiesbaden.
36. Brown WB, Gobeli D (1992) Observations on the measurement of R&D Productivity: A Case Study. IEEE Transactions on Engineering Management, 39(4):325–331.
37. Pappas RA, Remer S (1985) Measuring R&D Productivity. Research Management, 28(3):15–22.
38. Kerssens-van Drongelen IC, Cook A (1997) Design principles for the development of measurement systems for research and development. R&D Management, 27(4):345–357.
39. Schmelzer HJ (1999) Kennzahlen in der Produktentwicklung. In: Boutellier R, Völker R, Voit E (Hrsg) Innovationscontrolling: Forschungs- und Entwicklungsprozesse gezielt planen und steuern. Hanser, München.
40. Hauschildt J, Salomo S (2007) Innovationsmanagement, 4. Aufl. Vahlen, München.
41. Hauser JR, Zettelmeyer F (1997) Metrics to evaluate R, D&E. Research Technology Management, 40(4):32.
42. Gentner A (1994) Entwurf eines Kennzahlensystems zur Effektivitäts- und Effizienzsteigerung von Entwicklungsprojekten dargestellt am Beispiel der Entwicklungs- und Anlaufphasen in der Automobilindustrie. Vahlen, München.
43. Cooper RG, Edgett SJ (2008) Maximizing productivity in product innovation. Research Technology Management, 51(2):47–58.
44. Cooper RG, Kleinschmidt EJ (1995) Benchmarking the Firm's Critical Success Factors in New Product Development. Journal of Product Innovation Management, 12(5):374–391.
45. Cooper RG, Kleinschmidt EJ (1996) Winning businesses in product development: The critical success factors. Research Technology Management, 39(4):18.
46. Braun M, Siegel T (2001) Controlling im Innovationsprozess - vom Kontrolleur zum Lotsen. In: Braun M, Feige A, Sommerlatte T, Arthur D. Little International Inc. (Hrsg) Business Innovation: Quantensprung statt „Innovatiönchen"; ein Wegweiser zur zielgerichteten Geschäftserneuerung. FAZ-Inst. für Management-, Markt- und Medieninformationen, Frankfurt a.M.
47. Ranftl RM (1978) R&D Productivity, 2. Aufl. Hughes Aircraft Company, Culver City, CA.
48. Hahn D (1996) PuK: Planung und Kontrolle, Planungs- und Kontrollsysteme, Planungs- und Kontrollrechnung, 5. Aufl. Gabler, Wiesbaden.
49. Wild J (1982) Grundlagen der Unternehmungsplanung, 4. Aufl. Westdt. Verl., Opladen.
50. Beyer AS (2002) Wertorientiertes Innovationsmanagement. Eul, Lohmar.

6

51. Hinterhuber HH (2004) Strategische Unternehmungsführung: Vol. 1 Strategisches Denken, 7. Aufl. de Gruyter, Berlin.
52. Schneider D (1991) Controlling von Forschung und Entwicklung zwischen Eigenerstellung („make") und Fremdbezug („buy") als strategische Herausforderung für die Unternehmensführung, Teil 2: Einflußgrößen von Make or Buy für das F&E-Controlling und Strategien für die Durchbrechnung Make-or-Buy-orientierter Verkrustungseffekte. Controller-Magazin, 15(3):141–149.
53. Mauthe K-D, Roventa P (1983) Versionen der Portfolio-Analyse auf dem Prüfstand - Ein Ansatz zur Auswahl und Beurteilung strategischer Analysemethoden. In: Kirsch W, Roventa P (Hrsg) Bausteine eines strategischen Managements: Dialoge zwischen Wissenschaft und Praxis. de Gruyter, Berlin.
54. Bürgel HD, Zeller A (1997) Controlling kritischer Erfolgsfaktoren in Forschung und Entwicklung. Controlling, 9(4):218–225.
55. Brockhoff KK (1999) Forschung und Entwicklung: Planung und Kontrolle, 5. Aufl. Oldenbourg, München.
56. Weber J, Schäffer U, Weber S (2008) Einführung in das Controlling, 12. Aufl. Schäffer-Poeschel, Stuttgart.
57. Küpper H-U (2008) Controlling: Konzeption, Aufgaben, Instrumente, 5. Aufl. Schäffer-Poeschel, Stuttgart.
58. Mattern K (1991) Wirkungsvolles Innovationscontrolling. Was High-Tech-Unternehmen bei der Planung, Steuerung und Kontrolle des Innovationsprozesses beachten sollten. In: Booz Allen & Hamilton (Hrsg) Integriertes Technologie- und Innovationsmanagement: Konzepte zur Stärkung der Wettbewerbskraft von High-Tech-Unternehmen. Schmidt, Berlin.
59. Servatius H-G (1987) Erneuerung von Unternehmen durch innovative Technologien - Von der Frühaufklärung über Suchfeldanalysen zur Selektion von F&E-Projekten. In: Arthur D. Little International Inc. (Hrsg) Management der Geschäfte von morgen, 2. Aufl. Gabler, Wiesbaden.
60. Vahs D, Burmester R (2005) Innovationsmanagement: von der Produktidee zur erfolgreichen Vermarktung. 3. Aufl. Schäffer-Poeschel, Stuttgart.
61. Pleschak F, Sabisch H (1996) Innovationsmanagement. Schäffer-Poeschel, Stuttgart.
62. Gerhardt W, Knobel C (1999) Portfoliomanagement zur effizienten Auswahl von Projekten. In: Boutellier R, Völker R, Voit E (Hrsg) Innovationscontrolling: Forschungs- und Entwicklungsprozesse gezielt planen und steuern. Hanser, München.
63. Henning J (1999) Was muß ein erfolgreiches F+E-Controlling leisten? In: Boutellier R, Völker R, Voit E (Hrsg) Innovationscontrolling: Forschungs- und Entwicklungsprozesse gezielt planen und steuern. Hanser, München.
64. Sawalsky R (1995) Management und Controlling der Neuproduktentstehung: Gestaltungsansatz, Ziele und Maßnahmen. Dt. Univ.-Verl., Wiesbaden.
65. Peemöller VH, Geiger T (2005) Controlling: Grundlagen und Einsatzgebiete, 5. Aufl. Neue Wirtschafts-Briefe, Herne.
66. Hoffmann W, Klien W, Unger M (1996) Strategieplanung. In: Eschenbach R, Güldenberg S, Hoffmann W (Hrsg) Controlling, 2. Aufl. Schäffer-Poeschel, Stuttgart.
67. Walter M (1989) Strategische Kontrolle von Forschungs- und Entwicklungsprojekten: Konzeption und Implementierung eines Projekt-Controllings für Neuentwicklungen und angewandte Forschung im Unternehmen. Schmidt, Berlin.
68. Stock U (1990) Das Management von Forschung und Entwicklung. Kirsch, München.
69. Bürgel HD, Haller C, Binder M (1996) F&E-Management. Vahlen, München.
70. Schröder H (1996) Konzepte und Instrumente eines Innovations-Controllings. Die Betriebswirtschaft, 56(4):489–507.
71. Stockbauer H (1989) F & E controlling. Service, Wien.
72. Bea FX, Haas J (2009) Strategisches Management, 5. Aufl. Lucius & Lucius, Stuttgart.
73. Rockart JF (1979) Chief executives define their own data needs. Harvard Business Review, 57(2):81–93.

74. Schmelzer HJ (1991) Organisation und Controlling der Entwicklung von Serienprodukten: Praxisnaher Beitrag zum wettbewersorientierten Entwicklungsmanagement. University Fridericiana Karlsruhe, Karlsruhe.
75. Macharzina K, Wolf J (2008) Unternehmensführung: das internationale Managementwissen; Konzepte, Methoden, Praxis, 6. Aufl. Gabler, Wiesbaden.
76. Preißler PR (2000) Controlling: Lehrbuch und Intensivkurs, 12. Aufl. Oldenbourg, München.
77. Kreikebaum H (1997) Strategische Unternehmensplanung, 6. Aufl. Kohlhammer, Stuttgart.
78. Becker J (2009) Marketing-Konzeption: Grundlagen des ziel-strategischen und operativen Marketing-Managements, 9. Aufl. Vahlen, München.
79. Meffert H (1983) Strategische Planungskonzepte in stagnierenden und gesättigten Märkten. Die Betriebswirtschaft, 43(4):193–209.
80. Baier P (2008) Praxishandbuch Controlling: Controllinginstrumente, Unternehmensplanung und Reporting, 2. Aufl. mi-Fachverl., München.
81. Wübbenhorst KL (1986) Life cycle costing for construction projects. Long Range Planning, 19(4):87–97.
82. Braun M, Arthur D. Little International Inc. (2001) Business-Innovation: Quantensprung statt „Innovatiönchen"; ein Wegweiser zur zielgerichteten Geschäftserneuerung. FAZ-Inst. für Management-, Frankfurt a.M.
83. Beek C (2010) Balanced Innovation Card: Instrument des strategischen Innovationsmanagements für mittelständische Automobilzulieferer. In: Ahsen A (Hrsg) Bewertung von Innovationen im Mittelstand. Springer, Berlin.
84. Vinkemeier R (2005) Gesamtkonzept zur langfristigen Steuerung von Innovationen:a Balanced Innovation Card im Zusammenspiel mit Roadmaps. In: Möhrle MG, Isenmann R (Hrsg) Technologie-Roadmapping: Zukunftsstrategien für Technologieunternehmen, 2. Aufl. Springer, Berlin.
85. Weber J, Schäffer U, Ahn H (2000) Balanced Scorecard & Controlling: Implementierung - Nutzen für Manager und Controller - Erfahrungen in deutschen Unternehmen, 3. Aufl. Gabler, Wiesbaden.
86. Stephan F (1999) Balanced Scorecard. Controlling, 10(10):495–496.
87. Albers S, Gassmann O (2005) Handbuch Technologie- und Innovationsmanagement: Strategie - Umsetzung - Controlling, 1. Aufl. Gabler, Wiesbaden.
88. Horváth & Partner (2007) Balanced Scorecard umsetzen, 4. Aufl. Schäffer-Poeschel, Stuttgart.
89. Lange JH (1994) Produktinnovations-Controlling: Konzept und Instrumente für eine bereichsübergreifende Planung und Kontrolle der Innovationstätigkeit. Lit, Münster.
90. Kasties U, Richter M (2006) Praxisorientierte Strategieimplementierung mit der Balanced Scorecard. Performance Excellence - Zeitschrift für Controlling und Innovationsmanagement (ZfCI), 1(2):40–47.
91. Greiner O, Tretter H (2001) Erfahrungen mit der Balanced Scorecard als strategisches Führungsinstrument. Controller-Magazin, 25(5):498–502.
92. Gerybadze A (2004) Technologie- und Innovationsmanagement: Strategie, Organisation und Implementierung. Vahlen, München.
93. Kaplan RS, Norton DP (1996) Using the Balanced Scorecard as a Strategic Management System. Harvard Business Review, 74(1):75–85.
94. Simon H, Gathen Avd (2002) Das große Handbuch der Strategieinstrumente: Werkzeuge für eine erfolgreiche Unternehmensführung. Campus-Verl., Frankfurt a.M.
95. Eversheim W, Schuh G, Hütte AV (1996) Hütte: Produktion und Management; Betriebshütte. Springer, Berlin.
96. Jaspersen T (1992) Produkt-Controlling: betriebswirtschaftliche und technische Verfahren zur Produktentwicklung. Oldenbourg, München.
97. Eversheim W (2003) Innovationsmanagement für technische Produkte: mit Fallbeispielen. Springer, Berlin.

98. Schroeter B (2002) Operatives Controlling: Aufgaben, Objekte, Instrumente, 1. Aufl. Gabler, Wiesbaden.
99. Möller HP, Zimmermann J, Hüfner B, Ketteniß H (2008) Erlös- und Kostenrechnung, [Nachdr.] Aufl. Pearson Studium, München.
100. Kilger W (1987) Einführung in die Kostenrechnung, 3. Aufl. Gabler, Wiesbaden.
101. Deyhle A, Hauser M, Controller Akademie AG (2007) Controller-Praxis: Führung durch Ziele, Planung, Controlling. Hrsg. v.d. Controller Akademie, 16. Aufl. Verl. f. Controlling-Wissen, Offenburg.
102. (1989) DIN 32990, Teil1: Kosteninformationen, Begriffe zu Kosteninformationen in der Maschinenindustrie. Beuth, Berlin.
103. Ehrlenspiel K, Kiewert A, Lindemann U (2007) Kostengünstig Entwickeln und Konstruieren. Kostenmanagement bei der integrierten Produktentwicklung, 6. Aufl. Springer, Berlin.
104. Nadig L (2000) Prozesskostenrechnung in Theorie und Praxis. Schulthess, Zürich.
105. Schmidt A (1998) Kostenrechnung - Grundlagen der Vollkosten-, Deckungsbeitrags-, Plankosten- und Prozeßkostenrechnung. Kohlhammer Verlag, Stuttgart.
106. Fandel G, Fey A, Heuft B, Pitz T, Raubenheimer H (2009) Kostenrechnung, 3. Aufl. Springer, Berlin.
107. Hans L (2002) Grundlagen der Kostenrechnung. Oldenbourg, München.
108. Horváth P (1996) Produktcontrolling. In: Eversheim W, Schuh G, Hütte AV (Hrsg). Springer, Berlin.
109. Velthuis LJ (2004) Entwurf eines integrierten Value Based Management-Konzepts auf Basis des Residualgewinns. In: Gillenkirch RM, Sachenberg B, Schenk-Mathes H, Velthuis L (Hrsg) Wertorientierte Unternehmenssteuerung. Springer, Berlin.
110. Weber J, Lissautzki M (2008) Kundenwert-Controlling. Vallendar, WHU.
111. Lissautzki M (2007) Kundenwertorientierte Unternehmenssteuerung: Voraussetzungen, Aufgaben, Werttreiberanalysen, 1. Aufl. Dt. Univ.-Verl., Wiesbaden.
112. Rappaport A, Klien W (1999) Shareholder value: ein Handbuch für Manager und Investoren, 2. Aufl. Schäffer-Poeschel, Stuttgart.
113. Hinterhuber HH, Matzler K, Stahl HK (2002) Die Customer-based view der Unternehmung. In: Hinterhuber HH, Matzler K (Hrsg) Kundenorientierte Unternehmensführung, Kundenorientierung - Kundenzufriedenheit - Kundenbindung. Gabler, Wiesbaden.
114. Cornelsen J (2000) Kundenwertanalysen im Beziehungsmarketing: theoretische Grundlegung und Ergebnisse einer empirischen Studie im Automobilbereich. Gim, Nürnberg.
115. Schmidt RC (2010) Kundenwertorientiertes Produktcontrolling von Investitionsgütern: Ansätze eines Analyse- und Steuerungsinstrumentariums, 1. Aufl. Nomos Verl.Ges., Baden-Baden.
116. Günter B, Helm S (2006) Kundenwert: Grundlagen, innovative Konzepte, praktische Umsetzungen, 3. Aufl. Gabler, Wiesbaden.
117. Libia B, Narayandas D, Humby C (2002) Toward an Individual Customer Profitability Model: A Segment-Based Approach. Journal of Service Research, 5(1):73ff.
118. Krafft M, Marzian S (1997) Dem Kundenwert auf der Spur. Absatzwirtschaft, 40(6):104–107.
119. Bartl A (1992) Gewinner im Licht der Sonne. Absatzwirtschaft, Sonderheft, 10:38–43.
120. Eberling G, Specht G (2002) Kundenwertmanagement: Konzept zur wertorientierten Analyse und Gestaltung von Kundenbeziehungen. Dt. Univ.-Verl., Wiesbaden.
121. Plinke W (1989) Die Geschäftsbeziehung als Investition. In: Specht G, Silberer G, Engelhardt WH (Hrsg) Marketing-Schnittstellen: Herausforderungen für das Management. Schäffer-Poeschel, Stuttgart.
122. Andon P, Baxter J, Bradley G (2003) Calculating Customer Lifetime Value: Theory and Practice. In: Günter B, Helm S (Hrsg) Kundenwert: Grundlagen - Innovative Konzepte - Praktische Umsetzung. Gabler, Wiesbaden.

123. Homburg C, Koschate N, Hoyer W (2006) The Role of Cognition and Affect in the Formation of Customer Satisfaction: A Dynamic Perspective. Journal of Marketing, 70(3):21–31.
124. Stauss B (1999) Kundenzufriedenheit. Marketing ZFP, 21(1):5–24.
125. Albers S, Herrmann A (2007) Handbuch Produktmanagement: Strategieentwicklung - Produktplanung - Organisation - Kontrolle, 3. Aufl. Gabler, Wiesbaden.
126. Schuh G (2005) Produktkomplexität managen: Strategien - Methoden - Tools, 2. Aufl. Hanser, München.
127. Wildemann H (1991) Zeit als Wettbewerbsfaktor durch Motivation und Qualifikation. In: Milberg J (Hrsg) Wettbewerbsfaktor Zeit in Produktionsunternehmen, Referate des Münchner Kolloquiums '91. Springer, Berlin.
128. Rathnow PJ (1993) Integriertes Variantenmanagement - Bestimmung, Realisierung und Sicherung der optimalen Produktvielfalt, 20. Aufl. Vandenhoeck & Ruprecht, Nürnberg.
129. Kaiser A (1995) Integriertes Variantenmanagement mit Hilfe der Prozesskostenrechnung. Rosch-Buch, Hallstadt.
130. Cronjäger H (2005) Komplexitätscontrolling am Beispiel Nutzfahrzeugbau. Hochschule St. Gallen.
131. Miller JG, Vollmann TE (1985) The Hidden Factory. Harvard Business Review, 63(5):142–150.
132. Küting K, Lorson P (1995) Prozeßkostenrechnung - Stand, Entwicklungen und Grenzen. In: Männel W (Hrsg) Prozeßkostenrechnung. Bedeutung, Methoden, Branchenerfahrungen, Softwarelösungen. Wiesbaden.
133. Coenenberg AG, Fischer TM (1990) Prozeßkostenrechnung: strategische Neuorientierung in der Kostenrechnung. Die Betriebswirtschaft, 51(1):21–38.
134. Mayer R (1990) Prozeßkostenrechnung - Rückschritt oder neuer Weg? Controlling, 2(5):274–275.
135. Müller A (1998) Gemeinkosten-Management: Vorteile der Prozeßkostenrechnung, 2. Aufl. Gabler, Wiesbaden.
136. Cooper R (1992) Implementing activity-based cost management: moving from analysis to action: implementation experiences at eight companies. Institute of Management Accountants, Montvale, NJ.
137. Horváth P, Seiter M (2004) Prozesskostenrechnung und Budgetierung. In: Meyer C, Pfaff D (Hrsg) Jahrbuch zum Finanz- und Rechnungswesen 2004. Zürich.
138. Braun S (2007) Die Prozesskostenrechnung: ein fortschrittliches Kostenrechnungssystem?, 4. Aufl. Verl. Wiss. und Praxis, Sternenfels.
139. Kaplan RS, Cooper R (1999) Prozesskostenrechnung als Managementinstrument. Campus-Verl., Frankfurt a.M.
140. Remer D, Mülhaupt E (2005) Einführen der Prozesskostenrechnung: Grundlagen, Methodik, Einführung und Anwendung der verursachungsgerechten Gemeinkostenzurechnung, 2. Aufl. Schäffer-Poeschel, Stuttgart.
141. Schuh G, Kaiser A (1995) Kostenmanagement in Entwicklung und Produktion mit der Ressourcenorientierten Prozeßkostenrechnung. In: Männel W (Hrsg) Prozeßkostenrechnung - Bedeutung, Methoden, Branchenerfahrungen, Softwarelösungen;. Gabler, Wiesbaden.
142. Alders K (2006) Komplexitäts- und Variantenmanagement der AUDI AG. In: Lindemann U, Reichwald R, Zäh MF (Hrsg) Individualisierte Produkte - Komplexität beherrschen in Entwicklung und Produktion. Springer, Berlin.

Product Lifecycle Management 7

Günther Schuh und Ju-Young Uam

Überblick Die integrierte Verwaltung der beim Durchlauf des Innovationsprozesses anfallenden Daten und Informationen stellt einen wesentlichen Erfolgsfaktor im Innovationsmanagement dar. Product Lifecycle Management (PLM) ist ein Konzept zur ganzheitlichen Steuerung und Verwaltung der produktbezogenen Informationen entlang des gesamten Lebenszyklusses. Durch die Integration der gesamten Wertschöpfungskette wird versucht, den gesamten Produktentstehungsprozess effektiv und effizient zu gestalten.

In diesem Kapitel soll ein zweckdienliches Verständnis des Product Lifecycle Managements mit seinen Zielen, Auswirkungen und Dimensionen geschaffen werden. Für den Begriff PLM existiert bisher keine einheitliche Definition. Daher ist es wichtig, die verschiedenen existierenden Sichtweisen zu kennen, um ein breites Verständnis von PLM zu erhalten. Vor diesem Hintergrund wird ausgehend vom Produktlebenszyklus ein umfassendes Verständnis von PLM hergeleitet. Neben dem PLM-Begriff selbst werden die durch PLM realisierbaren Nutzenpotenziale sowie die Bestandteile einer PLM-Lösung abgebildet. Schließlich wird aufgezeigt, wie sich PLM-Nutzenpotenziale messen lassen und welche Schritte zur Einführung von PLM im Unternehmen durchzuführen sind.

7.1 Einführung in das Product Lifecycle Management

Die dem veränderten Wettbewerbsumfeld geschuldeten neuen Rahmenbedingungen haben die Tätigkeiten des Ingenieurs maßgeblich beeinflusst. Immer mehr wird die Rolle des Ingenieurs in der Entwicklung und Konstruktion – oft auch ungewollt – von den

G. Schuh (✉)
52074 Aachen, Deutschland
E-Mail: g.schuh@wzl.rwth-aachen.de

J.-Y. Uam
55122 Mainz, Deutschland
E-Mail: ju-young.uam@schott.com

G. Schuh (Hrsg.), *Innovationsmanagement* 3,
DOI 10.1007/978-3-642-25050-7_7, © Springer-Verlag Berlin Heidelberg 2012

kreativen Tätigkeiten hin zum administrieren, kommunizieren und informieren im Team verschoben. Immer mehr Entscheidungen werden in die Konstruktionsphase verlagert, sodass der Ingenieur viel stärker in den Planungs-, Beschaffungs- und Produktionsprozess involviert wird. Diese neuen Aufgaben bedingen einen signifikanten Aufwand für den Innovations- und Entwicklungsprozess und erfordern angepasste und oft auch neue Methoden und Prozesse [1].

Unternehmen sind heute in ein umfangreiches Informationsnetz eingebunden, welches sich nicht nur auf das eigene Unternehmen beschränkt. Vielmehr sind weite Bereiche außerhalb des Unternehmens ebenfalls Teil der Wertschöpfungskette geworden [2]. Während in der Vergangenheit Partnerschaften langfristig eingegangen wurden, lädt das neue Wettbewerbsumfeld zum häufigeren Wechsel von Partnerschaften ein. Als Folge der zunehmend weltweiten und unternehmensübergreifenden Arbeitsteilung hat die Komplexität in der Arbeitsorganisation stetig zugenommen [1]. Dies führt dazu, dass bereichs- und unternehmensübergreifende Kommunikationstechnologien benötigt werden, um eine zielgerichtete Kommunikation zwischen Beteiligten verschiedener Zeitzonen und Kulturräumen zu ermöglichen [1]. Schließlich sind heutige Ansätze zur Verbesserung industrieller Prozesse nicht mehr auf einzelne Phasen im Wertschöpfungsprozess fokussiert, sondern orientieren sich an der Optimierung des gesamten Produktlebenszyklus [3].

Aus dieser Situation ergibt sich der Bedarf für einen übergreifenden Lösungsansatz zur Integration von Informationen und Prozessen. Dieser wird mit dem Product Lifecycle Management (PLM) konzeptionell beschrieben und in seiner operativen Umsetzung durch PLM geeignete IT-Lösungen unterstützt [3]. Bevor nun auf den Begriff PLM näher eingegangen wird, soll zunächst der Lebenszyklusansatz in den Mittelpunkt gestellt werden, da er die Basis des Product Lifecycle Managements bildet [4].

7.1.1 Der Produktlebenszyklus als Grundlage des PLM

Stetige Verbesserung bekannter und die Entwicklung neuer Verfahren begründen die Ablösung und das Ersetzen von Produkten, auch gegen den Willen des Herstellers. Innovationen in Produkten und Prozessen sind notwendig, um im globalen Wettbewerb mit Industrienationen sowie neuen und aggressiven Akteuren aus Schwellenländern bestehen zu können. Die Time-to-market, in der sich eine Idee zu einem verkaufsfähigen Produkt entwickelt, verkürzt sich trotz zunehmender technologischer Komplexität stetig [5]. Während der Modellwechsel zwischen Golf I (Typ 17 von 1974–1983) und Golf II (Typ 19E von 1983–1992) noch neun Jahre betrug, wurde der Modellwechsel zwischen Golf V (Typ 1K von 2003–2008) und dem Golf VI (Typ 5K seit 2008) bereits nach fünf Jahren durchgeführt. Damit hat sich der Produktlebenszyklus seit dem ersten Golf innerhalb von 34 Jahren fast halbiert [6]. Dabei ist aber festzuhalten, dass aus Sicht des PLM am Markt ausgelaufene Produkte dennoch einen kontinuierlichen Datenhaltungs- und -pflegeaufwand im Unternehmen verursachen. Zunehmend häufigere Modelleinführungen erhöhen die Komplexität des Managements der produkt- und prozessbezogenen Daten deswegen exponentiell.

Für die Entwicklung technischer Produkte sind drei Typen von Lebenszyklen relevant, die sich nach dem jeweiligen Betrachtungsbereich unterscheiden [7]:

- der betriebswirtschaftliche Produktlebenszyklus
- der technologische Produktlebenszyklus
- der intrinsische Produktlebenszyklus

Der *betriebswirtschaftliche Produktlebenszyklus* betrachtet den Zeitraum, in dem das Produkt auf dem Markt angeboten wird. Die Entscheidung über die Länge des Lebenszyklusses hängt von den Kenngrößen Umsatz bzw. Gewinn und Verlust ab. In Abb. 7.1 wird exemplarisch der qualitative Verlauf von Umsatz und Gewinn entlang eines Produktlebens aufgezeigt [7].

Die obere Kurve gibt den kumulierten Erlös über der Zeit wieder. Die untere Kurve zeigt die Summe aus kumulierten Erlösen abzüglich Kosten auf. In den ersten Phasen werden keine Erlöse erzielt, da sich das Produkt noch in der Entstehungsphase befindet. Erst nach der Markteinführung entstehen durch den Verkauf Erlöse, um die bis dahin entstandenen Kosten zu kompensieren. Ist das Produkt am Markt erfolgreich, werden die kumulierten Erlöse die kumulierten Kosten übersteigen. In diesem Falle erwirtschaftet das Unternehmen mit dem Verkauf des Produktes einen Gewinn. Der Punkt, in dem die kumulierten Erlöse den kumulierten Kosten entsprechen, wird in der Betriebswirtschaftslehre als Break-even[1] bezeichnet.

Der *technologische Produktlebenszyklus* basiert auf der Evolution bzw. Weiterentwicklung von Technologien. Im Fokus dieser Betrachtung steht die Leistungsfähigkeit einer im Produkt verwendeten Technologie [7]. Wie in Abb. 7.2 gezeigt wird, verhält sich die Leis-

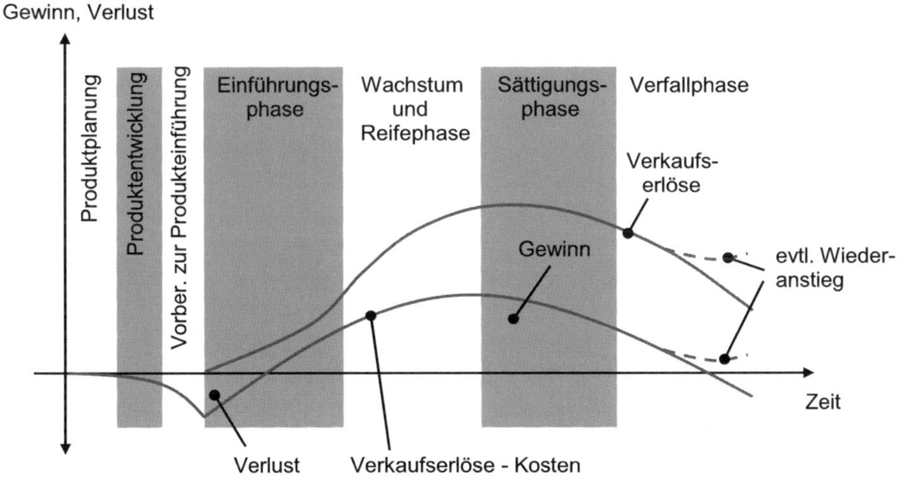

Abb. 7.1 Phasen des Produktlebenszyklus [7]

[1] Der Break-even ist diejenige kritische Produktions- bzw. Absatzmenge, bei der ein Unternehmen die Schwelle von der Verlustzone in die Gewinnzone überschreitet. Dieser Punkt wird ebenfalls als Kostendeckungspunkt bezeichnet. Für weiter Informationen siehe [8].

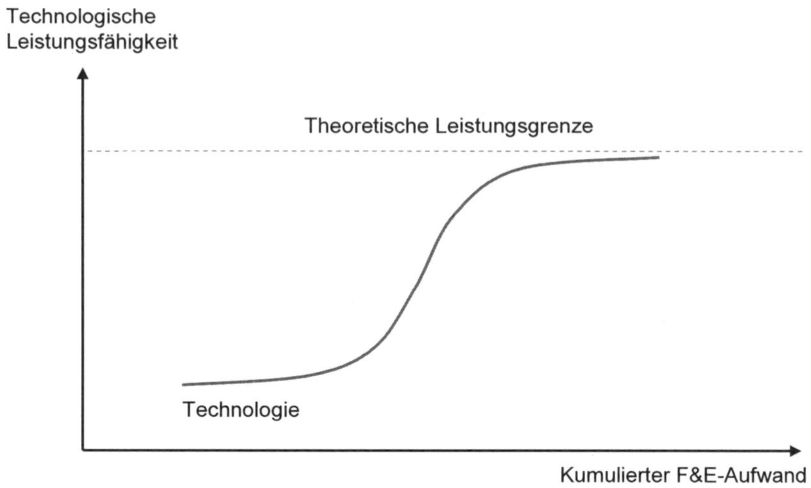

Abb. 7.2 Der Technologielebenszyklus – S-Kurve

tungsfähigkeit einer Technologie über den kumulierten F&E-Aufwand wie ein „S" [9]. Die S-Kurve ist ein Instrument, um dem Reifegrad einer Technologie in ihrem Lebenszyklus zu bewerten. Der technische Reifegrad beschreibt in diesem Zusammenhang die Leistungsfähigkeit der Technologie in Abhängigkeit vom kumulierten Entwicklungsaufwand.

Zu Beginn der Entwicklung einer neuen Technologie sind nur geringe Leistungsfortschritte zu beobachten (Entstehung). Anschließend folgt eine Phase überproportionaler Leistungssteigerungen, die sich auf die Beherrschung des gesammelten Grundlagenwissens begründet (Wachstum). Schließlich nähert sich die Technologie einer inhärenten Leistungsgrenze an, sodass trotz hohem Aufwand kaum noch Verbesserungen möglich sind (Reife, Alter) [10]. Wird vor diesem Hintergrund am Markt eine höhere Leistungsfähigkeit des Produktes gefordert, so muss die verwendete Technologie, wenn möglich, durch eine neue leistungsfähigere Technologie ersetzt werden [7].

Als *intrinsischer Produktlebenszyklus* werden die Phasen von der ersten Produktidee, über die Entwicklung, Produktion, Vertrieb, Nutzung bis hin zur Entsorgung bezeichnet (Abb. 7.3). Diese Interpretation des Produktlebenszyklusbegriffes wird in Literatur und Praxis am häufigsten verwendet [7]. Während der betriebswirtschaftliche Produktlebenszyklus damit endet, dass das Produkt nicht mehr am Markt angeboten wird und der technologische Produktlebenszyklus lediglich die Produkttechnologie betrachtet, stehen im intrinsischen Produktlebenszyklus alle Phasen in Fokus. Für das PLM soll grundsätzlich die Interpretation des intrinsischen Produktlebenszyklus übernommen werden, wobei die Phase der Marktausführung an die Phase der Entsorgung anschließt bzw. parallel dazu verläuft. Diese Betrachtungsweise berücksichtigt, dass das Produkt für ein Unternehmen auch dann noch Relevanz besitzt, wenn es nicht mehr am Markt angeboten wird. Seit der Modernisierung des Schuldrechts 2002 beträgt die gesetzliche Gewährleistungsfrist in Deutschland für Verbrauchsgüter mindestens zwei Jahre (vgl. § 475 BGB). Vor diesem Hintergrund müssen Unternehmen sicherstellen, dass diverse Ersatzteile noch mindestens

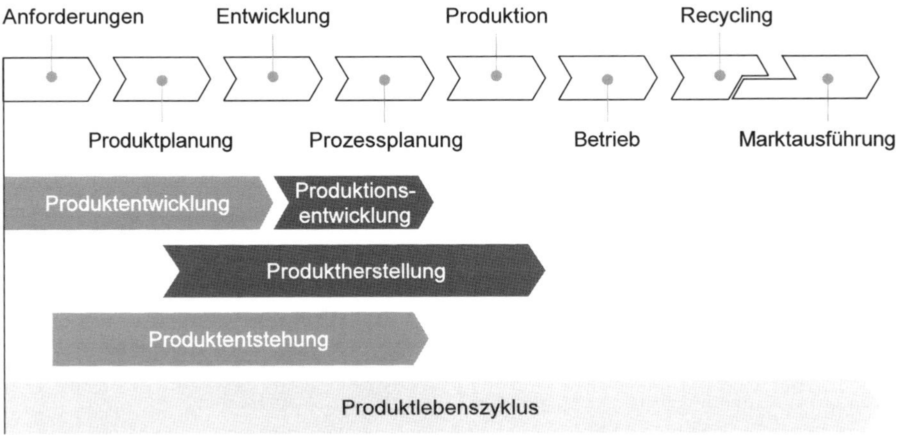

Abb. 7.3 Phasen im intrinsischen Lebenszyklus [1]

zwei Jahre nach Einstellung der Produktion zur Verfügung stehen [11]. In zahlreichen produzierenden Branchen und Unternehmen sind aber noch weit höhere Zeitspannen für die Ersatzteilversorgung nach dem Auslauf des Produktes üblich.

7.1.2 Definition des Product Lifecycle Management

Der Begriff PLM wurde in der Literatur zum ersten Mal zu Beginn des 21. Jahrhunderts verwendet [12]. Doch analog zum Enterprise Resource Planning (ERP) musste sich das Verständnis von PLM erst entwickeln [13]. Bis heute hat sich keine einheitliche Definition von PLM etablieren können, dennoch lassen sich aus den verschiedenen Ansätzen PLM zu definieren, Gemeinsamkeiten identifizieren, die im Kern auf ein einheitliches Verständnis hindeuten.

Product Lifecycle Management ist ein ganzheitlicher Ansatz zur unternehmensweiten Verwaltung und Steuerung aller Produktdaten und Prozesse des gesamten Lebenszyklus entlang der erweiterten Logistikkette: von der Entwicklung und Produktion über den Vertrieb bis hin zur Wartung. Durch PLM wird der Produktentstehungsprozess durch konsistente Methoden, Modelle und Werkzeuge ganzheitlich unterstützt, um die Produktivität im Unternehmen zu erhöhen. Zur Unterstützung dieses Ansatzes existieren Informationstechnologie (IT-) basierte PLM-Lösungen, die mit ihren Funktionen die Umsetzung des PLM-Ansatzes in großen Teilen erst ermöglichen [4].

Im Fokus von PLM stehen Daten und Informationen, die im direkten und indirekten Zusammenhang mit dem Produkt stehen. Direkte Produktdaten sind beispielsweise Angaben zur Geometrie, zum Material oder zur Funktion. Indirekte Produktdaten hingegen geben Auskunft über den Fertigungs-, Montage- oder Entsorgungsprozess. PLM nimmt in diesem Zusammenhang die Aufgabe wahr, die verschiedenen Daten und Informationen entlang des gesamten Produktlebenszyklusses zu integrieren. Der Integrationsgedanke bleibt dabei nicht nur auf das eigene Unternehmen beschränkt, sondern bezieht den Kunden auf der einen Seite sowie Zulieferer und Kooperationspartner auf der anderen Seite mit ein.

In diesem Zusammenhang gibt der PLM-Leitspruch zur Absicherung einer „Single Source Of Truth“ im Unternehmen die Herausforderung wieder, der sich PLM stellen muss. Die Integration von Prozessen erfolgt durch die Harmonisierung und die Bereitstellung von Daten. Das genannte Leitbild besagt, dass Daten nur widerspruchsfrei im Unternehmen vorliegen dürfen. Mit der Widerspruchsfreiheit kommt zum Ausdruck, dass Daten nicht mehrfach und redundant, also in verschiedenen Datenbanken, vorliegen sollen. Auf diese Weise wird schließlich sichergestellt, dass stets die richtigen Daten bereitgestellt und verwendet werden. Der Umstand, dass Daten nur einmal im Unternehmen vorliegen, führt letztlich zu einer Erhöhung der Prozesseffizienz und -effektivität, da Nacharbeit und Fehlerkorrekturen aufgrund von veralteten Daten zukünftig ausbleiben.

Oft wird die Umsetzung eines Product Lifecycle Management in der Praxis auf die hierfür erforderlichen IT-Systeme (wie z. B. in Form von PDM (Produktdatenmanagement)-Systemen) reduziert. Tatsächlich erfordert die Konzeption von PLM aber einen unternehmens- und produktspezifischen Ansatz, der zunächst unabhängig von der IT-Ebene auszugestalten ist. Obwohl die IT eine essenzielle Rolle für die Umsetzung von PLM spielt, liegt der Fokus mehr auf einer organisatorischen und informationstechnischen Vernetzung des Unternehmens, innerhalb Abteilungsgrenzen, über Bereichs- und Geschäftsfelder sowie über Unternehmensgrenzen hinweg [14]. So ist PLM nicht als IT-System zu verstehen, sondern vielmehr als ein Konzept, zu dessen Unterstützung IT-Systeme verwendet werden [15]. Dieser Gedanke wird im Rahmen der Darstellung der Bestandteile von PLM-Strategien und -Konzepten in diesem Kapitel vertieft (vgl. Kap. 7.3.1 und 7.3.2).

Schließlich wird mit PLM eine Gesamtsicht auf das Unternehmen unter Einbezug aller IT-Lösungen eingenommen. Daher wirken sich Veränderungen in der Unternehmensstruktur (z. B. Veränderungen in der Aufbauorganisation oder in Geschäftsprozessen), in der verwendeten Technologie (z. B. in der IT-Infrastruktur) und nicht zuletzt im Produktprogramm auf die Ziele und Umsetzung von PLM aus. PLM ist eine kontinuierliche Aufgabe mit strategischer Bedeutung für das Unternehmen. Aufgrund der Individualität der Unternehmen existiert keine universelle PLM-Lösung, vielmehr müssen Unternehmen einen individuellen Ansatz eigenständig erarbeiten [14]. Der Begriff der „PLM-Lösung“ soll verdeutlichen, dass PLM aus verschiedenen Komponenten wie z. B. IT-Systemen besteht.

Die PLM-Lösung lässt sich nicht ins Unternehmen einordnen. Vielmehr ist die PLM-Lösung der Knotenpunkt für alle wichtigen Hauptprozesse im Unternehmen. Folglich werden die Hauptprozesse selbst im Rahmen der PLM-Lösung klar zugeordnet (Abb. 7.4). In diesem Zusammenhang wird deutlich, dass Prozesse wie CRM, SCM oder CAQ nur einen Teil des Unternehmens adressieren, wobei es sinnvoll ist, die jeweiligen Daten weiteren Unternehmensbereichen zur Verfügung zu stellen. Welche Hauptprozesse integriert werden und inwieweit Daten zwischen den Prozessen ausgetauscht werden, sind Fragen, die bei der Konzeption der individuellen PLM-Lösung beantwortet werden müssen.

Die bis zu diesem Punkt beschriebene Sichtweise von PLM spiegelt zusammenfassend das allgemeine Verständnis zum Thema PLM aus Sicht der Anwender wieder. Mit den „Liebensteiner Thesen“ wird versucht, das PLM-Verständnis der Softwareanbieter wiederzugeben. Die Liebensteiner Thesen sollen dazu dienen, die PLM-Anbieter klarer gegen-

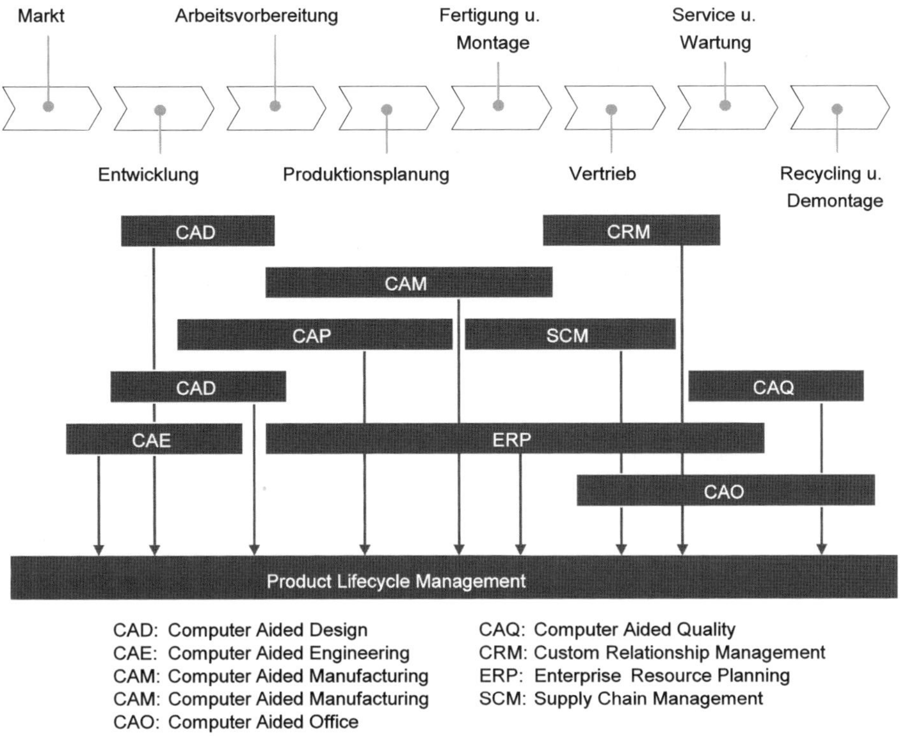

Abb. 7.4 PLM als Knotenpunkt aller wichtigen Hauptprozesse [4]

über den Anbietern anderer IT-Anwendungsbereiche abzugrenzen. Gleichzeitig machen sie deutlich, dass sich der Begriff PLM nicht für die Kategorisierung von Softwaresystemen eignet. Die folgenden vier Thesen wurden in diesem Rahmen durch verschiedene Software- und Serviceanbieter, die im sendler\circle it-forum organisiert sind, verabschiedet [16]:

- PLM ist ein Konzept, keine (in sich abgeschlossene) Lösung
- Zur Umsetzung/Realisierung eines PLM-Konzeptes werden Lösungskomponenten benötigt. Dazu zählen CAD, CAE, CAM, VR, PDM und andere Applikationen für den Produktentstehungsprozess
- Auch Schnittellen zu anderen Anwendungsbereichen wie ERP, SCM oder CRM sind Komponenten eines PLM-Konzeptes
- PLM-Softwareanbieter offerieren Komponenten und/oder Dienstleistungen zur Umsetzung von PLM-Konzepten

Im ersten Punkt wird auch hier noch mal deutlich, dass PLM kein IT-System ist. Trotzdem bezeichnen die Softwareanbieter ihre Produkte als PLM-System. Mit dem zweiten Punkt stellen die Softwareanbieter die IT in den Mittelpunkt von PLM. Im vierten Punkt wird der Betrachtungsbereich von PLM definiert. Die Akronyme ERP, SCM und CRM stehen nicht nur für die verschiedenen Softwareapplikationen, sondern ebenfalls für die Aufgabenbereiche Auftragsabwicklung (ERP), Beschaffung und Vertrieb (SCM) sowie Marketing (CRM als Schnittstelle zum Kunden). Die Nutzungsphase sowie die Entsorgung werden dabei nicht adressiert. Schließlich weisen die Softwareanbieter darauf hin, dass sich deren Leistungsangebot nicht nur auf das Angebot von Applikationssoftware beschränkt. Vielmehr werden ebenfalls Dienstleistungen angeboten, die Unternehmen bei der Konzeption, Softwareanpassung sowie Umsetzung von PLM unterstützen. In diesem Zusammenhang wird deutlich, dass PLM Projekte aus Sicht der Softwareanbieter so komplex sind, dass deren Hilfe über die Applikationssoftware hinaus benötigt wird.

Um das Verständnis von PLM zu festigen, soll im Folgenden auf die Entstehung von PLM eingegangen werden. Insbesondere soll gezeigt werden, inwieweit die Entwicklung der IT Einfluss auf die Entstehung von PLM genommen hat und wie sich heute die Notwendigkeit von PLM begründet.

7.1.3 Von der Unternehmens-IT zum PLM

Mitte der sechziger Jahre formulierte Gordon Moore die Hypothese, dass sich die Komplexität integrierter Schaltkreise mit minimalem Kostenaufwand alle 24 Monate verdoppelt. Mit Komplexität bezeichnete Moore die Anzahl an Schaltkreiskomponenten auf einem Computerchip. Moores Hypothese erweist sich aus heutiger Sicht als nicht ganz richtig, da sich die Anzahl an Schaltkreisen und damit die Leistungsfähigkeit von Computerchips alle 18 Monate verdoppelt. Dennoch ist dieses Phänomen heute als Moores Law bekannt [17, 18].

Die Verdopplung der Leistungsfähigkeit bei minimalem Kostenaufwand bedeutet im Umkehrschluss, dass Computerchips bei gleicher Anzahl von Schaltkreiskomponenten immer kleiner und kostengünstiger werden. Diesem Umstand ist es zu verdanken, dass sich der Computermarkt hin zu einem Massenmarkt entwickelte [18]. Die stetige Weiterentwicklung von Computerchips und die damit verbundene Steigerung der Leistungsfähigkeit von Computern veränderten das Arbeiten in Unternehmen [4]. Zunächst wurden Computer für den Umgang mit Massendaten in Bereichen wie Finanz-, Rechnungswesen oder Personalwesen eingesetzt. Schnell wurde das Einsatzgebiet auf andere Bereiche, wie beispielsweise das Verwalten von Lagerbeständen, ausgedehnt (Abb. 7.5) [19].

Heute wird IT in nahezu jedem Unternehmensbereich verwendet. Zu Beginn unterstützte der Computer lediglich die Tätigkeiten der Mitarbeiter, doch mit dem stetigen Leistungszuwachs von Hard- und Software konnten bestimmte Tätigkeiten bald vollständig von Computern übernommen werden [17]. Folgende Gründe haben schließlich zum vermehrten Einsatz von Computern in Unternehmen geführt [21]:

- Erhöhung der Arbeitsproduktivität
- Erhöhung der Mitarbeitersicherheit (durch Automatisierung gefährlicher Tätigkeiten z. B. Transport giftiger Substanzen)
- Erhöhung der Produkt- und Prozessqualität
- Reduzierung von Durchlaufzeiten

Seit Einführung von IT-Systemen in produzierenden Unternehmen lassen sich grundsätzlich zwei Aufgabenbereiche unterscheiden. Der erste Aufgabenbereich betrachtet die

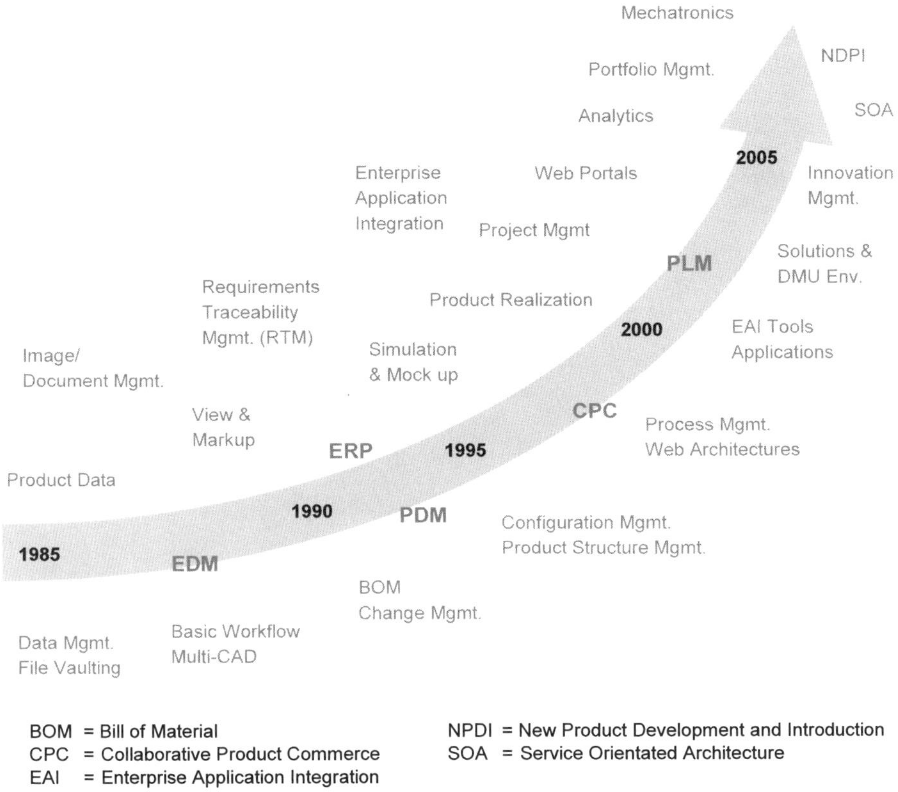

Abb. 7.5 Entwicklung von Unternehmens-IT im Zeitverlauf [20]

technischen Aufgaben im Unternehmen und damit hauptsächlich die Produktentwicklung. Der zweite Aufgabenbereich fokussiert die Auftragsabwicklung und somit eher betriebswirtschaftliche Aufgaben [22]. Anfangs wurden in beiden Aufgabenbereichen IT-Systeme in Form von Insellösungen eingesetzt, um Tätigkeiten in den einzelnen Breichen schnell und gezielt zu unterstützen [23]. Erst mit fortschreitendem IT-Einsatz wurde deutlich, dass der Einsatz von Insellösungen zu einem kostenintensiven Problem wurde. So waren die Schnittstellen zwischen den IT-Systemen selten zueinander kompatibel und verhinderten einen direkten Datenaustausch. Der Mitarbeiter musste daher als Schnittstelle agieren und Daten, wie beispielsweise Stücklisten, in mehrere IT-Systeme eingeben bzw. Daten manuell von einem System in ein anderes übertragen. Der manuelle Datentransfer führte schließlich zu verlängerten Arbeitsprozessen und zu inkonsistenten Datenbeständen, da Übertragungsfehler nicht ausgeschlossen werden konnten [22].

IT-Systeme für betriebswirtschaftliche Aufgaben unterstützen die Planung und Durchführung von Fertigungsaufträgen (Abb. 7.6 linker Ast). In der Planung wird die Gesamtheit der Aufträge zeitlich priorisiert und die für die Fertigung notwendigen Ressourcen (beispielsweise in Form von Roh-, Hilfs- und Betriebsmittel) werden ermittelt und disponiert. In der Fertigung selbst erfolgen schließlich die Feinplanung der Aufträge, die Fertigung

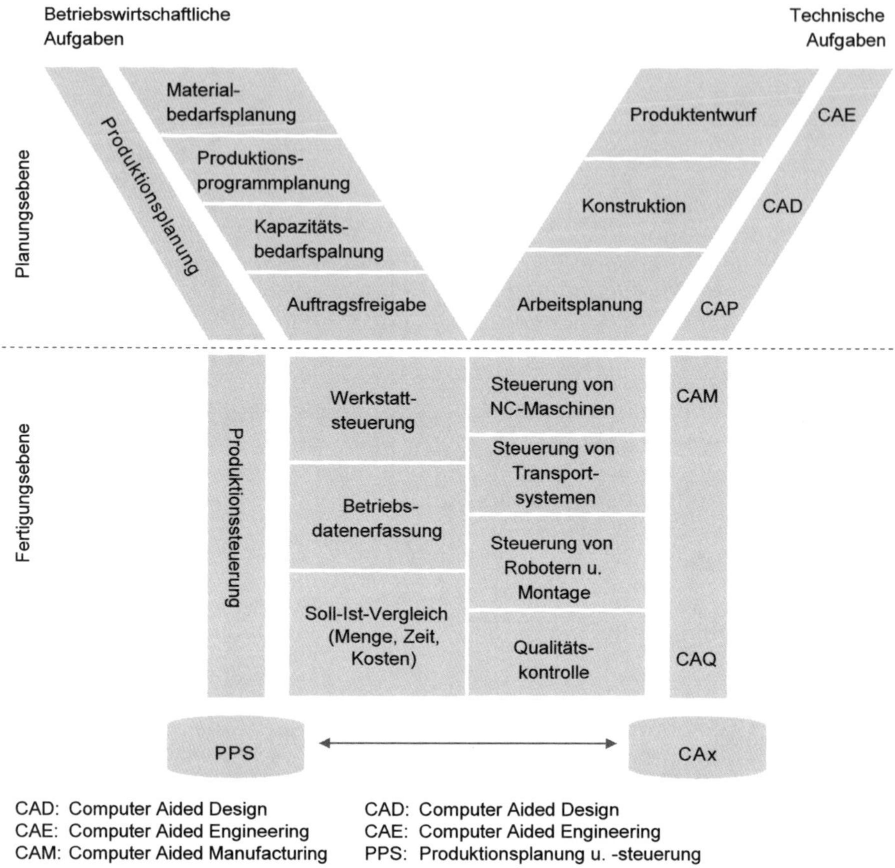

Abb. 7.6 Informationssysteme in produzierenden Unternehmen [25]

der Produkte sowie die Rückmeldung des Auftragsfortschritts [24]. Wichtig ist hierbei, dass alle Tätigkeiten für einen eindeutigen Fertigungsauftrag durchgeführt werden.

Im technischen Bereich unterstützen IT-Systeme den Entwicklungs- und Herstellungsprozess der tatsächlichen Produkte (Abb. 7.6 rechter Ast). Der Fokus liegt insbesondere auf den Bereichen der Produktentwicklung und Konstruktion, der Erstellung von Arbeitsplänen sowie der Programmierung und Implementierung der Steuerprogramme (z. B. NC-Programme) für die jeweiligen Werkzeugmaschinen [24]. Im Gegensatz zu den betriebswirtschaftlichen Aufgabenstellungen sind diese Tätigkeiten nicht an einen Fertigungsauftrag gebunden. Dieser Tatsache geschuldet, besteht zwischen beiden Bereichen eine gewisse Unabhängigkeit und resultierend auch in der Regel eine organisatorische Trennung.

Diese Trennung geht auf den Taylorismus zurück, der als Leitlinie für die aufbau- und ablauforganisatorische Gestaltung von Unternehmen eine funktionale Arbeitsteilung vorsieht [25]. Damit wird verständlich, warum die IT anfänglich nur zur Unterstützung von Teilaufgaben konzipiert und eingesetzt wurde (Abb. 7.7 links).

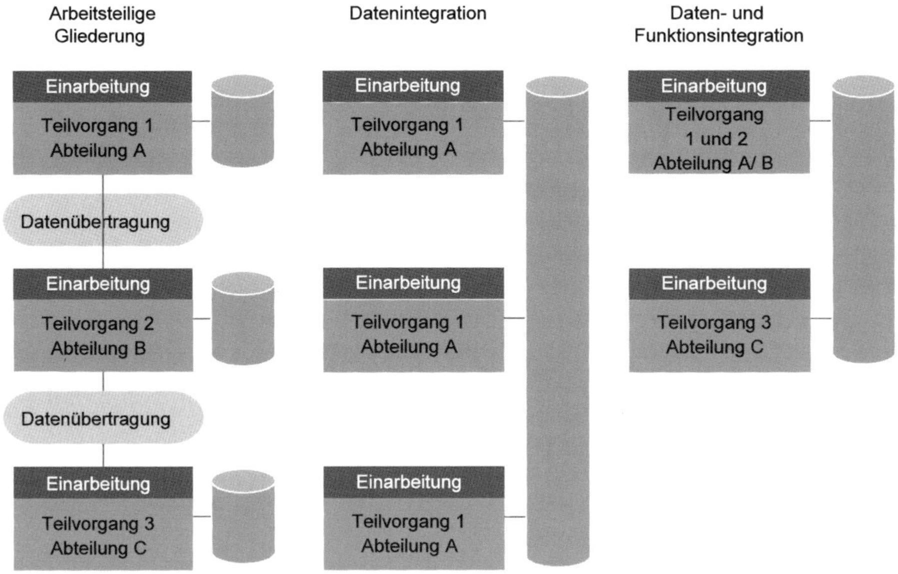

Abb. 7.7 Integration funktionaler Arbeitsteilung durch IT [25]

Als logische Folge wurde eine für alle IT-Systeme einheitliche Datenstruktur und Datenbank gefordert, auf die alle IT-Systeme gemeinsam zugreifen können. Mit dieser Forderung sollten Redundanzen in der Datenerfassung und Inkonsistenzen in den Daten vermieden sowie der Prozess der Datenverarbeitung effizienter gestaltet werden. Besonders die Integration der IT-Systeme für betriebswirtschaftliche und technische Aufgabenstellungen lag im Fokus, da sich deren Entwicklung weitgehend unabhängig voneinander vollzog [22].

Zunächst versuchte der Ansatz des Computer Integrated Manufacturing (CIM), die Integration der IT für betriebswirtschaftliche und technische Aufgaben umzusetzen [25]. CIM umfasst den integrierten IT-Einsatz sämtlicher mit der Produktion vernetzten Funktionsbereiche einer Unternehmung. Der Begriff selbst kam 1973 im angloamerikanischen Sprachraum auf und wurde zu Beginn der 1980er Jahre in Japan und Mitte der 1980er Jahre in Deutschland populär. Im Fokus von CIM stehen, wie bereits beschrieben, die Daten- und Funktionsintegration der betriebswirtschaftlichen und technischen Komponenten [26].

Mit CIM wurde zunächst die Datenorganisation allmählich mit einer gemeinsamen Datenbasis unterlegt, sodass IT-Systeme auf Daten anderer IT-Systeme zugreifen konnten und damit die manuelle Dateneingabe in Teilen obsolet wurde (Abb. 7.7 mitte). Dieses Prinzip wurde zunächst innerhalb betrieblicher Teilbereiche wie beispielsweise im Rechnungswesen, der Produktionsplanung und -steuerung oder in der Auftragsbearbeitung umgesetzt [25]. Schließlich sollte CIM die Integration von Unternehmensbereichen entlang der gesamten Wertschöpfungskette ermöglichen (Abb. 7.7 rechts).

Die durch CIM verfolgte Vision ist bis heute noch nicht vollständig umgesetzt [25, 27]. Als Gründe werden weniger die Relevanz der Idee, sondern vielmehr die Komplexität der Thematik angeführt, die zur damaligen Zeit unterschätzt wurde. Dabei zeigte sich die Komplexität vor allem in der technologischen Umsetzung. So waren Hard- und Software zum damaligen Zeitpunkt nicht leistungsfähig genug, um die gestellten Anforderungen zu erfüllen. Aus technischer Sicht lassen sich folgende Gründe für die unvollständige Umsetzung zusammenfassen [27]:

- Keine Verfügbarkeit von international akzeptierten Standards für IT-Systeme, Prozesse und Datenmodelle (insbesondere Schnittstellen zur Datenübertragung)
- Über 90 % aller Aufgaben im Unternehmen waren nicht IT-unterstützt
- Fehlende Datenbanksysteme zur Integration von produktbezogenen und betriebswirtschaftlichen Daten
- Fehlende 3D-CAD-Datenmodelle als Basis für die Integration von IT-Systemen und Prozessen
- Zu heterogene Systemumgebungen in den Unternehmen (fehlende Vernetzungsmöglichkeiten von IT-Systemen und Unterstützung fertigungsspezifischer Systeme)

Zudem war CIM ein reiner IT-getriebener Ansatz, der nicht auf den Mitarbeiter einging. So fokussierte CIM weniger den Ansatz, die Kompetenzen der verschiedenen Unternehmensbereiche geschickt miteinander zu kombinieren oder die Zusammenarbeit zu fördern, sondern vielmehr Aufgaben und Funktionen durch Datenintegration auf weniger Mitarbeiter zu verteilen. Schließlich lag aus wirtschaftlicher Sicht das Scheitern in den hohen Kosten für Hard- und Software begründet, deren Kosten-/Nutzenverhältnis oft kaum vertretbar war [27].

Trotz der unvollständigen Umsetzung wurden mit CIM eine Vision und der zukünftige Entwicklungsbedarf der IT, insbesondere im Bereich der Applikationssoftware, aufgezeigt. Vor diesem Hintergrund entwickelten sich in den 1990er Jahren für den betriebswirtschaftlichen Aufgabenbereich ERP-Systeme (Abb. 7.6 linker Ast), die eine Vielzahl operativer und dispositiver Geschäftsprozesse eines Unternehmen in den Breichen Finanz- und Rechnungswesen, Logistik, Vertrieb, Service Management, Produktion, Instandhaltung, Qualitätsmanagement und Human Resources integriert. ERP-Systeme sind durchgängige IT-Lösungen, die alle in den Geschäftsprozessen anfallenden Daten in einer zentralen Datenbank (z. B. Stammdaten wie Kunden, Lieferanten, Materialien oder Konditionen) ablegen und verwalten, um möglichst viele Prozesse miteinander zu vernetzen. So löst beispielsweise die Buchung eines Warenausgangs eine direkte Verbuchung des Warenwertes auf einem entsprechenden Vorratskonto in der Buchhaltung aus, sodass Mengen- und Wertfluss stets ausgeglichen sind [28].

Im technischen Bereich entwickelten sich verschiedene IT-Systeme, die zusammenfassend als CAx-Systeme bezeichnet werden. Das „CA" steht für „Computer Aided" und verweist darauf, dass CAx-Systeme durch einen Computer unterstützt werden. Der Platzhalter „x" steht für eine Vielzahl von Akronymen, die den Einsatzbereich des jeweiligen IT-Systems näher spezifizieren [29]. Der bis heute wichtigste Evolutionsschritt von CAx-Systemen bildet die Definition von Bauteilen im dreidimensionalen Raum (3D) mithilfe von 3D-CAD-Systemen [30]. Mit der Einführung des 2D-CAD veränderte sich lediglich das Konstruktions*medium* und weniger die Konstruktions*methodik* [14]. Der Konstrukteur setzt sein bisheriges konventionelles Wissen der Zeichnungserstellung mit der ihm geläufigen Konstruktionssystematik am Bildschirm schrittweise um [31]. Der Rechner unterstützt ihn in wiederkehrenden klar abgrenzbaren Tätigkeiten, wie dem Eintragen der Bemaßung oder dem Schraffieren von Flächen. Erst mit dem Übergang zur 3D-CAD-Konstruktion folgte eine tief greifende Veränderung im Konstruktionsbereich [31], denn erst durch die Anpassung der Konstruktionsmethodik lassen sich die Vorzüge der 3D-Konstruktion realisieren [32]. Mit dem Übergang zur 3D-Konstruktion ist die Produktivität im Unternehmen nicht automatisch angestiegen, vielmehr mussten sich die Konstrukteure von den Werkzeugen und Funktionen im 2D-Bereich lösen und neue Ansätze erlernen [1].

Die Basis von CAD-Systemen bilden mathematische Modelle, die mit einer Semantik und Syntax eine abstrakte, aber dennoch unmissverständliche Beschreibung jedes physischen Objektes ermöglichen [13]. Der Einsatz von 3D-CAD-Systemen ist heute Stand der Technik [33]. Digitale 3D-Modelle beinhalten wesentlich mehr Informationen als herkömmliche zweidimensionale Zeichnungen (digital oder auf Papier) [14]. Gerade dieser Umstand bildet die Grundlage, um Entwicklungszeiten bei gleichzeitig steigender Qualität von Produkten zu verkürzen. So haben sich in den letzten Jahren CAx-Systeme entwickelt, die nicht nur im Bereich der Konstruktion Anwendung finden, sondern ebenfalls Bereiche wie die Konzeptfindung, die virtuelle Untersuchung und Vorbereitung von Fertigungs- und Montagevorgängen oder die Simulation des modellierten Produktes hinsichtlich seiner strukturellen Eigenschaften oder Bewegungsabläufe unterstützen [33]. Folglich muss in einem 3D-CAD-Modell nicht nur die Geometrie beschrieben werden, sondern ebenfalls Topologien (Beziehungen zwischen beteiligten Geometrieelementen), Historie (Elemente, Operationen etc.), Element- bzw. Dateiattribute (Name, Version, Datum etc.) oder Anwendungsdaten (z. B. für FEM) [33].

In einem physischen Produkt stehen die einzelnen Bauteile und Baugruppen des Produktes in direkter oder indirekter Beziehung zueinander. Diese Zusammenhänge lassen sich mithilfe eines 3D-CAD-Systems abbilden. In einer 2D-Zeichnung liegen diese Beziehungen nur in logischer Form vor: Nur Fachkundige kennen die Beziehungen zwischen den verschiedenen Bauteilen und Baugruppen einer Konstruktion sowie die Strukturbeziehungen zur übergeordneten Baugruppe. Einige 2D-CAD-Systeme lassen die Vergabe von Positionsnummern in Baugruppenzeichnungen zu, um beispielsweise Stücklisten abzuleiten, doch es ist nicht möglich, die Struktur der Baugruppe auszulesen und die Art und Anzahl der enthaltenden Elemente zu ermitteln [1].

Aufgrund der Beziehungsinformationen zwischen den Elementen einer Konstruktion darf beispielsweise die freie Modellierung aus der 2D-Konstruktion nicht mehr uneingeschränkt angewendet werden. Durch die Beziehungsinformation bzw. Parametrik und die dabei entstehenden Abhängigkeiten wird der Lösungsraum für Änderungen stark eingeschränkt. So können Änderungen an einer Baugruppe beispielsweise zu „Kollisionen" zwischen den Bedingungen und der Parametrisierung der Einzelteile führen. Diese Kollisionen müssen neu parametrisiert werden, damit sich die Einzelteile in der späteren Montage passend zu der Baugruppe montieren lassen. Daher werden Konstrukteure gezwungen, bei der Umstellung auf die 3D-Modellierung sich nicht nur auf die neue dreidimensionale Perspektive einstellen, sondern die bereits erwähnte Konstruktionssystematik neu zu erlernen [34].

Der Konstrukteur muss vor der Konstruktion untersuchen, in wieweit die Produktlogik der Erzeugnisse abgebildet werden kann, um eine möglichst optimale Verwendung der rechnerinternen Produktdaten sicherzustellen. Dabei gilt es, die vielfältigen Beziehungen zwischen Einzelteilen, Baugruppen, Baureihen und kundenorientierten Varianten zu erfassen und sinnvoll im Datenmodell abzubilden. Dafür muss vor der eigentlichen Modellbildung geklärt werden, welche Parameter maßgebend sind, um beispielsweise eine voll- oder teilautomatische Variantenkonstruktion komplexer Einzelteile oder Baugruppen zu ermöglichen [33]. Die voll- oder teilautomatische Variantenkonstruktion ist ein Beispiel, um den Nutzen einer 3D-Konstruktion sowie einer Anpassung der Konstruktionssystematik aufzuzeigen.

Insgesamt wird deutlich, dass die Entwicklung der IT zu Veränderungen in der Ablauforganisation im Unternehmen geführt hat. Es wurden immer neue Möglichkeiten geschaffen, die Arbeit des Einzelnen zu vereinfachen und schließlich effizienter zu gestalten. Während sich in den betriebswirtschaftlichen Aufgabenbereichen IT-Systemen hin zu leistungsfähigen ERP-Systemen entwickelten, musste der technische Bereich auf die Einführung der 3D-Konstruktion warten, um eine ähnliche Durchgängigkeit von Daten entlang den verschiedenen Tätigkeitsfeldern zu realisieren. Zum ersten Mal konnte das Arbeitsergebnis der Konstruktion, das 3D-Modell, außerhalb der üblichen Verwendungsbereiche sinnvoll genutzt werden. Als Voraussetzung mussten im 3D-Modell jedoch weit mehr Informationen abgelegt werden, als es bei 2D-Zeichnungen bzw. – Modellen üblich gewesen ist. Die Vielzahl an logisch verketteten Daten erforderte schließlich eine entsprechende Verwaltungssoftware, um die regelrechte Datenflut beherrschen zu können [1].

7.2 Nutzen von PLM

7.2.1 Nutzenpotenziale von PLM

In einer Studie zu Erfolgsmustern im Maschinen- und Anlagenbau (Innovationsagenda 2006) durch das Werkzeugmaschinenlabor WZL der RWTH Aachen wurde gezeigt, dass erfolgreiche Unternehmen eine höhere Durchdringung der Produktentwicklung mit modularen Produktbaukästen aufweisen. Die Anzahl der produktbezogenen Innovationsprojekte liegt gleichzeitig deutlich über dem von wirtschaftlich weniger erfolgreichen Unternehmen. Es treten weniger Änderungen während der Projektdurchführung auf und diese werden erheblich schneller und mit weniger Aufwand durchgeführt. Der wirtschaftliche Erfolg der Unternehmen äußert sich in einer deutlich höheren Ebit-Margensteigerung und einer höheren Gesamtprojektzuverlässigkeit [35]. Die in der Studie als Erfolgsmuster identifizierten Charakteristika können als Anhaltspunkte für die Nutzenpotenziale einer PLM-Lösung dienen. So erfordern die kürzeren Projektlaufzeiten ein effizientes Projektmanagement, die höhere Produktvielfalt wird durch ein Produkt- und Projektportfolio-Management ermöglicht, und das Anforderungs- und Änderungsmanagement befähigt zu einer Reduzierung der Änderungsaufwendungen. Als Anhaltspunkte können sie deshalb nur dienen, da die Nutzenpotenziale eines PLM stark von der Unternehmensstrategie und den Rahmenbedingungen des Unternehmens hinsichtlich des Marktes beziehungsweise der Kunden, Zulieferer und Wettbewerber abhängen. Entscheidend für den Erfolg der

PLM-Initiative eines Unternehmens sind die Identifizierung der unternehmensspezifischen Nutzenpotenziale, die auf verschiedenen Ebenen realisiert werden können und deren Festschreibung in der Strategie für das PLM [36].

Der Produktlebenszyklus bei Unternehmen reicht von der ersten Produktidee, über die Entwicklung, die Produktion, die Wartung und Instandhaltung bis hin zur Marktausführung des Produktes, zunächst aus dem Produktionsprogramm und schließlich aus dem Serviceprogramm. Aus Kundensicht umfasst der Produktlebenszyklus eher die Phasen Produktidee, Produktentstehung, Produktion, Nutzung, Wartung und Instandhaltung, Recycling oder Entsorgung. Jedes Unternehmen muss für sich definieren, welche Lebenszyklen der Produkte wie zu steuern sind.

Die Steuerung der Produkte und Produktdaten erfolgt in Prozessen, die die Basis des PLM bilden. Die Prozesse können entsprechend ihrer Wertschöpfung im Unternehmen in Kern-, Management- und Unternehmensprozesse untergliedert werden [24]. Kernprozesse dienen direkt der Wertschöpfung, wie die Prozesse zur Produktplanung, Produktentwicklung, Prozessentwicklung, Auftragsabwicklung, Produktion und Service. Bei der Gestaltung der Kernprozesse müssen die gesamten Lebenszyklen aus Unternehmens- wie aus Kundensicht berücksichtigt werden. Managementprozesse dienen zur Steuerung der Kernprozesse. Diese hängen stark von der Ausprägung der Kernprozesse ab. Managementprozesse sind etwa das Projektmanagement, das Risikomanagement, das Qualitätsmanagement und die Unternehmensplanung. Unterstützungsprozesse ermöglichen die effektive und effiziente Durchführung der Kernprozesse. Beispiele hierfür sind die CAD-Integration, das Stammdatenmanagement, die Klassifizierung oder die Archivierung.

Die in diesem Zusammenhang genannten Prozesse können nur als Anhaltspunkt dienen. Ausgestaltung und Definition der Prozesse sind firmenspezifisch entsprechend der Unternehmensstrategie durchzuführen. Die richtige Schwerpunktsetzung ist entscheidend für den Erfolg der PLM-Initiative. Dies soll anhand von zwei Beispielen verdeutlicht werden:

Firma A stellt kundenspezifische Produkte her, die von der Grundfunktionalität und der Produktstruktur her ähnlich sind. Die Kernkompetenz des Unternehmens liegt in der Herstellung und Verarbeitung hochpräziser mechanischer Komponenten sowie in Messverfahren zur Beurteilung der Produktqualität. Entscheiden für den Wettbewerbserfolg sind die Qualität der Produkte und die Einhaltung des Liefertermins. Für die Produkte wird ein auftragsspezifisches Engineering durchgeführt, bevor diese in die standardisierte Fertigung eingesteuert werden. Eine strikte Nachweisführung für die verwendeten Materialien sowie die Möglichkeit, den Status der Aufträge sowie der Einzelkomponenten dem Kunden mitzuteilen, sind erforderlich. Kernprozess für Firma A ist die Auftragsabwicklung und die Produktion. Managementprozesse sind das Qualitätsmanagement und das Projektmanagement. Unterstützungsprozesse binden das Stammdatenmanagement und die Archivierung mit ein. Die CAD-Integration spielt in diesem Zusammenhang nur eine untergeordnete Rolle [36].

Firma B stellt Vakuumpumpen für verschiedene Anwendungen her. Das Produktprogramm besteht aus mehreren Produktlinien und weist eine sehr hohe Varianz auf. Die Pumpen werden sowohl kundenspezifisch konfiguriert als auch als Standardbauteile am Markt angeboten. Die Produkte haben eine lange Lebensdauer. Die Kernkompetenz des

Unternehmens besteht in der Entwicklung und Auslegung der Pumpen und Anwendungssysteme. Stärke des Unternehmens ist das hohe Qualifikationsprofil der Mitarbeiter, von denen ein Großteil der Produktinnovation ausgeht. Die Produktentwicklung wird durch einen definierten, standardisierten Entwicklungsprozess geleitet. Zur Erstellung der Pumpengeometrie und zur Erstellung der NC-Programme für die Fertigung ist eine 3D-Geometrieerstellung erforderlich. Die Wiederverwendung der Komponenten erfolgt über Klassifikationsmerkmale. Kernprozesse von Firma B sind das Ideenmanagement, die Produktentwicklung und das auftragsspezifische Engineering. Managementprozesse sind das Projektmanagement für die Engineering- und Anlagenprojekte und das Qualitätsmanagement. Unterstützungsprozesse sind die CAD-Integration, das Stammdatenmanagement, die Klassifizierung und die Archivierung.

Beide Beispiele verdeutlichen, wie sich die spezifischen Erfordernisse von Unternehmen zu Unternehmen unterscheiden. Es ist für Unternehmen erforderlich, eine individuelle Strategie mit den dazugehörigen Prozessen zu entwickeln. Die Nutzenpotenziale für das Unternehmen werden dabei auf drei verschiedenen Ebenen realisiert: Auf der Unternehmensebene entstehen Nutzenpotenziale, die sich auf einen Großteil des Unternehmens beziehen, auf der Prozessebene beziehen sich die Nutzenpotenziale auf einzelne Prozesse des Unternehmens und die Funktionsebene beschreibt Nutzenpotenziale für einzelne Unternehmensfunktionen (Abb. 7.8).

Die Umsetzung der Nutzenpotenziale erfolgt nicht nur ausschließlich durch intelligente Prozessgestaltung, sondern vielmehr in der richtigen Verknüpfung von Prozess und IT.

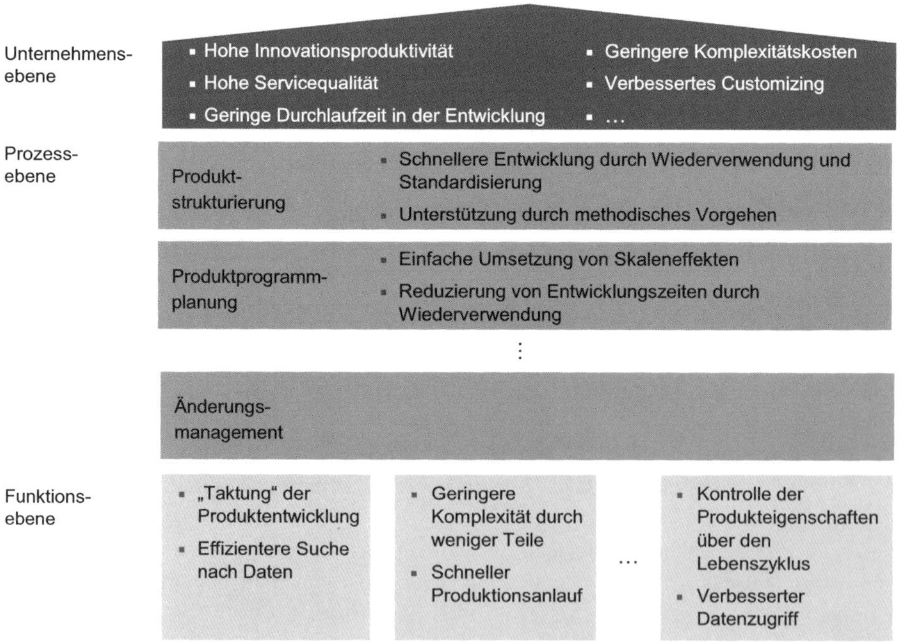

Abb. 7.8 PLM-Nutzenpotenziale im Unternehmen [4]

7.2.2
Methodik zur Messung von unternehmensspezifischen PLM-Effizienzpotenzialen

Die Darstellung in Abb. 7.8 verdeutlicht die Vielschichtigkeit von PLM-Nutzenpotenzialen für ein Unternehmen. Dabei ist die Ausprägung der einzelnen Potenziale bedingt durch ein individuelles PLM-Konzept aber von Unternehmen zu Unternehmen sehr unterschiedlich. Es ist daher essenziell, ein Verständnis für die angestrebten (und erreichten) Nutzenpotenziale von PLM im eigenen Unternehmen zu entwickeln. Die hier vorgestellte Methodik beschreibt einen Weg, insbesondere die Effizienzpotenziale im Unternehmen durch PLM zu bemessen.

7.2.2.1
Ansatz zur Messung der Effizienzsteigerung im Überblick

Projekte, die neueste und innovative Technologien und Abläufe implementieren, bedürfen einer besonders systematischen und gründlichen Definition von Nutzenpotenzialen. Nur wenn diese von der Konzeption bis hin zur Umsetzung einer CAD-/PLM-Einführung konsequent nachverfolgt werden, führen diese Projekte zum gewünschten Erfolg. In der CAD-/PLM-Branche werden eine Reihe von überlangen Einführungen oder sogar Projektabbrüchen berichtet – auch wenn hierzu kein repräsentatives Zahlenmaterial vorliegt. CAD-/PLM-Hersteller haben wenig Interesse an solchen Berichten, andererseits leiden manche Projekte auch unter Prioritäts- oder Kapazitätsverschiebungen auf Kundenseite. Generell sind die Nutzensteigerungen bei der Einführung neuer IT-Technologien aus Anwendersicht nur schwer quantifizierbar, da

a. diese Nutzenpotenziale von den IT-Anbietern oft nur sehr pauschal und meist im Rahmen von werblichen Aussagen genannt werden („Verbesserungen von 30 % wurden erreicht"). Belastbare Daten aus Projekten stehen kaum zur Verfügung, teilweise auch mit dem Hinweis, der jeweilige Kunde habe Geheimhaltung verlangt.
b. Veränderungen der Entwicklungseffizienz nicht nur aus der Einführung eines neuen CAD-/PLM-Systems resultieren, sondern auch von einer Reihe anderer überlagernder Größen [37].

Das Unternehmen Festo hat daher mit dem Werkzeugmaschinenlabor WZL der RWTH Aachen als unabhängiger „Third Party" ein Projekt initiiert, in welchem gemeinsam ein Verfahren entwickelt wurde, um Nutzenpotenziale einer CAD-/PLM-Einführung zu quantifizieren und den Grad der Potenzialerreichung zu berechnen. Der Einsatz dieser Methodik gewährleistet eine hohe Transparenz über die erreichten Potenziale einer CAD-/PLM-Einführung. Die Methodik umfasst drei Phasen, die im Folgenden beschrieben werden (Abb. 7.9).

Fallbeispiel digitale Produktentwicklung bei Festo Festo versteht sich in der Branche Automatisierungstechnik als Leistungs- und Technologieführer. Das Unternehmen bezeichnet mit Technologie aber nicht nur seine Produkttechnologien, sondern gleichermaßen auch Technologien in Methoden und Prozessen. Festo verwendet seit Mitte

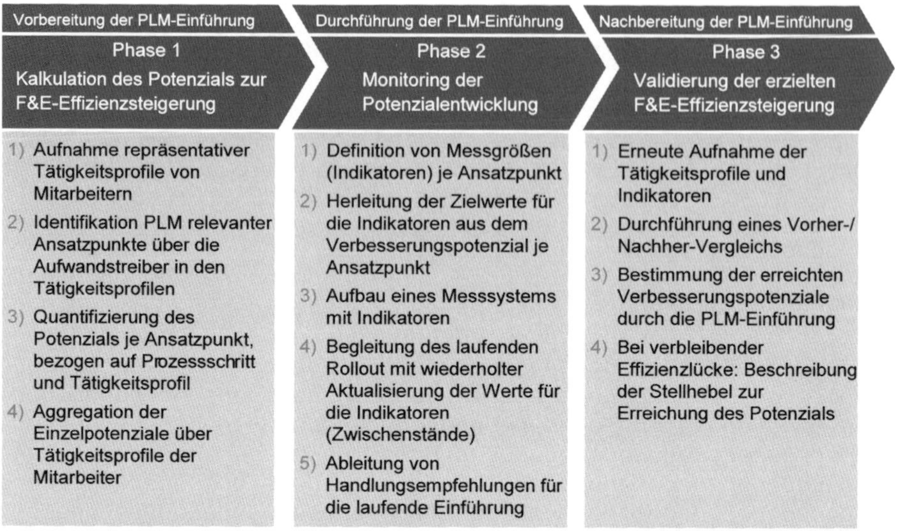

Abb. 7.9 Vorgehensweise zur Nutzenmessung im Überblick [37]

der 1980er Jahre 2D-CAD und hat Mitte der 1990er Jahre komplett auf 3D-CAD migriert. Wiederum ca. 10 Jahre später setzt Festo mit dem Ziel der durchgängigen Implementierung von digitalen Produkt- und Prozessketten über den ganzen Lebenszyklus hinweg erneut Maßstäbe in der Automatisierungstechnik. Entscheidend ist dabei nicht nur die Effektivität in der Produktentwicklung zu erhöhen, indem Innovationsaktivitäten auf erzielbare Einzigartigkeiten konzentriert werden, sondern dass neue und intelligente CAD- und PLM-Lösungen auch die operative Effizienz in F&E steigern [38].

Festo entwickelt seine Produkte weltweit auf ca. 500 CAD-Arbeitsplätzen. In 2006 wurde entschieden, alle diese Arbeitsplätze durchgängig auf die CAD- und PLM-Lösungen der Firma PTC umzustellen und dadurch die digitalen Prozessketten weiter auszubauen. Durch die Umstellung wird Festo im CAD-Bereich mit einer durchgängig auf Windows-Basis ausgelegten Benutzeroberfläche ein über 20.000 Verkaufprodukte umfassendes Spektrum von Varianten und Teilefamilien durch Parametric Design entwickeln können. Auf Basis einer neuartigen systemübergreifenden Integration von CAD, PLM und ERP werden Funktionen entstehen, die die Entwicklungsleistung kontinuierlich weiter erhöhen, wie z. B. modernste Suchmechanismen, innovative Lademechanismen sowie ein neuartiges Konfigurationsmanagement im Kontext von Mechatronik und Produktkonfiguration.

7.2.2.2
Phase 1: Bestimmung des Potenzials zur Effizienzsteigerung

Ziel der ersten Phase ist die Quantifizierung des möglichen Potenzials zur Effizienzsteigerung in F&E auf der Grundlage repräsentativer Tätigkeitsprofile sowie identifizierter

Ansatzpunkte in der Produktentwicklung. Die Aufnahme der Tätigkeitsprofile und die Identifikation der Ansatzpunkte erfolgten auf Basis von Vorarbeiten eines Evaluationsprojekts und Interviews mit Mitarbeitern des Unternehmens. Zur Vorbereitung der Interviews wurde ein Interviewleitfaden aufgesetzt, der im ersten Teil einen mehrstufigen Tätigkeitskatalog für die Produktentwicklung enthält. Entscheidend war die Struktur des Tätigkeitskataloges: Für die Befragten muss der Tätigkeitskatalog im Leitfaden gut erfassbar und nachvollziehbar sein, um zu repräsentativen Ergebnissen zu gelangen. Einen Anhaltspunkt für die Zuverlässigkeit der Ergebnisse gewährleistet der Vergleich der Tätigkeitsprofile gleicher Tätigkeitsgruppen (z. B. der Zeitaufwand für die Stücklistenerstellung bei den befragten technischen Zeichnern). Resultierend entstanden aus diesem Teil der Analyse repräsentative Tätigkeitsprofile für die drei Tätigkeitsgruppen technischer Zeichner, Konstruktionsingenieur und Projektleiter (vgl. Schritte 1 und 2 in Abb. 7.10). In den Interviews wurde mit den Gesprächspartnern außerdem erarbeitet, welche „Aufwandstreiber" den Tätigkeitsblöcken zugrunde liegen. Beim Hinterfragen der quantifizierten Tätigkeitsblöcke stellten sich oft Ansatzpunkte im Prozess oder der IT-Lösung heraus, die für die Betroffenen zwar zum Alltag gehören, aber dennoch ein erhebliches weiteres Einsparpotenzial bieten. Ein Beispiel hierfür ist die Ableitung von Stücklisten für Neuprodukte, die bislang auf Basis eines Excel-Sheets erfolgt, das dann zur Erfassung im ERP-System an eine andere Organisationseinheit versendet wird. Neben der genauen Aufschlüsselung der Tätigkeitsprofile lieferte dieser Arbeitsschritt über 100 konsolidierte Ansatzpunkte.

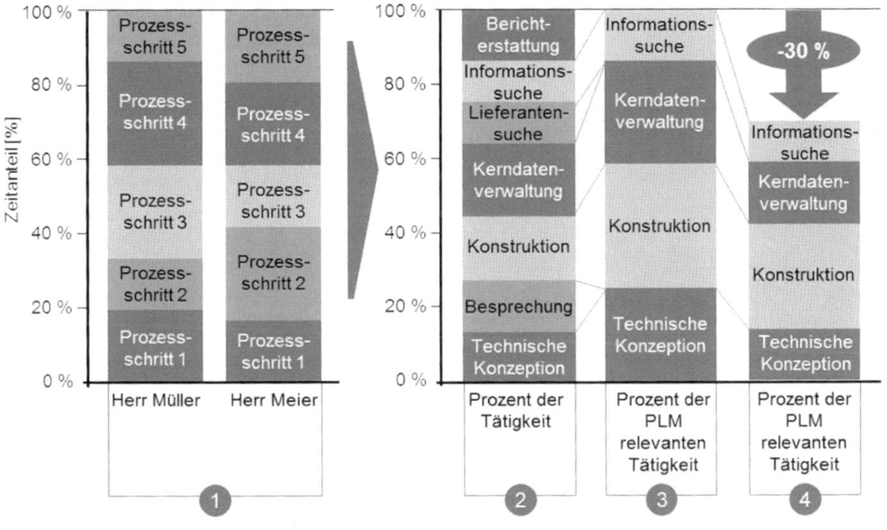

(1) Aufnahme repräsentativer Tätigkeitsprofile der Mitarbeiter

(2) Erstellung der Tätigkeitsprofile je Tätigkeitsgruppe

(3) Auswahl der Tätigkeiten über PLM relevante Ansatzpunkte

(4) Mögliche Effizienzsteigerung des PLM Einsatzes durch Verbesserung der Ansatzpunkte

Bemerkung: Beispielhafte und stark vereinfachte Abbildung

Abb. 7.10 Schrittweise Herleitung des Effizienzpotenzials [37]

Die Quantifizierung des Verbesserungspotenzials durch die CAD-/PLM-Lösungen ergab sich durch eine Bewertung der mit dem neuen System zukünftig teilweise oder vollständig umgesetzten Ansatzpunkte. Hierzu wurden die Ansatzpunkte gemeinsam durch das Kernteam von Festo, PTC und WZL hinsichtlich ihrer CAD-/PLM-Relevanz bewertet. Ansatzpunkte, bei denen die CAD-/PLM-Umstellung kein weiteres Verbesserungspotenzial bietet, wurden aus der Betrachtung herausgenommen. Die verbleibenden Ansatzpunkte sind Gegenstand der Optimierung im Rahmen der Einführung der CAD-/PLM-Lösungen. Durch die direkte Zuordnung von Ansatzpunkten zu Prozessschritten konnten nun auch die Prozessschritte mit Effizienzsteigerungspotenzial identifiziert werden (vgl. Schritt 3 in Abb. 7.10). Resultierend konnte je Prozessschritt eine zu erzielende, prozentuale Reduzierung des Zeitaufwandes abgeleitet werden (vgl. Schritt 4 in Abb. 7.10).

7.2.2.3
Phase 2: Monitoring der Potenzialerreichung

Für jeden der CAD-/PLM-relevanten Ansatzpunkte wurden zu Beginn der Phase 2 einer oder mehrere Indikatoren definiert (Abb. 7.11), die den Grad der Effizienzsteigerung an dem betreffenden Ansatzpunkt beschreiben. Diese Indikatoren sind unterschiedlicher Natur, z. B.:

- Zeitwerte aus der Tätigkeitsanalyse, aus Benchmarks und aus Auswertungen von Datenbanksystemen (Durchlaufzeiten von Änderungen, ...)
- Zahlenwerte aus den verschiedenen Ablagesystemen (z. B. der Wiederverwendungsgrad von Gleichteilen)
- Befragungswerte von Projektleitern, Konstruktionsingenieuren und technischen Zeichnern oder die Systemkompatibilität von digitalen Zulieferermodellen.

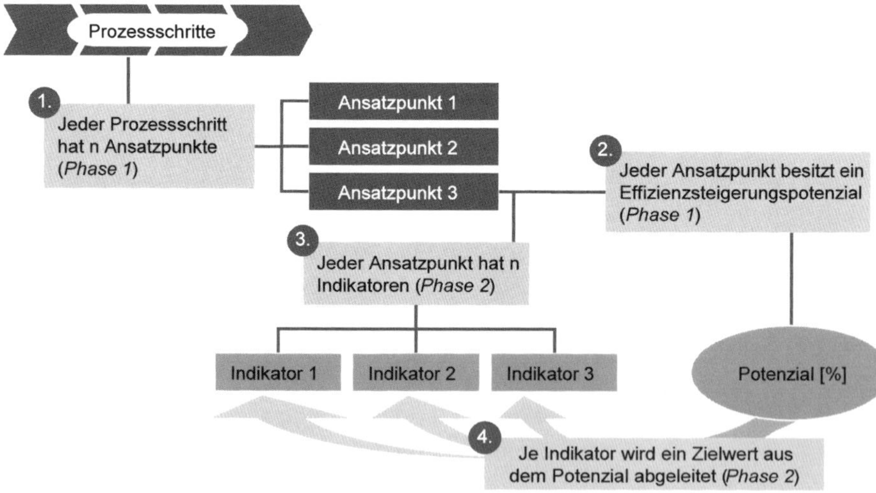

Abb. 7.11 Zusammenhang von Prozessschritten, Ansatzpunkten, Potenzial und Indikatoren [4]

Wichtig war bei der Definition der Indikatoren, dass diese einfach zu erheben sein sollten (z. B. durch automatische Abfragen aus dem ERP-System) und im Idealfall bereits existent und „betriebsbewährt". Dies vereinfacht das Verfahren, erhöht die Akzeptanz und steigert die Datenqualität. Bei der Verwendung bekannter Daten besteht üblicherweise aufgrund der bekannten Historie mehr Interpretationssicherheit als bei der erstmaligen Generierung neuer Kennwerte.

Zur Nutzung der Kennwerte als Indikatoren für den Grad der Potenzialerreichung war es erforderlich, für jeden der Indikatoren Zielwerte zu definieren, welche am Potenzial des Ansatzpunkts orientiert wurden. Es wird davon ausgegangen, dass das für den Ansatzpunkt beschriebene Potenzial gehoben ist, wenn der Zielwert erreicht wird.

Über die Dauer der Einführung von zwei Jahren werden zu drei bis vier Zeitpunkten „Zwischenstände" der Indikatoren erhoben, um das erreichte Potenzial mit dem geplanten Projektfortschritt abzugleichen und ggf. entstehenden Handlungsbedarf zu identifizieren.

7.2.2.4 Phase 3: Validierung des Potenzials

Nach Abschluss der Einführung soll mit der Phase 3 die vollständige Aufnahme der Tätigkeitsprofile und Indikatoren wiederholt werden, um eine vollständige Datenbasis für einen präzisen Vorher-Nachher-Vergleich bereitzustellen. Die Phase 3 soll mit einem zeitlichen Versatz von rund einem halben Jahr zum Ende der Einführung durchgeführt werden, um eine ausreichende Einarbeitung der Mitarbeiter in die neuen Lösungen sicherzustellen.

Bei einer verbleibenden Lücke zum ursprünglichen Potenzial lässt sich auf Basis der detaillierten Potenzialquellen genau erkennen, an welchen Stellen die Potenziale nicht erreicht worden sind. Auf Basis der detaillierten Auflösung der Indikatoren lassen sich Ursachen einfach aufzeigen, um so das Projekt gezielt nachzusteuern.

Fallbeispiel Fortsetzung – Nutzen der Methodik aus Sicht von Festo Die präzise Planung und Steuerung des CAD-/PLM-Rollouts ist eine zentrale Aufgabe und Grundvoraussetzung für die weitere Effizienzsteigerung in der F&E von Festo. Im Rahmen der Planung des Rollouts zeigen die Erkenntnisse der Phase 1 detailliert auf, welchen Beitrag einzelne Funktionalitäten der Lösungen zur Effizienzsteigerung leisten. Außerdem wurde deutlich, an welchen Stellen Potenziale nicht durch die IT-Lösungen allein zu heben sind, sondern Reorganisation von Abläufen erfordern.

Festo betrachtet sich selbst als Lernunternehmen und hat IT in seine unternehmensweite Balanced Scorecard aufgenommen. IT kann aber nur im Zusammenspiel mit exzellenten Abläufen und auf Basis wirtschaftlicher Randbedingungen zum Erfolg beitragen. Eine zentrale Motivation für die Zusammenarbeit mit dem WZL war der Aufbau einer belastbaren, monetären Potenzialkalkulation für das CAD-/PLM-Migrationsprojekt. Es konnte differenziert dargestellt werden, in welchem Umfang bei der Einführung der neuen CAD-/PLM-Umgebung monetäre Vorteile zu erzielen sind. Die erarbeiteten Informationen ermöglichen dem Top-Management eine bewusste und kritische Auseinandersetzung mit dem Projekt und dem Projektteam eine präzisere Steuerung des komplexen Projekts. Vereinfacht gesagt hilft eine genaue Nutzenkalkulation darüber aufzuklären, was PLM leisten kann und was nicht.

Nicht zuletzt war und ist mit diesem Projekt ein objektiver Zugang zur Sichtweise einer repräsentativen Anzahl von Anwendern hinsichtlich Stärken und Schwächen der Lösungen gewährleistet. Durch die Tätigkeitsprofile und die integrierte Befragung nach Aufwandstreibern wird die zielorientierte Einbindung von Know-how und Erfahrungsschatz zumindest eines repräsentativen Teils der Mitarbeiter sichergestellt.

Zusammenfassend trägt die Vorgehensweise maßgeblich zu einer höheren Transparenz und dadurch zu einer besseren und schnelleren Nutzung der Potenziale im Unternehmen bei [37].

7.3 Bestandteile einer PLM-Lösung

In diesem Kapitel wird aufgezeigt, aus welchen Elementen eine PLM-Lösung besteht. Während zuvor dargestellt wurde, was unter PLM zu verstehen ist und welche Ziele sowie Nutzenpotenziale mit PLM verfolgt und realisiert werden können, werden im Folgenden die Bausteine aufgezeigt, die in Summe eine PLM-Lösung abbilden. Eine PLM-Lösung besteht aus den grundlegenden drei Bausteinen der PLM-Strategie, des PLM-Konzeptes sowie der PLM-IT-Architektur (Abb. 7.12). Im Bereich der PLM-Strategie werden die Ziele, der Nutzen sowie Strukturen definiert. Auf dieser Basis wird das PLM-Konzept abgeleitet. Das PLM-Konzept besteht aus Prozessen, Funktionen sowie Informationen und bildet die Grundlage zur Umsetzung der IT-Architektur.

Schließlich erfolgt die operative Umsetzung des PLM-Konzeptes mit der PLM-IT-Architektur. Während das PLM-Konzept IT-neutral ausgelegt wird, beschreibt dieser Bau-

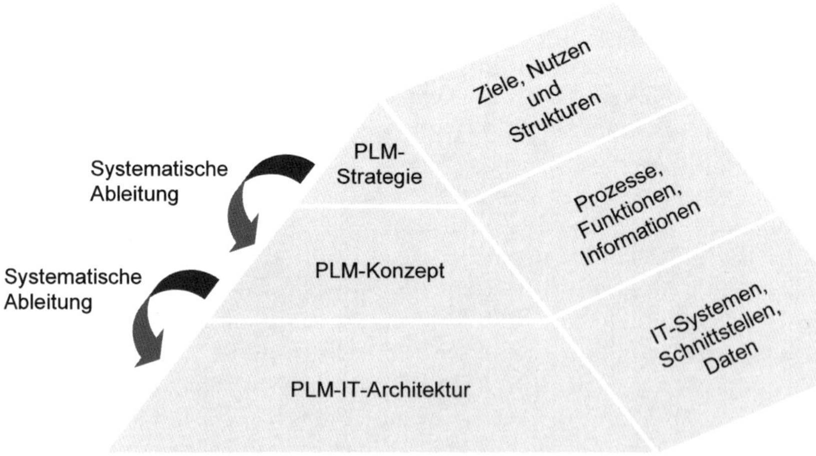

Abb. 7.12 Bausteine einer PLM-Lösung

stein, welche IT-Systeme zur Umsetzung des Konzeptes genutzt werden, welche informatorischen Schnittstellen vorliegen und welche Daten im Unternehmen integriert werden.

7.3.1 Bestandteile der PLM-Strategie

Die PLM-Strategie leitet sich direkt aus der übergeordneten Unternehmensstrategie ab. Jede Unternehmensstrategie ist einzigartig. Als Folge ist eine PLM-Strategie ebenso einzigartig und wird individuell entwickelt. Am Ausgangspunkt zur Entwicklung einer anforderungsgerechten PLM-Strategie stehen das Produkt sowie der gesamte Produkterstellungsprozess [2].

In der Strategiedefinition werden die Ziele, der durch PLM angestrebte Nutzen sowie die Strukturen im Unternehmen adressiert. In diesem Zusammenhang leiten sich der Nutzen von den Zielen und die Strukturen vom Nutzen ab. Ein Ziel ist ein Zustand, der durch PLM angestrebt wird. Mit dem Nutzen wird die Fähigkeit von PLM-Elementen aufgezeigt, den Zielzustand zu erreichen. Schließlich dienen die Strukturen dazu, für wesentliche Gestaltungsbereiche im Unternehmen Positionen bzw. Restriktionen vorzugeben, um Konflikte bei der Ausgestaltung der PLM-Lösung zu vermeiden. In diesem Sinne lässt sich die PLM-Strategie als Lastenheft auffassen, das mit dem PLM-Konzept sowie mit der PLM-IT-Architektur umgesetzt wird. Die strategischen Ziele werden schließlich weiter konkretisiert, sodass am Ende Maßnahmen resultieren, deren Umsetzungsgrad sich durch spezifische und unternehmensindividuelle Kennzahlensystematik überprüfen lassen [2]. In Abb. 7.13 werden beispielhaft Elemente einer PLM-Strategie aufgezeigt.

Ein Element der PLM-Strategie bildet die strategische Einordnung der PLM-Initiative ins Unternehmen. In diesem Zusammenhang wird der Grundstein für PLM im Unternehmen gelegt. Es werden vor allem übergeordnete Ziele und Strukturen definiert, um grobe Rahmenbedingungen für die PLM-Initiative vorzugeben. Wie bereits angesprochen, existiert keine allgemeingültige Definition des Begriffes PLM. Vor diesem Hintergrund ist die Entwicklung einer Definition sowie die Ableitung eines unternehmensspezifischen Verständnisses ein wesentlicher Teil der PLM-Strategie. In einem weiteren Schritt werden die unternehmensweiten PLM-Ziele definiert. Mit den unternehmensweiten Zielen kommt zum Ausdruck, welche Ziele mit PLM adressiert werden bzw. zu welchen übergeordneten Unternehmenszielen PLM beiträgt. Sind das Verständnis sowie die Ziele festgeschrieben, lässt sich der Gestaltungsbereich bzw. Scope der PLM-Initiative hinsichtlich Unternehmensprozessen und -funktionen definieren. Mit der Definition von Zielen wird indirekt geregelt, welche Wertschöpfungsstufen durch die PLM-Lösung adressiert werden. Um einen Rahmen für die Gestaltung der PLM-Lösung vorzugeben, werden mit der Definition von Unternehmensprozessen und -funktionen Leitplanken für die Erstellung des PLM-Konzeptes innerhalb der Wertschöpfungsstufen vorgegeben. Analog zur Abgrenzung des Gestaltungsbereichs auf Prozessebene werden mit der Einordnung der PLM-Initiative in den unternehmensweiten IT-Bebauungsplan die Rahmenbedingungen der PLM-IT-Architektur vorgegeben. In diesem Zusammenhang gilt es beispielsweise festzulegen, welches das führende IT-System sein wird. Das führende System zeichnet sich dadurch aus, dass Stammdaten nur von diesem IT-System verändert werden dürfen [39].

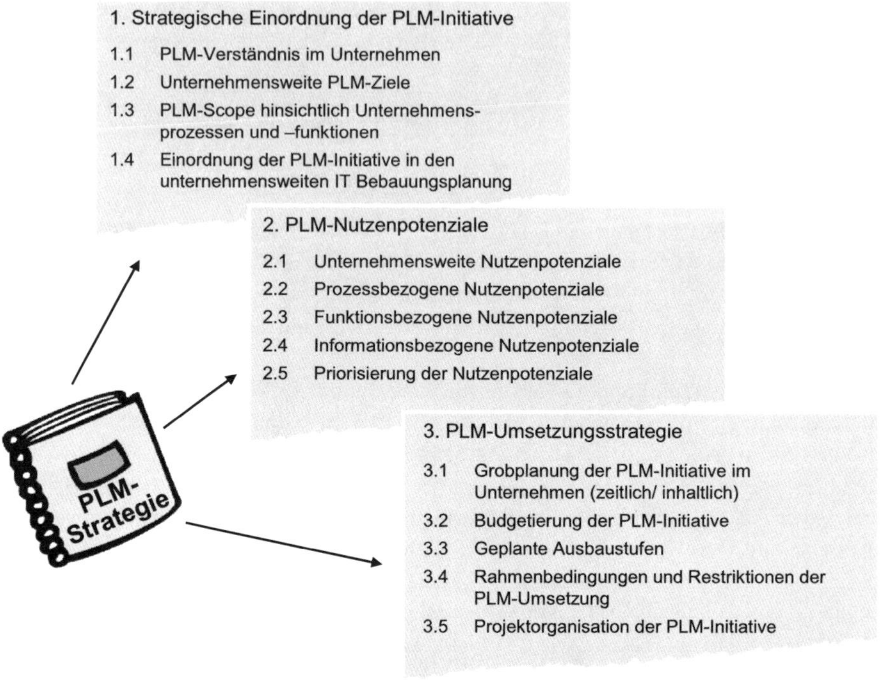

Abb. 7.13 Elemente einer PLM-Strategie

Ein weiteres Element der PLM-Strategie adressiert die zu realisierenden Nutzenpotenziale. Ausgehend von den unternehmensweiten PLM-Zielen zeigen die Nutzenpotenziale auf, wie diese zu realisieren sind. In diesem Zusammenhang werden die Nutzenpotenziale in unternehmensweite, prozessbezogene, funktionsbezogene und informationsbezogene Nutzenpotenziale unterschieden. Die verschiedenen Nutzenpotenzialklassen sind nicht unabhängig voneinander zu betrachten, sondern geben Gestaltungsebenen für die Auswahl und Definition von Nutzenpotenzialen vor. So beziehen sich unternehmensweise Nutzenpotenziale auf den gesamten Produktlebenszyklus bzw. auf das gesamte Unternehmen. Vor diesem Hintergrund werden Lieferanten und Kunden ebenfalls in die Nutzenpotenzialbetrachtung mit einbezogen. Besonders solche Nutzenpotenziale, die sich im Bereich des Kunden realisieren lassen, besitzen großen Einfluss auf die Außenwahrnehmung des Unternehmens. Wird beispielsweise durch die PLM-Lösung die adäquate Umsetzung von Kundenanforderungen sichergestellt, erfahren die Kunden mit dem Produkte einen höheren Nutzen, was sich häufig auf das zukünftige Kaufverhalten auswirkt.

Prozessbezogene Nutzenpotenziale ergeben sich in der Regel aus der Definition neuer Prozesse (z. B. Unterstützungsprozesse) oder aus der Integration von Prozessen durch verstärkten Austausch von Daten und Informationen. In beiden Fällen gehen den jeweiligen Mitarbeitern mehr Daten und Informationen zu, um Tätigkeiten effizienter und/oder effektiver durchführen zu können. Funktionsbezogene Nutzenpotenziale sind eng mit prozessbezogenen Nutzenpotenzialen verknüpft. Eine Funktion wird in diesem Zusammenhang als Hilfsmittel verstanden, um die Durchführung von Tätigkeiten zu unterstützen bzw. zu ersetzen. In diesem Zusammenhang lässt sich beispielsweise der Entwicklungsprozess durch Funktionen im Umfeld von Virtual Reality (VR) unterstützen [40]. Seit Einführung der 3D-Konstruktion sind virtuelle Produkte heute Stand der Technik. Die Vorteile der Virtualisierung liegen jedoch nicht in der 3D-Konstruktion selbst, sondern vielmehr in den Anwendungen, die durch die 3D-Konstruktion (3D-Produktmodelle) erst möglich werden.

So kann mit VR-Technologien nahezu der gesamte Lebenszyklus eines Produktes virtuell abgebildet werden, um bereits in frühen Phasen der Produktentstehung das zukünftige Produkt sowie Prozesse effizient auszulegen. In jedem Anwendungsfall, in dem das reale Produkt hätte genutzt werden müssen, tritt an diese Stelle das virtuelle Produkt. So müssen Modelle, die das Design bzw. die äußere Form des zukünftigen Produktes repräsentieren, nicht mehr aus Lehm oder Holz hergestellt werden, sondern es lassen sich fotorealistische virtuelle Produktmodelle generieren und auf einem Computermonitor visualisieren. Weitere Vorteile durch virtuelle Produkte zeigen sich im Bereich Prototypen und Produkttest. Ein Prototyp ist die erste physische Umsetzung eines späteren Produktes. Prototypen sind keine Produkte, sondern werden zur Evaluierung von Produkteigenschaften hergestellt und eingesetzt [41]. Prototypen werden nicht unter Serienbedingungen hergestellt, vielmehr ist jeder Prototyp eine Einzelanfertigung und im Gegensatz zum Serienprodukt, mit entsprechend überproportionalen Herstellkosten verbunden. In der Automobilindustrie werden beispielsweise Prototypen genutzt, um Crash-Tests durchzuführen, die folglich mit hohen Kosten verbunden sind. Neben den Kosten wird die time-to-market zusätzlich durch den Zeitaufwand der Prototypenherstellung verzögert. In diesem Zusammenhang kann durch die Verwendung von virtuellen Produktmodellen (Digital Mock-Up, DMU) sowie computergestützten Simulationen eine Kosten- und Zeitreduzierung von Produkttests von bis zu 30 % realisiert werden [42]. Mit der vollständigen Digitalisierung des Produktlebenszyklus können laut Schätzungen des Fraunhofer Instituts sogar bis zu 35 % an Kosten eingespart werden [24]. Produktversuche bzw. Crash-Tests werden folglich nicht mehr mit physischen Prototypen, sondern mit DMU und Simulationen durchgeführt. Aus den Simulationsergebnissen werden Handlungsempfehlungen für eine Verbesserung des Produktes ableiten. Schließlich sind nur noch wenige Produktversuche mit physischen Prototypen notwendig, sodass Kosten und vor allem Zeiten reduziert werden.

Schließlich lassen sich informationsbezogene Nutzenpotenziale realisieren. Informationsbezogene Nutzenpotenziale zeigen sich vor allem im Bereich der Daten, die die Grundlage von Informationen bilden. Im PLM wird in diesem Zusammenhang insbesondere die Realisierung von Datenkonsistenz gesehen. Der Begriff Datenkonsistenz stammt ursprünglich aus dem Bereich Datenbanken und bezeichnet die Freiheit von Widersprüchen in einer Datenbank [43]. Noch heute ist in Unternehmen zu beobachten, dass aufgrund der arbeitsteiligen Aufgabenbearbeitung jeder Unternehmensbereich über einen eigenen Datenbestand bzw. Datenbanken als Arbeitsgrundlage verfügt [14]. Oft sind dezentrale, stammdatengeführte IT-Lösungen anzutreffen, die nicht unternehmensweit abgestimmt sind und damit der Zusammenarbeit entgegenstehen. Diese Situation wird durch heterogene IT-Systemlandschaften in den Bereichen Produktentwicklung sowie Auftragsabwicklung verschlechtert [24]. So liegen Produktinformationen mehrfach und meist unabhängig voneinander abgespeichert an verschiedenen Stellen im Unternehmen vor. Im Falle von

Änderungen resultieren redundante, inkonsistente und meist fehlerhafte Datenbestände, da der Bezug zwischen den verteilten Daten und dem aktuellen Produktstatus verloren geht [14]. Darüber hinaus existiert nur selten ein klarer Prozess der Datenpflege, um eine durchgängig hohe Datenqualität sowie die Einhaltung unternehmensweiter Qualitätsrichtlinien sicherzustellen [24].

Schließlich wird die Umsetzung bzw. Implementierung der PLM-Lösung in der PLM-Strategie festgelegt. Zur Definition der Umsetzung gehören beispielsweise eine inhaltliche und zeitliche Grobplanung der Umsetzung, eine Budgetierung, die Definition der geplanten Ausbaustufe, Rahmenbedingungen und Restriktionen sowie die Festlegung der Projektorganisation. In diesem Zusammenhang gibt vor allem die Budgetierung der PLM-Initiative einen Rahmen vor. Eng mit der Budgetierung ist die Ausbaustufe der PLM-Lösung verknüpft. Die Ausbaustufe wird als Reifegrad verstanden und zeigt auf, welche zukünftigen Möglichkeiten bestehen, die PLM-Lösung weiterzuentwickeln. Schließlich werden mit Rahmenbedingungen und Restriktionen Strukturen festgelegt, die bei der Gestaltung der PLM-Lösung beachtet werden müssen. Im Folgenden sollen zwei wesentliche Strukturelemente vorgestellt werden, die großen Einfluss auf die PLM-Lösung besitzen.

Das zentrale Strukturelement einer PLM-Strategie bildet die Produktarchitektur. Die Produktarchitektur besteht aus der Produktstruktur, der Funktionsstruktur sowie deren Transformationsbeziehung [44]. In der Produktstruktur werden die physischen Komponenten eines Produktes transparent abgebildet. Insbesondere zeigt die Produktstruktur die Zusammenhänge zwischen physischen Komponenten sowie deren Schnittstellen auf [44]. Im Gegensatz dazu, beschreibt die Funktionsstruktur, wie die (Teil-) Funktionen eines Produktes zusammenhängen und über Wechselwirkungen sie miteinander bzw. untereinander interagieren [44]. Die Transformationsbeziehung beschreibt in diesem Zusammenhang die Umsetzung der (Teil-)Funktionen in physische Komponenten des Produktes.

Die Erarbeitung der Produktarchitektur ist nicht Aufgabe der PLM-Strategie. Vielmehr wird in der PLM-Strategie eine Sichtweise auf die Produktarchitektur als Referenz festgelegt, um das Produktdatenmanagement (PDM) entsprechend zu gestalten. Das Produktdatenmanagement bildet in diesem Zusammenhang die Basis für die Zusammenarbeit im Rahmen der Produktentwicklung, wobei insbesondere die Verwaltung und Visualisierung von CAD-Modellen im Mittelpunkt steht. Liegt die Produktarchitektur beispielsweise in Form eines Baukastens vor, wird eine entsprechende strukturierte Sichtweise auf die Produktarchitektur benötigt, um die Baukastenlogik sinnvoll abzubilden. Im Speziellen müssen die Mehrfachabhängigkeiten der Bauteile und Baugruppen durch die Struktur transparent aufgezeigt werden, um die Entwickler in ihrer Tätigkeit zu unterstützen. So können beispielsweise die Entwickler aus der Struktur heraus erkennen, welche Abhängigkeiten zwischen den eigenen Bauteilen/Baugruppen zu anderen Bauteilen/Baugruppen herrschen und welche Rahmenbedingungen (z. B. Bauraum) beachtet werden müssen, die nicht aus der Bauteil-/Baugruppen-Spezifikation heraus ersichtlich sind.

Für Produktarchitekturen mit hohem mechatronischen Anteil, gilt es eine Sicht auf die Produktarchitektur im Produktdatenmanagement umzusetzen, mit der die engen Beziehungen zwischen den am Entwicklungsprozess beteiligten Disziplinen (Mechanik, Elektrik/Elektronik, Software) sinnvoll aufgezeigt werden. In diesem Zusammenhang wird in der Regel eine funktionale Sicht auf die Produktarchitektur eingenommen, um die Zusammenhänge zwischen CAD-Modellen, Schaltplänen und Software abzubilden.

Obwohl durch die PLM-Lösung verschiedene Sichtweisen auf die Produktarchitektur abgebildet werden können, bezieht sich die Prozesslogik stets auf eine Referenzstruktur. Im Falle eines modularen Produktbaukastens wird beispielsweise die Konfigurationslogik unter Berücksichtigung der jeweiligen Strukturelemente vorgenommen, um gegebenenfalls die realen Daten verändern zu können, ohne das Beziehungswissen zu verlieren. Bezieht sich die Konfigurationslogik auf die Daten und nicht auf die einzelnen Strukturelemente, so müssen beim Austausch bzw. bei einer Veränderung von Daten (z. B. CAD-Modell) alle Beziehungen zu anderen Daten erneut erstellt werden. Diese Beispiele zeigen, dass Prozesse und andere Elemente von der Sichtweise der Produktarchitektur im Produktdatenmanagement der PLM-Lösung abhängen. Vor diesem Hintergrund bildet die Definition einer Sichtweise auf die Produktstruktur ein wesentliches Strukturelement der PLM-Strategie.

Neben der Produktarchitektur bildet die Aufbauorganisation ein weiteres wesentliches Strukturelement. Die Aufbauorganisation beschreibt die Strukturierung eines Unternehmens nach definierten Aufgaben. Die wichtigsten Strukturmerkmale der Aufbauorganisation sind die Abteilungsgliederung, das System der Weisungsbefugnisse und das Kommunikationssystem [45]. Mit PLM findet eine ganzheitliche Betrachtung des Unternehmens statt. In diesem Zusammenhang werden Prozesse verschiedener Produktlebenszyklusphasen integriert und damit andere Abteilungen in zuvor „fremde" Prozesse mit eingebunden. Durch die Einbindung anderer Abteilungen stellt sich die Frage, welche Abteilungen über die nötigen Weisungsbefugnisse verfügen, um die Entscheidungen umzusetzen. Deshalb gilt es im Rahmen der PLM-Strategie, Regeln für die Aufbauorganisation zu definieren, um diese Konflikte zu vermeiden.

Fallbeispiel Entwicklung der PLM-Strategie bei einem Automobilzulieferer Zur Verdeutlichung der Tragweite und des Entstehungsweges einer PLM-Strategie soll hier das Beispiel eines mittelständischen Automobilzulieferunternehmens dargestellt werden. Das Unternehmen beschäftigt rund 2.000 Mitarbeiter und stellt anspruchsvolle Struktur- und Außenhautteile für die Automobilindustrie her. Durch einen innovativen Werkzeugbau hat sich das Unternehmen über Jahrzehnte erfolgreich eine Reputation aufgebaut, besonders komplexe und anspruchsvolle Teile zuverlässig liefern zu können. Im Rahmen einer Überarbeitung der Unternehmensstrategie wurde der Differenzierungsanspruch („Differenzierung zum Wettbewerb durch überlegene Prozesse") sowie der Weg vom Auftragsproduzenten zum Systemlieferanten mit Entwicklungsumfängen genau beschrieben.

In Abb. 7.14 wird der Zusammenhang von Unternehmensstrategie, Prozess- und IT-Sicht sowie PLM-Strategie am Beispiel eines Automobilzulieferers übersichtsartig dargestellt.

Aus der Unternehmensstrategie wird deutlich, dass das Unternehmen innovativ ausgerichtet ist und seine Prozesse als wesentliches Differenzierungsmerkmal gegenüber Wettbewerbern betrachtet. Durch die Entwicklung in Richtung eines Systemlieferanten, der nicht mehr nur als Auftragsfertiger agiert, sondern auch Entwicklungsumfänge übernimmt, steigert sich die Komplexität der Unternehmensprozesse zum Beispiel in Auftragsabwicklung, Entwicklung oder Beschaffung signifikant. In diesem Umfeld

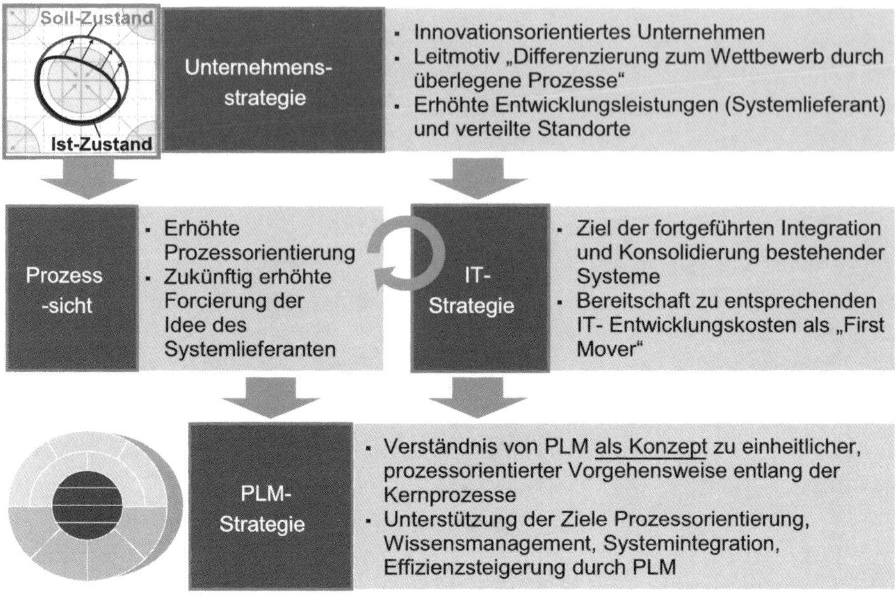

Abb. 7.14 PLM Ziele am Beispiel eines Automobilzulieferers

7

möchte sich das Unternehmen durch im Vergleich zum Wettbewerber überlegene Prozesse differenzieren. Dies bezieht sich z. B. auf die Durchlaufzeit oder die Fehlersicherheit der gesamten Auftragsabwicklungskette.

Aus dieser Unternehmensstrategie leiten sich direkte Anforderungen an die Prozesssicht sowie an die IT-Strategie des Unternehmens ab. Aus Prozesssicht wird eine höhere Prozessorientierung in der Unternehmensorganisation angestrebt. Insbesondere werden Produkt- und Produktionsentwicklungsprozesse adressiert, um den Erfolg als Systemlieferant abzusichern. Für die IT-Strategie ergibt sich vor diesem Hintergrund das wesentliche Ziel, durch eine Konsolidierung der Vielfalt bestehender IT-Systeme die Umsetzung der Prozessorientierung des Unternehmens zu ermöglichen. Wo bislang Abteilungslösungen vorherrschten, sind nun durchgängige Systeme erforderlich. Solange Vertrieb, Projektmanagement, Einkauf, Entwicklung und Produktion nicht mit durchgängig konsistenten Produkt- und Prozessdaten arbeiten, ist die Umsetzung der Prozessorientierung im Unternehmen wesentlich behindert und die strategische Entwicklung eingeschränkt.

Aus der beschriebenen Situation ergibt sich das PLM-Verständnis des Unternehmens: PLM wird hier zunächst losgelöst von einzelnen IT-Systemen als Konzept verstanden, das den Zustand einer durchgängigen Unterstützung des Auftragsabwicklungsprozesses durch alle beteiligten Unternehmensbereiche detailliert beschreibt. Als wesentliche Zielgrößen von PLM wurden in der PLM-Strategie dieses Unternehmens die Unterstützung der Prozessorientierung, eines Wissensmanagements durch durchgängige Bereitstellung von bisherigen Auftragsdaten, der produktseitigen Systemintegration sowie der Prozesseffizienz definiert.

Das Beispiel zeigt, wie eine PLM-Strategie direkt zur Erreichung (oder Verfehlung) der Unternehmensstrategie beiträgt. Gelingt die Umsetzung der mit PLM verfolgten Ziele nicht, ist der in der Unternehmensstrategie verankerte Differenzierungsanspruch des gesamten Unternehmens signifikant gefährdet. Das Beispiel soll gleichermaßen auch verdeutlichen, dass die Entwicklung einer PLM-Strategie durchaus im Bezug zur jeweiligen IT-Strategie und zur IT-Bebauungsplanung eines Unternehmens steht, dass aber die PLM-Strategie selbst zunächst vollkommen unabhängig von einzelnen, PLM-unterstützenden IT-Systemen definiert wird.

7.3.2 Bestandteile von PLM-Konzepten

Das PLM-Konzept bildet die grundlegende Architektur einer PLM-Lösung. Während in der PLM-Strategie die Ziele und weitere wesentliche Rahmenbedingungen der PLM-Lösung definiert werden, zeigt das PLM-Konzept auf, wie und womit die PLM-Ziele realisiert werden sollen. Das PLM-Konzept besteht aus Prozessen, Funktionen und Informationen. Alle drei Elemente werden durch das PLM-Konzept adressiert und gestaltet (Abb. 7.15). Prozesse bilden den Kern des PLM-Konzeptes. Sie bringen Tätigkeiten und Aktivitäten in eine Struktur und koordinieren auf diese Weise die Zusammenarbeit von Mitarbeitern, Unternehmensbereichen und weiteren Beteiligten entlang der gesamten Wertschöpfungskette.

Mithilfe von Funktionen lassen sich Prozesse effizienter und effektiver gestalten. Eine Funktion wird in diesem Zusammenhang als Prozesselement verstanden, in welchem Tätigkeiten und Aktivitäten nach klar definierten Regeln durchgeführt werden. Im Sinne einer mathematischen Funktion lässt sich demnach jeder Eingangsgröße eine Ausgangsgröße zuordnen. Unter dieser Bedingung lassen sich IT-Systeme einsetzen, um Funktionen

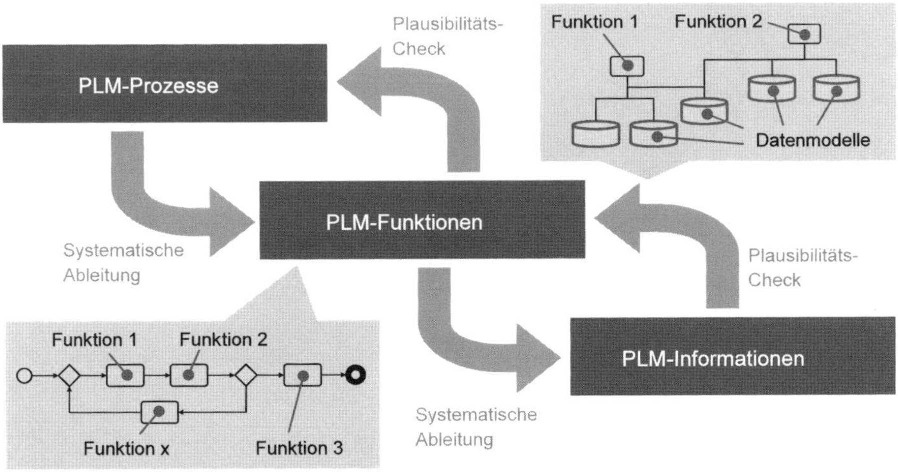

Abb. 7.15 Bestandteile eines PLM-Konzeptes im Überblick

zu realisieren. Deshalb besteht die Aufgabe im Rahmen der PLM-Konzepterstellung darin, systematisch Tätigkeiten in Prozessen zu identifizieren, die sich durch Funktionen unterstützen lassen. Schließlich erfolgt im letzten Schritt die Auswahl und Definition von Informationen. Die Informationen bilden die Schnittstelle zur IT. Da Funktionen Eingangsgrößen benötigen, um Ausgangsgrößen zu liefern, lassen sich die für das PLM-Konzept relevanten Funktionen aus den Funktionen bzw. Eingangsgrößen ableiten. Liegen Prozesse, Funktionen und Informationen in definierter Form vor, muss durch einen Plausibilitätscheck das Zusammenspiel der drei Elemente überprüft werden. Im Folgenden soll zunächst auf den Prozess eingegangen werden, um die Bedeutung der Prozessgestaltung sowie typische Prozesse im PLM-Kontext aufzuzeigen.

7.3.2.1 PLM-Prozesse als Bestandteil des PLM-Konzeptes

Mit PLM wird eine ganzheitliche Betrachtung des Unternehmens eingenommen [24]. Bezogen auf die im Unternehmen vorhandenen Prozesse, führt das PLM unweigerlich zu einer Integration von Prozessen entlang des gesamten Produktlebenszyklusses. Unter Integration wird insbesondere die Vernetzung von Prozessen verstanden, sodass Ergebnisse aus einem Prozess bzw. Prozessschritt in anderen Prozessen genutzt werden können. Im Folgenden sollen die verschiedenen Vernetzungsmöglichkeiten aufgezeigt werden.

Prozessintegration im PLM

In einem produzierenden Unternehmen existieren drei verschiedene Dimensionen, in denen Prozesse zu integrieren sind. In Abb. 7.16 werden diese drei Dimensionen aufge-

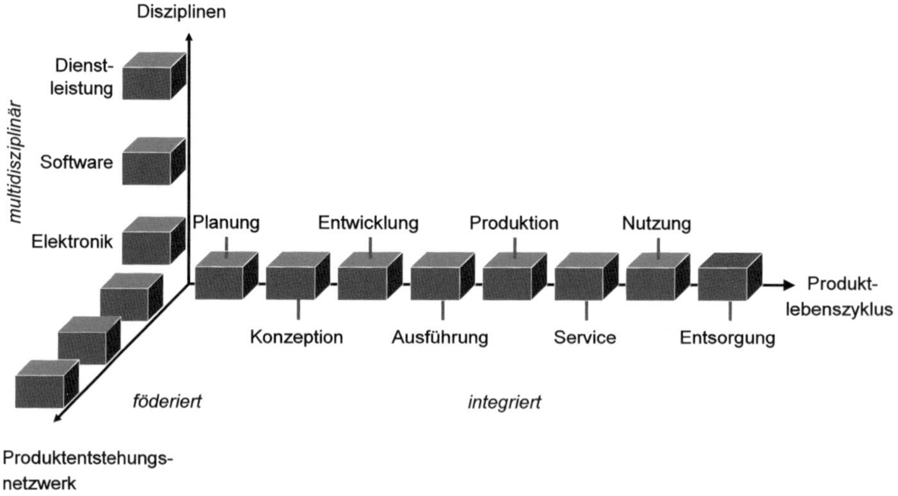

Abb. 7.16 Prozesse im Unternehmen in Anlehnung an [1]

zeigt [1]. Die erste Dimension beschreibt die Produktlebenszyklusphasen. In dieser Dimension findet eine Vernetzung von Prozessen über die einzelnen Phasen statt. Dabei muss die Vernetzung nicht sequenziell erfolgen. So kann die Phase Entwicklung nicht nur mit der Konzeptionsphase und Ausführungsphase vernetzt werden, sondern ebenfalls mit der Nutzungs- und/oder der Entsorgungsphase.

In der zweiten Dimension werden die verschiedenen Disziplinen im Unternehmen adressiert. Mit dem Begriff Disziplin werden die verschiedenen Domänen des Produktes, wie beispielsweise Mechanik oder Elektrik/Elektronik bezeichnet. Eine Vernetzung bedeutet, dass Ergebnisse beispielsweise aus dem Bereich der Mechanik, in Prozessen aus dem Bereich Software oder Dienstleistungen genutzt werden. Schließlich wird mit der dritten Dimension die Vernetzung im Hinblick auf das Produktentstehungsnetzwerk aufgezeigt. In diesem Zusammenhang stellt sich die Frage, inwieweit andere Standorte des eigenen Unternehmens oder Zulieferer in einen jeweiligen Prozess miteinbezogen werden.

Die drei Dimensionen sind nicht unabhängig voneinander zu betrachten. Vielmehr gilt es beispielsweise für jede Produktlebenszyklusphase zu entscheiden, inwieweit Disziplinen und Produktentstehungsnetzwerk integriert werden sollen. Dieser Zusammenhang soll im Folgenden am Beispiel des Konstruktionsprozesses näher erläutert werden. Der Konstruktionsprozess findet traditionell in der Phase Entwicklung statt. Um in einer zweiten Produktgeneration die Fehler der ersten Produktgeneration in der Konstruktion vermeiden zu können, sollte die Nutzungsphase mit der Entwicklungsphase vernetzt werden. Folglich werden Ergebnisse der Nutzungsphase in die Entwicklungsphase zurückgespielt. Im Weitern liegt ein mechatronisches Produkt mit einer stark integrierten Produktarchitektur vor. Folglich gilt es im Konstruktionsprozess, die verschiedenen Disziplinen zu integrieren bzw. die Konstruktionsprozesse innerhalb der Disziplinen zu einem übergeordneten Konstruktionsprozess zusammenzufassen. Schließlich soll nach Vorgabe der Unternehmensleitung ein weiterer Standort an der Entwicklung beteiligt werden, da am eigenen Standort nicht genügend Konstrukteure zur Verfügung stehen. Vor diesem Hintergrund gilt es, den Konstruktionsprozess für eine Zusammenarbeit beider Standorte auszulegen. Diese Überlegungen müssen für alle relevanten Unternehmensprozesse (z. B. Entwicklungsprozess, Auftragsabwicklungsprozess, Produktionsprozess etc.) getroffen werden.

Typische PLM-Prozesse

Da in einem Unternehmen nicht alle Innovations- und Geschäftsprozesse zugleich innerhalb des PLM-Konzeptes adressiert werden, gibt es einige Prozesse, die typischerweise Bestandteil eines PLM-Konzeptes sind. Diese Prozesse besitzen einen integrativen Charakter und finden in verschiedenen Phasen, Disziplinen und Bereichen des Produktentstehungsnetzwerkes Anwendung. Im Folgenden sollen diese typischen PLM-Prozesse vorgestellt werden.

Workflowmanagement für Geschäftsprozesse

Mit dem Workflowmanagement wird der Daten- und Informationsfluss innerhalb eines Prozesses koordiniert und kontrolliert [14]. Ein Prozess besteht aus verschiedenen Aktivitäten, die in einer bestimmten Sequenz durchgeführt werden. Innerhalb eines Prozesses hängt der Startpunkt einer Aktivität jeweils von den Ergebnissen der zuvor bearbeiteten Aktivitäten ab. So muss in der Regel ein definiertes Ereignis eintreten, bevor Folgeaktivitäten durchgeführt werden können. Die Aufgabe des Workflowmanagements besteht schließlich darin, verschiedene Ereignisse zu erfassen und entsprechend den Startpunkt von Aktivitäten aufzuzeigen. Die Abfolge von Aktivitäten innerhalb eines Prozesses wird als Workflow bezeichnet [1].

Durch das PLM wird das Workflowmanagement durch IT unterstützt [46]. In diesem Zusammenhang werden der Prozess bzw. die im Prozess enthaltenen Aktivitäten virtualisiert. Insbesondere wird die Prozesslogik und damit die Logik, unter welchen Bedingungen eine Aktivität gestartet werden darf bzw. gestartet werden muss, mithilfe der IT abgebildet. Auf diese Weise müssen Mitarbeiter einen Prozess nicht mehr eigenständig steuern bzw. Mitarbeiter zum Ausführen von Aktivitäten auffordern. Besonders dann, wenn das Ende einer Aktivität mehreren Mitarbeitern mitgeteilt werden muss und die in einer Aktivität resultierenden Ergebnisse in einer bestimmten Form zugehen müssen, lassen sich diese Prozesse durch ein Workflowmanagement effizienter gestalten. Das Ablegen von Ergebnissen in einem IT-System oder das Verändern von Daten lässt sich beispielsweise automatisiert erfassen, um entsprechende Folgeaktivitäten auszulösen. Die Mitteilung über das Ende einer vorangegangenen Aktivität erfolgt beispielsweise über eine Email, deren Inhalt zur Ausführung einer Folgeaktivität aufruft sowie die erforderlichen Daten zur Ausführung der Folgeaktivität bereitstellt.

Eine Aktivität kann in der Regel folgende drei Zustände einnehmen: offen, in Bearbeitung, abgeschlossen. Mit dieser Information lässt sich der Projektfortschritt transparent abbilden. Auf diese Weise wird beispielsweise dem Projektleiter aufgezeigt, welche Aktivitäten für Verzögerungen im Prozessverlauf verantwortlich sind bzw. welche Mitarbeiter Aktivitäten nicht bis zu einem geforderten Zeitpunkt beendet haben. Nicht alle Aktivitäten müssen von Mitarbeitern ausgeführt werden. Besonders dann, wenn Aktivitäten nach festen Regeln erfolgen, lassen sich diese Aktivitäten automatisiert durch Funktionen durchführen. Auf diese Weise lässt sich die Durchführung von Prozessen nochmals effizienter gestalten. Da die Prozesslogik von der IT koordiniert wird, lassen sich komplizierte Prozesse unter Einbezug verschiedener Unternehmensbereiche und/oder Lieferanten definieren und kontrollieren. Damit bildet das Workflowmanagement einen wesentlichen Stellhebel von PLM zur effizienten Gestaltung von Prozessen.

Anforderungsmanagement

Produkte werden nach bestimmten Spezifikationen gefertigt. Die Spezifikationen resultieren aus Anforderungen, die an das Produkt gestellt werden. Anforderungen resultieren von verschiedenen Anspruchsgruppen entlang des Produktlebenszyklusses, wobei vor allem die Kunden Anforderungen an das Produkt stellen. Im Unternehmen selbst ist es vor allem die Produktion, die Restriktionen für die Produktgestaltung vorgibt, um die Bestandteile des Produktes mit den vorhandenen Ressourcen überhaupt fertigen bzw. montieren zu können. Durch die Gesetzgebung werden ebenfalls Anforderungen an das Produkt gestellt, wobei insbesondere die Anforderungen im Hinblick auf den Umweltschutz sowie der Produkthaftung im Vordergrund stehen [1].

Die Anforderungen der verschiedenen Anspruchsgruppen beziehen sich nicht immer direkt auf das Produkt, sondern ebenfalls auf die mit dem Produkt in Verbindung stehenden Prozesse. So wird beispielsweise im Rahmen des Produkthaftungsgesetzes vorgeschrieben, dass für sicherheitsrelevante Produktbestandteile der gesamte Produktlebenszyklus dokumentiert werden muss. So werden in diesem Zusammenhang unter anderem die Herkunft des Rohmaterials, die in der Fertigung eingesetzten Maschinen, Werkzeuge oder Prüfprotokolle erfasst und dokumentiert.

Die Anforderungen von Kunden sind in einigen Fällen wenig konkret und müssen in quantifizierbare Spezifikationen übersetzt werden. Besonders bei abstrakten Anforderungen wie beispielsweise Sportlichkeit werden verschiedene Merkmale definiert, um diese Anforderung im Produkt umzusetzen. Die Ableitung von Merkmalen bzw. die Ableitung von Teilanforderungen von einer übergeordneten Anforderung lässt sich im Rahmen von PLM durch spezielle IT für das Requirement Capturing unterstützen. Die von den verschiedenen Anspruchsgruppen resultierenden Anforderungen sind nicht immer unabhängig voneinander. In einigen Fällen bestehen logische Abhängigkeiten, die positiv oder negativ miteinander korrelieren. Besonders bei einer negativen Korrelation schließt sich die Erfüllung einer Anforderung bei gleichzeitiger Erfüllung der anderen Anforderung aus. Zunächst gilt es, die sich ausschließenden Anforderungen zu identifizieren. Im zweiten Schritt müssen Prioritäten definiert werden, um im Konfliktfall die höher priorisierte Anforderung zu erfüllen. Mithilfe der IT lassen sich sowohl die Beziehungsstrukturen zwischen Anforderungen als auch die Priorisierung von Anforderungen abbilden und dokumentieren [47].

Eine weitere Aufgabe des Anforderungsmanagements besteht darin, die priorisierten Anforderungen im Produkt bzw. in den Prozessen entlang der Wertschöpfungskette sicherzustellen. In der Regel wird die Erfüllung einer Anforderung überprüft und in einem Prüfbericht dokumentiert. Durch das Anforderungsmanagement wird sichergestellt, dass die notwendigen Prüfungen durchgeführt werden. Die Zuordnung beispielsweise von Prüfung bzw. Prüfbericht zu dem jeweiligen Bauteil lässt sich durch entsprechende IT-Systeme realisieren [1]. Durch den IT-Einsatz im Anforderungsmanagement lässt sich nicht nur die Anforderungserfüllung dokumentieren. Vielmehr lassen sich die verschiedenen Aufgaben im Rahmen des Anforderungsmanagements koordinieren und die Aufgabenerfüllung steuern bzw. sicherstellen. Selbst Änderungen von Anforderungen lassen sich erfassen bzw. die Umsetzung der veränderten Anforderung im Produkt sicherstellen [48].

Versionierung

Eine wesentliche Tätigkeit in der Produktentwicklung bildet die Erstellung von CAD-Modellen im Rahmen der Konstruktion. Zunächst wird ein Grobentwurf des Bauteils, der Baugruppe oder des Produktes erstellt und im Zeitverlauf stetig detailliert. Mit jeder Detaillierung erfährt das betrachtete Objekt eine Veränderung zum Zustand davor. In der Konstruktion handelt es sich stets um dasselbe CAD-Modell, wobei mit jeder Detaillierung eine neue Version des CAD-Modells entsteht. Um die verschiedenen Zustände des CAD-Modells ex post zu unterscheiden, wird jedem Zustand eine Versionsnummer zugeordnet. Dabei steht vor allem die zeitliche Unterscheidung der verschiedenen Zustände desselben CAD-Modells im Fokus. Die Gestalt der Versionsnummer ist frei wählbar, wobei die Abbildung einer Rangordnung zur zeitlichen Differenzierung gewährleistet werden muss. In der Literatur wird zwischen zwei Arten von Versionierung unterschieden: [14]

- Revisionierung: Version in sequenzieller Folge
- Hierarchische Versionierung

Im Falle einer Revision werden Versionsnummern in sequenzieller Reihenfolge verteilt. Bei der hierarchischen Versionierung lässt sich ebenfalls der Umfang von Änderungen zur Vorgängerversion abbilden. Große Unterschiede zwischen zwei Versionsständen werden mit Hauptversionen kenntlich gemacht (V1.x, V2.x). Kleine Unterschiede hingegen werden mit Zwischenversionen (V x.1, V x.2) abgebildet.

Für die Versionierung müssen im Unternehmen folgende Fragen beantwortet werden:

- Welchen Objekten wird eine Versionsnummer zugeordnet?
- Zu welchem Zeitpunkt erfolgt die Versionierung?
- Auf welche Weise erfolgt die Versionierung?

Im ersten Schritt gilt es zu entscheiden, welchen Objekten eine Versionsnummer zugeordnet werden soll. Objekte, wie beispielsweise CAD-Modelle, werden in der Regel mit einer Zeichnungsnummer versehen. Mit der Zeichnungsnummer lässt sich das CAD-Modell eindeutig identifizieren. Jede Veränderung des CAD-Modells lässt sich theoretisch ebenfalls durch Zuteilung einer neuen Zeichnungsnummer erfassen. CAD-Modelle besitzen in der Regel logische Relationen zu anderen CAD-Modellen. Das ist beispielsweise dann der Fall, wenn das Bauteil in einer Baugruppe verwendet wird. Die Zeichnungsnummer des Bauteil-CAD-Modells wird der Zeichnungsnummer des Baugruppen-CAD-Modells zugeordnet. Würde dem Bauteil-CAD-Modell bei jeder Veränderung eine neue Zeichnungsnummer zugeordnet werden, müsste die logische Relation zur Baugruppe jedes Mal neu erstellt werden. Da sich die Baugruppe verändert, müsste der Baugruppe ebenfalls eine neue Zeichnungsnummer zugeordnet werden. Aus der neuen Zeichnungsnummer für die Baugruppe folgt, dass für die restlichen Bauteile der Baugruppe ebenfalls neue logische Relationen erstellt werden müssen, denn die bestehenden Relationen verweisen auf die Zeichnungsnummer der Vorgängerbaugruppe. Folglich ist es nicht sinnvoll, jede Veränderung von CAD-Modellen mit einer neuen Zeichnungsnummer zu kennzeichnen.

Jede Zeichnungsnummer bzw. Nummer zur Identifizierung eines Objektes ist in diesem Zusammenhang mehr als Hülle zu verstehen, die durch logische Relationen mit anderen Hüllen in Verbindung steht. Mit der Versionierung besteht die Freiheit den Inhalt zu verändern, ohne die logischen Relationen verändern zu müssen. Zur Ermittlung derjenigen Objekte, die versioniert werden müssen, gilt es zunächst die logischen Beziehungen zwischen Objekten zu identifizieren. Bestehen logische Beziehungen zu anderen Objekten, sollte dieses Objekt versioniert werden. Dies ist beispielsweise der Fall bei CAD-Modellen, Zeichnungen, Verfahrensanweisungen bzw. Arbeitsanweisungen, Handbücher, Formularvorlagen oder Lasten- und Pflichtenhefte. Objekte, deren Inhalte einmalig sind oder deren Inhalt ab einem bestimmten Zeitpunkt nicht mehr verändert werden darf, unterliegen keiner Versionierung. Dazu gehören beispielsweise Prüfprotokolle oder Simulationsergebnisse.

Im zweiten Schritt gilt es, die Zeitpunkte einer Versionierung zu definieren. In diesem Zusammenhang wird entschieden, welche Art der Versionierung durchgeführt wird und zu welchen Zeitpunkten eine Versionierung erforderlich ist. Besonders dann, wenn beispielsweise in der Entwicklung verschiedene Versionen eines CAD-Modells gleichzeitig bearbeitet werden, um Vor- und Nachteile verschiedener Lösungen zu evaluieren, ist es sinnvoll, eine hierarchische Versionierung zu wählen. Auf diese Weise lässt sich der finalen Lösung eine Hauptversionsnummer zuordnen. Hinsichtlich des Zeitpunktes ist zu entscheiden, wann spätestens eine Hauptversion vorliegen muss (z. B. Ende der Konstruktionsphase).

Im letzten Schritt gilt es, den Ablauf der Versionierung zu definieren. Durch beispielsweise den Einsatz von IT-Systemen zur Verwaltung von CAD-Modellen (z. B. PDM-Systeme) werden CAD-Modelle automatisch beim Ablegen im IT-System (Check-In) versioniert. Andere Objekte, wie beispielsweise Pflichtenhefte, werden nicht in IT-Systemen verwaltet, die eine automatische Versionierung ermöglichen. Für diese Objekte muss folglich ein Prozess definiert werden, um die Versionierung sicherzustellen.

Konfigurationsmanagement

Ein Produkt der Investitionsgüterindustrie besteht immer aus mehreren Objekten. Der Begriff Konfiguration beschreibt in diesem Zusammenhang die Zusammenstellung dieser Objekte zu einem Produkt (Abb. 7.17).

In Abb. 7.17 wird die Konfiguration einer Werkzeugmaschine der Produktlinie 1 in der Variante Baugröße 2 abgebildet. Die Maschine besteht aus vier grundlegenden Bestandteilen. Die Konfiguration beschreibt in diesem Zusammenhang, aus welchen der zur Verfügung stehenden Baugruppen das Produkt bzw. die Werkzeugmaschine aufgebaut ist. Theoretisch lassen sich alle Baugruppen der Kernelemente miteinander kombinieren. Doch in der Praxis werden Kombinationsmöglichkeiten von vorneherein ausgeschlossen, um die dadurch entstehende Varianz zu verringern.

Die Konfiguration beschränkt sich dabei nicht nur auf das Produkt bzw. den Produktstamm, sondern es lassen sich ebenfalls Dokumente, die im Rahmen des Produktentstehungsprozesses anfallen, einer Konfiguration zuordnen. So liegt eine der wesentlichen Aufgaben des Konfigurationsmanagements darin, die Konfiguration des Produktstamms mit der Konfiguration von Dokumenten zu verknüpfen. Dieser Aspekt einer Konfiguration wird in der ISO 9001 sowie in der Produkthaftungsgesetzgebung ausdrücklich gefordert [1].

Grundsätzlich liegt immer eine Konfiguration vor, wenn verschiedene Objekte zu einem bestimmten Zeitpunkt zusammengefasst werden. Ob eine Konfiguration erfasst werden muss, ist Teil der Entscheidungen im Rahmen des Konfigurationsmanagements. Das Konfigurationsmanagement ist eine konsequente und formale Weiterentwicklung des Freigabe- und Änderungsmanagements und erfüllt folgende Aufgaben [1]:

- *Konfigurationsidentifizierung:* Definition und Dokumentation funktionaler und physikalischer Eigenschaften des Konfigurationsobjektes
- *Konfigurationssteuerung:* Steuerung und Kontrolle von Änderungen an der Produktkonfiguration
- *Dokumentation des Konfigurationsstatus:* Erstellung von Protokollen und Berichten
- *Überprüfung der Konfiguration (Configuration Audits):* Überprüfung der Konfigurationsdokumentation hinsichtlich der Übereinstimmung mit der Produktkonfiguration

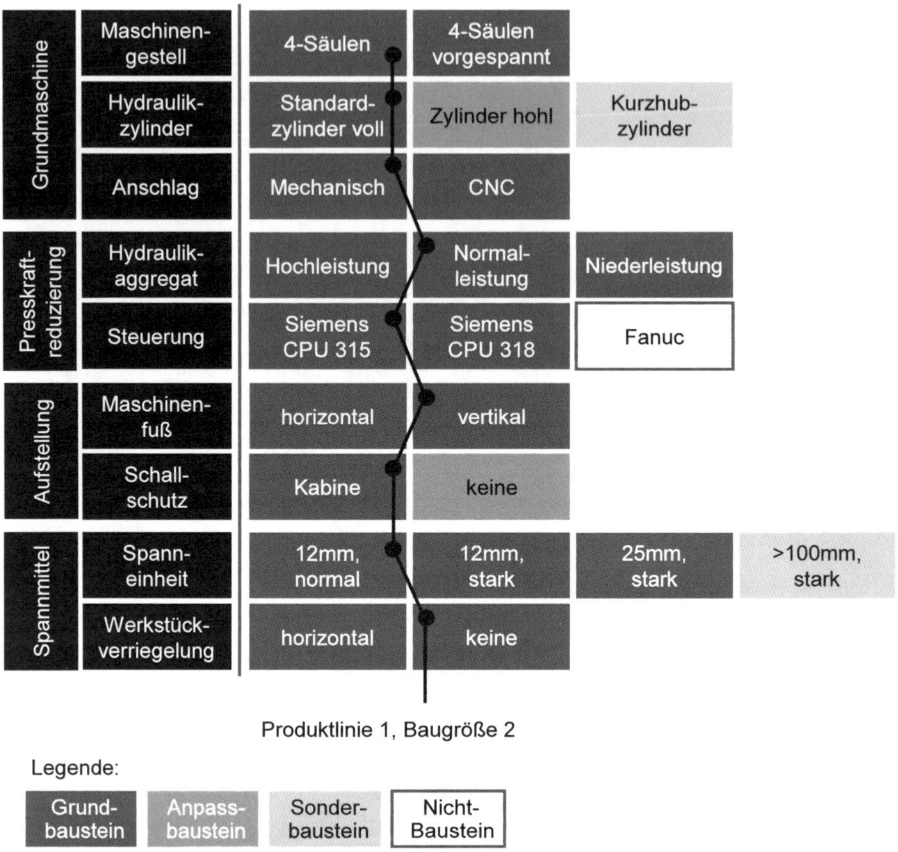

Abb. 7.17 Konfiguration von Produkten am Beispiel einer Werkzeugmaschine [49]

Konfigurationsidentifizierung: Mit dem ersten Punkt wird die Auswahl derjenigen Objekte adressiert, deren Konfiguration dokumentiert werden soll. Der Begriff Produkt beschränkt sich dabei nicht nur auf physische Elemente, vielmehr stehen ebenfalls Daten und Informationen im Fokus, die entlang der Wertschöpfungskette entstehen, um das physische Produkt zu realisieren. Die Konfigurationsobjekte werden im Englischsprachigen ebenfalls als Configuration Items (CI) bezeichnet und lassen sich wie folgt unterteilen [1]:

- *Technische (technical) Configuration Items (TCI):* Zu dieser Gruppe gehören alle Bauteile, Baugruppen und Produkte mit den dazugehörigen Dokumenten.
- *Vertragliche (contractual) Configuration Items (CCI):* In diesen Bereich fallen alle vertraglich zugesicherten Eigenschaften funktioneller (z. B. Wärme erzeugen), technischer (z. B. Leistung) und logistischer (z. B. Liefertermin) Art.
- *Serialisierte (serialized) Configuration Items (SCI):* Diese CI sind Teilmenge der TCI. Die CI zeichnen sich dadurch aus, dass eine Verfolgbarkeit bzw. Dokumentation über den gesamten Produktlebenszyklus gewährleistet werden muss. Vor allem sicherheitsrelevante Bauteile bzw. Baugruppen, bei denen im Schadensfall ein hohes Betriebs- oder Produkthaftungsrisiko besteht, gehören zur Gruppe der SCI.

Ein weiterer Ansatz im Bereich Konfigurationsidentifizierung sind *Configuration Baselines*. Mit Configuration Baselines werden spezifische Zeitpunkte definiert, an denen eine Konfiguration zu dokumentieren ist. Eine Functional Baseline (FBL) beschreibt beispielsweise ein Produkt, auf dessen Basis ein neues Entwicklungsprojekt aufgesetzt wird. Die formal wichtigste Baseline bildet die Product Baseline (PBL). Mit der Product Baseline wird der Zustand eines Produktes zu Beginn der Produktion beschrieben. Die Produktion basiert folglich auf Daten und Informationen, die in dieser Konfiguration beschrieben bzw. dokumentiert werden. Änderungen an einer Baseline sollten daher nur nach Überprüfung und Genehmigung durch die jeweiligen Verantwortlichen erfolgen [1].

Durch den Einsatz von Genehmigungsverfahren wird deutlich, dass eine Baseline nur für einen bestimmten Zeitraum gültig ist. Für die Produktstruktur werden beispielsweise Produktkonfigurationen zu drei wesentlichen Zeitpunkten unterschieden:

- As Designed
- Should Built
- As Built

Mit einer Produktkonfiguration *As Designed* wird der Zustand des Produktes am Ende der Konstruktionsphase beschrieben. Im Anschluss an die Konstruktionsphase werden auf Basis von CAD-Modellen die Fertigungsdokumente von der Arbeitsvorbereitung erstellt. Lassen sich Geometrien mit den vorhandenen Ressourcen nicht fertigen, werden Änderungen am CAD-Modell vorgenommen. Dabei wird der Zustand As Designed verändert. Die zur Erstellung der Arbeitsdokumente veränderten CAD-Modelle werden mit dem Zustand *Should Built* beschrieben. Im Idealfall wird das Produkt hergestellt, ohne Fertigungsdokumente zu verändern. Häufig werden Fertigungsdokumente jedoch angepasst, da beispielsweise Fehler im Arbeitsplan oder im NC-Programm vorliegen. Die veränderten Fertigungsdokumente bzw. der Zustand der Fertigungsdokumente, der tatsächlich zum Einsatz kommt, werden mit der Konfiguration *As Built* beschrieben [1].

Konfigurationssteuerung/Dokumentation des Konfigurationsstatus: Im Rahmen der Konfigurationssteuerung werden Änderungen an Baselines durchgeführt. Analog zum Änderungsmanagement müssen verschiedene Prozesse für die Durchführung der Änderung definiert werden. So gilt es beispielsweise einen Prozess für das Beantragen einer Änderung, die Prüfung einer Änderung sowie die Durchführung einer Änderung zu erarbeiten sowie Prozessverantwortliche festzulegen [1].

In den Bereich der Dokumentation fallen die Aufgaben Informationssammlung (data capturing), Informationsaufbereitung (data processing) und die Informationsverteilung (data reporting) an. Im Rahmen der Informationssammlung gilt es diejenigen Informationen zu definieren, die in einer Konfiguration dokumentiert werden müssen. Dazu gehören beispielsweise vertraglich zu liefernde Informationen (z. B. Herkunft des Rohmaterials) oder interne Daten, die die Änderung betreffen (z. B. Änderungsantrag, Genehmigungen etc.). Im nächsten Schritt der Informationsaufbereitung werden die Daten und Informationen aus dem ersten Aufgabenbereich anforderungsgerecht aufbereitet. Die Anforderungen stammen beispielsweise von Kunden (in Form von Vorlagen) oder aus Richtlinien (z. B. ISO Richtlinie). Schließlich muss die Nachricht über die Veränderung an einer Konfiguration im Unternehmen verbreitet werden. In diesem Zusammenhang gilt es, die zu informierenden Personen sowie den Informationsträger (Email, Brief etc.) festzulegen.

Für jeden Aufgabenbereich müssen letztlich Standards definiert werden, um Tätigkeiten automatisiert durchführen zu können bzw. die Effektivität und Effizienz in den einzelnen Prozessschritten zu erhöhen [1].

Überprüfung der Konfiguration: Mit der Überprüfung der Konfiguration wird sichergestellt, dass beispielsweise die Produktkonfiguration mit dem physischen Produkt übereinstimmt. In diesem Zusammenhang werden zwei Kategorien unterschieden:

- Funktionales Konfigurations-Audit (Functional Configuration Audit = FCA)
- Kunfigurations-Audit am physischen Produkt (Physical Configuration Audit = PCA)

Im *Functional Configuration Audit* wird überprüft, ob die im Lastenheft definierten Anforderungen und Spezifikationen vom Produkt erfüllt werden. Der Vergleich von produktbeschreibenden Dokumenten (z. B. Zeichnungen, NC-Programme etc.) mit dem produzierten Produkt wird im *Physical Configuration Audit* durchgeführt. In beiden Kategorien gilt es, Standards für den Ablauf (Tätigkeiten und Zeitpunkt) sowie die Dokumentation zu definieren. In der Regel finden diese Audits als Teil einer FMEA[2] statt [1].

Schließlich bedarf das Konfigurationsmanagement zu seiner betrieblichen Umsetzung einer Vielzahl von Regel und Verfahrensvorschriften, die teils international und/oder national genormt sind, aber einen breiten betriebsspezifischen Interpretationsspielraum zulassen. So lässt sich das Konfigurationsmanagement in verschiedenen Prozessen und Aufgabenstellungen nutzen, um die Effizienz und Effektivität der jeweiligen Prozesse zu erhöhen.

In der Praxis werden von Unternehmen Produktkonfiguratoren eingesetzt, um Kunden die Möglichkeit zu bieten, aus einer Menge von Ausstattungsmöglichkeiten ein individuelles Produkt zusammenzustellen. Automobil OEMs bieten beispielsweise auf den jeweiligen Internetauftritten Produktkonfiguratoren an, damit Kunden ihre individuelle Fahrzeugausstattung zusammenzustellen können. Diese Art der Konfiguration bezieht sich auf die Variantenkonfiguration für einen Fertigungsauftrag und ist daher nicht mit der Konfiguration im Rahmen des Konfigurationsmanagements gleichzusetzen.

Freigabe- und Änderungsmanagement

Durch eine Freigabe wird nach vorheriger Prüfung die Nutzung von Daten und Informationen beispielsweise in Form von Dokumenten oder CAD-Modellen genehmigt. Freigaben können in mehreren Stufen erfolgen, um mehrere Personen an einer Freigabeprüfung zu beteiligen. Im Rahmen des Freigabemanagements werden die jeweiligen zur Freigabe bestimmten Daten und Informationen bzw. Objekte bestimmt, der Freigabeablauf und die darin erforderlichen Aktivitäten definiert sowie die Dokumentation einer Freigabe festgelegt. In einem Unternehmen können verschiedenen Freigabearten vorkommen, die sich je nach Komplexität des betrieblichen Ablaufs unterscheiden (z. B. Konstruktionsfreigabe, Fertigungsfreigabe, Serienfreigabe etc.) [1].

Mit einer Freigabe liegt ein für das Unternehmen gültiger Zustand eines Objektes vor. Vor dem Hintergrund der Versionierung wird mit einer Freigabe eine bestimmte Haupt-

---

[2] FMEA = Failure Mode and Effects Analysis = Fehler-Möglichkeits- und Einflussanalyse = Auswirkungsanalyse.

version bzw. eine Baseline für die weitere Verwendung im Produktentstehungsprozess genehmigt. Jede Änderung an freigegebenen Objekten erfordert erneut eine Freigabe. Daher ist das Freigabemanagement eng mit dem Änderungsmanagement verknüpft. In beiden Fällen muss eine Prüfung des Objektes mit einem jeweiligen Versionszustand durchgeführt werden, um eine Freigabe zu erhalten.

Eine Produktänderung ist in einem Fertigungsunternehmen ein nahezu alltäglicher Vorgang. Dabei sind unter anderem folgende Gründe für technische Änderungen verantwortlich [46]:

- Einhaltung von gesetzlichen Bestimmungen
- Veränderte Anforderungen seitens der Kunden
- Wertanalytische Vereinfachungen am Produkt
- Korrekturen von Fehlern in technischen Dokumenten

Unternehmen müssen gesetzliche Bestimmungen einhalten, um ihre Produkte überhaupt am Markt anbieten zu dürfen. Gerade im Bereich Umweltschutz werden immer wieder neue Gesetze verabschiedet, die beispielsweise den Einsatz giftiger Materialen verbieten. Der Kunde selbst ist ebenfalls ein Grund für Änderungen. Produkte werden in der Regel auf Basis von Kundenanforderungen entwickelt. Kundenanforderungen sind nicht statisch, vielmehr ändern Kunden ihre Anforderungen über den Zeitverlauf, wobei die Änderungsgeschwindigkeit und Richtung der Änderung ex ante nicht eindeutig vorhergesagt werden können. Im Unternehmen selbst werden ebenfalls Änderungen am Produkt motiviert, wenn beispielsweise durch eine vorangegangene Wertanalyse Produktänderungen zu sinkenden Materialkosten oder Ausschussraten führen. Selbst Korrekturen von Fehlern in technischen Dokumenten werden durch das Änderungsmanagement adressiert, obwohl dadurch keine Veränderung des physischen Produktes erfolgt. In Abb. 7.18 werden beispielhaft die Elemente eines lebenszyklusorientierten Änderungsmanagements aufgezeigt.

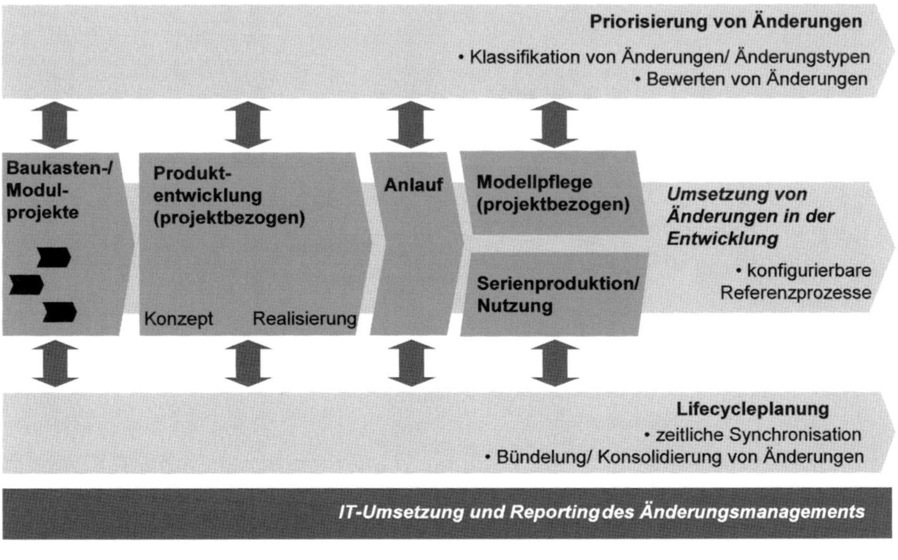

Abb. 7.18 Lebenszyklusorientiertes Änderungsmanagement

In einem ersten Schritt werden die Änderungen aufgenommen, thematisch klassifiziert und priorisiert. Anschließend wird der Änderungsumfang identifiziert. In diesem Zusammenhang wird erörtert, in welcher Phase eine Änderung durchzuführen ist, bzw. welche Folgeänderungen sich daraus ergeben. Der Vorgang der Produktänderung ist ein eigenständiger Prozess, dessen organisatorischer Ablauf viele Bereiche in einem Unternehmen miteinbezieht. Die Veränderung beispielsweise eines Bauteils betrifft neben der Veränderung des CAD-Modells eventuell die Betriebsmittelkonstruktion, die Arbeitsvorbereitung, die Fertigung, die Kalkulation, die Beschaffung, den Vertrieb oder andere Bereiche der Wertschöpfungskette. Daher ist es unerlässlich, den Änderungsprozess inklusive der Aktivitäten und Verantwortlichkeiten zu definieren. Schließlich findet eine zeitliche Priorisierung von Änderung statt, um beispielsweise Änderungen zu sammeln. Ziel ist es, nicht jede Änderung so schnell wie möglich, sondern eine Summe von Änderungen gleichzeitig umzusetzen. Vor dem Hintergrund von PLM lässt sich der Freigabe- und Änderungsprozess mithilfe einer IT-Lösung im Sinne eines Workflows abbilden koordinieren und steuern [46].

7.3.2.2 PLM-Funktionen als Bestandteil des PLM-Konzeptes

PLM verfolgt den Ansatz, Prozesse mithilfe von IT-Systemen effizienter und effektiver zu gestalten. Tatsächlich werden die einzelnen Tätigkeiten und Aktivitäten durch Funktionen unterstützt, die durch die IT realisiert werden. Daher gilt es in diesem Zusammenhang, verschiedenen Funktionen zu identifizieren, mit denen sich die Tätigkeiten und Aktivitäten innerhalb der einzelnen Prozesse unterstützen lassen.

Funktionen bilden einen wichtigen Baustein des PLM-Konzeptes. Der Begriff Funktion beschreibt in diesem Zusammenhang eine Tätigkeit bzw. Aktivität, die innerhalb von IT-Systemen durchgeführt wird. Im Rahmen der PLM-Konzepterstellung ist die Frage zu beantworten, welche Tätigkeiten und Aktivitäten durch Funktionen unterstütz werden können. Für die Beantwortung dieser Fragen lässt sich ein PLM-Funktionsmodell nutzen.

Das PLM-Funktionsmodell des Werkzeugmaschinenlabors WZL der RWTH Aachen wurde entwickelt, um die grundlegenden Funktionalitäten von PLM unterstützenden IT-Systemen aufzuzeigen und damit eine Orientierung über den möglichen Einsatz von IT zu geben (Abb. 7.19) [4]. Das PLM-Funktionsmodell besteht aus den Bereichen *Kerndatenmanagement, Produktdatenentstehung, Prozessmanagement* und *Systemintegration.*

Im Bereich Kerndatenmanagement werden Funktionen zusammengefasst, die in Prozessen zur Konzeption, Erstellung und Veränderung von produktbeschreibenden Daten und Informationen verwendet werden. Darunter fallen Funktionen für Prozesse im Rahmen der Produktplanung, der Produktstrukturierung, des Änderungs- und Konfigurationsmanagements sowie der CAD-Administration.

In einem weiteren Bereich werden Funktionen im Rahmen der *Produktdatenentstehung* aufgezeigt. Im Gegensatz zum Kerndatenmanagement werden hier Funktionen zur Unterstützung der gesamten Produktentstehung inklusive der Produktion verwendet. In diesem Zusammenhang lassen sich zwei Unterbereiche unterscheiden. Zum einen existieren Funktionen, die direkt mit der Produktion bzw. Wertschöpfung in der Verbindung

Abb. 7.19 Struktur des PLM-Funktionsmodells des Werkzeugmaschinenlabors WZL der RWTH Aachen [4]

stehen. Darunter fallen Funktionen für die Funktionsgruppen Fertigungsplanung sowie Beschaffung. Zum anderen werden diesem Bereich Funktionen zugeordnet, mit denen die Produktion bzw. Verfügbarkeit von Ressourcen sichergestellt wird. Dazu gehören Funktionen in den Funktionsgruppen Qualitätsmanagement, Dienstleistung/Wartung/Instandsetzung sowie Arbeitsschutz/Arbeitssicherheit.

Im *Prozessmanagement* werden Funktionen zusammengefasst, die zur Administration bzw. zur Verwaltung von Prozessen im Vordergrund verwendet werden. Häufig werden Prozesse in die Bereiche Managementprozesse, Kernprozesse und Unterstützungsprozesse unterteilt [24]. Während Kernprozesse zur Wertschöpfung beitragen und im Ergebnis für Kunden einen Wert generieren, besitzen die Ergebnisse von Management- und Unterstützungsprozessen keinen Wertbeitrag. Dennoch sind diese Arten von Prozessen notwendig, um Kernprozesse effektiv und effizient umzusetzen [50]. Vor diesem Hintergrund lassen sich das Projektmanagement, die Dokumentenverwaltung, das Controlling sowie die Kollaboration bzw. Zusammenarbeit durch verschiedene Funktionen unterstützen.

Schließlich umfasst der Bereich der *Systemintegration- und -management* alle Funktionen, mit denen sich der Austausch von Daten und Informationen realisieren lassen. Dazu gehören vor allem Funktionen, die eine Übersetzung zwischen Datenformaten durchführen bzw. Daten in neutrale Datenformate übersetzen können. In diesem Zusammenhang gilt es, im jeweiligen Prozessschritt Schnittstellen zu definieren, über die Daten und Informationen ausgetauscht werden sollen.

Die Anwendung des PLM-Funktionsmodells erfolgt durch Zuordnung von Prozessen zu Funktionsgruppen. Aus der Zuordnung wird deutlich, welche Funktionsgruppen im PLM-Konzept bzw. innerhalb der PLM-Prozesse benötigt werden (Abb. 7.20).

Mit Kenntnis der Funktionsgruppen können im Anschluss IT-Systeme ausgewählt werden, die den geforderten Funktionsumfang abbilden. Doch bevor die Auswahl des IT-Systems und die Definition der IT-Architektur zur Umsetzung des PLM-Konzeptes durchgeführt werden können, müssen die Informationen festgelegt werden, die den Funktionen als Eingangs- und Ausgangsgrößen dienen.

7.3.2.3 PLM-Informationen als Bestandteil des PLM-Konzeptes

7

Die Informationen bilden den letzten Baustein im PLM-Konzept. Informationen werden in diesem Zusammenhang als strukturierte Daten verstanden, die in einem bestimmten Kontext eine Bedeutung besitzen [51]. Daher sollen für dieses Kapitel die Begriffe Daten und Informationen synonym verwendet werden. Die Identifikation von Informationen für das PLM-Konzept folgt auf Basis der PLM-Funktionen. Für jede Information im PLM

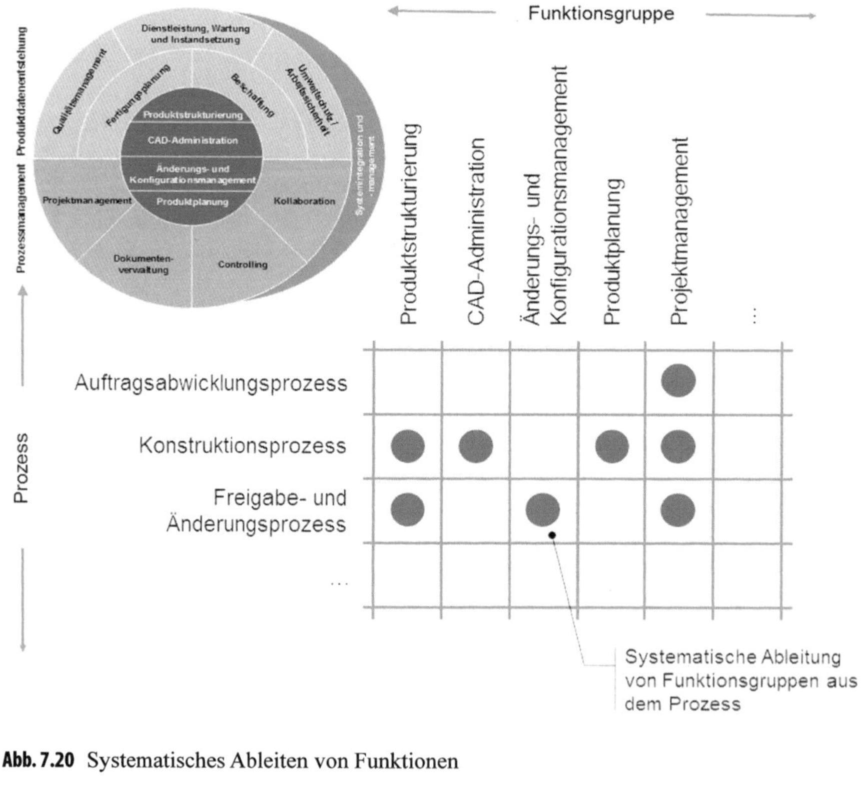

Abb. 7.20 Systematisches Ableiten von Funktionen

muss eine Analyse hinsichtlich der drei nachfolgenden Punkte durchgeführt werden, um im nächsten Schritt eine passende IT-Architektur definieren zu können:

- Nutzungsgrad
- Vernetzungsgrad
- Änderungsgeschwindigkeit

Mit dem *Nutzungsgrad* wird aufgezeigt, wie oft eine Information in verschiedenen PLM-Prozessen und PLM-Funktionen als Eingangsinformation genutzt wird. Die häufige Nutzung von Informationen hat großen Einfluss auf die Gestaltung der IT-Architektur bzw. auf die Auswahl der jeweiligen IT-Systeme zur Umsetzung der definierten PLM-Funktionen. Mit der Auswahl des IT-Systems wird in der Regel das Dateiformat festgelegt, in dem die Informationen abgespeichert werden. In diesem Zusammenhang lässt sich zwischen proprietären und offenen Dateiformaten unterscheiden. 3D-CAD Modelle werden in der Regel in proprietären Dateiformaten abgespeichert. Die Nutzung dieser Dateien in IT-Systemen anderer Hersteller ist häufig nicht ohne erheblichen Aufwand möglich. Soll das 3D-CAD-Modell beispielsweise in Simulationen genutzt werden, muss die Simulationssoftware im Allgemeinen von demjenigen Softwarehersteller bezogen werden, der bereits das CAD-System liefert. Auch wenn die Möglichkeit besteht, das 3D-CAD Modell in neutrale Dateiformate zu übersetzen bzw. zu konvertieren, lassen sich aus technischen Gründen bei der Konvertierung nicht alle Information übertragen. Folglich können nicht alle Informationen des 3D-CAD-Modells in anderen IT-Systemen genutzt werden. Schließlich wird in diesem Beispiel deutlich, wie mit der Information bzw. mit der Auswahl des IT-Systems die Gestaltung der IT-Architektur eingeschränkt bzw. bestimmt wird.

Ein weiterer Punkt ist die Verfügbarkeit der Daten und die Vermeidung von Redundanzen. Wenn Informationen häufig genutzt werden, muss sichergestellt werden, dass stets die aktuellste Version der Information zur Verfügung gestellt wird. Diese Anforderung bedingt, dass Informationen nicht redundant bzw. mehrfach im Unternehmen vorliegen dürfen. Im Sinne des „Single Source of the Truth"-Ansatzes müssen folglich Möglichkeiten gefunden werden, um diese Anforderung zu realisieren.

Mit dem *Vernetzungsgrad* werden die Abhängigkeiten von Informationen untereinander adressiert. Informationen dienen einem Prozess oder einer Funktion als Eingangsgröße und liefern eine oder mehrere Ausgangsgrößen. Die Ausgangsgrößen dienen in der Regel weiteren Prozessen und Funktionen als Eingangsgrößen. So wird beispielsweise das CAD-Modell aus dem Konstruktionsprozess für Simulationen oder für die Erstellung des NC-Programms genutzt. Eine Veränderung des CAD-Modells wirkt sich auf die Simulationsergebnisse bzw. auf das NC-Programm aus. Daher müssen die Informationen mit einem hohen Vernetzungsgrad mithilfe der IT zueinander in Beziehung gesetzt werden, um die jeweiligen Veränderungen aufzuzeigen bzw. betroffene Informationen im Falle von Änderungen zu sperren. Dies bedeutet, dass die IT-Architektur eine Vernetzung der jeweiligen Informationen realisieren muss.

Mit der *Änderungsgeschwindigkeit* wird beschrieben, wie oft sich Informationen im Zeitverlauf verändern. Eine Veränderung kann zum einen extern bedingt sein. Dies ist der Fall, wenn beispielsweise im Rahmen des Änderungsmanagements Modifikationen vorgenommen werden. Zum anderen ergeben sich Änderungen aus dem Arbeitsfortschritt, wie im Falle der Bauteilkonstruktion. In beiden Fällen müssen die Änderungen dokumentiert werden, um die beiden Versionsstände nachvollziehen zu können. In diesem Zusammenhang ist zu entscheiden, wann eine Änderung zu einer neuen Version führt. In Verbindung mit dem Vernetzungsgrad muss eine hohe Integration der verschiedenen IT-Systeme vorliegen, um den Einfluss von Änderungen transparent identifizieren und richtig antizipieren zu können.

Mit dem Nutzungsgrad, dem Vernetzungsgrad sowie der Änderungsgeschwindigkeit wird deutlich, welche Implikationen sich aufgrund der Wahl von Informationen für die IT-Architektur ergeben. Insbesondere der Vernetzungsgrad in Verbindung mit der Änderungsgeschwindigkeit stellt hohe Anforderungen an die IT-Architektur, da in diesem Fall eine hohe Durchgängigkeit der jeweiligen Informationen für die verschiedenen Applikationen zu gewährleisten ist. Nicht immer erfüllen die verschiedenen Applikationen eines Softwareherstellers die Anforderungen hinsichtlich der zu erbringenden Funktionen. So gilt es zu entscheiden, inwieweit auf die fehlende Funktionalität im PLM-Konzept zugunsten von Datenkonsistenz verzichtet werden kann.

Insgesamt wird deutlich, dass die Erarbeitung des PLM-Konzeptes ein iterativer Prozess ist, der sich von den PLM-Prozessen über die PLM-Funktionen bis zu den PLM-Informationen erstreckt und maßgebliche Implikationen für die Gestaltung der PLM-IT-Architektur mit sich bringt. Dabei werden mit dem PLM-Konzept die Rahmenbedingungen sowie Anforderungen für die PLM-IT-Architektur definiert. Im Folgenden wird auf die Gestaltung einer IT-Architektur für das PLM näher eingegangen.

7.3.3 Gestaltung von IT-Architekturen für das PLM

Jedes Unternehmen verfügt über eine IT-Architektur, die mindestens implizit bekannt ist [52]. Im Allgemeinen wird die IT-Architektur von Beginn an nur selten systematisch definiert. Vielmehr bildet die IT-Architektur das Ergebnis von IT-Investitionen, die über mehrere Perioden und im Zusammenhang mit unterschiedlichen Applikationen getätigt wurden. IT-Architekturen sind daher oftmals heterogen, unflexibel und eher zufällig gewachsen. Daraus folgend ist die Wartung, Pflege und Entwicklung dieser IT-Architekturen häufig mit hohen Kosten verbunden und die mangelnde Integrationsfähigkeit steht der Forderung nach ganzheitlicher und effizienter Unterstützung von Prozessen entgegen [53].

7.3.3.1 PLM-IT-Architekturtypen im Unternehmen

Die IT-Architektur beschreibt die in einem Unternehmen existierenden IT-Infrastrukturen, die IT-Applikationen sowie deren Schnittstellen [54]. Mit der Einführung von IT in Unternehmen stand die Funktionalität des einzelnen Systems im Fokus. In diesem Zusammenhang wurde die Frage beantwortet, inwieweit das betreffende IT-System die Tätigkeiten und Aktivitäten innerhalb der einzelnen Prozesse und Prozessschritte sinnvoll unterstützt. Heute bieten IT-Systeme eine Vielzahl von Funktionalitäten an, sodass die Unterstützung des betreffenden Anwendungsfalls in der Regel sichergestellt ist. Die Entscheidung für ein

IT-System hängt vielmehr entscheidend von den Möglichkeiten des IT-Systems ab, sich in die Informationsinfrastruktur des Unternehmens integrieren zu können [55]. Besonders die zunehmende Möglichkeit der Vernetzung von IT-Systemen hat zu dieser neuen Sichtweise beigetragen [54].

Das Aufsetzen einer IT-Architektur ist kein Selbstzweck. Das Ziel liegt in der Bereitstellung einer IT-Infrastruktur, die einen fortlaufenden und zuverlässigen IT-Betrieb gewährleistet und dabei gleichzeitig die Prozesse im Unternehmen optimal unterstützt [54]. Mit der Festlegung der IT-Architektur findet eine Definition von Rahmenbedingungen für den Einsatz von IT-Systemen statt. Sie bildet damit die Grundlage, um die IT im Unternehmen zu gestalten [54].

Die Möglichkeiten zur Gestaltung einer IT-Architektur haben sich im Zeitverlauf verändert. Die PLM-IT-Architektur unterteilt sich grundlegend in folgende drei Schichten (Abb. 7.21):

- Datenhaltungsschicht
- Applikationsschicht
- Präsentationsschicht

In der Datenhaltungsschicht findet die Verwaltung und Pflege von Daten statt. In diesem Zusammenhang kommen Datenbanken sowie Funktionen zur Verwaltung der Dateien zu Einsatz. In der Regel werden Datenbanken nicht mehr eigenständig entwickelt, vielmehr werden kommerzielle Datenbanksysteme verwendet. Im Rahmen von PLM wird entschieden, welches Datenbankkonzept eingesetzt werden soll. Das Datenbankkonzept legt fest,

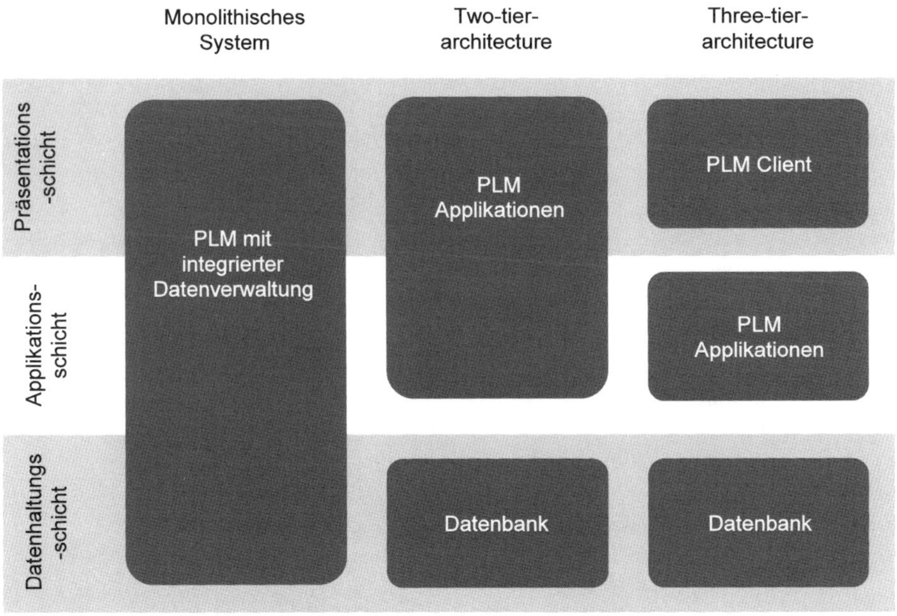

Abb. 7.21 PLM-IT-Architekturkonzepte [1]

wie Daten abgelegt und miteinander in Beziehung gesetzt werden. Heute kommen vor allem relationale Datenbanken und objektorientierte Datenbanken zum Einsatz [1]. In der Applikationsschicht findet die eigentliche Verarbeitung der Daten statt. In dieser Schicht wird die Logik hinterlegt, wie die Daten bzw. Objekte aus der Datenhaltungsschicht transformiert werden, um in den jeweiligen Tätigkeiten und Aktivitäten sinnvoll verwendet werden zu können. Die Logik wird mithilfe von PLM-Funktionen hinterlegt. Die Visualisierung von CAD-Modellen ist beispielsweise eine Funktion, die im Bereich der Applikationsschicht angesiedelt ist. Durch die Visualisierungsfunktion müssen nicht mehr die großvolumigen nativen Dateien der CAD-Modelle zur Visualisierung auf den eigenen Computer geladen werden. Vielmehr werden die nativen Dateien der CAD-Modelle durch eine entsprechende Funktion in ein Format konvertiert, dass mit geringem Datenvolumen das entsprechende CAD-Modell visualisiert. Das Ergebnis der Visualisierung wird schließlich an die Präsentationsschicht weitergegeben. Die Präsentationsschicht bildet die Schnittstellen zum Anwender. In dieser Schicht erfolgt die Aufbereitung und Abbildung des Transformationsergebnisses, auf einem Computerbildschirm oder theoretisch auf jedem anderen Anzeigegerät (z. B. Mobiltelefon) [1].

Zu Beginn der Einführung von IT im Unternehmen lagen ausschließlich monolithische Anwendungen vor (Abb. 7.21). Diese Anwendungen waren durch eine geschlossene Applikation gekennzeichnet, die alle drei Schichten eigenständig abbildet [1]. Die eigene Datenbank verhinderte, dass andere Applikationen auf die Daten zugreifen konnten. Weiterhin standen die PLM-Funktionen nur einem Anwender zur Verfügung. Jedem weiteren Anwender musste eine eigene Applikation zur Verfügung gestellt werden. Schließlich ließen sich die Ergebnisse der PLM-Funktion nur auf eine definierte Art aufbereiten. Eine weitere Aufbereitung der Ergebnisse war nur durch Einsatz einer weiteren Applikation möglich. Der größte Nachteil dieser Art von IT-Architektur lag in der fehlenden Datenkonsistenz, die aufgrund der fehlenden Trennung von PLM-Funktion und Datenbank nicht sichergestellt werden konnte. So muss jedes Datenobjekt, das in anderen Applikationen benötigt wurde, den Datenbanken der anderen Applikationen übergeben werden. Im Moment der Übergabe lagen zwei Versionen des Datenobjektes mit demselben Inhalt vor. Damit ging die Eindeutigkeit des Datenobjektes und schließlich die Datenkonsistenz verloren.

Erst seit Ende der 80er Jahre ist es auf Basis relationaler Datenbanken möglich, die Datenorganisation von der Applikation zu trennen [1]. Die Trennung bewirkt, dass verschiedene Applikationen bzw. PLM-Funktionen auf eine einzige Datenbank zugreifen können. Der Austausch von Datenobjekten erfolgt daher nicht mehr durch Übergabe eines Datenobjektes von einer Datenbank zu einer anderen. Auf diese Weise lässt sich für die jeweiligen PLM-Funktionen Datenkonsistenz sicherstellen. Diese Art der IT-Architektur wird als sogenannte Two-tier-architecture bezeichnet.

Heute sind sogenannte Client-Server Strukturen möglich, um die Präsentationsschicht ebenfalls von der Applikationsschicht zu entkoppeln. Die Entkopplung beider Schichten hat zwei wesentliche Vorteile. Zum einen lassen sich die Daten aus den PLM-Funktionen für den jeweiligen Anwender anforderungsgerecht aufbereiten und zum anderen müssen weniger Kosten in Hardware investiert werden. Jeder Anwender nutzt PLM-Funktionen für einen bestimmten Zweck. Die Two-tier-architecture lässt die Nutzung einer PLM-Funktion nur unter Nutzung der spezifischen Applikation zu. So muss der Anwender verschiedene Applikationen bedienen, um verschiedene PLM-Funktionen nutzen zu können.

Mit Trennung beider Schichten ist es möglich, die PLM-Funktionen von verschiedenen Applikationen zu nutzen, ohne auf die verschiedenen Applikationen aktiv zugreifen zu müssen.

Durch die Trennung der Schichten lassen sich Kosten für Hardware reduzieren. Zur Umsetzung von PLM-Funktionen werden leistungsfähige Computer benötigt, mit denen die PLM-Funktionen bzw. die Berechnungen ohne signifikanten Zeitverzug ausgeführt werden können. Liegt keine Trennung von Applikationsschicht und Präsentationsschicht vor, muss jeder Anwender über einen eigenen leistungsfähigen Computer verfügen. Eine Trennung der Schichten bewirkt, dass nur ein zentraler leistungsfähiger Computer zur Ausführung der jeweiligen PLM-Funktionen benötigt wird, während beim Anwender wenig leistungsfähigere Computer eingesetzt werden können. Die Trennung aller drei Schichten wird als Three-tier-architecture bezeichnet [1].

Mit dem PLM-IT-Architekturtyp wird festgelegt, in welcher Struktur die verschiedenen IT-Systeme vorliegen sollen. Im Rahmen der Entscheidung muss die unternehmenseigene IT-Struktur ebenfalls in die Betrachtung miteinbezogen werden. In einigen Fällen ergibt sich durch PLM-Projekte die Gelegenheit, die unternehmenseigene IT-Architektur zu überdenken und gegebenenfalls zu reorganisieren. In wieweit die unternehmenseigene IT-Architektur verändert werden muss, beeinflusst die Wahl des PLM unterstützenden IT-Systems. Im Folgenden sollen die verschiedenen Arten vorgestellt werden.

7.3.3.2 Klassifizierung von PLM unterstützenden IT-Systemen

PLM unterstützende IT-Systeme lassen sich auf zwei unterschiedliche Arten klassifizieren. Zum einen erfolgt die Klassifizierung nach dem Ursprung und Betrachtungsfokus und zum anderen nach dem Standardisierungsgrad [3]. Mit der Klassifizierung nach Ursprung und Betrachtungsfokus wird deutlich, aus welchen originären Anwendungsbereichen sich das jeweilige PLM unterstützende IT-System entwickelt hat. In Abb. 7.22 werden die fünf Klassen abgebildet.

Klassische PLM unterstützende IT-Systeme gehen auf die Entwicklung von PDM-Systemen zurück. Dabei steht das Produkt bzw. die Produktstruktur im Mittelpunkt. Diese Klasse von PLM unterstützenden IT-Systemen zeichnen sich durch eine hohe Flexibilität und Konfigurierbarkeit aus.

CAD-orientierte IT-Systeme zielen vorwiegend auf die Verwaltung, Pflege und Archivierung von CAD-Dateien. Die Systeme verfügen über Funktionen und Schnittstellen, die auf ein bestimmtes CAD-System abgestimmt sind. Sie stammen in der Regel von CAD-Softwareanbietern. ERP-orientierte IT-Systeme basieren auf einem Prozessmodell, das auf die Verwaltung logistischer und kommerzieller Daten fokussiert ist. Da Prozesse in unterschiedlicher Form vorliegen können, zeichnen sich diese PLM unterstützenden IT-Systeme ebenfalls durch hohe Flexibilität und Konfigurierbarkeit aus [3]. Dokumentenorientierte PLM unterstützende IT-Systeme gehen auf Dokumentenmanagement-Systeme zurück und fokussieren die Verwaltung, Pflege und Archivierung von Dokumenten. Diese IT-Systeme wurden erweitert, um zusätzliche Aufgaben entlang des Produktlebenszyklusses wahrzunehmen, wobei der Fokus auf Dokumenten bestehen bleibt. Schließlich stellen

Klassen	Ursprung	Fokus
Klassisch	PDM-System-entwicklung	▪ Produktstruktur ▪ Lifecycle Management
CAD-orientiert	CAD-System-entwicklung	▪ CAD-Modellmanagement für Projektteams ▪ Integration mit CAD/DMU
ERP-orientiert	ERP-System-entwicklung	▪ Integration mit kommerziellen Produktdaten
Dokumenten-orientiert	DM-System-entwicklung	▪ Integration unternehmensübergreifender Dokument ▪ Archiv-Management
SCM-orientiert	SCM-System-entwicklung	▪ Kunden-/Zuliefer-Management ▪ Internet-Integration

ERP = Enterprise Resource Planning
DM = Document Management
SCM = Supply Chain Management
DMU = Digital Mock-Up
CAD = Computer Aided Design
PDM = Product Data Management
PLM = Product Lifecycle Management

Abb. 7.22 PLM- unterstützende IT-Systeme nach dem Ursprung [3]

SCM-orientierte PLM unterstützende IT-Systeme die Kunden und Zulieferer in den Mittelpunkt. Dabei wird eine Funktionslandschaft angeboten, die vor allem die Zusammenarbeit entlang des Produktlebenszyklus mit Unternehmensexternen sowie die Kommunikation unterstützt.

Eine weitere Möglichkeit der Klassifikation von PLM unterstützenden IT-Systemen liegt im Standardisierungsgrad (Abb. 7.23). Der Standardisierungsgrad steht für die Höhe des Aufwandes zur Anpassung eines PLM unterstützenden IT-Systems an den jeweils geforderten Verwendungszweck bzw. Anwendungsfall. Schlüsselfertige PLM unterstützende IT-Systeme (Turn-key Systeme) zeichnen sich dadurch aus, dass ein hoher Anteil der Funktionslandschaft standardisiert ist und nur geringfügig angepasst werden kann bzw. muss. Die Vorteile zeigen sich in geringeren Einführungskosten und es vergeht weniger Zeit, bis das PLM unterstützende IT-System nutzbar ist. Nachteile zeigen sich darin, dass Prozesse an die IT angepasst werden müssen, um die Vorteile der IT-Unterstützung überhaupt nutzen zu können.

Im Gegensatz zu schlüsselfertigen IT-Lösungen lassen sich PLM-Toolbox-Systeme flexibel an unterschiedliche Aufgabenstellungen anpassen. Bestehende Prozesse lassen sich weiterhin nutzen und durch die IT-Unterstützung effizienter gestalten. Der Preis für die hohe Flexibilität zeigt sich in hohen Kosten und Zeiten für die Anpassungen.

Ein ausgewogenes Maß an Anpassung und Standardfunktionen bieten schlüsselfertige Toolbox-Systeme. Diese Systemart beinhaltet in der Regel branchenspezifische vorkonfigurierte Komponenten, die sowohl auf den Prozess wie auch auf die jeweils benötigte Funktionalität angepasst wird. Der Aufwand für Anpassungen fällt geringer als bei reinen Toolbox-Systemen aus.

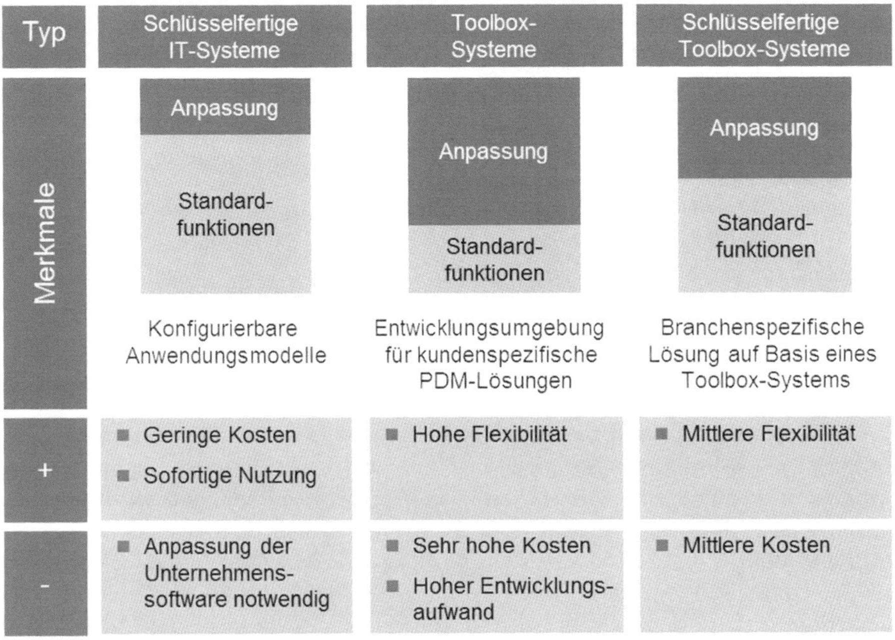

Abb. 7.23 PLM unterstützende IT-Systeme nach dem Standardisierungsgrad [3]

Die Auswahl einer geeigneten PLM-Lösung hängt letztlich von der PLM-Strategie sowie von den definierten PLM-Funktionen und -Informationen ab. Weiterhin gilt es die bestehende IT-Architektur in die Betrachtung mit einzubeziehen. Der Trend wird sich in Zukunft dahin entwickeln, dass immer mehr standardisierte Systeme verwendet werden. Besonders KMU nehmen diesen Weg, um Kosten für die Anpassung der PLM-Lösung zu vermeiden. Die Softwarehersteller versuchen nun durch neue Architekturkonzepte die Flexibilität ihrer IT-Systeme zu erhöhen (z. B. durch Service Oriented Architecture, SOA oder Software as a Service, SAAS). Ein Ansatz hat sich bisher nicht durchsetzen können.

7.4 Vorgehen zur PLM-Umsetzung

Im vorangegangenen Kapitel wurden bereits einige der besonderen Herausforderungen aufgeführt, denen sich ein Unternehmen bei der Einführung einer PLM- Lösung stellen muss. PLM-Projekte greifen sehr tief in die Abläufe und Strukturen eines Unternehmens ein und betreffen viele Unternehmensbereiche bzw. Mitarbeiter. Als „einmalige" Aktivität müssen sie häufig neben dem laufenden Tagesgeschäft durchgeführt werden. Den in das PLM-Projekt eingebundenen Mitarbeitern fehlt oft die Erfahrung, um die verschiedenen Fragestellungen, die ein PLM-Projekt mit sich bringt, sicher zu beantworten. Gleichzeitig belasten PLM-Auswahl und -Einführung die Personalkapazität in einem Maße, das zumeist völlig unterschätzt wird.

Das Risiko eines PLM-Projektes lässt sich an drei Aspekten festmachen:

- Erreichung der inhaltlichen Zielsetzung,
- Einhaltung von Terminplanung und Kapazitätsbudgets und
- Einhaltung des Investitionsbudgets

Anhand von Studien lässt sich nachweisen, dass Software-Projekte generell zu den riskanten Aufgaben eines Unternehmens zählen. So geben z. B. bis zu 85 % der in einer Studie zum Erfolg von ERP-Projekten befragten Unternehmen an, dass sie ihre inhaltlichen Projektziele nicht erreicht haben. Gravierende Probleme führen bei ca. 28 % der ERP-Projekte sogar zum Abbruch [4]. In diese Zusammenhang zeigt Abb. 7.24 ein annonymisiertes Beispiel der Kostenüberschreitung eines PLM-Projektes bei einem Unternehmen des Maschinenbaus.

7

Das anonymisierte Beispiel lässt deutlich erkennen, dass in den ursprünglich geplanten Kosten (linke Säule in der rechten Bildhälfte) insbesondere die Personentage für das Customizing des Systems deutlich zu gering angesetzt wurden. Dies charakterisiert PLM-Umsetzungsprojekte oftmals: Während Lizenz- und Hardware-Kosten gut abschätzbar sind, wird der Aufwand für die unternehmensspezifische Anpassung der PLM-unterstützenden IT-Lösung oftmals drastisch unterschätzt. Der Umstand, dass PLM-Einführungsprojekte bisher in Dauer und Kosten die geplanten Ziele regelmäßig signifikant verfehlen, liegt hierin begründet.

Ein wesentlicher Schlüssel zur Vermeidung dieses Effektes liegt ganz im Sinne des „Frontloading" in einem systematischen und gründlich durchlaufenen PLM-Konzeptions-,

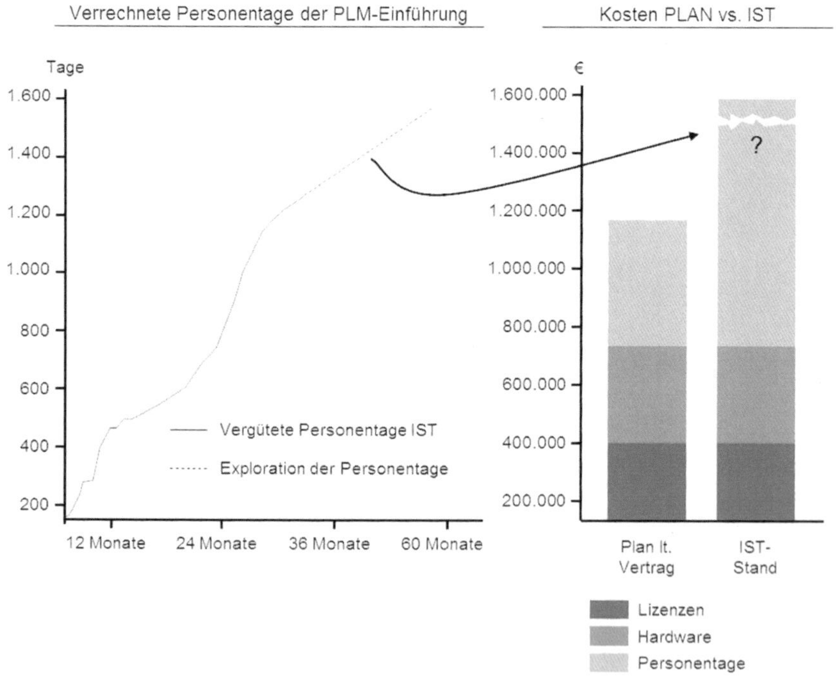

Abb. 7.24 Kostenüberschreitung bei einem Unternehmen aus dem Maschinenbau

Auswahl- und Einführungsprozess. In Abb. 7.25 sind die acht elementaren Projektschritte für die Auswahl einer IT-Lösung zur Umsetzung von PLM abgebildet.

Zur Gewährleistung eines sicheren Projektverlaufs ist ein konsequentes Projektmanagement unerlässlich. Da PLM-Projekte nicht zum Tagesgeschäft gehören, verfügen nur wenige Unternehmen über die Erfahrung und Expertise, die für eine sichere Projektdurchführung erforderlich ist. Unternehmen müssen sich diese Expertise in der Regel im konkreten Projektfall „erarbeiten" – entweder eigenständig oder mit der Unterstützung einer auf PLM-Projekte spezialisierten Unternehmensberatung. Gerade bei sehr komplexen Projekten (viele Standorte, PLM-Arbeitsplätze und/oder Unternehmensbereiche) oder bei sehr wenig Erfahrung im Umgang mit PLM-Lösungen und -Anbietern ist die Einbindung einer anbieterunabhängigen Unternehmensberatung dringend zu empfehlen. Neben einem reduzierten Projektrisiko amortisieren sich meist die zusätzlichen Beratungskosten schon durch den geringeren Aufwand bei der Projektbearbeitung. Aufgrund ihrer Marktkenntnis gelingt es spezialisierten Beratern darüber hinaus häufig, bessere Vertragskonditionen mit den PLM-Anbietern zu verhandeln.

Nachfolgend wird der Ablauf einer PLM-Auswahl von der Projekteinrichtung über die Lastenhefterstellung, Marktrecherche und Ausschreibung bis hin zur Verhandlung eines Vertrags über die Implementierung und Wartung einer PLM-Lösung erläutert.

7.4.1 Schritt 1: Projekteinrichtung

Im Rahmen der Projekteinrichtung sind verschiedene grundlegende Entscheidungen zu treffen. Zu Beginn des Projektes sollten zunächst die Projektziele festgelegt und der Betrachtungsbereich des PLM-Projektes abgesteckt werden. Dies gilt nicht zuletzt für Unternehmen, die erstmalig den breiteren Einsatz einer PLM-Lösung anstreben. Soweit vorhan-

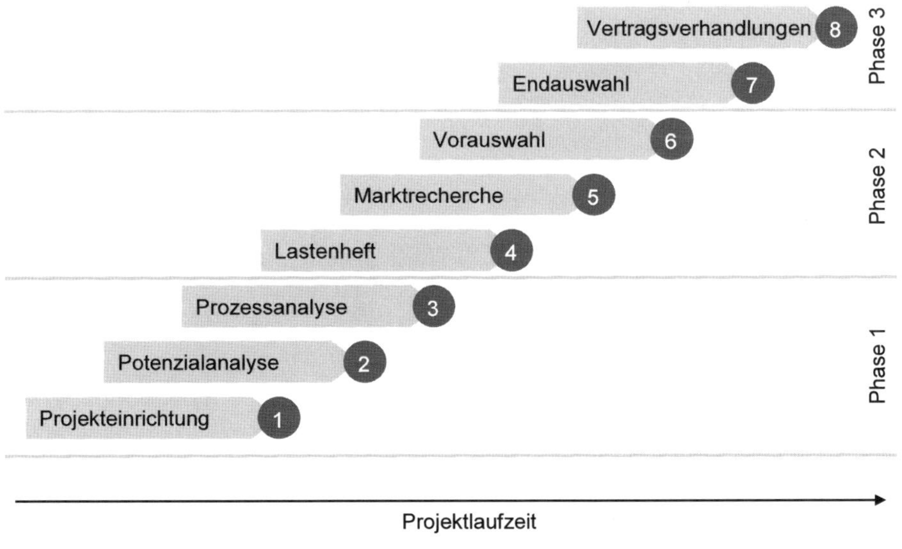

Abb. 7.25 Projektschritte zur Softwareauswahl für das PLM

den, bietet sich zur Festlegung von Projektzielen und Randbedingungen die IT-Strategie als ein übergeordneter Gestaltungsrahmen an.

Vielfach wird mit der Einführung einer neuen PLM-Lösung die Optimierung von Abläufen und Geschäftsprozessen verfolgt. Sehr oft zielt die PLM-Einführung auch auf einen schnelleren Zugriff, auf bessere Informationen sowie eine verbesserte Kommunikation innerhalb der Entwicklungsteams ab. Größere Unternehmen mit sehr umfassenden IT-Infrastrukturen verfolgen zunehmend auch das Ziel, die Software-Landschaft zu vereinheitlichen und den IT-Betrieb kostengünstiger zu gestalten. Bei der Erreichung dieser Projektziele kommt dem Projektmanagement und der Vorgehensweise bei der PLM-Auswahl und -Einführung besondere Bedeutung zu.

Wichtige Voraussetzung für ein wirksames Projektmanagement ist die Auswahl geeigneter Teammitglieder. Da PLM-Projekte einen großen Einfluss auf viele Unternehmensbereiche haben, muss das Projektteam die Anforderungen aus allen betroffenen Bereichen in die Projektarbeit einbringen können. Das Kernteam umfasst im klassischen Mittelstand ca. zwei bis sechs Personen, die zeitweise themenbezogen durch weitere drei bis sechs Personen unterstützt werden. Der anfallende Aufwand, z. B. für Datenaufbereitung, Organisations- und Systemanpassungen oder auch die Schulung der Softwareanwender, wird dabei oftmals unterschätzt. Er beläuft sich bei Mitgliedern des Kernteams schnell auf 40–60 % der Personalkapazität – bei erheblichen Schwankungen über die einzelnen Projektphasen.

Die erste Aufgabe, die das eingesetzte Projektteam in aller Regel zu bewältigen hat, ist die Definition eines Projekt- bzw. Zeitplans und des damit verbundenen internen Aufwands sowie die Ermittlung des benötigten Budgets. Da gerade für den PLM-Bereich entsprechende repräsentative Erfahrungswerte fehlen, fallen Projektplanung und Abschätzung des Budgets nicht leicht. Anhaltspunkte liefern Untersuchungen für ERP-Projekte, die im Hinblick auf die Komplexität ähnlich gelagert sind. Nach eigenen Angaben benötigen kleinere Anwenderunternehmen durch die Vorbereitung und Umsetzung der ERP-Einführung durchschnittlich etwa sechs bis zehn Monate, wobei diese Werte erheblichen Schwankungen von Projekt zu Projekt unterliegen. Bei Unternehmen über 500 Mitarbeitern liegt die Spanne fast doppelt so hoch. Diese Abhängigkeit von der Unternehmensgröße ist angesichts der unterschiedlichen Projektkomplexität leicht nachzuvollziehen. Auffällig ist jedoch, wie stark die Projektdauer selbst bei ähnlicher Unternehmensgröße von Fall zu Fall schwankt. Während sich ca. 65 % der Projekte in einem überschaubaren Zeitfenster rund um die durchschnittliche Bearbeitungsdauer bewegen, landen ca. 35 % der Projekte bei der doppelten bis dreifachen Projektlaufzeit [4].

Auch die finanziellen Aufwände unterliegen ähnlichen Schwankungen. Nach Angaben der befragten Unternehmen liegen die Kosten für Softwarelizenzen und -Implementierung ohne Hardwareinvestition im Durchschnitt bei ca. 5.000 € je ERP-Arbeitsplatz. Bei der Ermittlung der Kosten sollten neben den zu erwartenden externen Kosten auch die internen Aufwände ausgewiesen werden [4].

7.4.2 Schritt 2: Potenzialanalyse

Im zweiten Schritt werden die Schwachstellen und Potenziale ermittelt. Nachdem die Effizienzsteigerungspotenziale identifiziert wurden, sollten sich die Projektverantwortlichen

– wie bei jedem klassischen IT-Beschaffungsvorgang – einen ersten Überblick über den Anbieter- bzw. Systemmarkt verschaffen.

Im Gegensatz zu klassischen Investitionsvorhaben – z. B. im Bereich von Produktionsanlagen – zeichnet sich der PLM-Markt jedoch durch eine große Vielfalt potenzieller Softwarelieferanten aus. Allein im deutschsprachigen Raum werden – je nach Interpretation des Begriffs – zwischen 50 und 100 PLM-Produkte angeboten, die sich angesichts sehr unterschiedlicher Leistungsumfänge z. T. kaum miteinander vergleichen lassen.

Um hier einen Überblick zu bekommen, können die unterschiedlichsten Informationsquellen genutzt werden. Neben ausgewiesenen Marktübersichten wie dem z. B. Marktspiegel Business Software PLM/PDM[3] bilden auch in der heutigen Zeit Fachzeitschriften ein bewährtes Medium zur Vertiefung des Themas. Insbesondere aus Berichten von Unternehmen, die bereits entsprechende Projekte durchgeführt haben, können gut eigene Schlussfolgerungen abgeleitet werden.

Eine weitere häufig genutzte Informationsquelle ist das Internet. Allerdings bieten die Ergebnislisten der großen Suchmaschinen in der Regel keine befriedigende Informationstransparenz. Zwar hat nahezu jeder potenzielle Anbieter sein Produkt- und Dienstleistungsangebot auf seiner Homepage veröffentlicht, es ist aber zeitaufwendig und schwierig, die entscheidenden Informationen zu finden. Spezialisierte Such- und Rechercheplattformen, wie z. B. der IT-Matchmaker® der Trovarit AG, können hier Unterstützung leisten. Hierbei können mittels eines individuellen Suchprofils infrage kommende Systeme und Anbieter identifiziert werden. Ein wesentlicher Vorteil solcher Werkzeuge ist die Vergleichbarkeit der Ergebnisse, da die gesuchten Informationen strukturiert gegenübergestellt werden.

Während im Internet und in Fachpublikationen schnell und anonym Informationen bezogen werden können, besteht insbesondere auf den großen Fachmessen (CeBIT und Hannover Messe im Frühjahr sowie CAT.PRO und SYSTEMS im Herbst) die Möglichkeit, einen ersten persönlichen Eindruck von PLM-Software und -Anbietern zu erhalten. Die gleiche Möglichkeit bietet eine Vielzahl kleinerer Fachtagungen und Kongresse, auf denen man in komprimierter Form mit mehreren PLM-Anbietern sprechen und einen ersten Eindruck von den PLM-Lösungen erhalten kann.

7.4.3 Schritt 3: Prozessanalyse

Im Rahmen der Prozessanalyse werden bestehende Unternehmensstrukturen und -prozesse erfasst, organisatorische Schwachstellen und ihre Ursachen identifiziert sowie gegebenenfalls erste Verbesserungsmaßnahmen eingeleitet. Da allein die Einführung einer Softwarelösung kein Patentrezept zur Beseitigung organisatorischer Probleme darstellt, wird so vermieden, dass durch die Einführung einer Softwarelösung Schwachstellen unter Umständen noch gefestigt werden.

Letztlich stellt die PLM-unterstützende Softwarelösung ein Werkzeug zur Unterstützung der Entwicklungs- und Geschäftsprozesse dar. Unabhängig von der Notwendig-

[3] Siehe [4].

keit, betriebliche Strukturen anzupassen, dient die Prozessanalyse daher dazu, eine solide Grundlage für die Formulierung der Anforderungen an eine Softwarelösung zu schaffen.

Zur Reduzierung des Aufwandes für die Prozessanalyse hat es sich bewährt, auf sogennante Referenzmodelle zurückzugreifen. Referenzmodelle enthalten typische Unternehmensprozesse und/oder -aufgaben, die auf Basis einer Vielzahl von ähnlichen Prozessen bzw. Aufgaben abgeleitet wurden. Bei der Analyse der Unternehmensabläufe ohne Referenzmodell müssen im Rahmen der Prozessaufnahme alle relevanten Prozessschritte eigenständig identifiziert und dokumentiert werden – eine Aufgabe, die nur mit entsprechender Erfahrung in überschaubarer Zeit erfüllt werden kann. Bei der Prozessanalyse unter Zuhilfenahme von Referenzmodellen werden die unternehmensspezifischen Abläufe aus den vordefinierten Bausteinen zusammengesetzt. Durch diese Vorgehensweise wird die Identifikation und Dokumentation von relevanten Prozesselementen deutlich erleichtert.

Die Dokumentation der aufgenommen Unternehmensprozesse erfolgt heute i. d. R. mit entsprechenden EDV-Werkzeugen. Neben gebräuchlichen Textverarbeitungs- oder Zeichenprogrammen bieten sich hier spezielle Software für die Prozessmodellierung an (z. B. SoftwareAtlas auf Microsoft-Visio/GPS Gesellschaft zur Prüfung von Software mbH, BONAPART/Emprise Process Management GmbH oder ARIS/IDS Scheer AG). Ihr Vorteil besteht in einer effizienteren Erfassung und Dokumentation der Prozesse sowie in einem geringeren Aufwand bei Änderungen der Dokumente.

Die Prozessdokumentation bietet den Rahmen für die Definition der Anforderungen an eine PLM-Lösung, indem für alle wichtigen Prozesse und Prozessschritte u. a. folgende Fragen beantwortet werden:

- Soll der Prozess durch die gesuchte Lösung unterstützt werden?
- Auf welche Weise sollen die einzelnen Aufgaben im Prozess unterstützt werden?
- Welche Informationen und Daten sind zu verarbeiten?
- In welcher Form müssen die Informationen und Daten aufbereitet werden?

7.4.4
Schritt 4: Lastenheft

Ein fundierter Vergleich von PLM-Software und -Anbietern kann nur auf Basis eines spezifischen Anforderungsprofils erfolgen. Dieses unternehmensspezifische Lastenheft stellt im weiteren Verlauf des Projektes auch die Grundlage für strukturierte Anbieterworkshops dar und sollte nach Bearbeitung durch die infrage kommenden Anbieter wesentlicher Bestandteil des angestrebten Projektvertrages sein.

Daher sollten bei der Ermittlung der Anforderungen neben dem Projektteam und dem Systembetreuer auch die Prozessverantwortlichen mit eingebunden werden. Prinzipiell ist es denkbar, dass im Rahmen der Lastenheft-Erstellung die einzelnen Anforderungen an die neue Software ohne Vorlagen zusammengetragen werden. Wesentlich effizienter kann ein individuelles Lastenheft jedoch mit einer vorstrukturierten Checkliste erstellt werden.

Neben den funktionalen Anforderungen sind in dem Lastenheft auch Restriktionen, z. B. hinsichtlich der Hardware, der Datenbank oder des Betriebssystems, zu berücksichtigen und entsprechend zu dokumentieren. Um die unterschiedliche Bedeutung der Anforderungen für das Unternehmen im Lastenheft darzustellen, sind die Anforderungen zu gewichten. Besondere Anforderungen, die von der gesuchten Softwarelösung unbedingt erfüllt werden müssen, sind als „kritische Forderungen" einzustufen und bei der folgenden Bewertung separat zu dokumentieren. Weniger wichtige Anforderungen können als „optional" gekennzeichnet werden.

7.4.5 Schritt 5: Marktrecherche

Ziel der Marktrecherche ist es, aus dem gesamten Marktangebot diejenigen Anbieter zu identifizieren, welche die benötigten Anforderungen möglichst gut im Standard abdecken. Die potenziellen Softwareprodukte sind hinsichtlich ihrer Eignung bzgl. Technologie, Funktionalität und Branchenpassung einzuordnen. Zur Reduzierung des Rechercheaufwandes hat es sich bewährt, die Informationsbeschaffung und -auswertung sukzessive zu verfeinern. Im ersten Schritt genügt es i. d. R., die Systemfunktionalität auf Modul- bzw. Submodulebene auszuwerten. Auch die technologische Passung und die generelle Brancheneignung können zur Eingrenzung des Marktangebotes herangezogen werden.

Insbesondere bei umfangreicheren PLM-Projekten sollte die Passung der Systeme im weiteren Verlauf der Recherchen auf der Grundlage der individuellen Detailanforderungen überprüft werden. Hierzu ist das Lastenheft den Leistungsprofilen der einzelnen Systeme gegenüberzustellen und die Abdeckung der Anforderungen durch die einzelnen PLM unterstützenden IT-Systeme zu bewerten. Neben dem Gesamterfüllungsgrad ist insbesondere darauf zu achten, dass die besonders wichtigen Anforderungen möglichst weitgehend durch den Standardfunktionsumfang der PLM-Lösungen erfüllt werden. Andernfalls ist mit erheblichen Anpassungen der Standardsoftware zu rechnen, die erfahrungsgemäß relevante Termin- und Kostenrisiken beinhalten. Diese Vorgehensweise gewährleistet die sichere Eingrenzung des Marktangebotes; sie ist jedoch nur möglich, wenn die Leistungsprofile der Systeme in der gleichen Form wie das Lastenheft vorliegen.

Neben der Ermittlung der funktionalen Erfüllungsgrade der Softwareprodukte sind bei der Festlegung der Favoritengruppe auch Informationen über die Anbieter und ihre Referenzprojekte zu berücksichtigen. Besondere Bedeutung kommt dabei z. B. der Branchenerfahrung, dem Dienstleistungsangebot, der regionalen Verteilung sowie der Unternehmensgröße und -historie zu. Schließlich geht mit einer neuen Softwarelösung einerseits eine langfristige Zusammenarbeit mit dem Anbieter einher, andererseits ist die Abwicklung der Einführung sowohl im Hinblick auf die Kosten als auch auf die Terminstellung in erheblichem Maße von der Kompetenz und der Erfahrung des Einführungspartners abhängig.

Anhand der Erfüllungsgrade, der Anzahl der relevanten Referenzen und der Zusatzinformationen ist eine sichere Ermittlung einer Favoritengruppe bestehend aus acht bis fünfzehn Anbietern sehr effizient möglich. Eine solche Eingrenzung stellt erfahrungsgemäß sicher, dass die geeigneten PLM-Software-Lösungen berücksichtigt werden, der Aufwand für die weitere PLM-Auswahl durch einen zu großen Favoritenkreis jedoch nicht unnötig erhöht wird.

7.4.6 Schritt 6: Vorauswahl

Bei der bisherigen Marktrecherche wurden Anschaffungs- und Betriebskosten der infrage kommenden Softwarelösungen nicht berücksichtigt. Im Bereich anspruchsvoller betrieblicher Standardsoftware sind i. d. R. weder allgemeingültige Preisinformationen verfügbar, noch sind die Anbieter bereit bzw. in der Lage, bei einer schlecht kalkulierbaren Auftragswahrscheinlichkeit und ohne fundierte Informationen projektspezifische Kostenabschätzungen abzugeben.

Um von den zuvor ermittelten Anbietern zur weiteren Eingrenzung der Favoritengruppe realistische Kostenabschätzungen und eine erste Darstellung ihrer Lösungskompetenz bezogen auf das Projekt zu erhalten, können am Markt verfügbare Übersichten von Softwareanbietern genutzt werden. Anhand der vorliegenden Informationen lassen sich letztlich drei bis fünf Anbieter und Systeme identifizieren, die die Anforderungen des Unternehmens in hohem Maße erfüllen, entsprechende Brancheneignung vorweisen und auch kostenseitig in einem akzeptablen Rahmen liegen.

7.4.7 Schritt 7: Endauswahl

Durch die Vorauswahl wird sichergestellt, dass die am besten zu den jeweiligen Anforderungen passenden Systeme und Anbieter bei der Endauswahl berücksichtigt werden. Um die endgültige Entscheidung vorzubereiten, werden bei der Endauswahl die Unterschiede der verbliebenen Systeme auf Basis der Unternehmensprozesse herausgearbeitet und bewertet (vgl. Prozessanalyse). Gleichzeitig verschafft sich das (erweiterte) Projektteam einen persönlichen Eindruck von der Handhabung der PLM-Lösung sowie vom Auftreten und der Kompetenz der PLM-Anbieter.

Bei anspruchsvolleren PLM-Projekten werden dazu mit den favorisierten Anbietern mehrtätige „Systemtests" durchgeführt. Ziel dieser Systemtests ist es, einen fundierten Eindruck zu erhalten, inwiefern die Softwareprodukte die individuellen Abläufe im Unternehmen funktional unterstützen zur Vorbereitung dieser Systemtests wird ein Testfahrplan erstellt, in dem alle für den Anbieter relevanten Informationen über das Unternehmen, dessen Anforderungen an eine Softwarelösung sowie die Modalitäten des Systemtests enthalten sind (Abb. 7.26). Zentraler Bestandteil des Testfahrplans ist die strukturierte Auflistung der unternehmensspezifischen Anforderungen entlang der betrieblichen Abläufe, die im Rahmen der Systemtests abgefragt werden. Im Anschluss an die durchgeführten Systemtests werden die Beurteilungen aller beteiligten Projektteammitglieder zu den einzelnen Aufgabenbereichen erfasst und zu einem aussagefähigen Gesamtergebnis verdichtet. In Abb. 7.26 wird beispielhaft ein Wochenplan für einen Systemtest aufgezeigt. Jeden Tag werden Aufgaben gestellt, die die Softwareanbieter in einem definierten Zeitfenster zu erfüllen haben. Die Aufgaben wechseln täglich, um auf diese Weise verschiedene Funktionen zu adressieren.

Die Vorbereitung sowie der Dialog im Rahmen der Durchführung der Systemtests versetzen die Anbieter zudem in die Lage, einen weitgehend belastbaren Kostenvoranschlag

Zeit	Montag	Dienstag	Mittwoch	Donnerstag	Freitag
08:00 bis 12:00 Uhr	CAD-Administration	Anforderungs-management	Qualitäts-management	Freigabe- und Änderungs-management	Spezielle PLM-Funtionen
12:00 bis 12:30 Uhr			Pause		
12:30 bis 17:00 Uhr	Produkt-strukturierung	Projekt-management	CAD-Datei-verwaltung im PLM	Stückliste und Konfiguration	Integration von PLM und ERP
1 Stunde					System-Highlights

Abb. 7.26 Beispiel für das Benchmarkprogramm eines Unternehmens zur Auswahl seines PLM-IT-Anbieters

abzugeben. Dieser kann neben den Lizenz- und Wartungskosten auch sehr detaillierte Abschätzungen von Schnittstellenprogrammierungen und zwingend erforderlichen Anpassungen umfassen.

Wenn erforderlich, kann die Entscheidung sinnvollerweise durch Referenzkundenbesuche weiter abgesichert werden. Der jeweilige Referenzkunde sollte einer vergleichbaren Branche angehören wie das suchende Unternehmen. Sofern zu diesen Referenzkunden keine Konkurrenzsituation besteht, berichten sie in der Regel offen über praktische Erfahrungen bei der Einführung und täglichen Anwendung mit dem jeweiligen PLM unterstützenden IT-System. Im Rahmen dieser Besuche können weitere Informationen über den Betrieb der Systeme (Performance, Wartungsaufwand, Zuverlässigkeit etc.) sowie über die Zusammenarbeit mit dem Anbieter (Problemlösungskompetenz, Einführungsunterstützung, Reaktionsschnelligkeit bei Störungen etc.) eingeholt werden. Darüber hinaus kann ein Erfahrungsaustausch über die Erfolgsfaktoren und Fehler bei der Systemeinführung durchgeführt werden. Explizit sollten Probleme bei der Schnittstellengestaltung angesprochen werden.

Ergebnis der Endauswahl ist eine abschließende Gesamtbewertung. Durch die strukturierte Vorgehensweise können auch in dieser Phase alle vorliegenden Informationen sehr gut miteinander verglichen und zu einer Gesamtbewertung je Anbieter und System verdichtet werden. Beispielsweise kann dies in Form eines Portfolios erfolgen. Hierbei wurde die Gesamtbewertung den anfallenden Kosten der nächsten fünf Jahre gegenübergestellt. Auf dieser Basis kann eine sichere Entscheidung für den „TOP-Anbieter" getroffen werden. Diese Entscheidung hat insofern jedoch einen vorläufigen Charakter, da natürlich im Rahmen der Vertragsverhandlungen noch die vertragliche Einigung erzielt werden muss.

7.4.8 Schritt 8: Vertragsverhandlung

Als letzter Schritt steht die Vertragsverhandlung/ -gestaltung mit dem „TOP-Anbieter" an. Grundlage für den Vertrag bildet das Lasten- bzw. Pflichtenheft. Alle Leistungen beider

Vertragspartner – also auch die Mitwirkung des ausschreibenden Unternehmens – werden hier eindeutig definiert und dokumentiert.

Das Pflichtenheft wird auf Basis des Lastenheftes, des Testfahrplans sowie aller bisher gewonnenen Erkenntnisse erstellt. Alle benötigten, vor allem die über die Standardleistungen der Software hinausgehenden Funktionen werden im Pflichtenheft dokumentiert. Oftmals werden während der Systemtests Systemschwächen erkannt und der Ergänzungs-, Änderungs- bzw. Anpassungsbedarf identifiziert, der im Pflichtenheft festzuhalten ist. Unter Umständen sind für die Pflichtenhefterstellung weitere Workshops mit dem Systemanbieter durchzuführen, in denen kritische Anforderungen nochmals detailliert untersucht werden und die systemtechnische Umsetzung fixiert wird. Fixiert werden müssen auch die erforderlichen Schnittstellenprogrammierungen und die Aufwendungen zur Übernahme der Daten aus den Altsystemen. Dies ist unabdingbar, zumal die Kosten für die Programmierung von Anpassungen und Schnittstellen neben den Lizenz- und Dienstleistungskosten maßgeblich das Gesamtbudget ausmachen.

Im Rahmen der Vertragsgestaltung sollte ein detaillierter Implementierungs- und Schulungsplan erstellt werden, der die Basis für eine fristgemäße Implementierung und Inbetriebnahme der neuen Software ist. Weiterhin sollte spezielles Augenmerk auf die gewünschten Dienstleistungen gelegt werden, die sich an die Hard- und Softwareinstallation anschließen.

Eine allgemeingültige Vorgehensweise zur Vertragsgestaltung wird an dieser Stelle nicht abgeleitet, da diese auch stark von den jeweiligen Randbedingungen, z. B. den jeweiligen Einkaufsrichtlinien des Anwenders oder dem Lizenzmodell des Anbieters, abhängt. Je nach Größe und Komplexität des Projektes kann eine Pilotinstallation sinnvoll sein, mit der die Software im Betrieb ausgiebig getestet wird. In diesem Fall muss die Pilotinstallation in den Implementierungsplan einfließen. In bestimmten Fällen werden für den Fall des Scheiterns einer Pilotinstallation Rücktrittsklauseln im Vertrag formuliert. In anderen Fällen wird ein Vertrag erst nach einer – meist kostenpflichtigen – Pilotinstallation abgeschlossen.

Literatur

1. Eigner M, Stelzer R (2009) Product Lifecycle Management: Ein Leitfaden für Product Development und Life Cycle Management, 2. Aufl. Springer, Berlin.
2. Feldhusen J, Gebhardt B (2007) Product Lifecycle Management für die Praxis - Ein Leitfaden zur modularen Einführung, Umsetzung und Anwendung. Springer, Berlin.
3. Berliner Kreis, Wissenschaftliche Gesellschaft Produktionstechnik (2002) Product Lifecycle Management. Technology monitoring.
4. Schuh G, Lenders M, Treutlein P, Uam J-Y (2008) PLM/PDM 2008/2009. In: Schuh G, Lenders M, TrovaritAG (Hrsg) Marktspiegel Business Software, 2. Aufl. Trovarit AG, Aachen.
5. Wiendahl H-P (2008) Betriebsorganisation für Ingenieure, 6. Aufl. Hanser, München.
6. Volkswagen AG. www.volkswagen.de
7. Pahl G, Beitz W, Feldhusen J, Grote K-H (2007) Konstruktionslehre: Grundlagen erfolgreicher Produktentwicklung; Methoden und Anwendung, 7. Aufl. Springer, Berlin.
8. Wöhe G, Döring U (2005) Einführung in die allgemeine Betriebswirtschaftslehre, 22. Aufl. Vahlen, München.

9. Specht G, Beckmann C, Amelingmeyer J (2002) F&E-Management: Kompetenz im Innovationsmanagement, 2. Aufl. Schäffer-Poeschel, Stuttgart.
10. Hungenberg H (2004) Strategisches Management in Unternehmen: Ziele - Prozesse - Verfahren, 3. Aufl. Gabler, Wiesbaden.
11. Schröter M (2006) Strategisches Ersatzteilmanagement in Closed-Loop Supply Chains: Ein systemdynamischer Ansatz. Deutscher Universitäts-Verlag/GWV-Fachverlage GmbH, Wiesbaden.
12. Stark J (2005) Product Lifecycle Management: 21st century paradigm for product realisation. Springer, London.
13. Grieves M (2006) Product Lifecycle Management: driving the next generation of lean thinking. McGraw-Hill, New York.
14. Arnold VD H, Engel T, Karcher A (2005) Product Lifecycle Management beherrschen: Ein Anwenderhandbuch für den Mittelstand. Springer, Berlin.
15. Abramovici M, Schulte S, Naumann U, Leszinski C (2004) Benchmarkstudie: Benefits of PLM - Nutenpotenziale des Product Lifecycle Managements in der Automobilindustrie.
16. Sendler U (2009) Das PLM-Kompendium: Referenzbuch des Produkt-Lebenszyklus-Managements. Springer, Berlin.
17. Blankenhorn D (2002) The Blankenhorn Effect: How to Put Moore's Law to work for You. Trafford, Victoria.
18. Gartz J (2005) Die Apple-Story: Aufstieg, Niedergang und „Wieder-Auferstehung" des Unternehmens rund um Steve Jobs, 2. Aufl. SmartBooks, Kilchberg.
19. Wolle B (2005) Grundlagen des Software-Marketing: von der Softwareentwicklung zum nachhaltigen Markterfolg. Vieweg, Wiesbaden.
20. Mendel A (2007) Current Trends in the PLM Market.
21. Groover MP (2008) Automation, production systems, and computer-integrated manufacturing, 3. Aufl. Prentice Hall, Upper Saddle River, N.J.
22. Adam D (2001) Produktions-Management, 9. Aufl. Gabler, Wiesbaden.
23. Hesseler M, Görtz M (2007) Basiswissen ERP-Systeme: Auswahl, Einführung & Einsatz betriebswirtschaftlicher Standardsoftware. W3L-Verl., Herdecke.
24. Scheer A-W, Boczanski M, Muth M, Schmitz W-G, Segelbacher U (2006) Prozessorientiertes Product Lifecycle Management. Springer, Berlin.
25. Scheer A-W (1990) CIM: Computer Integrated Manufacturing. Der computergesteuerte Industriebetrieb, 4. Aufl. Springer, Berlin.
26. Werner H (2008) Supply Chain Management: Grundlagen, Strategien, Instrumente und Controlling, 3. Aufl. Gabler, Wiesbaden.
27. Abramovici M, Schulte S (2005) PLM - Neue Bezeichnung für alte CIM-Ansätze oder Weiterentwicklung von PDM? Konstruktion - Zeitschrift für Produktentwicklung und Ingenieur-Werkstoffe, 57(1/2):64–75.
28. Jacob O (2008) ERP Value: Signifikante Vorteile mit ERP-Systemen. Springer, Berlin.
29. Vajna S, Bley H, Hehenberger P, Weber C, Zeman K (2009) CAx für Ingenieure: Eine praxisbezogene Einführung, 2. Aufl. Springer, Berlin.
30. Kief HB, Roschiwal HA (2007) NC/CNC Handbuch 2007/2008: CNC, DNC, CAD, CAM, CIM, FFS, SPS, RPD, LAN, NC-Maschinen, NC-Roboter, Antriebe, Simulation, Fach- und Stichwortverzeichnis. Hanser, München.
31. Spur G (1993) Automatisierung und Wandel der betrieblichen Arbeitswelt. de Gruyter, Berlin.
32. Sendler U, Wawer V (2008) CAD und PDM: Prozessoptimierung durch Integration, 2. Aufl. Hanser, München.
33. Köhler P, Bechthold J (2006) Pro/ENGINEER-Praktikum: Arbeitstechniken der parametrischen 3D-Konstruktion mit Wildfire 3.0, 4. Aufl. Vieweg, Wiesbaden.
34. KEM Informationsvorsprung für Konstrukteure (2009) Flexibilität ist entscheidend. http://www.kem.de/1009460

35. Schuh G, Deger R, Nonn C (2004) Das sind die Kernfähigkeiten der Erfolgreichen. IO New Management, 12(73):40–44.
36. Schuh G, Assmus D, Schöning S, Sontow K (2007) Innovationsproduktivität durch Product Lifecycle Management. CAD Plus, 44(1):28–31.
37. Lenders M, Sauer J (2007) Quantifizierter Nutzennachweis bei der Einführung einer innovativen CAD-/PLM-Lösung - ein Erfahrungsbericht. Konstruktion, (11/12):51–54.
38. Schuh G (2006) PLM und der Turmbau zu Babel. In: Liebstückel K, Meinhardt S (Hrsg) Praxis der Wirtschaftsinformatik. dpunkt.verlag GmbH, Heidelberg.
39. Hanschke I (2009) Strategisches Management der IT-Landschaft: ein praktischer Leitfaden für das Enterprise Architecture Management. Hanser, München.
40. Hansmann K-W (2006) Industrielles Management, 8. Aufl. Oldenbourg, München.
41. Gebhardt A (2007) Generative Fertigungsverfahren: Rapid Prototyping - Rapid Tooling - Rapid Manufacturing, 3. Aufl. Hanser, München.
42. Ziegler P-M (2006) Virtuelle Prototypen: Simulationstechniken in der Fahrzeugentwicklung. c't, (16):96–101.
43. Steiner R (2009) Grundkurs Relationale Datenbanken: Einführung in die Praxis der Datenbankentwicklung für Ausbildung, Studium und IT-Beruf, 7. Aufl. Vieweg+Teubner Verlag/GWV Fachverlage GmbH, Wiesbaden.
44. Meier J (2007) Produktarchitekturtypen globalisierter Unternehmen. Shaker, Aachen.
45. Laux H, Liermann F, Laux L (2005) Grundlagen der Organisation: die Steuerung von Entscheidungen als Grundproblem der Betriebswirtschaftslehre, 6. Aufl. Springer, Berlin.
46. Schöttner J (1999) Produktdatenmanagement in der Fertigungsindustrie: Prinzip, Konzepte, Strategien. Hanser, München.
47. Ponn J, Lindemann U (2008) Konzeptentwicklung und Gestaltung technischer Produkte: optimierte Produkte - systematisch von Anforderungen zu Konzepten. Springer, Berlin.
48. Kurbel K (2005) Produktionsplanung und -steuerung im Enterprise Resource Planning und Supply Chain Management, 6. Aufl. Oldenbourg, München.
49. Lenders M (2008) Komplexitätsmanagement.
50. Schneider G, Geiger IK, Scheuring J (2008) Prozess- und Qualitätsmanagement: Grundlagen der Prozessgestaltung und Qualitätsverbesserung mit zahlreichen Beispielen, Repetitionsfragen und Antworten, 1. Aufl. Compendio Bildungsmedien, Zürich.
51. Herrmann L (2009) Innovationsmanagement in Business-to-Business-Geschäftsbeziehungen: eine informationsbezogene Perspektive, 1. Aufl. Gabler, Wiesbaden.
52. Durst M, Bodendorf F (2007) Wertorientiertes Management von IT-Architekturen, 1. Aufl. Aufl. Dt. Univ.-Verl., Wiesbaden.
53. Dietrich L, Schirra W (2006) Innovationen durch IT: Erfolgsbeispiele aus der Praxis; Produkte - Prozesse - Geschäftsmodelle. Springer, Berlin.
54. Tiemeyer E, Bachmann W (2009) Handbuch IT-Management: Konzepte, Methoden, Lösungen und Arbeitshilfen für die Praxis, 3. Aufl. Hanser, München.
55. Heinrich LJ, Lehner F (2005) Informationsmanagement: Planung, Überwachung und Steuerung der Informationsinfrastruktur, 8. Aufl. Oldenbourg, München.

Sachverzeichnis

G. Schuh (Hrsg.), *Innovationsmanagement* 3,
DOI 10.1007/978-3-642-25050-7, © Springer-Verlag Berlin Heidelberg 2012

Printed by Printforce, the Netherlands